無垠之海

全球海洋人文史

下

THE BOUNDLESS SEA

A Human History of the Oceans

David Abulafia
大衛·阿布拉菲雅
——著

陸大鵬、劉曉暉
——譯

目次

第五部　人類主宰下的大洋，一八五〇—二〇〇〇

插圖清單

出版社已盡力與所有圖片的權利人取得聯繫。若有錯誤或遺漏，歡迎讀者指正，出版社將很樂意在新版修改。

40. 瓦爾德澤米勒世界地圖中的美洲細部，一五〇七年。（照片：國會圖書館，華盛頓特區）。
41. 雅蓋隆地球儀的複製品，一九六〇年代，原件出自約一五一〇年。雅蓋隆大學博物館，克拉科夫。（照片：Janusz Kozina and Grzegorz Zygier）
42. 倍海姆地球儀的一部分，一四九二年。（照片：©日耳曼國家博物館，德國紐倫堡）
43. 達伽馬的艦隊，插圖出自 *Livro das Armadas*，葡萄牙畫派，約一五六八年。里斯本科學院。（照片：Patrick Landmann/Science Photo Library）
44. 多明尼加共和國聖多明哥的十六世紀早期殖民時期建築。（照片：Image Broker/Alamy）
45. 塞維亞城的景致，一般認為是 Alonso Sanchez-Coello 的畫作，約一六〇〇年。美洲博物館，馬德里。（照片：© Photo Josse/Bridgeman Images）

46. 葡萄牙海軍將領阿爾布開克的畫像，約一六一五年。聖地牙哥藝術博物館，美國。（照片：Edwin Binney 3rd Collection/Alamy）

47. 葡萄牙瞭望塔，約十五世紀，俯瞰阿拉伯聯合大公國富查伊拉的比迪亞清真寺。（照片：Genefa Paes/Dreamstime.com）

48. 哈吉・艾哈邁德・穆哈德因・皮里（又稱皮里雷斯）繪製的大西洋海圖，一五一三年。托普卡帕宮圖書館，土耳其伊斯坦堡。（照片：Turgut Tarhan）

49. 《殺人灣的景致》，Isaac Gilsemans 的插圖，一六四二年。（照片：Alexander Turnbull Library, Wellington, New Zealand）

50. 暹羅大城的景致，一般認為作者是 Johannes Vinckboons，約一六六二年至一六六三年。（照片：© Rijksmuseum, Amsterdam）

51. 澳門風光，中國畫派，十八世紀末。（照片：香港海事博物館）

52. 李舜臣時期的朝鮮龜船，插圖，出自《亂中日記》，一七九五年。（照片：Fine Art Images/Heritage Image Partnership Ltd/Alamy）

53. 豐臣秀吉畫像，日本畫派，十六世紀。（照片：Granger Historical Picture Archive/Alamy）

54. 北極地圖，出自 Gerhard Mercator, *Septentrionalium Terrarum description*, 1595。（照片：普林斯頓大學圖書館，歷史地圖收藏）

55. 巴倫支的探險隊攜帶這些歐洲商品穿過北冰洋，最遠到達新地島，一五九六年至一五九七年。（照

片：© Rijksmuseum, Amsterdam）

56. 描繪荷蘭船隻和商人的碗，日本，約一八〇〇年。（照片：作者）

57. 想像中的出島鳥瞰圖（複製自一七八〇年 Toshimaya Bunjiemon 的雕版畫，發表於 Isaac Titsingh 的 *Bijzonderheden over Japan*, 1824-1825）。（照片：Koninklijke Bibliotheek, The Hague）

58. 牙買加皇家港的地震，Jan Luyken 和 Pieter van der Aa，一六九二年。（照片：Artokoloro Quint Lox/Alamy）

59. 《科羅曼德海岸的一部分，圖中可見丹麥堡和特蘭奎巴》，O. Gvon Sponeck 作，一七三〇年。（照片：丹麥王家圖書館，哥本哈根）

60. 圖帕伊亞的大溪地周邊島嶼圖，約一七六九年。（照片：The Picture Art Collection/Alamy）

61. 《紅嘴炮之戰中的卡美哈梅哈》，Herbert Kawainui Kāne 作，二十世紀末。（照片：National Geographic/Getty Images）

62. 聖赫勒拿島的景致，約一七五〇年。（照片：Chronicle/Alamy）

63. 東印度公司的畫作，描繪廣州的貿易站，中國畫派，約一八二〇年。（照片：The Picture Art Collection/Alamy）

64. 一名日本武士去見海軍准將馬修．C．佩里，Kinuko Y. Craft 作，二十世紀末。（照片：National Geographic /Alamy）

65. 新加坡，約一九〇〇年。（照片：Historic Images/Alamy）

66. 摩洛哥摩加多爾的索維拉港。（照片：作者）

67. 利物浦的碼頭頂（Pier Head），可見皇家利物浦大廈、冠達大廈和利物浦港務大廈，二〇〇八年。（照片：Chowells/Wikimedia Commons CC BY-SA 3.0）

68. 上海外灘，二〇一七年。（照片：Luriya Chinwan/Shutterstock）

69. 《黑球航運公司的飛剪式帆船「海洋酋長號」在前往澳大利亞的航行中收帆》，Samuel Walters 作，約一八五〇年代。（照片：Christie's/Bridgeman Images）

70. 「瑪麗王后號」郵輪抵達紐約，一九三八年。（照片：Imagno/Hulton Archive/Getty Images）

71. 二〇一〇年，丹麥，「海洋魅麗號」駛向大貝爾特橋。（照片：Simon Brooke-Webb/Alamy）

72. 二〇一五年，貨櫃船「中海環球號」抵達費利克斯托。（照片：Keith Skipper/Wikimedia Commons CC BY-SA 2.0）

第四部

對話中的大洋

Oceans in Conversation

1492 — 1900

第二十八章 大加速

一

截至目前為止，本書關注的是單獨的大洋。誠然，無論是透過泰米爾和馬來航海家，還是透過中國航海家，太平洋西部沿岸和印度洋都在中世紀透過海上貿易建立密切的聯繫，但是這些水手從未將太平洋的廣闊空間當作目標。十三世紀末，從義大利到法蘭德斯和英格蘭的定期海路開通之後，人們透過紅海與地中海建立印度洋和大西洋之間的聯繫。一四九〇年代，西歐與歐洲人想像為印度的地方之間的接觸大幅加快。歐洲人在兩次遠航中發現的地方根本不是印度，但哥倫布的航行導致「印度」一詞被用於指代兩片美洲大陸的廣袤陸地，其居民被認為是「印度人」（印第安人）。歐洲人試圖到達印度的三次嘗試是：哥倫布的遠航，他於一四九二年至一五〇四年四次前往新大陸；[1]卡博特的遠航，他於一四九七年向西航行，尋找中國和印度；[2]達伽馬的遠航，他對真正印度的第一次探索也在一四九七年啟動。在哥倫布之後航行的亞美利哥・韋斯普奇（Amerigo Vespucci）也寫過關於西方土地的文章，而且他的寫作往往是有傾向性的，但最終是他而不是哥倫布的名字，被用來命名美洲。[3]葡

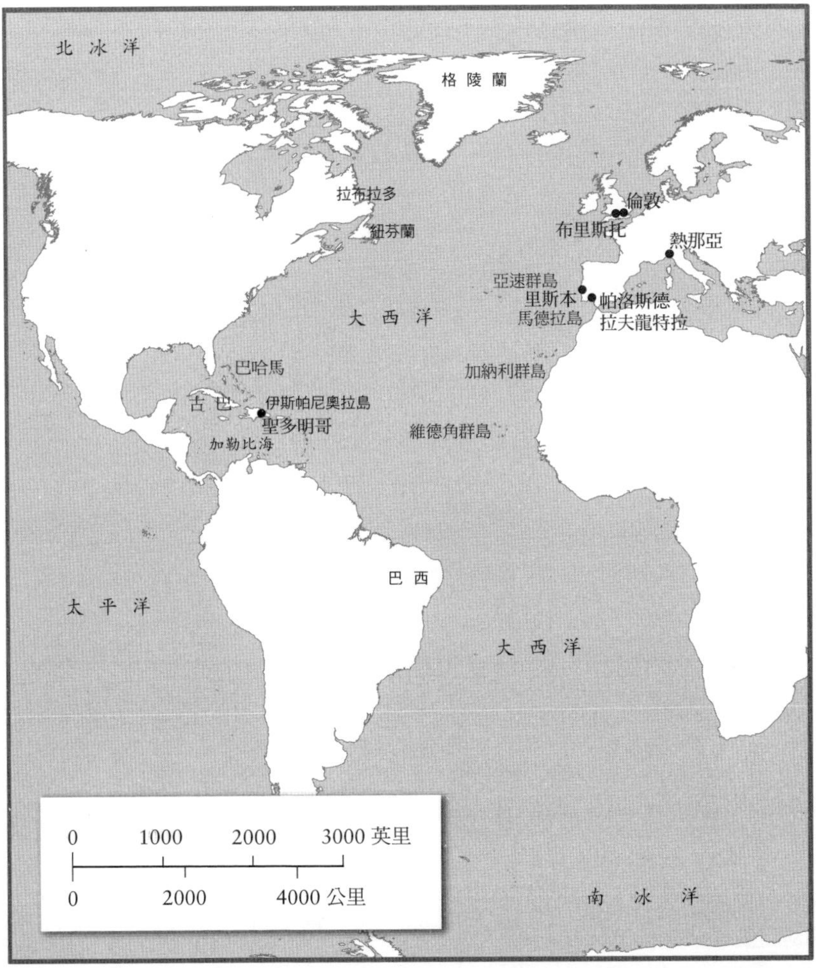

萄牙人前往印度的第二次遠航也應該被列入這個清單，因為正是在這次航行途中，葡萄牙人於一五〇〇年意外發現巴西，並且這次航行將四大洲聯繫在一起。十六世紀，等到為西班牙服務的葡萄牙船長斐迪南・麥哲倫（Ferdinand Magellan）、發現加利福尼亞的西班牙人胡安・羅德里格斯・卡布里略（Juan Rodríguez Cabrillo），和為英格蘭服務的德瑞克等先驅者，繪製出從大西

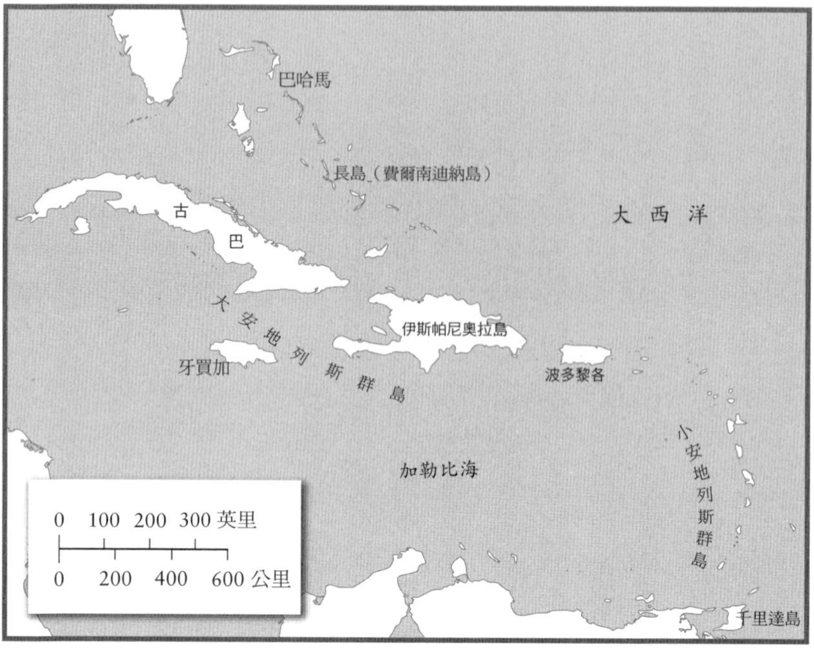

洋到太平洋的路線圖，三大洋的連接就指日可待了。正如一本描述德瑞克航行的書誇耀得那樣，世界現在已經被「囊括」了。[4] 一五六五年，隨著第一艘馬尼拉大帆船的啟航，太平洋西部（以及更遠的中國）與墨西哥，還有最終與大西洋貿易網絡聯繫起來，三大洋的聯繫達到巔峰。考慮到這些發展，接下來的章節將主要集中描述各大洋之間航海家、航線和貨物的流動，而不是繼續描繪三個單獨大洋的歷史。那麼從哥倫布和卡博特開始講起似乎很奇怪，因為他們的探險只限於一個大洋，不過他們認為歐洲和非洲附近水域，與中國和日本附近水域是同一個大洋的組成部分，用現代的話來說就是太平洋與大西洋的結合。

經常有人指出，加納利島民、加勒比海的泰諾印第安人（Taíno Indians）、巴西的圖皮南巴印第安人（Tupinambá Indians），以及其他所有之前不為歐洲人所知的民族，對自己是非常了解的，因此所謂的「發現」是雙向的。當達伽馬於一四九八年進入印度洋時，已經了解東非側翼斯瓦希里海岸的阿拉伯商人對遇見他感到驚訝，但是他們知道在伊斯蘭教的疆域之外，還有基督教的土地。達伽馬甚至遇到一些了解地中海的商人。「發現」不是一個純粹的歐洲現象，但那些跨越大洋、開闢新航線的人，確實是歐洲人。

二

截至目前為止，本書將大西洋的歷史展現為大西洋東北部的歷史，以及歐洲人（在中世紀末）沿著非洲大西洋海岸一路航行的歷史。事實上，大西洋上還存在著另一個航海網絡，位於加勒比海內和加勒比海外的若干地方。哥倫布的航行會讓歐洲人了解到這個「新世界」。但這其實是一個非常古老的世界，最早在西元前五千紀就有人定居，不斷有定居者從南美洲來到這裡。[5]與加納利群島（那裡的八座孤立島嶼甚至互相之間都沒有接觸，更不用說與非洲大陸接觸了）不同，加勒比海和巴哈馬群島是活躍互動的場所。太平洋上的小島也是這樣被旅行者不斷來回運送貨物的活動聯繫起來，但是當然了，哥倫布並不知道這些。

關於加勒比海原住民的身分有很多討論，而且越來越清楚的一點是，考古學家低估了前哥倫布時代加勒比海地區的種族複雜性。歐洲觀察者描述加勒比海的人口時劃分兩個群體，考古學家通常以此為劃分依據，將原住民分為好戰且食人的加勒比人（Caribs），和一些大島（特別是伊斯帕尼奧拉與波多黎各）的較和平居民，後者當中的一些人被稱為「泰諾人」（Tainos），在這些島嶼的主要語言中意為「高貴的人」。[6]「加勒比人」的名字源自神話中的加勒比島，據說那裡的居民全部是男性（傳說還有一座居民全部是女性的島）。泰諾人起初懷疑哥倫布和他的船員是否來自加勒比島。但西班牙人留下關於加勒比海島民的負面形象，將所有在十五世紀划著大划艇北上前往伊斯帕尼奧拉島的島民，統稱為食人的「加勒比人」；他們確實很可能偶爾會吃人肉。這些「加勒比人」是另一波阿拉瓦克（Arawak）血統的移民，他們是希望在大安地列斯群島（Greater Antilles）鬱鬱蔥蔥的島上安居樂業的武士。而小安地列斯群島（Lesser Antilles），即從南美海岸向波多黎各延伸的一線島嶼，可能已經人口過多，所以島民正在尋找新的土地定居。問題是其中一些土地，特別是伊斯帕尼奧拉島，已經有了非常稠密的人口，這就引發激烈的衝突。

雖然西班牙人將加勒比海的原住民分成兩類：一類被視為卡斯提爾君主的合法自由臣民；另一類則是來自南方的敵對食人族入侵者，因此西班牙人可以合法地奴役他們，但當地的實際情況卻相當不同。在最大的島嶼即伊斯帕尼奧拉島有多種語言，這說明有來自南美洲的不同批的移民。[7]牙買加在西元六〇〇年左右才有人定居，巴哈馬也是如此，在考古學家稱為「第一次重新定居」（First Repeopling）時期的末尾才有人定居。儘管學界對最早的定居者可能採用的路線還不確定，但從陶器中得到的證據表明，這一階段的主要路線是沿著小安地列斯群島由南向北。就像在太平洋地區一樣，人口流動是緩慢的。而且如同「美拉尼西亞人」、「玻里尼西亞人」和「密克羅尼西亞人」有所重疊與混合，在加勒比海，最早的定居者人數，最終被一波與南美洲北部的阿拉瓦克人有親緣關係的移民超越。在第一批歐洲探險家到達時，這些與阿拉瓦克人有親緣關係的移民在伊斯帕尼奧拉島創造一些特別複雜的社會。泰諾人的神像（cemís）通常是用石頭雕刻，證明存在一種有活力的文化，該文化依賴於一種營養相當豐富的澱粉食物（即木薯），並組織成小的政治單位，在主要島嶼上爭奪權力。[8]

這是一個聯繫緊密的世界。海洋是他們精心創造神話的中心，他們的神話裡有一個奇怪的故事，說海洋中所有的魚和水都是從一個大葫蘆裡流下來的。哥倫布曾派一位名叫拉蒙・帕內（Ramon Pané）的修士到伊斯帕尼奧拉島的內陸地區，了解島民的宗教信仰，帕內倍感困惑地記錄這些故事。[9]伊斯帕尼奧拉島是一座相當大且多山的島嶼，肯定有泰諾人和其他群體生活在內陸，與海洋沒有什麼關係。他們希望實現自給自足，而且大體上做到了，這使得偶爾有一些歐洲人對他們的社會讚不絕口。斐迪南和伊莎貝拉宮廷的義大利學者彼得・馬特（Peter Martyr）認為，「他們〔泰諾人〕生活在黃金時代」，並描述一個沒有嫉妒和財產，也不需要法律與法官的社會。馬特實際上沒有親自考察過伊斯帕尼奧拉島，但是他的話在托馬斯・摩爾（Thomas More）的腦海中引發一些奇妙的想法，這些想法後來在《烏托邦》（*Utopia*）中也能找到。[10]但這不是說加勒比海沒有貿易。巴哈馬群島的居民被稱為盧卡亞人（Lucayos），他們熟悉南方的更大島嶼，經營的商品包括彩色石頭、食品、棉線和雕刻的神像。一四九二年十月十三日，即哥倫布抵達新大陸的第二天，他的部下與原住民交易時支付一些玻璃珠和錢幣。十月十五日，哥倫布在長島（費爾南迪納島〔Fernandina〕）附近遇到一艘原住民船，哥倫布驚訝地發現，兩天前的那些玻璃珠和錢幣已經被這艘船帶到南方了，這艘船還帶去一些乾葉和食物。不僅僅是歐洲的貨物，關於穿著奇怪的訪客乘坐速度極快的船隻到來的消息，也以最快的速度傳遍整個島鏈。

一條海上「高速公路」從古巴一直延伸到千里達島（Trinidad）和南美大陸。島際貿易是用由槳推動獨木舟進行的，這從哥倫布與盧卡亞泰諾人接觸的那一刻起，就吸引他的注意。這些獨木舟中最大的一艘是用巨大的樹幹製成的，可以容納多達一百名泰諾人，而且酋長的船可能被特別塗上顏色，船上還有一個被天蓬遮蓋起來的區域。製作這些船的過程是漫長而複雜的，需要大量村民的團隊合作，要將樹幹劈開，用焚燒和劈砍的手段將其挖空。哥倫布的原始紀錄表明，這些船的外部被修整過，並「以原住民的風格進行精彩的雕刻」。[11]最小的船隻能容納一人，但適航性很強，能夠在島嶼之間穿梭。原住民的canoa（獨木舟）一詞進入西歐語言，這一點很有意義。在一四九二年，加勒比海地區的文化並非根植於幾個世紀不變的傳統習俗的靜態文化，而是一個不斷流轉的小世界。[12]

三

馬可．波羅筆下的繁華帝國擁有眾多大城市，加勒比海世界顯然不是那樣的發達地區，頂多是其周邊。從歐洲人的角度來看，達伽馬抵達印度的航行才是真正的成功故事。哥倫布和卡博特確信他們已經到達亞洲的邊緣，但是哥倫布的第一次航行並不像他自信地向阿拉貢國王斐迪南和卡斯提爾女王伊莎貝拉承諾的那樣，找到中國和日本的絲綢與香料，他帶回一些金箔條（而不是一船金子）、一些漂亮的羽毛和一些有趣但令人費解的加勒比居民。哥倫布不得不承認，這些人的技術水準與同時期被征服仍處於石器時代的加納利島民差不多。他到達的島嶼似乎盛產棉花，而非黃金。謎團依然沒有解開：馬可．

波羅在兩個世紀前向西方基督教世界介紹的那些由大汗統治、港口擠滿大型帆船的繁華城市，究竟在哪裡？[13]卡博特在一四九七年的航行更令人不滿意：他幾乎肯定知道，布里斯托的船隻曾經漂向紐芬蘭附近的遙遠海岸，但他回國後不得不承認，最好的獲利機會不是來自富庶的港口和宮廷，而是來自鱈魚。紐芬蘭豐富的鱈魚資源，使得英格蘭漁船不再需要航行到冰島。[14]

我們不要忘記，歐洲人前往美洲的第一批航行的本意是抵達亞洲，打通獲取東方香料的商路，所以這些航行是根據找到黃金和香料的期望來籌劃的。當時的歐洲人錯誤地認為，他們到達的水域是太平洋西部的一部分。他們確實發現一些黃金和香料，不過這不是卡博特的功勞。因此儘管看似很奇怪，但歐洲人這麼操作是有道理的：遵循哥倫布的地理認知，假設他們發現的路線確實通往亞洲，並認為西班牙人在加勒比海獲得的貨物確實來自「印度」。只有這樣，我們才能理解西班牙人為何會將越來越多的精力投入跨大西洋的航行中。在哥倫布到達加勒比海的十年內，這種航行變得相當常見。即使是韋斯普奇在十六世紀初聲稱取得的發現，也沒有明確推翻南美洲與亞洲有某種聯繫的觀念。直到十九世紀末，各大洲之間可能存在陸地橋梁的觀點才被決定性地否定。南、北美洲和亞洲，乃至非洲東部，一直都被認為是「印度」（las Indias）。在聽說達伽馬成功抵達卡利卡特之後，哥倫布甚至考慮要繼續向西航行，在印度與葡萄牙人會合。據他的兒子（兼傳記作者）費爾南多表示，哥倫布不願意嘗試環遊地球的原因是船上缺乏補給，而不是因為他相信環遊地球並不可能。[15]

就像葡萄牙人一樣，哥倫布和卡博特的指導思想是繞過紅海，消除對跨越印度洋運送香料的阿拉伯三角帆船交通的依賴。哥倫布等人的目的不僅僅是為了賺取豐厚的利潤：哥倫布與葡萄牙人一樣，希望透過將東印度的香料直接運往基督教國家，破壞穆斯林世界的經濟。他與葡萄牙國王曼紐一世（Manuel I，以及斐迪南和伊莎貝拉）一樣，都有一種彌賽亞式的期望，即希望發現一條通往印度的新航線，從而為大規模攻擊伊斯蘭世界提供資金，最終透過有史以來最偉大的十字軍東征，重新征服耶路撒冷，也熱切地希望東方的各個基督教國王能參與其中。在這些新式十字軍戰略家的思維中，祭司王約翰一直是很重要的。在理想的情況下，基督教海軍將強行打通紅海，掃清通往地中海的道路。這是香料之路，也是通往耶路撒冷聖墓的道路。哥倫布的末世思想受境遇影響很大，當他陷入困境時，通常會特別執迷於他的神聖使命感。他始終抱有對物質的貪婪，也始終相信自己是天選之人，無論他在「印度」獲得什麼樣的財富，都將其理解為上帝的饋贈。物質和精神就像一根繩子上的線一樣，密不可分。[16]

哥倫布始終沒有真正懷疑他已經到達亞洲，即使事實證明，他抵達的所謂「印度」的地理環境，比他閱讀現有地圖之後的理解要神祕得多。這並不是要否認哥倫布私下曾產生懷疑：他讓他的水手發誓古巴是亞洲大陸的一部分（如果拒絕，就罰款一萬馬拉威迪❶，並割掉舌頭），這表明他潛意識裡對自己究竟到達什麼地方其實也不確定。[17]在愛爾蘭海岸曾經發現一些奇怪的屍體，外貌特徵很像韃靼人；換句話說，就是西方人透過政治關係和從黑海到地中海的奴隸貿易，已經有了一定了解的「東方人」。幾乎可以肯定的是，這些是被沖到海上的北美原住民屍體。哥倫布年輕時可能到過冰島，可能聽說諾斯水手曾到過西方土地的故事。在布里斯托，他也可能聽過關於西方土地的傳聞，因為有幾個冰島人在布里斯托居住，而且英格蘭探險隊在一四八〇年代曾深入大西洋。此外，他似乎還讀到馬德拉島附近聖港島的佩雷斯特雷洛家族（他的妻子屬於這個家族）擁有的一些神祕文件，這些文件進一步提供關於西方土地的證據。[18]

十五世紀的幾位地圖繪製者在作品裡，加入在整個中世紀流傳的大量謠言，並在地圖中的大西洋上隨意畫了一些想像的島嶼。哥倫布的家鄉熱那亞的公民安德里亞·比安科（Andrea Bianco）就是這樣一位地圖繪製者，他在一四三六年和一四四八年繪製一些地圖。不過在這些地圖上，歐洲與亞洲之間的距離看起來還是很遙遠的，除非人們遵循佛羅倫斯地理學家保羅·托斯卡內利（Paolo Toscanelli）提出的觀點，即有一條狹窄的大西洋將歐、亞兩塊大陸隔開，這樣就縮短西歐和遠東之間的距離，但是這一觀點同時拉長從葡萄牙到中國的陸路距離，使其比托勒密的假設來得遠。[19]哥倫布將托斯卡內利版本的大西洋與馬可·波羅對日本的描述整合起來，得出結論，日本（Cipangu）位於從歐洲相對容易到達的地方。此外，日本幾乎是用黃金鋪就的：

> 其島甚大，居民是偶像教徒，而自治其國。據有黃金，其數無限，蓋其所屬諸島皆有金，而地距陸甚遠，商人鮮至，所以金多無量，而不知何用。❷[20]

---

❶ 譯注：馬拉威迪是十一世紀至十九世紀伊比利半島多種貨幣和記帳單位的名稱，幣值非常混亂。

❷ 譯注：引文借用馬可·波羅著，馮承鈞譯，《馬可·波羅行紀》，上海書店出版社，二〇〇一年，第三卷第一五八章，第三八七頁。

據說日本天皇有一座用金子做屋頂的宮殿，「與我輩禮拜堂用鉛者相同」，還有用大金板鋪成的黃金地板，「由是此宮之富無限，言之無人能信」。❸[21]可以想像，這一描述或許是基於中國人關於京都金閣寺和其他裝飾精美寺廟的傳言。

除了哥倫布和托斯卡內利外，還有其他人相信日本就在哥倫布的遠航路線上。馬丁·倍海姆（Martin Behaim）是一位德意志製圖師，他的運氣很好，因為他決定不參加一四八七年奧爾曼在亞速群島以西的命運多舛的航行。倍海姆製作存世最早的真正地球儀，現藏於紐倫堡日耳曼國家博物館，其製作年代大約是哥倫布第一次航行時，因此不包括他的發現。不過，倍海姆的地球儀顯示日本位於大西洋西部，大約在橫跨大西洋路程的三分之二處；如果疊加在現代地圖上，相當於圭亞那的上方。而在它的東南方，有一連串較小的島嶼通往「小爪哇」和「錫蘭」，孟加拉灣則無跡可尋。儘管沒有證據表明哥倫布和倍海姆互相認識，但是他們對大西洋西部的看法驚人的相似。從這個意義上說，哥倫布並不像最初看起來那樣是個古怪的幻想家。[22]

哥倫布畢竟是熱那亞的公民，這個港口的居民與海洋有著不解之緣。儘管有許多反駁，但哥倫布是熱那亞人這一點是毫無疑問的，因為熱那亞的檔案證明他是織工多梅尼科·哥倫布（Domenico Colombo）的兒子；哥倫布是一個魁梧威嚴的人物，身高六英尺，紅髮，有時顯得魅力十足，有時又暴跳如雷。[23]代表西班牙、葡萄牙和英格蘭國王開拓大西洋的先驅者中，有三位是義大利人，這很引人注目。卡博特似乎出生在熱那亞，但他在威尼斯生活很長的時間，獲得威尼斯公民的身分。畢竟，在那個時期要獲得威尼斯公民的身分總是需要一個漫長的過程。[24]托斯卡納人韋斯普奇住在佛羅倫斯和皮翁比諾（Piombino，一個沿海的很小的航海國家），人脈很廣。前文已述，熱那亞人在大西洋島嶼的殖民活動中非常活躍，這就解釋哥倫布在聖港島拜訪佩雷斯特雷洛家族時受到熱烈歡迎的原因。[25]當時哥倫布還年輕，在他生涯的那個階段，就像許多在大西洋航行的熱那亞人一樣，對蔗糖貿易感興趣。

在資助跨大西洋航行和葡萄牙探險方面，以里斯本和塞維亞為基地的富裕義大利商人發揮至關重要的作用。阿拉貢國王和卡斯提爾女王表示，他們在征服穆斯林格瑞那達的戰爭中花光所有的錢，現在已經沒有資金了，於是哥倫布開始依賴佛羅倫斯的贊助者。解決辦法是將佛羅倫斯人的財政支持，即超過一百萬馬拉威迪（比聽起來要少，因為這是一種低價值的錢幣），與生活在塞維亞的義大利人，特別是一個叫詹奈托・貝拉爾迪（Giannetto Berardi）的人的資助結合起來。這樣，哥倫布就能為他的小艦隊的準備工作，多投入五十萬馬拉威迪。[26]卡博特從佛羅倫斯古老而顯赫的巴爾迪（Bardi）家族經營銀行的倫敦經理那裡得到資金支持，用於尋找「那片新土地」（「那片」一詞表明卡博特事先知道新土地的存在，但也可能是指哥倫布在更南邊的發現）。[27]至於韋斯普奇，他曾是貝拉爾迪銀行的代理人，所以曾與哥倫布接觸，雙方互相尊重。[28]

那麼這些義大利人為什麼不自行出發，跨越大洋呢？政治是一個重要因素。到了一四七〇年代，葡萄牙人和西班牙人已經在爭奪大西洋水域的控制權，因此孤獨的外來者要自己承擔風險。在向大汗遞交辭藻華麗的信件（就像哥倫布在第一次遠航時攜帶的那種信件）時，如果這些信件是以歐洲最偉大的

❸ 譯注：同上。

君主，即卡斯提爾女王和阿拉貢國王的名義發出，而不是以微小（儘管極具影響力）的熱那亞共和國或佛羅倫斯共和國的名義發出，效果肯定會更好。哥倫布攜帶的信件是寫給卡斯提爾女王和阿拉貢國王的「親愛的朋友」，但是信件上留白，所以他可以填寫造訪的任何一位統治者的名字。[29] 此外，生活在義大利之外的義大利人，可能更有條件籌集資金和承擔風險。一四九〇年代是義大利的動盪年代，法國對義大利半島發動大規模侵略，薩伏那洛拉（Savonarola）在佛羅倫斯發動革命。最後一點則是，數百年來，義大利人一直在向葡萄牙和卡斯提爾的國王出售他們的航海技術。

卡博特和韋斯普奇都沒有哥倫布那樣的末世情結。英格蘭國王亨利七世手頭拮据，在他的宮廷裡服務的卡博特很明白，國王期望從可能發現的土地獲得良好的經濟報酬。生活在文藝復興時期的佛羅倫斯人韋斯普奇非常有文化，儘管他喜歡誇大自己的成就，但並沒有吹噓他的發現將結束土耳其的威脅，或是在耶穌再臨之前，迎來世界末日。當哥倫布幻想著他如何發現世界上所有大河的源頭，並正在接近伊甸園時，韋斯普奇即使在最浮誇的時刻（例如描述食人族的盛宴時），也只是熱衷於震撼他的受眾，而不是道德說教。哥倫布自視為十字軍戰士，韋斯普奇則不然。

四

哥倫布的第一次遠航船隊是由兩艘卡拉維爾帆船和一艘稍大的克拉克帆船「聖瑪利亞號」（Santa María）組成，於一四九二年八月從安達魯西亞的帕洛斯德拉夫龍特拉（Palos de la Frontera）出發，途經加納利群島，於十月十二日到達第一站巴哈馬。[30]他的船員當中有至少一名改宗猶太人，即路易士・德・托里斯（Luís de Torres），他最大的長處是懂得希伯來語和阿拉伯語，因此應當能與東方各民族交流。奇怪的是，儘管哥倫布在航海日誌（該日誌的一個經過深度編輯的版本留存至今）中聲稱，他的目標之一是「確定應採取何種方法，使他們皈信我們的神聖信仰」，但船上沒有一個神父或修士。不過船隊裡沒有教士這一點，恰恰使哥倫布更加堅信不疑，他自己就是上帝在這次航行中的代理人。此外，船隊還缺少可以提供給大汗的貴重商品。不過，巴哈馬和加勒比海的原住民非常樂意得到珠子、小紅帽及其他不值錢的物品。如上文所述，這些物品立即進入泰諾人的貿易網絡。

在接下來幾個月裡，哥倫布探索巴哈馬群島和古巴海岸，但判斷他稱為伊斯帕尼奧拉的大島（今天的海地與多明尼加共和國）最適合作為基地。儘管他與這些地方的泰諾人的早期關係大致上是友好的，而且他非常正面地寫道，他們是多麼可愛、溫順、美貌和純真，但卻很難將他們納入他的世界觀。首先，他們是裸體的，而哥倫布心目中的中國皇帝或日本天皇的臣民肯定是穿絲綢服裝。他能找到的與泰諾人最接近的例子是加納利島民，他們也是赤身裸體的島民，不會使用金屬工具（儘管他很高興地報告，泰諾人熟悉一種叫作guanín的金銅合金）；泰諾人也是沒有任何「律法」的多神教徒，他的意思是他們不是基督徒、穆斯林或猶太教徒。一些早期的記載和地圖將新發現的島嶼稱為「新加納利群島」（Novas Canarias），這反映出一種觀點，即哥倫布在與加納利群島相同的緯度上發現更多相同的島嶼，但是距離更遠。[31]他試圖在伊斯帕尼奧拉島的北部建立一個小型定居點。他於一四九三年三月返回歐洲，在途經亞速群島的艱難航行後，被海浪沖到里斯本。葡萄牙國王若昂二世得知哥倫布的發現後深感不安，因為他之前認為哥倫布不過是個狂人。[32]

哥倫布真的到達印度嗎？至少他確實有新的發現。哥倫布向巴塞隆納宮廷的斐迪南和伊莎貝拉進行彙報，並展示他帶回來的泰諾人之後，得到第二份委託，在一四九三年九月帶著一支由十七艘船組成的更強大艦隊出發了，而這次船上帶了神父。他的大部分精力都花在征服伊斯帕尼奧拉島的內陸上，捲入島上不同酋長之間的爭鬥。他在伊斯帕尼奧拉島北部的伊莎貝拉（La Isabela）建立一個新的基地（下文會詳述）。他嚴酷地勒令泰諾印第安人用黃金納貢。對哥倫布昏庸無能的指控，傳到西班牙宮廷。

當第一位審查員胡安．阿瓜多（Juan Aguado）於一四九五年被派往伊斯帕尼奧拉島時，哥倫布十分不滿。通常情況下，這種審查是在總督卸任時進行的，但天主教雙王已經任命哥倫布為「大洋總司令」和所有新發現土地的終身總督。哥倫布是一個擅長鑽營的人，期望從天主教雙王願意分配給他的那份印度財富中大賺一筆。他的自命不凡當然不會得到卡斯提爾宮廷喜歡。儘管熱那亞人對卡斯提爾的經濟，特別是塞維亞的經濟，以及對卡斯提爾海軍的建立做出至關重要的貢獻，但他們在西班牙並不受歡迎。西班牙人原本敵視猶太人，而猶太人在哥倫布開始第一次遠航的時期被驅逐，於是西班牙人把針對猶太人積聚多年的敵意轉移到義大利人身上。哥倫布還被指控大搞裙帶關係，將他的兄弟和兒子提拔到伊斯帕尼奧拉島的高位，並利用伊斯帕尼奧拉島的資源為自己斂財。爭議在於，他在法律上是否有權獲得發回西班牙的貨物總價值的十分之一，或者只是王室對發回西班牙的貨物徵收的五分之一稅收的十分之一，即總價值的僅僅五十分之一。[33]

所有這一切的結果是，哥倫布在一四九六年匆匆返回西班牙。[34]他在天主教雙王面前很難自證清白，但考慮到他身為航海家的能力是無庸置疑的，他在一四九七年被允許第三次出海。這一次，他進一步向南航行，穿越維德角群島，希望能在伊斯帕尼奧拉以南的某個地方找到一條通往遠東的路線。他發現「一片非常龐大的大陸，直到今天還不為人所知」，即南美洲的北岸。但需要注意的是，他用的「大陸」一詞只是指一大片陸地，表明它可能仍然與亞洲相連，或者就在亞洲的近海。不過，遠方陸地的神祕感還是進一步加深了。哥倫布堅信自己已經到達伊甸園的周邊。正如《創世紀》所解釋的，伊甸園由手持火焰之劍的天使看守，任何人不能進入。哥倫布認為，伊甸園位於一個巨大突起的頂端，「像女人的乳頭一樣」，所以地球不是圓的，而是梨形的。[35]有時他認為，他發現的不僅僅是印度，而是天堂，那裡的泰諾居民馴順而美麗，毫無顧忌地赤身露體，似乎處於人類墮落之前的純真狀態。

回到伊斯帕尼奧拉島後，情況發生了變化：與泰諾人的衝突和哥倫布與其他歐洲人的糾紛交織在一起，他的西班牙副手們發動一連串反叛。這些反叛最終導致王室派了一個有點可疑的人物博瓦迪利亞（Bobadilla），對哥倫布進行又一次正式調查，導致哥倫布被捕。一五〇〇年，他戴著鐐銬被送回西班牙。直到來到御前，他一直拒絕卸下鐐銬，令人驚訝的是，他到了此時仍有足夠的魅力能夠取悅天主教雙王。[36]即便如此，君主會批准他第四次出航還是出人意料。這一次，君主對他可以在哪裡停留作了規定，因為他如果去伊斯帕尼奧拉的話就會惹麻煩。他只籌到四艘船的經費，而伊斯帕尼奧拉的總督奧萬多則帶著三十艘船，先他一步駛向西印度。[37]一五〇二年六月，哥倫布的船隊停在聖多明哥（Santo Domingo）附近。聖多明哥是歐洲人在伊斯帕尼奧拉島定居的第三次嘗試，此時是該島的首府。但是哥倫布不得不等待風暴平息，因為他無權踏上這座由他發現並曾經治理的島嶼。

在哥倫布的最後一次航行期間，更堅信不疑自己得到上帝的召喚，註定會有更偉大的發現。一五〇三年，他的事業陷入低谷，因為希望在巴拿馬建立一個殖民地，卻被那裡的印第安人擊退。但恰恰是這時候發生的一件事情，讓他更加相信自己是上帝的代理人。當時他發著高燒，對自己的失敗深感沮喪，輾轉反側，這時聽到一個來自天堂的聲音說：

「你這愚昧的人啊，竟如此遲鈍，不肯信任和侍奉你的上帝，全能的上帝！祂為摩西和祂的僕人大衛做的，難道會比為你做的更多嗎？自從你出生以來，上帝一直無微不至地照顧你。當祂看你到了讓他滿意的年齡，就讓你在這片土地聞名遐邇。如此富饒的印度，祂把它賜給了你；你隨心所欲地分割它，是祂准你這麼做。大洋的強大屏障是用如此強大的鎖鏈封閉的，而祂把鑰匙給了你。」38

在巴拿馬和哥斯大黎加海岸，哥倫布收集關於內陸的一個富裕文明的資訊。這些資訊可能混合對若干世紀以前馬雅人的輝煌記憶（他的部下發現一些建築，幾乎可以肯定是馬雅人的），以及對墨西哥的阿茲特克帝國的模糊認識。當地印第安人佩戴的純金裝飾品就是證據，其中一些肯定是從內陸地區交易而來的。這些黃金再次喚起哥倫布及其追隨者的貪慾。再次試圖在他推測富含黃金的土地上建立一個定居點，但被原住民擊退，他的船隊遭遇另一場風暴，被海浪沖到牙買加的海岸，這是一個他隱約知道但從未試圖征服的島嶼。從一五〇三年六月起，他在牙買加煎熬了整整一年，因為伊斯帕尼奧拉島的西班牙總督樂得讓他自生自滅，但一個已經逃離牙買加的同伴給他送來一艘船。一五〇四年十一月初，他回到西班牙，發現他的熱情贊助人伊莎貝拉女王已經奄奄一息；她的丈夫有其他的關注對象，主要是義大利（一年前，他征服了那不勒斯），所以哥倫布再次遭到冷遇，但至少他在西班牙境內（而不是在荒島上）；一年半後，他在西班牙去世。[39]

如上文所述，哥倫布認為泰諾人是純真、美麗的，與一些人預測在南方會發現的狗頭怪物完全不同。在航海日誌中，哥倫布寫道：「在這些島嶼上，直到現在，我還沒有像許多人期望的那樣發現怪物，他們反而都是外表非常美麗的人。」偶爾他也會想起葡萄牙人在非洲的所作所為（他曾去過埃爾米納），並推測泰諾人這麼溫順，應該可以成為優秀的奴隸或僕人，但伊莎貝拉女王堅決認為，泰諾人是她的自由臣民，所以絕不能奴役他們。[40]西班牙人對向泰諾人傳播基督教只是半心半意；一位修士被派往伊斯帕尼奧拉內陸地區，去了解他們的生活方式，但是最近在二〇〇六年披露的證據顯示，哥倫布在傳教方面毫無幫助，甚至加以阻撓。[41]他思想中的這些曖昧和矛盾一再出現。在他的思想裡仍然相信存在怪物民族，特別是當他聽到食人的加勒比人故事時。「食人者」（cannibal）一詞的詞源就是加勒比人（Caribs），而 cannibal 的前幾個字母與拉丁文 canis（狗）相互呼應。據說這些加勒比人乘坐戰船，從南方入侵泰諾人的土地，抓走男孩，把他們閹割後養肥了吃掉，或者抓走婦女，讓她們生下孩子，這些孩子將面臨同樣的可怕命運。[42]

加勒比人或泰諾人是否偶爾會吃人肉，已經成為一個有爭議的問題。為自己打上「後殖民主義」標籤的歷史學家和文學學者認為，說美洲印第安人會食人是歐洲人對他們的誣陷，用於證明歐洲人對美洲印第安人的征服是合理的。但另一方面，如果認為加勒比人或泰諾人具有與（無論是今天還是十六世紀的）西歐人相同的道德觀，也肯定是極端居高臨下的殖民主義思想；我們沒有理由懷疑，一些美洲印第安人，無論是在加勒比海地區還是在巴西，確實偶爾會吃掉他們的俘虜。[43]有關這類恐怖行為的傳說，導致哥倫布將新大陸的居民劃分為善良的泰諾人和邪惡的加勒比人，前者是天主教雙王名義上的自由臣民，後者則是合理的奴役對象。「當兩位陛下命令我給你們送去奴隸時，我希望主要從這些人（加勒比人）當中獲取奴隸。」

哥倫布一直向西班牙的天主教雙王承諾大量黃金，他自己也抱著這樣的希望，但是泰諾人並沒有大量黃金。因此，他讓泰諾人在日益惡劣的條件下從事在沙中淘金和開採金礦的勞動，這就為監護徵賦制（encomienda）奠定基礎。該制度不僅奴役加勒比海的印第安人，而且在後世也奴役墨西哥和秘魯的印第安人。嚴格來講，泰諾人不是奴隸，在法律上是自由人，但是和其他臣民一樣，他們必須為統治者提供一些服務。哥倫布勒令泰諾人進貢金粉，每個泰諾人必須繳納足以填滿一個獵鷹鈴鐺的金粉。西班牙王室偶爾也試圖改善泰諾人的生活條件，但是歐洲奴隸主並不怎麼努力區分「善良的」泰諾人和「邪惡的」加勒比人。第一項有利於泰諾人的重要立法，即《布林戈斯法》（Laws of Burgos），可以追溯到哥倫布首次到達加勒比海的二十年後，但那時要拯救泰諾人已經太晚了。由於不習慣繁重的勞動，並被驅趕到定居點，家庭經常被拆散數個月之久，泰諾人的人口開始銳減。出生率下降，受到西班牙主人的虐待，甚至被屠殺，導致泰諾人迅速消亡。伊斯帕尼奧拉島的金礦對勞動力的需求，導致周邊島嶼的人口減少，因此到了一五一〇年，巴哈馬群島基本上已經廢棄。如下文所示，泰諾人的滅絕促使西班牙人從非洲進口廉價勞動力。這些黑奴甚至不是西班牙統治者名義上的臣民，比泰諾人更得不到保護。西印度群島的經濟可行性，只有透過當地的非洲和歐洲人口的急劇變化才能維持。

哥倫布在作為西班牙新土地總督的職責，和作為上帝代理人的使命感之間糾結，忽視了伊斯帕尼奧拉的人民，因為他仍然相信自己站在神奇東方的邊緣，他將會打開那扇大門，幫助基督教的陸海軍到達耶路撒冷。他對如何到達亞洲的看法與同時代的大多數人截然不同，但這並沒有讓他成為「文藝復興時代的通才」。當他利用古典作家塞內卡的著作，來證明歐洲將壓倒西邊不遠處的「印度」時，他把塞內卡視為一位先知，甚至是一位基督教先知，因為人們經常說，塞內卡是憎恨基督教的尼祿（Nero）皇帝宮廷裡的一位祕密基督徒。[44]哥倫布的思想既根植於中世紀的十字軍東征和基督教救贖的思想，也根植於中世紀熱那亞的商業世界觀。

五

哥倫布第一次出航時帶了三艘船，而卡博特只有一艘船，即名為「馬修號」（Matthew）的「布里斯托的船」，這是一艘大約五十噸的中型船隻，甚至不是新船，而是一艘舊商船，在卡博特接管之前，可能已經去過愛爾蘭和法國做生意。[45]之所以說「可能」，是因為關於卡博特的證據非常零散。卡博特的早期生涯充滿失敗和醜聞：他似乎為了躲債而逃離威尼斯；在瓦倫西亞和塞維亞，作為港口工程師的他從未完成任何計畫，令人懷疑他的能力。[46]一位受人尊敬的英國歷史學家宣布，她正在寫一本徹底修正前人觀點的卡博特傳記，這本書似乎不僅會闡明卡博特與義大利銀行家的關係，還會描述他探索北美海岸線的大片土地，甚至在該海岸安置修士和其他人的嘗試。不過她在這本書寫完之前就去世了，並留下堅定的指示，要求銷毀她所有的筆記和草稿。[47]因此，人們對卡博特的出身、職業和影響仍有很多猜測。讓這些猜測變得更混亂的是，有人認為他才是美洲的真正發現者，因為哥倫布在一四九八年才到達美洲大陸（並且是南美洲，而不是北美洲），並感到身體不適，無法親自踏上大陸，不過他確實派部下上岸了。實際上，美洲的「發現」是一個漸進的過程，歐洲人發現兩塊龐大的大陸擋住通往另一大洋（即太平洋）的道路，而太平洋對航海家的挑戰甚至比大西洋還要艱巨。

卡博特非常清楚哥倫布在西方發現土地，但他的航行旨在證明西班牙人在尋找亞洲的過程中，向南航行得太遠。西班牙人之所會以走這條路線，部分是因為渴求黃金，他們相信在低緯度的熱帶，太陽能夠產生黃金。[48]米蘭駐倫敦大使報告，卡博特正在尋找真正的日本，因為他不相信古巴或哥倫布發現的其他土地就是日本。大使表示，卡博特「相信世界上所有的香料都起源」於日本，據說這是因為他年輕時曾無畏地前往麥加，探求香料的起源地。[49]如果卡博特的預感是正確的，倫敦將成為比亞歷山大港更重要的香料市場。一四九六年三月，亨利七世國王欣喜地授予卡博特廣泛的征服權、貿易壟斷權，以及對他將發現的土地的統治權，「無論是哪些異教徒的島嶼、國家、地區或省分，無論在世界的哪個地方，只要是所有的基督徒都不曾知道的地方」。不過亨利七世國王自己不掏錢，而是讓其他人資助這次遠征。近幾十年蒐集的證據表明，佛羅倫斯的巴爾迪家族為卡博特提供重要的支援。[50]國王明確指出，給予卡博特的是以前未知的土地，這就避免與哥倫布及卡斯提爾王室和葡萄牙王室的利益發生直接衝突。[51]英格蘭人簡單地認為，英格蘭的基督徒探索者可以在他們抵達的任何非基督教土地上升起英格蘭旗幟，而無須考慮當地居民或教廷的想法。如下文所示，教廷已經將全球劃分為西班牙和葡萄牙的勢力範圍。

在一四九六年的第一次嘗試中，卡博特被糟糕的天氣和船員的悲觀情緒打敗了，在一四九七年，第一次完整航行顯然把他帶到「新發現的土地」（即紐芬蘭，也可能是拉布拉多）。[52]如前文所述，這些地方沒有香料，但有數量驚人的鱈魚。一般認為，卡博特發現更多的島嶼，而不是一片大陸。米蘭公爵從自己的關係那裡得知，卡博特發現了七城之島。[53]英格蘭人戴伊寫信給「海軍司令大人」（幾乎肯定是指哥倫布，當時他回到西班牙，處於第二次和第三次航行之間），描述卡博特的航行。戴伊滿懷愛國情懷地稱，「過去發現『巴西』的布里斯托人，後來發現上述陸地的海角，閣下很清楚這一點」。哥倫布對此有何看法，我們不得而知，他從未嘗試這條偏北的橫跨大西洋路線。戴伊報告，卡博特在一四九七年六月下旬到達陸地，但是只有零星的線索表明那裡有人類居住。[54]因此，認為卡博特發現的地方是日本或中國的說法完全不符合事實。

一四九八年，卡博特帶領另一支規模更大的探險隊出發了。這一次，他更願意參考哥倫布的發現，因為據我們所知，卡博特向紐芬蘭島前進，打算讓船隊向南駛向熱帶地區，也許是為了尋找一條通往印度，或者至少是通往日本和中國的路線。卡博特本人失蹤了，不過麾下的一些水手有可能帶著三個印第安人回到歐洲。[55]根據《倫敦大編年史》（*Great Chronicle of London*）的記載，在一五〇一年或一五〇二年，「在新發現的土地抓獲的一些人被帶到國王面前」，「這些人穿獸皮，吃生肉，說的語言沒有人能聽懂，而且他們的舉止像野獸一樣」。[56]卡博特的兒子塞巴斯蒂安·卡博特（Sebastian Cabot）也是一位北美探險家，他警告說這是一片「非常貧瘠的土地」，棲息著北極熊、駝鹿（「像馬一樣大的雄鹿」）、鱘魚、鮭魚、一碼長的鰈魚和無窮無盡的鱈魚。[57]因此，這並不是哥倫布充滿詩意地描繪的近似天堂的樂土（那裡四季如春，農作物無須人的勞動，幾乎自動從土壤中長出）。海洋和河流，而不是土壤，是這片新發現土地的最大資產。

有跡象表明，卡博特或後來的布里斯托來客曾向南走了很遠。一五〇一年六月，哥倫布的競爭對手之一阿隆索·德·奧赫達（Alonso de Hojeda）收到斐迪南和伊莎貝拉的委託，兩位君主指示他，「沿著你發現的海岸線前進，這條海岸線看來是從東向西的，因為它朝著據說英格蘭人正在探索的地區延伸」。奧赫達奉命樹立相當於西班牙發現碑的標誌物，公開宣示卡斯提爾對這一海岸線的主張權，「這樣就可以阻止英格蘭人在這一方向的探索」。[58]儘管都鐸王朝透過阿拉貢的凱薩琳與西班牙聯姻，但西班牙人還是要阻止英格蘭人探索，這些探索可能是由布里斯托商人執行：一五二七年，休·伊利奧特（Hugh Elyot）和羅伯特·索恩（Robert Thorne）都被認為在幾年前就發現了紐芬蘭島。這與其說是對卡博特家族的冷落，不如說是對一五〇〇年左右航海家到達更多新土地的認可，而被帶回亨利七世宮廷的美洲印第安人，可能是在這些較晚的航行中發現的，這些航行似乎一直持續到一五〇五年左右。[59]儘管一位愛國的英格蘭歷史學家聲稱，卡博特明確地表明北美不是亞洲的事實，但是實際上歐洲人仍在繼續將北美與亞洲混為一談。在歐洲人看來，北美既是新大陸，是出乎歐洲人意料的存在，同時又以某種方式與舊大陸相連。北美的居民生活在遠離舊大陸的地方，他們甚至可能是上帝單獨創造的；但他們同時是「印度人」（印第安人），與舊大陸的各民族有共同的祖先。這一切都完全說不通。

當格陵蘭再次進入西歐人的視野時，他們就清楚地認識到，將大量的新資訊與現有知識聯繫起來是多麼困難。英王亨利七世對來自亞速群島的加斯帕·科爾特·里爾（Gaspar Corte Real）於一五〇〇年重新發現格陵蘭的消息很感興趣，這個消息是由來自亞速群島特塞拉島的葡萄牙水手若昂·費爾南德斯·拉夫拉多（João Fernandes Lavrador，拉夫拉多的意思是「農民」）帶給亨利七世的。拉夫拉多從英格蘭國王那裡得到一項特權，並成立一個英葡聯合組織，從布里斯托出發，探索大西洋西部。[60]里爾等人隨後以生命為代價，探索拉布拉多海岸，一直航行到紐芬蘭島。令人困惑的是，他們沒有把拉布拉多這個名字用於加拿大的大西洋海岸，而是用於格陵蘭。[61]一五〇二年在里斯本繪製的地圖，即坎迪諾平面球形圖（Cantino Map），為格陵蘭附上一個圖說，將其描述為「由最高貴的君主，葡萄牙國王曼紐一世授權發現的土地，據說是亞洲的半島」。[62]

有夠多的報告傳回葡萄牙，證實紐芬蘭海域非常適合捕魚，但那片土地除了冰之外，幾乎一無所有。[63]有人認為，這些探險家的真正動機是要在加拿大北方找到一條通往亞洲的西北水道，這將成為航海家們長久執迷的對象。不過更有可能的是，他們對卡博特發現的東西感到好奇，想要進一步了解，而且他們同意當時普遍的看法，即格陵蘭是從亞洲伸出的一部分。

第二十九章　前往印度的其他路線

一

狄亞士發現是托勒密是錯的，印度洋的南端是開放的。在狄亞士發現這一點之後，歐洲人花費九年的時間，才開始利用這個相當驚人的發現。之所以會拖這麼久，一個因素是葡萄牙人再次對在摩洛哥作戰產生興趣，不過他們的插手繼續刺激著卡斯提爾人。卡斯提爾人向摩洛哥的地中海沿岸派出一支遠征軍，於一四九七年占領梅利利亞（Melilla），並一直占據到今天。葡萄牙國王身邊有許多質疑者指出，葡萄牙君主國即使擁有黃金、糖和奴隸帶來的利潤，其資源也絕非取之不盡，用之不竭；集中精力使這些利潤最大化肯定更有意義。葡萄牙人也很容易認為，他們對印度洋及其周邊地區的政治狀況知之甚少。除了保持如此漫長的貿易路線暢通很困難之外，葡萄牙人對那個被認為會來幫助他們的基督教君主祭司王約翰也知之甚少，儘管四個世紀以來，歐洲人一直反覆提到他。

為了準備新的航行，葡萄牙派間諜去穆斯林國家，希望他們能進一步滲透，一直到印度和衣索比亞。一四八七年至一四九一年間，若昂二世國王的間諜佩羅·達·科維良（Pero da Covilhã）探索通往印度的陸路，最後死在衣索比亞。他對印度的描述透過在開羅交易的葡萄牙猶太人傳回里斯本。[1]葡萄牙王室還運用技藝高超的猶太天文學家亞伯拉罕・薩庫托（Abraham Zacuto）的知識，他在一四九二年被流放出西班牙之前，曾任教於薩拉曼卡大學。[2]薩庫托是一位偉大的星曆表專家，星曆表對長途航行至關重要。葡萄牙王室派科維良去印度的目的，不是為了開闢一條陸路，因為在土耳其人和馬木路克王朝的阻撓下，這顯然是不可能的；而是為了窺探印度的城市，了解在那裡可以買到什麼，並對印度洋沿岸土地的地理情況有所了解。

葡萄牙人對跨大西洋的西行路線的興趣不大。哥倫布在向葡萄牙人推銷通往亞洲的短途跨大西洋航線時，並沒有得到認真對待。在狄亞士繞過好望角，並給葡萄牙人帶來通往印度的航線的美好希望後，葡萄牙人就更不把哥倫布當一回事了。哥倫布對地球尺寸的計算根本不可信，他認為日本距離加納利群島很近的想法也沒有道理。[3]葡萄牙王室支持奧爾曼在一四八六年的西行探險，但是沒有投資，而且奧爾曼音訊全無。[4]因此當哥倫布於一四九三年結束抵達加勒比海的第一次航行，載著泰諾印第安人返回歐洲時，葡萄牙國王感到震驚。有一個問題是，新發現的哪些土地應該屬於哪個王國的統治範圍？一四九四年的《托德西利亞斯條約》（Treaty of Tordesillas）商定的解決方案是，將大西洋乃至全球，從大洋中間垂直劃分；該條約由教宗亞歷山大六世・博吉亞（Alexander VI Borgia）調停促成，他藉此機會表達自己對整個世界的總體權威。西班牙被授予分界線以西的權利，葡萄牙被授予分界線以東的權利。因此在一四九〇年代，葡萄牙人仍然被限制在大西洋的東側。

從航海的角度來看，這是暴風雨前的寧靜。一四九五年末，新國王曼紐一世繼承葡萄牙王位。他是

麥加
第烏
印度
「埃斯梅拉達號」沉船
果阿
坎努爾
卡利卡特
科欽
麻六甲
太平洋
蒙巴薩
尚吉巴
基爾瓦島
馬達加斯加
印度洋
冰洋
0 1000 2000 3000 英里
0 2000 4000 6000 公里

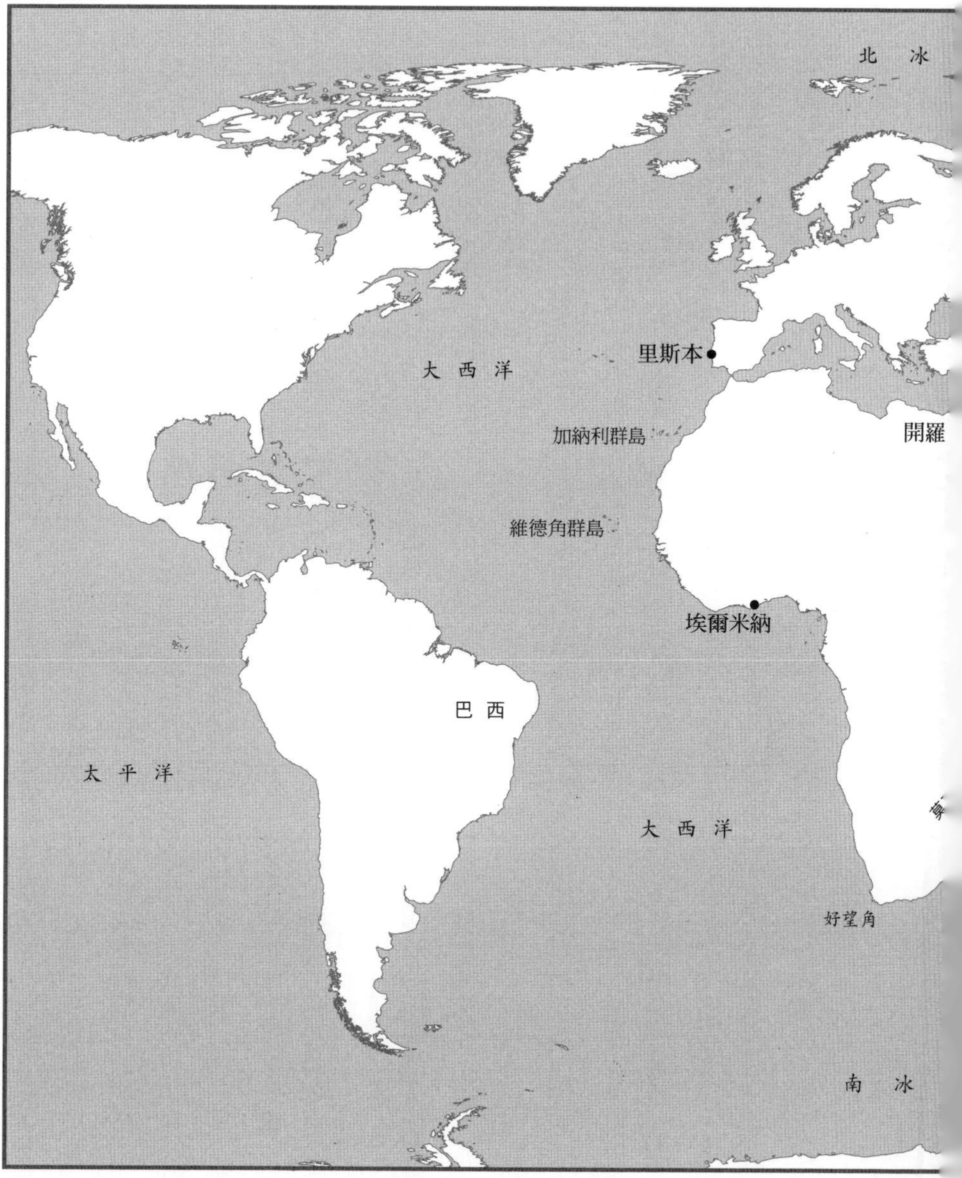
北　冰
里斯本
大　西　洋
加納利群島
開羅
維德角群島
埃爾米納
巴　西
太　平　洋
大　西　洋
好望角
南　冰

若昂二世的堂弟，既受到葡萄牙在反伊斯蘭鬥爭中彌賽亞思想的驅使，也要支持如今很富裕的里斯本貿易團體；他受過方濟各會修士的教育，這些修士使他充滿彌賽亞的使命感。當他出乎意料地成為堂兄的王位繼承人時，這種感覺就更強烈了。[5]曼紐一世於一四九七年決定將猶太人和穆斯林趕出他的王國，這反映他對人類歷史的末世觀：當猶太人成為基督徒，當基督徒打敗了國內、耶路撒冷以東和亞洲的異教徒摩爾人之後，基督就會重返人間（最終當曼紐一世關閉港口，以防止猶太人離開之後，大多數猶太人被迫皈信基督教，結果出現一個龐大而繁榮的新基督徒群體，往往祕密地忠於他們的舊宗教）。基督徒前往亞洲中心地帶的航行，將使東方的黃金和香料遠離伊斯蘭世界的中心地帶，並有助於削弱馬木路克王朝在中東，以及鄂圖曼人在土耳其和巴爾幹地區的勢力。

一四九七年七月，在盛大的慶典之中，達伽馬率領四艘船出發了，一開始是沿著葡萄牙的經典路線，即沿著非洲西岸，經過維德角群島。[6]其中兩艘船不是卡拉維爾帆船。葡萄牙人花了很大精力去研發一種更堅固的配有方帆的船，它更適合狄亞士發現的那條大膽的航線。遵照這條航線，船隊將穿過強勁的風，跨越遠離陸地的開闊大洋，而不是康採取的沿海路線（利用卡拉維爾帆船在內河逆流而上航行的能力）。狄亞士對新船型的設計提出建議，但國王卻神祕地選擇達伽馬，一個沒有海上指揮經驗的小貴族來領導探險隊；曼紐一世更想讓一個或許有能力與外國統治者談判的人擔任探險隊隊長，而不是狄亞士這樣的資深老水手。[7]達伽馬牢記狄亞士的建議，過了維德角群島之後就駛向開闊大洋，走的路線長度是哥倫布在一四九二年航程的三倍。達伽馬的船被勁風吹到現代納米比亞和南非海岸的某處。在那裡，他們遇到赤身裸體、膚色黃褐的布希曼人（Bushmen），他們對香料、黃金或珍珠一無所知，令葡萄牙人很失望；[8]再往南，達伽馬的編年史家描述了一些人，他們的相貌和行為更像遠在北方的非洲黑人。[9]葡萄牙人從這些人那裡用三個手鐲買了一頭牛，大快朵頤一次。這頭牛很肥，口味和家鄉的美食一樣好，在連續吃了好幾週的醃豬肉和硬餅乾之後，牛肉真是美味。[10]好消息是，當他們繞過南部非洲時，葡萄牙人開始意識到當地居民並不是與世隔絕的；他們「英俊瀟灑，身強體健」，而且知道鐵和銅。葡萄牙人遇到一個人，對方告訴他們，他曾在海岸的遠處旅行，在那裡看過大船。

葡萄牙人越沿著海岸深入印度洋，就越覺得這裡不是基督教世界，而是穆斯林世界。這是有道理的，因為幾個世紀以來，阿拉伯商人一直駕駛著他們的阿拉伯三角帆船在東非海岸從事貿易。[11]東非海岸的許多居民，不管膚色如何（因為阿拉伯人和非洲人之間有很多通婚），都講阿拉伯語。這些人穿著亞麻布和棉布的衣服，戴著絲綢頭巾。他們積極地與北方的「白皮膚摩爾人」做生意，阿拉伯船隻停在港口，船上堆滿黃金、珍珠和香料。葡萄牙人一直在向他們遇到的每個人詢問這些東西，包括印度群島的胡椒。原住民商人吹噓，在葡萄牙人要去的地方，珍珠和珠寶非常豐富，人們只需收集它們，而不需要提供貨物作為回報。[12]葡萄牙人像海綿一樣吸收他們聽到的所有傳聞：北方有一些基督教王國，正在與摩爾人交戰；衣索比亞的祭司王約翰的王國在三個世紀後，仍然忙於保衛基督教。這一切都太美妙了，不像是真的。當達伽馬到達今天肯亞南部的蒙巴薩時，就進入一個他更熟悉的君主和商人的世界。蒙巴薩的兩名商人自豪地向葡萄牙人展示一些圖畫，葡萄牙人相信那是聖靈的圖像，所以達伽馬甚至相信自己遇到基督徒。[13]在一名自願的領航員（經常被誤認為是伊本・馬吉德〔ibn Majid〕，即好幾篇關於航海文章的穆斯林作者）的幫助下，達伽馬終於能夠前往印度的卡利卡特，他在五月二十日抵達那裡。[14]

在這裡，達伽馬進入一個與他的家鄉有密切聯繫的世界。他發現兩個來自突尼西亞的摩爾人，他們會說西班牙語和義大利語，他們向葡萄牙人打招呼時並不熱情：「讓魔鬼把你抓走！是誰帶你來的？」儘管如此，葡萄牙人還是相信他們到達一個基督教國度，這肯定不是穆斯林統治下的土地。葡萄牙人對一座建築肅然起敬，認為它是教堂；它是用石頭建成的，有修道院那麼大，門口有一根巨大的銅柱。「教堂」內有一座宏偉的「禮拜堂」，「在這座聖殿內有一尊小雕像，他們說是代表聖母的」。這尊雕像帶著一個孩子，所以可以確定是代表聖母。於是，達伽馬和一些同伴走進院子，做了祈禱。當地祭司向葡萄牙訪客潑灑聖水，並贈送他們用牛糞、灰燼和檀木製成的「白土」，當地基督徒習慣用白土來塗抹自己。當地基督徒也尊崇數量極多的聖徒，聖徒的形象被畫在教堂的牆壁上，有些人有好幾隻手臂或巨大的牙齒。[15]

當然，這一切都是一個天大的錯誤。葡萄牙人豐富的想像力將他們與印度教諸神的第一次相遇，轉化為與聖母和聖嬰的邂逅。畫在牆上的一眾神靈被解讀為基督教聖徒，[16]聖母和聖徒可能是黑天（Krishna）❶被祂的母親提婆吉（Divaki）餵奶的形象。葡萄牙人知道這些人不是「摩爾人」，因為摩爾人的崇拜場所沒有圖像，其語言和習俗也很容易辨認。如上文所述，伊斯蘭教只是在達伽馬啟航的那一年才在葡萄牙被禁止。[17]但印度是一個有許多國王、有詭計多端的摩爾人、無疑非常富庶的地方，葡萄牙人在這裡不受歡迎。達伽馬與當地統治者談判的嘗試處處受挫，而且他不斷訴諸暴力（這已成為葡萄牙征服者的標誌），讓他更難贏得當地統治者的尊重，並建立貿易站。不過，達伽馬還是滿載著胡椒和其他貨物的樣品離開，並於一四九九年九月返回里斯本。

葡萄牙國王開始樂觀地自稱「葡萄牙國王，幾內亞領主，衣索比亞、阿拉伯、波斯和印度的征服、航海及商業的領主」，這個稱號並不像聽起來的那麼空洞：在五年內，葡萄牙從里斯本向印度派遣八十一艘船，數量驚人。在佩德羅・阿爾瓦雷斯・卡布拉爾（Pedro Àlvares Cabral）的指揮下，第二支艦隊於一五〇〇年出發；這支艦隊由十三艘船組成，在大西洋上繞了一個很大的彎，在南美洲登陸，即葡萄牙人所說的「聖（或真）十字之地」，不久後被改稱巴西。這片土地恰好位於六年前《托德西利亞斯條約》規定分界線的葡萄牙那一側。儘管常有人認為，葡萄牙人在此之前已經祕密掌握關於巴西的知識，所以卡布拉爾知道他要去的地方，但當時的報告表明，這是一個意外的發現。葡萄牙人過了很長的時間才開始開發巴西。18

卡布拉爾特意帶了阿拉伯語譯員，包括一個叫加斯帕・達伽馬（Gaspar da Gama）的人，這個名字來自他的教父達伽馬。加斯帕是一個熱情、消息靈通的波蘭裔猶太人，他在印度流浪時被達伽馬發現，並帶回葡萄牙。卡布拉爾說服卡利卡特的札莫林（Samudri，即國王），做生意的手段極其粗暴：擊沉載有數百名乘客的船隻、炮轟卡利卡特城、不留俘虜、屠殺大象和人（大象被吃了）；最後卡布拉爾得到裝載香料的許可，儘管他拿到的香料還不足以裝滿所有船艙。卡布拉爾之所以能夠獲得這些貨物，是

❶ 譯注：黑天是印度教諸神中最廣受崇拜的一位神祇，被視為毗濕奴的第八個化身，是諸神之首。關於黑天的神話主要源自《摩訶婆羅多》和《往世書》。在藝術上，黑天通常被描述為藍黑色皮膚、身纏腰布、頭戴孔雀羽毛王冠。祂代表極具魅力的情人，因而常以在一群女性愛慕者簇擁下吹笛的牧人形象出現。

因為他了利用卡利卡特統治者和科欽王公之間的激烈競爭。科欽王公把葡萄牙人視為裝備精良的盟友，所以對這些闖入者更有好感。[19]七艘葡萄牙船最終返回里斯本，但是只有五艘載著貨物。有一艘船迷失方向，抵達馬達加斯加，這是歐洲人第一次在該島登陸。一五〇〇年六月，卡布拉爾艦隊在非洲海岸遇到一支載有義大利探險家韋斯普奇的艦隊，看來這個廣闊的世界在某種意義上仍然很小，在這些巨大的空間裡，歐洲人仍然能以某種方式相遇。韋斯普奇的目的地是南美洲北岸；但他完全明白這些葡萄牙人航行的意義。他向佛羅倫斯發了一封長信，講述卡布拉爾艦隊的成就，並向他的贊助人（梅迪奇家族的一位成員）描述亞洲海洋的地理。韋斯普奇認為卡布拉爾在南美洲造訪的土地，是哥倫布和其他人打著西班牙國旗發現土地的延伸，而葡萄牙人認為巴西是一座大島。[20]

曼紐一世國王被熱情沖昏頭，甚至在卡布拉爾回來之前，就在一五〇一年三月派出另一支艦隊，由加利西亞人若昂・德・諾瓦（João de Nova）指揮。諾瓦設法了解卡布拉爾的情況：卡布拉爾在非洲南端附近一棵樹上懸掛的一隻鞋子裡留下訊息。令人驚愕的是，諾瓦居然發現了這個訊息，其中警告應該對敵視葡萄牙的卡利卡特札莫林保持警惕。諾瓦用大炮擊退卡利卡特船隻的攻擊，還俘獲幾艘貨船，其中一艘屬於陷入困境的札莫林。事實證明科欽和坎努爾（Cannanore）是很好的香料來源，但是困難在於印度人對葡萄牙人帶來的貨物興趣不大。不過，諾瓦還是設法在坎努爾為葡萄牙人建立一個「貿易站」，即倉庫和辦公室；這正是達伽馬在卡利卡特的目標，但是他在那裡大開殺戒，所以不可能建立一個永久基地。諾瓦得以在一五〇二年九月帶著數十萬磅的胡椒、肉桂和生薑返回葡萄牙。毫無疑問，其中一些貨物是從被俘的科欽船隻上搶來的。長期以來，在印度洋沿岸的許多居民眼中，葡萄牙人是海盜和侵略者，我們不能不同意這種觀點。[21]

一五〇二年，達伽馬第二次出征印度，就在諾瓦離開印度水域時出發。達伽馬這次有二十艘船，分為三支分艦隊：一支分艦隊由十艘船組成，負責收集香料；一支分艦隊負責消滅海上敵視葡萄牙人的阿拉伯商人；一支分艦隊則負責留在印度，保護居住在那裡的葡萄牙人。葡萄牙人的自信心令人印象深刻。他們認為，儘管存在與卡利卡特統治者發生戰爭的危險，而且穿越風浪和經過東非許多潛在敵對城鎮的旅程非常困難，但從里斯本啟航的船隻最終會回來，當然會有一些損失。對非洲東岸的重要港口基爾瓦的造訪，為這次遠征定調。在基爾瓦，達伽馬威脅要炮轟城市，迫使當地統治者宣布自己是葡萄牙國王的附庸，並繳納大量的黃金貢品。[22]葡萄牙人一直牢記著，他們可以透過暴力達到目的。進入印度海域之後，葡萄牙人的暴力活動就升級到可怕的程度：燒毀一艘滿載男女老少從麥加返回的商船只是一個可怕的插曲，因為達伽馬還炮轟多個城鎮，醉心於葡萄牙人的強大火力，一心想要羞辱卡利卡特的札莫林，並強行闖入印度的香料市場。潛在的朋友也受到騷擾，比如坎努爾的王公。葡萄牙人發現他與穆斯林商人勾結，於是警告他絕不能干涉駐紮在他的港口的葡萄牙商人。[23]

這些行動甚至促使達伽馬的敵人，即卡利卡特的統治者開始談判，不過他是希望困住達伽馬，並摧毀對方的艦隊。一五〇三年二月初，葡萄牙人和卡利卡特的海軍發生衝突，達伽馬贏得一場漂亮的勝利。卡利卡特戰敗的原因之一是，札莫林無法說服阿拉伯商人借給他船隻，所以他的海軍只有幾十艘由印度臣民提供的船隻。葡萄牙人這次帶回家的貨物異常豐富，有超過三百萬磅的香料，主要是胡椒，也有大量氣味香甜的肉桂。一些色彩鮮豔的鸚鵡被帶回葡萄牙，被描述為「不可思議的生靈」。如果這種情況能在更和平的條件下年復一年地重複，世界貿易路線就會發生根本性的變化。[24]

即使這些先驅者能夠在船上裝滿胡椒，這些航行的高風險及多達一半船隻的損失，也開始讓葡萄牙國內對其可行性產生懷疑。一九九八年發現一艘沉船（儘管其位置一直保密到二〇一六年），很可能是達伽馬的船隻之一的「埃斯梅拉達號」（Esmeralda），在阿曼近海沉沒。它是已知最早的地理大發現時代歐洲船隻殘骸。這是考古證據和文獻資料完美結合的案例之一，因為這艘船的失事是眾所周知的，這要歸功於當時的編年史和寄給曼紐一世國王的一封信中的報告。[25] 一五六八年的一份手抄本描繪「埃斯梅拉達號」及其姊妹船「聖佩德羅號」（São Pedro）的沉沒，可見這些事件多麼出名。這兩艘船被派往阿拉伯半島近海，追蹤阿拉伯船隻，但不熟悉風浪給葡萄牙船隻帶來的損害，遠遠大於與阿拉伯三角帆船的衝突造成的損害。「埃斯梅拉達號」被風暴從靠近一個近海島嶼的下錨地點刮走，被拋向岩石。船長文森特．索德雷（Vicente Sodré）的名字被刻在船上裝載用於戰鬥的石彈上，以示紀念。索德雷是達伽馬的舅舅，如果達伽馬在遠征途中死亡，索德雷將接替他的位置。一個帶有數字「四九八」（即一四九八年）的鐘和一些在葡萄牙鑄造的克魯扎多錢幣有助於確認這艘船的身分，其中一枚是曼紐一世國王的銀質「印第奧」（indio）錢幣，除此之外，只有一個存世的樣品，但它在當時是一種著名的錢幣，是為與東印度的貿易而鑄造的。[26] 前不久在「埃斯梅拉達號」上發現一個航海星盤，這種器具的存世樣品極少，而且年代沒有這麼古早的。

葡萄牙人在印度洋的航行經驗不斷增加，航行的危險就減少了，而不斷成長的利潤增加印度遠航對那些想要發財的人的吸引力。威尼斯作家們開始恐慌，（錯誤地）擔心他們透過亞歷山大港購買的所有胡椒會消失，還不安地得知「無法買到〔達伽馬〕那次航行的航海圖。〔葡萄牙〕國王規定，對洩露航海圖的人處以極刑」。[27]威尼斯人吉羅拉莫．普留利（Girolamo Priuli）在日記中不斷重複著他對未來的擔憂：

> 一些非常睿智的人傾向於認為，這件事可能是威尼斯國家毀滅的開始，因為毫無疑問，威尼斯城每年在那裡進行的航行和商品貿易，是共和國賴以生存的養料……在葡萄牙國王的這次新航行之後，所有應該從印度的卡利卡特、科欽和其他地方運到亞歷山大港或貝魯特，然後再運到威尼斯的香料……都將被葡萄牙控制。[28]

威尼斯迅速採取行動，將槳帆船從地中海派往法蘭德斯，傾銷在黎凡特獲得的香料，試圖阻止葡萄牙的競爭。[29]

葡萄牙的胡椒很豐富，但是當它送到歐洲時往往泡了水，所以葡萄牙並沒有在一夜之間獲得香料貿易的霸主地位。當葡萄牙國王未能從一五〇一年帶回的胡椒中賺到多少錢時，威尼斯人就鬆了一口氣。達伽馬取得的突破在幾年後才顯現出效果。一五〇三年後，歐洲市場上的香料價格下跌，反映出由好望角航線運來香料的影響。威尼斯確實受到負面影響，但是並未發生突然的災難性崩潰，甚至在十六世紀末還經歷復甦。[30]葡萄牙的成功依賴北歐市場的強勁需求。安特衛普是葡萄牙的救星，這個市場靠近北歐的各城市和宮廷，葡萄牙可以在安特衛普卸貨，並以較低的價格打壓威尼斯從地中海派來船隊的貿易活動。不過我們要記住，印度香料的主要海外市場不是西方，而是東方，比如中國對印度香料的消費量極大，即使明朝試圖將香料生產集中在國內；而印度本身消費的香料遠遠超過整個歐洲，甚至在蒙兀兒人（Mughals）將他們的美食帶到南亞次大陸之前，印度就已經有大量的辛辣食物可供享用。歐洲對香料的需求並沒有對東印度的香料價格產生很大影響。葡萄牙開闢通往印度及其他地區的航線具有重大意義，為歐洲第一個偉大的海洋帝國奠定基礎，但我們不能誇大歐洲香料貿易對亞洲經濟的影響。

不過，一些義大利商人確實從新的機會中受益。巴托洛梅奧．馬爾基奧尼（Bartolomeo Marchionni）是一位非常富有的佛羅倫斯商人。當達伽馬第一次啟航時，馬爾基奧尼已經在里斯本生活近三十年；他從事糖、奴隸和小麥貿易，並在馬德拉與幾內亞海岸做生意，然後成為遠航印度計畫的熱心支持者。他是一個歸化的葡萄牙公民，相信家族的未來就在蓬勃發展的里斯本。到了一四九〇年左右，他是該城最富有的商人。在達伽馬的遠航很久之前，馬爾基奧尼就開始支持遠航印度的事業了。當科維良去東方執行間諜任務時，馬爾基奧尼曾為他提供可兌換現金的信用狀。馬爾基奧尼是卡布拉爾的船隻之一「聖母領報號」（Annunciada）的主人，該船載著從印度獲得的寶石返回。馬爾基奧尼還資助了諾瓦的探險。[31]

二

斯瓦希里（Swahili）海岸也進入葡萄牙人的視野。儘管斯瓦希里人對出海沒有多大的興趣，但葡萄牙人很難阻止阿拉伯三角帆船在東非海岸從事貿易；阿拉伯、印度及很可能是馬來的船隻，經常造訪東非海岸的各港口，在基爾瓦、蒙巴薩和其他城鎮停留。根據十六世紀初葡萄牙作家皮列士的說法，這些城鎮的遠途聯繫一直延伸到麻六甲。[32]葡萄牙人的主要目的是恐嚇當地的穆斯林統治者，從而自由通過這些統治者的水域。葡萄牙人需要停靠點，在那裡檢修船隻，堵塞漏洞。最重要的是，他們希望封鎖紅海，切斷將東印度香料運到亞歷山大港的供應路線。在東非海岸，有一個地方吸引了葡萄牙人：位於現代莫三比克的索法拉，是將黃金從非洲內陸運往海岸的終點之一。透過控制莫三比克海岸，葡萄牙人能夠阻止阿拉伯人進入索法拉，而且一旦季風吹向正確的方向，從索法拉到印度的航行就會出奇的容易。葡萄牙人對沿東非海岸可以買賣的東西並不感興趣，因為他們已經對印度香料的香味上癮了。[33]

大多數關於達伽馬及其後繼者的史書，對葡萄牙在東非的作為關注甚少，但如果葡萄牙人要掌控通往印度的路線，並在一定程度上控制離家如此遙遠的大洋，在東非的成功是至關重要的。如果不用強大的聯盟和堅不可摧的要塞（這些要塞將提醒當地統治者不要招惹葡萄牙人），來保護經過非洲的航線，在印度（如坎努爾和科欽，以及後來的果阿與第烏〔Diu〕）建立基地就沒有任何意義。同樣的政策指導葡萄牙人沿著摩洛哥海岸南下，一直到了埃爾米納，所以在遠離家鄉的地方建造要塞是他們骨子裡的想法。早在一五〇三年，當曼紐一世派遣安東尼奧・德・薩爾達尼亞（António de Saldanha）率領三艘船進入印度洋時，葡萄牙人就清楚知道如何將東非融入他們的更廣大計畫。只有三艘船的艦隊可能看起來微不足道，但葡萄牙人的火力是非常可怕的，他們船上的大炮是十六世紀初的大規模殺傷性武器，正如薩爾達尼亞的一位船長奪取駐紮在蒙巴薩的一些船隻，然後封鎖尚吉巴時展現的。不過對尚吉巴的攻擊是一個完美的例子，說明葡萄牙人未經深思熟慮就魯莽地行動。尚吉巴的蘇丹從來沒有反對過葡萄牙人，但葡萄牙人炮轟海灘，殺死蘇丹的兒子，還繳獲三艘停在尚吉巴港口的船隻，於是蘇丹不得不簽署一項屈辱的和平協定，包括每年繳納大量黃金和三十隻羊的貢品，以及為被扣押的一艘船隻支付巨額贖金。[34]

當地統治者希望，一旦葡萄牙人發現穆斯林和印度教統治者是多麼不願意接待他們，他們就會在幾年內離開印度洋，讓印度洋重歸相對的和平。然而，葡萄牙人卻不斷回來索取更多的東西，並開始在索法拉和基爾瓦建造要塞，從而在東非扎根。被派去修建這些要塞的指揮官法蘭西斯科・德・亞美達（Francisco de Almeida）利用這樣一個事實，即當地的酋長們已經接受葡萄牙國王的宗主權。但很明顯的是，酋長們只有繼續繳納貢品並幫助葡萄牙人，才會被允許繼續掌權。[35]這種類型的關係受到中世紀西班牙和葡萄牙的基督教統治者與穆斯林君主締結的投降條約啟發：一方面是強迫穆斯林君主與基督教統治者結盟；另一方面則是前者對後者的鬆散臣服，兩方面相互結合。

亞美達成為葡萄牙在印度洋的第一位副王，他被派往印度洋時，率領著到當時為止最大的葡萄牙艦隊：二十二或二十三艘船上共有一千五百人，船上的人包括葡萄牙的許多達官顯貴，和對這些水域有經驗的船長（如諾瓦），因為國王在一套三萬字的指令中，規定的目標是控制印度洋西半部。[36]亞美達原本願意與基爾瓦的酋長達成妥協，但是在發現這位酋長不太歡迎他時（酋長說他不能見亞美達，因為一隻黑貓在他面前過了馬路），亞美達對酋長顯而易見的拖延戰術大為震怒，於是命令葡萄牙軍隊攻打該城。亞美達的部下占領基爾瓦，酋長從後門逃走。第二天，勝利的亞美達開始在基爾瓦建造要塞。不過，他還必須為可能變得動盪不安的基爾瓦城成立新的政府。一個被葡萄牙人稱為安科尼（Anconi）的順從的穆斯林領袖被任命為基爾瓦國王；亞美達帶來一頂曼紐一世要送給科欽王公的王冠，現在這頂王冠被用於安科尼的豪華加冕禮（這倒是很方便），葡萄牙指揮官們都盛裝出席。[37]

葡萄牙人對蒙巴薩的攻擊也是一個令人憎惡的類似故事：恐嚇之後是無情的炮轟，軍隊登陸，搶劫和焚燒城市，屠殺許多居民。蒙巴薩蘇丹寫信給另一位阿拉伯統治者：「這座城市裡死屍的臭味讓我不敢進城。」勝利者瓜分戰利品，其中一些來自遙遠的波斯，包括黃金、白銀、象牙、絲綢、樟腦和奴隸，還有一張精美絕倫的地毯，它被作為禮物送給曼紐一世國王。繳獲的東西太多，以至於裝船都要花費兩週。[38]葡萄牙人選擇讓別人畏懼，而不是愛戴他們。他們對索法拉特別感興趣，因為它有黃金貿易中心的美譽，儘管它的港口很難進入，因此不太適合作為補給站。葡萄牙人凶殘的惡名迅速傳播，年約八十歲且雙目失明的索法拉酋長無法抵抗，特別是他們提出要保護索法拉免受來自內陸的非洲襲掠者攻擊。酋長允許葡萄牙人在索法拉建立一座要塞和商業基地，在一五〇五年秋天的幾個月裡，他們破土動工。就這樣，他們控制了索法拉的黃金貿易，阿拉伯商人現在被排擠在外。

葡萄牙人也開始垂涎莫諾莫塔帕（Monomotapa）這個龐大的內陸帝國，這是他們渴望的大部分黃金來源；一五〇六年，一名葡萄牙間諜的報告表明，黃金的來源在一個首都名為津巴（Zimbaue）的王國，需要大約三週的時間才能到達那裡。這是歐洲人第一次提到大辛巴威（Great Zimbabwe）帝國的繼承國，大辛巴威帝國的統治者曾經統治非洲東南部的大片地區。顯然葡萄牙人從這一地區（後來成為葡屬莫三比克殖民地）獲取的黃金越多，他們就越容易購買印度的香料。於是，一個活躍的切換式網絡發展起來，將葡屬索法拉與印度加以聯繫，並向非洲輸送印度紡織品和地毯，包括最好的絲綢與亞麻襯衫。[39]

葡萄牙人在印度洋的這次接管行動的一個最突出特點是，他們在對自己建造要塞土地的地理和資源還知之甚少的情況下，就自信地奪取控制權。達·庫尼亞（da Cunha）艦隊中的一艘船偶然在馬達加斯加登陸，那裡已經被葡萄牙人發現，但仍是未知的領土。當他們看到島上的年輕男子戴著銀手鐲，並意識到在那裡也能找到丁香和生薑時，葡萄牙人變得非常興奮。也許沒有理由大老遠跑到印度和穆斯林與印度教徒打仗，因為在馬達加斯加也可以獲得印度的香料和貴金屬，並且這座巨大島嶼的居民普遍比較友好。諾瓦告訴曼紐一世國王，「大船」每隔一年就會從更遠的東方抵達馬達加斯加，因此葡萄牙人既可以開發島上的財富，也可以利用馬達加斯加和遠東的麻六甲之間的貿易。如同一位歷史學家所說，「這將是一個利潤巨大、回報迅速的案例」。曼紐一世興奮不已。一五〇八年，一支探險隊奉命評估這些想法的可行性，但他們在馬達加斯加沒有發現白銀和丁香。有趣的是，葡萄牙人得出的結論是，他們看到的丁香是從一艘爪哇帆船殘骸中收集的。在一五〇〇年前後，東印度群島和東南非洲（特別是馬達加斯加）之間的交通仍在繼續，馬達加斯加與遙遠東方的群島還有聯繫，馬達加斯加的人口就來自那些島嶼。40

葡萄牙人在東非和印度取得顯著的成功。不過，印度洋的水域永遠不可能完全屬於他們：不僅要考慮爪哇帆船，還要考慮阿拉伯三角帆船和鄂圖曼帝國的作戰槳帆船，因為正如下文所示，土耳其人在這個廣闊的舞臺上也有自己的野心。

第三十章　去對蹠地

一

看來，歐洲人可以從兩個方向到達亞洲。但漸漸地，他們的疑慮開始累積。韋斯普奇的著作在歐洲的傳播和翻譯，甚至比哥倫布的著作還要廣泛，這要歸功於日益活躍的印刷廠。韋斯普奇的著作指出，確實有一個新大陸，它甚至可能與亞洲沒有聯繫。韋斯普奇聲稱自己參與四次跨大西洋的航行，這不一定是真實的。他描述新大陸的信件（其中一些以手抄本形式存世，一些以印刷形式存世），有部分內容是事實，但也有傾向性很強的部分，因為他對受眾有絕佳的洞察力，他的讀者對食人族的盛宴和世界地理同樣感興趣。韋斯普奇信件的印刷版本針對這個主題進行特別聳人聽聞的渲染，這部分也很可能經過他的編輯改寫。真正的問題不是韋斯普奇是否目睹他聲稱看到的東西，而是他的作品如何影響歐洲人。當時歐洲人越來越清楚地意識到，通過大西洋去亞洲的海路被巨大的大陸所阻隔。韋斯普奇的崇拜者之一是摩爾爵士，他創造一個虛構敘述者拉斐爾·希適婁岱（Raphael Hythloday），來描述大西洋某處的理想社會，希適婁岱「陪同韋斯普奇進行四次航行中的後三次，關於這些航行的描述如今已成為家喻戶曉的讀物」。[1]

韋斯普奇聲稱，他於一四九七年加入一支由奧赫達率領的橫跨大西洋的西班牙探險隊。奧赫達奉命指揮一支小艦隊，首度打破哥倫布對探險的壟斷。[2]奧赫達艦隊前往的地區在哥倫布前兩次航行開闢的區域之外，因此並不自動屬於天主教雙王授權哥倫布探索和治理的區域。這些與哥倫布競爭的航行，引起哥倫布家族和王室之間的訴訟，訴訟持續了一個世代的時間。哥倫布家族認為加勒比海屬於他們，新來的人是外來的插足者。很有可能韋斯普奇實際上並沒有與奧赫達同行，他第一次橫渡大西洋是在兩年之後。不過，無論韋斯普奇的第一次航行是在一四九七年還是一四九九年，他都是被加勒比海南部有珍珠捕撈場的消息吸引過去的，他對自己的定位可能是珠寶商人。[3]但後來發現，真正能夠賺錢的生意不是珍珠，而是奴隸貿易。他的船隊擄走超過兩百名奴隸。[4]

當奧赫達艦隊沿著加勒比海南岸航行時，來到一片土地，那裡的原住民居住的村莊在水面上，就像威尼斯一樣；這就是「委內瑞拉」（Venezuela）這個名字的由來，意思是「小威尼斯」。[5]當然，這些房屋並不是威尼斯那種豪華宮殿，而是建在木樁上的小茅屋，互相之間用吊橋連接，有危險時吊橋就會升起，比如奧赫達艦隊到來的這一次，吊橋就升了起來。[6]當印第安人表現出敵意時，韋斯普奇淡淡地報告有必要屠殺他們，不過探險家們抵制燒毀村莊的誘惑，「因為對我們來說，這似乎會為我們的良知帶來負擔」。[7]他們在村莊裡發現的物品價值不高，於是繼續前進。[8]但是一般來說，這個地區的人們很友好，會為探險家提供食物，表演舞蹈；「我們在那裡過夜，他們向我們提供女人，我們無法拒絕。」[9]不過，這些原住民確實遭受富有侵略性鄰居的襲擊，那些鄰居也襲擊歐洲人。奧赫達覺得自己

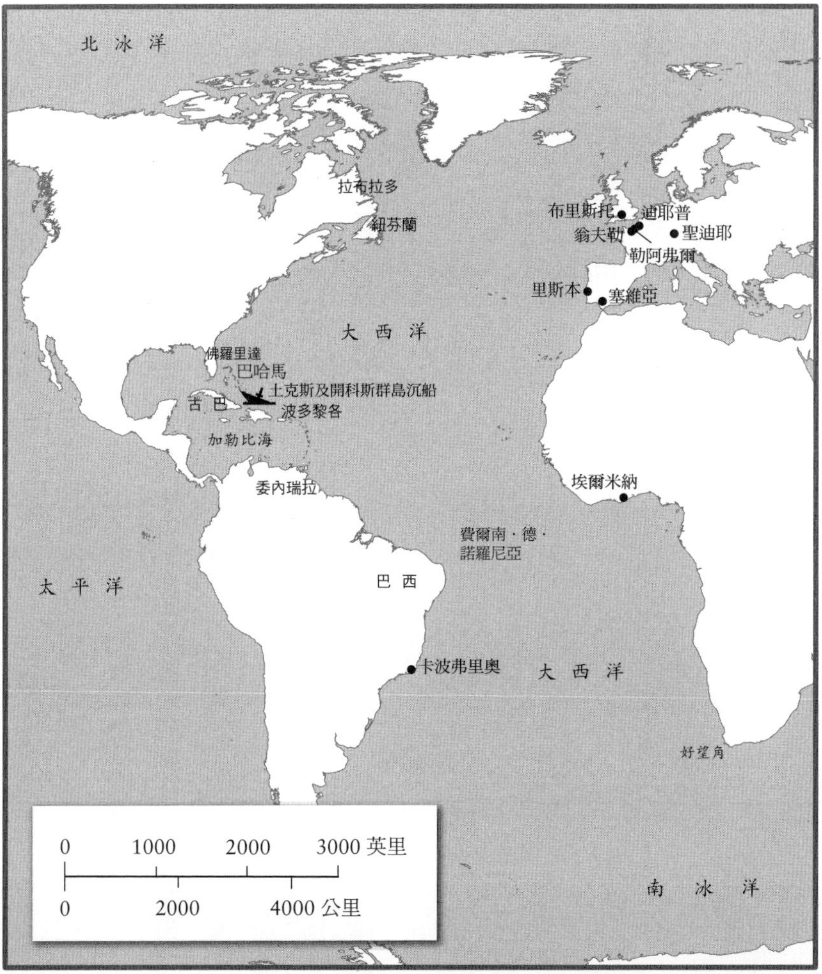

已經看到夠多的東西，現在應當帶著奴隸返航了。

當歐洲人研究他們發現的動植物時，這個新大陸為他們帶來的新鮮感就特別明顯。因為這是一片肥沃的土地，盛產野生動物，如「獅子」（即美洲豹）、鹿和豬，儘管牠們與舊大陸的品種在外形上有很大的差別。[10]在韋斯普奇的航海生涯中，歐洲人對南半球的了解只是零星的。

在他一四九九年的第二次，也可能是第一次遠航時，韋斯普奇可能仍然認為美洲大陸只是亞洲的延伸。他在接下來幾年裡，才認識到新大陸不是與亞洲連在一起的。在他的第三次（或者其實是第二次？）遠航期間，他似乎沿著南美洲的海岸向南走了很遠，所以有機會欣賞到懸掛在夜空中的南十字座。如果韋斯普奇真的像他說的那樣到達那麼遠的地方，他肯定既有成就感，也倍感失望。他造訪一些歐洲人之前根本不知道其存在的土地，那裡有許多人，他們在似乎密不透風的森林邊緣過著簡樸生活，但是那裡沒有大城市。通往中國和日本的路線在哪裡？那些似乎總是來自「山的那一邊和遠方」的黃金究竟在哪裡？

最終韋斯普奇得出結論，他到的地方就是南方大陸。「我們了解到，這塊土地不是一座島嶼，而是一片大陸，既是因為它擁有漫長筆直的海岸線，也因為這裡有不計其數的居民。」[11]如前文所述，「大陸」一詞在當時並不具有今天的含義。在一般意義上，「大陸」表示一大片土地，可能是亞洲、非洲或歐洲（即現代意義上的三個大洲）的一部分。不過韋斯普奇的結論是，這確實是一塊獨立的陸地；他確信這就是「對蹠地」（Antipodes），即地理學家偶爾提到的南方大陸，但是鑑於南方氣候的炎熱，地理學家認為南方大陸不僅無人居住，而且不適合居住；韋斯普奇寫道：「我在這些南方地區發現了一塊大陸，那裡居住的人和動物比我們的歐洲、亞洲或非洲更多。」[12]那麼人類最初是如何抵達那裡的？隨著謎題的增加，後來的評論家有時會提出，上帝一定是單獨創造南方大陸的人類；即使他們是全人類共同祖先諾亞的後代，也不是有完全理性的人，而是註定要作為「天然奴隸」為歐洲主人服務。在十七世紀仍有人鼓吹這些觀點。[13]韋斯普奇對食人族的描述加強這樣一種印象，即南方大陸的居民在外形上是人類，行為上卻像怪物。

其他一些人在唯利是圖的商人本能的刺激下，得出這些土地不是中國，也不是日本的結論，因為在美洲買不到東方的絲綢和香料，但擄掠奴隸的遠征變得越來越頻繁。比森特・亞涅斯・平松（Vicente Yáñez Pinzón）曾在哥倫布的第一次航行中擔任「尼尼亞號」（Niña）船長；一四九九年，他獲得王室許可，出發前往新大陸。他奉命不得將加勒比海原住民當作奴隸帶回，但如果進入大西洋東部水域，就可以奴役非洲人，而他從新大陸帶走三十六名奴隸。[14]最猖獗的奴隸販子是格拉兄弟。路易士・格拉（Luis Guerra）和一個同事在一五〇〇年至一五〇一年前往巴西，從「圖皮亞」（Topia，即圖皮印第安人〔Tupí Indians〕居住的地方）帶走一些奴隸；他們在西班牙以六千馬拉威迪的價格賣出一個叫桑貝（Sunbay）的女孩，這是一個特別高的價格，但並不是一筆好交易，因為桑貝生病了。格拉兄弟肆無忌憚地突襲圖皮亞，這片土地屬於葡萄牙的管轄範圍，因此原住民無權得到西班牙君主的保護。[15]這些俘虜被稱為 indios bozales，bozales 一詞表示他們是原始，甚至是野蠻的，也被用於指代來自西非的未經訓練的黑奴。一五〇四年，格拉兄弟被允許到任何地方擄掠奴隸，除了屬於哥倫布和葡萄牙國王的土地之外，他們集中力量在加勒比海南部的加勒比人土地；西班牙歷史學家奧維多（Oviedo）對此表示疑慮：「我不知道這些商人獲得授權去奴役那片土地上的人，是因為他們是偶像崇拜者、野蠻人、雞姦者，還是因為他們吃人肉。」[16]一種可悲的掠奪奴隸慣例由此形成。

在擄掠奴隸的同時，西班牙人也在孜孜不倦地尋找黃金的來源。西班牙探險家胡安・德・拉・科薩（Juan de la Cosa）在南美洲沿岸遇到一些赤身裸體的人，不過其中的男人戴著陰莖鞘，有的是用黃金製成的。[17]探險家們從他們身上討要一些黃金，但是當原住民要求歸還時，探險家明智地同意了。歐洲人聽到關於一座有鍍金偶像的大神廟的傳言，表明真正的財富在內陸更遠處。這些傳言凝聚成黃金國（El Dorado）的故事，西班牙人相信這個王國遍地都是黃金。科薩曾陪同哥倫布、奧赫達和韋斯普奇航行到新大陸，最讓科薩出名的是他在一五〇〇年繪製資訊量極大的世界地圖，其中顯示南美洲海岸的大片區域，並勇於把看起來像德克薩斯海岸的土地和更北的地區也包括在內。卡博特聲譽的捍衛者認為，奧赫達或其他人深入那條海岸線是為了遏制英格蘭人。即便我們不同意這種觀點，仍然可以看到科薩有聰明的直覺：他意識到古巴不是日本，也不是亞洲大陸的一部分，因此將古巴畫成一座駝背的島嶼，看起來和它的真實形狀沒有很大的區別。

這些不確定因素刺激了進一步的探險，歐洲人逐漸繪製出北美及南美部分海岸的地圖。歐洲船隻出現在後來成為美利堅合眾國地區的海岸線上，不可避免地產生一個荒謬的問題：「是誰首先發現了美國？」圍繞這個問題，出現一整套產業。一般認為，在後來的美國土地上首次登陸的功勞（如果可以說是功勞的話）屬於胡安・龐塞・德・萊昂（Juan Ponce de León），他是殘酷的西班牙征服者時代中較具吸引力的人物之一，不過毫無疑問的是，奴隸襲掠者肯定比萊昂更早到達後來的美國土地。[18]偉大的印第安人權捍衛者、多明我會修士巴爾托洛梅・德・拉斯・卡薩斯（Bartolomé de las Casas）講述西班牙奴隸主的失望，因為他們在已經荒蕪的巴哈馬群島找不到奴隸，那裡的人口已經被先前的襲擊清空了；於是奴隸主進一步向北走到卡薩斯所知的佛羅里達，並從那裡帶回在北美大陸捕獲的第一批奴隸，他們應該屬於相對先進的卡盧薩人（Calusa）或蒂穆誇人（Timucua）。[19]

在西半球發現的最古老沉船，是在靠近巴哈馬群島的土克斯及開科斯群島（Turks and Caicos

Islands）附近發現的，它很可能是奴隸販子的船。雖然它的確切年代不詳，船名也不為人知，並且只有一小部分船體殘存，但在船上發現的陶器和火器表明，該船是在一五一〇年至一五三〇年間觸礁。在沉船上沒有找到屬於水手的個人裝備，這表明他們得以倖存，並打撈了自己的財產。從粗糙的餐具來看，船上的生活顯然是非常簡樸的。在沉船上發現的小玻璃珠，應該是用來與泰諾印第安人交易。一些用來束縛俘虜的腳鐐，體現西班牙貿易更黑暗的一面。船上的壓艙物，即在建造過程中放置在船體底部的大石頭，尤其具有啟示意義。分析表明，這些石頭來自不同的地方：布里斯托附近、大西洋中部的島嶼，而最重要的則是來自里斯本。這並不能證明這艘船到過這些地方，但確實顯示船舶的組成部分是如何被回收利用的，以及什麼樣的海上聯繫在一五〇〇年左右主導大西洋東部的貿易。[20] 一五〇三年，西班牙王室在塞維亞設立西印度貿易總署（Casa de Contratación），負責管理與新大陸的貿易。王室對這些航線非常感興趣，但這並不意味著王室對它的監督非常有效。有很多外來者插足西印度貿易，而且不僅僅是西班牙人。[21]

萊昂代表歐洲與美洲貿易更官方的一面。他的主要支持者——阿拉貢國王斐迪南的命運浮沉，在一定程度上塑造他的職涯。斐迪南把錢花在義大利的戰爭上，透過戰爭控制那不勒斯，但也越來越深陷在義大利政治的泥沼之中。同時，他還試圖維持自己在卡斯提爾政治中的影響力，這種影響力由於他的妻子伊莎貝拉在一五〇四年去世而受到遏制，他不得不將卡斯提爾的控制權，讓給短命女婿——勃艮地的腓力（Philip of Burgundy）和精神狀況不穩定的女兒胡安娜，後者後來被稱為「瘋女胡安娜」。彷彿這些麻煩還不夠，斐迪南還知道伊斯帕尼奧拉島的局勢正在惡化，因為總督奧萬多正在努力阻撓哥倫布家族的要求；西班牙政府在加勒比海地區的每一步行動，似乎都會受到哥倫布的兒子迪亞哥．哥倫布（Diego Columbus）的挑戰，理由是天主教雙王早在一四九二年就非常慷慨地賦予哥倫布極大的權利。[22]

如果伊斯帕尼奧拉島是這樣一個噩夢，解決辦法就是去加勒比海的其他大島尋找黃金，首先是波多黎各，而古巴在一五一一年才被入侵。萊昂在一五〇八年就到了波多黎各，說不定更早；他在波多黎各建立一座西班牙城鎮，他的石屋屹立至今。萊昂試圖鼓勵泰諾印第安人與他們的新主人合作，並開始收集黃金，在一五一一年向國王上繳價值一萬披索的貢品，但是他很難逃避迪亞哥的干涉。卡斯提爾的御前會議為了顯示自己相對於斐迪南的獨立性，判定萊昂正在踐踏迪亞哥的合法權利，而萊昂意識到他現在幾乎沒有機會在波多黎各開闢一個領地。他肯定知道以前有人曾試圖探索波多黎各以北的大陸，而且知道關於北方一座叫作「比米尼」（Bimini）島嶼的傳說。一五一一年，斐迪南在伊斯帕尼奧拉的專員邀請萊昂向北航行。對萊昂來說，這似乎是擺脫王室支持者、哥倫布家族支持者和印第安酋長之間，錯綜複雜政治鬥爭的黃金機會，這些政治鬥爭正在摧毀伊斯帕尼奧拉，並已蔓延到波多黎各。

一個更有爭議的說法是，萊昂被衰老的阿拉貢國王派去尋找「青春之泉」。[23]青春之泉可以恢復國王的性能力，讓他有機會與第二任妻子日爾曼妮．德．富瓦（Germaine de Foix）生下一個孩子，從而在阿拉貢有一個繼承人（不過他和富瓦的孩子不能繼承卡斯提爾，因為卡斯提爾將傳位給瘋女胡安娜的兒子，未來的哈布斯堡皇帝查理五世）。斐迪南寧願選擇只要阿拉貢、不要卡斯提爾，也不願讓哈布斯堡家族的人統治整個西班牙。這就是關於「青春之泉」幻想的實際層面。這個幻想借鑑了印第安人和歐洲人的神話，並提醒人們，奇蹟與怪談仍是歐洲人關於新大陸思想的一個重要組成部分。

二

與此同時，歐洲人對韋斯普奇描述土地的地圖需求越來越大。在名義上的那不勒斯國王、洛林公爵勒內二世（René II）的贊助下，一小群對地理學感興趣的學者聚集在洛林山區的小鎮聖迪耶（Saint-Dié）。他們重印了韋斯普奇最受歡迎的一本小冊子，並在其中加入馬丁・瓦爾德澤米勒（Martin Waldseemüller）於一五〇七年出版的巨幅世界地圖。該地圖將新大陸描繪成與歐洲、亞洲和非洲這些相連大陸分離的一對大陸。南方大陸的一小部分被標為亞美利加（AMERICA），以紀念亞美利哥・韋斯普奇。[24]南美洲西岸被畫成一條直線（因為缺乏相關資訊），並且地圖只顯示北美洲的一個片段，而在主圖上（地圖邊緣的縮略圖中不是這樣），北美洲和南美洲被一條較短的水道（接近哥倫布第四次航行時探索的土地）分開，哥倫布當然沒有找到這樣一條水道。韋斯普奇向南的探索發現許多條大河，卻沒有發現可以通往亞洲的海路。歐洲人越來越清楚地認識到，迄今為止嘗試的跨大西洋航線不曾也不可能到達真正的印度。瓦爾德澤米勒對太平洋的遼闊沒有概念，樂觀地認為日本距離南美洲很近。他的判斷至少比今天保存在克拉科夫（Kraków）雅蓋隆大學（Jagiellonian University）的小地球儀製作者的判斷來得準確，該地球儀被認為是一五一〇年左右製作的。在該地球儀上，一塊類似南美洲的大西洋彼岸的大陸被標為「新大陸」、「聖十字之地」和「巴西」，而印度洋東部的一塊不規則土地則被標注為「新發現的美洲」。製作該地球儀的製圖師，對韋斯普奇在「印度」探索未知土地的消息感到非常困惑。[25]

在所有這些關於如何到達印度的困惑中，卡博特的兒子塞巴斯蒂安於一五〇九年，即亨利八世統治初期，帶著兩艘船和一份王家許可證，開始前往拉布拉多的航行，希望能找到通往亞洲財富的路線。他的推斷是紐芬蘭島擋住通往亞洲的道路，但他在該島以北發現的海峽（可能是在一個世紀後被稱為哈德遜灣的大海域的入口）到處都是冰，他的船員拒絕繼續前進。[26]無論如何，亨利七世對海洋不感興趣，他的兒子亨利八世則對建立一支勝過法國的艦隊更感興趣。可以想像當法國國王建造一艘帶有網球場和風車的大船時，亨利八世很惱火；而當這艘船被證明太重，所以無法漂浮時，亨利八世就幸災樂禍。美洲土地在十六世紀下半葉才進入英格蘭人的視野，當時西班牙是英格蘭的不共戴天之敵，而英格蘭人對美洲的殖民直到一六〇七年詹姆斯鎮（Jamestown）建立時才真正開始。到了那時，信奉新教的英格蘭沒有理由接受教宗把世界分給西班牙和葡萄牙的做法。

法國人也試圖加入向西航行、獲取印度香料的競賽。據報導，法國船隻第一次橫跨大西洋的旅程，與卡布拉爾的航行一樣，是偶然發生的。這艘法國船的船長比諾・波爾米耶・德・貢納維爾（Binot Paulmier de Gonneville）與卡布拉爾一樣，目的不是要橫跨大西洋到達陸地，而是要到達印度的港口。「據報導」這個片語很重要，因為有人懷疑現存關於貢納維爾遠航的敘述是在十七世紀編造出來的，目的是為了支持法國在馬達加斯加或南美洲，或其他一些土地（如被認為囊括世界底部的巨大溫帶「南方大陸」，它與北半球的各大洲相互平衡）的權利主張。貢納維爾船長的一個後裔在發表貢納維爾的航行紀錄後，得到他渴望的回報，並在一六六六年被提名為教宗在南方大陸的代理人。[27]因此下面的內容也許是事實，也許是幻想。

據說，一百五十噸的「希望號」（Espoir）於一五〇三年起航；船長來自諾曼第，名叫比諾・波爾米耶·德·貢納維爾。在此之前，「希望號」航行到最遠的地方就是漢堡了。這是一次私人遠航，而不是王室委派的遠航。貢納維爾的人脈極好，說服一批來自翁夫勒（Honfleur）的商人為他的冒險事業投資。[28]貢納維爾對葡萄牙人在印度取得的成就有一定的了解，他甚至招募到兩名去過印度的葡萄牙領航員，如果他們落入葡萄牙政府手中，很可能會被處決。[29]為了抵禦大西洋或印度洋上的敵人，「希望號」裝載充足的武器裝備，包括大炮、火繩槍和火槍；有足夠的鹹魚、乾豌豆、當地蘋果酒及水，可使用一年多，還有足夠維持兩年的壓縮餅乾。然後是商品：鮮紅色的布、棉亞麻混紡粗布、一塊天鵝絨布、一塊繡著金線的布，但是也有更簡單的商品，如五十打小鏡子、刀、針和其他五金器具，以及銀幣。

經常有人說，諾曼第水手（尤其是迪耶普〔Dieppe〕的水手）對大西洋的了解和布里斯托水手一樣多，甚至比他們更多。還有人說，在哥倫布第一次抵達美洲的若干年前，諾曼第水手就在一個叫讓·庫桑（Jean Cousin）的人指揮下，駕船抵達美洲。但像所有類似的說法一樣，這只是對非常模糊證據的樂觀解讀。就庫桑而言，所謂的證據出自一七八五年。[30]考慮到貢納維爾無論如何都是在試圖繞過非洲，這樣的簡單事實更為重要：諾曼第的各港口在十五世紀末正經歷著活躍的復興，因為與英格蘭的戰爭已經結束，而且西歐的經濟在經歷一個半世紀的瘟疫和混亂之後，正在恢復穩定。[31]到了一五四〇年，迪耶普已經有了一所地圖製作學校，不過我們可以假設該城在更早時就有地圖製作者，因為這裡是雄心勃勃的商人和水手的家鄉。儘管葡萄牙人極不情願讓別人看他們的海圖，但迪耶普的許多地圖似乎都是剽竊自葡萄牙人的作品。[32]

根據存世的記述，一五〇三年六月二十四日，「希望號」從翁夫勒出發。為了避免在西班牙的加納利群島登陸，該船沿著非洲海岸航行，幸運地通過葡萄牙的維德角群島，沒有遇到任何阻撓。船員們在非洲海岸的維德角待了十天。在那裡，他們用鐵製品從非洲人那裡換來一些雞和「一種米」（couchou），換句話說，就是今天那裡的人們仍然在吃的厚厚的古斯米（couscous）。然後「希望號」駛向大海，希望能趕上貿易風，就像之前的達伽馬那樣被風吹向東方。不過儘管船員們確信他們處於正確的緯度，可以經過好望角，但「希望號」像卡布拉爾一樣，被猛烈的大風捲向西方。他們看到了「天鵝絨袖子」（Manche-de-velours），即企鵝，有人（無疑是葡萄牙領航員）知道企鵝是生活在非洲南端的鳥。他們被風浪折騰了幾週，然後隨波逐流。不過在一五〇四年一月五日，「他們發現了一塊巨大的土地」，這讓他們想起諾曼第。[33]水手們覺得他們已經航行得夠遠了，船也承受不了，他們勸說貢納維爾，告訴他試圖找到前往印度的路線是毫無意義的。

這片土地的居民對他們在船上看到的一切都很著迷：「哪怕這些基督徒是來自天堂的天使，也不可能從這些可憐的印第安人那裡得到更多的喜愛。」刀子和鏡子等普普通通的物品，對印第安人的意義就像金子、白銀，甚至賢者之石對基督徒的意義一樣。印第安人特別著迷於看到紙上的文字，因為他們不明白紙怎麼能「說話」。但貢納維爾並沒有忽視精神層面的問題。諾曼第水手們在一五〇四年復活節前建造一個巨大的木製十字架，由貢納維爾和他的高級船員赤腳抬著遊行，印第安人國王阿羅斯卡（Arosca）和他的兒子們歡快地陪伴著，其中一個兒子後來登上貢納維爾的船，被帶回歐洲，並娶了貢納維爾的女兒。貢納維爾在他的十字架上刻上法國國王路易十二和教宗的名字，從而確定法國對這些土地的某種主張。[34]

「希望號」在回程中的運氣並不比出航時好，惡劣的天氣迫使這艘船在巴西海岸停靠兩次，才得以穿越大西洋。他們發現一些覺得比阿羅斯卡的追隨者更原始的印第安人，那些人是殘忍的食人族（au reste, cruels mangeurs d'hommes）。阿羅斯卡的族人沒有受到這樣的指控。同樣不尋常的是，有證據表明這些食人族在近期與基督徒有過一些接觸，因為他們擁有一些肯定來自歐洲的飾品。儘管他們很清楚歐洲大炮帶來的威脅，但看到「希望號」時並不覺得非常驚訝。貢納維爾很可能是到達過去幾年裡奴隸販子到過的地區。諾曼第水手們急於離開，並儘快揚帆起航。經過亞速群島回家的航程很慢，但在他們接近家鄉之前還算順利。當他們進入澤西島（Jersey）和根西島（Guernsey）附近的水域時，「希望號」成為兩名海盜的獵物，他們是普利茅斯的愛德華．布朗特（Edward Blunth）和布列塔尼的穆里．福爾廷（Mouris Fortin）。經過這麼長時間的航行，「希望號」已經沒有能力逃跑了。海盜們追上這艘船，將其洗劫一空並擊沉。許多水手被屠殺，只有二十八人活著到達翁夫勒，其中包括貢納維爾和他未來的女婿埃索梅里克（Essomericq），後者引起人們的極大好奇，「因為從來沒有人從如此遙遠的地方來到法國」。[35]不過航海日誌隨船沉沒，直到十九世紀才在檔案中發現關於這次航行的詳細敘述。貢納維爾曾向阿羅斯卡國王承諾將在「二十個月」後返回，但他一直沒有回去，所以阿羅斯卡不知道他消失已久的兒子到底怎麼樣了。

由於得不到法國國王的支持（國王更關心對米蘭和那不勒斯的領土主張），貢納維爾無法推動法國對他到達的巴西部分地區的主張。目前葡萄牙的首要目標仍在非洲和印度，對巴西的殖民化進程緩慢。不過還是有一小批針對巴西的商業活動。一五〇一年的一支探險隊報告，坦白說除了巴西木外，巴西幾乎沒有什麼可以裝上船的東西。巴西木是一種珍貴的染料，能產生富麗堂皇的紅色，所以第二年，身為新基督徒的富商費爾南．德．諾羅尼亞（Fernão de Noronha，或費爾南．德．羅洛尼亞〔Fernão de Loronha〕）獲得王室許可，每年派六艘船到巴西採集巴西木。一五〇四年，他還帶回一些鸚鵡。我們還聽說有猴子被送回里斯本。諾羅尼亞已經了解大西洋東部，透過聖多美和埃爾米納從事黃金與奴隸貿易，因此他是將非洲、歐洲及南美洲這三大洲聯繫在一起的先驅。在他第一次前往巴西的旅程中，發現一座美麗的近海島嶼，這座島嶼至今仍以他的名字命名。

曼紐一世國王也想知道已經發現土地的更多情況。很明顯卡布拉爾關於「聖十字之地」只是一座相當大島嶼的假設，與韋斯普奇和其他人發回來的消息不符：海岸線綿延不絕。因此，韋斯普奇被命令每年探索三百里格（leagues）[❶]的海岸線。而葡萄牙人則決定在巴西建造一座小型要塞，那裡要向王室繳納的賦稅逐年增加，第一年免稅，第三年要繳納四分之一的稅。一五〇三年至一五〇四年，在靠近現代里約熱內盧的卡波弗里奧（Cabo Frio）建立這樣一座要塞和貿易站，它位於卡布拉爾曾造訪地區的南面。這個要塞和貿易站有二十四名工作人員。[36]這些船很快就每年運回約三萬根原木（約七百五十公噸）。船上經常載有黑奴和其他勞工，他們的任務是修剪並切割巴西木。因此，巴西與非洲的聯繫可以追溯到巴西本身的起源。在這方面，對非洲奴隸貿易很有興趣的諾羅尼亞發揮關鍵作用。圖皮印第安人也願意幫忙，為了換取小鏡子、梳子和剪刀等普通物品，他們很樂意把原木裝到葡萄牙人的船上。[37]巴西奴隸的小規模貿易也得到發展，奴隸的來源是圖皮族的戰俘。他們原本的命運是被隆重地殺死，並在食人族的宴會上被吃掉。他們對逃離烹飪鍋卻淪為奴隸有何想法，我們不得而知。[38]

一五一一年二月，一艘名為「貝托阿號」（Bertoa）的船出發前往位於巴西卡波弗里奧的貿易站，在那裡待了兩個月才回家，於同年十月到達里斯本。幸運的是，一份列出船上物品的艙單保存至今。對這次航行的記述表明，前往南美的旅行已經成為常規操作：「貝托阿號」從加納利群島出發，經幾內亞海岸和亞速群島返回，最大限度地利用當時的風向。不足為奇的是，「貝托阿號」遠航的主要投資者包括葡萄牙人諾羅尼亞和以里斯本為基地的義大利人馬爾基奧尼，儘管他們沒有隨船出海。不過，馬爾基奧尼的一個僕人和他的一個黑奴隨船往返。葡萄牙王室對這次在王家許可下進行的遠航也有濃厚的興趣，這意味著與同時代前往埃爾米納的航行一樣，去南美的航行的每個階段都得到嚴格的管理和記錄。指示非常明確：每一寸可用的空間都要裝滿巴西木的原木，這似乎沒有給要帶回來的奴隸、野貓和鸚鵡留下什麼空間，但牠們還是被帶回來了。最後「貝托阿號」裝載五千零八根原木和三十六個奴隸，其中一個奴隸被馬爾基奧尼的僕人買下。他還帶回貓、猴子、鸚鵡和長尾小鸚鵡。「貝托阿號」被命令不要在回國途中的島嶼或沿海地區逗留，而是直接前往里斯本；命令還包括不准傷害巴西原住民。即便是堅持要來葡萄牙的印第安人，也絕不允許他們登船，因為如果他們死在歐洲，圖皮人會認為他們被葡萄牙人吃掉了，「就像他們〔圖皮人〕自己習慣做的那樣」。褻瀆神明的水手回到里斯本後，將被用鐵鏈鎖在監獄裡，直到他們繳納高額的罰款為止。[39]

---

❶ 譯注：里格是一個古老的長度單位，在英語世界通常定義為三英里（約四．八二八公里，適用於陸地上），即大約等同一個人步行一小時的距離，或定義為三海浬（即五．五五六公里，適用於海上）。

當時，巴西是一條副線，在一定程度上受到重視，但是作為利潤來源，仍然無法與埃爾米納或印度的貿易相比。不過，伐木工人來到巴西是將葡萄牙帝國的這個角落，與歐洲、非洲和亞洲的土地結合起來的第一階段；一五〇〇年後，葡萄牙在四大洲和兩大洋都有利益。

三

如前文所述，法國人計劃前往印度洋，卻抵達了巴西。到了一五〇〇年，迪耶普的觸角在一個方向已經延伸到塞維亞，另一個方向則延伸到丹麥的松德海峽。這個時期運抵迪耶普的產品，包括從葡萄牙送來的馬德拉糖，諾曼第人的船隻甚至還涉足摩洛哥和幾內亞的貿易，葡萄牙人無法將這兩地完全封鎖。貢納維爾的遠航如果真的發生了，就是打破葡萄牙人對跨洋交通壟斷的許多嘗試中，一個特別雄心勃勃的例子。諾曼第人擅長海盜活動，也擅長貿易。一四七〇年代，諾曼第人利用法國國王和勃艮地公爵之間的競爭，襲擊並擄掠與勃艮地治下法蘭德斯做生意的船隻。葡萄牙人經常認為諾曼第人是「賊」，指責他們貪得無厭，並且嫉妒葡萄牙不斷增加的財富。[40]與此同時，布列塔尼人作為漁民，建立吃苦耐勞的聲譽。他們有可能像布里斯托人一樣，甚至在卡博特第一次航行之前就偶爾前往紐芬蘭大淺灘尋找鱈魚。一五一四年，當博波爾（Beauport）❷的僧侶對從紐芬蘭運回布列塔尼的鱈魚徵稅時，布列塔尼水手肯定已經到達紐芬蘭。一五〇八年，一個叫讓・奧貝爾（Jean Aubert）的諾曼第人從迪耶普出發，最遠到達紐芬蘭，並帶回七名米克馬克印第安人，他們是法國土地上的第一批北美人。[41]

迪耶普的安戈（Ango）家族在法國商船隊的建立過程中，發揮特別突出的作用。老讓・安戈（Jean Ango the Elder）是一個相當典型的商人，在一四七〇年代和一四八〇年代經營鯡魚、大麥及其他普通產品，也從事糖的生意。他的兒子也叫讓・安戈（Jean Ango），極大地擴張家族生意。他對海洋的興趣是知識性，也是商業性的，因為他似乎在地理學、水文學、數學和文學方面接受良好的教育。在英格蘭和法蘭德斯的貿易為他帶來巨大的財富，一五四一年時他還活著，當時一份關於他的活動的報告被發給神聖羅馬皇帝，描述安戈是「極其富有的人」，並指出「由於他的貿易事務，人們稱他為迪耶普子爵」。這也使得安戈的船隻成為葡萄牙人攻擊的目標：他在幾內亞附近損失一些船隻，但沒有什麼好抱怨的，因為他闖入葡萄牙與印度的貿易或馬德拉的糖貿易的方式，是對從這些地方返回的滿載貴重貨物的葡萄牙船隻發動海盜式襲擊。戰利品包括源自孟加拉和中國的絲綢與珠寶。在一五二〇年至一五四〇年間，安戈麾下的海盜至少獲得價值一百萬杜卡特的戰利品。[42] 安戈被引見給法國國王，並成為國王的姊姊納瓦拉王后瑪格麗特（Marguerite of Navarre）的寵臣，她就是著名的《七日談》（*Heptaméron*）的作者。

法國國王對透過大西洋西部進行亞洲香料貿易的可能性越來越感興趣。到了一五二〇年代，法蘭西斯一世決心從跨大西洋貿易中分一杯羹，於是支持喬瓦尼・達・韋拉札諾（Giovanni da Verrazano）

---

❷ 譯注：指博波爾修道院（Abbaye de Beauport），位於法國西北部布列塔尼大區阿摩爾濱海省的潘波勒（Paimpol）。潘波勒建城於中世紀末，因該地漁民擅長捕撈鱈魚和牡蠣而聞名。

的計畫。韋拉札諾是佛羅倫斯的航海家，也得到安戈和一些義大利商人的支持（這不奇怪），儘管這些義大利商人來自里昂而不是迪耶普；韋拉札諾的出發點是欣欣向榮的諾曼第新港口勒阿弗爾（Le Havre）。[43]今天有一座連接布魯克林和斯塔滕島（Staten Island）的大橋就叫韋拉札諾大橋，以紀念這位航海家，儘管他的探險目的不是探索北美海岸，而是找到一條通往亞洲的航路：「我這次航行的目的是到達中國和亞洲最東邊的海岸，但我沒有想到會遇到那麼大的障礙，它是一片嶄新的土地。」[44]他得出結論，他在一五二四年到達的大陸比歐洲或非洲更大，甚至可能比亞洲還大。他曾希望能找到一條繞過新發現大陸頂端的路線，即西北水道。他很可能知道麥哲倫前不久探索美洲的最南端，那裡似乎也沒有一條通往印度的路線。一五一三年，西班牙指揮官巴爾博亞站在「達連（Darien）的山峰上」，已經窺見美洲以西的大洋（即太平洋）。[45]但是如果人們可以繞過美洲的底部，或許也可以繞過美洲頂端。這個想法表明，人們已經開始不再相信「美洲是一個巨大的地峽，從亞洲延伸出來」的假設。韋拉札諾是「印度艦隊的司令」（chapitano dell'Armata per l'India），執行前往「印度香料之鄉」（espiceryes des Indes）的航行。就目前來看，走這條航線的想法是他自己原創的。[46]

歷史學界對韋拉札諾的看法有所分歧。一八七五年，亨利．墨菲（Henry Murphy）仔細研究文獻，認為韋拉札諾對其航行的描述是根據更早對新大陸海岸和各民族的描述捏造的。[47]在一段時間內，這似乎就是定論，韋拉札諾喪失了歷史地位。但是在一九〇九年發現一份新手抄本，證明墨菲對韋拉札諾所講故事進行的系統性批判有失偏頗；現在我們不能再懷疑韋拉札諾在一五二四年航行的真實性。但這並不是說他的信中包含準確的資訊，他很可能像韋斯普奇那樣加油添醋，以打動他的聽眾，特別是如果聽眾包括虛榮的法蘭西斯一世國王的話。墨菲可能不是完全錯誤。我們明確知道的是，韋拉札諾在一五二六年第二次出航，他的四艘船艦隊分散開來，他到了巴西，在那裡裝載巴西木；但其中一艘船進入印度洋，顯然是想去馬達加斯加，結果被風吹向蘇門答臘島，然後經過馬爾地夫回到莫三比克，那裡的葡萄牙總督扣押這些船員，並驚恐地向里斯本報告。[48]韋拉札諾顯然已經放棄尋找西北水道的想法，顯而易見的替代方案是打破葡萄牙對連接印度洋和大西洋的香料貿易的壟斷。但韋拉札諾的這次航行很難說是成功的。在一五二八年的第三次航行中，據說韋拉札諾被食人族吃了，不過他的兄弟毫無畏懼，在隔年進行另一次非凡的航行，從勒阿弗爾到巴西，然後穿過地中海到亞歷山大港，再回到勒阿弗爾。[49]韋拉札諾兄弟都進行漫長而雄心勃勃的航行，去尋找香料。

韋拉札諾兄弟的故事發生在十六世紀。不過他們巧妙地汲取上一代人累積的資訊，比如老讓·安戈，他和哥倫布與卡博特是同一代人。韋拉札諾兄弟與哥倫布和卡博特一樣，得到佛羅倫斯商人的支持，這些商人願意為這些航行產生有價值回報的可能性（而且是越來越大的可能性）賭上數千杜卡特。在哥倫布首次抵達巴哈馬之後的三十年裡，大西洋上出現越來越多的商船隊（數量比漫遊的探險家多得多），他們的船員清楚知道自己要去哪裡，並對節令有足夠的了解（這在颶風肆虐的加勒比海地區至關重要），可以安全到達目的地。雖然有人認為，在這數十年裡，印度航線上大約有五分之一的船隻最終沉沒，但這個數字並不意味著每五次航行中就有一次以災難告終，因為受損的船隻會得到重新使用、修理並獲得新生。許多船隻最終被拆解，木材被回收利用。跨越大西洋的航線已經成為一條貿易路線。

第三十一章　諸大洋的連接

一

然後是第三個大洋。第一個看到它並意識到新大陸與日本和中國之間有另一片水域的人，是巴斯科·努涅斯·德·巴爾博亞（Vasco Núñez de Balboa），他是一位西班牙征服者，一五一三年曾試圖在巴拿馬海岸建立一個西班牙定居點。約翰·濟慈（John Keats）用下面的詩句紀念他的發現（不過搞錯了名字）：

或者像壯漢科爾特斯，用一雙鷹眼
凝視著太平洋，而他的全體夥伴們
都面面相覷，帶著狂熱的臆想——
站在達連的山峰上，屏息凝神。[1]

在得知站在那座山峰的人是巴爾博亞，而不是科爾特斯之後，濟慈仍然保留科爾特斯的名字，以免毀掉詩歌的韻律。不過，墨西哥征服者科爾特斯在這個故事裡確實也有自己的角色：此時他是古巴總督的祕書。西班牙人在一五一一年入侵古巴，而且隨著前往中美洲海岸的航行越來越頻繁，內陸某地有一個盛產黃金的文明的消息開始傳播。[2]萊昂發現佛羅里達，也表明北方的廣袤大陸可能與南方的廣袤大陸之間有陸路連接。

如果沒有穿越中美洲的路線，那麼有三個選擇。如果亞洲和北美洲沒有像歐洲人通常認為的那樣連接在一起，在美洲頂端或許有一條可通行的冰冷的西北水道。這個想法促使塞巴斯蒂安嘗試跟進他父親的發現。一八四五年，當約翰・富蘭克林（John Franklin）爵士率領他命途多舛的探險隊，進入加拿大北部的浮冰區時，歐洲人仍然在尋找西北水道。[3]十六世紀中葉的英格蘭探險家想到另一條北極路線，他們想知道從俄羅斯頂端一直到中國的東北水道是否可行。[4]對於這兩種想法，或者說是幻想，我們將在另一章探討。但還有第三種可能性，它是基於韋斯普奇對南美洲漫長海岸線的觀察（有的觀察是準確的，有的則不然）。十四世紀和十五世紀的加泰隆尼亞與葡萄牙探險家，想像有一條水道或河流可能直接穿過非洲，而西班牙探險家現在希望有一條更直接的路線通往香料群島，而不是繞過南部非洲、在敵方控制的水域中長途跋涉（下文會探討，在那些水域，鄂圖曼海軍與葡萄牙稀少而分散的艦隊在爭奪控

❶ 譯注：譯文借用濟慈著，屠岸譯，〈初讀恰普曼譯荷馬史詩〉，《夜鶯與古甕：濟慈詩歌精粹》，人民文學出版社，二〇〇八年，第四三－四四頁。

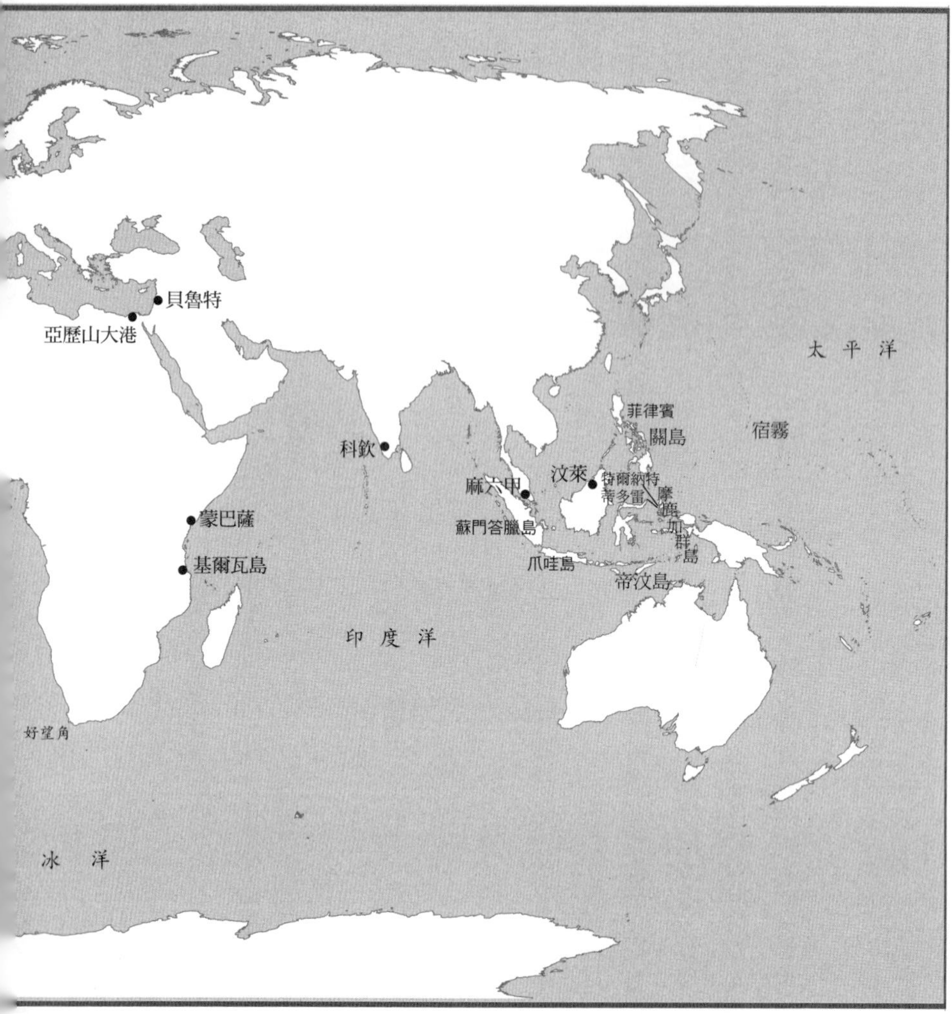

制權）。繞過南美洲的航線可以為西班牙提供主導香料貿易的機會，即把香料從印度向東帶到美洲，然後再帶到歐洲。

阿拉貢國王斐迪南在生命的最後時刻，針對如何挑戰葡萄牙在大洋香料貿易中的主導地位提出幾個想法。使用「大洋」這個修飾語是有道理的，因為儘管鄂圖曼土耳其人對埃及

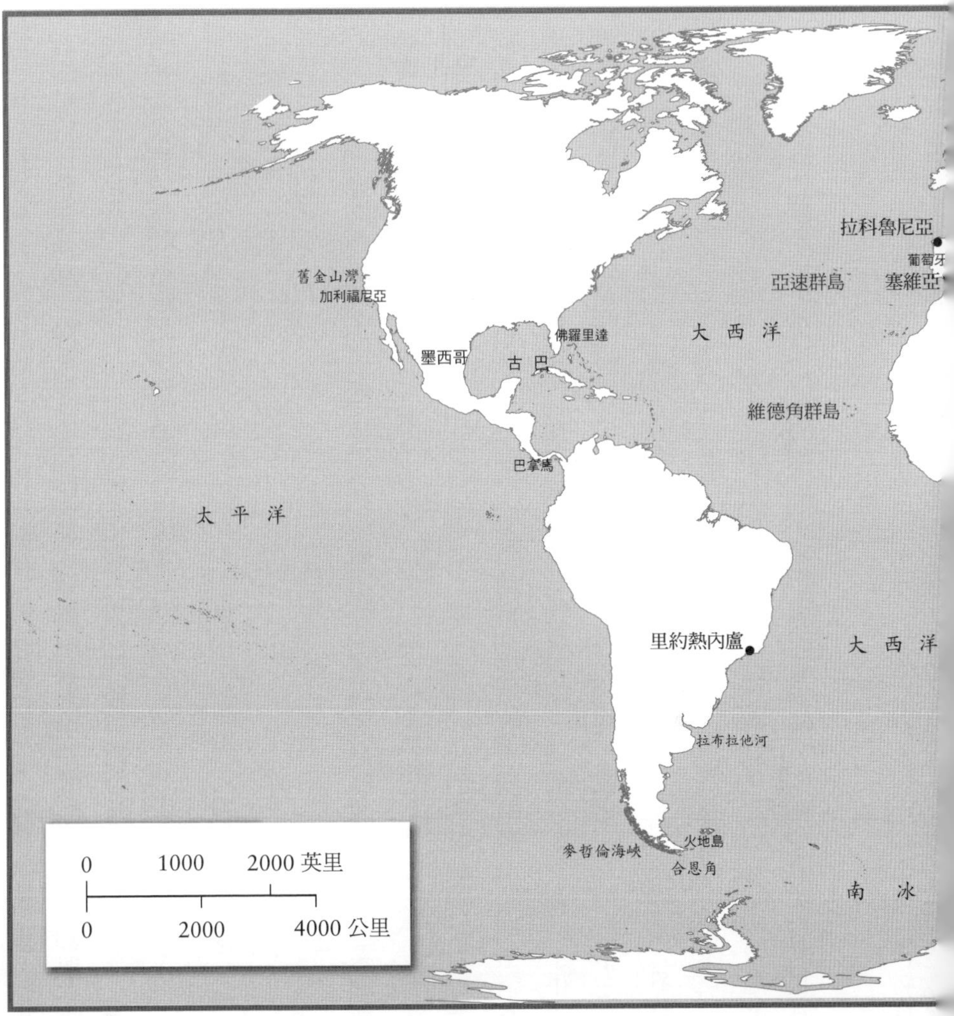

和敘利亞的征服，增加歐洲人前往亞歷山大港與貝魯特購買香料的風險，但是此時在地中海東部仍有香料可供購買。一五一二年，斐迪南支持一項計畫，即仿效葡萄牙人，派船繞過好望角；目標是摩鹿加群島，「它們位於我們的勢力範圍內」，最終目的地是中國。但該計畫在印度洋對葡萄牙人的挑戰過於明顯，所以從未實現。三年後，斐迪南委託同一位指揮官胡安·德·索利斯（Juan de Solís）領導一次向西的航行，希望找到一條繞過南美洲底部或穿越南美洲中部的航路。索利斯在一五一六年發現拉布拉他河（River Plate），並認為這是一個淡水海，可以把他帶到香料群島。後來，索利斯與印第安人發生爭執並遭殺害，他的船隊的倖存者返回西班牙。[5]

二

當麥哲倫向西班牙王室提出透過西南航道到達香料群島的建議時，與索利斯英雄所見略同的想法激勵著他。麥哲倫是葡萄牙的一名小貴族，他對印度洋水域也有親身體驗，於一五〇五年在葡萄牙指揮官亞美達的領導下，出海前往印度，去過蒙巴薩（當地的統治者被葡萄牙人粗暴地廢黜）、基爾瓦（被葡萄牙人洗劫），以及科欽（在那裡，麥哲倫看到東方的香料被裝上船）。一五〇七年，麥哲倫再次出海，顯然在印度洋待了幾年。他所在的艦隊造訪麻六甲，葡萄牙在一五一一年占領該地。他得到一個蘇門答臘僕人，以「恩里克」（Enrique）的名字為其受洗，並在一五一二年左右帶回歐洲。[6]麥哲倫的同伴之一是法蘭西斯科·塞朗（Francisco Serrão），他是一名葡萄牙軍官，在與原住民敵對勢力的交戰中頗有聲望。

在香料群島的誘惑下，塞朗向東航行，到達摩鹿加群島，發現島上肉豆蔻的豐富程度幾乎令人難以置信。摩鹿加群島位於香料群島的東端，在新幾內亞以西、爪哇島東端的東北方和菲律賓以南。即使按照東印度群島古代貿易路線的標準，摩鹿加群島也很偏遠。但是偏遠並沒有削弱它的名氣，恰恰相反，摩鹿加群島被視為所有香料島嶼中最令人嚮往的地方。在經歷一連串的冒險之後，塞朗失去他的船，接管一艘追擊他的海盜船，解決摩鹿加的特爾納特（Ternate）蘇丹和蒂多雷（Tidore）蘇丹之間的激烈爭端，這兩位蘇丹都是穆斯林。特爾納特蘇丹對塞朗的印象很好，於是任命這位葡萄牙基督徒為他的維齊爾❷。塞朗從麻六甲寫信給麥哲倫，介紹他在特爾納特蘇丹宮廷的奢華生活，並描述他現在生活的滿是珍貴香料的繁盛國度：「我在這裡發現一個比達伽馬的世界更繁榮、更偉大的新世界。」[7]印度與葡萄牙之間的海路距離已經很遠，麻六甲就更遠了。葡萄牙人到達摩鹿加群島，意味著他們已經繞了地球半圈。塞朗很可能是第一個抵達摩鹿加群島的歐洲人，而他非凡的事蹟卻很少得到關注，這是地理大發現時代的諸多諷刺之一（義大利旅行家魯多維科・迪瓦勒戴馬〔Ludovico di Varthema〕也有可能是最早抵達摩鹿加群島的歐洲人，他於一五〇三年至一五〇八年間在亞洲廣泛旅行，聲稱看到丁香生長在一個他稱為莫諾克〔Monoch〕的地方，那裡可能是摩鹿加群島的島嶼之一）。[8]塞朗證明了，控制麻六甲固然很好，但麻六甲本身只是來自更遙遠東方的香料的主要轉運點；而且雖然南印度的胡椒是極好的商品，但產自香料群島的丁香、肉桂和樟腦可以在其原產地獲得，而無須前往麻六甲。此時葡萄牙人仍然依靠中間商在麻六甲購買香料。只有直接到達香料群島，所有那些尋找香料來源地的努力才算是真正成功。

因此，麥哲倫從個人經驗和他的朋友熱情洋溢的信中，對他試圖到達的土地有很多了解；而瓦勒戴

❷ 譯注：維齊爾最初是阿拉伯帝國阿拔斯王朝哈里發的首席大臣或代表，後來指各穆斯林國家的高級行政官員。

馬的遊記已經在一五一〇年出版。不過，儘管麥哲倫經驗豐富，但在葡萄牙宮廷不受歡迎，因為他被指控與北非的摩爾人進行非法貿易；而且曼紐一世國王決心深入印度洋，從而推進已經取得的成果。[9]葡萄牙人於一五一一年攻占麻六甲，似乎確保他們能夠借助印度洋航海家在過去幾個世紀裡遵循的傳統路線，來獲取香料群島的產品。對葡萄牙人來說，沒有必要去尋找一條從葡萄牙向西的路線，特別是因為這樣的探險會耗費寶貴的資源，而葡萄牙人需要資源來維持供給線的暢通，該供給線要經過幾內亞、南部非洲和葡萄牙貿易站所在的印度港口。[10]

因此對麥哲倫來說，向卡斯提爾新國王根特的查理（Charles of Ghent）[3]推銷這個計畫，會比向曼紐一世國王推銷容易一些。我們要清楚認識到，儘管麥哲倫有那麼多非凡的成就，但他從未想過環遊地球。[11]他遠航的目的是到達東印度群島，在船上裝滿香料，然後原路返回。他與哥倫布共同的根本性錯誤是，嚴重低估從歐洲向西航行到亞洲的距離。此外，麥哲倫是在菲律賓的東經一百二十四度處遇難，並沒有進入印度洋。（不過在他生涯的早期，曾向東航行到東經一百二十八度，因此他是在不同旅程中環遊世界的。）[12]真正從塞維亞出發，並返回塞維亞的船長是巴斯克人胡安・塞巴斯蒂安・艾爾卡諾（Juan Sebastian Elcano），他在麥哲倫被殺後，負責指揮探險隊，並設法駕駛著一艘漏水又腐爛的船穿過印度洋和大西洋返回西班牙，一共穿越四大洋，因為他兩次航行穿過大西洋。麥哲倫也未能開闢一條連接西班牙和菲律賓的固定航線；如下文所述，如何到達菲律賓這個問題的解決方案與麥哲倫的構想完全不同。雖然有這些保留意見，但我們仍然承認，一五一九年至一五二二年麥哲倫與艾爾卡諾的航行，是地理大發現時代最雄心勃勃和令人印象深刻的航海壯舉。但是就像哥倫布一樣，計畫的內容和最終實現的結果是完全不同的。

麥哲倫遠航的基礎，肯定是卡斯提爾國王和葡萄牙國王之間由教宗調解達成的協議。但我們也可以看到過去的協議在細節層面上的影響：就像哥倫布的情況一樣，麥哲倫和一位名叫法萊羅（Faleiro）的製圖師，將享有對他們發現的土地的貿易壟斷權，但是卡斯提爾王室已經從先前的錯誤中吸取一點教訓，所以這種壟斷權被限定為十年，以免發生糾紛，就像哥倫布的繼承人仍在堅持進行的無窮無盡訴訟一樣。麥哲倫和法萊羅還獲得豐厚的稅收優惠（首次航行的利潤的二〇％），以及他們為西班牙獲得新土地的世襲總督職位，但要始終牢記不得干涉葡萄牙統治下的土地。這才是真正麻煩的問題。麥哲倫和法萊羅成功說服查理國王，說摩鹿加群島屬於西班牙的勢力範圍，前提是可以將托德西利亞斯線穿過南北兩極並環繞世界，但葡萄牙王室不可能接受這一點。法萊羅被描述為「瘋子」、「一個絕頂聰明但精神錯亂的人」。在他的鼓勵下，麥哲倫低估了太平洋的寬度，就像哥倫布低估從西班牙到日本和中國的距離。[13]

三

查理國王同意派五艘船，在麥哲倫的指揮下尋找通往亞洲的航道。一五一九年，當他們從塞維亞出

❸ 譯注：即後來的神聖羅馬帝國皇帝和西班牙國王查理五世。

發時，船上有兩百六十名身分背景各異的船員，包括四十名巴斯克水手，其中有後來的指揮官艾爾卡諾，還有葡萄牙人、非洲黑人、德意志人、法國人、法蘭德斯人、愛爾蘭人、義大利人和希臘人，以及一個英格蘭人（布里斯托的安德魯〔Andrew of Bristol〕，他是主炮手），加上麥哲倫的蘇門答臘僕人恩里克。[14]這些船員五花八門的身分提醒我們，發現之旅不僅是葡萄牙人、卡斯提爾人和偶爾出現的義大利人的工作，還有其他國家的人參與其中。麥哲倫的船上有一個義大利人：來自維琴察（Vicenza）的貴族安東尼奧・皮加費塔（Antonio Pigafetta）報名成為乘客。他是繼韋斯普奇和瓦勒戴馬之後，又一個願意冒著生命危險去看世界未知部分的好奇義大利人。皮加費塔記錄整個航行，他的作品至今仍是麥哲倫遠航的主要史料。[15]皮加費塔是麥哲倫的忠實崇拜者，所以他的紀錄有傾向性。他在整個航行中倖存，在艾爾卡諾的指揮下繼續向西航行，他非常不喜歡艾爾卡諾，在敘述中甚至從未提及艾爾卡諾的名字。

麥哲倫面臨的挑戰，不僅僅是控制住對他抱有敵意的船員（除了皮加費塔外），也不僅僅是找到一條通往印度的未知航道，還需要在航行中避開自己的同胞，因為葡萄牙的巡邏隊正在搜尋西班牙人和其他外來闖入者。儘管曼紐一世國王從未相信麥哲倫的計畫，但麥哲倫為西班牙服務並遠航的消息，還是激怒了葡萄牙王室。麥哲倫橫跨大西洋的旅程遵循一條奇特的路線，在令人擔憂的無風水域緊貼幾內亞海岸航行，然後又在十一月的風暴中顛簸，試圖到達南美洲。麥哲倫沿著非洲海岸的非正統路線激怒他屬下的西班牙軍官，他們原本以為會從西班牙控制的特內里費島，出發前往新大陸。他們和麥哲倫之間缺乏信任是一個貫穿全程的問題，而卡斯提爾人對葡萄牙鄰居的一貫厭惡，讓這個問題雪上加霜。一五一九年十二月，這支小艦隊安全抵達里約熱內盧附近，此時南半球正值盛夏，這讓人感到有些欣慰。

但是當拉布拉他河河口被決定性地證明不能提供一條穿越南美洲到亞洲的路線時，大家又開始對麥哲倫的能力表示懷疑。一五二〇年二月，艦隊從拉布拉他河河口向南航行，遇到夏末的風暴，而他們走得越慢，食物耗盡的危險就越大。船員們的糧食瀕臨告罄，軍官們要求麥哲倫告訴他們，計劃採納什麼樣的路線。只能盲目服從命令而不知道麥哲倫作出決定的原因和理由，這種挫折感進一步削弱大家對麥哲倫能力的信任。

所有這些都導致水手的譁變，其中艾爾卡諾被判處死刑，不過後來他獲得赦免，甚至得到晉升。[16]麥哲倫非常清楚，他不可能把四十名船員作為譁變者處死。主要的懲罰是象徵性的，「維多利亞號」（Victoria）的叛變船長已經在麥哲倫的支持者和譁變者的戰鬥中死亡，他的屍體被倒掛在桁端，以儆效尤。這次叛亂提供麥哲倫任命葡萄牙軍官指揮船隻的藉口，其中一個人——若昂·塞朗（João Serrão），是他的老友塞朗的兄弟或堂兄弟。如前文所述，塞朗成為特爾納特蘇丹的維齊爾。麥哲倫決心在到達香料群島後見一見對方。與此同時，皮加費塔對水手們在南下過程中遇到的巴塔哥尼亞「巨人」非常著迷。能夠在如此寒冷的氣候中，幾乎赤身裸體地生活，只是他們的顯著特點之一。又高又瘦的巴塔哥尼亞人已經很好地適應寒冷，因為他們的體表面積實際上比更北邊的更矮但相對肥胖的人群來得小。他們願意吃在船上發現的老鼠（而且未剝皮），讓探險家們感到驚訝和相當厭惡。[17]

不過，最大的挑戰發生在麥哲倫艦隊到達一條海峽時，他正確地判斷這是一條穿過南美洲南端的通道，後來它被稱為麥哲倫海峽。皮加費塔聲稱，麥哲倫早就對這道海峽瞭若指掌，因為他在葡萄牙國王的寶庫中看到一張由「波西米亞的馬丁」製作的航海圖。這一定是指倍海姆，他於一四九二年左右製作的地球儀今天保存在紐倫堡，不過沒有顯示美洲的任何部分。倍海姆於一五〇七年在里斯本去世，所以麥哲倫完全有可能見過他。不過一個出自一五一五年的德意志地球儀，確實帶有推測性質地包括南美洲和一片廣袤南方大陸之間的水道，這個地球儀是由約翰內斯．舍納（Johannes Schöner）製作的，他和倍海姆一樣是紐倫堡人。舍納的地球儀還包括一條介於北美和南美之間的水道，並將日本置於美洲以西僅幾度的地方。[18]麥哲倫沒有認識到，他南面的那片土地只是一座中型島嶼（後來被稱為火地島，因為他看到那裡有火，可能是巴塔哥尼亞居民點燃的），其最南端是一個大海角，即合恩角。在他看來，這似乎是另一塊巨大的陸地。這種想法一直存在，以至於著名製圖師麥卡托（Mercator）在一五三八年繪製的第一張世界地圖，將麥哲倫海峽標記為兩塊大陸之間的水道，其中一塊大陸，即「南方大陸」（Terra Australis），覆蓋整個世界的南端，就像一個巨大放大版的南極洲。[19]

在驚濤駭浪中航行，穿越通往不同方向的水道，並不斷受到所謂威利瓦颮（williwaw winds）的衝擊（這些強勁的冷風不知是從哪裡爆發出來的），麥哲倫既需要直覺，也需要運氣，而他的一位船長決定折回西班牙。「聖安東尼奧號」（San Antonio）的逃跑使麥哲倫的艦船數量減少到三艘，因為之前有一艘在探索南美海岸時失事了。到了一五二〇年十一月底，他已經進入一片新的大洋。皮加費塔寫道：「在這三個月零二十天裡，我們在一個海灣裡航行四千里格，穿越了太平洋，這個名字很恰當，因為在此期間，我們沒有遇到風暴。」[20]後來的航海家經歷讓「太平洋」這個名字顯得很荒唐，但是所有大洋中最大的那一個終於有了歐洲名字，而且更重要的是人們清楚地看到這個大洋是多麼巨大：麥哲倫於一五二〇年十一月二十八日離開火地島，在一五二一年三月六日才抵達關島。這是麥哲倫在太平洋第一次真正意義上的登陸，因為奇怪的是，他的三艘船在前往大家望眼欲穿的摩鹿加群島時，並沒有遇到玻里尼西亞和密克羅尼西亞的島嶼及諸民族。並且在抵達關島之前，他們似乎也沒有遇到任何太平洋島民，這些島民乘坐的是絢麗配有舷外浮材的船隻。這足以證明太平洋的浩瀚，但也表明習慣於大西洋水域（與太平洋迥然不同）的歐洲航海家，其陸地觀察技能與玻里尼西亞人的技能有很大的不同，玻里尼西亞人可以毫不費力地在太平洋上找到哪怕是微小的陸地。

麥哲倫的船員在穿越太平洋時，面臨的真正困難不是惡劣的天氣，而是缺乏新鮮食物，所以水手們只能以老鼠肉和泡過水的牛皮為食，不管是什麼東西，只要能吃就行。壞血病使這些漫長的航行成為死亡陷阱，這不僅是因為壞血病對人的皮膚、骨骼和血管有巨大影響（這些組織都會崩潰），還因為它的另一種作用：壞血病患者的牙齦嚴重腫脹，無法進食。在穿越太平洋期間，有三十一人死於壞血病或其他疾病，包括一個巴塔哥尼亞巨人和一個巴西印第安人。當船隻最後到達陸地時，當地島民蜂擁上船，搶劫船隻，最後被擊退。患病的水手要求得到在這次交戰中死亡島民的內臟，他們相信吃了這些內臟，「他們會立即痊癒」。真正的救星就在眼前：當船員們開始吃新鮮水果和蔬菜時，牙齦的腫脹就消退了。此外，船上的軍官由於飲食比較奢侈，基本上都逃過了壞血病，因此皮加費塔「一直都很健康」，他觀察壞血病的影響，但自己沒有染病：「感謝上帝的恩典，我沒有生病」，他一直到返回西班牙都很健康。[21]一七四六年至一七九五年，人們經過試誤，發現檸檬或萊姆可以防止壞血病，於是英國皇家海軍開始在水手的飲食中加入檸檬或萊姆。直到二十世紀初，科學界確定抗壞血酸（維生素C）的作用，才解釋了萊姆為何會如此有效。[22]

四

當麥哲倫到達太平洋西部的島嶼時，他發現那裡的文化和社會結構，與他在巴塔哥尼亞（Patagonia）看到的截然不同。誠然，他到達的第一批島嶼（關島周邊）的社會不使用金屬，人們幾乎赤身裸體地走來走去。島民在西班牙船隻上肆意妄為，搶走他們能帶走的一切，所以麥哲倫的手下把這個地方稱為「盜賊群島」。皮加費塔表示，這裡的島民認為自己是世界上唯一的人類。但皮加費塔承認，他依靠手語與島民交流，而島民表達的意思無疑是，不相信巨大木船上那些蓬頭垢面的歐洲水手和他們是同一類生物。這些島民是海洋民族，他們的船裝飾著棕櫚葉製成的帆和舷外浮材，「就像海豚一樣在波浪間跳躍」。[23]

不過，麥哲倫的船隻漸漸駛過擁有大量的雞、棕櫚酒、椰子和甜橙的島嶼。甜橙是一種新奇的東西，因為此時西方人知道的柳橙，只有阿拉伯人引進西班牙的苦澀塞維亞橙。這些島上甚至還有一些黃金，被用來裝飾島民的匕首。一五二一年三月和四月，隨著麥哲倫的船隻深入菲律賓島鏈，他們在當地王公中找到新的朋友。麥哲倫的蘇門答臘僕人恩里克，能用馬來語與其中一位王公交談，可以傳情達意，這非常有幫助。王公向麥哲倫贈送裝滿大米的瓷罐，並提供黃金和生薑作為禮物；麥哲倫送給王公一件紅黃相間的長袍，「是按照土耳其的風格製作的」。王公為麥哲倫的軍官們舉辦一次招待會，皮加費塔不得不在耶穌受難日吃肉，「因為非這樣不可」。不過，發現這些島嶼的統治者是「多神教徒」而不是「摩爾人」，也是一種安慰。比起與王公共進晚餐更奢侈的，是有機會睡在用蘆葦席做成的柔軟床上，還能享用墊子和枕頭。

秉持著過去西班牙旗下探險家的精神，皮加費塔記載，這位王公有一個兄弟，他統治一座鄰近的島嶼，那裡有「金礦，可以從地裡挖出像核桃和雞蛋一樣大的金塊」，所以王公當然要用金盤子吃飯。[24] 在這裡及他們後來造訪的島嶼能看到中國的瓷器，這無疑表明他們距離數十年來探險家們一直試圖達到的那個富庶帝國不遠了：「瓷器是一種非常潔白的陶器，被加工之前要在地下埋五十年，否則就不會有好的效果。父親會埋下瓷器，留給兒子。如果把毒藥或毒液放進一個精美的瓷罐，它會立即破裂。」[25] 這是中國港口和香料群島之間有貿易往來的證據，但麥哲倫更願意找到一條通往盛產丁香的摩鹿加群島的路線，畢竟他的艦隊名號是「摩鹿加艦隊」（Armada de Molucca）。

目前看來，前景一片光明。但麥哲倫的船隻越是深入這個島嶼世界，這位總司令就越意識到，他仍然很難贏得王公們的信任。宿霧（Cebu）的王公希望收到貢品或稅收，他向所有停靠在海岸的船隻徵收這些費用。在麥哲倫到達宿霧的四天前，一艘中式帆船（iunco）從Ciama（越南或爪哇）駛來。宿霧王公把麥哲倫麾下的一位軍官介紹給一位乘坐這艘中式帆船到達宿霧的穆斯林商人，而這位商人向王公發出警示：

「國王啊！您要小心，因為這些就是征服了卡利卡特、麻六甲和整個印度的人。如果您好好接待他們，善待他們，對您會有好處；但如果您不善待他們，對您就不利了。不妨看看他們在卡利卡特和麻六甲做了什麼。」[26]

幸運的是，蘇門答臘裔的譯員恩里克聽懂他們的話，並「告訴他們，他的主人的國王在海上和陸地上都比葡萄牙國王更強大，他宣稱自己是西班牙國王和整個基督教世界的皇帝」，這也說得過去，因為查理已經當選為神聖羅馬帝國皇帝，即查理五世。西班牙人一方面作出這樣的反駁，另一方面又威脅要入侵，所以西班牙的查理聽起來比葡萄牙國王曼紐一世更危險。

這些威脅並沒有破壞麥哲倫和王公之間日益友好的關係。如果皮加費塔的話是可信的，王公向西班牙國王宣誓效忠，並參加數百名島民的大規模受洗，那個愛發牢騷的摩爾商人也受洗了。不用說，這並沒有導致宿霧的基督教化。當西班牙船隻離開後，宿霧的居民又重拾「多神教」生活方式，而對查理國王的忠誠很容易被遺忘。不過在審視探索之旅時，我們很容易忽視歐洲人對傳教的堅持。他們確實有傳播信仰的真誠願望。同時，這些島嶼王公的皈信，有助於將他們與名義上的宗主西班牙國王更緊密地聯繫在一起。[27]

宿霧為麥哲倫的小艦隊帶來災難。一些周邊島嶼拒絕接受麥哲倫的要求，即他們應臣服於宿霧王公，而宿霧王公從此成為西班牙國王的代表。換句話說，真正的問題不是西班牙國王的權威（島民不可能關心這個問題），而是麥哲倫熱心支持盛氣凌人的宿霧王公的權威。一五二一年四月，麥哲倫不顧若昂的建議，堅持加入對這些島嶼之一的麥克坦島（Mactan）的武裝進攻。在那裡，入侵者遇到頑強的抵抗，麥哲倫喪命。[28]不久之後，宿霧的王公與西班牙人反目成仇，屠殺他邀請赴宴的二十七人，包括若昂。除了知道此地有香料外，西班牙人對這個世界確實知之甚少，捲入當地的爭鬥是一個愚蠢的錯誤；畢竟，麥哲倫並沒有把宿霧當作目的地，他仍然在尋找傳說中的摩鹿加群島。顯然是時候繼續前進了，一五二一年七月，西班牙艦隊造訪婆羅洲的汶萊，船長們仍然決心找到一條通往摩鹿加群島的航道。艾爾卡諾很快就成為返回歐洲的殘兵敗將的領袖。在當時和今天一樣，汶萊有一個富裕的宮廷。艾爾卡諾騎上大象，並被告知拜見王公時所需的複雜禮節。他不可以直接向王公講話，而是應當把話告訴廷臣，廷臣告訴王公的兄弟，御弟透過傳聲管向王公低聲傳話，所以話傳到王公耳邊時，有時會與原話有所出入。西班牙人完全沒有被莊嚴的覲見會嚇倒，而是覺得這些規則很滑稽。[29]

西班牙人隨後啟程前往美妙的摩鹿加群島，並於一五二一年十一月抵達。蒂多雷的蘇丹拉賈・蘇丹・曼蘇爾（Rajah Sultan Mansur）告訴訪客，他在很久以前做了一個奇怪的夢，預示著有船從遙遠的地方來到摩鹿加群島。他很友好，甚至提議，出於對西班牙國王的愛，將蒂多雷更名為「卡斯提爾」。皮加費塔對丁香樹興致盎然，並了解如何採集香料，還對居民如何用西米製作麵包很感興趣。西米是一種從棕櫚莖中提取的澱粉類食物，是摩鹿加群島的主食作物，今天在東南亞仍然深受歡迎。但是有一個關於塞朗的噩耗。他成為與蒂多雷敵對的特爾納特統治者的軍隊指揮官，在兩個蘇丹國之間的衝突中，他擄走蒂多雷的許多顯赫人物作為人質。兩國議和後，他造訪蒂多雷，購買丁香。但是蒂多雷人非常恨他，給他有毒的蔞葉咀嚼，導致他在數日後死亡。這發生在僅僅八個月前，當麥哲倫從西班牙出發時，塞朗還活著。[30]

「摩鹿加艦隊」現在已經到達以麻六甲為基地的葡萄牙人也在探索的水域，儘管葡萄牙人只是零星出現在這裡，他們的探索也是非正式的。西班牙人在蒂多雷遇到一位名叫佩德羅・阿方索・德・洛羅薩（Pedro Afonso de Lorosa）的葡萄牙商人。他是乘坐當地的船（prao）來的。和已故的塞朗一樣，洛羅薩住在特爾納特，他聲稱在印度待了十六年，在摩鹿加群島待了十年，他知道有一艘「麻六甲的大船」在不到一年前抵達摩鹿加群島，由葡萄牙船長特里斯唐・德・梅內塞斯（Tristão de Meneses）指揮。梅內塞斯已經聽說西班牙國王從塞維亞派出一支艦隊前往摩鹿加群島。洛羅薩是一個討人喜歡又健談的人，而且很不善於保守祕密。他告訴西班牙人，葡萄牙國王對麥哲倫遠航的消息作出激烈的反應，派船到拉布拉他河和好望角攔截麥哲倫的艦隊，因為不知道麥哲倫艦隊究竟會走哪條路線。葡萄牙國王還鼓勵在印度洋的一位指揮官，帶著六艘全副武裝的船隻駛向摩鹿加群島尋找麥哲倫。不過，當這位指揮官聽說鄂圖曼土耳其人正計劃遠征麻六甲時，就轉而向西駛向阿拉伯半島的海岸，改為派出一支較小的船隊，但是它因為逆風而被迫返回。洛羅薩聲稱，摩鹿加群島已經效忠葡萄牙，而一向行事隱祕的里斯本王室只是不想讓任何人知道它在那裡的成功。31

也許洛羅薩想像這一切會讓艾爾卡諾望而卻步，然而事與願違。艾爾卡諾在一艘名為「維多利亞號」的船上裝滿丁香，從印度洋出發前往西班牙，船上有四十七名堅持到這個階段的水手。但由於他們在航行中帶上一些原住民，所以總共有六十人。少數水手被留在蒂多雷，以便在那裡建立一個西班牙基地。另一艘適航的「千里達號」（Trinidad）將帶著五十三名船員和近五十公噸丁香，航行跨太平洋路線回家，但不是透過麥哲倫海峽。他們的想法是把船送到巴拿馬，然後把貨物透過陸路運過中美洲，進入加勒比海（假設這艘船能找到路，而且在巴拿馬有人接應）。「千里達號」努力尋找海路，流落到日本的緯度上，然後又折返到蒂多雷。不幸的是，葡萄牙的一支奉命搜尋西班牙船隊的小艦隊已經到過蒂多雷。葡萄牙人關閉西班牙人在蒂多雷的貿易站，在特爾納特設立自己的貿易站，並找到「千里達號」，扣押船上的貨物。同樣重要的是，葡萄牙人繳獲在「千里達號」上發現的海圖；葡萄牙人決心對這些水域的知識保密。實際上，正是西班牙探險隊將葡萄牙人引向香料群島的更深處。最終，一名西班牙倖存者逃脫，三人被送回里斯本，等待他們的是牢獄之災，其中一名倖存者的妻子以為他已經死在海上，於是再婚了。[32]不過正如後來的事件表明的，西班牙想要透過太平洋與東印度群島保持聯繫，唯一的辦法就是透過中美洲，而不是透過麥哲倫海峽，這個想法是正確的。

艾爾卡諾也面臨葡萄牙人的威脅，他回家的路線將直接穿越達伽馬的後繼者正試圖支配的水域。艾爾卡諾可能會遭遇葡萄牙人的巡邏隊，也不可能在沿海站點停靠，以獲取水和食物。不過他的航行起初很順利，對帝汶島（Timor）進行一次卓有成效的造訪，在那裡可以買到上好的檀木。一五二二年二月初至五月初，他從帝汶島駛向非洲南端，向南遠行，避開爪哇島和蘇門答臘島，因為眾所周知，葡萄牙人在這兩地從事貿易。船上的肉已經腐爛，而他們在南非只停靠了一個沒有食物的不毛之地。根據艾爾卡諾回國後，寫給西班牙國王的信，「離開最後一座島嶼後，我們只靠玉米、大米和水，維持了五個月的生計」。十五名歐洲人和十名香料群島的居民死在這段路上。更糟糕的還在後面，因為「維多利亞號」還得繞過葡萄牙在西非的基地。解決物資匱乏的唯一辦法是，在維德角群島的首府大里貝拉停靠。西班牙船員們告訴葡萄牙海關官員，他們在從加勒比海返回時迷路了。但是當他們試圖用丁香換取食物和奴隸（作為額外的勞動力）時，葡萄牙人識破了，認定這艘船一直在葡萄牙人的專屬勢力範圍內「偷獵」。艾爾卡諾夠警覺，意識到他必須立即起航，但仍需應對當時的風向。風向要求他走一條曲折的路線，經過亞速群島到達伊比利半島。九月四日，他的瞭望員發現聖文森角。九月八日，船體飽受蟲蛀的

「維多利亞號」停靠在塞維亞的碼頭。十八名歐洲人在這次旅行中倖存。[33]

艾爾卡諾帶回他在摩鹿加群島和菲律賓找到的作物樣品，並描述他看到的作物及其分布情況。查理五世皇帝被打動了，向姑姑奧地利的瑪格麗特寫信說：「我們的一艘船滿載著丁香和其他各種香料的樣品回來了，如胡椒、肉桂、薑、肉豆蔻，還有檀木。此外，我還收到四個島嶼的統治者遞交表示臣服的信物。」[34]艾爾卡諾還帶回比大宗貨物更有價值的東西，就是關於在香料群島東端可以找到什麼的情報。他帶回貨物的實際重量約為兩萬零八百公斤，其中二十分之一以上屬於艾爾卡諾。這意味著遠航的成本回收了，並有少量的利潤，與艾爾卡諾的比例大致相同。五％至六％的報酬是相當少的，但是如果這能成為一條穩定的海路，利潤顯然就會高得多。[35]

五

如何開闢這樣一條海路，仍然是個問題。葡萄牙人繼續阻撓，否認太平洋西部的大片島嶼屬於西班牙的勢力範圍。西班牙人與葡萄牙人開會，商討兩國勢力範圍的分界線究竟在哪裡，但會談毫無建樹，因為雙方甚至無法就分界線在大西洋上的位置達成一致。首先，對於應該用分布較廣的維德角群島中的哪一座島嶼作為標記，雙方的意見就很不一致。[36]此外，並非所有人都對艾爾卡諾作為船長的行為感到滿意，大家對麥哲倫的行為更是不滿，所以西班牙王室要對艾爾卡諾和麥哲倫展開調查，這就推遲了沿著同一路線繞行南美洲的第二次探險計畫的實施。艾爾卡諾對自己的性命感到擔憂，主要是因為他知道葡萄牙人為了保住壟斷權不惜殺人，所以查理五世為他指派保鏢。[37] 一五二五年七月，一支新的遠征隊在加西亞・霍夫雷・德・洛艾薩（García Jofre de Loaísa）領導下出發了。洛艾薩不懂航海，因此要依靠領航員艾爾卡諾。艦隊由七艘船組成，載有四百五十人，其中四人曾在麥哲倫麾下效力，現在又來自討苦吃。他們被派遣到新的探險隊裡，是對他們的懲罰。但這些人已經看到遠東能提供什麼東西，所以熱切希望去遠東發財。而且歐洲財力最雄厚的銀行家，奧格斯堡的銀行世家富格爾家族（Fuggers）願意為這次遠航投資。這無疑是一次投機，富格爾家族很清楚這樣的遠航非常危險，因為遠征隊隨時可能遭遇自然災害或敵人的攻擊，但是富格爾家族夠富有，可以拿一萬杜卡特金幣賭一把。西班牙人的夢想是將加利西亞的拉科魯尼亞（A Coruña）變成新的里斯本，以拉科魯尼亞基地，將東印度群島的香料運往安特衛普，再從那裡運往更廣闊的歐洲市場。[38]

雖然汲取了很多經驗教訓，但七艘船中只有四艘真正到達麥哲倫海峽，洛艾薩本人也死了，於是艾爾卡諾再次成為艦隊負責人。但是他掌管艦隊只有一週的時間，因為他也未能在穿越太平洋的旅程中倖存，他的三個兄弟也死在這一次航行中。艾爾卡諾一直希望實現哥倫布的偉大抱負：找到通往日本的路線。艾爾卡諾的計畫是先去日本，然後向南轉向摩鹿加群島。洛艾薩和艾爾卡諾乘坐船隻的船員到達蒂多雷，卻發現葡萄牙人現在就在蒂多雷隔壁的宿敵特爾納特那裡安營紮寨，並且在不久前洗劫了蒂多雷。另一艘西班牙船遭遇災難，艱難地到達墨西哥，並與征服者埃爾南・科爾特斯（Hernán Cortés）取得聯繫。科爾特斯不僅是這些遭遇海難的西班牙人的救命恩人，也是洛艾薩的船隻的救星，這艘船最終停在蒂多雷，倖存者在那裡抵抗葡萄牙人。他們沒想到在被送回家之前，最終會在這些島嶼上度過十多年。

科爾特斯已經與西班牙王室就通往印度的路線進行溝通，王室很想讓他了解洛艾薩的船隻發生什麼事。考慮到作為香料貿易的中間人能夠獲得巨額利潤，科爾特斯認為從墨西哥到香料群島的路線，比繞過南美洲底部的漫長路線更有意義，因為航行後者路線的船隻有可能會在巴西附近的葡屬水域被攔截。西班牙人真正想要的是運走一些丁香樹，在墨西哥重新種植，那樣一來，葡萄牙人繞過非洲的香料路線就變得多餘了。科爾特斯在太平洋上派遣三艘船，由他的親戚薩維德拉（Saavedra）指揮。薩維德拉向蒂多雷前進，目的是運走洛艾薩船上的倖存者（總共約一百二十人）。薩維德拉的兩艘船在夏威夷島附近沉沒。第三艘船，即「佛羅里達號」（Florida）的船員到達蒂多雷，看看那裡正在發生的情況，認為需要營救的人太多，於是就把自己的船裝滿丁香，而沒有營救同胞，這種行為在當時可以算是很典型的。「佛羅里達號」試圖返回墨西哥，但是沒有取得任何進展，被迫返回蒂多雷。幾次啟航的嘗試都因風向不利而受挫，所有這些西班牙人在東印度群島煎熬多年，不情願地成為葡萄牙人的客人。葡萄牙人不知道該如何處置他們；最終在一五三四年，這些西班牙人中的大多數被送到里斯本。當時在船上記錄整個事情經過的安德烈斯・德・烏達內塔（Andrés de Urdaneta）直到一五三六年才抵達西班牙，我們將在後面的章節中再次談到他。[39]

西班牙人渴望了解麥哲倫進入的大洋的更多情況，特別是他們不斷擴張的美洲帝國（現在不僅包括墨西哥，還包括秘魯）的太平洋沿岸。科爾特斯和新西班牙[4]副王門多薩（Mendoza）也熱衷贊助沿著美洲海岸線上下的航行，所以西班牙人在一五三九年至一五四二年間，繪製了下加利福尼亞海岸和上加利福尼亞❺部分地區的地圖。將上加利福尼亞向西班牙航運開放的頭號功臣是卡布里略，不過聖塔芭芭拉周圍的丘馬什印第安人仍在阻撓西班牙人完整地了解這條海岸線。卡布里略帶著三艘船出發，其中最大的是一艘名為「聖薩爾瓦多號」（San Salvador）的蓋倫帆船，排水量約兩百噸。在許多方面，卡布里略最令人印象深刻的成就是在美洲太平洋沿岸一個荒涼的河口建造這些船，並為其他探險家建造船隻。他帶來西班牙工匠，使用原住民勞動力，讓非洲奴隸做最辛苦的工作：把沉重的錨從大西洋海岸拖到位於瓜地馬拉的船廠，瓜地馬拉的最大優勢是有大量的優質硬木可以利用。

卡布里略測試「聖薩爾瓦多號」及其船員素質的手段，是帶著這艘蓋倫帆船前往秘魯做生意，他在那裡以非常高的價格出售馬匹。在十多年前皮薩羅（Pizarro）的征服軍隊到來之前，馬匹在秘魯一直不為人知，所以在卡布里略抵達秘魯時，馬匹的價格仍然非常昂貴。[40]沿著連接中美洲和秘魯的海岸線，交通規模持續成長，因此在西班牙人掌握橫跨太平洋的航行技術之前，他們就已經善於在太平洋的東岸航行。卡布里略的加利福尼亞之行最遠到達舊金山灣以北，但是沒有發現他們希望找到的東西：一條能

❹譯注：新西班牙是西班牙帝國的一個副王轄區，一五二一年設立，延續到一八二一年墨西哥和中美洲獨立時期；管轄範圍非常廣袤，包括今天的墨西哥、美國的一部分、古巴、加拿大的一部分、瓜地馬拉、宏都拉斯、菲律賓等國家和地區，首府為墨西哥城。

❺譯注：下加利福尼亞在今天是墨西哥最靠近北邊的州，與美國加州接壤；上加利福尼亞的範圍包括今天美國加州、內華達州、猶他州、亞利桑那州北部和懷俄明州南部。

讓船隻橫越北美大陸的水道，它有一個名字叫亞泥庵海峽（Strait of Anián），但是它並不存在。雖然他們沒有找到水道，但有一個神話中的王國在誘惑他們，就是卡拉菲亞（Calafia）女王的王國。神話裡提到，她統治著一群黑皮膚的亞馬遜人，她的王國裡盛產黃金，吃人的獅鷲被用來搬運沉重的貨物。41

艾爾卡諾和「維多利亞號」已經跨越三個大洋。有些葡萄牙人已經一路穿越大西洋和印度洋，並深入太平洋，一直來到香料群島的東部。但是駕駛一艘船環遊世界，仍然需要驚人的耐力、決心和毅力。所以用消極的語氣結束這一章似乎很奇怪，這不僅僅是因為麥哲倫、艾爾卡諾和洛艾薩在計劃他們的探險時，並沒有想到要環遊世界，而且因為「維多利亞號」航行的路線被證明並非真正可行。西班牙人還需要更思考如何將西班牙的統治權擴張到整個太平洋，以及如何利用從墨西哥到香料群島的路線，將絲綢、香料及瓷器從遠東運往美洲和歐洲。

第三十二章　新的大西洋

一

儘管哥倫布花費很長的時間才踏上美洲大陸，並且很快在伊斯帕尼奧拉成為不受歡迎的人，但是他的遠航徹底改變大西洋上的航行。西班牙水手們抓住機會，滿懷熱情地在新大陸追尋利潤。伊莎貝拉女王不斷警告他們不得奴役原住民，至少在那些被西班牙王室宣稱擁有的島嶼不得如此。這樣的警告正好提供明確的證據，表明到了一五〇〇年，確實越來越常發生奴役原住民的現象。巴哈馬群島的人口在一五二〇年左右完全消失（被帶到伊斯帕尼奧拉島的金礦和甘蔗種植園勞動，或者被奴隸販子抓走），也表明奴役原住民的現象很常見。即使沒有人能夠預測到歐洲疾病（如天花），會消滅數萬甚至數十萬的泰諾人，後來又在美洲大陸造成更嚴重的破壞，歐洲人與伊斯帕尼奧拉島和鄰近島嶼的泰諾人的關係史，讓我們必須對西班牙在新大陸的政策提出嚴厲的控訴。哥倫布及其繼任者對泰諾人提出越來越多的要求，這也破壞了他們的社區：在金礦區的艱苦工作需要更多的精力，這不是他們以木薯麵包為主的簡單飲食能夠提供的；男性與家庭分離，導致出生率下降。這些因素及其他變化，導致泰諾

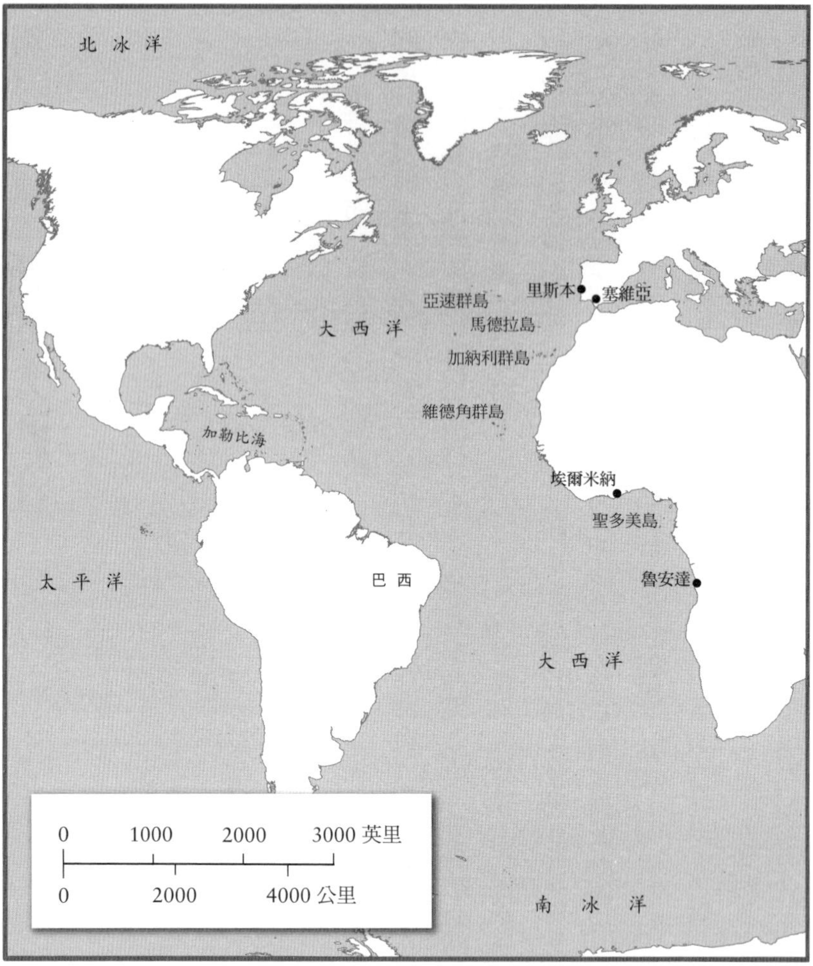

人在哥倫布到達新大陸的三十年內完全滅絕。多明我會修士蒙特西諾斯（Montesinos）和卡薩斯堅持不懈的懇求，以及印第安人慘遭虐待的可怕故事（卡薩斯說他們被當作「糞便」對待），在加勒比海地區無人理睬。最後，卡薩斯得到西班牙國內一些良心不安的廷臣聆聽，但為時已晚。伊莎貝拉的外曾孫腓力二世坐上西班牙王位，而泰諾人早就銷聲匿跡了。[1]

今天，多明尼加共

和國（構成伊斯帕尼奧拉島的大部分）居民的基因圖譜，揭示這個人口崩潰的真實情況：一般來說，現代多明尼加人的祖先有二九%是南歐人（包括〇．五%的尼安德塔人），只有三．六%是泰諾人。多明尼加人DNA中最大的單一元素是西非人，占近四五%，還有一些來自非洲中部和南部的DNA。[2]加勒比海地區的西班牙領主失去原住民勞工，於是開始進口成千上萬的西非人。透過大西洋彼岸的葡萄牙貿易站，很容易獲得西非奴隸。西班牙人對來自撒哈拉以南非洲的奴隸已經非常熟悉，一五〇〇年左右在塞維亞的街道上可以看到許多這樣的奴隸；當時黑奴最多的歐洲城市就是塞維亞這個大港口，它與大西洋和地中海貿易路線都是連通的。[3]然而，塞維亞的非洲人大多是家奴，這是地中海地區長期以來的傳統。

一五〇〇年後，購買奴隸並強迫他們在礦場和種植園從事苦力勞動的現象變得越來越普遍。那些在橫跨大西洋旅程中倖存的奴隸，很可能是格外健壯和吃苦耐勞的，而且非洲勞動力不斷流入加勒比海地區（等到葡萄牙人決定開發巴西的資源之後，也大量引進非洲勞動力到巴西），這意味著非洲勞工的高死亡率不再被視為一個問題：他們可以被替換，因為勞動力的來源，即非洲戰俘和西非內部衝突的其他受害者，似乎是無窮無盡的。在其生涯的大部分時間裡，卡薩斯對美洲印第安人的命運如此執迷（他有充分的理由這麼做），以至於他沒有注意到非洲奴隸貿易的可怕現實。他知道印第安人在法律上是西班牙王室的自由臣民，但他對那些作為奴隸來到新大陸的非洲人卻沒有那麼多的同情。那些人從來不是西班牙國王的臣民，在被葡萄牙人沿著貿易路線運輸之前就已經喪失自由。

由於葡萄牙人在西非建立基地，這種可恥貿易的基礎設施已經到位。迦納的埃爾米納在哥倫布到達新大陸的十年前，就成為黃金和奴隸貿易的中心。葡萄牙人的非洲盟友將戰俘（包括貴族戰俘、農民、婦女和兒童），送到埃爾米納與非洲西岸的各貿易站。埃爾米納本身的關押設施很有限，但維德角群島是跨大西洋奴隸貿易的完美基地，這個收集點坐落在一條通往加勒比海的常用航線的必經之地。因此，美洲的西班牙殖民者沒有必要到里斯本或塞維亞的奴隸市場去購買奴隸。對非洲奴隸日益成長的需求，使得維德角群島的經濟發生變化。最初，許多非洲奴隸被留在維德角群島，殖民者希望這些奴隸能讓島上的貧瘠土壤煥發生機。這個希望落空了。從維德角群島到美洲的過境貿易，於一五一〇年正式開始。此後，島上的奴隸被分為三類：「貿易奴隸」，將被運往葡萄牙的奴隸市場，後來越來越多運到美洲；「勞動奴隸」，用於維德角群島的甘蔗種植園和其他作物的種植園；以及家奴，為維德角定居者的家庭服務，這些家奴當然是最幸運的。考慮到其日益成長的重要性，大里貝拉（它一點也不「大」）於一五三三年被授予「城市」地位，並成為負責西非的葡萄牙主教官邸所在地。即便如此，在這座小城過夜的大多數人都是途經這些島嶼的商人和奴隸。即使在十六世紀末，整個維德角群島可能也只有大約一千七百名定居者，而奴隸的數量大約是其六倍。[4]

伊斯帕尼奧拉的城鎮具有不同的特點。在科爾特斯及其後繼者征服美洲大陸的大片土地之前，伊斯帕尼奧拉就是西班牙人在美洲的終點。哥倫布在建造新城鎮時運氣不佳，於一四九二年耶誕節用「聖瑪利亞號」的木材建造的納維達德（La Navidad）居民遭遇災難。當哥倫布回到伊斯帕尼奧拉島時，納維達德的所有西班牙定居者都死了，因為他們遭到泰諾酋長及其手下的攻擊。一年後，以伊莎貝拉女王的名字命名的下一個定居點——伊莎貝拉城在該島北部建立，但這個地方的自然條件不衛生，而且定居者之間爭吵不休。伊莎貝拉城的運氣比納維達德略好，維持了四年。哥倫布並沒有把這座城市視為西班牙一個新省分的首府，而是仿照西非的埃爾米納，把它看作一個貿易站（feitoria）。就像埃爾米納的功能是將非洲內地的大量黃金輸送到葡萄牙一樣，伊莎貝拉城也將成為西印度群島黃金和香料的收集點。[5]

伊莎貝拉城的定居者既要吃飯，又要做買賣，他們的人數比維持埃爾米納生意的葡萄牙人來得多。在伊莎貝拉城的發掘表明，西班牙人在建造過程中考慮到防禦的需求，畢竟他們剛剛經歷納維達德的慘劇；伊莎貝拉城主要是用壓緊的土建造的，但建造者也使用數量有限的石頭，而且有一棟房子（可能是哥倫布自己的住宅）有一個石頭門洞。許多殖民者不得不使用與泰諾人房屋類似的茅草屋。但西班牙人試圖盡可能地自力更生：這裡有一個相當大的工匠社區，不僅有泥瓦匠，還有木材和金屬加工工人、瓦片和磚頭的製造工匠，以及造船匠。一些人住在河對岸的衛星城拉斯科雷斯（Las Coles），定居者希望這將有助於養活新的城鎮，因為拉斯科雷斯的主要業務是農業和製陶業。西班牙人對泰諾人的食物（木薯麵包及偶爾的鬣蜥、海牛、海螺和大型齧齒動物）不甚滿意。卡薩斯認為西班牙人一天吃的東西，相當於泰諾人一個月吃的東西，並補充說：「想想他們四百人的消耗量吧！」印第安人對定居者的貪食感到驚奇，並懷疑他們如此饑餓是否是因為家鄉的食物已經吃完。[6]

伊莎貝拉城的西班牙人和圍牆外的印第安人保持距離，但在伊斯帕尼奧拉的早期，西班牙婦女非常少，所以混血的孩子一定很常見。不過就目前而言，兩個社區之間保持著鮮明的界線。西班牙人對泰諾人的產品沒有什麼興趣，也很少使用泰諾人的陶器。在伊莎貝拉城遺址發現的西班牙陶器的比例，實際上比同時期在西班牙考古遺址發現的來得高，因為同時期的西班牙遺址通常會出土大量的義大利商品和其他外國商品。在伊莎貝拉城遺址發現的西班牙商品風格，是典型西班牙南部的阿拉伯化風格，出土物包括大量的錫釉彩陶，是在伊莎貝拉城短暫的存續期間，從塞維亞及其姊妹港口運來的。[7]哥倫布試圖以西班牙王室的名義，掌控定居者與印第安人的所有貿易。伊莎貝拉城的遺址沒有出土任何黃金物品，它的黃金工藝品或金塊都透過該殖民地迅速流向舊大陸。另一方面，在伊莎貝拉城發現一百多枚西班牙錢幣，主要是用低品質的銀合金製成的低價值錢幣，稱為 Billon。真正的銀幣非常罕見。這些錢幣不僅有來自西班牙的，還有來自熱那亞、西西里、葡萄牙和其他地方的，反映中世紀晚期塞維亞的貿易世界有多麼多元化。[8]因此很顯然伊莎貝拉城的居民互相之間做生意，經營一種以貨幣為基礎的小規模經濟，但與泰諾人的交往很少。

二

一四九八年，伊斯帕尼奧拉島的西班牙定居者越來越清楚地認識到，伊莎貝拉城永遠不會繁榮起來，於是哥倫布的弟弟巴爾托洛梅奧．哥倫布（Bartholomew Columbus）作出一個命運攸關的決定，將西班牙在伊斯帕尼奧拉的大本營，從伊莎貝拉城搬遷到島嶼另一端的加勒比海岸邊。為了尊重兄長，他起初把這個新首府命名為新伊莎貝拉（Nueva Isabela），但後來被稱為聖多明哥（Santo Domingo），這個名字一直延續到一九三六年，當時殘酷無情的多明尼加獨裁者特魯希略（Trujillo）「謙遜」地改名為特魯希略城。他倒臺後，首府的名字又改回聖多明哥。哥倫布家族沒有把新首府建設好。這座城市位於奧薩馬

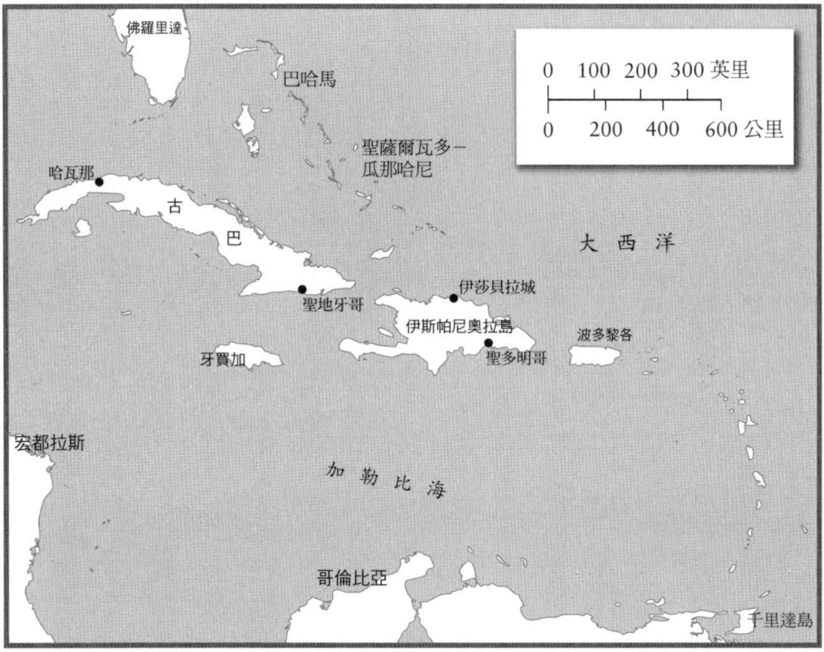

河（River Ozama）上，它在當時是一條寬闊的水道，為從塞維亞來的船隻提供一個說得過去的港口；但巴爾托洛梅奧的城市被颶風吹得粉碎，幾年內這座城市搬遷到河對岸一個被認為更安全的地方。[9]在那裡，一五〇二年接替哥倫布擔任西印度群島總督的奧萬多決定建造一座真正的西班牙城市。他和繼任者從西班牙北部帶來石匠與木匠，以最新潮的伊比利風格建造氣度恢弘的宮殿和教堂。奧萬多長期以來是哥倫布的競爭對手，在奧萬多抵達新大陸時，隨行的水手、士兵和定居者的人數是到當時為止最多的，超過兩千人。[10]

奧萬多的目標不僅是建立一座葡萄牙風格的貿易站，而且要創造一座擁有寬闊街道、石製房屋，尤其是擁有永久人口的城市。聖多明哥的殖民城（Zona Colonial）是美洲最古老、最大、保存最完好的殖民時代建築群。奧萬多的宮殿在今天是一家豪華飯店，我們仍然可以從中感受到他的恢弘品味。除此之外，他還建造至少十四座規模相當大的石製房屋。他的繼任者，哥倫布的兒子迪亞哥於一五〇九年上任。迪亞哥建造一座特別氣派的宅邸，可以飽覽港口和大海的美景。這些西印度總督（後來被冠以副王頭銜）非常希望將他們的首府置於新大陸的中心位置。起初，他們只能將目光投向西班牙。但是隨著新的探索和征服，首先在一五一一年開闢古巴，然後是墨西哥（其首都於一五二〇年落入科爾特斯手中，他是聖多明哥的老住戶），奧萬多的城市似乎即將成為整個大西洋西部貿易網絡的中心。

要讓聖多明哥成為一個有效的中心，可謂困難重重。在早期，食品供應匱乏。西班牙定居者依賴從西班牙遠道而來的進口糧食，不過這對西班牙商人來說是個好消息，因為他們需要在從西班牙港口出發的船上裝滿可銷售的東西。小麥是富人的口糧，玉米是相對貧窮的人的食物，木薯則留給社會底層的人，底層人當然不是西班牙人。[11]王室官員在聖多明哥就位，在那裡建立一個宏偉的總部；他們的職責是記錄貨物進出港口的情況，特別是從礦區運來的黃金，同時注意確保王室獲得應得的那份利潤。哥倫布曾指出，黃金匱乏的地區盛產棉花；但是歐洲沒有人對新大陸的棉花非常感興趣，因為地中海地區就有大量棉花。哥倫布也意識到這一點，並爭辯中國和日本的居民肯定會搶購西印度的棉花。這是一個很好的例子，說明他的腦子裡經常會有幻想。[12]後來，鹽成為伊斯帕尼奧拉北部的寶貴資產，被那些按理來說無權造訪西班牙領土的荷蘭船隻運走。但在目前，黃金、黃金和更多的黃金才是西班牙人追求的東西。

到了一五〇八年，每年有四十五艘船來到伊斯帕尼奧拉島，聖多明哥穩固地確立西屬西印度殖民地主要停靠港的地位。一些定居者來自人脈良好的家族，如塞哥維亞（Segovia）的達維拉（Dávila）家族。

聖多明哥的許多石製建築讓人想起塞哥維亞的建築，並非巧合。[13]聖多明哥吸引塞維亞兩位最忙碌企業家的注意，他們是熱那亞裔的胡安・法蘭西斯科・德・格里瑪律多（Juan Francisco de Grimaldo），和加斯帕・森圖里翁（Gaspar Centurión）。一五一三年和一五一七年，他們向駛往新港口聖多明哥的商人與船主提供的貸款越來越多，其中一筆貸款價值二十一萬四千馬拉威迪。誠然，起初定居者需要的產品是比較普通和廉價的，就像人們最初定居加納利群島或維德角群島時的情況一樣：鷹嘴豆、醋、紙、粗布。但人們完全有希望從聖多明哥帶回黃金。到了十六世紀中葉，新殖民地對奢侈品的需求開始增加，包括來自歐洲各地的精美布匹，以及越來越多的非洲奴隸，所有這些都幫助更多的熱那亞家庭發財。斐迪南國王有一項不太受歡迎的規定是，對殖民地進口的歐洲商品徵收七・五%的稅，這些商品包括絲綢襯衫、天鵝絨帽子，以及其他西班牙精英的奢侈品。如果將伊莎貝拉城的出土遺跡與奧萬多的聖多明哥城的宏偉景象相比，就可以看出殖民地精英的生活水準是如何開始大幅提升的。

在早期，泰諾印第安人只是在河床上淘金，但是到了一定階段，大塊的金子基本上都被淘完了，加勒比海的其他土地開始看起來更有希望成為黃金的來源。在哥倫布的最後一次遠航期間，他發現有證據表明中美洲某個地方的民族擁有大量黃金。西班牙人現在決心以新方式改造伊斯帕尼奧拉的經濟，並始終關注歐洲的需求：馬德拉群島、加納利群島和聖多美已經成為糖的主要產地，伊斯帕尼奧拉島似乎沒有理由不成為類似的製糖基地。[14]伊斯帕尼奧拉島的熱帶氣候保障充足的降雨量，水在蔗糖生產過程中是至關重要的。新來的非洲奴隸被認為比正在滅絕的泰諾人，更能適應糖廠內異常惡劣的條件：煮糖時溫度高得嚇人，更不用說在田裡用小刀或大砍刀切割粗壯的纖維狀甘蔗莖的勞動有多麼繁重。儘管如此，伊斯帕尼奧拉的製糖史可以說是喜憂參半。一四九三年，哥倫布顯然把甘蔗從加納利群島的戈梅拉島（La Gomera）帶到伊斯帕尼奧拉島，不過要嘗試好幾次之後，加勒比海的製糖業才開始起飛。

一五〇三年，伊斯帕尼奧拉的殖民者第一次開始認真嘗試製糖。一五一四年，在一位名叫費洛索（Velloso）的西班牙地主倡議下，島上建立第一家正式的糖廠。這家糖廠發展緩慢，因為它的發展好不好，取決於能否找到稱職的專家就糖廠所需的機器提出建議，有些專家是費洛索從加納利群島帶來的。[15]一個更重要的問題是缺乏資金，在熱那亞人和韋爾澤家族（Welsers）參與之前，資金一直短缺。一家技術先進的糖廠可能需要一萬五千金杜卡特的投資，這遠遠超出費洛索的經濟能力。不過他確實與當地富有的官員建立夥伴關係，他的計畫很快就啟動了。哲羅姆會的修士也投資製糖業，到了一五一八年，他們對伊斯帕尼奧拉政府的影響已經非常大。他們向王室請願，要求王室投資他們宣傳的黃金機遇。在王室貸款的幫助下，數十名定居者在一五二〇年左右建立一家糖廠，他們幾乎沒有努力償還貸款。整個製糖業負債累累，積欠王室、熱那亞投資者和塞維亞商人大筆債務。[16]後來糖廠遍布全島，製糖業收入一度相當可觀：一五八〇年代，製糖業每年出口大約一千公噸糖，可獲得超過五十萬披索的利潤。勞動力供給仍是問題，因為非洲奴隸在過度勞累和疾病的摧殘下，很少能活過七年。解決辦法是增加進口奴隸的數量。一些最大的莊園擁有五百名奴隸勞工，許多莊園擁有兩百名奴隸。[17]

加納利群島的製糖業先驅中，有些人後來去了加勒比海，在那裡發展製糖業，如熱那亞商人里貝羅爾（Riberol）（當地仇外心理的受害者），以及來自奧格斯堡的德意志銀行世家韋爾澤家族，他們熱切希望從大西洋彼岸的新發現中獲利，並派遣探險隊深入委內瑞拉，尋找被西班牙人稱為「黃金國」的擁有大量黃金的國度。一五二六年，韋爾澤家族銀行暫時滿足於在聖多明哥設立一家分行，將其交給兩名德意志人管理，其中一人後來成為委內瑞拉的總督。他們不僅把聖多明哥作為糖等貨物的來源，還把它作為西屬西印度的首府，他們在這裡可以與副王和西班牙國王的其他代表並肩工作。[18]

歐洲人對西屬美洲發展的參與還遠遠不止這些，這是因為當時的西班牙國王同時也是神聖羅馬帝國的統治者，即查理五世；他先是欠了德意志銀行家的債務，後來又欠了熱那亞商人的錢。奧格斯堡的韋爾澤家族熱情參與西屬美洲的建設，儘管這讓他們手中的資源消耗到極限，甚至超過極限。從一五一八年開始的十七年間，有一千零四十四艘船從塞維亞駛向聖多明哥，平均每年有六十一艘，其中九十三艘為韋爾澤家族所有，有一些被用於加勒比海內的貿易，前往委內瑞拉。[19]韋爾澤家族在委內瑞拉和伊斯帕尼奧拉過度擴張，當他們顯然無法找到黃金國，並利用其巨大的財富來償還不斷增加的債務時，他們於一五三六年關閉在這兩個地方的分支機構。[20]

然後對墨西哥和秘魯的征服，將西屬西印度的重心向西拉得更遠，因此到了十六世紀中葉，聖多明哥雖然是政府所在地，但在貿易方面不僅輸給墨西哥，而且（如下文所示）還輸給新征服的古巴。聖多明哥不再是西班牙帝國在西印度的焦點，其總督們正在尋找新辦法來維持伊斯帕尼奧拉島的地位和財富，有一個選擇是進口牛隻，並嘗試經營畜牧業來獲利。[21]在大西洋彼岸出售產自伊斯帕尼奧拉島的牛皮成為一門大生意，但是從事養牛業也意味著印第安人（反正人口已經很少）過去那種精耕細作的農業消亡了，並導致島民越來越依賴島外食物（肉類除外）的供給。如果西班牙人願意改變飲食習慣，可能會有不同的結果；但是就像英國殖民地官員在印度期望得到英國食物一樣，西班牙人對加勒比海食物適應得很慢。一旦牧場建立，肉就成為所有白人的日常食品。有人說，在伊斯帕尼奧拉，一盤牛肉的價格是西班牙的一%。不久之後，島上牛的數量達到人口的四十倍。由於西班牙需要的是皮革，而不是鮮肉（鮮肉很難在橫渡大西洋的過程中保質，不過有些被帶到船上供水手食用），所以伊斯帕尼奧拉島的牛肉出現過剩。一五八四年，伊斯帕尼奧拉島出口近五萬張牛皮，但這只是加勒比海諸島出口牛皮數量的四分之一，因為除了伊斯帕尼奧拉之外，各殖民地的西班牙人都對畜牧業有極大的熱情。[22]

聖多明哥城陷入僵化。它宏偉的哥德式主教座堂恰好在經濟開始衰退時竣工，其建築保存至今，恰恰印證了聖多明哥的衰退，而不是興旺。其他港口正在搶占先機，如墨西哥的維拉克魯茲（Veracruz）和巴拿馬的農布雷德迪奧斯（Nombre de Díos）。[23]只要聖多明哥還是運往歐洲貨物的再分配中心，就可以發揮一些作用。但是有一個強大的對手出現了，它更適合處理墨西哥的財富，就是古巴的新首府哈瓦那。

三

到了一五七一年，哈瓦那在西屬西印度的突出地位已經顯而易見。這一年，一位英格蘭觀察家寫道：

哈瓦那是西班牙國王在西印度的所有港口中最重要的一個，因為所有來自秘魯、宏都拉斯、波多黎各、聖多明哥、牙買加和西印度其他地區的船隻，在返回西班牙途中都會在哈瓦那停靠，這是它們獲取食物和水及最大一部分貨物的港口。[24]

這並不是因為古巴能夠提供重要的資源，它的製糖業發展緩慢（不過古巴製糖業最終變得非常有名），而且一般來說，古巴在西班牙世界裡一直都發展得比較遲緩，因為在哥倫布發現它的二十年後才被西班牙人征服。如果卡薩斯的話是可信的，這次征服期間發生可怕的暴力事件。即便如此，征服者迪亞哥・維拉斯奎茲（Diego Velázquez）似乎是一個有教養的人，他做了一些努力去善待原住民。畢竟，此時西班牙人已經清楚認識到，他們對伊斯帕尼奧拉島原住民的虐待，已經導致徹底的災難和人口崩潰。維拉斯奎茲意識到古巴沒有什麼黃金，於是試圖引進牛和豬，希望在這片土地上重新創造出西班牙故國。後來，古巴牛皮的生產與出口甚至超越伊斯帕尼奧拉，但付出的代價是一樣的：沒有什麼能保護古巴的泰諾印第安人不受疾病影響，他們也在數十年內絕跡了。[25]

哈瓦那建於一五一九年，它的真正優勢在位於墨西哥灣流附近，讓它成為南、北美洲和歐洲之間的理想中繼站。[26]哈瓦那優良的天然港口和附近河流的優質淡水都吸引定居者。哈瓦那取代了古巴原來的首府聖地牙哥，聖地牙哥距離聖多明哥較近，但在哈瓦那的競爭面前迅速萎縮。[27]來自加勒比海各地的船隊，包括那些運來墨西哥和秘魯白銀的船隊，都滙集在哈瓦那，這也使得它成為對海盜極具誘惑的目標。早在一五三八年，一名法國海盜就曾襲擊哈瓦那。一五五五年，另一名海盜成功洗劫該城。舊哈瓦那是由泰諾人的勞動力建造，而新哈瓦那則是由非洲奴隸建造，因為那時已經缺乏原住民勞動力了。[28]然後哈瓦那蓬勃發展，它是各殖民地之間航運（即西屬西印度內部的貿易）的重要中心，猶加敦半島

（Yucatán peninsula）、佛羅里達、宏都拉斯、哥倫比亞、千里達和伊斯帕尼奧拉島的船隻紛至沓來；哈瓦那也接收來自非洲、加納利群島、西班牙和葡萄牙的貨物（有的貨物是奴隸）。殖民地之間的貿易得到跨大西洋貿易聯繫的滋養。比如在當時以葡萄酒聞名的加納利群島，也是一些透過哈瓦那從事貿易的最活躍商人的基地。在十六世紀的最後十五年裡，加納利群島中拉帕爾馬島（La Palma）的法蘭西斯科．迪亞斯．皮米恩塔（Francisco Diáz Pimienta）在本埠展開的貿易規模達到一百八十萬里爾。他主要是葡萄酒商，但也買賣從安哥拉而來的奴隸。

墨西哥是哈瓦那的第二大交易夥伴，僅次於塞維亞。在後面的章節中，我們將看到中國貨物如何從澳門和馬尼拉一路到達墨西哥，其中一些貨物被送到哈瓦那，從那裡可以轉手到西班牙。有的貨物只是普通的陶瓷，既是商品，也是壓艙物，但有的貨物是精美絲綢或精緻瓷器。同時，哈瓦那也是一個造船業中心。[29]

因此，哈瓦那是一個以服務國際貿易為生的城市；相較於早期古巴殖民地那個狹窄和貧窮的小世界，哈瓦那更緊密地擁抱西班牙控制下的大西洋商業的大世界。在哈瓦那出現一個由西班牙地主、官員和商人組成的精英階層，他們透過婚姻和共同的經濟利益，緊密地聯繫在一起。他們都堅決否認自己有猶太人或摩爾人血統；如果你想對某人進行最嚴重的侮辱，就叫他「該死的托雷多猶太人」（puto judio toledano）。但也有一些葡萄牙商人被嚴重懷疑是祕密的猶太教徒，他們定居到哈瓦那是為了盡可能遠離宗教裁判所。這座城市雖然具有相當重要的戰略和經濟地位，總人口卻比人們預期少得多：一五七〇年的公民為六十人，一六二〇年則為一千兩百人。還有一些地位較高的奴隸，因為並不是所有的奴隸都在製糖廠或建築工地勞動：就像在古羅馬一樣，一些奴隸得到主人的信任，主人也認可他們的才能，於是送他們到國外辦事。[30] 一五八三年，哈瓦那有一百二十五名屬於王室的奴隸。他們大多源自上幾內亞，後來被賣到維德角群島的奴隸站，再被運到哈瓦那，一六〇〇年前的大多數奴隸都來自上幾內亞。其他一些王室奴隸被從安哥拉的羅安達（Luanda）運到聖多明哥和哈瓦那。因此從西南非洲到加勒比海的奴隸貿易產生雙重效果，既加強葡萄牙對安哥拉的控制，也加強西班牙對加勒比海的控制，特別是在一五八〇年之後，西班牙國王也擁有葡萄牙的王位。並非所有的非洲人都被長期奴役：加勒比海諸島逐漸出現自由黑人，甚至還有一些擁有奴隸的黑人牧場主。[31]

總而言之，加勒比海地區與哥倫布滿懷信心地期望找到的世界截然不同。大西洋內出現一系列新的聯繫。大西洋東部的產糖島嶼，特別是馬德拉和加納利群島，向大西洋西部的產糖島嶼傳授必要的技能。這些島嶼群之間不斷來往。加勒比海的城鎮，特別是聖多明哥和哈瓦那，是從一個大洲到另一個大洲的航運補給站，就像維德角群島與亞速群島為船隻提供肉類和乳製品一樣。從這個意義上來說，哥倫布在加勒比海地區發現「新加納利群島」的說法有一定的道理。奴隸貿易和奴隸勞動讓加勒比諸島得以維持，不僅在西班牙的統治下如此，而且在後來幾個世紀，當英國人、荷蘭人、法國人和丹麥人在加勒比海地區提出他們的主張時亦是如此。這個新大西洋是用舊大西洋的資源建構而成的。

第三十三章 爭奪印度洋

一

里斯本和塞維亞檔案中豐富的證據，讓十六世紀的航海史看起來是多個不斷擴張的海外帝國故事，彷彿這些帝國必然會建立運作良好、有利可圖，並延伸到全球各地的貿易網絡。因此通常認為，葡萄牙人面對的挑戰者，首先是西班牙人，後來是法國人、英國人及荷蘭人。不過在十六世紀初，歐洲商人和海軍在印度洋面臨的主要挑戰來自另一股政治勢力，這股勢力部分屬於歐洲，已經深度介入地中海，並開始將注意力轉向紅海和印度洋，就是鄂圖曼帝國。[1]一四五三年攻占君士坦丁堡後，鄂圖曼帝國統治者從穆斯林世界西部邊緣的伊斯蘭勇士變成遜尼派皇帝，他們認為自己的使命不僅是將土耳其的勢力擴張到義大利和西歐，還要將鄂圖曼帝國的統治強加於鄰近的穆斯林國家。一五一六年，鄂圖曼人占領自十三世紀末以來，由埃及馬木路克蘇丹統治的敘利亞。隔年，鄂圖曼人將埃及置於其管轄之下。他們小心翼翼，沒有完全摧毀馬木路克國家，而是利用它精心設計的稅收制度，從透過紅海進行的香料貿易中獲利。但是鄂圖曼人對埃及和敘利亞的占領，引起在亞歷山大港和貝魯特購買香料的威尼斯商人關注，就像葡萄牙人對印度洋的滲透，引起威尼斯人關注一樣。印度洋沿岸港口的印度和阿拉伯居民的反應就比較難以判斷，因為大部分已知的情況都出自葡萄牙人的報告，偶爾也有來自鄂圖曼帝國的報告。

在達伽馬首次從里斯本出航之後的二十年裡，馬木路克王朝仍在努力控制紅海。他們不僅面臨來自鄂圖曼人和葉門叛軍的政治挑戰，而且面臨著葡萄牙艦隊突破曼德海峽，威脅吉達，甚至麥加的危險。讓這些困難顯得更加嚴重的是，來自威尼斯貿易的收入（得到威尼斯與馬木路克王朝一系列條約的保護），是埃及蘇丹的一個重要收入來源。甚至在鄂圖曼人入侵他們的土地之前，埃及蘇丹對他們統治兩個半世紀的國度的政治控制力就已經衰弱了。一五〇五年至一五〇六年，貝都因人連續多次發動襲擊，以至於透過敘利亞到麥加的朝聖路線不得不暫停。這對貿易產生連鎖反應，因為貝都因人的襲擊破壞人們對馬木路克王朝保持商路暢通能力的信心。威尼斯人很聰明，他們未雨綢繆，開始跟鄂圖曼人眉來眼去。不管怎麼說，自君士坦丁堡陷落以來，威尼斯人與鄂圖曼人的商業關係相當融洽。但是目前只有馬木路克王朝能夠確保大規模獲得威尼斯所需的香料。馬木路克王朝並未加強控制，而是試圖透過增加亞歷山大港的稅收，以及不斷扭曲規則，為他們打擊貝都因人和其他敵人的活動籌資。馬木路克官員，無論是為自己還是為政府，都會恣意增稅，扣押貨物，這讓義大利商人的日子很難過。一五一〇年，駐開羅的威尼斯領事下獄，並被指控密謀反對馬木路克政權。早在一五〇二年（也就是說，甚至在葡萄牙人闖入印度洋的影響突顯出來之前），埃及歷史學家伊本・伊亞斯（ibn Iyas）就認為，馬木路克王朝的這些政策正在摧毀亞歷山大港。[2]不過他的悲觀情緒可能是愛琴海海戰的結果，這些海戰導致威尼斯香料船隊在一四九九年至一五〇三年間暫停前往亞歷山大港。威尼斯船隊暫停運作帶來的影響，恰恰證實

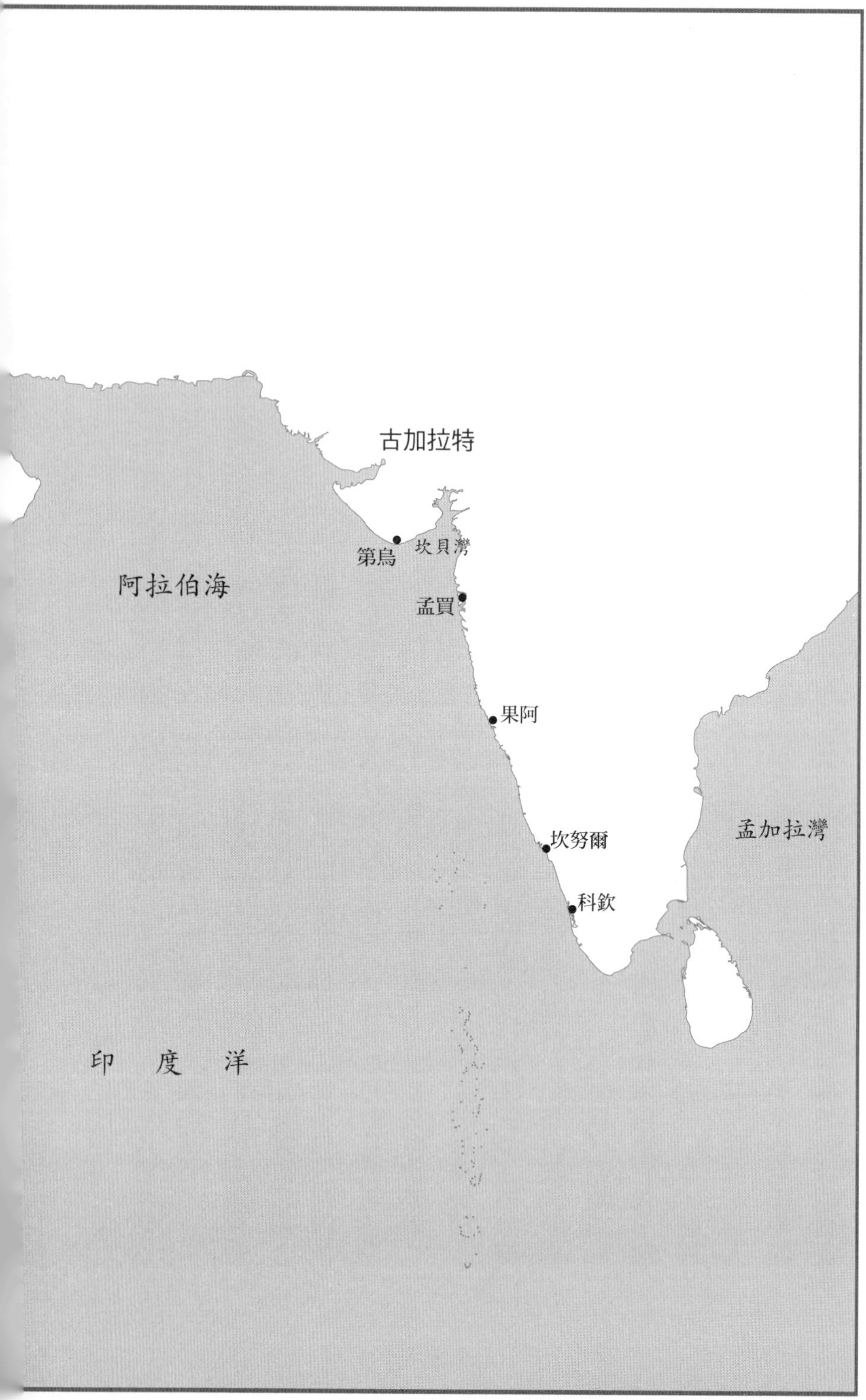
古加拉特
第烏
坎貝灣
阿拉伯海
孟買
果阿
坎努爾
科欽
孟加拉灣
印　度　洋

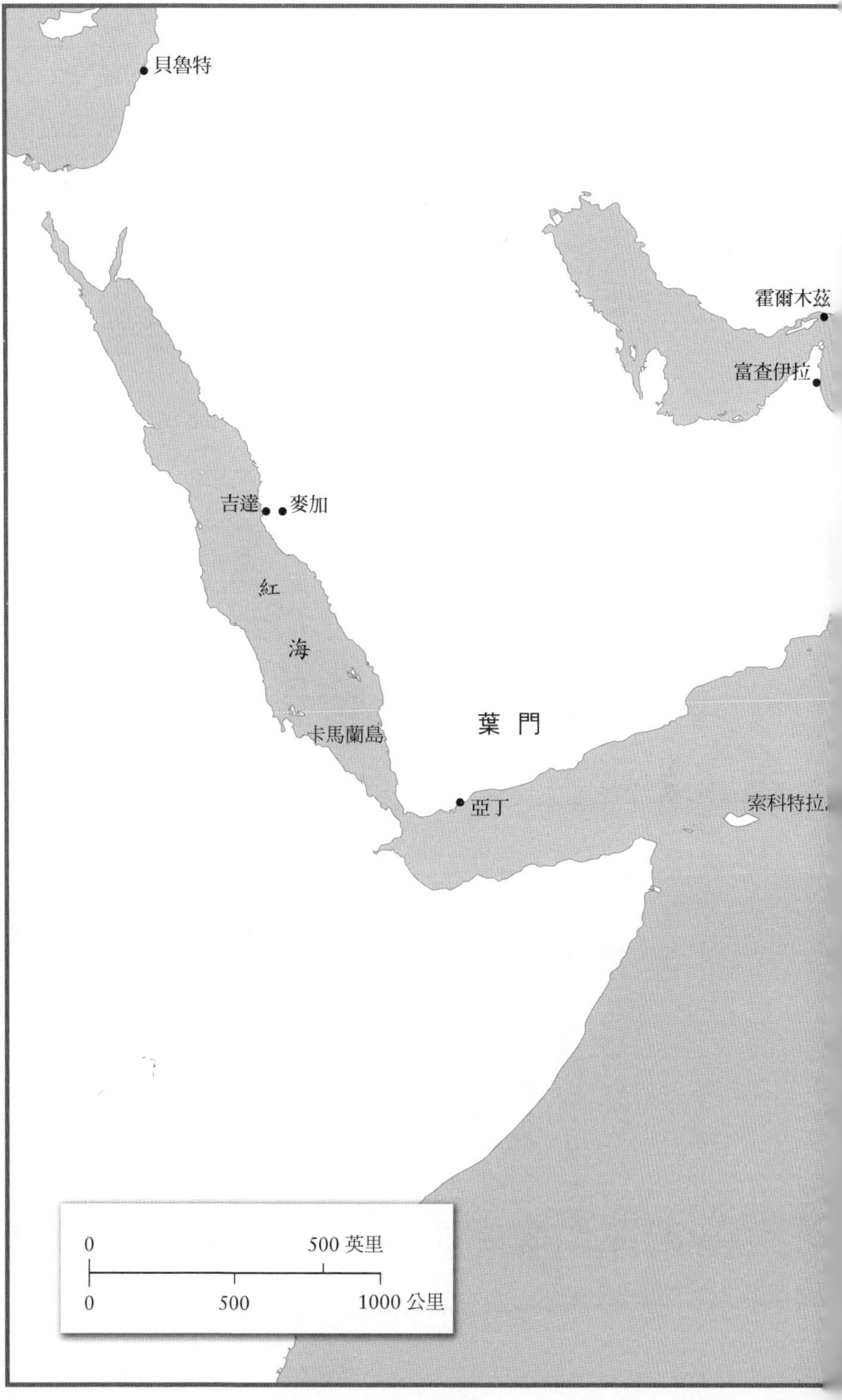
貝魯特
霍爾木茲
富查伊拉
吉達
麥加
紅
海
葉 門
卡馬蘭島
亞丁
索科特拉
0
500 英里
0
500
1000 公里

了亞歷山大港的繁榮取決於它與歐洲的香料貿易。

儘管如此，威尼斯人知道他們必須與馬木路克王朝合作，至少目前是這樣。所以當一五〇四年威尼斯人聽說葡萄牙人開始運回印度胡椒時，就派出一位名叫泰爾迪（Teldi）的信使拜見開羅的蘇丹。泰爾迪冒充珠寶商來到開羅，設法混入王宮，警示馬木路克政府，在葡萄牙人進入印度洋之後，埃及和威尼斯都面臨危險。泰爾迪有一整套論據：如果馬木路克王朝不幫助鎮壓葡萄牙人，威尼斯就會將其香料貿易轉向西方，派船去里斯本而不是亞歷山大港（這是一種虛妄的吹噓，因為威尼斯尋求的是對歐洲內部分配銷的近似壟斷，而它在里斯本永遠不可能建立這種壟斷）。泰爾迪提出，馬木路克王朝至少可以向科欽和坎努爾派遣大使，命令它們的統治者（也是穆斯林）不要再與葡萄牙人打交道，因為葡萄牙人不久之後肯定會透過紅海，威脅伊斯蘭教的聖城。[3]馬木路克蘇丹慢慢採取行動。一五〇五年，他加強吉達的防禦設施，以保護麥加。一五〇七年至一五〇九年，一支馬木路克艦隊終於冒險出擊對付葡萄牙人。這麼做是明智的，因為葡萄牙人想出一個奪取索科特拉島的計畫。該島位於葉門以南，自希臘羅馬貿易時代以來，一直是從印度洋通往阿拉伯半島、紅海和東非交通的商業「瞭望臺」。如果能拿下索科特拉島，似乎對葡萄牙人十分有利。不過，葡萄牙人很快就發現索科特拉島是一片荒蕪的土地，而且距離紅海入口太遠，無法帶來他們尋求的戰略優勢，因此在四年後放棄了。[4]索科特拉島的真正重要性，不在於葡萄牙人的短暫占領，而在於該島對馬木路克王朝產生的吸引力，他們看到葉門附近水域的防禦變得多麼重要。

冷酷無情的葡萄牙海軍將領阿方索·德·阿爾布開克（Afonso de Albuquerque）的兒子曾指出，有三個地方可以控制印度洋的市場：麻六甲、霍爾木茲和亞丁。[5]此時，葡萄牙人對穆斯林世界的威脅越來越大，而爆發點是霍爾木茲。霍爾木茲坐落在進入波斯灣的狹窄水道，靠近伊朗一側的島嶼上，對衝突雙方來說都是一級戰略要地。[6]霍爾木茲城本身是一個塵土飛揚的港口，沒有自然資源，但是人口眾多，在十六世紀初可能有四萬居民，甚至比人口稠密的亞丁還多。一五八三年，來到霍爾木茲的英格蘭旅行家洛夫．費區（Ralph Fitch）寫道：「那裡除了鹽之外，沒有任何東西生長。他們的水、木材、食品及所有必需品都來自波斯，相隔大約十二英里。」但是他也看到成堆的香料、從巴林運來的「大量珍珠」、絲綢和波斯地毯。[7]霍爾木茲控制著印度洋沿岸的交通（該交通連接著今天的阿曼和巴基斯坦），也控制著經荷姆茲海峽到伊拉克巴斯拉的交通。從巴斯拉開始的陸路路線，一直延伸到敘利亞北部的阿勒坡。霍爾木茲的統治者將其權力沿著阿拉伯半島海岸擴張至馬斯喀特，並沿著波斯灣向北擴張到巴林。

一五〇七年，阿爾布開克以慣常的恐怖暴力襲擊霍爾木茲在阿曼沿海的一些周邊地區，連婦女、兒童都不放過，從而迫使霍爾木茲屈服。這次他率領六艘船，共有四百六十人。阿爾布開克將霍爾木茲的王位正式授予十二歲的傀儡統治者賽義夫．丁（Sayf ad-din），並為這位年輕的國王指定一名維齊爾和一名監護人。然而這一點，再加上霍爾木茲向葡萄牙進貢，也不過是名義上確立葡萄牙的宗主權，因為霍爾木茲已經被王室內部的權力鬥爭搞得四分五裂，更別提波斯國王也正在插手它的內政。波斯國王在尋求一個出海口，他甚至給霍爾木茲國王送去一頂禮帽，表示波斯對霍爾木茲的宗主權。[8]當時，葡萄牙人和波斯人之間有結盟的可能性，因為據說波斯的什葉派國王也有自己的野心，想要占領麥加。他在西方被稱為「大蘇非」（Great Sophy），意思是蘇非派（Sufi）。自十五世紀晚期以來，歐洲人就一直在談論波斯與天主教世界結盟的可能性，因為歐洲人意識到遜尼派土耳其人無法忍受波斯這個什葉派對手。葡萄牙人醞釀了一個計畫，希望在波斯國王的幫助下，透過波斯灣而不是紅海運送香料，並鼓勵波斯國王一路進軍開羅，屆時紅海路線可能會重新投入使用。[9]這無疑是一個令人神往的幻想，但是當鄂圖曼人在一五一四年的恰爾德蘭（Çaldıran）戰役中大敗波斯人時，葡萄牙人開始對大蘇非產生疑慮。

阿爾布開克決心加強葡萄牙在印度洋的地位，於一五一五年再次來到印度洋，此時他已成為「印度總督」；這次他帶著一千五百名葡萄牙官兵，深刻地證明葡萄牙在印度洋的滲透規模之大。霍爾木茲先前的屈服沒有得到任何回報；維齊爾被殺，霍爾木茲要塞被葡萄牙人駐軍，就連波斯國王也對葡萄牙人占領霍爾木茲感到震驚，因為他認為霍爾木茲是自己的附庸國，但卻不得不接受新的現實，特別是當阿爾布開克給了他一個不錯的臺階下，提議波斯和葡萄牙結盟，對抗他們共同的敵人——埃及的馬木路克蘇丹和土耳其的鄂圖曼蘇丹時。[10]不久之後，令人生畏的阿爾布開克去世，但是葡萄牙人在霍爾木茲堅守了一個多世紀。他們為霍爾木茲帶來一些好處：一五一八年，葡萄牙人派出一支艦隊前往波斯灣，捍衛霍爾木茲蘇丹對巴林的宗主權。葡萄牙人忠於他們在霍爾木茲的附庸。[11]獲得霍爾木茲使葡萄牙能夠建立一條由若干港口和要塞組成的防線，保衛其通往印度的航路。富查伊拉（Fujairah，今天阿拉伯聯合大公國面向印度洋的部分）海岸線上點綴著粉褐色的葡萄牙要塞，其堅固程度令人印象深刻。在葡萄牙人決定將一五一〇年占領的果阿，作為葡屬印度的政府所在地之後，建立上述的要塞防線就顯得尤為重要。[12]

葡萄牙人依靠的是純粹的蠻力，他們很清楚如果有人競爭，他們的香料貿易就永遠不會繁榮。儘管他們成功地將大量胡椒和其他香料運到歐洲，在里斯本和安特衛普銷售，但其品質與透過紅海運輸的香料相比並不理想，因為漫長的航程和灌滿汙水的艙底貨艙損害了貨物的品質。因此，他們尋求盡可能全面的壟斷。考慮到他們在大西洋和印度洋上維持聯繫所面臨的後勤難題，全面壟斷是一個極其宏大的目標。就香料貿易而言，葡萄牙人在印度洋與馬木路克王朝和鄂圖曼人的衝突，是一場生死攸關的鬥爭。葡萄牙人為海戰做了充分的準備，但結果喜憂參半。一五〇八年，馬木路克海軍戰勝第一任葡屬印度總督亞美達的艦隊❶，但是隨後在印度北部的第烏遭受恥辱的慘敗，儘管一些印度王公向馬木路克海軍提供援助。[13]一五一一年，威尼斯人甚至敦促馬木路克王朝與鄂圖曼人共同對抗葡萄牙人，因為威尼斯人看到埃及缺乏造船用的木材，這是一個大問題，也是埃及歷史上一貫的問題，所以威尼斯人建議馬木路克王朝從土耳其人那裡獲取木材，同時也從威尼斯供應木材給馬木路克王朝。[14]

威尼斯人這麼做有兩個目標：將葡萄牙人排除在香料貿易之外，同時保衛紅海，因為局勢越來越明顯，葡萄牙人希望透過後門強行進入紅海，並透過亞歷山大港掌控香料貿易。對葡萄牙人來說，繞過非洲的航路只是一個權宜之計。一旦他們征服印度洋（彷彿這是有可能辦到的），葡萄牙人就夢想要恢復紅海航線，放棄代價昂貴而危險的好望角航線，然後不僅成為亞歷山大港的主人，還要成為耶路撒冷的主人。葡萄牙人在追尋香料的同時，並沒有忘記自己的十字軍聖戰歷史。[15]每當葡萄牙人派遣艦隊進入

❶ 譯注：嚴格來講，馬木路克海軍打敗的不是第一任葡屬印度總督法蘭西斯科・德・阿爾梅達，而是他的兒子洛倫索。

紅海時，他們都試圖與衣索比亞皇帝取得聯繫，認為衣索比亞皇帝就是真正的祭司王約翰，就是將要加入他們偉大的十字軍聖戰的那位基督教國王。葡萄牙人試圖向被認為是衣索比亞海岸的地方派遣兩艘卡拉維爾帆船，結果遭遇災難，其中一名船長在小艇到達海岸之前就被殺死了。但在一五一八年，葡萄牙人與衣索比亞有了一些直接接觸，於是做起與衣索比亞聯手征服埃及和耶路撒冷的夢。[16]

凶暴而令人生畏的葡萄牙指揮官阿爾布開克，早在一五一〇年就想好要強行進入紅海。他的計畫是一直航行到蘇伊士，摧毀停泊在那裡的馬木路克艦隊，但最後轉向果阿。紅海仍是一個優先事項，也是阿爾布開克在一五一三年的目標，當時他再次進攻亞丁，這次帶著二十四艘船、一千七百名葡萄牙官兵和一千名印度士兵。他的目標是建立一道封鎖線，切斷前往亞歷山大港香料市場的航線。葡萄牙人占領了卡馬蘭島（Kamaran Island），該島比索科特拉島更靠近紅海入口，但他們無法長期堅守。[17]這就是核心問題：葡萄牙人如果要建立他們尋求的壟斷，就必須找到辦法，年復一年地維持封鎖。即使葡萄牙人未能在紅海達成目標，他們也造成極大的破壞：一五一七年，一支由三十三艘戰艦組成的葡萄牙艦隊載運三千名士兵襲擊吉達。葡萄牙人確實對麥加構成威脅。在吉達城下，葡萄牙人被擊退，損失八百人和幾艘船。[18]儘管如此，據說在一五一八年和一五一九年，開羅、亞歷山大港及貝魯特的香料市場仍然是空蕩蕩的。阿爾布開克在這次戰役期間詳細記錄紅海的地理布局，並堅信在葡萄牙人打贏第烏戰役之後，不會再有馬木路克艦隊來挑戰他的霸主地位，此時馬木路克海軍在蘇伊士只有十五艘輕型帆船（pinnaces）。阿爾布開克告訴葡萄牙國王：「如果您在紅海占據強勢地位，將擁有世界上所有的財富。」[19]

二

但最後，波斯人和葡萄牙人都沒有獲得對紅海的控制權。一五一七年土耳其入侵埃及之後，紅海落入鄂圖曼帝國的主權範圍。歷史學界對鄂圖曼人為什麼在中東與波斯國王積極競爭的同時，要奪取埃及的問題未免有些大驚小怪。其實在穆罕默德二世征服拜占庭帝國並進攻義大利時，鄂圖曼帝國對世界統治權的主張就已經很明確了。對鄂圖曼人來說，占領埃及這樣一個位於伊斯蘭世界心臟位置、富庶且人口稠密的國家是理所當然的。[20]鄂圖曼帝國對埃及的征服，鼓勵威尼斯人繼續與土耳其人合作，土耳其人基本上願意保護威尼斯人的航運。威尼斯人透過君士坦丁堡和亞歷山大港從事貿易，而鄂圖曼人熱情地推動其首都的經濟復興（在晚期拜占庭的統治下，君士坦丁堡已經萎縮為一連串的村莊）。鄂圖曼入侵敘利亞和埃及的主要動力，出自鄂圖曼蘇丹日益強烈作為世界統治者的自我認知。這種認知源於拜占庭觀念中的羅馬皇帝、土耳其觀念中的大汗，以及穆斯林觀念中的哈里發。鄂圖曼蘇丹開始越來越頻繁地使用哈里發的頭銜，自稱是先知的同伴（Companions of the Prophet）的後裔，但這層關係說得好聽些也是難以證明的。儘管蘇丹此時對連通印度洋水域的直接控制僅限於紅海的吉達港，但他開始在原本就已經很長的頭銜清單裡，增加對葉門、阿拉伯半島、衣索比亞和尚吉巴的主張。這無疑是對葡萄牙國王曼紐一世的冒犯，他也採納大量頭銜，儘管並沒有控制與之相關的土地和海岸。不過從戰略上來講，占領埃及是有意義的：它使土耳其人能獲得麥加和麥地那，他們現在可以聲稱自己是這兩地的保護者；土耳其人占領埃及，便可以控制紅海，面對葡萄牙人的入侵。作為紅海的主人，土耳其人也被捲入爭奪香料貿易的鬥爭；作為埃及的統治者，他們將獲得香料貿易的利潤，前提條件是香料能夠真正到達埃及。[21]

鄂圖曼帝國的這一轉向受到它在印度洋盟友的鼓勵。古加拉特的穆斯林王國不僅在印度西北部，而且在整個印度洋的政治和貿易中發揮核心作用，因為它的主要港口第烏已成為整個地區的重要商業中心之一，並且是馬木路克王朝和後來的土耳其人的重要盟友。[22]第烏的總督馬利克·阿亞茲（Malik Ayaz）的出身不明，甚至有可能出生在杜布羅夫尼克。他見證馬木路克王朝在一五〇八年戰勝葡萄牙人之後未能乘勝追擊，也見證隔年亞美達艦隊在第烏打敗馬木路克海軍。阿亞茲是政治領袖，也是商人，所以對香料貿易有著濃厚的興趣。他很幸運，葡萄牙指揮官亞美達對占領第烏不感興趣。亞美達的主要要求之一是穆斯林僱傭兵投降，他們受到最可怕的懲罰：被砍斷手腳，然後扔到巨大的火葬柴堆上；或被迫互相殘殺；或被綁在大炮口，然後被炸成碎片。[23]這是達伽馬、卡布拉爾、亞美達以及他之後的阿爾布開克，傳播恐怖氣氛的又一個例子，他們認為這是征服印度洋諸城市的最佳手段。

葡萄牙人的這些手段，只會鼓勵阿亞茲把目光投往別的方向：馬木路克王朝是個失敗國家，處於混亂狀態，但鄂圖曼帝國肯定是未來的大國，不僅在地中海且在印度洋都將是強大的勢力。此外，在鄂圖曼帝國勝利之後，紅海沿岸的吉達新總督寫信給阿亞茲和古加拉特的統治者（他是阿亞茲的上級），告訴他們曾經屬於馬木路克艦隊的二十艘船目前在吉達，鄂圖曼蘇丹塞利姆一世（Selim I）已經下令再建造五十艘：「蒙真主保佑，很快他將率領兵多將廣的大軍，前來懲罰這些奸詐的惡棍，讓他們的命運陷入黑暗。」[24]阿爾布開克甚至向葡萄牙國王發出警告，說鄂圖曼人可能即將入侵印度。阿爾布開克表示，儘管就在幾年前，當他占領麻六甲時（一五一一年），一切都很平靜，但是如今鄂圖曼人已經進軍埃及，整個印度洋都處於動盪之中。當蘇丹塞利姆一世向威尼斯與杜布羅夫尼克做出和平姿態時，葡萄牙人的擔憂得到證實。塞利姆一世還向葉門派遣一支遠征軍，希望控制紅海出入口，顯然打算恢復紅海的胡椒商路。但是他在一五二〇年駕崩，所以這個計畫未能落實。[25]

在塞利姆的繼任者蘇萊曼（Süleyman，歷史上被稱為「大帝」）領導下，鄂圖曼人進入印度洋的計畫得到進一步推進。蘇萊曼大帝最仰仗的重臣是他最親密的朋友帕爾加勒・易卜拉欣帕夏（Pargalı Ibrahim Pasha）❷，他出生在希臘－阿爾巴尼亞邊境地區的一個希臘東正教家庭，在還是小男孩時就被作為奴隸帶到君士坦丁堡。蘇萊曼大帝在那裡與他結識，兩人甚至睡在同一間臥室，讓許多廷臣瞠目結舌。易卜拉欣在宮廷獲得極大的權力，成為大維齊爾，並策劃蘇萊曼大帝在印度洋和其他地區的政策，還參與和法國國王的談判，在一五三〇年代締結臭名昭著的法國－鄂圖曼聯盟。[26]易卜拉欣簡化在埃及徵收的商業稅，使商人們不再被迫以虛高的價格，從政府代理人那裡購買一定數量的胡椒，取而代之的是徵收一〇％的基本稅。易卜拉欣的目標是讓埃及成為一個有吸引力的香料貿易中心，因為歐洲正在同時透過好望角航線和紅海接收香料。結果埃及香料貿易的收入相當好，以至於在一五二七年，埃及的鄂圖曼行政機關似乎從香料貿易中獲得比葡萄牙王室更多的收入。有人認為從達伽馬時代開始，透過紅海的香料貿易就枯竭了，葡萄牙在十六世紀初就占據絕對的領先地位，這只是一個迷思。[27]

❷ 譯注：帕夏（Pasha）是指鄂圖曼帝國高級官員的尊稱。

減稅是促進商業發展的明智手段，但是首先必須確保貨物能夠到達亞歷山大港，所以易卜拉欣重新拾起征服葉門的計畫。一五二五年，易卜拉欣手下的海盜塞爾曼雷斯（Selman Reis）❸報告：

> 目前葉門沒有領主，是一個空蕩蕩的省分。它理應成為一個富饒的行省。要征服它，應當很容易。如果征服了它，我們就有可能掌握印度的土地，並每年向君士坦丁堡輸送大量的黃金和珠寶。[28]

事實證明，控制葉門比塞爾曼想像中困難得多；由於包括塞爾曼在內的鄂圖曼指揮官們，沉浸在關於誰是真正負責人的爭吵中（這是鄂圖曼陸軍和海軍的一個經常性問題），葉門再次陷入無法無天和無主的狀態。當競爭對手於一五二八年在帳篷裡刺殺塞爾曼時，已經失去葉門，葡萄牙人得以再次突襲紅海。葡萄牙人還有一個優勢，就是蘇萊曼大帝一向專注在歐洲展開大規模的陸戰，一直打到維也納城下。將葡萄牙人趕出印度洋似乎是不可能的，所以鄂圖曼人不得不集中精力保衛紅海，因為紅海不僅是一條貿易路線，也是通往麥加和麥地那的路線。[29] 一五三一年，在亞歷山大港和貝魯特很難找到香料，威尼斯人最後不得不用穀物和豆子裝滿船艙。[30] 但是風雲難測，一五三八年，鄂圖曼人終於占領亞丁，確保對紅海通道的控制；一五四六年，他們占領巴斯拉，從而控制波斯灣。但是六年後，他們未能奪取霍爾木茲，即波斯灣的門戶，葡萄牙人自一五一五年以來一直統治著它。在霍爾木茲戰敗之後，鄂圖曼人暫時對印度洋海戰失去興趣。蘇萊曼大帝現在把目光投往其他方向：他越來越想奪取賽普勒斯，並挑戰哈布斯堡王朝在地中海的海軍力量，另外鄂圖曼帝國與波斯的關係也在持續惡化。[31]

我們在研究葡萄牙人於印度洋的成功時，必須考慮到馬木路克王朝和鄂圖曼帝國的反擊；同理，把注意力集中在土耳其人和埃及人身上，而把印度本土商人排除在外，是沒有道理的。印度本土商人也在挑戰葡萄牙人，但更多是透過貿易手段，而不是出動艦隊。在葡萄牙人登場之前，古加拉特人一直在印度洋的貿易路線上享有巨大的成功，主要是透過他們在第烏的繁榮港口。在麻六甲於一五一一年被阿爾布開克占領後，古加拉特人與東方香料貿易的聯繫變得更加困難。但只要葡萄牙人的封鎖仍然斷斷續續，對古加拉特人來說，向西看向紅海和亞歷山大港，仍有大量的利潤可圖。葡萄牙人不時襲擊古加拉特的海岸，但是第烏位於坎貝灣的一座島嶼上，戒備森嚴，易守難攻，所以古加拉特的統治者和葡屬「印度」之間的曖昧關係成為常態。

直到一五三〇年代，葡萄牙人才首次獲得古加拉特沿海的一個小港口，包括漁港孟買，隨後是第烏本身。一五三五年，古加拉特的統治者授予葡萄牙人對第烏海關的控制權，葡萄牙人獲准在第烏建造一座要塞。古加拉特統治者這麼做的動機是自衛，因為他已經被從北方入侵印度的蒙兀兒軍隊打敗了，正在第烏避難。但他絕不希望蒙兀兒人或葡萄牙人，「陸上的蒙古人和海上的異教徒」，成為他的主人。蒙兀兒人的威脅緩解之後，他就呼籲蘇萊曼大帝派出海軍，奪回第烏的要塞。蘇萊曼大帝認真對待這個請求，不僅僅是因為古加拉特特使向他獻上一條珠光寶氣的華麗腰帶，和兩百五十個總共裝有一百二十七萬零六百「金幣」的箱子。[32]在之前的十年裡，鄂圖曼人沒有關注印度洋，葡萄牙人趁機占據印度沿

❸ 譯注：雷斯（Reis）是「船長」、「艦長」的意思。

海地帶，現在蘇萊曼大帝要將目光再次投向印度洋，於是鄂圖曼人建立他們有史以來最強大的印度洋艦隊，由九十艘船和兩萬名士兵組成。他們試圖建立一個泛阿拉伯聯盟，從而永久性粉碎葡萄牙的勢力，但結盟的努力並非總是成功（對亞丁的統治者而言，夾在鄂圖曼人和葡萄牙人之間可謂前狼後虎，他嚇壞了，於是逃離亞丁）。鄂圖曼人的目標既明確又簡單：

> 第烏是印度所有海上貿易路線的中心，無論何時我們都可以從那裡向葡萄牙人的所有主要據點開戰，那些據點都無法抵擋。這樣的話，葡萄牙人將被逐出印度，貿易將恢復過去的自由，而通往穆罕默德聖地的路線將再次免遭他們的襲掠。[33]

鄂圖曼海軍攻打第烏的作戰看似必勝無疑，因為第烏只有一支小規模的駐軍在防守。然而派遣這樣一支龐大遠征軍的問題是，必須保障淡水和糧食的供應，但是向鄂圖曼人求援的古加拉特統治者巴哈杜爾（Bahadur）已經被葡萄牙人消滅，古加拉特的現任統治者不會為鄂圖曼人提供任何支援。謠言開始傳播，說一支葡萄牙艦隊隨時會從果阿抵達，解救第烏。二十天後，土耳其指揮官哈德姆・蘇萊曼帕夏（Hadım Süleyman Pasha）認定對第烏的圍攻是徒勞的，於是轉身返回蘇伊士港。[34]令人驚愕的是，他在這次恥辱的失敗之後，回國時竟然沒有被斬首，後來還會參戰。即使在這次失敗和一五四六年對第烏的另一次圍攻失敗後，葡萄牙人與古加拉特的關係也沒有完全破裂：一五七二年，大約有六十名葡萄牙人生活在坎貝地區，其中有許多人參與當地貿易，並與當地婦女結婚，就像葡萄牙定居者在西非娶當地女子為妻一樣。[35]

葡萄牙人開始看到，他們徹底壟斷香料貿易的夢想是不可能實現的。鄂圖曼人不會乖乖讓出紅海，他們在一五三八年占領亞丁，確保一些船隻能繼續從紅海前往埃及，這就挫敗了葡萄牙人封鎖紅海的企圖。大約在一五四〇年之後，紅海香料貿易經歷一次復興。土耳其人於一五四六年占領巴斯拉，獲得面向波斯灣的基地，不過可惜是在「錯誤」的那一側，因為他們真正需要的是控制經過霍爾木茲的通道。不過隨著歐洲對香料的需求不斷增加，以及香料產量為滿足這個需求而增加，顯然需要多條航線，將印度洋與里斯本、安特衛普和其他大西洋港口連接起來。[36]葡萄牙人向印度商人妥協：只要印度商人從葡萄牙人那裡購買許可證（cartaz），並在葡萄牙於印度洋的三個主要貿易站：霍爾木茲、果阿和麻六甲繳納關稅，就可以運送貨物。葡萄牙人很清楚，儘管他們於一五一三年在麻六甲海峽戰勝一支爪哇海軍，但卻無法控制麻六甲以東的交通。一五一三年的這次勝利有利於保障葡萄牙船隻自由前往特爾納特和蒂多雷，塞朗發現這兩個地方是丁香和其他昂貴香料的貿易中心；但是引用查爾斯·博克塞（Charles Boxer）的話說：「葡萄牙在這一地區的航運，僅僅是馬來－印尼港口間貿易現有經緯線中的一條」。[37]

一五一一年，阿爾布開克征服麻六甲，但葡萄牙並未因此掌控麻六甲海峽，因為被驅逐的麻六甲蘇丹仍然控制著麻六甲對面蘇門答臘的土地。葡萄牙在麻六甲的領土僅限於一座人口稠密的城鎮及其港口。隨著時間的推移，印尼人學會完全繞過麻六甲海峽，通過巽他海峽（Sunda Strait，蘇門答臘島和下一座大島爪哇島之間的開口），繞過蘇門答臘島南端來運輸香料。在香料群島上形成一種共存方式：葡萄牙人不能壟斷香料貿易，但對印尼人來說，讓葡萄牙人前來購買香料會帶來夠多的好處，所以印尼人允許葡萄牙人進入這些島嶼。一旦西班牙人進入摩鹿加群島和菲律賓，當地統治者就學會如何利用葡萄牙人與西班牙人之間的矛盾。一般來說，印度教王公更願意與葡萄牙人接觸，而穆斯林蘇丹則對葡萄牙人深表懷疑，這是有原因的。在許多方面，里斯本最大的擔憂不是當地商人對葡萄牙人的競爭，而是有些葡萄牙私營商人不斷試圖打破王室對最珍貴香料的壟斷。在南海和摩鹿加群島的許多葡萄牙船隻都是私人擁有的，葡萄牙王室也不得不忍受這種情況。葡萄牙人還不得不面對一個簡單的現實，即在東印度群島收穫的大部分香料不是被送往印度洋，而是越過南海送往中國，幾個世紀以來一直是這樣的。誠然，在明朝遠航結束後的一個世紀裡，很少有中國人冒險穿越該海域，但是來自爪哇的帆船卻維持著與中國的聯繫。[38]如下文所示，所有這些情況在葡萄牙人試圖與中國本身，甚至與日本建立聯繫時，發揮誘惑作用。

鄂圖曼帝國與葡萄牙交鋒的影響，在遙遠太平洋西南角的香料群島都可以感受到。十六世紀下半葉，鄂圖曼帝國的艦隊甚至在東印度群島向葡萄牙人發起挑戰。一五八一年，麻六甲遭到鄂圖曼艦隊的攻擊。[39]雖然對鄂圖曼人來說，在地中海與西班牙哈布斯堡王朝的衝突占據優先地位（最終鄂圖曼人於一五七一年在勒班陀〔Lepanto〕大敗），但鄂圖曼人與葡萄牙人之間的衝突也在印度洋繼續進行。雙方都自視為信仰的戰士，即使他們是在為控制有利可圖的貿易路線而戰鬥。

三

在十六世紀初，土耳其人對印度洋的了解並不像人們想像得那麼充分。塞爾曼在一五二五年寫道，「可惡的葡萄牙人」「從印度教徒手中」奪取了麻六甲，但是其實麻六甲在穆斯林統治下已經有數十年了。[40]不過有一個人有足夠的好奇心和人脈，能夠幫助鄂圖曼帝國在更廣闊的世界中爭取自己的地位，就是皮里雷斯（Piri Reis），他是海盜、海軍將領、製圖師和優異的地理學家。[41]他出生於鄂圖曼帝國的主要海軍兵工廠所在地加里波利（Gallipoli），出生年代不晚於一四七〇年。他還是孩子的時候就開始在叔父凱末爾（Kemal）的艦隊中服役。凱末爾是當時最成功的巴巴里（Barbary）海盜❹之一，在鄂圖曼蘇丹的支持下襲擊巴利亞利群島（Balearic Islands）、薩丁島、西西里島、西班牙和法國。[42]在一四九九年至一五〇二年鄂圖曼帝國與威尼斯的激烈戰爭中，皮里在叔叔領導的艦隊中指揮自己的船隻。在這場戰爭中，地中海東部的一些重要的威尼斯要塞落入土耳其人手中。皮里在所有海盜中最令人畏懼的海雷丁·巴巴羅薩（Hayretin Barbarossa）手下短暫服役後，回到加里波利，並在一五一三年繪製一張世界地圖，對於這一點，我們稍晚再談。

❹ 譯注：歐洲人稱之為巴巴里、而阿拉伯人稱之為馬格里布的地區，也就是今天的摩洛哥、阿爾及利亞和突尼西亞一帶。此地的海盜曾經很猖獗，他們襲擊地中海與北大西洋的船隻和沿海居民，又從歐洲及撒哈拉以南非洲擄走人口作為奴隸販賣。

接下來，皮里看到世界局勢的發展方向，於是來到鄂圖曼帝國宮廷，與易卜拉欣（前文已經談過他）一起航行到新征服的埃及。在那裡，皮里向蘇丹塞利姆一世獻上他的世界地圖。但身為地理學家的皮里還有更遠大的抱負；一五二一年，他完成《航海之書》（*Book on Navigation*）第一版，很快得到易卜拉欣的重視。[43]在一場風暴中，易卜拉欣看到皮里正在查閱他的成堆筆記，因此留下深刻印象。易卜拉欣對皮里說：「完成這本書，把它帶給我，我們將把它獻給世界的偉大統治者，立法者蘇萊曼蘇丹」（此時塞利姆一世已經去世）。一五二六年，皮里向蘇萊曼大帝提交該書的修訂版，兩年後又提交第二份世界地圖。皮里在七十多歲時仍然很活躍，指揮著停泊在蘇伊士的紅海艦隊。一五五二年，他向霍爾木茲發動期待已久的攻擊。起初，一切都很順利：土耳其軍隊在霍爾木茲島登陸，並包圍葡萄牙人的要塞，但事實證明要塞堅不可摧，鄂圖曼軍隊的大炮沒什麼用。皮里聽說有一支葡萄牙艦隊正向他駛來，便謹慎地躲到波斯灣深處的巴斯拉，但這被視為怯戰。他不顧鄂圖曼帝國巴斯拉總督的禁令，帶著一堆戰利品獨自駛向蘇伊士，在那裡遭受叛國的指控。現在沒有易卜拉欣的庇護，在朝堂上的敵人對他群起而攻之。在十六世紀早些時候，蘇萊曼帕夏在把鄂圖曼帝國的海軍計畫搞得一團糟之後仍然得以倖免，但是皮里就沒有那麼幸運了，一切都取決於蘇丹的心血來潮。一五五四年，皮里在伊斯坦堡被斬首。[44]

據我們所知，皮里雷斯著作的第一個版本至少有二十六份抄本，其中大部分是在十七世紀複製的，但有一份抄本可以追溯到一五五四年，今天在德勒斯登（Dresden）；另一份在牛津，年代為一五八七年。在修訂版的十六份抄本中，有幾份的日期也很晚，被認為主要是贈送給別人的禮品；有人認為第一版的抄本在外觀上不那麼美觀，是給航海者在海上使用的。[45]這讓人覺得該書在數十年間得到廣泛閱讀並產生影響。但令人驚訝的是，皮里的地圖和著作在後世的影響力很有限，我們不清楚它們是否塑造了鄂圖曼人對世界的觀念，這可能是鄂圖曼文明的一個奇怪特點造成的：儘管猶太人和基督徒被允許在加利利（Galilee）的采法特（Safed）等地創辦印刷廠，但幾個世紀以來，鄂圖曼帝國禁止印刷土耳其文和阿拉伯文的書籍。[46]當時，托勒密的《地理學》（當然，這本書有很多錯誤）的印刷版本，更不用說瓦爾德澤米勒描繪「美洲」的巨大世界地圖，都在歐洲廣泛傳播，而絕大部分的土耳其讀者卻無法了解有關世界其他部分的資訊。奇怪的是，皮里用土耳其語寫作，就恰恰將他的著作與那些可能運用其資訊的更高貴讀者隔絕開了，因為此時鄂圖曼世界的高級文化語言是阿拉伯語和波斯語。我們甚至不清楚皮里是否會寫阿拉伯文。他的第二語言可能是通用語（lingua franca），即在地中海航道上用於和商人與奴隸交流、以西班牙語和義大利語為基礎的混合語言。[47]

十五世紀中後期，自征服者穆罕默德二世的時代起，鄂圖曼王室就對西方文藝感興趣。但是皮里與西方的關係更深，因為他能接觸到祕密資訊。他的資料來源非常廣泛，絕非單純只是伊斯蘭世界的資料。鄂圖曼人非常熟悉加泰隆尼亞人、熱那亞人和威尼斯人製作的波特蘭海圖，有大量皮里時期的土耳其版本波特蘭海圖存世。[48]皮里在地中海西部當海盜時，應當就很熟悉這種海圖。他表示為了完成一五一三年的地圖，參考二十張單獨的地圖及幾張世界地圖，其中包括一張阿拉伯人繪製的印度地圖和一張葡萄牙人繪製的印度與中國地圖。[49]我們不知道他是如何獲得這些地圖的，尤其是因為葡萄牙人非常謹慎地封鎖關於他們地理發現的資訊，特別是地圖。鄂圖曼人獲得西歐地圖的進一步證據，來自一五一九年在葡萄牙製作，但今天保存在伊斯坦堡托普卡帕宮圖書館（Topkapı Palace Library）的一幅非凡的世界地圖。該地圖顯示以南極為中心的圓形投影，因此它是一幅南半球的全圖，可能是由葡萄牙宮廷製圖師佩德羅・賴內爾（Pedro Reinel）在里斯本繪製的，預示著麥哲倫和艾爾卡諾後來航行的路線。麥哲倫首先在曼紐一世國王的宮廷，後來在查理五世皇帝的宮廷試圖獲得關注時，應該展示過類似的地圖。[50]這張地圖如何到達鄂圖曼宮廷是一個很大的謎，有人將矛頭指向威尼斯間諜，也有人認為是猶太裔的葡萄牙新基督徒把地圖帶到鄂圖曼宮廷，這些新基督徒背井離鄉，來到蘇丹的都城這個更安全的地方。該地圖的失竊和抵達伊斯坦堡，肯定有資格成為奧罕・帕慕克（Orhan Pamuk）小說的主題。

現存的一五一三年和一五二八年的皮里雷斯地圖是偶然保存下來的，僅僅是顯示整個世界的大地圖的碎片，尺寸可能占原圖的四分之一和六分之一，很可能是原圖中被認為不太有趣的部分，而顯示印度洋的部分則被磨損得不成樣子。[51]這些碎片都顯示了新大陸，但顯示方式會讓土耳其人覺得不必擔心西班牙或葡萄牙航海家會向西穿越大西洋，從而找到前往香料群島的後門。皮里地圖中的南美洲向東南傾斜，與一片廣袤的南方大陸相連，大西洋沿岸的任何地方都沒有中斷，所以從地圖來看，船隻不可能通過巴拿馬附近的某個地方進入太平洋。[52]一五一三年的地圖顯示一些繪製精美的船隻，如「熱那亞人安東先生」（即維德角群島的發現者諾里）的船隻。[53]一艘停在南美洲海岸的船帶有這樣的文字標籤：「這是來自葡萄牙的三桅帆船（barque），遇到風暴，來到了這片土地。」地圖上的另一個文字標籤，描述一艘前往印度的葡萄牙船是如何被吹到一片新土地的海岸。皮里知道有一艘船被送回葡萄牙，送去發現巴西的消息，不過他不知道有一支更大的葡萄牙艦隊繼續前往印度。另一個文字標籤則在南美洲與南方大洲的交會點上，開頭寫道：「據葡萄牙異教徒說，在這個地方，白天和黑夜最短的時候只有兩個小時。」這表明皮里在使用葡萄牙的資訊來源，而且是非常早期的資訊來源，那時麥哲倫還沒有啟航，但是韋斯普奇聲稱已經到達南美洲海岸的很遠處。[54]

皮里意識到哥倫布的重要性，所以專門為他寫了另一個文字標籤，這是地圖上最長的一個。不過皮里有不少誤解，他寫道，「庫倫布」（Qulunbu，即哥倫布）向「熱那亞的達官顯貴」提出穿越大洋的想法，熱那亞人回答：「愚蠢的人啊！世界的盡頭和邊界在西方，那裡充滿黑暗的迷霧。」但皮里的叔叔凱末爾手下有一個西班牙囚犯，此人聲稱曾三次與庫倫布一起到過新發現的土地。在對庫倫布造訪的土地作了長篇描述之後，皮里寫道：「如今這些地區已經向所有人開放，並且廣為人知……這張地圖上的海岸和島嶼都是從庫倫布的地圖上複製的。」[55] 皮里試圖給出他繪製的所有海岸和大西洋島嶼的地名，他明白這些資訊的重要性：它們不僅對鄂圖曼帝國對付西班牙和葡萄牙的大戰略非常重要，而且是關於世界的寶貴知識。在這個意義上，皮里儘管是用土耳其文寫作的，但他是文藝復興時期西班牙和義大利地理學家的同行。不過，這並不意味著他對基督徒入侵印度洋會心如止水，也不意味著他對葡萄牙人會有任何好感（他一直在利用葡萄牙人的地圖）：

要知道，霍爾木茲是一座島。許多商人都去那裡……但是現在，朋友，葡萄牙人已經來到那裡，在它的海角上建立一個據點。他們控制著這個地方，收取關稅，你看那個省已經淪落到什麼地步了！葡萄牙人已經征服當地人，葡萄牙商人擠滿那裡的倉庫。如今無論在什麼季節，如果沒有葡萄牙人，貿易就無法進行。[56]

因此皮里明白，歐洲人對印度洋的入侵，極大地改變鄂圖曼帝國與世界其餘部分之間的政治和商業關係。不過矛盾的是，他之所以能夠發出關於葡萄牙人的警告，是因為他從西班牙和葡萄牙地圖中獲取相關知識。鄂圖曼人和伊比利人都對一個由海路連接起來的世界，有了更多的認識。

第三十四章　馬尼拉大帆船

一

並非只有鄂圖曼人希望葡萄牙人在印度洋上倒楣。烏達內塔在東印度群島被葡萄牙人拘留了十一年多，他在一五三六年到達位於瓦亞多利（Valladolid）的查理五世宮廷時，並沒有因為自己的悲慘經歷而消沉。他當時二十八歲，還算年輕。因為葡萄牙人沒收他的所有地圖和文件，所以他只能向查理五世作口頭報告。博學的博物學家奧維多見證了烏達內塔在皇帝面前的彙報。據奧維多表示，「他（烏達內塔）的消息非常靈通，能夠一五一十地講述看到的一切」。[1]自哥倫布從西班牙向西出發尋找香料群島以來，已經過了四十四年，烏達內塔渴望證明向西的航線仍然可行，即使美洲大陸阻斷這條航線，而且西班牙人還沒有掌控太平洋。他告訴皇帝：「如果陛下願意下令與摩鹿加群島保持貿易往來，每年可以從那裡運來六千多公石（大約六十萬磅）的丁香，有些年分的收穫可超過一萬一千公石。」此外，在那裡還可以找到黃金、肉豆蔻和肉豆蔻皮。「在摩鹿加群島周圍有許多富饒而有價值的地方可供征服；還有許多生意興隆的國度，包括中國，我們可以從摩鹿加群島與之交流。」[2]當時西班牙人還不清楚，摩

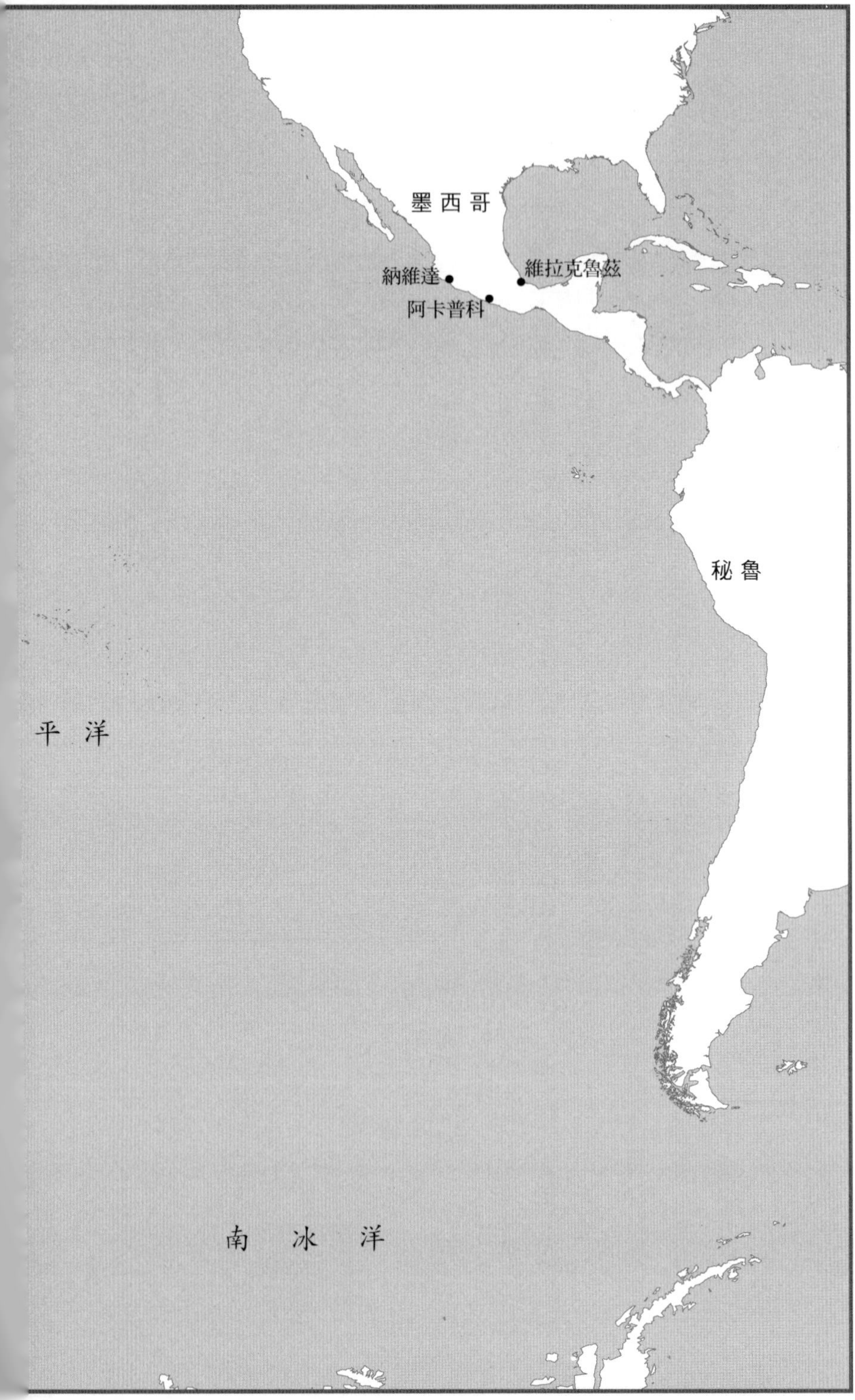
墨西哥
納維達
維拉克魯茲
阿卡普科
秘魯
平　洋
南　冰　洋

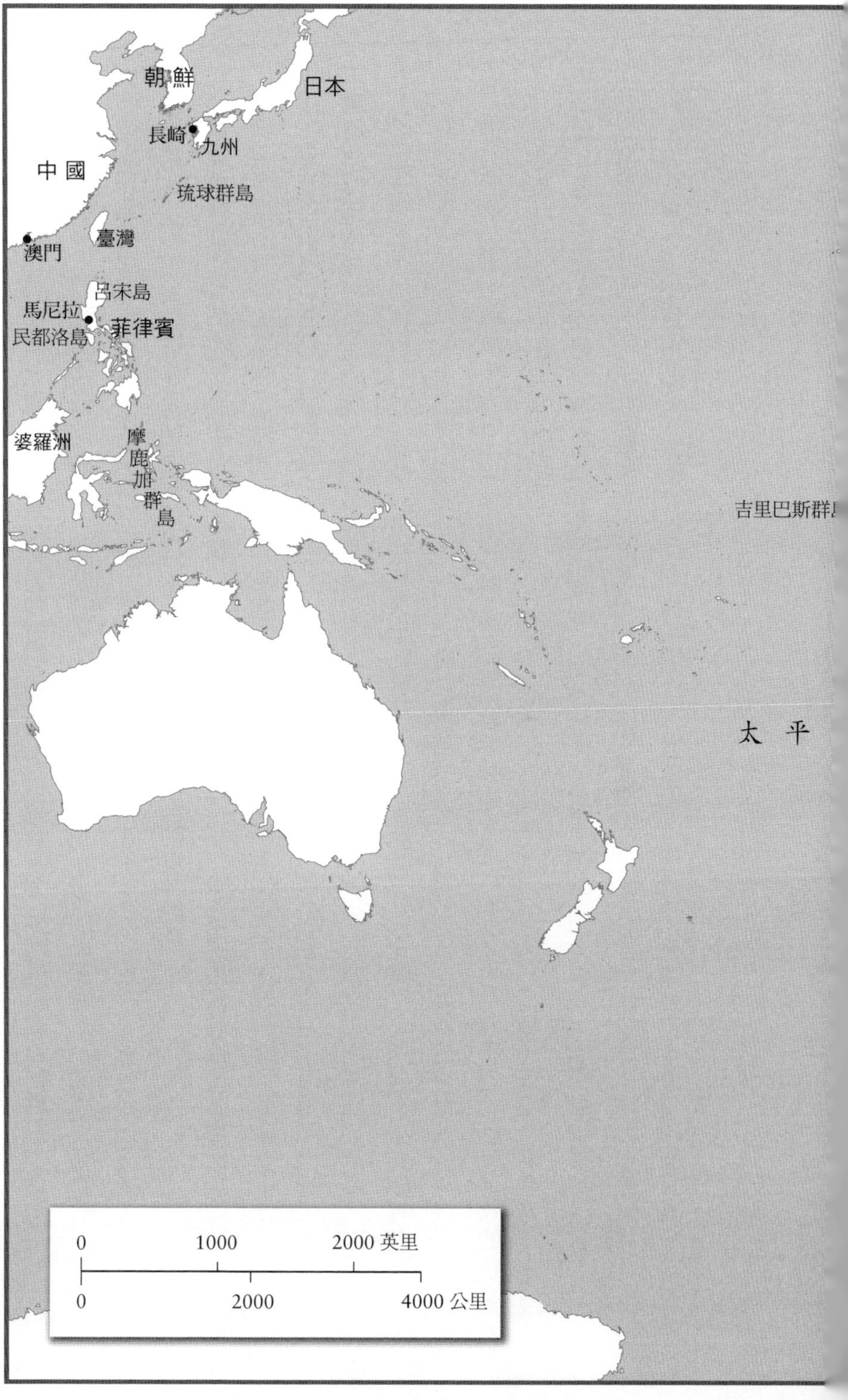

朝鮮
日本
長崎
九州
中國
琉球群島
臺灣
澳門
呂宋島
馬尼拉
菲律賓
民都洛島
婆羅洲
摩鹿加群島
吉里巴斯群
太平
0
1000
2000 英里
0
2000
4000 公里

鹿加群島是屬於一四九四年條約規定的西班牙勢力範圍還是葡萄牙疆域，但在七年前，查理五世放棄西班牙對摩鹿加群島的權利主張，換取葡萄牙的三十五萬杜卡特現金，因為他忙於義大利戰爭，急需用錢。[3]隨著西班牙人在科爾特斯領導下，鞏固對墨西哥的控制，以及在皮薩羅領導下，鞏固對秘魯的控制，西班牙顯然可以從新大陸榨取大量白銀，而且熱那亞人願意預支資金給西班牙，然後西班牙用美洲白銀還款。[4]所以，查理五世有理由相信自己手頭拮据的問題將得到徹底解決。

這能解釋為什麼西班牙人在太平洋西部，劃定他們想控制地區的工作進展相當緩慢。漸漸地，他們了解到太平洋上有許多島嶼，但他們對這些島嶼的興趣不大。一五三六年的一支西班牙探險隊進入南太平洋，看到吉里巴斯群島（Kiribati Islands），但是船長格里哈爾瓦（Grijalva）決定寧可返回南美，也不繼續航行到香料群島。不過，船員叛變並殺死了他。格里哈爾瓦有充分的理由避開摩鹿加群島，因為他知道查理五世已經把對這些島嶼的主張權讓給葡萄牙人，而與葡萄牙人交戰一直是西班牙指揮官前往東印度群島時最害怕的事。格里哈爾瓦的水手們最終還是到達摩鹿加群島，大多數人被憤怒的島民屠殺，但有兩個人落入葡萄牙人手中，格里哈爾瓦遠航的悲慘故事才得以流傳至今。[5]不過，西班牙人的太平洋地圖上的空白逐漸被填補起來。一五四二年，西班牙人的野心一直擴展到琉球群島，如前文所述，琉球群島是與中國和日本展開貿易的活躍中心。西班牙人心中萌發的想法是，他們可以將菲律賓（當時還沒有這個名字）作為與東亞展開貿易的基地。他們對菲律賓本身的評價並不高，因為他們渴望丁香和肉豆蔻，這兩樣東西在安特衛普市場上價格驚人，但卻失望地發現，菲律賓不生產這兩種香料。

一五四二年，新西班牙（即墨西哥）副王派遣親戚維拉洛博斯（Villalobos）前往菲律賓。他的船員起初很沮喪地發現，菲律賓居民滿足於維持生計，不屑也不需要生產作為商品的食物，所以沒有任何食物可以提供。不久，維拉洛博斯的水手們就淪落到以螃蟳、致幻的蟹肉和鮮豔但有毒的蜥蜴為食。不過，西班牙人可以看到菲律賓的潛力：不是作為財富來源，而是作為面向婆羅洲、中國和麻六甲的戰略要地。他們對在薩蘭加尼島（Sarangani，西班牙船員在那裡度過饑餓的七個月），看到的市場印象深刻，在那裡可以買到絲綢、瓷器和黃金。當一位住在鄰島的原住民國王向西班牙人提供大量的食物和水，並向他們展示他的木製宮殿與收藏的中國陶器和絲綢之後，維拉洛博斯決定，從今以後，這個群島將被稱為菲律賓，以紀念卡斯提爾的王位繼承人，即後來的國王腓力二世，這個榮譽對西班牙哈布斯堡王朝的意義遠大於對這位國王的意義。[6]但是探險家們對太平洋風向規律的無知又一次阻礙他們，當他們試圖前往墨西哥時，沒有取得任何進展，維拉洛博斯於一五四四年死在新幾內亞以西的安汶島（Amboyna）。不過西班牙人開始看到，菲律賓雖然沒有東印度群島的某些地方那麼先進，但並不完全是荒漠。菲律賓的原住民戴著用當地黃金製成的飾品；這裡有肉桂；還有薑，它長期以來是東方的第二大香料，在菲律賓群島生長。菲律賓居民分成多個民族，該地區在遙遠的過去曾由馬來航海家定居，菲律賓居民使用的不同語言與馬來語和玻里尼西亞語有關聯，菲律賓的沿海諸民族往往保留太平洋各民族著名的航海技術。[7]

問題是，對西班牙人來說，菲律賓似乎遙不可及。直到一五五〇年代，西班牙國王腓力二世才認為發動新的遠征時機已經成熟。他的決定可能受到香料市場價格短期上漲的影響：一五五八年至一五六三年間，老卡斯提爾❶的香料價格增加兩倍，而丁香和肉桂受到的影響尤其嚴重。為什麼會出現這種情況並不清楚，有一種解釋是安特衛普香料市場的投機行為失控。[8] 到達菲律賓的計畫非常好，但問題是有沒有人對太平洋有足夠的了解，可以指導新的遠洋冒險。有一個人擁有足夠的知識，就是烏達內塔，而且他還確信菲律賓位於西班牙的勢力範圍，這一點也很有幫助。不過烏達內塔已經五十多歲了，並且進入奧斯定會的修道院。沒有一個頭腦正常的人會願意參加如此危險的遠航，所以許多船員根本不是西班牙人，而是葡萄牙人、義大利人、法蘭德斯人，甚至希臘人。但西班牙國王親自向烏達內塔發出呼籲，說服他離開修道院，擔任高級領航員，輔佐艦隊總司令米格爾·羅佩斯·德·萊加斯皮（Miguel López de Legázpi）。[9]

按照計畫，艦隊將由兩艘蓋倫帆船和三艘較小的船隻組成。第一個問題是墨西哥的太平洋沿岸沒有能夠建造大型蓋倫帆船的造船廠，一切都必須從零開始，包括勞動力，而且必須獲得合適的木材，並將其拖到海岸。建造這支小艦隊的費用是七百萬披索。[10] 艦隊於一五六四年末從納維達（Navidad）啟航，這是墨西哥太平洋沿岸的一座港口。[11] 其中一艘被稱為「輕型帆船」（patache或pinnace）的小船脫離艦隊，但它自己到達菲律賓的棉蘭老島（Mindanao）。在耐心等待其他船隻後，船長阿雷亞諾（Arellano）判斷沒有足夠的食物再待下去，於是返回墨西哥。在離開納維達的八個半月後，他回到墨西哥。這是第一次真正成功的回程，因為阿雷亞諾明智地尋找能將船隻吹回美洲的東風。在這個過程中，他發現一條從菲律賓返回墨西哥的路線，之前很多人就是因為不知道這條路線而無法抵達墨西哥。不過這個故事有一個卡夫卡式的結局：阿雷亞諾被指控拋棄指揮官，並且在菲律賓沒有努力尋找指揮官。萊加斯皮在回到墨西哥後，向新西班牙的檢審庭（Audiencia）提交一份申請，要求審判阿雷亞諾。阿雷亞諾被迫在檢審庭面前為自己的行為辯護，但他從未因其所謂的罪行而受到實際懲罰。[12]

萊加斯皮在確立西班牙對菲律賓的統治方面取得良好進展。當地的統治者，包括穆斯林統治者，在看到美洲白銀的光芒時，都願意與他簽訂協定，因為白銀在對華貿易中是非常寶貴的。如果菲律賓人反對，西班牙人就會用強大的火力鎮壓他們。與葡萄牙人進入印度洋時相比，西班牙人在亞洲殺人較少，但是當萊加斯皮認為需要展示實力時，也可以做到殘酷無情。不過，他的遠航並不全是為了征服當地；他告訴腓力二世國王，中國和日本商人年復一年地在菲律賓的呂宋島（Luzon）與民都洛島（Mindoro）從事貿易。但萊加斯皮也意識到，葡萄牙商人偶爾會來菲律賓，為了阻止他們，他需要在菲律賓建立一個基地，而且需要說服當地的蘇丹，雖然他們是穆斯林，但接受西班牙的宗主權是一件好事。[13]

與阿雷亞諾一樣，萊加斯皮的部下也找到返回墨西哥的路。事實再次證明烏達內塔是一位能幹的領航員，他繪製的地圖這一次沒有被葡萄牙人搶走，而是在隨後數十年內被不斷複製。他找到一條比阿雷亞諾的路線好得多的路線，但是即便如此，從菲律賓到墨西哥的航行也比從墨西哥到菲律賓的航行長得多。西南季風把「聖佩德羅號」（San Pedro）蓋倫帆船（有時被稱為「聖巴勃羅號」〔San Pablo〕）帶到日本所在的緯度，然後進入北太平洋的風系，這使得向東航行一個巨大的弧線，最終抵達加利福尼

❶ 譯注：老卡斯提爾是相對於新卡斯提爾而言，都是西班牙的地區名，老卡斯提爾在北，新卡斯提爾在南，是比老卡斯提爾更晚從穆斯林手中收復的。

亞附近的聖塔芭芭拉海峽。[14]「聖佩德羅號」花了四個月多一點的時間，於一五六五年十月抵達阿卡普科（Acapulco）。僅僅敘述它航行的路線，並不能說明水手在漫長回程中經歷的苦難。與達伽馬艦隊的情況一樣，壞血病奪走一些人的生命（十六人在途中死亡，但船員總人數超過兩百人，所以死亡率比早期的許多航行低得多）。萊加斯皮遠航一般被認為是馬尼拉大帆船貿易的開始。馬尼拉大帆船貿易從一五六五年至一八一五年，一共持續兩百五十年，不過在衝突時期或發生海難後，偶爾會有中斷。[15]這些大帆船的排水量往往達到一千噸，可能是當時世界上最大的商船。

一旦處於西班牙的統治之下，菲律賓就被視為新西班牙副王轄區的一部分；換句話說，是墨西哥的延伸。而菲律賓的居民就像美洲原住民一樣，被不加區分地稱為「印第安人」（Indios）。在菲律賓群島的某些地方有大量穆斯林，他們被稱為「摩爾人」（Moros）。這些都是傳統非常粗略的民族分類，西班牙人將大部分原住民劃分為這些類別。

二

雖然環球航行者，特別是麥哲倫和艾爾卡諾，以及後來的德瑞克，吸引大量關注，但真正重要的環球航行是在馬尼拉大帆船航線開通後形成的（而且是分階段進行），這一點被有些歷史學家忽略了，真是咄咄怪事。[16]菲律賓與中國和日本相連，也與墨西哥和秘魯相連；跨越中美洲運輸的貨物到達墨西哥灣的維拉克魯茲，被船隻運到哈瓦那，然後跨越大西洋運到塞維亞和加地斯。在相反的方向，儘管西班牙殖民者和葡萄牙人之間存在長期的敵對，但貨物還是從馬尼拉運輸到澳門、麻六甲、果阿，然後進入葡萄牙的香料貿易網絡，一直到里斯本和安特衛普。三大洋已經連通，而維繫這個網絡的釘子，就是上述這些城市。中國絲綢和陶瓷可能透過墨西哥或好望角，到達西班牙的餐桌。在墨西哥的西班牙貴族和原住民精英可以用中國的瓷餐具吃飯，並穿上大帆船每年從馬尼拉運來的精美絲綢製成的服裝。[17] 隨著西班牙人和他們的葡萄牙競爭對手深入南海的貿易網絡中，他們一方面尋求更多的香料；另一方面也渴求中國和日本的充滿異域風情的產品。一五六七年，明朝皇帝決定允許中國商人從事海外貿易，這也助長西班牙人和葡萄牙人的野心（在此之前的一個半世紀裡，大明王室一直強烈反對對外貿易）。[18]

為了實現自己的目標，西班牙人必須找到位置最佳的港口，作為展開貿易的基地。一五七〇年派出的一支探險隊取得可喜的成果，馬尼拉（呂宋島上的一個定居點）的蘇丹以傳統方式與西班牙人歃血為盟（飲用含有協議雙方代表血液的液體）。不過，宣誓締結友好關係和臣服還是有所區別，當馬尼拉的蘇丹蘇萊曼（Soliman）意識到西班牙人現在認為他是他們的臣民，並且需要向西班牙國王納貢時，就很不高興。於是西班牙人訴諸武力，在一五七一年正式將馬尼拉確立為他們的菲律賓殖民地的首府。一五九五年，腓力二世國王確認菲律賓這個名稱。當時，這座蓬勃發展的城市被認定為菲律賓之「首」（Cabeza）。[19] 中國人對馬尼拉建城有自己的說法：

時佛郎機強，與呂宋互市，久之見其國弱可取，乃奉厚賄遺王，乞地如牛皮大，建屋以居。王不虞其詐而許之，其人乃裂牛皮，聯屬至數千丈，圍呂宋地，乞如約。❷20

這很像迪多（Dido）建立迦太基的故事，也許是葡萄牙旅行者把這個故事傳到中國。[21]然而萊加斯皮的消極觀點是，「這片土地不能靠貿易維持」，他的意思不是在馬尼拉建立貿易基地會失敗，而是菲律賓的資源不足以維持馬尼拉的生存。馬尼拉的未來取決於它能否成為太平洋貿易的中心，它沒有讓大家失望。[22]

值得注意的是，馬尼拉大帆船（通常每次只有一艘非常大的船）是在馬尼拉的西班牙人的主要收入來源。連接馬尼拉和墨西哥的生命線很脆弱，很容易斷裂。即便如此，水手和定居者還是願意冒險走這條路線，以追逐利潤，有時也是出於好奇心。佛羅倫斯商人佛朗切斯科．卡萊蒂（Francesco Carletti）對前往馬尼拉的旅程留下生動的描述，他於一五九四年出發，環遊世界，當時他大約二十一歲。之前一直和父親生活在塞維亞，學習「商人的行當」，在那裡生活三年後，父親建議租用一艘大約四百噸的小船，航行到維德角群島，在船上裝載黑奴，然後把黑奴運到西印度群島。很遺憾地說，這是當時很常規的操作，只不過卡萊蒂父子是義大利人，按理來說只有西班牙的臣民才被允許在這些航線上行駛。因此他們必須找到一個西班牙支持者；他們找到一個來自塞維亞的女人，她嫁給一個比薩商人，同意為這次遠航提供支持。[23]卡萊蒂父子安全抵達加勒比海，為那些（據說）因吃鮮魚而死亡後，被扔進海裡的奴隸感到惋惜。他們心血來潮，深入新大陸，到達巴拿馬和秘魯；然後到了墨西哥，造訪阿卡普科；接下來帶著一批白銀跋涉到墨西哥城，一路做生意，並記錄他們看到的美妙景象，因為卡萊蒂決定將航行紀錄寄給托斯卡納大公費迪南多・德・梅迪奇（Ferdinando de' Medici），這位大公熱心扶助貿易，曾授予利佛諾（Livorno）自由港許多特權，使亞美尼亞人、猶太人和其他人能夠在該城定居。

卡萊蒂父子的想法是在墨西哥購買貨物，然後帶回利馬。沿著從秘魯到墨西哥海岸線的海路，此時已經完全正常運作。這條海路是西班牙人開闢的，因為阿茲特克人和印加人之前幾乎完全不知道彼此帝國的存在。但是卡萊蒂父子在墨西哥待的時間越久，卡萊蒂的父親就越相信他需要去菲律賓，所以目前只走了一半路程而已。但是只有西班牙人可以去菲律賓，所以他們又一次不得不想辦法。不過，在船上服役的人不受上述規定的限制，畢竟船員裡包括大量菲律賓人、中國人，甚至還有非洲黑人。卡萊蒂父子被任命為船上的軍官，不過船長同意找兩個水手來履行他們的職責，只要他們放棄軍官的薪水。西班牙官方還規定，每艘船運送到菲律賓（用於購貨）的秘魯和墨西哥開採的白銀價值不得超過五十萬金埃斯庫多（escudos），因為西班牙王室想把馬尼拉貿易作為王家壟斷行業。但實際上有很多機會可以把錢偷運到菲律賓，然後把貨物偷運出去。船長是這種「走私」活動的同謀，因為「他習慣為各種運錢的人幫忙」，結果船上的白銀價值高達一百萬埃斯庫多。船長有權從中抽取二%的佣金，所以我們可以理解他為什麼願意違抗西班牙當局的命令，儘管當局威脅要沒收走私者的貨物，甚至施加更嚴厲的懲罰。[24]

❷ 譯注：（清）張廷玉等撰，《明史・卷三百二十三　列傳第二百十一　外國四・呂宋》，中華書局，一九七四年四月，第一版，第八三七〇頁。

從墨西哥前往菲律賓的旅程，一般來說不是很困難。卡萊蒂父子於一五九六年三月出發後，享受了一次「順利和愉快的航行」；一直順風，所以旅程僅需六六天，而回程則可能需要六個月。船隻在馬里亞納群島（Marianas），即麥哲倫稱為「盜賊群島」的地方補充了淡水，是用非常粗壯的竹節盛裝的。馬里亞納居民想要的只是一些鐵塊，對他們來說鐵塊比黃金還要珍貴。「他們用最友好的方式詢問，用手掌沿著他們的心臟邊緣摩擦，說『朋友，鐵，鐵』（Chamarri, her, her）。」卡萊蒂對馬里亞納島民建造的船隻印象特別深刻，那些船隻是「用最薄的木板精心製造的，塗上巧妙混合的各種顏色。沒有釘子，以一種隨性而美麗的方式和風格將木板縫在一起。這種船如此輕盈，彷彿在海上飛翔的鳥兒」。[25]他很欣賞那些確保船隻永遠不會翻倒或沉沒的舷外浮材（它們能使船保持浮力），還有那些「像草席一樣的」狹長船帆。

從許多方面來看，接近馬尼拉是航行中最危險的階段。馬尼拉位於菲律賓北部大島呂宋島的西側。要到達馬尼拉，船隻必須通過臺灣和呂宋島之間的呂宋海峽，然後穿過狹窄的水道，經過淺灘，進入馬尼拉灣。載著卡萊蒂的蓋倫帆船經過臺灣之前，刮起颱風，不得不降下船帆，蓋倫帆船在淡水短缺的情況下，止步不前十八天之久。卡萊蒂描述水是如何配給供應的，船長下令不煮任何食物，理由是這能讓人們喝更多水（船上的肉是用鹽醃製的）。大家只能吃用水和油浸濕並撒上糖的壓縮餅乾。風暴減弱之後，船停泊在呂宋島附近，大家吃到新鮮的魚和美味的水果，之前的苦難似乎就成為遙遠的回憶：「在我看來，那個地區的香蕉是世界上最美味的水果之一，尤其是某種香蕉有非常微妙的氣味，讓人欲罷不能，沒有比這更受歡迎或更美味的。」[26]

卡萊蒂對馬尼拉的印象，並不像他對菲律賓香蕉的印象那麼好。他認識到馬尼拉的布局和房屋風格，與他在墨西哥城看到的相似，不過墨西哥城要大得多。但是他認為馬尼拉的防禦更好，因為有厚厚的城牆和八百名西班牙士兵組成的駐軍。馬尼拉戒備森嚴是有道理的，因為那裡的居民在包含約一萬兩千座島嶼的海域中要面對許多敵人。他對西班牙定居者能夠獲得的利潤印象深刻：「從中國人運到馬尼拉，然後運到墨西哥的商品中，他們〔西班牙定居者〕仍然能賺到一五〇%至二〇〇%的利潤。」

這些島嶼缺少的東西，都是從外界運來的。從日本運來小麥麵粉，他們用來製作麵包，供西班牙人食用。從日本還運來許多其他東西，他們用船將其運走出售。中國人每年也會帶著大約五十艘船來到那裡，這些船滿載著紡成天鵝絨、緞子、織錦緞或塔夫綢的生絲，以及大量棉布、麝香、糖、瓷器和許多其他種類的商品。他們用所有這些商品與西班牙人展開利潤豐厚的貿易。西班牙人從他們手中購買這些商品，然後將其運送到新西班牙的墨西哥城。[27]

卡萊蒂到達的那一年，馬尼拉港口裡只有十幾艘這樣的中國帆船，它們運來的所有商品都被迅速搶購一空。卡萊蒂將中國貨物的缺乏，歸因於馬尼拉華人區的一場大火；但是如下文所述，還有其他干擾因素：海盜襲擊、華人定居者的暴亂等。

卡萊蒂不只是報告商機，他還對菲律賓人本身非常著迷：「摩爾人」喜歡在鬥雞場上賭博，而多神教徒居民，即有大量紋身的「比塞歐人」（Bisaios），他們的男性在陰莖上穿刺並裝上一個飾釘，這在某種程度上增加他們的「淫慾之樂」，儘管至少在起初，飾釘讓他們的女性伴侶感到非常不舒服。他對菲律賓讚不絕口：「這些島嶼的一切都很好。」[28]卡萊蒂父子意識到西班牙政府的政策，使得外商很難到馬尼拉做生意，於是設想了一個計畫，取道日本航行到中國、東印度群島、果阿和里斯本，這並不比把商品裝到開往阿卡普科的船上更容易。卡斯提爾人被禁止進入葡萄牙的貿易區，違者將被沒收貨物和監禁。葡萄牙國王塞巴斯蒂昂於一五七八年在與摩洛哥人的戰爭中死亡，他的繼任者也在幾年後去世，沒有留下子嗣，於是西班牙國王腓力二世在一五八一年繼承葡萄牙的王位，但是禁止卡斯提爾人進入葡萄牙貿易區的法規仍然有效。這是一種在擁有共同君主，但沒有共同目標的兩國人民之間，維持和平的方式。

解決卡萊蒂父子面臨問題的辦法，是在夜間攜帶銀條溜出馬尼拉，登上一艘日本船，因為日本是「葡萄牙人和卡斯提爾人都不統治的自由地區」。這艘船類似中式帆船，卡萊蒂對其船帆很著迷，但對它的功效並不完全信任。他說，船帆像扇子一樣折疊起來，但是實際上很脆弱，他還對脆弱的船舵很感興趣。[29]葡萄牙船隻每年都會從中國沿海的澳門來到長崎，因此卡萊蒂在考察日本部分地區（當時日本還沒有對外商閉門）之後，前往南海不會有很大的困難。卡萊蒂在日本見識茶葉和溫熱的米酒。他在日本的經歷將在下文討論。[30]卡萊蒂對馬尼拉的描述清楚地表明，該城是連接西屬菲律賓與墨西哥（並透過墨西哥與西班牙連通），以及連接西屬菲律賓與中國（當中國帆船抵達時）和日本的網絡樞紐。實際上，葡萄牙人在馬尼拉並非總是不受歡迎。作為一個交流中心，馬尼拉與整個已知世界的海上貿易中心都有聯繫。

三

馬尼拉擁有良好的港口和肥沃的腹地，是一座國際化的大都市，但這並不是說那裡的許多民族之間的關係總是很融洽。西班牙征服者是天主教徒，他們與穆斯林、佛教徒、道教徒和多神教徒不斷接觸，使得西班牙人的處境變得複雜。一六五〇年，馬尼拉的西班牙定居者為七千三百五十人，他們將自己限制在一座被稱為「城牆內」（Intramuros，中文世界一般稱為「王城區」），至今仍是馬尼拉舊城區的名稱）的設防城市內，而馬尼拉的郊區生活著許多華人、日本人和菲律賓人。[31]在菲律賓人稱為 Maynila（馬尼拉）的地方曾經有一個定居點，西班牙人想過把這座城市命名為「耶穌之美名」，但是舊名 Maynila 的西班牙語版本似乎更簡單實用。[32]西班牙征服者首次抵達馬尼拉時，華人已經在菲律賓生活很長的時間。在宋代（從十世紀中葉至十三世紀末），中國帆船經常造訪菲律賓，因為這個時期的中國朝廷鼓勵私營貿易。即使在明朝前期皇帝的嚴厲政策下，私營貿易仍在非正式地進行。菲律賓是鄭和船隊造訪的地方之一，因為永樂帝渴望把菲律賓納入統治之下，並在一四〇五年派遣一名官員到呂宋島，期望他能掌管這個地方。[33]兩年後，鄭和下西洋的船隊抵達菲律賓，在那時和其他一些時候，中國從菲律賓得到的貢品包括黃金、寶石和珍珠，菲律賓的船隻繼續前往中國，而逃避朝廷貿易禁令的中國商人在菲律賓收集來自爪哇和摩鹿加群島的香料。在歐洲人到來之前，中國和菲律賓之間密切接觸的最明確證據，是皮加費塔關於麥哲倫航行的描述，其中表示菲律賓原住民酋長用瓷器吃飯。即使是在遠離海岸的菲律賓高地的考古發現也表明，中國陶瓷被作為禮物，將高地酋長與低窪地區強大的達圖（Datu，意思是地方統治者）聯繫起來。誠然，達圖們把最好的瓷器留給自己。[34]

人們很快就明白，馬尼拉不能沒有中國，就像它不能沒有阿卡普科一樣。在一六〇三年針對華人的大屠殺之後，一位西班牙評論家抱怨，馬尼拉沒有食物，甚至沒有鞋子，因為華人不僅是商人，還是工匠：「沒有華人，這座城市確實無法生存，也維持不了。」[35]西班牙人把華人稱為Sangleys（「生理人」或「常來人」），這是seng-li一詞的變形，在漢語的廈門方言中，「生理」是「生意」的意思。[36]「生理人」是乘坐大型中式帆船來的，一艘船上有多達四百名乘客，其中一些人可能會留在馬尼拉，在八連（Parían，華人聚居區）定居。中式帆船與歐洲或菲律賓的船隻截然不同：中式帆船的首尾兩端都是方形的，甲板上有用棕櫚葉做屋頂的小木屋；船艙被隔板分隔開來，因此如果船隻漏水，每次只有一個隔艙會被淹沒。商人在這些隔艙裡租賃空間，存放貨物，租金為貨物價格的二〇％；另外，二〇％或更多的費用給了馬尼拉的華人經紀人，他們幫助管理銷售業務，必要時向西班牙官員行賄，儘管在官方層面是透過批發議價的制度來銷售貨物，這滿足了西班牙商人的需要。由於他們對中文幾乎一無所知，仍然對中國人的議價能力表示懷疑。[37]在西班牙人抵達菲律賓之前，中國帆船對舊馬尼拉就已經很熟悉了。在西班牙人的城市建立之後，中國帆船來得越來越多，有紀錄的抵達數量從一五七四年的六艘，增加到一五八〇年的四十艘以上。只要中國人得知有馬尼拉大帆船帶著結帳所需的白銀進港，每年抵達馬尼拉的中國船隻至少有三十艘。為了應對季風和颱風的危險，中國人造訪的時間很短：三月從中國出發，六月初離開馬尼拉。[38]

這種貿易的商品以絲綢和瓷器為主。起初，一些西班牙人在談論中國絲綢的品質時相當不屑一顧，但是一旦中國人對他們試圖接觸的遙遠市場有了很好的認識，情況就改變了。他們仿製安達魯西亞的絲綢，而對於中國和安達魯西亞的絲綢哪個更好，西班牙人意見不一。塞維亞商業界對從中國到馬尼拉，以及從馬尼拉到墨西哥的絲綢貿易的擴張，抱持反對態度，因為他們認為墨西哥將是塞維亞商人的專屬市場。中國的瓷窯和織布機一樣，表現出很強的適應能力。十七世紀，中國陶工知道歐洲人和日本人想要什麼，並相應地修改設計。結果是歐洲和西班牙殖民者對中國商品產生特殊的品味，中國生產者為滿足購買者的文化偏好而進行巧妙的調整。這是中華文明與西方文明相遇的一個重要時刻。安東尼奧·德·莫爾加（Antonio de Morga）是十六世紀末馬尼拉檢審庭庭長，他對這些中式帆船運來的貨物作了列舉：

> 成捆的生絲，細度為兩股，以及其他品質較差的絲；未纏繞的細絲，有白色和其他各種顏色，纏繞成團；大量的天鵝絨，有些是素色的，有些帶有各種圖案、顏色和風格的刺繡，有些是鑲金與繡金的；編織的料子和錦緞，在各種顏色和圖案的絲綢上用金線與銀線製成；大量纏繞成團的金線和銀線；織錦緞、緞子、塔夫綢及其他各種顏色的布料……[39]

這只是絲綢，中國人還運來亞麻布、棉布、幔帳、被子、掛毯、金屬製品（包括銅壺）、火藥、小麥粉、新鮮水果、果乾、有裝飾的文具盒、鍍金長凳、活鳥和馱獸。每艘中式帆船一定都相當於十六世紀的浮動百貨商店。中國人對馬尼拉和墨西哥市場需求的反應如此靈敏，以至於他們有時會得出錯誤的結論。一個西班牙人可能由於性病而失去鼻子，他委託來訪的中國工匠製作一個木製的假鼻子，給了工匠慷慨的報酬。工匠以為找到生財之道，於是在下一次去馬尼拉時，運來一整批木製的假鼻子，結果發現馬尼拉的西班牙人已經有自己的鼻子了，工匠早該注意到這一點才對。[40]

西班牙人購買所有這些貨物，用的是每年用大帆船從阿卡普科運來的大量秘魯白銀，以及少量的墨西哥白銀。據估計，一五〇〇年至一八〇〇年間開採的美洲白銀數量為十五萬公噸。其中只有一部分被馬尼拉大帆船運往西方的菲律賓（一五九七年有一千兩百萬披索的白銀被運往馬尼拉，大多數年分為五百萬披索），但即便如此，美洲白銀的大量流入也對缺少白銀的中國經濟產生巨大的影響。[41]明朝皇帝曾試圖延續蒙古人發行紙幣的做法，從而解決帝國內白銀匱乏的問題。外國統治者在向明朝納貢之後，收到紙幣形式的禮物，很可能會懷疑這是否為公平的交換，特別是當（如一四一〇年）來自菲律賓的使團向皇帝獻上黃金貢品時。[42]另一種可能的解決辦法則是以穀物的形式收稅，但中國官員對白銀的流入做出反應，接受白銀作為支付手段，因為它更容易運輸。然後在一五七〇年左右，大明朝廷決定將一系列的稅收合理化，施行所謂的「一條鞭法」，使白銀支付成為常規。從長遠來看，中國的金銀兌換率變得不那麼極端。一六〇〇年左右，廣州的金銀兌換率為一比五．五，而在同時代的西班牙可能高達一比十四。在中國和歐洲一樣，大量金銀的輸入推升了商品價格，導致「大通膨」。另一方面，白銀的大量輸入大幅提高貨幣供給，推動明朝的經濟發展。[43]中國的金銀兌換率比其他地方對外商更有利，外商可以用白銀廉價地購買黃金。商人在世界各地將白銀從出產豐富的地方轉移到貧乏的地方，就有機會賺取可觀的財富，熱那亞人和威尼斯人在早先幾個世紀就知道這個祕訣了。[44]一位葡萄牙商人在一六二一年評論道：「白銀在世界各地流動，然後湧向中國，並留在那裡，彷彿中國是白銀的天然中心。」[45]

中國貿易除了為馬尼拉帶來貨物，還帶來了人員。十六世紀末，一位菲律賓總督單獨劃出一個華人區（八連），供華人居住；這個名字是對中文「組織」一詞的訛誤音譯。❸[46]華人區位於西班牙殖民者居住的王城區的圍牆之外，發展非常迅速。到了一六〇〇年，華人區有四百多家商店，馬尼拉的華人人口據說達到一萬兩千人，主要是男性，因為他們從中國來時往往沒有帶著婦女，不過許多華人男子娶了菲律賓妻子。西班牙人對八連的居民頗為猜忌。有些華人成為天主教徒，但有一次華人反對西班牙人的叛亂領導者是一個幻想破滅的基督徒。腓力三世國王相信，馬尼拉的華人造成「極大的危險」。[47]當馬尼拉受到中國船隻的威脅時，緊張局勢就會加劇，一五七四年就發生這種情況；那一年，中國海盜在林鳳的指揮下，乘坐七十艘大型中式帆船，占領馬尼拉的大部分地區。直到西班牙援軍在胡安・德・薩爾塞多（Juan de Salcedo，菲律賓的開拓者萊加斯皮的外孫）的得力指揮下，從海上抵達，才艱難地擊退中國海盜。林鳳及其手下被趕出馬尼拉後，西班牙船隻追上他們，殲滅他們的艦隊。但殖民地內部也出現麻

❸ 譯注：此說存疑。參考另外兩種說法：Parian 源自他加祿語，意為「去（那裡）」；源自菲律賓華僑的閩南語，為「板頂」，指樓上。蔡惠名在博士論文《菲律賓咱人話研究》裡，認為八連是西班牙語中「市場」一詞的閩南語譯音。許壬聲發表在《暨南學報》上的論文〈菲律賓早期的唐人街——八連（Parian）的商業活動及其沿革一五八二－一八六〇〉，則認為「八連」係翻譯名詞，應該不是中文。

煩。一五九三年，西班牙總督[4]和他的西班牙船員被槳帆船上的華人槳手暗殺。總督的兒子和繼任者[5]向澳門與麻六甲發出呼籲，希望能緝拿凶手。一些華人水手從麻六甲被送到馬尼拉處決，不過他們可能只是代罪羔羊。同時（按照一部中國文獻的說法），中國人出於對貿易的熱愛，繼續住在馬尼拉。[6][48]

十六世紀末和十七世紀，緊張局勢平均每十四年就會沸騰一次。中國與西班牙之間緊張關係最離奇的例子發生在一六〇三年，甚至在當時，西班牙人都懷疑他們看到的是一場鬧劇還是嚴肅的政治談判。三名中國官吏抵達馬尼拉[7]，被隆重地抬到西班牙總督府。中國官吏表示，他們正在尋找不遠處的產金島嶼卡維特（Cabit），該島不屬於任何統治者。馬尼拉附近確實有一個叫甲米地（Cavite）的港口，是通往首府馬尼拉的門戶。中國官吏被帶到那裡，看到那裡並非遍地黃金。[49]不過甲米地有一座海軍船塢，所以中國官吏想看的肯定其實是這個。中國官吏的到來，引發關於他們真實意圖的謠言。西班牙定居者相信他們是間諜，並且中國人正在準備一支龐大的艦隊，將載運十萬大軍前來，把西班牙人趕出菲律賓。除此之外，有謠言說八連的華人即將發動叛亂。西班牙人和華人之間互不信任已經不是新鮮事，但是由於馬尼拉駐軍中的日本傭兵威脅要透過屠殺華人來阻止叛亂，華人的不滿情緒也隨之高漲。一六〇三年十月發生一連串可怕的事件，華人發動反叛，燒毀馬尼拉城的郊區，殺死包括總督在內的一些西班牙精銳軍人[8]。另一次，華人驅散令人生畏的日本傭兵，叛亂者甚至屠殺拒絕參與叛亂的華人同胞。直到西班牙援軍從菲律賓的其他地方趕來，叛亂才得以平息；西班牙援軍在所有地方追殺華人叛軍，一部中國編年史稱死亡人數高達兩萬五千人。[9][50]

即使有成千上萬的華人遭到屠殺，西班牙與中國也沒有決裂：貿易繼續進行，六千名華人定居者在接下來兩年內回到八連。新任總督稟報腓力三世國王：「我們原本擔心中國人再也不來，但是看到他們選擇繼續從事貿易，這個國家得到極大的安慰。」不足為奇的是，中國人的說法有一個稍微不同的重點：「其後，華人復稍稍往，而蠻人利中國互市，亦不拒。」❿ 51

---

❹ 譯注：指的是戈麥斯・佩雷斯・達斯馬里尼亞斯（Gómez Pérez Dasmariñas，一五一九－一五九三），他於一五九〇年至一五九三年擔任菲律賓總督，在一五九三年死於馬尼拉華人的叛亂。

❺ 譯注：指的是路易士・佩雷斯・達斯馬里尼亞斯（Luis Pérez Dasmariñas，一五六七或一五六八－一六〇三），他接替遇害的父親，成為菲律賓總督。

❻ 譯注：「然華商嗜利，趨死不顧，久之復成聚。」見（清）張廷玉等撰，《明史・卷三百二十三　列傳第二百十一　外國四・呂宋》，中華書局，一九七四年四月，第一版，第八三七一頁。

❼ 譯注：「乃遣海澄丞王時和、百戶干一成偕嶷往勘。」見（清）張廷玉等撰，《明史・卷三百二十三　列傳第二百十一　外國四・呂宋》，中華書局，一九七四年四月，第一版，第八三七二頁。

❽ 譯注：一六〇三年馬尼拉華人叛亂中，時任菲律賓總督佩德羅・布拉沃・德・阿庫尼亞（Pedro Bravo de Acuña）並未死亡。他在一六〇二年至一六〇六年擔任菲律賓總督，卒於一六〇六年。這裡作者指的應當是路易士・佩雷斯・達斯馬里尼亞斯，他死於一六〇三年的馬尼拉華人叛亂。

❾ 譯注：「伏發，眾大敗，先後死者二萬五千人。」見（清）張廷玉等撰，《明史・卷三百二十三　列傳第二百十一　外國四・呂宋》，中華書局，一九七四年四月，第一版，第八三七三頁。

❿ 譯注：（清）張廷玉等撰，《明史・卷三百二十三　列傳第二百十一　外國四・呂宋》，中華書局，一九七四年四月，第一版，第八三七三頁。

四

腓力二世國王有更宏大的計畫，遠遠超出對華貿易。早在一五七三年，就有西班牙人提出入侵中國的想法。墨西哥和秘魯的例子似乎證明，規模小但精銳的西班牙軍隊在武器供應充足的情況下，可以戰勝強大的帝國。眾所周知，日本人憎恨明朝，西班牙人可以說服他們參與入侵。西班牙人輕蔑地認為明帝國防衛不力，不堪一擊。與伊比利人的其他征服一樣，物質追求和精神追求是交織在一起的。如果能征服這片異教徒的土地，並使其居民皈信天主教信仰，必然會為基督教世界帶來極大的好處。一五七五年六月，一支探險隊從馬尼拉出發，船上有許多人幻想自己是征服者，將會控制具有傳奇色彩的中國財富。不過首要任務是說服明朝皇帝，請他允許西班牙修士在中國傳教。另一個話題則是，在臺灣對面的海岸建立一個西班牙貿易基地，中國人很樂意批准，特別是如果西班牙艦隊能幫助清剿菲律賓和中國之間水域的海盜，中國人和西班牙人一樣討厭愛惹是生非的林鳳。[52]在隨後一些年裡，腓力二世的朝廷多次提出入侵中國的計畫，這些計畫雖然很有吸引力，但西班牙無敵艦隊在一五八八年被英格蘭海軍打敗，於是腓力二世變得務實。休・湯瑪斯（Hugh Thomas）提出的一個問題是，如果腓力二世沒有在那一年喪失他的艦隊，入侵中國的計畫是否會落實。另外，腓力二世在北歐的屬地尼德蘭日益激烈的叛亂，也嚴重消耗西班牙的資源。[53]

腓力二世明白，他在亞洲的首要任務是促進西班牙在太平洋西部的商業利益，而不是征服另一個帝國。他的西班牙臣民（不僅在馬尼拉，而且在墨西哥、秘魯，甚至歐洲）都對中國商品很著迷。[54]在他們的商業野心背後，隱藏著一個古老的問題：不是與中國商人的競爭，而是與葡萄牙商人的競爭。西班牙人知道，他們的葡萄牙對手已經成功在中國的邊緣紮營。在通往廣州的珠江口，葡萄牙人建立前哨據點澳門，下一章會探討澳門的建立。[55]一五八〇年之後，腓力二世除了繼續當卡斯提爾國王外，還登上葡萄牙王位，所以西班牙人似乎有機會透過澳門從事貿易。不過國王並不熱衷於此，所以在一五九三年禁止西班牙人造訪澳門。幾年後，他才允許西班牙人造訪中國沿海地區。他們仿效葡萄牙人，試圖在一個他們稱為「松樹林」（El Piñal）的地方建立自己的基地，那裡也靠近珠江，可能位於現代香港的某處。葡萄牙人果然大聲抱怨，而一位不得不在「松樹林」忍受一五九八年寒冬的西班牙官員則抱怨，不僅是葡萄牙人，中國人也為西班牙人製造無窮無盡的麻煩，中國人不是用暴力搶劫西班牙人，而是以更巧妙的手段，「用其他更糟糕的手段」來搶劫他們；換句話說，就是透過精明的貿易行為。[56]「松樹林」並沒有存在多久。隨著時間的推移，澳門和馬尼拉之間的聯繫越來越多；馬尼拉學會同時向西和向東看。到了一六三〇年，從澳門運往馬尼拉的貨物價值達到一百五十萬披索。[57]從馬尼拉定居者的角度看，最重要的是中國帆船持續來到馬尼拉，除此之外，還有菲律賓的舷外浮材船隻、葡萄牙船隻，以及日本帆船（這很重要）來馬尼拉做生意。

五

對馬尼拉的繁榮發展來說，和日本的聯繫並不像與中國的聯繫那樣關鍵，但是仍然舉足輕重。一旦葡萄牙人、西班牙人和後來的荷蘭人進入日本水域，日本當然不可能始終切斷與歐洲人的聯繫。兩個多世紀以來，除了在長崎（荷蘭人於一六四一年在那裡建立一個小型貿易站）之外，日本停止與歐洲商人通商。但在日本鎖國之前，與這些來自世界另一端的訪客做了密切但戒備的接觸。歐洲人對日本人感到困惑，正如日本人對歐洲人感到不解。在一六三九年之前，葡萄牙人在日本的絲綢貿易中一直很活躍，但是當耶穌會傳教士（也是葡萄牙人）開始在日本南部積極傳教時就有麻煩了。幕府將軍認定，不僅是傳教士，皈信基督教的日本人對幕府也構成政治威脅。一位到達日本的西班牙領航員帶來一張世界地圖，上面標明西班牙帝國的許多領土。日本人很想知道這些征服是如何發生的。

「沒有比這更容易的，」領航員答道，「我們的國王首先向他們想要征服的國家派遣修士，修士讓那裡的人民皈信我們的宗教。當修士取得相當大的進展時，我們的國王就會派出軍隊，新基督徒會加入他們。然後，就不難解決剩下的問題了。」58

據說，這次不夠明智的談話促使日本攝政者豐臣秀吉開始迫害日本基督徒。後來發生一連串的迫害運動。

正如馬尼拉的例子所顯示的，在十六世紀晚期，日本僱傭兵是一種大家都熟悉又令人生畏的形象，他們訓練有素，裝備精良，作為凶悍的戰士享有盛譽，所以那些尋找有償軍事服務的人很重視日本僱傭兵。攝政者兼太政大臣豐臣秀吉統一日本大部分地區的大約十年後，德川家康於一六〇〇年擊敗自己的敵人。在那之後，外國雇主很容易找到日本傭兵，因為他們在日本本土無事可做，而外國的機會在向他們招手。偶爾，對日本人的欽佩也會讓西班牙人嗅到危險的氣息。也許本領高強的日本軍人會受到誘惑，入侵菲律賓？畢竟在一五九〇年代，馬尼拉就有很多日本商人。

由於這個原因，馬尼拉的西班牙總督決定，日本人和中國人一樣，應當有自己的聚居區，即迪勞（Dilao）：「為了緩解我們對城市裡這麼多日本商人的焦慮，最好是在收繳他們的所有武器之後，給他們分配一個位於城外的定居點。」到了一六〇六年，有超過三千名日本人居住在迪勞；後來它吸引大量的日本基督徒，因為對他們來說，在日本的生活變得越來越艱難；迪勞是日本之外最大的日本人定居點。直到一六三〇年代，隨著菲律賓和日本之間直接貿易的減少，迪勞的居民才收拾行李離開。西班牙總督還對居住在馬尼拉的大量日本僕人感到擔心，因為他們可以自由進入城內的房屋，並可能在馬尼拉縱火。莫爾加（上文提過這位檢審庭庭長）於一六〇九年寫道，日本人「品行端正，有勇氣……有高貴的風度和氣質，非常注重儀式和禮節」，他認為，「在〔菲律賓〕群島和日本之間維持友好關係是明智之舉」。59

西班牙人對日本人既欽佩又畏懼，所以日本船隻基本上是安全的，西班牙人不會干涉它們。一六一〇年，就在西班牙艦隊和荷蘭艦隊在菲律賓近海交戰時，一艘攜帶「朱印」（保證它得到幕府的保護）的日本商船抵達馬尼拉。當這艘船平靜地穿越戰場時，歐洲人暫停交火，雙方都沒有試圖登上那艘日本船。這並不是因為他們害怕日本人的火力，而是因為這種商船不可能攜帶大炮。西班牙人和荷蘭人都知道，日本人會向幕府報告歐洲人的任何干涉行為，而幕府將會對侮辱日本帝國臣民的國家發動報復。一六二九年，一名西班牙船長在暹羅附近扣押一艘日本船，隨後發生的事情表明，如果幕府受到冒犯將會出現怎樣的麻煩：日本人在長崎扣押一艘葡萄牙船作為報復，將葡萄牙人（當時是西班牙國王腓力四世的臣民）捲入這場爭執。兩年後，日本派往馬尼拉的使團毫無建樹，菲律賓與日本的聯繫也隨之中斷，而日本的基督徒遭受進一步的迫害。西班牙和葡萄牙試圖在日本傳播基督教，對局勢更是火上澆油。一六三六年，菲律賓總督抱怨道：「與日本的貿易被某些宗教人士的輕率行為破壞了。」[60]

除了強悍的傭兵之外，日本還有其他吸引人之處。在幕府時代，封建領主們在日本占據統治地位。十六世紀，在封建領主的鼓勵下，養蠶業範圍擴大了，新的絲織中心也建立起來。封建領主看到在絲綢業中獲利的好機會，也想用華麗的織物來裝扮自己。他們還鼓勵建立市場。豐臣秀吉清剿國內的土匪，消滅海盜，並透過廢除國內關卡來鼓勵貨物的自由流動。他試圖盡可能地控制金銀的生產，還支持對外貿易，鼓勵對朝鮮進行貿易考察，並控制長崎這個重要港口。當一艘所謂的外國「黑船」到達海岸時，他搶購船上所有的生絲（以公道的價格支付），而當一艘滿載陶瓷的西班牙船從菲律賓來到長崎，或葡萄牙船運來黃金時，他也採取同樣的做法。他的繼任者德川家康非常熱衷於促進與西班牙人的良好關係，以至於在一六〇四年，菲律賓總督稟報腓力三世，「與日本國王的和平與友誼將會繼續下去」（幕府將軍實際上不是國王）。

六

德川家康善於思考和觀察，他意識到馬尼拉與阿卡普科的聯繫對馬尼拉有多麼重要，所以也想在馬尼拉與墨西哥的貿易中分一杯羹。他希望日本商人獲得前往新西班牙的權利，也希望馬尼拉大帆船在前往阿卡普科的途中，繞道在某個日本港口停靠。西班牙人對此支吾其詞，但德川家康在一六〇九年抓住機會，當時「聖方濟各號」（San Francisco）在日本近海失事，船上載著前任菲律賓總督。這位官員與德川家康簽訂條約，但是其實他已經從菲律賓總督的崗位卸任，所以沒有權力這麼做；德川家康甚至承諾允許傳教士在日本傳教。[61] 一六一〇年，這位前總督被送回墨西哥，乘坐的是一艘在日本建造但符合歐洲標準的船隻（這艘船的建造，部分要感謝幕府的貸款）。德川家康很清楚，日本的航海技術落後歐洲人，所以非常希望能按照歐洲的模式建立一家造船廠。這艘船是在一個英國造船匠和商人，或許應該說是海盜的指導下建造的，此人名叫威廉．亞當斯（William Adams），他設法到了日本，在日本被稱為三浦按針。亞當斯也經歷過海難，他乘坐荷蘭船「慈愛號」（De Liefde）從鹿特丹（Rotterdam）啟航。該船於一五九八年雄心勃勃地出發，航行一條精心設計的路線，途徑維德角群島、西非和麥哲倫海峽，最後被海浪沖到日本海岸。這支探險隊更擅長掠奪，而非貿易。在維德角群島，船員希望獲得食物和水，於是占領主島聖地牙哥的普萊亞城（葡萄牙人對德瑞克於一五八五年洗劫當時的維德角首府大里貝拉仍然記憶猶新）。結果並不令人驚訝，葡萄牙總督告知，如果不是他們的惡劣行為，他原本會送來補給，然後把他們兩手空空地打發走。他們到達巴塔哥尼亞，與據說有十一英尺高的巴塔哥尼亞印第安人發生爭吵。經過麥哲倫海峽時，他們認為原路返回太難了，於是決定以日本為目的地，因為他們攜帶的是沉重的荷蘭細平布。他們後來才發現，在熱帶的東印度群島，沒有人會想買這種布。[62]

德川家康接見了亞當斯，對他的印象不錯；但德川家康對荷蘭和英國來訪者的意圖表示懷疑，所以有一段時間把亞當斯關在監獄裡。懷疑是有道理的，因為荷蘭船員可能對尋找西班牙寶船更感興趣（就像德瑞克在幾年前成功做到的那樣），而無意開闢一條通往香料群島或日本的新航線。好在德川家康相信亞當斯擁有建造西式船隻所需的技能。亞當斯抗議，他其實對造船所知不多，但即便如此，他和同事還是成功建造一艘適航的船隻。[63]這艘船載著一位大使和若干日本商人啟航了。一六一一年，它載著一位西班牙大使返回，不過大使竭力打消日本人遠航經商的念頭。不管怎麼說，德川家康對西班牙的野心有所懷疑。不過，日本人還是多次嘗試建立日本－阿卡普科航線，由日本船隻操作，但是兩國相互之間的敵意，導致直接接觸很快就結束了。一六一六年，日本人最後一次航行到阿卡普科。

不過有一支日本官方隊伍的經歷更精彩，他們在一六一三年從日本出發，途經墨西哥，一路前往歐洲，一六二〇年才回國。由於遠藤周作的《武士》一書，這趟旅程至今仍然吸引著日本文學的讀者。[64]日本人來到塞維亞，帶來一封建議開闢日本－塞維亞貿易路線的信，甚至承諾日本將接受新的信仰。日本人的到來引起極大的轟動。他們隨後前往馬德里，西班牙宮廷錯愕地發現這封信不是由天皇或幕府將軍寫的，而是出自一個階級較低的官員之手。對階級制度非常執迷的日本人，應該能理解西班牙人的驚愕。西班牙朝廷以接待一位義大利公爵的大使禮節接待這些日本人，日本使團領導者支倉常長在西班牙接受王室神父的洗禮，然後使團前往羅馬，支倉常長在那裡被授予貴族和元老的頭銜，並獲得教宗接見。諷刺的是，這一切都發生在德川家康開始對日本基督徒發動又一次迫害的時期，所以他讓日本人皈信基督教的承諾是空洞的。[65]在這趟非凡的旅程結束時，除了對新大陸和歐洲有所了解外，日本人並未取得什麼成績，如果非要說有的話，他們深度體驗腓力三世治下基督教帝國的社會風貌，但是這讓他們對天主教世界更加懷疑。[66]

日本政府向南下經商的日本船隻發放「朱印」，這是幕府大力推行的經濟政策的另一個方面。大約有十四艘船年復一年地出發，造訪了十八個國家，其中以越南為首選。十七世紀初，最頻繁造訪日本的外國人是葡萄牙人，第一艘荷蘭船於一六〇九年抵達日本，四年後，一艘英國船來到日本。荷蘭和英國的目標都是在九州建立貿易站。[67]但是隨著局勢越來越緊張（特別是在天主教傳教士的問題上），日本政府轉而敵視外國人，於一六一六年禁止荷蘭人和英國人入境，所以他們在日本的逗留時間很短。然後，幕府開始壓制那些冒險走出國門的日本商人。一六二四年，幕府勒令日本商人停止在馬尼拉的貿易，所剩無幾的外貿活動集中在長崎和平戶。被授予朱印的商人越來越少，都是能接觸到幕府的精英；值得注意的是，其中包括亞當斯，這表明德川家康對他的能力和知識非常重視。一六一三年，亞當斯是德川家康和希望在日本建立貿易基地的英國船長薩利斯（Saris）之間很有價值的中間人。[68]不過，幕府對外貿的禁令逐漸變得更加嚴格：一六三八年，西班牙人被禁止進入日本，違者將被處以死刑；一年後，葡萄牙人也被禁止入境。[69]

日本與菲律賓的貿易在其存續的期間，是有利可圖的。船隻向馬尼拉運送糧食、鹹肉、魚和水果，這些都是至關重要的物資。船隻還運送軍用物資，包括馬匹和軍備。日本工藝的精美產品包括漆盒和彩繪屏風，以及優質的絲綢。一六〇六年，僅絲綢貿易的價值就估計達到十一萬一千三百披索。在另一個方向，中國的絲綢、茶葉罐、玻璃，甚至西班牙的葡萄酒，以及從東印度群島運來的香料，都向北傳到日本。日本人到馬尼拉是為了獲得中國產品，這一事實突顯馬尼拉作為貿易中心的重要性，它吸引來自四面八方的貨物。只要馬尼拉能夠繼續擔當中國商品流向墨西哥的管道（一直持續到十九世紀初），對日貿易的消亡和馬尼拉日本人社區的消失就很容易承受。西班牙蓋倫帆船最後一次從墨西哥去馬尼拉是在一八一五年。那時，西班牙政府已經放鬆對亞洲各港口和墨西哥之間貨物流動的限制，因此馬尼拉喪失曾經的中心地位。比蓋倫帆船小的船隻，有時懸掛著其他國家（包括美國）的旗幟，如今在太平洋西部（包括馬尼拉）和墨西哥海岸的各個港口之間來回穿梭。只要西班牙的壟斷地位還在，馬尼拉大帆船就一直存在，但是一旦壟斷被打破，大帆船就不再航行了。70

第三十五章　澳門的黑船

一

對於十六世紀和十七世紀幾個航海帝國的歷史，經常有人抱怨，即便這些歷史的主題是果阿、麻六甲、澳門或馬尼拉，它們也仍然是以歐洲為中心。這種抱怨在很多方面都是有道理的。這部分反映里斯本、塞維亞、阿姆斯特丹和其他歐洲城市的歷史檔案（相對於亞洲史料）的豐富；部分則反映了一種預設，即葡萄牙人及其繼承者能夠掌控貨物的長途運輸，並排除競爭對手。但是事實並非如此，葡萄牙人最多只能封鎖紅海，因為如前文所述，儘管他們可以控制通過狹窄的荷姆茲海峽的交通，但卻無法強行進入紅海，也無法闖入波斯灣，而封鎖需要花費大量的金錢來維持，並且沒有任何收入，把葡萄牙的要塞視為亞洲商人必須通過的海關站更為合理。紅海確實保持開放。只要古加拉特人、馬來人和其他人花錢從葡萄牙人手中購買貿易許可證，就能在沒有歐洲人進一步干擾的情況下進行業務。而歐洲人更有可能相互對抗（在荷蘭人於一六〇〇年左右抵達印度洋之後），而不是干擾亞洲人的航運。對亞洲人來說，購買許可證帶來一定程度的保護。有一種很有道理的說法是：「葡萄牙人闖入一個既定的貿易世界，但是他們並沒有徹底改變歐亞貿易。」[1]

葡萄牙人的手段根植於傳統的中世紀做法：他們建立若干貿易基地，他們的亞洲貿易世界的節點是霍爾木茲、果阿、麻六甲和澳門，這些基地得到沿海要塞與穿越印度洋，並進入南海的葡萄牙艦隊支持。而西班牙人確實征服許多領土，正如在菲律賓、加勒比海、墨西哥和秘魯發生的。秘魯和墨西哥的銀礦向馬尼拉與塞維亞輸送大量金銀，而西班牙征服者被阿茲特克人和印加人的黃金故事吸引，所以西班牙人對跨洋商業聯繫的興趣與日俱增。因此兩個伊比利帝國的情況截然不同，一個更多是基於海洋，另一個更多是基於陸地。實際上，葡萄牙人從對亞洲航運徵收的稅款和自己的亞洲內部航線中賺到的錢，遠比他們從連接東印度群島與里斯本和安特衛普的香料貿易中賺到的錢更多。葡萄牙人的主要利潤來源不是胡椒、肉豆蔻和丁香，而是來自印度西部的棉花與白棉布（calico），這些商品被向東運到今天的印尼，葡萄牙人能夠用這些商品的收益來購買香料；而在另一個方向，他們把這些貨物運到東非，換取象牙和黃金。[2]葡萄牙人在澳門和日本之間建立的貿易路線，最顯著地體現他們擔當亞洲（甚至非洲）各港口之間中介的能力。

葡萄牙人對日本的認識是分階段的。馬可・波羅對「日本」的傳統描述將日本帝國置於距離亞洲海岸太遠的地方，而葡萄牙人在一五一一年攻占麻六甲之後的主要興趣在於對華貿易；甚至當葡萄牙人抵達日本時，可能也沒有意識到自己已經到達馬可・波羅描述的土地。直到一五四〇年代，葡萄牙人對太平洋西部的地理仍然不清楚。葡萄牙人派往中國的大使皮列士（他寫了一本關於遠東的巨著《東方志》〔*Suma Oriental*〕），在阿爾布開克占領麻六甲後不久就抵達南京。皮列士知道麻六甲與外界

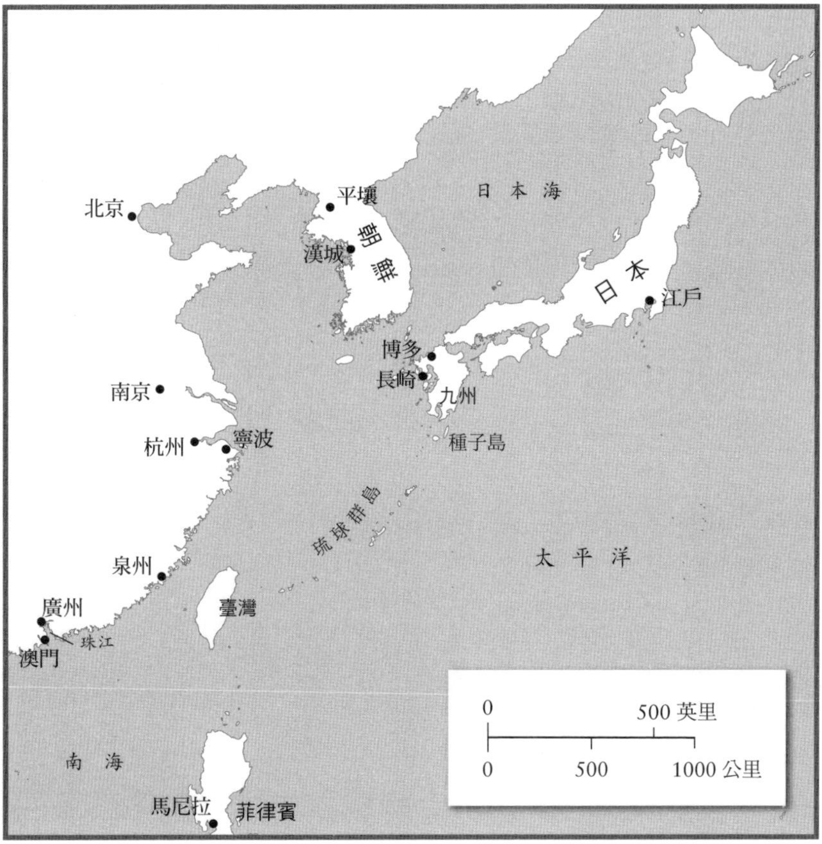

的聯繫指向三個方向：印度、香料群島，以及這些島嶼之外的中國，因為在麻六甲經常可以看到中國帆船。我們已經介紹過，鄭和下西洋及其他遠航，是如何將十五世紀的麻六甲置於中國皇帝的名義主權之下。在阿爾布開克奪取麻六甲之後，被廢黜的麻六甲蘇丹敦促中國人幫助他恢復對麻六甲的控制。這引起葡萄牙人的恐慌：中國皇帝會坐視不管，任憑葡萄牙人掌握如此寶貴的財產嗎？皮列士在中國度過一段令人沮喪的時光，他在南京與正德皇帝弈棋，然後比皇帝先前往北京，希望透過談判達成貿易協定，但是皇帝在回到京城不久後就駕崩了。新皇帝對這些蠻夷的興趣不大，把他們送回廣州。葡萄牙人再次開始擔心中國人的意圖。[3]但沒有中國艦隊前來攻打麻六甲，於是葡萄牙人試探性地通過南海進入太平洋，越航行越遠。他們開始意識到，不僅可以從東印度群島的香料中獲利，還可以從中國沿海的土地獲利。首先，他們對琉球島鏈產生興趣。正如前面某一章介紹的，琉球擁有自己的發達文化，而且是太平洋西部貿易路線的十字路口。葡萄牙人聽說琉球盛產貴金屬和卑金屬，皮列士在書中對這些島嶼作了描述，儘管他對日本所知甚少。[4]

葡萄牙人對日本的發現（如果「發現」一詞有什麼意義的話）事先並無計畫，但肯定不是意料之外。要了解當時正在發生的事，有必要先談談葡萄牙為進入中國市場做的一連串嘗試。攻占麻六甲之後，葡萄牙商人開始裝備中式帆船，或偶爾（從一五一七年起）裝備歐式船隻，並到達華南海岸。一五一七年，皮列士所在由八艘船組成的小艦隊被允許沿著珠江航行，並在廣州停靠，在那裡能夠觀察到這座城市吸引來自各地的船隻，包括日本帆船。不幸的是，在這些和平的葡萄牙人之後，還有其他一些葡萄牙人無視葡萄牙國王關於不得干涉他國船隻的指示，「占領島嶼，搶劫船隻，恐嚇民眾」。根據中國史料，他們是「一群暴徒」，設立了「界石」，這一定是指葡萄牙人從西非到亞洲一路樹立的發現碑。葡萄牙人和中國人在香港附近水域不斷發生小規模衝突。中國人巧妙地利用火船，這種戰術要歸功於一個叫汪鋐的人，今天他在香港的青山仍被當作一尊小神供奉。[5]這片海岸上還有倭寇在興風作浪，前文已經提過他們；「倭寇」一詞主要是指日本海盜。葡萄牙人與他們有一些接觸，因此對日本人有所了解，儘管還不是很清楚。[6]

一五四三年，三名來自葡萄牙的私營商人乘坐一艘滿載皮毛的船從暹羅大城前往泉州。他們繞了很大一圈，因為知道在十六世紀初的事件（一名葡萄牙大使鞭打一名中國官員）之後，葡萄牙人在廣州深受「憎恨和厭惡」。[7]一位葡萄牙作家描述他們出乎意料地抵達日本的情況：

當這艘中式帆船駛向泉州港時，遇到了一場可怕的風暴，當地人稱之為颱風〔tuffão〕。這場風暴凶猛而可怕，聲勢極大，驚天動地，彷彿所有的地獄亡魂都在呼喚波濤和大海，祂們的憤怒似乎讓天空中出現火光。我們的船如同被秋風掃得打轉的落葉，以至於在短短一小時裡，羅盤的指標似乎掃過每一寸刻度。[8]

葡萄牙人被吹到種子島的海岸上，這是日本最南端的九州之外的一座小島，那裡的居民對他們照顧有加。葡萄牙人來到了「我們通常所說的日本」。日本人對葡萄牙人攜帶的武器非常著迷。在這個時候或後來的某個時期，日本人獲得一些槍枝，並開始仿製。日本製造的多種槍枝被稱為「種子島銃」，因為那裡是日本人學習造槍的地方，也是經常製造槍枝的地方。[9]在其他方面，日本人感到難以理解歐洲人。一位日本編年史家記錄在種子島居民和葡萄牙來訪者之間，充當中間人的中國譯員的意見：

他們〔葡萄牙人〕用手指，而不是像我們一樣用筷子吃飯。他們毫無自制力地表達自己的情感。他們不懂文字的含義。他們是一生都在四處遊蕩的人，沒有固定居所，用他們有的東西換取他們沒有的東西。但一般來說，他們是一個無害的民族。[10]

這段話揭示中國人和日本人對識字能力的一種非常特殊的態度。但這些葡萄牙人並不是無害的。

二

澳門在十六世紀下半葉成為日本與更廣闊世界之間的貿易管道。澳門於一五五七年建城，在那之前，葡萄牙人曾多次嘗試在珠江上建立基地，均以失敗告終。葡萄牙人在十六世紀上半葉典型的侵略姿態，對他們的這些嘗試十分不利。現在葡萄牙人避開珠江，悄悄進入廣州以外的其他港口，如泉州和杭州附近的寧波，甚至把貨物卸到海上的中國帆船上。[11]因為很難獲得中國經商的許可，所以他們抓住與日本通商的新機遇。日本有蘊藏豐富的銀礦，而日本人大量消費中國絲綢，認為中國絲綢比他們的優質產品更好。[12]葡萄牙人知道，他們需要在麻六甲和日本之間有一個中繼站，在那裡可以靠岸休息整頓，接收用日本白銀購買的中國貨物，並對船隻進行改裝。因此，他們試探性地在距離珠江口約五十英里的地方安營紮寨，賄賂當地官員，在他們稱之為「聖約翰島」（Island of St John）的地方建立營地。起初，大明朝廷試圖驅逐歐洲船隻，因為佛郎機人（即法蘭克人）是「內心骯髒的人」，是海盜。但是香料的短缺和貿易收入的損失，開始讓皇帝的廷臣擔心。因此到了一五五五年，葡萄牙人終於獲准造訪廣州，只要繳稅就行。[13]

葡萄牙人對聖約翰島並不滿意，它離珠江太遠，所以他們三年後就離開了。關於他們的基地，即後來的澳門的建立，傳統的說法是，葡萄牙人透過擊敗一個危險的中國海盜，而贏得中國當局批准。在一五五〇年代，倭寇一直在騷擾該地區。[14]但是，給予葡萄牙人的許可也產生一個難題。中華帝國不可能真的允許葡萄牙人把這塊土地當作自己的領土。同樣地，中國人也非常清楚，葡萄牙國王並不打算向天朝皇帝臣服。解決辦法是保留中國的稅務官員，他們特別（但並非唯一）關心的是對到澳門的中國訪客徵稅。中國並沒有正式將這片土地移交給葡萄牙人（而香港的部分地區確實被正式移交過），這就使葡萄牙人控制澳門的法理基礎非常脆弱，中國人認為該領土應該歸還中國（澳門最終於一九九九年回歸中國）；而將香港移交給中華人民共和國的爭議在於，當初將香港割讓給英國的條約是否為不公正強加於中國的。葡萄牙人似乎收到一份紀念他們幫助打敗海盜的卷軸，和一份允許他們建立貿易站的文書；這份文書曾經被謄刻在木頭和石頭上，並保存在澳門的市政署大樓（Senate House of Macau），但市政署大樓後來被燒毀了，而且沒有人曾經抄錄銘文的內容。澳門被允許「完全在朝貢體制的規則和先例之外」存在；換句話說，解決澳門地位問題的辦法是中國人基本上忽略這個問題。[15]

澳門的名字來自一個中文詞彙，即粵語 A-ma-ngao（亞／阿－媽／馬－港），阿媽是指媽祖，這位女神的廟宇在葡萄牙人到來之前就建立了，至今仍然矗立在澳門原先內港的位置。在葡萄牙文件中，A-ma-ngao 變成 Amacao 和 Amacon，儘管葡萄牙人原本按照慣例，打算為他們的定居點取一個基督教名字，而不是中國名字：La Povoação do Nome de Deos na China，即「中國的上帝之名的城鎮」，但它後來被提升到「城市」（Cidade）的地位。[16]這個定居點起初只有一些相當簡樸的木頭和稻草房屋（在遠東稱為棚戶）。[17]佛羅倫斯旅行家卡萊蒂於一五九八年乘坐日本船隻造訪澳門，他將澳門描述為「一座沒有城牆的小城市，沒有要塞，但有一些葡萄牙人的房子」。今天雄踞於澳門舊城區的宏偉要塞，是在卡萊蒂之後的時代圍繞耶穌會學院建造的，更多是為了防禦荷蘭人，而不是為了防備當地勢力。[18]一五六二年，澳門的人口為八百人。[19]隨著定居點的發展，一直保持警惕的中國當局試圖禁止中國人在澳門過夜，不過總是有辦法繞過這些禁令，而且有中國僕人住在澳門。中國當局擔心澳門和日本的貿易關係，會使葡萄牙人對日本人過於友好。在中國人的堅持下，一六一三年有近一百名日本人被逐出澳門。[20]

葡萄牙人被禁止越過澳門的圍牆進入中國本土，意味著這座不斷發展的城市，沒有可為其提供食物的腹地。這對透過向澳門供應必需品而獲利的中國商人有利，也對中國官員有利，因為他們知道如果與葡萄牙人的糾紛迫在眉睫，就可以輕鬆地封鎖澳門。[21]興建壯觀的聖保羅教堂（部分由日本工匠建造）和宏偉的多明我會教堂的偉大時代尚未到來，但是即使在一六〇〇年之前，澳門也有一座主教座堂和三大修會（多明我會、方濟各會和奥斯定會）的修道院，以及耶穌會學院，傳教士從那裡前往中國和日本。[22]一五六九年，按照葡屬亞洲其他地方建立的模式，在澳門成立一個慈善基金會，即仁慈堂（Santa Casa de Misericórdia）。葡屬亞洲第一個這樣的機構，早在一五〇五年就已在科欽建立，這表明葡萄牙人認為澳門是一個穩定的業務基地，同時也認識到需要照顧孤寡和其他遠離故鄉的遇到困難的人群。[23]

澳門的首要任務是營利，而且做得非常成功。澳門人運往日本和其他地方的絲綢出自廣州。卡萊蒂記載，每年兩次有多達八萬磅的絲綢從廣州被運往澳門，商品還有汞、鉛和麝香。只有一部分來自澳門的葡萄牙人被允許在廣州登陸，他們必須乘坐中國船隻逆珠江而上。卡萊蒂對他們運送到澳門的東西感到興奮，急切地購買絲綢、麝香和黃金。他注意到黃金「實際上是一種商品，更多是用來給家具和其他物品鍍金，而不是作為貨幣」，因此金價會根據季節性需求而波動。卡萊蒂決定將所有貨物送到遙遠的尼德蘭米德爾堡，在那裡出售。在他的貨物中有兩個巨大的瓷瓶，裡面裝滿薑枝。這兩個瓷瓶「可能是有史以來，從那些國度運到歐洲的最大瓷瓶」，購買它們的米德爾堡商人將其轉交給托斯卡納大公。最好的瓷器是留給神聖羅馬帝國皇帝的，「但最漂亮的是人們通常看到的青花瓷」。卡萊蒂購買大約七百件中國青花瓷，都是低價購買，包括盤、碗和其他物品。葡萄牙瓷磚畫（azulejos）及後來的荷蘭瓷磚，也開始使用藍白相間的裝飾，這並非巧合，儘管伊比利半島有自己的悠久傳統，在伊斯蘭設計的基礎上製作更為五彩斑斕的瓷磚。

英格蘭旅行家費區在一五九〇年左右到過澳門，他解釋澳門人的簡單策略：

> 葡萄牙人從中國澳門前往日本，攜帶了大量白色絲綢、黃金、麝香和瓷器，而他們從日本帶回來的只有白銀。他們有一艘大型克拉克帆船，每年都去日本，每年從那裡帶來超過六十萬克魯扎多〔杜卡特〕。所有這些日本白銀，以及他們每年從印度帶來的二十萬克魯扎多白銀，被他們拿到中國使用，這為他們帶來極大的好處。他們從中國採購黃金、麝香、絲綢、銅、瓷器，以及其他許多非常貴重和鍍金的東西。[24]

一位又一位作家證實，「大型克拉克帆船」或（葡萄牙人稱為）「貿易之船」（Não do Trato）獲得的利潤確實巨大。迪尤哥・都・古托（Diogo do Couto）在一六〇〇年左右誇張地斷言，「貿易之船」的利潤達到「一百萬金幣」。一六三五年，一位到澳門的英格蘭訪客認為，在澳門與日本或馬尼拉之間的一次往返航行可以賺取一〇〇％的利潤。[25]不過，葡萄牙人對日本工匠生產的精美物品並不感興趣，在日本只購買一些文具盒，偶爾購買一些裝飾華美的兵器。到日本的葡萄牙人想要的，是從深礦中開採的白銀。據估計，十七世紀早期，日本、中國和歐洲船隻每年從日本運走的白銀數量，高達十八萬七千五百公斤。[26]

這些克拉克帆船與從馬尼拉穿越太平洋的蓋倫帆船相當不同，它們往往更大、更寬、更慢，從十六世紀中葉開始，載重量為四百至六百噸，到了一六〇〇年增加至一千六百噸，偶爾也有被博克塞稱為「怪物」的兩千噸巨型船隻。「一個裝載噸（Shipping ton），」他解釋道，「是一個容積單位，而不是重量單位」，大約相當於六十立方英尺，因此一艘兩千噸的克拉克帆船有十二萬立方英尺的載貨空間。它們的火炮比蓋倫帆船少，一旦荷蘭競爭者闖入中國和日本附近的水域，克拉克帆船的劣勢就開始顯現出來，導致它們被更小、更快的船隻取代，這些船隻被稱為「輕型槳帆船」（galiotas，即galliots），偶爾也有快速帆船（frigates）和輕型帆船。[27]所有這些船型都出自同一個基本範本，即中世紀晚期的加萊賽帆船（galleass），它的前桅配備三角帆，還有一整套方帆，軍官生活區在船尾，不過克拉克帆船保留中世紀船隻的大型艏樓。與葡萄牙人相比，日本人對克拉克帆船和蓋倫帆船的區分較少；它們看起來與日本人自己的中式帆船（junk）非常不同，被簡單地稱為「黑船」（kurofune），而galiota一詞被轉化為日語用語「かれうた船」（kareuta-sen）。日語一直對外國用語非常開放，有人說日語的「謝謝」一詞「ありがとう」（讀音為 arigatou）是葡萄牙語 obrigado 的訛誤（這種說法似乎是錯誤的）。日本人對「黑船」的迷戀遠遠不止於它們的名字。在富裕的日本家庭裡，需要陳列帶裝飾畫的絲綢屏風，其中一種流行的主題就是一艘巨大的黑船靠岸，船員（有時被畫為猴子）蜂擁在索具上，葡萄牙商人穿著西式服裝在碼頭上漫步，有時還會畫一名耶穌會傳教士，以增加真實感。[28]葡萄牙人熱衷於利用一切機會，用日本白銀裝滿船艙，而且經常僱傭主要由中國水手操作的中式帆船。[29]葡萄牙人並不堅持使用歐式船隻，何況這些船隻其實並不是在歐洲建造的，而是在印度洋沿岸的葡萄牙基地製造，那裡有現成的優質硬柚木。

與馬尼拉的情況一樣，澳門存在的理由是它的中介作用，而它自己的資源非常有限。澳門成功的祕訣在於，它不是由葡萄牙朝廷建立，而是由私人建立的。葡萄牙國王沒有為它花一分錢。澳門由自己的「市政署」（Leal Senado）管理，其成員主要對貿易利潤感興趣，利用澳門與里斯本之間的遙遠距離來自治。[30]如前文所述，西班牙國王腓力二世登上葡萄牙王位，並未導致西班牙和葡萄牙在太平洋或其他地方的貿易網絡合併。從一五八一年起，果阿和馬尼拉的總督都對西班牙勢力範圍與葡萄牙勢力範圍（將兩者分隔開來的是一條假想的分界線）之間的貿易仍被視為非法表示遺憾。但在太平洋的廣闊空間裡，兩者之間的貿易仍在繼續。富裕的墨西哥商人透過澳門和馬尼拉，從廣州獲得中國絲綢，葡萄牙人在澳門和馬尼拉以非常可觀的利潤出售絲綢，然後貨物沿著大帆船路線，一直運到阿卡普科。[31]通往日本的航線是澳門財富的基礎，並且具有一個很大的優勢，就是與從麻六甲向西或從馬尼拉向東的航線相比，澳門與日本之間的航線較短。

隨著葡萄牙人對日本海岸越來越熟悉，他們意識到需要在那裡建立一個基地，就像他們在華南已經有一個基地一樣。顯而易見的地點是九州西南部，距離博多等重要港口不太遠的地方。一個非常有潛力的地點，是同情基督徒的大地主大村純忠領地上的一個漁村。一五六九年左右，一位耶穌會神父來到那裡，當地人友好地請他在一座佛寺住宿。後來神父拆除了佛寺，用拆下的木材建造一座教區教堂；他成功地讓包括大村純忠在內的當地所有居民皈信基督教。那裡有一個大海灣，可以為一艘大黑船提供良好的錨地。由於當地的戰爭，一些難民來到這個村莊，使之不斷發展壯大。而葡萄牙人在一五七一年選擇這裡作為他們的首選港口，更是使之越發欣欣向榮。這個地方的名字叫長崎，意思是「長長的海岬」。[32]幾年後，一艘載有沉重貨物開往長崎的大型克拉克帆船遭受夏季颱風的猛烈襲擊，幾分鐘內就傾覆了，此事清楚表明在不熟悉的海域航行是有風險的。這艘船上有許多耶穌會的傳教士，貨物中有很大一部分是耶穌會運往日本的中國絲綢，他們計劃在那裡出售貨物，用其利潤來資助傳教活動。[33]一艘由路過的葡萄牙人指揮的麻六甲帆船救了兩名倖存者，他們是阿拉伯人或印度人，其中一人在不久後死亡。

對連接馬來半島、暹羅、柬埔寨、中國、菲律賓和日本等地的活躍海路解釋，都存在一個問題，就是它很容易變成對麻六甲、澳門、馬尼拉和長崎之間聯繫的描述；換句話說，就是葡萄牙人或西班牙人建立基地的地方。不過，從卡萊蒂對其環球航行的描述中可以看出，他看到並乘坐非歐洲的船隻，而且暹羅人、爪哇人和其他國家的人不斷地來回穿梭，中國消費的香料遠遠多於運抵歐洲的香料。[34]在明朝統治下，中國是全球最大的經濟體。大明朝廷仍然禁止中國自己的水手出海，但是他們不惜違抗朝廷旨意，堅持出海，並且在南海周圍建立許多大型定居點。中國對白銀的渴求不僅塑造明帝國的經濟，也改造更大的空間，包括日本和西屬美洲。幾乎所有方向的對華貿易都持續繁榮，直到一六四〇年代，在這十年裡，明朝崩潰了，並且氣溫轉冷，損害全球的生產。[35]

進入這些水域的西班牙船隻、葡萄牙船隻和後來的荷蘭船隻（甚至包括在印度或墨西哥建造的船隻）之所以特殊，是因為它們建構了一個世界性網絡，將安特衛普和阿姆斯特丹與麻六甲、摩鹿加群島和墨西哥聯繫起來。這些船上的水手是好幾個帝國的代理人，這些帝國的版圖橫跨人類歷史上從未有過的超遠距離，不管是主要由貿易站和臣屬港口構成的葡萄牙海洋帝國，還是西班牙人領土廣袤的帝國（包括南、北美洲，並將菲律賓視為西屬美洲的屬地）。跨洋聯繫的一個特別重要的方面是植物的洲際傳播，顯而易見的例子包括玉米和菸草從西屬美洲抵達歐洲，在澳門的葡萄牙人也將一些「西洋蔬菜」輸入中國：萵苣、水芹、甜椒、新型豆類。其中一些新的水果與蔬菜，如木瓜和芭樂，並非原產於歐洲，但仍是由歐洲人帶到中國的。木瓜和芭樂都是原產於墨西哥的水果，木瓜原產於維拉克魯茲附近地區，馬尼拉的大帆船就是從那裡向西航行的。[36]歐洲的武器也來到遠東，這並不是說中國人或日本人自己沒有火器，但他們很欣賞歐洲火器，而且自己擁有先進技術，所以很容易仿製葡萄牙人及其對手向他們展示的東西。在航海領域也是如此，葡萄牙人攜帶的先進海圖和航海手冊為他們帶來明顯的優勢；葡萄牙的航海手冊（roteiros）被翻譯為日文。[37]

三

在日本，如果沒有帝國統治者的同意，任何事情都無法實現。不過，要弄清楚誰實際行使權力並不容易。十六世紀中葉，天皇是個傀儡，而大名（即地方軍閥）的權力仍然很強大；他們偶爾會向澳門發出訊息，請求葡萄牙人幫助他們對付敵人：例如大村純忠曾寫信請求供應硝石（火藥的重要成分），同時對天主教會表示尊重。[38]大名的最大弱點是，他們把所有資源都用於豢養武士，用產自莊園的米作為實物工資支付給武士。沒有武士，大名就無法維持自己的權力。一般來說，大名和武士都沒有什麼閒錢，只是靠米、蔬菜及水果生活。從葡萄牙人的大船那裡賺錢是不容錯過的好機會。[39]不過到了一六〇〇年，連續多位有才幹、冷酷無情的幕府將軍，成功地從京都和他們自己的總部江戶（今天的東京）對日本的大片地區實施控制。儘管大名在日本的周邊地區仍然擁有強大的勢力，但幕府將軍是葡萄牙人最需要討好的人。但葡萄牙人和幕府之間的關係，卻因為耶穌會士試圖向日本傳教而變得複雜，傳教士的成功讓幕府將軍越來越坐立難安；恰恰在基督教的問題上，一些大名遵循的政策經常與中央政府的政策相左。大名大村純忠就是這樣的一個例子，他大力鼓勵人們皈信基督教。[40]

已經有很多著作探討耶穌會士將基督教傳入中國的嘗試，以及耶穌會士為了讓中國人更容易接受基督教，自己採用中國人的生活方式，並使其教義適應由儒家階級思想和榮譽思想主導的社會。澳門從一開始就有耶穌會士居住，他們在這裡建造雄偉的聖保羅教堂，其正面前壁如今是這座城市的象徵（即大三巴牌坊）。利瑪竇（Matteo Ricci）和其他一些人從澳門開始向中國傳教。在到達澳門之前，利瑪竇已經在果阿待了一段時間。果阿是耶穌會在亞洲的主要中心，建有一所耶穌會學院，有一百多名成員，因此利瑪竇在中國的傳教活動可以算是葡萄牙貿易網絡建立過程的衍生品。[41]不過從航海史的角度來看，耶穌會在日本而非中國的活動具有特別的意義，因為澳門對日絲綢貿易與傳教活動緊密相連，導致傳教有時非常危險。[42]

傳教士們很清楚，日本人的皈信是自上而下地發生的。義大利耶穌會士范禮安（Alessandro di Valignano）領導耶穌會，在日本的傳教活動長達三十二年，他認為日本的基督教化與葡萄牙大船抵達九州之間有直接聯繫，建議教宗以絕罰相威脅，禁止葡萄牙大船造訪「那些迫害基督教或不願讓其臣民皈信的領主的港口」。[43]范禮安熱衷於促進對日本的絲綢貿易，因為耶穌會在該領域投資巨大。從這種貿易的利潤中，耶穌會為自己的傳教活動提供資金。除非有人每年能拿出一萬兩千杜卡特的活動經費，否則耶穌會將不得不繼續追求利潤，不管發過守貧誓言的方濟各會，或指責耶穌會虛偽的新教徒會怎麼說。[44]范禮安在一五八〇年寫的一篇文章中，表明葡萄牙大船在使日本皈信的偉大計畫中變得多麼重要：

迄今為止，我們在傳教方面得到的最大幫助是〔葡萄牙〕大船提供的……因為如前所述，日本的領主們非常貧窮，而當大船來到他們的港口時，他們得到的利益非常大，所以努力吸引大船到他們的領地。由於他們相信大船會去有基督徒和教堂的地方，以及神父希望大船去的地方，因此他們〔日本的領主們〕之中的許多人，即使是異教徒，也試圖讓神父來到他們的領地，與建教堂和修道院。他們相信透過這種方式，〔葡萄牙〕大船將幫助他們從神父那裡獲得其他好處。由於日本人非常聽命於他們的領主，當領主告訴他們這樣做時，他們很容易改變信仰，而且相信自己是自願的。[45]

范禮安認為，作為「白人」，日本人「擁有良好的理解力，舉止得體」。日本人的白人身分是當時歐洲著作中的一個常見主題。我們可以將白人身分理解為理性的隱喻，當時的一些歐洲人否認美洲印第安人、非洲黑人和其他民族具有理性。范禮安闡述一套種族階級制。在這個階級制中，白皮膚的歐洲基督徒自然處於頂點，但是出於對日本文化和禮儀的尊重，把他的東道主也擺放在非常高的位置。[46]

一五八〇年代，日本的主宰者織田信長和他的繼任者豐臣秀吉，都擔心耶穌會士是葡萄牙人占領日本的祕密先鋒隊。他們對傳教士的敵意在一五八七年和一五九七年表現出來。在一五八七年那一次，他們命令神父離開日本，但在幾年內，耶穌會士又設法捲土重來；於是豐臣秀吉發動對日本基督徒的殘酷迫害，在長崎及其周邊地區釘死許多男人、女人和兒童。不過人們仍然懷疑，豐臣秀吉此舉的主要目的是將往往同情基督教的九州大名置於他的控制之下，而不是因為他對基督教本身有根深蒂固的敵意，因為在符合他的利益時，他也可以向基督徒示好。豐臣秀吉大力迫害不同教派的佛教僧侶這個事實支持上述解釋，他把佛寺視為政治對手，因為佛寺是處於他試圖建立的中央集權國家之外的機構。據范禮安觀察，在這些迫害之後，大約有一百名僧人的佛寺減少到只有四、五座。有一次，一些佛教僧侶懷疑當地的基督徒大名計劃摧毀寺廟中的佛像，於是向豐臣秀吉求助。豐臣秀吉不僅沒有支持佛教僧侶（即使妻子懇求他這麼做），還把這些佛像帶到京都，劈碎了當柴燒。還有一次，豐臣秀吉造訪一座教堂，並表示他不願意成為基督徒的唯一原因，就是基督教奉行一夫一妻制：「如果你們能在這一點上讓步，我也會成為基督徒。」他在一五八六年前後對基督教採取友好態度的另一個原因是，他不僅計劃征服朝鮮，還打算征服中國；他想租用兩艘葡萄牙克拉克帆船，並向耶穌會士承諾，如果他的作戰成功，將在中國各地建造教堂。當耶穌會的一名使者同意幫他弄來兩艘船時，豐臣秀吉的熱情無以復加，他向耶穌會授予在日本傳教的權利，以及比佛教徒更多的特權。

豐臣秀吉非常喜歡喝葡萄牙的葡萄酒，葡萄牙人送酒給他，無疑也有助於雙方的友好關係。一五八七年的一個晚上，當豐臣秀吉飲酒時，醫生勸告他，基督徒不安好心，因為他們破壞佛寺和神道教的神社，吃牛和馬（這些牲畜可以有更好的用途），並把他們奴役的日本僕人帶到海外。如果這個故事可信的話，豐臣秀吉在一夜之間就從基督徒的朋友變成他們的死敵。突然間，他驅逐傳教士，但值得注意的是，他沒有驅逐葡萄牙的大船：「因為大船是來做生意的，這完全是兩碼事，葡萄牙人可以不受干擾地繼續從事貿易。」不過，耶穌會士繼續在豐臣秀吉控制範圍之外的基督徒大名的土地上傳教，很少有耶穌會士離開日本；日本當局容忍耶穌會士留在境內，讓他們擔當日本當局和葡萄牙商人之間的中間人，因為葡萄牙商人不懂日語，對日本的生活方式也知之甚少。[47]范禮安寫道，豐臣秀吉迫害耶穌會士，「不是因為他喜歡日本的偽神，而是因為他什麼都不信，而且在消滅偽神的神廟和佛教僧侶方面做得比我們更多」。[48]耶穌會士和佛教僧侶似乎都對中央權威構成威脅。佛羅倫斯旅行家卡萊蒂的說法，證實了范禮安的觀點：「這位國王（豐臣秀吉）不信奉任何教派。他經常說，建立法律和宗教，只是為了規範人們，迫使他們以謙遜和文明的方式生活。」卡萊蒂嚴峻地提醒他的讀者，因為豐臣秀吉缺乏對來世的信仰，此時此刻正在地獄之火中煎熬。[49]

同時，織田信長及其繼承者為日本帶來更高程度的和平，而且重視日本與外界的貿易。他們將葡萄牙人及後來的荷蘭人視為有價值的奢侈品來源，這些產品在他們（織田信長及其繼承者）的宮廷特別受重視，在全國也是如此（這意味著它們產生有價值的稅收）。儘管從現代人的角度來看，國際收支對日本極為不利，但是在日本的土地很容易開採白銀，因此流向中國的金銀（無論是葡萄牙船隻還是亞洲船隻運載的）似乎並沒有為日本的經濟帶來壓力。日本並沒有將自己與外界隔絕，歐洲商人只是由日本、朝鮮和中國商人主導，更廣泛貿易網絡中的一小部分，該網絡將日本及其鄰國聯繫起來。

佛羅倫斯旅行家卡萊蒂並不畏懼大海。他描述橫跨太平洋的航線，這些航線將阿卡普科與馬尼拉、澳門和長崎連接起來，並通往太平洋之外的果阿與里斯本，彷彿這些海上交通是完全規律和非常安全的。[50]正當豐臣秀吉開始凶殘地迫害基督徒時，卡萊蒂踏上日本的土地。他的好奇心在造訪一開始就發生病態的變化：他的船一到長崎，「我們就立即去看那六個可憐的聖方濟各會僧侶……他們和二十個日本基督徒一起被釘在十字架上……其中有三個人穿上耶穌會的僧衣……於一五九七年二月五日被釘死」。他詳細描述日本人釘死犯人用的十字架設計，並指出整個家庭可能因為一個親戚，甚至一個鄰居的錯誤而被處決。[51]

卡萊蒂為托斯卡納大公帶回一份關於日本飲食、禮儀和產品的詳細報告。令人驚訝的是，其中許多東西至今仍未改變。他談到日本的文字、榻榻米、日本屏風和日本房屋的其他許多特徵。他對日本人吃的食物特別著迷，包括溫熱的米酒和一種他稱為味噌的醬汁，這種醬汁由發酵的大豆製成，「有一種非常辛辣的味道」。「他們不管吃什麼都用兩根小棍子」，當吃東西時，會把碗靠近他們的嘴，「然後用這兩根棍子，能夠以驚人的敏捷和速度填滿自己的嘴巴」。大米而不是麵包，是日本人的主食，他們生產的大部分小麥被加工成麵粉，送到菲律賓，由西班牙人烘烤成麵包。日本商人在這些交易中獲得高達近一〇〇%的利潤。卡萊蒂指出，日本人確實有銅幣，在對華貿易中使用，但許多付款是用大塊碎銀稱重進行的。這些白銀中的一部分被用來購買每年由葡萄牙船隻從澳門運來的絲綢製品和生絲。52

最尊貴的大公殿下，我認為日本是世界上最宜人、最美好和最適合透過貿易來賺錢的地區之一。但我們應該乘坐自己的船隻，與自己的水手一起去那裡。這樣一來，我們就會很快賺取令人難以置信的財富，這是因為日本人需要各種製成品，而且他們擁有豐富的白銀和生活必需品。53

卡萊蒂描繪的不是一個封閉的日本，而是一個島嶼帝國，其精英非常喜愛來自暹羅與柬埔寨的香木和鯊魚皮。卡萊蒂的雄心壯志是看到他的佛羅倫斯同胞蜂擁而至，從對日貿易中獲利，可惜托斯卡納大公沒有能力滿足他的這個心願。

關於日本及其鄰國之間的日常接觸，一些最有力的證據來自陶瓷而不是編年史。日本人對茶的喜好可以追溯到八世紀。到了中世紀末，不僅是佛教僧侶，在俗的精英人士也會用精心挑選的杯子飲用高檔茶。朝鮮的茶碗從十四世紀起開始在日本流行，一三二二年，一艘在朝鮮海岸因暴風雨而沉沒的船隻殘骸中，有大約一萬五千件中國陶器，都是運往日本市場的。隨著對茶葉需求的不斷發展，茶碗的時尚也在不斷演變。但日本人對異國茶具的興趣始終如一，因此在朝鮮和其他地方並非為飲茶而製作的質樸陶瓷，在日本變得特別受歡迎。這種品味的轉變發生在十六世紀末，是在武野紹鷗的影響下發生的，他是一位來自堺市的商人，門徒千利休是織田信長和豐臣秀吉的茶道老師，也是濃郁抹茶的愛好者，抹茶今天仍是日本茶道的特色。兩位統治者都利用茶會把政治盟友吸引到自己身邊。十六世紀，武士們雖然很貧窮，但是依然用中國陶瓷餐具吃飯，佛寺也擁有瓷質餐具。到了一六二〇年代，日本商人直接從中國內陸的景德鎮瓷器廠訂購貨物。在十年或二十年內，景德鎮專門為日本市場開發新的款式，即被稱為「祥瑞瓷」的鈷藍色瓷器。[54]

十七世紀初，日本人學會製造瓷器，但來自中國和其他國家的大宗陶瓷貿易仍在繼續，日本陶瓷的發展見證跨黃海的海路在傳播思想、技術和貨物方面的重要性。故事是圍繞著一個被日本人稱為李參平的朝鮮陶工展開的，他於一五九〇年代日本入侵朝鮮的戰爭期間被帶到日本，關於這場戰爭稍後再談。傳說和事實很難區分，但在據說是李參平於一六一六年開始生產瓷器的地方進行的考古發掘表明，那裡的瓷器的年代比一六一六年稍晚，而且似乎在李參平開始生產之前，日本已經有人忙著生產中國和朝鮮風格的瓷器。一份關於一位陶藝大師的文獻顯示，他的祖父曾為豐臣秀吉製作瓷器，並且在一六一六年之前的一些年就有一家瓷窯在運作。所以也許李參平是商人，而不是工業家，但是他如今已經成為日本和韓國的民族英雄，並成為日本製瓷業建立的象徵。因為無法進口大量的中國黏土，所以日本製瓷業依賴日本高嶺土的發現。在這些創新中，日本人開發出美麗的「伊萬里燒」瓷器，後來荷蘭商人將其帶出日本。[55]在所有這些發展過程中，豐臣秀吉的名字經常出現。他可能很殘忍，脾氣也很暴躁，但是他對國內外廣泛經濟活動的大力推動，使他的統治時期成為日本經濟史上的一個黃金時代。

四

豐臣秀吉感興趣的不僅僅是貿易，在控制許多大名之後，他夢想自己可以在大海對面取得類似的成果。他仍然夢想著征服朝鮮，並最終征服中國，所以在一五九二年至一五九三年發動一次大規模的海上遠征。卡萊蒂說這一次出動的日本陸軍有三十萬人。[56]在隨後的陸戰中，漢城和平壤落入日本人手中，但明朝軍隊將他們趕出平壤，而且在中國人威脅要出動四十萬大軍攻打漢城（「上國將舉四十萬兵，前後遮截，以攻爾等」❶）之後，日本人棄守漢城。[57]一五九七年，日本人在海上打敗朝鮮海軍之後，發動第二次入侵。豐臣秀吉命令軍隊「不分男女老少，不管信教與否，戰場上的士兵自不待言，甚至連山民，乃至最最貧窮、最卑微的人也不例外，全部殺光，把首級送回日本」。❷[58]日本人沒有砍掉敵人的首級，而是送回堆積如山，從死者臉上割下的鼻子。就像古埃及人割下死去侵略者的陰莖一樣，割鼻子是一種統計敵人死亡人數的有效方法：「黑田長政：鼻子共三千個，已驗。一五九七年九月五日。」❸[59]在陸地上，日軍深入朝鮮境內，不過這次沒有打到漢城。他們與朝鮮和中國軍隊交戰，還在朝鮮海岸建立基

---

❶ 譯注：「上國將舉四十萬兵，前後遮截，以攻爾等。爾今還朝鮮王子、陪臣，斂兵南去，則封事可成，兩國無事，豈不順便？」出自《宣祖昭敬大王修正實錄》二十六年四月。

❷ 譯注：譯文借用撒母耳．霍利著，方宇譯，《壬辰戰爭》，民主與建設出版社，二〇一九年，第三四八頁。

❸ 譯注：同上，第三五七頁。

地，但是未能實現他們尋求的突破。明朝皇帝對他的朝鮮藩屬的支援，使得日本人很難打敗朝鮮。在海上，日本人需要維持補給線的暢通，朝鮮海軍很清楚這一點。

豐臣秀吉嚴重低估朝鮮海軍的戰鬥力，他認為規模是最重要的。一五九七年九月，在鳴梁海戰中，事實證明朝鮮海軍將領李舜臣率領的十三艘船有能力阻擋超過兩百艘船的整個日本艦隊。十五世紀，朝鮮人開發一種稱為「龜船」的加強戰艦，其船舷和船頂都經過加強，幾乎堅不可摧。到了鳴梁海戰時，這種船已經過時了，但是李舜臣建造新的龜船，在船頭裝飾一個令人印象深刻的龍頭，重炮的炮口就從那裡探出。龜船在左右舷和船尾都配備大量火炮，頗像浮動的坦克。[60]龜船也被用於衝撞敵船，因為日本人的輕型船隻無法抵禦龜船的重型船首。炮聲隆隆，小小的朝鮮艦隊視死如歸，向日本艦隊發動衝鋒。朝鮮人的目標是日本旗艦，它被點燃後沉沒了。李舜臣將軍滿意地看到日本指揮官的屍體被拖出水面：這具屍體被砍成碎片，並掛在桅杆上，這樣日本人就可以看到他們的領袖是什麼下場。這相當於朝鮮的薩拉米斯海戰，在一條狹窄的航道上進行，朝鮮船隻毫髮無損，日本人卻損失了三十一艘船。[61]

到了一五九八年，這場戰爭已經成為豐臣秀吉的榮譽問題。那時他的真正目的不是征服朝鮮（因為這顯然是不可能的），而是羞辱明朝皇帝，因為豐臣秀吉要向世人證明，日本軍隊可以恣意入侵中國的藩屬朝鮮。[62]李舜臣一生中取得許多輝煌的海戰勝利，但是一度被嫉妒他的人囚禁起來。一五九八年年底，他在最後一場戰役中死亡，就像納爾遜勛爵一樣被子彈擊中。經常有人將李舜臣與納爾遜相比。據估計，在這場戰役中被摧毀的日本船隻數量在兩百艘左右，另有一百艘被俘，五百名日軍陣亡；此外，還有許多人溺水而亡。李舜臣甚至成為現代日本海軍崇拜的英雄。一位日本海軍將領在一九〇五年大敗俄國人，在他的勝利慶典上，有人將他與納爾遜和李舜臣相提並論，他表示反對：「我不介意被比作納爾遜，但我比不上朝鮮的李舜臣。他太偉大了，沒有人能夠和他相提並論。」❹[63]

五

朝鮮的這些事件似乎與日本和澳門之間的商路沒什麼關係。但是，由於在入侵朝鮮這場徒勞無功的戰爭中花費太多時間和金錢，豐臣秀吉更傾向支持貿易，希望藉此獲得更多收入。瀨戶內海的貿易已經很活躍，在日本各島之間不僅運送貨物，還運送香客。隨著位於東京灣江戶的新行政中心崛起，一個新的大米與清酒（大米生產的副產品，備受讚賞）消費中心變得非常突出。十七世紀初，所謂的「桶船」（因運載酒桶而得名，不是因為其形狀像桶）按照固定的船期表，在江戶與外界之間來回穿梭。[64]豐臣秀吉對更遠程的聯繫也感興趣，他熱情地簽發「朱印」通行證，允許日本船隻在他的國度與外邦之間來回航行。早在一五八七年，他就向九州派出一支由三十萬軍隊和兩萬匹馬組成的遠征軍，而博多（古老的港口）與長崎（新港口）都在他的直接控制之下，這意味著他擁有面向江戶和京都之外遙遠世界的窗口。豐臣秀吉仔細聆聽關於外國船隻的消息，購買葡萄牙的黃金，有一次還提出購買一艘西班牙船隻從菲律賓運來的所有陶器（呂宋的陶器雖然相當粗糙，卻很受日本飲茶者的歡迎）。[65]日本並沒有與外界

❹ 譯注：同上，第三六八頁。

隔絕，但其統治者對他們願意鼓勵的接觸是有選擇的。葡萄牙人的重要性在於他們可以獲得精美的中國絲綢，以及他們與澳門之外的麻六甲和果阿之間的聯繫。

日本統治者也意識到，西班牙人對他們的領土很感興趣。這些西班牙人不僅僅是商人，上文已經介紹他們將日本納入馬尼拉大帆船航線的嘗試。傑出的多明我會修士胡安．科沃（Juan Cobo，漢文名字為高母羨）於一五八八年從墨西哥來到馬尼拉，他在一五九二年六月前往日本薩摩之前，迅速學會三千個漢字。他來到日本，既是為了探查這片土地，也是為了代表西班牙國王腓力二世與豐臣秀吉的宮廷建立友好關係。只有在日本軍隊向腓力二世提供援助的情況下，西班牙征服中國的夢想才能實現。在薩摩，科沃遇到一個來自秘魯的商人，他聲稱自己被葡萄牙人欺騙，於是他們一起來到豐臣秀吉的軍營。當時豐臣秀吉正在名古屋附近作戰。他對科沃展示的地球儀很感興趣，這位修士在地球儀上描繪西班牙帝國的疆域。但是豐臣秀吉認為科沃在吹牛，因為他對科沃從菲律賓帶來的微不足道的禮物感到失望，而且他將這些禮物視為貢品。豐臣秀吉給菲律賓總督寫了一封信，大肆吹噓自己在朝鮮的征服和對中國軍隊的勝利。他認為，菲律賓「在我伸手可及的範圍之內」。最後，他恩威並用地寫道：「讓我們永遠成為朋友，並請寫信給卡斯提爾國王，向他表達這一點。讓他不要因為身在遠方，就輕視我的話。我從未見過那些遙遠的土地，但是從我掌握的情況，我知道那裡有什麼。」科沃在臺灣附近遭遇海難，被當地的獵頭者殺害。[66]西班牙方濟各會修士開始在日本與耶穌會競爭，其中一個方濟各會修士，赫羅尼莫．德．赫蘇斯．德．卡斯楚（Jerónimo de Jesús de Castro）神父於一五九七年秋天被趕出長崎，不過在隔年夏天又回到日本。剛剛上臺的幕府將軍德川家康認為，如果有一個西班牙修士來到他的土地，可能會鼓勵西班牙人與日本達成貿易協議。於是一五九九年五月，卡斯楚神父被允許在江戶建造一座教堂，但是德川家康並未允許他向日本人傳教。耶穌會士們既要忙於抵禦與他們競爭的方濟各會，又要討好難以捉摸的幕府將軍。[67]

從一五九九年的情況就可以清楚看出，與德川家康打交道有多麼複雜。在長崎的葡萄牙船長法蘭西斯科・德・戈維亞（Francisco de Gouvea）認為，他可以透過援助正在與鄰國交戰的柬埔寨國王而致富。他招募一支由日本人和葡萄牙人組成的混合部隊，經澳門航向柬埔寨。在那裡，他的船與兩艘來自馬尼拉的西班牙船會合。戈維亞發財的願望未能實現，他在柬埔寨喪命，不過許多追隨者搭乘他的船逃出柬埔寨。他們仍然希望從這次遠征中賺一些錢，於是劫持一艘從馬來半島駛過南海的船隻，並把它帶到長崎。他們的行為被認定為海盜活動；參與此事的所有日本士兵及他們的妻兒都被逮捕，並被釘在十字架上，卡斯楚神父被帶去做證人。在耶穌會士的干預下，才避免一場更嚴重的屠殺。戈維亞的妻子和孩子也被逮捕，但是最終倖免於難。[68]德川家康統治的專斷性質變得非常明顯，特別是在他在一六〇〇年擊敗國內敵人之後。[69]不久之後，卡斯楚神父死於痢疾，他的對手范禮安評論道：「上帝給了他一個教訓！」方濟各會與耶穌會之間分歧的根源在於，方濟各會認為耶穌會過於尊重江戶政權對其活動的嚴格限制：「因此，他們（耶穌會士）穿著日本服裝到處走動，關起門來做彌撒和執行聖禮。」肯定更了解日本的耶穌會則相信，方濟各會主張的公開傳教會讓日本的基督教陷入危險。[70]

一六一四年，德川家康在日本明令禁止基督教。到了那時，成千上萬的日本人已經接受這種信仰，主要是在九州。大名們被要求順應潮流，放棄基督教，改信佛教。在接下來四分之一個世紀裡，發生一些可怕的迫害運動。[71]所謂的日本「基督教世紀」在十七世紀中葉結束了。葡萄牙人發現對日貿易越來越難進行，並在一六三九年被逐出日本；隔年，一個葡萄牙使團從澳門出發，希望恢復對日聯繫，但是該使團的大多數外交官被斬首，日本當局的不妥協態度就非常明顯了。[72]這不僅僅是耶穌會被禁止傳教，和被迫退出利潤豐厚的中國絲綢貿易的結果，其他力量也在發揮作用：葡萄牙人在這些水域有了新的歐洲對手，即尼德蘭人。他們和葡萄牙人一樣，曾經處於性情嚴峻的西班牙國王腓力二世統治之下，但是在擺脫他的統治方面更成功。英格蘭人也曾反抗腓力二世國王。他與瑪麗女王結婚後，曾短暫成為英格蘭國王。在英格蘭，然後在尼德蘭和丹麥，人們正在宣傳新的想法，即存在著一些未曾探索過的航路，可以繞過西班牙和葡萄牙控制的海域。十六世紀末和十七世紀初，歐洲人堅持不懈地探索這些航路。

第三十六章　第四個大洋

一

截至目前為止，本書已經考察了三個大洋。不過，大多數地圖顯示存在五個大洋。其中之一是南冰洋或南極洋，實際上是大西洋、太平洋和印度洋向南的延伸，可能包括也可能不包括澳大利亞和紐西蘭的最南端。南冰洋的北部界線與一四九四年劃分世界的西葡條約規定的界線一樣隨意。另一個大洋則是北冰洋，到目前為止，我們幾乎完全沒有提及，因為即使是諾斯人前往格陵蘭的航行也僅限於大西洋水域。諾斯人的船隻偶爾沿著戴維斯海峽（Davis Strait）向北航行，或者（在諾斯人海洋世界的另一端）航行遠至斯匹次卑爾根島，來到北極圈以北。不過，將格陵蘭和巴芬島分開的戴維斯海峽顯然是大西洋的延伸。甚至在「發現」北美洲之前，遙遠北方有什麼的問題就引起令人遐想的猜測，這些猜測是基於有關薩米人（Sami，或拉普人）的零星知識。倍海姆的地球儀是在哥倫布第一次遠航時期製作的，它想像北極是一座被大洋包圍的圓形島嶼，並暴露出歐洲人對於格陵蘭是什麼的一貫困惑（誤以為它是歐亞大陸在挪威以外的延伸）。[1]在一五五五年之前，瑞典教士和地理學家烏勞斯・馬格努斯（Olaus

Magnus）到達挪威北部，寫下關於永晝、毛皮貿易和薩米人習俗的著作。[2]

對十六世紀的歐洲水手來說，北極的誘惑並不在於北極圈內的土地，而在於可以帶他們穿越北極，前往遍布香料島嶼的溫暖水域的海洋。直到二十一世紀初，極地冰層的融化才使繞過北美洲頂端和俄羅斯頂端的航路顯得可行。麥哲倫已經證明，繞過美洲底部的航路確實存在；但它幾乎超出人類的耐力，而找到一條通往美洲以北或俄羅斯以北海域的航道，從而將歐洲商人帶到中國和東印度群島的機會不容錯過。至少英格蘭人和後來的荷蘭人不想錯過這樣的機會，因為他們希望避開西班牙與葡萄牙正在行使，或聲稱行使統治權的土地。有時候英格蘭人確實可以利用他們與西班牙的密切關係，進入遠在伊斯帕尼奧拉島的西班牙市場，但英格蘭和西班牙之間的關係是非常跌宕起伏的。亨利八世與西班牙的聯盟因為他和阿拉貢的凱薩琳（Catherine of Aragon）離婚而在爭吵中瓦解，後來腓力二世透過與凱薩琳的女兒瑪麗結婚，而成為英格蘭國王，但是沒過多久瑪麗就去世了，於是腓力二世失去對英格蘭的影響力，在那之後，新教主宰了英格蘭。

不僅僅是商業和政治聯盟的問題。在安達魯西亞從事貿易的英格蘭商人，在梅迪納－西多尼亞（Medina Sidonia）公爵的贊助下，在塞維亞的外港桑盧卡爾德巴拉梅達（Sanlúcar de Barrameda）建立一個基地。梅迪納－西多尼亞公爵們自成一派，在促進繁榮方面有各種創新的想法（包括一四七四年安排皈信基督教的猶太人在直布羅陀定居）。現在英格蘭人聲稱他們已成為西班牙宗教裁判所的迫害對象，宗教裁判所已將迫害範圍從祕密猶太教徒和隱匿穆斯林，擴大到那些拒絕接受教宗至高無上權威的人：「我們國家（英格蘭）有許多人被祕密指控而不自知，因此我們所有人每天都生活在巨大的恐懼

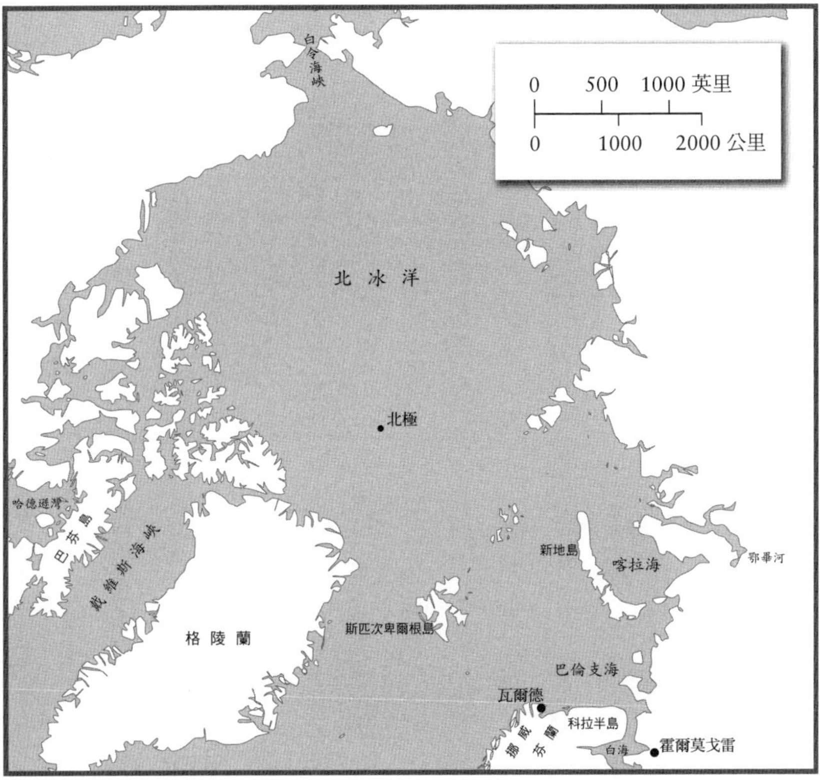

和危險之中。」[3]但是英格蘭人渴望獲得印度的產品，而隨著經濟開始擴張，他們的這種渴望更加強烈。一種可能性是與摩洛哥統治者建立友好關係，這也許能滿足英格蘭人對糖的熱切需求。英格蘭與摩洛哥統治者的聯盟還會把西班牙國王遏制在西班牙，並維持對葡萄牙人的壓力，後者仍然控制著摩洛哥的幾個港口。因此從一五五〇年代開始，「巴巴里貿易」在英格蘭得到發展。從一五八〇年代開始，它由伊莉莎白一世女王授權的巴巴里公司（Barbary Company）負責管理，公司總部設在倫敦。[4]

糖是一回事，但英格蘭人想獲得的是品類齊全的各種藥物和香料。在這種情況下，兩種類似的思路開始得到重視，即繞過北美洲北端的西北水道和繞過俄羅斯北端的東北水道。這些計畫是布里斯托商人發起的，這一點也不奇怪，因為他們之前就深度參與卡博特父子的探險。布里斯托商人中最突出的是索恩（Thorne）家族，他們是富有的商人和慈善家。老羅伯特・索恩（Robert Thorne the Elder）創辦的學校存續至今，即布里斯托文法學校。一五三〇年，他的兒子小羅伯特・索恩（Robert Thorne the Younger）向英王亨利八世寫了一封長信，表示英王應該抓住機會，透過向「許多新的土地和王國派遣探險隊來增進（英王的）權力與影響力。在那些地方，陛下無疑將贏得永久的榮耀，您的臣民將獲得無限的利益」。小羅伯特此時以倫敦為基地，但據說曾與他的西班牙情婦在塞維亞住過一段時間。他在給國王的信中將「無限的利益」擺在第二位，但這對他來說是更重要的。小羅伯特對冰雪和寒冷帶來的危險輕描淡寫，但強調了一個事實，即在北極夏季的永晝條件下可以持續航行，「這對航海者來說是一件大好事，因為可以隨時看到周圍的情況」。他似乎認為，最好的路線是將船隻帶到接近北極的地方，直接越過世界之巔。小羅伯特浮誇地描述，英格蘭船隻可以先造訪「世界上最富饒的土地和島嶼，它們擁有黃金、寶石、香脂、香料和我們這裡最推崇的東西」，然後隨時可以選擇從麥哲倫海峽或好望角返回。[5]

這些計畫沒有落實。一五六九年，格拉杜斯・麥卡托（Gerard Mercator）出版那幅極具影響力的世界地圖新版本之後，有一種觀點開始傳播，即直接通過極地的路線也許是不可行的，因為據說北極被四座緊密相連的島嶼包圍；不過，西北水道和東北水道仍是可行的，前提是它們沒有被冰封。有人說：「《麥卡托地圖集》中沒有一幅地圖比這一幅錯得更離譜了。」並且麥卡托輕信一個名叫澤諾（Zeno）的中世紀晚期威尼斯人虛假的旅行紀錄，澤諾自稱被海浪沖到神話中的弗里斯蘭（Frisland）❶和埃斯托蒂蘭

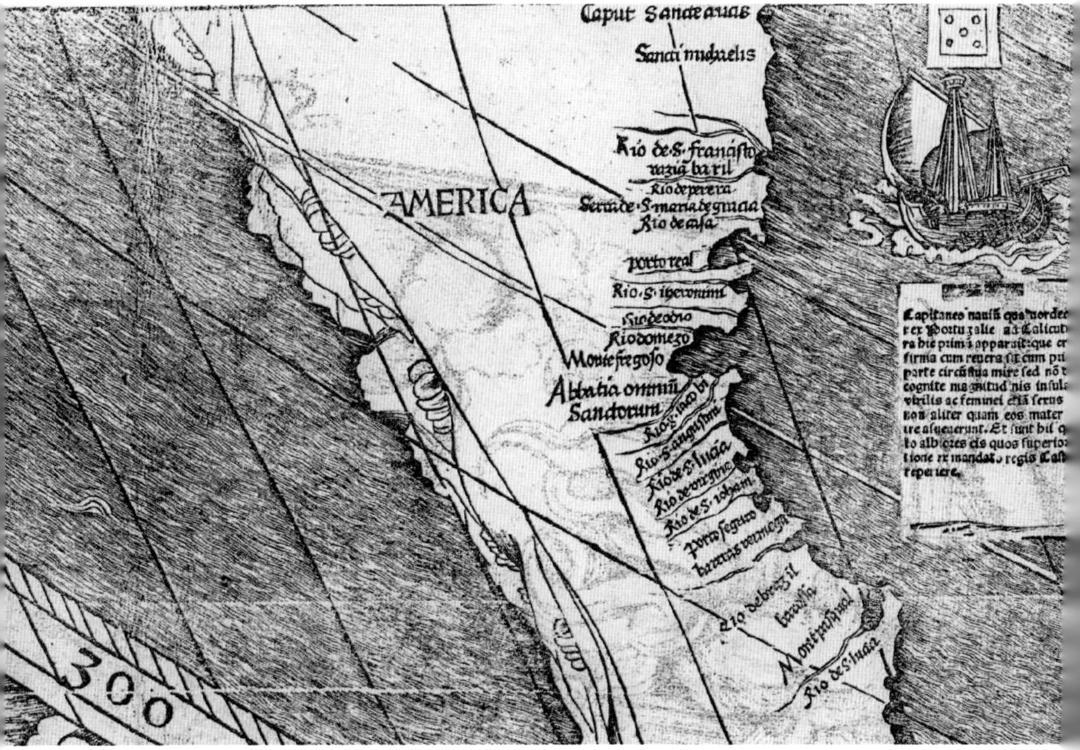

40. 瓦爾德澤米勒的世界地圖將新大陸的部分地區標為「亞美利加」，以紀念韋斯普奇的航行。

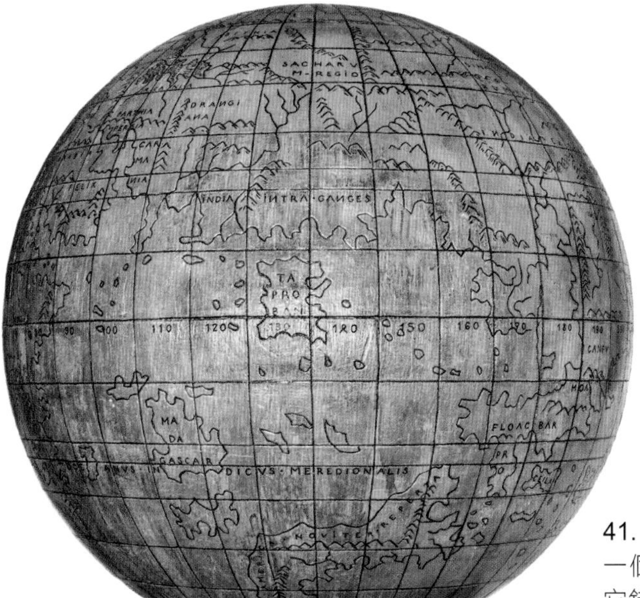

41. 克拉科夫雅蓋隆大學收藏的一個出自約 1510 年的地球儀，它錯誤地將錫蘭以南的想像中大陸標注為「新發現的美洲」。

42. 根據倍海姆的地球儀（1492 年），從歐洲向西航行可以到達日本、中國和香料群島，哥倫布也是這麼認為的。

43. 1503 年，達伽馬的第二次印度遠航期間，「埃斯梅拉達號」遭遇風暴，脫離錨地，在阿曼近海沉沒。它的殘骸於 1998 年被發現。

44. 十六世紀初，聖多明哥的西班牙殖民政府所在地，這是美洲最古老、規模最大、保存最完好的殖民時代建築群。

45. 塞維亞城的景致，約 1600 年。從大西洋來的船隻駛入瓜達爾基維爾河，前往塞維亞的碼頭。摩爾人建造的吉拉達塔巍然聳立。

46. 殘酷無情的葡萄牙海軍將領阿爾布開克（卒於 1515 年）的畫像，十七世紀初，印度人作。

47. 阿曼灣之濱巴蒂亞的葡萄牙瞭望塔，俯瞰一座十五世紀建造的清真寺。

48. 土耳其海盜皮里雷斯繪製的第一幅地圖，表明他對西班牙人前往新大陸的遠航有非常詳細的了解，這些知識可能是從西班牙俘虜那裡獲得的。

49. 1642 年，塔斯曼的船隊抵達紐西蘭南島，在那裡遇見一些充滿敵意的毛利人，導致四名荷蘭水手死亡。

50. 暹羅大城建於 1350 年，是連接印度洋與南海的重要貿易中心，荷蘭人從大城獲取大量象牙和犀角。

51. 澳門地圖，偏左的地方有巍峨的聖保羅教堂，後面是要塞和耶穌會學院。主要港口在圖的底部西側。

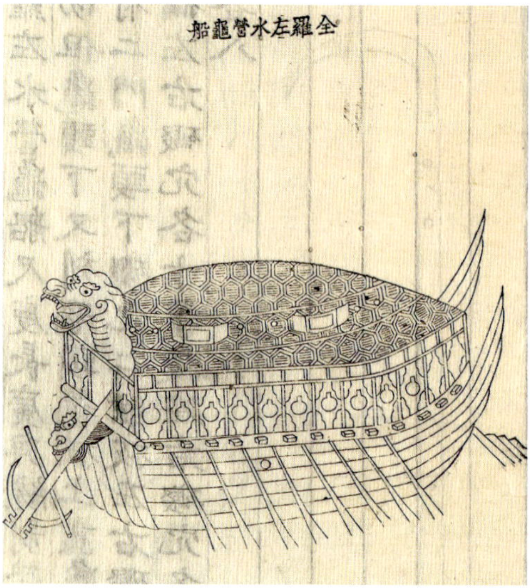

52. 1597 年至 1598 年，偉大的朝鮮海軍將領李舜臣運用龜船，以少勝多，擊敗日本海軍。

53. 日本實際統治者豐臣秀吉對耶穌會傳教士和日本基督徒的態度時冷時熱。

54. 麥卡托的世界地圖，想像北極被四座大島環繞，並且從歐洲穿過北冰洋駛往中國是不可能的。這個版本出自 1595 年。

55. 1596 年至 1597 年，巴倫支及其探險隊在北極熬過一個酷寒的冬天，在那裡留下白鑞燭臺和若干商品。一位挪威船長在 1871 年發現這些物品。

56. 約 1800 年的日本碗，展現荷蘭船隻與商人，當時只有荷蘭人獲准造訪日本。圖中的荷蘭人穿著一百五十年前的服裝。

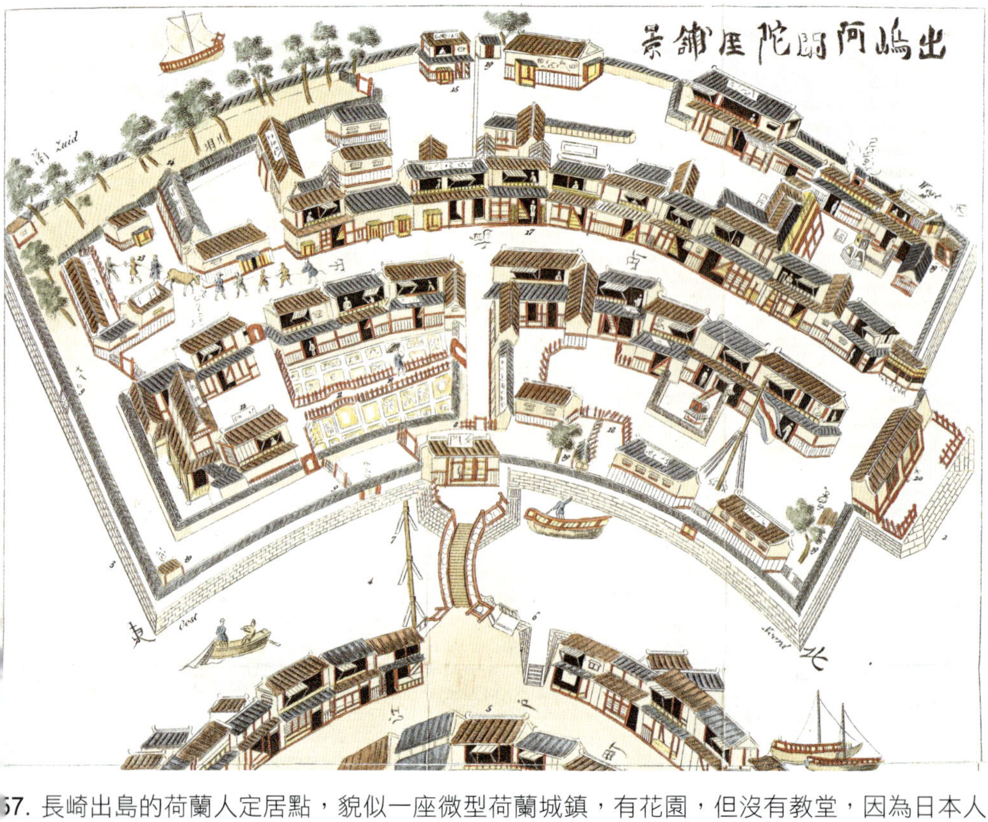

57. 長崎出島的荷蘭人定居點，貌似一座微型荷蘭城鎮，有花園，但沒有教堂，因為日本人不准他們興建教堂。

（Estotiland）海岸，據說這些島嶼位於大西洋中央，人口眾多。不過，麥卡托的這幅地圖確實假定今天被稱為白令海峽（Bering Strait）的水道存在，也就是說認為繞過歐亞大陸頂端通往中國的路線是可行的。[6]

小羅伯特的朋友塞巴斯蒂安是北極航線更熱情的支持者，他耐心地等待著人們認識到這顯然是一個不容錯過的機會。在他的父親發現紐芬蘭島（但未能開闢通往中國的航線）的半個世紀之後，塞巴斯蒂安仍在鼓吹北極航線。塞巴斯蒂安在一五〇九年為英格蘭服務時，曾探索加拿大附近的水域，並可能進入哈德遜灣。在為西班牙國王工作三十四年後，他於一五四八年回到英格蘭宮廷。[7]不過，這一次他的探險目標並不明確：他負責領導一個新成立的「探索未知地區、領地、島嶼和地方的商人冒險家團隊」。在理查・哈克盧伊特（Richard Hakluyt）出色的十六世紀旅行敘事集中，當時計劃的航行被恰當地描述為「一種新的、奇怪的航行」。遠航的財團透過徵集每人二十五英鎊的捐款來募集資金，籌得六千英鎊，足以購買並裝備三艘船。在東北航線和西北航線之間作選擇時，該財團於一五五三年決定，最好的前景在俄羅斯方向。畢竟，已經向美洲西北部派出的幾支探險隊都沒有發現水道。休・威洛比（Hugh Willoughby）爵士和理查・錢塞勒（Richard Chancellor）將領導這次探險，他們帶著年輕的國王愛德華六世以傳統方式寫給各種「國王、王公和其他權貴」的信件。當船隊在泰晤士河順流而下，經過格林威治（Greenwich）的王宮時，引起熱烈關注：「廷臣們都跑出來了，老百姓也一擁而上，站在岸

❶ 譯注：注意不要與真實存在的弗里西亞（Friesland 或 Frisia）混淆。

邊，非常擁擠：樞密院成員從王宮的窗戶往外看，其他人則跑到塔樓的頂層。」[8]

成立這個財團的人們的樂觀肯定是錯的。在芬蘭北海岸，風暴驅散了船隊，威洛比的船和另一艘船一起進入巴倫支海（Barents Sea），它位於斯匹次卑爾根島和被稱為「新地島」（Novaya Zemlya）的一對狹長而荒涼的島嶼之間。然後，冰冷的氣候條件迫使船隊回到斯堪地那維亞半島隔壁的科拉半島（Kola Peninsula）。他們被迫在那裡過冬，全部六十三名水手和商人都無法在冰冷的條件下生存。幾年後，威尼斯駐倫敦大使講述那些船員是如何被俄國漁民發現的：船員們被凍死了，但是仍然坐在餐桌前，看上去或在寫信，或在打開櫃子。[9]這些細節無疑都是後人杜撰的，但是東北航線的挑戰變得更加清晰，威尼斯大使一定是既驚恐又幸災樂禍，因為知道他的家鄉在香料貿易中已經面臨來自葡萄牙人足夠激烈的競爭。不過第三艘船傳來更好的消息。錢塞勒的船最終停在白海沿岸，錢塞勒從那裡開始雄心勃勃並成功的陸路旅行，他前往莫斯科，為英格蘭和俄國之間成功的毛皮貿易奠定基礎，經營該貿易的是獲得英格蘭政府許可的「莫斯科公司」（Muscovy Company）。英格蘭人的報告，表現出對俄國人的習俗和信仰的濃厚興趣，莫斯科的恐怖伊凡（Ivan the Terrible）和倫敦的伊莉莎白一世之間也發展出友好關係（這位精神變態的沙皇甚至向女王求婚）。除了這些之外，莫斯科貿易還開闢其他的可能性：現在通往波斯的道路開放了，不過是陸路；透過這條漫長而迂迴曲折的路線，東方的異國貨物源源不斷地抵達英格蘭。在莫斯科大公國取得的意外，成功轉移英格蘭人對東北水道的注意力。當一五五五年第二支英格蘭探險隊在俄國水手的引導下到達新地島時，東北水道不可行的感覺更加強烈。由於北緯七十度的環境太恐怖，英格蘭人的輕型帆船不得不折返。不僅浮冰很危險，還有一頭巨大的露脊鯨在關注英格蘭輕型帆船。露脊鯨「在水中發出可怕的叫聲」，並在離船僅幾英尺的地方游動。[10]

莫斯科公司繼續為探險活動募資，上述的挫折並未打消英格蘭人對穿越北極航行的熱情。莫斯科公司幸運地選中優秀的指揮官：一五五七年出發的安東尼・詹金森（Anthony Jenkinson）是一位不屈不撓的中亞探險家，他到達波斯和布哈拉（Bukhara），並作為伊莉莎白一世女王的代表，在喜怒無常的沙皇宮廷中任職。恐怖伊凡真正尋求的是軍事聯盟，而不是貿易聯盟，希望能在波羅的海擴大他的權力，讓瑞典人不敢輕舉妄動。儘管他授予英格蘭人的特權，還包括在俄國控制下波羅的海地區的貿易權，但是除了出售軍備的機會外，很難看出與俄國結成軍事聯盟會為英格蘭帶來什麼真正的好處。一五七二年，經常暴跳如雷的恐怖伊凡在一次發飆時，廢除英格蘭在俄國的貿易權，不過詹金森設法透過談判，恢復了英格蘭的貿易權，他對沙皇的安撫非常成功，帶著「我（恐怖伊凡）對我親愛的妹妹伊莉莎白女王的衷心讚揚」，返回英格蘭。[11]英格蘭商人在霍爾莫戈雷（Kholmogory）建立一個基地，那裡距離白海岸邊約五十英里：「在這個鎮上，英格蘭人有自己的土地，是（俄國）皇帝賜給他們的，還有漂亮的房子，有可存放大量商品的辦公室。」[12]

莫斯科公司沒有灰心喪氣，於一五八〇年再次嘗試。不過，公司派出的船隻顯然很小，一艘四十噸的三桅帆船上有十名船員，另一艘只有六名，也許是因為公司體認到，駕駛威洛比和錢塞勒使用的那種大船通過冰海會更加困難。這次航行的真正目的可從船隻的艙單中看出：船員們對到達中國充滿信心，所以船上的貨物包括「大幅倫敦地圖，以展示你們的城市」；大量的英式服裝，包括帽子、手套和拖鞋，更不用說來自英格蘭與威尼斯的玻璃製品和大量鐵器，這讓人想到此次遠航的投資者中有鎖、鉸鏈和螺栓的製造商。探險家們的任務是，不僅要獲得大量中國草藥的種子（他們希望能在歐洲種植中國草藥），也要獲得一張中國的地圖。他們還應該窺探中國人，仔細記錄所到之處的防禦工事和海軍活動。不用說，他們沒有到達中國，不過在喀拉海（Kara Sea）的冰層迫使他們返回之前，確實深入到新地島之外很遠的地方。此時俄國水手已經知道如何沿著歐亞大陸的北岸進一步航行，直到宏大的鄂畢河（River Ob）。[13]

英格蘭人被凍結在北極之外，但是其他人並不氣餒。十六世紀末，荷蘭航海家也在尋找一條橫跨世界之巔的航線，從而在與西班牙衝突期間維持異域商品貿易。他們得到尼德蘭聯省共和國❷執政莫里斯親王（Prince Maurits）的支持，他在尼德蘭聯省共和國扮演類似總統的角色，於一五九三年確保對這條航線的資金投入。這是一個打擊天主教西班牙的機會，所以吸引喀爾文教派的牧師，如彼得勒斯．普朗修斯（Petrus Plancius）。他是強硬派分子，對地理和航海特別感興趣，曾針對這個主題進行演講和出版，比如出版勾勒穿越北冰洋航線的地圖。[14]但普朗修斯這樣的製圖師能做的不多，荷蘭人真正需要的是一次遠征。偉大的荷蘭航海家威廉．巴倫支（Willem Barentsz）艱難地駛入北極水域，繪製了今天以他的名字命名的部分海域及其東部邊緣的新地島的地圖，但是就連他也把斯匹次卑爾根島與格陵蘭混淆了。一五九六年至一五九七年，他和船員不得不在用漂流木與船的一部分建造的木屋中，忍受嚴寒的冬天。他們的船完全被困在冰裡，所以被迫乘坐敞篷的小艇，從新地島一路航行到科拉半島。巴倫支在途中死亡；雖然俄國水手偶爾會來幫助他們，但探險隊居然有人倖存，還是很令人吃驚。早在一五九八年，關於這次戲劇性航行的暢銷書就出現在書店裡。在通常情況下，這樣的敘述是經過修飾的，但是在一八七一年，一位挪威船長在北極的這個偏遠角落，偶然發現一間小木屋的遺跡。所以我們知道，很顯然至少巴倫支遠航的基本事實是真實可信的：小屋裡仍然擺放著巴倫支遠航的所有用具，有勺子和刀子、帶有精緻鎖的鐵箱、白鑞燭臺、「伊特魯里亞造型的雕刻精美的水壺」、小型武器、荷蘭文書籍與雕刻品（數量很多，顯然是打算運到中國銷售的），還有其他許多東西。[15]荷蘭人的探險活動沒有就此結束。尋找東北水道的嘗試所得到的教訓是，失敗只會增加刺激的胃口。荷蘭人發現北極水域盛產鯨

❷ 譯注：「尼德蘭」和「荷蘭」這兩個概念有所重疊，在中文世界的使用非常混亂。這裡作簡單介紹。「尼德蘭」一詞是音譯，意思是「低地」，所以也稱「低地國家」。歷史上的尼德蘭，包括今天的荷蘭、德國西部部分地區、盧森堡、比利時和法國北部部分地區。在中世紀，尼德蘭分屬勃艮地公國和神聖羅馬帝國。後來由於複雜的聯姻，尼德蘭在哈布斯堡家族的統治下統一了，屬於哈布斯堡家族的神聖羅馬帝國皇帝查理五世，將西班牙和尼德蘭傳給兒子腓力二世。在腓力二世時期，尼德蘭爆發反對哈布斯堡家族統治的起義，也稱為八十年戰爭。尼德蘭的七個省脫離西班牙獨立，建立「尼德蘭聯省共和國」（一五八一－一七九五），也就是中文世界裡常說的荷蘭共和國。嚴格意義上的荷蘭僅是尼德蘭聯省共和國的七個省之一。但是因為荷蘭省的地位重要，所以外界常用「荷蘭」來指代整個尼德蘭共和國。而沒有脫離西班牙的那部分尼德蘭土地，繼續由西班牙統治，稱為西屬尼德蘭，以布魯塞爾為首都。於一七一三年根據《烏德勒支和約》割讓給哈布斯堡家族的奧地利分支，稱為奧屬尼德蘭。
一七九五年，尼德蘭聯省共和國滅亡，統治者奧蘭治家族被人民（得到革命法國的支援）推翻。隨後建立所謂巴達維亞共和國，它是法國的傀儡，不過也為國家帶來許多民主進步。奧屬尼德蘭也被法國占領。拿破崙稱帝後，安排弟弟路易於一八〇六年六月成為荷蘭國王，統治之前的尼德蘭聯省共和國與奧屬尼德蘭。後來拿破崙垮臺後，奧蘭治家族復辟，建立新的尼德蘭王國（中文常稱荷蘭王國）。一八三一年，新荷蘭王國的南半部分（大致相當於之前的奧屬尼德蘭）獨立，成為今天的比利時。

魚，包括巨大的北極露脊鯨，於是荷蘭「北方公司」（North Company）來到俄國以北的海域。一頭露脊鯨可能有六十或七十英尺長，從其屍體上可以提取至少兩千磅的鯨鬚板，還有一大堆鯨脂。[16]

二

如果像麥卡托地圖集和其他地圖顯示，北美洲與亞洲是分開的，那麼西北水道也是值得考慮的。也許世界是這樣建構的：西北水道實際上並沒有經過北極。畢竟，當法國國王法蘭西斯一世在一五二四年派韋拉札諾遠航（他經過後來的新英格蘭）時，希望韋拉札諾能在這些緯度的某個地方，找到一條通往太平洋的航路；同樣的想法也促使法王支持雅克·卡地亞（Jacques Cartier）對加拿大聖羅倫斯河（St Lawrence River）的探索。[17]一五三〇年左右，在紐倫堡製作的一幅木刻畫似乎反映了塞巴斯蒂安的假設，即在格陵蘭和中國北部之間有一條很長、相當寬、可通行的北極水道（Fretum Arcticum）。在這幅木刻畫裡，格陵蘭被描繪為一座伸出亞洲的半島，因此亞洲正好穿過面積大幅縮小的北美洲頂端。這個時期的一些地圖和地球儀沿用這個模式，並將發現西北水道歸功於亞速群島的科爾特－里爾兄弟，他們在一五〇〇年左右重新發現格陵蘭和拉布拉多。越來越多人相信西北水道確實存在，特別是因為這種觀念有著塞巴斯蒂安的印記：「一個叫塞巴斯蒂安·卡博特的人是這次旅行或航行的最主要發起人。」

莫斯科公司為自己保留選擇的空間，起初集中精力於東北水道，但也壟斷了西北水道的勘探工作。華特·雷利（Walter Raleigh）的同母異父兄弟漢弗萊·吉爾伯特（Humphrey Gilbert）在一五六六年的一篇題為《關於發現中國新航道的論述》（*A Discourse of Discoverie for a New Passage to Cataia*）的文章中，堅定地論證通往中國新航線的可行性：「如果我在任何時候著手尋找烏托邦或任何想像中的國家，你就有理由指控我頭腦不清醒。但中國不是這樣的，它是世人熟知的真實存在的國家。」[18]吉爾伯特參加伊莉莎白女王的宮廷活動，向女王提出他的論點，並在文章中附上一張地圖，顯示南、北美洲是相互連接的，但若干水道將其與南方大陸和亞洲陸地隔開，並且圖中的亞洲不包括格陵蘭。他有一個設想，即一些大面積的開闊水域是通往太平洋的通道。同樣重要的是，他敦促王廷考慮探索這條路線將為英格蘭帶來的好處，因為在瑪麗女王駕崩後，腓力二世失去英格蘭國王的地位，而英格蘭與天主教西班牙的關係不斷惡化。[19]

伊莉莎白女王在幾年內都沒有根據吉爾伯特的樂觀建議採取行動。但在一五七六年，馬丁・弗羅比舍（Martin Frobisher）開始探索西北水道時，吉爾伯特的建議被印刷出來，作為弗羅比舍航行的說明書分發。弗羅比舍對西非貿易有一些經驗，但是從本質上來說，他是那種富有冒險精神、不擇手段的私掠船主之一，這樣的私掠船主經常得到女王的默許。[20]一家「中國公司」（Company of Cathay）應運而生，但它只募集到八百七十五英鎊，只夠裝備兩艘三十噸的三桅帆船和一艘小輕型帆船，船員總數為三十四人。以研究這條航線的最重要歷史學家的話來說，這些「令人震驚的小船」從事的是「瘋狂的冒險」。[21]這支小艦隊在一五七六年夏季出發，那艘輕型帆船在格陵蘭以西遭遇風暴失事，船員無一生還，而三桅帆船之一的「米迦勒號」（Michael）中途折返。[22]

弗羅比舍駕駛自己的船「加百列號」（Gabriel）航向巴芬島南岸，船員們在那裡第一次遇到在海上划皮艇的因紐特人。弗羅比舍認為這片水域的北岸是亞洲的一部分，南岸是北美洲的一部分。當他近距離看到因紐特人時，認為自己的判斷是完全正確的。他的同事，即「加百列號」船長報告：「他們（因紐特人）看上去像韃靼人，留著長長的黑髮，臉龐寬闊，鼻子扁平，膚色黃褐。」[23]這與哥倫布那一代的觀察家犯下的錯誤相似，他們也將加勒比海和中美洲的原住民視為亞洲人。[24]起初，英格蘭水手與因紐特人的關係相當好。因紐特人向船員提供鮭魚和其他鮮魚。一位因紐特人提出要把「加百列號」帶回遠海，五名英格蘭水手把他帶回岸上取皮艇，卻從此銷聲匿跡。但因紐特人關於英格蘭人的記憶仍然非常清晰，畢竟這是他們第一次與英格蘭探險家相遇：

> 口述歷史告訴我，許多年前，當白人的船隻出現時，有五個白人被因紐特人抓走了；這些人在岸上過冬，度過了一個、兩個、三個，還是更多的冬天，我說不清楚。他們住在因紐特人當中，後來他們建造一艘 omien（大艇），在船上裝了一根桅杆，還有風帆。在這個季節的早期，在出現大量的水之前，他們試圖離開。在努力的過程中，有些人的手被凍壞了。但最後他們成功地進入開闊的水域，然後他們離開了，這是我們最後一次看到或聽到他們的消息。[25]

因紐特人甚至記得，弗羅比舍的船隻曾三次到訪。不過，英格蘭人對這次航行的敘述就不是那麼正面：在一五七七年第二次遠航時，弗羅比舍的水手占領一處因紐特人營地，在那裡發現一些英格蘭人的衣服，肯定是失蹤的五名水手留下的，或者是因紐特人從他們身上搶走的。弗羅比舍傾向相信雜食的因紐特人吃了這五名水手，而不是照顧他們，因為此時歐洲人與因紐特人的關係已經嚴重惡化，雙方經常發生衝突。此外，吃人的美洲原住民形象在十六世紀廣泛傳播。[26]

弗羅比舍錯過哈德遜灣的入口，沿著巴芬島的一個峽灣（後來被稱為弗羅比舍灣）航行一段距離，判斷這一定就是他尋找的水道。但最後，他在冬天來臨之前返航了。到達倫敦時，他除了一塊相當小的黑色岩石外，沒有拿得出手的東西。經過仔細檢查，這塊岩石似乎含有一種明亮的金屬碎片，倫敦的檢測員樂觀地認為這是黃金，估計這種岩石每噸價值兩百四十英鎊。這讓英格蘭人的興趣大增，以至於伊莉莎白女王願意投資一千英鎊，讓這兩艘船進行第二次探險。而法蘭德斯地理學家亞伯拉罕・奧特柳斯（Abraham Ortelius）據說曾嫉妒地前往倫敦，企圖竊取西北航線的祕密，因為這樣的祕密肯定會讓法蘭德斯的西班牙主子感興趣。弗羅比舍的第二次探險隊體認到，他們無法從即將進入的土地獲得所需的食物，於是攜帶五噸醃牛肉、十六噸壓縮餅乾、兩噸奶油（足夠每人每天半磅），以及超過八十噸啤酒，這足以維持每人每天八品脫（四・五公升）啤酒的供應量，如此一來，船隻在有需要時還是能保持直線航行。[27]不過任務的重點發生微妙變化，因為中國公司現在責成弗羅比舍收集更多的岩石樣本。在北極環境下，即使是八月，地面也是冰封的，所以採集岩石並不是一件輕鬆的事，而且船隻必須在月底前起航，因為北極的夏天很早就結束了，冰層會開始閉合。[28]不過女王還是很滿意，為了炫耀她的拉丁文水準，她甚至為弗羅比舍造訪的土地取了一個新名字：Meta Incognita，即「未知的界限」，意思是這是一片無主的土地，西班牙和其他任何國家對其都沒有權利主張。[29]

在一五七八年有十一艘船和四百人參加的第三次大規模探險中，弗羅比舍收集更多的岩石，並偶然發現哈德遜灣的入口。他的目標是在那裡建立一個永久定居點，專門開採黃金。[30]他認為，哈德遜灣很可能是「我們尋找的通往富饒國度中國的通道」，但是所有人的注意力都轉向那些黑色的岩石碎片。弗羅比舍的計畫得到大量投資，英格蘭人在達特福德（Dartford）斥巨資建造一座配備熔爐和研磨機的礦物加工廠，以處理岩石並提取黃金。只有弗羅比舍的旗艦「米迦勒號」的船體得到加強，其他船隻有可能被浮冰的重量壓成碎片。[31]當弗羅比舍的那些在北極冰海中倖存船隻返回時，礦物加工廠得到一千兩百五十公噸岩石。加工之後，這些岩石主要產出黃鐵礦，即「愚人金」。雖然黃鐵礦往往出現在可以找到真金的地方，但在煉金術大行其道，像約翰．迪伊（John Dee）這樣學識淵博的人在宮廷周圍活動的時代，英格蘭人卻犯下這麼一個低級錯誤，仍然令人驚訝。因此泡沫很快就破滅了，投資也蒸發得無影無蹤。弗羅比舍並沒有像黃金檢測員那樣名譽掃地：他發動遠航的目的並不是在北美尋找黃金，而且他似乎是一位要求嚴格但鼓舞人心的領導者。當挖掘岩石成為主要工作時，他設法說服大家把全部有限的精力投入艱苦的體力勞動中；在他第三次探險時，已經招募數百名志願者。

與尋找東北水道一樣，尋找西北水道的工作儘管遭遇挫折，但仍在繼續。畢竟，人們可以把假黃金的故事拋在一邊，認為它只不過是對一直以來的真正目的（到達中國）的干擾。一五八〇年代，約翰．戴維斯（John Davis）追隨弗羅比舍的腳步，隨後進入格陵蘭和巴芬島之間以他的名字命名的海峽。[32]十七世紀初，亨利．哈德遜（Henry Hudson，他已經探索過東北水道）做了英勇的努力，試圖弄清楚後來以他的名字命名的海域（哈德遜灣）的情況。面積那麼大的海域只被稱為「灣」，實在太低調了。一六一一年，哈德遜的努力以災難告終，船員發動反叛，把他、他的兒子和少數幾名船員放在一艘小船裡，讓他們在哈德遜灣的最南端詹姆斯灣（James Bay）漂流。哈德遜船長和朋友不太可能存活，因為他們既沒有食物，也沒有暖和的衣服。[33]

德瑞克於一五七七年至一五八〇年乘坐「鵜鶘號」（Pelican，後改稱「金鹿號」〔Golden Hind〕）進行環球航行，為這些探險活動提供一個注腳。[34]他決定不僅沿著南美洲的太平洋海岸，還要沿著北美洲的太平洋海岸向北航行得很遠，比西班牙經營的馬尼拉大帆船的航線更遠，他計劃劫掠這些大帆船。此時西班牙人正在沿著南美洲和墨西哥的海岸線建造城鎮，所以有西班牙船隻在這條海岸線上來回穿梭，結果其中一些船隻遭到德瑞克的劫掠，而「智利葡萄酒」是德瑞克的手下最喜歡的目標。[35]對於他堅持向北航行，進入涼爽海域，有一種解釋是他也在尋找一條連接太平洋和大西洋的水道。[36]如果發現這條傳說中的水道，他就可以快速返回英格蘭。他的目的實際上不是環遊地球，而是在西班牙人所屬的海域騷擾他們，首先是在加勒比海，然後是太平洋。進入太平洋之後，他就有很大機會在西班牙人最意想不到會遇到挑戰的地方，捕獲他們的運寶船。最後，當德瑞克意識到他無法從風暴肆虐的麥哲倫海峽返回英格蘭時，就將目標改為好望角。[37]

十多年後，被北極打敗的戴維斯於一五九一年至一五九二年率領一支遠征隊，經麥哲倫海峽進入太平洋，希望透過追尋德瑞克的路線沿美洲海岸北上，「從背面」解決西北水道的問題。由於與探險隊的聯合領導者意見相左，加上天氣惡劣，戴維斯在到達美洲南端不久之後就被迫返回英格蘭。[38]如果他能從火地島到達阿拉斯加，他的探險肯定會被列入十六世紀最偉大的航行之一。戴維斯可能是第一個在福克蘭群島（Falkland Islands）登陸的人，他的船員在回家路上被迫以企鵝肉為食。那些繪製未知海域海岸圖的人，難免會一直尋找穿越大陸的捷徑，當初歐洲人努力尋找穿越非洲的捷徑，現在又尋找穿越北美的捷徑。

三

並非只有英格蘭人和荷蘭人對這些北極航線感興趣。丹麥人很清楚諾斯人涉足遙遠北方水域的悠久歷史。十六世紀初，丹麥人已經在斯堪地那維亞半島的北端開設一個海關站，他們稱之為瓦爾德（Vardø），而英格蘭人稱之為沃德豪斯（Wardhouse），說它是「挪威王國的一個相當有名的避風港或城堡」。這裡曾被選為威洛比和錢塞勒的船隻集合點，但是他們進入北冰洋的遠航失敗了。[39]前往白海的船隻會在瓦爾德停靠，並向同時也擔任挪威統治者的丹麥國王繳納關稅。與此同時，丹麥國王制定控制格陵蘭的計畫。弗雷德里克二世（Frederick II）國王希望說服弗羅比舍率領一支探險隊前往格陵蘭，克里斯蒂安四世（Christian IV）國王則僱用蘇格蘭和英格蘭的船長，來維護丹麥對這座巨大冰封島嶼的統治。克里斯蒂安四世在大西洋西北部實現自己的目標之後，就把注意力轉移到東北水道上。他派出富有進取心、經驗豐富的海員延斯．蒙克（Jens Munk），在冰面允許的範圍內航行到盡可能遠的地方。這條路線被證明無法通行之後，蒙克就被指派去尋找西北水道。他像英格蘭人一樣，夢想開闢一條通往中國的航線。一六一九年，蒙克率領一艘快速帆船和一艘單桅縱帆船（sloop），向巴芬島與哈德遜灣的方向前進。蒙克的航行日誌被譽為「北極文學中最生動、最感人的作品之一」。他的日誌能夠存世，是因為他和另外兩人在可怕的條件下得以倖存，而原本總計六十四名船員中絕大多數都喪命了。在漫長的冬天，由於食物匱乏，造成壞血病流行，大多數船員都死了。「肚子已經準備好了，」蒙克寫道，「對食物有胃口，但牙齒不允許吃。」[40]很多時候，冰凍的地面太硬，無法埋葬死去的同伴。一七一七年，一支英國探險隊抵達同一地點，發現那裡堆滿未埋葬的丹麥水手骨骸。蒙克的兩艘船在八月底抵達哈德遜灣，他們不知道冰雪即將來臨，現在應該趕緊離開才對。最後，蒙克和兩個同伴駕駛著單桅縱帆船回到丹麥。國王為了表示對他的莫大感激，命令他再次出發，找到那艘被丟下的快速帆船，並繪製哈德遜灣其餘部分的地圖。毫無疑問，對於沒有人願意參加這樣進入冰冷地獄的旅行，蒙克感到非常欣慰。[41]

丹麥人在北極水域的野心被遏制，不過在這些年裡創辦丹麥東印度公司（Danish East India Company），最終又建立丹麥西印度公司（Danish West India Company）。這提醒我們，海上貿易控制權的爭奪並不局限於西班牙、葡萄牙、荷蘭、英國和法國之間，更不用說印度洋上的鄂圖曼土耳其人。不過事實證明，在所有這些國家和民族中，荷蘭人是西班牙與葡萄牙在遠洋航線上主宰地位的最堅定、最無情的挑戰者。

第三十七章　荷蘭人崛起

一

研究荷蘭在大洋上的歷史之前，需要對荷蘭商船隊的出現作一些說明。荷蘭人成功取代葡萄牙人，是他們針對舊秩序的幾次非凡勝利之一，其他的勝利包括在波羅的海針對漢薩同盟的勝利，和在他們家鄉附近針對安特衛普的勝利，所有這些勝利是交織在一起的。安特衛普在葡萄牙人建立的亞洲貿易體系中發揮重要作用，它向葡萄牙的網絡輸送白銀，換取數量巨大的東方香料。但荷蘭的航海史是從鯡魚而不是香料開始的。如前文所述，隨著荷蘭人和英格蘭人對漢薩同盟的競爭變得更激烈，漢薩同盟開始喪失對波羅的海和北海貿易的控制。同時，德意志王公們正試圖重建已被大幅削弱的領邦權力，並改善他們的財政狀況，所以往往不願意允許自己的臣屬城鎮加入漢薩同盟。當漢薩同盟制定自己的外交政策，並派遣艦隊與丹麥人或英格蘭人作戰時，情況更是如此。

這些衝突及法蘭德斯內部發生的政治鬥爭，對布魯日產生嚴重的影響，布魯日在十五世紀晚期失去海上和陸上貿易重要交流中心的地位。布魯日市民奮起反抗哈布斯堡家族的攝政者奧地利的馬克西米利安（Maximilian of Austria）❶的中央集權政策，而馬克西米利安的反擊手段是在一四八四年和一四八八年命令所有外商離開該市。儘管他在不久之後與布魯日握手言和，但驅逐外商的行動促使他們之中的許多人，包括富有的義大利人，將生意轉移到安特衛普，因為安特衛普的地理位置更好，更靠近大海，而連接布魯日和遠海的水道已經淤塞了。馬克西米利安也鼓勵商人選擇安特衛普，因為在他與法蘭德斯諸城鎮的衝突中，安特衛普一直支持他。[1]當馬克西米利安允許外國商業機構返回布魯日時，它們也不肯回去。

葡萄牙人早在一四九八年，也就是知道達伽馬第一次印度之行的結果之前，就在安特衛普設立一個代理機構，目的是銷售他們在幾內亞海岸獲得的貨物，包括馬拉蓋塔椒；葡萄牙人為安特衛普的「黃金時代」奠定基礎。另一種葡萄牙產品是糖，先從馬德拉島，後來從聖多美島大量運到安特衛普，其中一些糖在安特衛普附近的精煉廠加工。一五六〇年，葡萄牙輸送到低地國家的糖的價值高達二十五萬盾，不過這只占低地國家所有進口的一．四%（其他葡萄牙香料價值兩百萬盾〔guilder〕，差不多占一一%）。[2]在布魯日和安特衛普的大多數外國商業機構，都是銀行或私人貿易公司的分支，而葡萄牙人

❶ 譯注：布魯日當時屬於勃艮地公國治下的尼德蘭，奧地利的馬克西米利安（哈布斯堡家族成員，一四八六年成為羅馬人國王，一五〇八年至一五一九年為神聖羅馬帝國皇帝）娶了勃艮地公國的女繼承人瑪麗，但她在一四八二年去世，所以勃艮地的下一任統治者在法理上應當是瑪麗與馬克西米利安的兒子美男子腓力，但他當時年幼，所以說馬克西米利安是勃艮地的攝政者。

在安特衛普的貿易站是由葡萄牙王室建立，並且那裡的代理人一直由王室任命。到了一五一〇年，安特衛普已正式承認城裡的葡萄牙社區。到了那時，包括熱那亞人、加泰隆尼亞人和佛羅倫斯人在內的其他民族，都在關注流經安特衛普的胡椒，並建立自己的商業機構。安特衛普的人口因為移民流入而增加，在十六世紀中葉達到約十萬人的高峰。[3]

英格蘭商人冒險家❷在安特衛普的街道上非常顯眼，這是因為英格蘭王室與法蘭德斯的哈布斯堡統治者之間的《大交流條約》（Magnus Intercursus）向英格蘭商人授予慷慨的特權。他們從一四二一年開始在安特衛普活動，當時在城裡建立一個「固定市場」❸，這意味著他們的所有紡織品只能透過這個港口輸送到歐洲大陸。[4]精明的亨利七世為他的臣民爭取到很好的條件，他們將英格蘭布匹輸送到歐洲大陸。當時英格蘭正在擴大紡織生產，而法蘭德斯的紡織業正在衰退。[5]英格蘭商人冒險家包括倫敦綢布商同業公會（Mercers）的許多成員。安特衛普最傑出的英格蘭經銷商之一是湯瑪斯．格雷沙姆（Thomas Gresham）爵士，他是一位倫敦綢布商同業公會成員的兒子，在聖保羅公學和劍橋大學岡維爾學院接受一流教育，並且擁有傑出的商業才幹。有人說，他同時還擁有「政治影響力、外交手腕、對金融的把握，以及不擇手段的驚人特質」。[6]他在安特衛普交易所（Antwerp Bourse）吸取經驗，後來在倫敦創辦皇家交易所（Royal Exchange），還創辦格雷沙姆學院（Gresham College），鼓勵在那裡舉辦關於商人或航海家可能需要的實用技能講座。

在此之前，威尼斯人與法蘭德斯做生意時，一直將他們的槳帆船派往安特衛普，船上裝載著透過亞歷山大港和貝魯特運來的香料，以及地中海的奢侈品。一五〇一年，第一批產自亞洲而非西非的香料從里斯本抵達安特衛普港口，此後，葡萄牙商人運到安特衛普的香料規模不斷增加。威尼斯人的槳帆船航運暫停幾年，不過在一五一八年恢復了，那時香料貿易已經恢復一定程度的市場均衡。[7]現在安特衛普吸引南德商人，他們熱衷為紐倫堡、奧格斯堡和其他地方的消費者購買香料。富格爾家族、韋爾澤家族和伊姆霍夫家族（Imhofs）等銀行世家從香料貿易中大發橫財，不過一位現代歷史學家曾描寫他們「作為水蛭的惡名」。[8]他們用白銀和銅作為支付手段，這些金屬是在中歐開採的，現在透過安特衛普流向葡萄牙。傳統上，這些金屬原本是從中歐向南越過阿爾卑斯山流向威尼斯的，因此香料的主要貿易港口從威尼斯變成安特衛普，產生廣泛的影響，威脅到威尼斯共和國的貨幣供給。早在一五〇八年，貴金屬貿易就價值六萬馬克。安特衛普在一四八五年建造一個可供商人進行交易的交易所之後，不得不在一五一五年建造一個更大的交易所，並在一五三一年又建造一個新的交易所，以因應不斷成長的貿易。[9]

安特衛普人不能滿足於既得的成就。哈布斯堡王朝與法國的競爭擾亂了海上貿易；在一五二二年和一五二三年，由於船隻未能從葡萄牙、義大利和西班牙抵達法蘭德斯，安特衛普沒有香料供應。威尼斯

---

❷ 譯注：倫敦商人冒險家公司（Company of Merchant Adventurers of London）是十五世紀初在倫敦建立的貿易公司，將多名主要商人聯合成一個類似於同業公會的組織，主要業務是出口布匹，進口外國商品。該公司與漢薩同盟競爭，在北歐各港口活動，尤其是漢堡。

❸ 譯注：固定市場（staple）是貿易商存放商品，並進行買賣的場所，設立固定市場的目的是規範重要商品的貿易，特別是羊毛、毛布、皮革和錫，並將貿易限制在少數幾個有名的主要城鎮，以徵收通行費並維持貿易品質。固定市場作為一項機制，與整個中世紀歐洲的貿易和稅收體系息息相關。

波羅的海
0 100 200 300 400 500 英里
0 200 400 600 800 公里

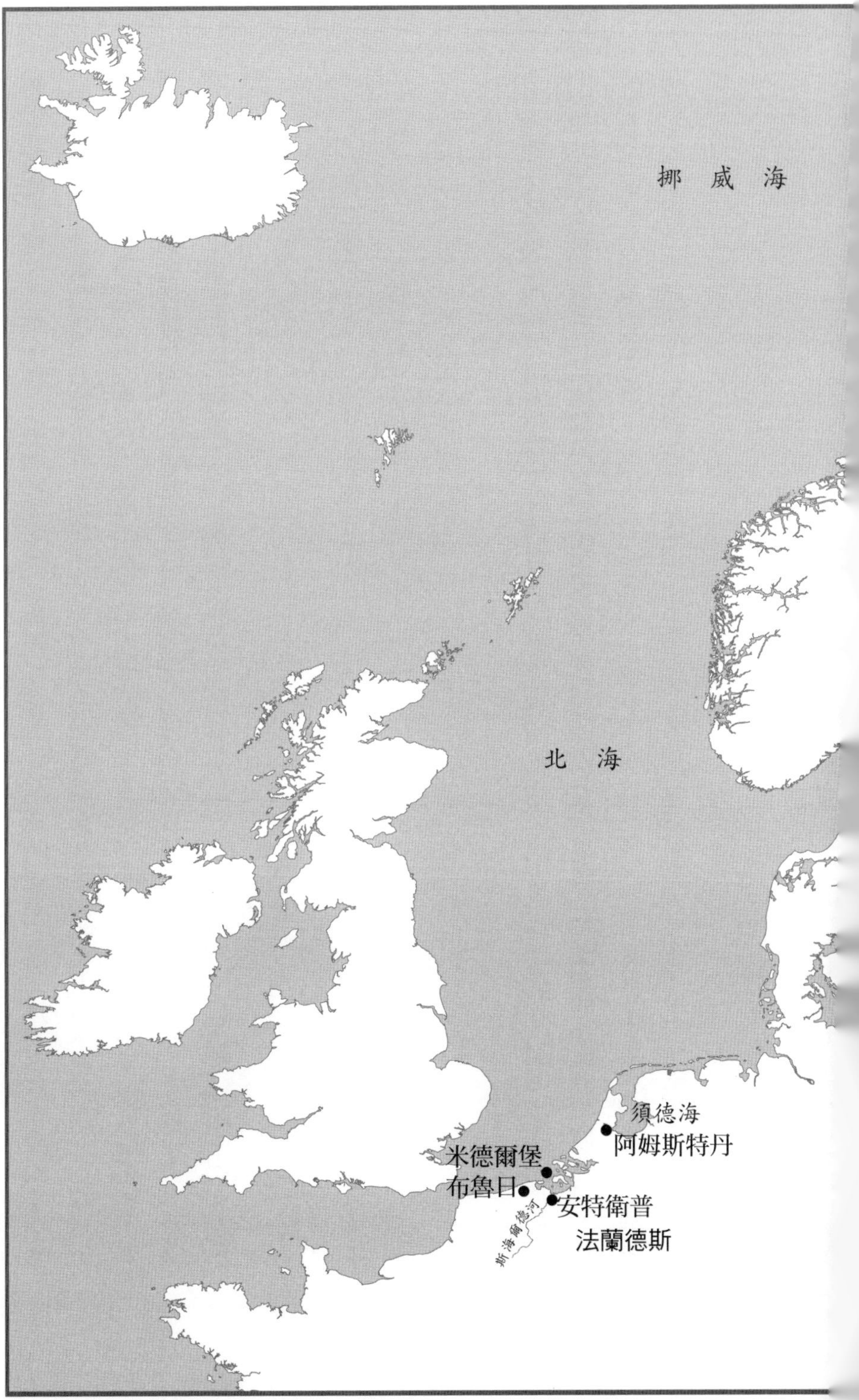
挪　威　海
北　海
須德海
阿姆斯特丹
米德爾堡
布魯日
安特衛普
法蘭德斯
斯海爾德河

人的勢力在一五三〇年代反彈了，因為如前文所述，事實證明葡萄牙人無法切斷紅海航線，所以香料繼續沿著這條航線流入地中海。對葡萄牙來說，白銀一直是安特衛普的賣點，而一旦大量秘魯白銀在一五四〇年代開始運抵距離葡萄牙較近的西班牙，安特衛普就失去對葡萄牙人的吸引力，他們在一五四八年關閉在該城的辦事處。另一方面，法蘭德斯本地人填補葡萄牙人留下的一些空白，不僅經營農產品，還經營掛毯、繪畫、珠寶和任何一位有身分的公民家中，都需要的其他高級商品。由於克里斯托夫・普蘭汀（Christoffel Plantijn）的倡議，安特衛普還成為一個重要的印刷中心。他解釋自己從法國來到安特衛普的原因：

> 世界上沒有任何一座城市能為我提供更多的便利，來進行我打算從事的行當。安特衛普交通便利；許多民族在這個市場相遇；在這裡也可以找到各行各業所需的原料；所有行業的工匠都很容易找到，並在短時間內對其加以培訓。[10]

而且城裡還有很多外商，包括來自德意志和英格蘭的新教徒，以及來自葡萄牙的猶太裔新基督徒。一五五〇年，安特衛普為英格蘭商人冒險家提供一系列建築，包括果園、花園和四個內院。漢薩商人在安特衛普的生意也做得很好：一五六八年建造宏偉的「東方人之家」（Oosterlingenhuis）靠近斯海爾德河，有一百三十個房間供來訪的商人使用，不過他們會在建築群中到處遊蕩，只有少數德意志人經常使用。[11]

實際上，安特衛普正在艱難地維持生存。查理五世皇帝一直高度依賴透過安特衛普的銀行籌集貸款，他的債務從一五三八年的一百四十萬盾激增到一五五四年的三百八十萬盾。一五五〇年代，法國、西班牙和葡萄牙的統治者明確表示，沒有能力償還從安特衛普的商業機構獲得的貸款本金，不過他們慷慨地表示願意支付五％的利息。這使得奧格斯堡的富格爾家族破產，他們是當時最偉大的銀行家，也是安特衛普經濟繁榮的支柱。即使熱那亞人能在一定程度上填補這個空白，安特衛普的經濟也遭受沉重打擊。[12]英格蘭人扣押前往低地國家途中的西班牙運寶船，船上載有西班牙官兵的軍餉。英格蘭商人冒險家認為漢堡是一個更合適的基地，於是在一五六九年和一五八二年從安特衛普搬走一段時間。甚至在安特衛普遭受下一輪衝擊之前，貿易就已經開始衰退了，下一輪衝擊是尼德蘭總督、臭名昭著的阿爾瓦（Alva）公爵對新教徒的迫害，這也是一五七二年尼德蘭起義爆發的原因之一。從一五七二年起，尼德蘭的「海上丐軍」，即奧蘭治（Orange）家族授權的私掠船主，封鎖斯海爾德河，迫使安特衛普商人尋找其他出口路線，並成功地打擊西班牙航運。一五七六年，西班牙軍隊因為領不到軍餉，向安特衛普發洩怒火。在圍攻安特衛普一年多之後，西班牙軍隊於一五八五年占領該城。此事是向外商發出的最後信號，特別是葡萄牙新基督徒，如果他們留下來，將面臨宗教裁判所的威脅（一五七〇年，安特衛普有九十七名葡萄牙商人，還不算他們的家屬）。這也是讓大家在一個新港口重新聚集的信號，人們的注意力逐漸集中於一座似乎有良好天然防禦和優良出海口的城市：阿姆斯特丹。[13]

二

曾經窮困潦倒的葡萄牙崛起，以及從巴西到摩鹿加群島環繞半個世界的葡萄牙商業網絡建立，已經是出人意料的事。荷蘭海軍和商業力量的崛起就更令人驚訝了，有人說：「這對一個小國的影響極其深遠，甚至是歷史上無與倫比的」，因為荷蘭崛起的一個結果是，出現一個充滿活力的城市文明，其體現就是十七世紀荷蘭的藝術和文化。[14]荷蘭的崛起之所以令人驚訝，主要原因倒不是荷蘭人所處的自然環境是泥濘而缺乏潛力的，而是他們在亞洲，甚至在南美洲，極其迅速地取代葡萄牙人。畢竟，其他一些貿易大國也在同樣邊緣化的環境中成長，最明顯的就是威尼斯。再往前追溯，弗里西亞人從他們的貿易城鎮（雄踞於海邊的沼澤之上，與荷蘭人處於同一個大的區域）出發，掌控中世紀早期北海的貿易，但是沒有進一步探索。不過在十六世紀末和整個十七世紀，阿姆斯特丹及其鄰近地區成為真正具有世界性的業務基地。阿姆斯特丹成為歐洲最大的貿易城市，它之所以成功，是因為它的船隻深入大洋的最遠端。正如喬納森・伊斯雷爾（Jonathan Israel）所寫，「一個成熟的世界轉口港，不僅連接，而且主宰了所有大洲的市場，這是完全超出人類經驗的事情」。[15]因為荷蘭人不僅把歐洲與非洲、亞洲和南北美洲連接起來，還積極從事亞洲內部貿易，他們在這方面比葡萄牙人更成功。

要解釋荷蘭人如何建立他們的主宰地位，我們必須從他們創辦著名的貿易機構「東印度公司」（East India Company）之前的一個半世紀開始。十五世紀，幾個荷蘭城鎮在北海挑戰漢薩同盟的霸權，但他們還沒準備好與呂貝克人和但澤人在後來被稱為「奢侈品貿易」的領域進行競爭，即絲綢、香料及其他在布魯日或更遠的地方購買、由德意志人透過松德海峽運往波羅的海的產品的貿易。即使荷蘭人來自沒有加入漢薩同盟的港口（有些荷蘭城鎮在一段時間內加入了），漢薩同盟也不得不容忍荷蘭人，因為他們承運的是波羅的海地區需要的日用品，特別是北歐的鹽。沒有鹽就沒有可食用的鯡魚，因為如前文所述，鯡魚一旦離開水就會迅速變質。到了十五世紀中葉，北海的鯡魚漁業完全被荷蘭人主宰。一個世紀後，荷蘭諸港口有大約五百艘捕鯡魚的「漁船」（buss），這是一種很適合鯡魚漁業的船隻。一般認為波羅的海鯡魚的品質更好，但即便如此，北海鯡魚還是有很大的市場。沒有鯡魚，漢薩同盟的整個業務領域將處於危險之中，更不用說歐洲大片地區的食品供應，特別是在大齋期。進入波羅的海之後，荷蘭船隻也受到歡迎，因為它們將船艙裝滿波羅的海地區出產的糧食（大部分是黑麥）運往西方。荷蘭船隻往往是空船進入波羅的海，只攜帶壓艙物。不過到了一五九〇年代，荷蘭人已經了解摩澤爾葡萄酒在北德沿海地帶有多受歡迎，更不用說透過米德爾堡運來的法國葡萄酒了。西屬尼德蘭政府於一五二三年將米德爾堡這座已經受到葡萄牙人喜愛的城市，指定為法國葡萄酒的官方固定交易港口，不過這只是事後確認米德爾堡自十四世紀中葉以來，作為一個重要葡萄酒貿易中心的地位。[16]

正是出於這些原因，荷蘭人建造巨大、堅固的船隻，它們適合運輸笨重貨物，需要大量船員來操作。隨著人口從瘟疫的蹂躪中恢復，海運成為荷蘭城鎮居民良好的就業方向。這些船隻所載貨物的性質，意味著保險費率很低。到了十六世紀末，這些船已經演變成「福祿特帆船」（fluyt），這種船的效率很高，裝備簡單，但是船艙很大。[17]利用荷蘭的中間位置，荷蘭船隻有可能南下到伊比利半島運鹽，然後直接前往波羅的海，而不用回家。此外，這個時期德意志的經濟重心，從漢薩同盟主導的北方海岸線轉移到南方的銀行業中心（如紐倫堡和奧格斯堡），這些中心隨時可以獲得從威尼斯翻越阿爾卑斯山運來的香料。結果到了一五〇〇年，荷蘭人在北海和波羅的海找到自己的利基，而德意志人基本上把這些活動區域讓給他們，一些簡單的統計資料能證明這一點。一四九七年，有五百六十七艘荷蘭船隻通過松德海峽，而德意志船隻則為兩百零二艘。此後德意志船的數量有所恢復，但荷蘭船仍然遙遙領先：一五四〇年，荷蘭船隻有八百九十艘，德意志船隻有四百一十三艘，因此德意志人很少能超越荷蘭人，如果能超越的話，也是因為西班牙試圖在尼德蘭強加權力而造成的政治危機。[18]

這些進步為荷蘭國內的發展和海外的征服奠定基礎。在荷蘭國內，各城鎮很容易獲得大量的進口魚與糧食，所以能夠吸收蓬勃發展的人口，並發展自己的紡織業。在黑死病疫情平息之後，人口平衡已經從農村向城鎮轉移，但是隨著土地被轉用於養牛，越來越多的人口被釋放出來，從事非農業活動。在中世紀晚期已經很興盛的荷蘭乳品業日益壯大，生產乳酪和其他乳製品幾乎成為現代荷蘭的象徵。荷蘭農民為積水的土地排水，建立圍墾區，然後種植蔬菜與水果，如李子和草莓（以前在荷蘭十分罕見），或是在不適合糧食生產的土地（因為剛剛從大海變成陸地）飼養牲畜。[19]荷蘭人吃得好，所以身強力壯，非常健康，到了一五六〇年代能夠提供大約三萬名水手。

幾個世紀以來，波羅的海一直是荷蘭商業的一個重點。荷蘭人沒有放棄他們歷史悠久的波羅的海業務，還將其納入在一六〇〇年左右建立的世界體系。他們擴大自己的活動範圍，將黑麥運到地中海，並在利佛諾、士麥那（Smyrna）和其他地中海貿易節點展開業務。[20]即便如此，荷蘭人在一五七〇年代仍處於艱難的境地，因為荷蘭對西班牙宗主的反對越發激烈。後來成為自由荷蘭商業首都的阿姆斯特丹城，對尼德蘭起義抱持冷淡態度，阿姆斯特丹的波羅的海貿易也因其政治上的孤立而萎縮。安特衛普似乎在反彈，歡迎那些願意返回該市，並重建其財富的各種信仰的人。但是在安特衛普於一五八五年被西班牙人占領之後，它的命運就迅速逆轉。荷蘭海盜仍然守衛著斯海爾德河口，使得安特衛普的船隻無法逃到遠海。安特衛普的商人社區分散開來，不僅進入尼德蘭北部，而且向西遠至盧昂，順著萊茵河到科隆，向北到漢堡、不來梅及北德的其他漢薩城鎮，向南到威尼斯和熱那亞，甚至深入虎穴，在塞維亞與里斯本居住。一個叫路易士・霍代恩（Louis Godijn）的商人，以前在安特衛普，後來在里斯本做生意，把南美的巴西木和糖運到北歐。

安特衛普並不是唯一受到尼德蘭起義影響的地方。一五八五年，西班牙國王腓力二世對開往西班牙和他新獲得的葡萄牙王國的荷蘭船隻實施禁運。如前文所述，過去荷蘭船隻會在伊比利裝載鹽，然後直接前往波羅的海，但現在幾乎完全不可能。隨著禁運的開始，走這條路線的荷蘭船隻數量急劇下降，從禁運前一年的七十一艘下降到一五八九年的三艘。禁運的主要受益者是漢薩商人，他們填補了空白。[21]另一方面，英格蘭擊敗西班牙無敵艦隊，讓人們期望腓力二世會放棄在北歐水域的過度野心。到了一五九〇年，腓力二世開始危險地沉迷於更靠近西班牙的法國內戰。如果屬於胡格諾派的納瓦拉的亨利（Henry of Navarre）成為法國國王，腓力二世就不得不在自家門口面對一個由新教徒統治的強大法國，這是西班牙國王最恐怖的噩夢，所以荷蘭人不再是腓力二世國王的首要目標。西班牙國王不得不放棄對西班牙水域的荷蘭船隻的禁運，因為他沒有其他辦法獲得自己艦隊需要的糧食和船用物資。於是出現一個怪現象，荷蘭人為敵人供貨。這是戰時貿易的一個特點，始終沒有真正消失。這些貨物中有許多來自波羅的海，荷蘭商人抓住機會在塞維亞、里斯本和其他地方，裝載從東印度群島、中美洲及南美洲一路運送到歐洲的貨物。[22]

因此隨著荷蘭商業的興盛發展，大量移民湧入阿姆斯特丹和其他擺脫西班牙枷鎖的荷蘭城市就自然而然了。不過，移民越來越集中在阿姆斯特丹有點出人意料，因為它的地理位置並不理想。這可以解釋為什麼其他許多荷蘭城鎮也成為重要的航海中心，並密切參與荷蘭東印度公司的創辦。阿姆斯特丹面對的是須德海（Zuider Zee），而不是開放的北海，它的沼澤環境很像威尼斯，解決辦法也和威尼斯人一樣：阿姆斯特丹建在木樁上，而且（如同它的幾個鄰居）到處都是運河，這有利於將貨物分配到兩岸的倉庫，但是只能部分彌補其糟糕的入海條件。另一方面，萊茵河－馬士河入海口複雜的水道提供進入內陸的路線，因此阿姆斯特丹受益於這樣一個事實，即它是一個富裕的腹地和延伸到世界各地的海路之間的中間人。十六世紀中葉，阿姆斯特丹船隻定期航行到挪威。一五四四年至一五四五年，挪威的生意占阿姆斯特丹貿易的七％；但里斯本的生意是這個數字的兩倍以上，所以阿姆斯特丹的長途聯繫已經很發達了。黑麥和紡織品被運往葡萄牙，香料則從反方向運回。波羅的海一直處於阿姆斯特丹人的視野之內，他們利用與西班牙的所謂「十二年休戰」（從一六〇九年開始），每年通過松德海峽的運輸超過兩千次。[23]

一五九〇年之後歲月的顯著特點是，阿姆斯特丹和其他地方的荷蘭人也開始委託前往更遠目的地的航行。這反映隨著較富裕的移民在該城定居，資本越來越集中。第一個新目的地是俄國，但不是經由漢薩商人已經操作幾個世紀的波羅的海航線。在征服波羅的海港口納爾瓦（Narva）之後，瑞典人妨礙通往諾夫哥羅德的舊路線恢復。此外，在伊凡三世及其繼任者恐怖伊凡（伊凡四世）的統治下，莫斯科已經成為迅速擴張的俄國的首都。伊凡四世決定開發白海之濱的阿爾漢格爾（Archangel），使之成為從西歐而來航運的終點站。如前文所述，到俄國的航運起初大多是由英格蘭人操作，他們的動機也很複雜。與找到通往中國的捷徑的希望相比，北極航線更直接的吸引力是可以獲得俄國的森林產品，包括蠟、牛油和毛皮。[24]阿爾漢格爾建成之後，荷蘭人就開始把英格蘭人排擠出去。到了一五九〇年，英格蘭人每年向莫斯科派出十五艘船。到了一六〇〇年，荷蘭人已經超越英格蘭人，這一年有十三艘荷蘭船抵達，十二艘英格蘭船抵達。在接下來十年裡，荷蘭人更加果斷地向前推進，推銷他們開始從東方或至少從里斯本運來的胡椒，以及自己生產的布。他們對俄國產品如此饑渴，以至於不得不用秘魯白銀來彌補差額，因此在南美洲太平洋那一側開採的金屬，被拿到北歐最偏遠的港口購物。[25]

同時，荷蘭人夢想透過一條穿越巴倫支海，途經荒蕪的新地島，繞過西伯利亞頂端的路線到達東印度，英格蘭人之前也有這個想法。如前文所述，巴倫支及其同事在冰封的北極熊國度留下他們的名字，有時還留下他們的屍體。荷蘭人始終抱持這樣的憧憬：將他們在世界地圖上標出的所有地方結合起來，並用相互聯繫和有利可圖的貿易路線覆蓋整個地球。不過如果荷蘭人要在亞洲，甚至在西非和南美取得突破，在很大程度上取決於他們能否取代目前主宰通往這些土地的海路的民族：葡萄牙人。

第三十八章　誰的海洋？

一

海洋本身的控制權屬於誰？一六〇三年，一艘荷蘭船在新加坡附近的海峽搶劫滿載貨物的葡萄牙克拉克帆船「聖卡塔里娜號」（Santa Catarina），並將其裝載的大量金銀和中國貨物運往阿姆斯特丹，在那裡賣出超過三百萬盾的價格，之後就有人提出上述的問題。葡萄牙人似乎被柔佛（馬來半島的南端）國王出賣了，他告訴荷蘭人，「聖卡塔里娜號」正在路上，而且沒有得到保護。荷蘭人與葡萄牙人唇槍舌劍，各執一詞。荷蘭人對葡萄牙人的挑戰，既有務實層面，也有理論層面。[1]荷蘭人提出的問題至今仍然沒有消失：二十一世紀，南海已經成為激烈法律辯論的焦點，在這些辯論中，理論上的權利主張和務實層面的現實緊密地交織在一起。[2]一六〇九年，荷蘭學者暨律師雨果．格勞秀斯（Hugo Grotius）博學而雄辯地論證海洋是自由空間，所有人都有權進出。[3]他在一開始就提出，「荷蘭人……航行到印第安人那裡，並與他們做生意，是合法的」；[4]他的觀點遭到英國人的反對，另一位海洋法作家，聖安德魯斯大學的民法教授威廉．威爾伍德（William Welwod）提出有力的觀點，認為英格蘭或蘇格蘭的海洋是英格蘭或蘇格蘭的專屬區域。[5]即便如此，格勞秀斯在年輕時撰寫，最初以匿名發表的論著，還是成為討論海洋統治權主張的起點，並在今天繼續發揮影響。格勞秀斯根據古典文獻和《聖經》提出，任何人都無權禁止自由通行，這為古代以色列人和亞摩利人（Amorites）之間的戰爭提供理由，因為以色列人試圖在前往應許之地的途中，通過亞摩利人的土地，卻遭到阻撓。[6]格勞秀斯認為，葡萄牙人不是作為主人，而是作為祈求者來到東印度的，他們能待在那裡，是因為當地統治者願意「接受他們的懇求」，允許他們在那裡生活（格勞秀斯低估了葡萄牙人對任何抵制他們建立貿易站的原住民的凶殘攻擊）。[7]葡萄牙人在東印度維持要塞和駐軍，但是沒有掌控大片領土。此外，葡萄牙人甚至不能聲稱自己發現印度，因為古羅馬人早就已經知道印度了。

格勞秀斯引用十三世紀的阿奎那和十六世紀初雄辯的西班牙作家維多利亞（Vitoria）的觀點，認為基督徒無權剝奪異教徒（如印第安人）的領土，除非基督徒能證明自己受到異教徒侵害。身為荷蘭新教徒，格勞秀斯不承認教宗有權在西班牙和葡萄牙之間劃分世界，認為教宗的權力不能生效於不屬於他的教會的人。而海洋是一個共同或公共的領域：「它不能被一個人從所有人的手中奪走，就像你不能從我這裡奪走屬於我的東西一樣。」[8]人類無法在海上建造房屋，海洋的任何部分都不屬於任何民族的領土。當人們從海裡捕魚時，就是從海洋提供、由全人類共有的資源中獲取魚。威爾伍德最關心的是，確保蘇格蘭漁民對自己水域的使用權不受質疑，而格勞秀斯用這樣的話批判威爾伍德：「不屬於任何人的東西，它的使用權必然是向所有人開放的，而對海洋的使用方式之一就是捕魚。」[9]格勞秀斯強調，他指的是廣闊的大洋，而不是內海或河流，因為大洋涵蓋整個地球，並受制於人類無法控制的大潮汐，

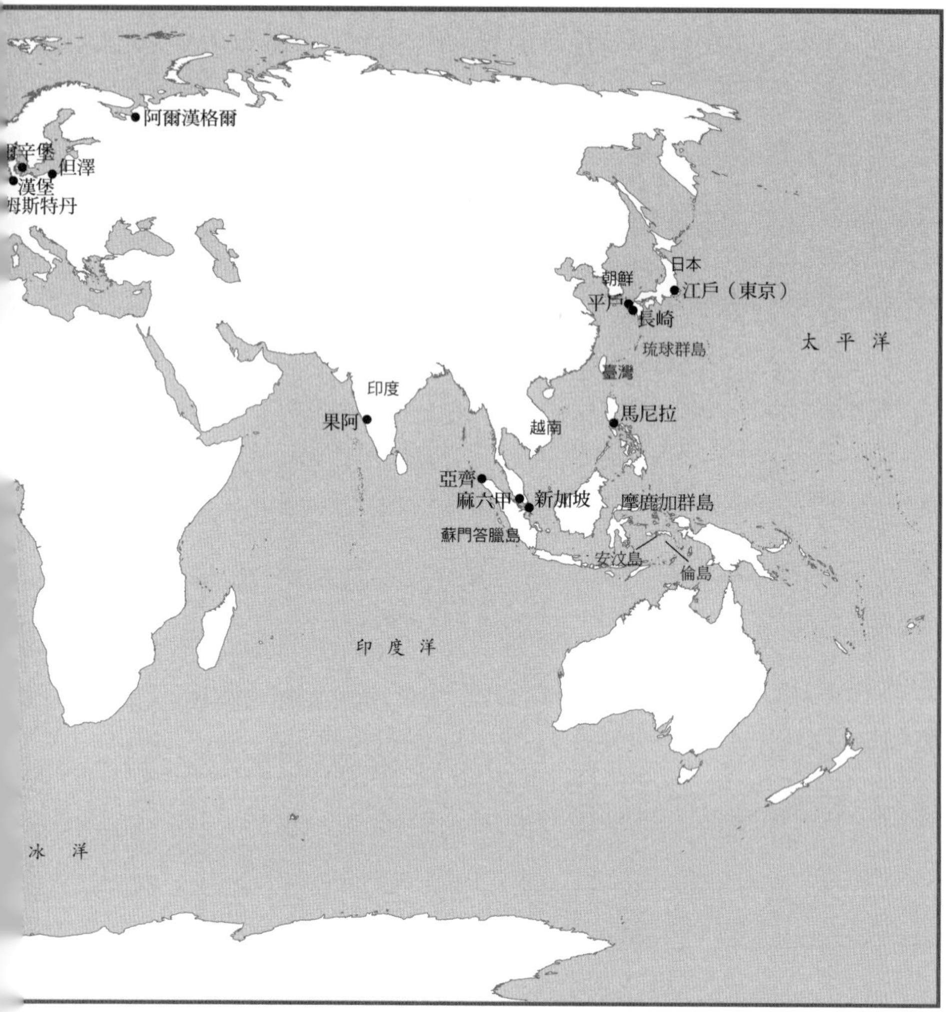

這個大洋「是擁有者，而不是被擁有者」。[10]

格勞秀斯的論點不僅僅涉及關於遠海主權的理論問題，他熱衷於為自由航行和自由貿易辯護，認為荷蘭人完全有權進入西班牙與葡萄牙的水域從事貿易。[11]雖然格勞秀斯關於自由海洋的論著，成為後來國際法的標準參考書，但我們不應忽視一個簡單的

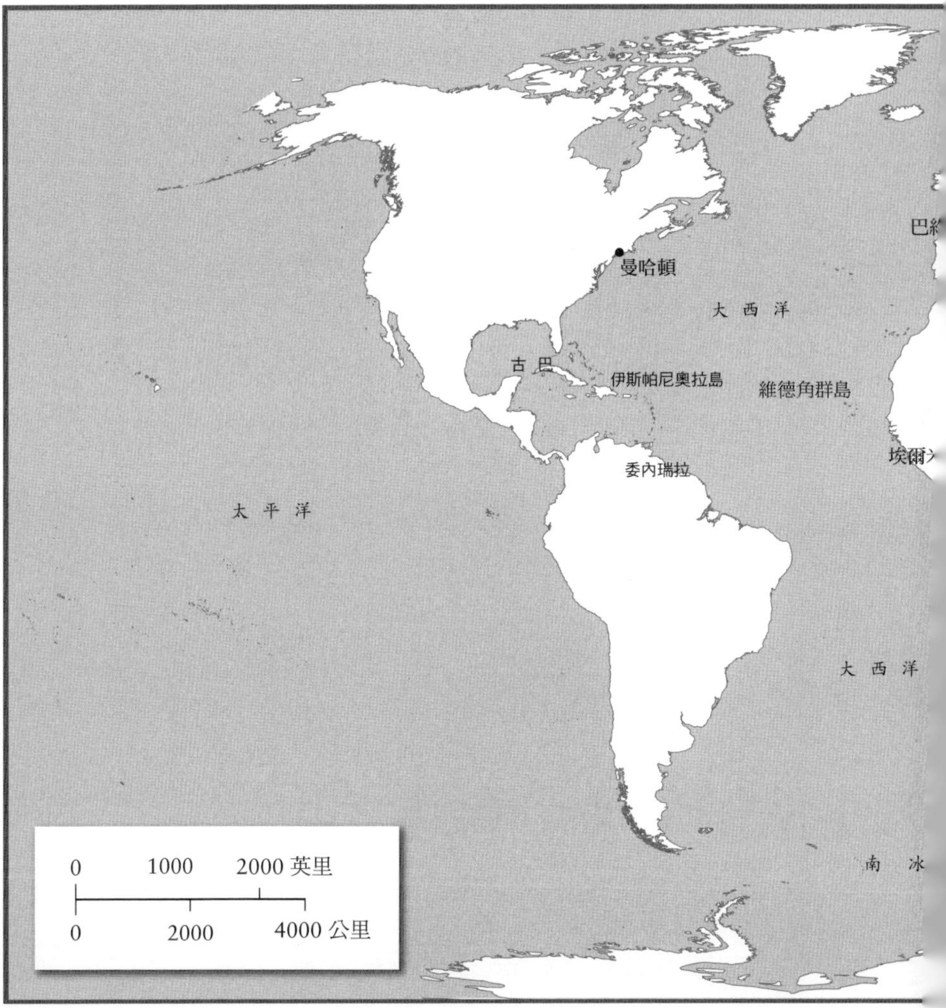

事實，即格勞秀斯是有傾向性的，他正在為自己的同胞辯護，他們不僅在陸地上挑戰西班牙人，而且此刻正在海上挑戰西班牙人和葡萄牙人（當時葡萄牙由西班牙國王腓力三世統治）。在他的其他著作中，格勞秀斯表明自己是荷蘭在印度的貿易權利的頑強捍衛者，認為歐洲國家無論在哪裡插旗，都在那裡

建立各自的專屬統治權。此外，我們很難說荷蘭人在新加坡附近捕獲「聖卡塔里娜號」的行為不是無恥的海盜活動。因此格勞秀斯關於自由海洋的論述有一些投機色彩，他的著作既受邏輯或理想主義的影響，也受到具體環境的影響。

二

十六世紀的最後十年和十七世紀的第一個十年，荷蘭登上世界舞臺。荷蘭人和法蘭德斯人都開始在地中海露面，在糧食供給不足時填補市場空白。一五九〇年代初，每年有多達三百艘荷蘭船隻向義大利運送糧食。義大利人是否欣賞波羅的海黑麥，是一個無意義的問題，因為黑麥不是他們喜歡的穀物。但荷蘭人還將其他貨物從阿爾漢格爾一路運到義大利，包括蜂蠟和魚子醬。他們與熱那亞、威尼斯和托斯卡納的商人做交易（在托斯卡納，新近得到升級的利佛諾港笑迎天下客），所以能將來自愛奧尼亞群島的醋栗和土耳其毛海等異國貨物帶回阿姆斯特丹。我們不應誇大荷蘭人在此時的影響，他們還處於提升的開端，而且並非總是受歡迎。在鄂圖曼帝國的英格蘭商人將荷蘭人和法蘭德斯人混為一談，抱怨道：「法蘭德斯商人開始在這些國家經商，肯定會毀掉我們的生意。」英格蘭人已經將荷蘭人視為國際貿易路線上的競爭對手。英格蘭人原本是同情尼德蘭起義的，但是現在意識到荷蘭人正在出乎意料地為一股世界性力量，於是英格蘭人就不再同情他們了。荷蘭人成功的另一個標誌是，他們越來越壟斷里斯本的香料市場，成為整個北歐的主要香料供應商。但是荷蘭人對未來的憧憬很快就破滅了，十六世紀末，西班牙國王腓力三世重新禁止他的伊比利諸王國與荷蘭之間的貿易，結果是造訪里斯本的荷蘭船隻數量驟減。一五九八年，有一百四十九艘荷蘭船隻造訪葡萄牙，隔年只有十二艘。同樣能說明問題的是，荷蘭直達波羅的海的交通規模急劇下降：一五九八年超過一百艘，隔年只有十二艘。漢薩商人享受一段興盛期，他們急切地填補荷蘭人留下的空白，在一六〇〇年沿著該路線派出一百五十三艘船。[12]

與西班牙衝突的教訓是，荷蘭人必須把自己的事業擴大到波羅的海或地中海以外很遠的地方。西班牙和葡萄牙對荷蘭船隻禁運的一個特點是，它似乎並不適用葡萄牙的海外屬地。於是在十七世紀初，荷蘭人每年向葡萄牙在西非的貿易站派出大約二十艘船。荷蘭人在西非需要的基礎設施已經被葡萄牙人建立了，所以可說是葡萄牙人幫了他們的忙。當荷蘭船隻停靠在聖多美時，那裡已經有了甘蔗種植園，並且有很多葡萄牙定居者渴望賣出他們的糖。[13]與此同時，只要禁運令還在執行，荷蘭人就幾乎完全無法取得葡萄牙或西班牙的鹽，所以他們只能到更遠的地方尋找鹽。沒有鹽，就不會有可食用的鯡魚。而且鹽必須是正確的種類，法國供應的鹽通常含有錳，會使鯡魚變黑並破壞口味；維德角群島的薩爾島有大量的鹽，那裡是葡萄牙殖民地沒錯，但是居民非常願意把鹽賣出去。荷蘭人認為，更好的辦法是奪取這些島嶼之中的一些。十六世紀末，他們試圖奪取維德角群島，並在一六〇〇年奪取聖多美。[14]

為了尋找鹽，荷蘭人一直走到委內瑞拉海岸。從一五九九年夏天開始，在六年半的時間裡，有七百六十八艘荷蘭船隻駛向阿拉亞角（Punta de Araya）的鹽湖；其中有許多船是空船駛出，只帶了壓艙物，目的是要把船艙裝滿鹽，然後帶回荷蘭。西班牙帝國和葡萄牙帝國的周邊夠安全，荷蘭人甚至在古巴與伊斯帕尼奧拉島展開業務，在遠離哈瓦那或聖多明哥的地方停泊，並運走大量的動物皮毛。但是他們必須保持謹慎，如果在西班牙主要定居點附近被俘就慘了，很可能會被毫不留情地處死。[15]

這些舉措及在加勒比海地區建立小型定居點的嘗試，最終導致荷蘭西印度公司（Dutch West India Company，簡稱WIC）成立。但荷蘭人實現最有利可圖的突破在東方，時間是從十六世紀末開始，一五九五年在阿姆斯特丹成立一家「遠方公司」（Long-Distance Company）。參與創辦這家公司的人幾乎都是荷蘭人，儘管大量來自法蘭德斯、葡萄牙和其他地方的移民商人，正在逐漸改變阿姆斯特丹的面貌，這座城市正迅速成為尼德蘭聯省共和國的經濟首都。正如尋找委內瑞拉的鹽是因為荷蘭人被排除在伊比利半島之外，尋找東方的市場則是因為荷蘭人被排除在里斯本的香料市場之外。一開始，這似乎是一門非常有利可圖的生意，葡萄牙人被他們咄咄逼人的新對手逼到角落。在被排擠出里斯本之後，荷蘭人棋高一著，於一六〇六年封鎖里斯本，阻止腓力三世在這一年派出香料艦隊。荷蘭人不可能每年都這麼做，但是當葡萄牙人和西班牙人聯手，試圖將荷蘭人趕出東印度群島時，他們很快就發現荷蘭人很難對付，無法把荷蘭人趕出去。[16]

西班牙對荷蘭實施貿易禁運的決定，是歷史上經濟政策適得其反的經典例子。到了一六〇一年，有六十五艘船從荷蘭抵達東印度群島，這些船被分成十四個獨立的探險隊。派遣這些探險隊的不僅有「遠方公司」，還有它的幾個競爭對手。大家都想要胡椒，結果是東印度群島的供應商坐地起價，將價格提高一倍。不過太多的胡椒到達荷蘭，產生反效果：歐洲內部的香料價格開始下降，所以很明顯東印度群島的貿易已經陷入危機，產生的利潤微乎其微。投資者勢必會退出胡椒貿易，而起初如此轟轟烈烈的貿易也會逐漸消亡。解決的辦法就是把所有不同公司的業務整合起來，在聯省共和國議會的大力推動下，最終成立一家公司，其中阿姆斯特丹的代表勉強占多數，這就是荷蘭聯合東印度公司（Vereenigde Oost-Indische Compagnie，簡稱VOC）。從一六〇二年起，荷蘭東印度公司成為荷蘭政府在東印度的官方機構，而且（考慮到荷蘭與西班牙和葡萄牙的競爭）公司不僅被鼓勵從事貿易，還被鼓勵在海上巡邏，並在遠東建造要塞。在三年內，荷蘭人占領摩鹿加群島的蒂多雷和特爾納特，這些地方是丁香、肉豆蔻及肉豆蔻皮的產地，也是葡萄牙人非常珍視的財產。[17]整個十七世紀上半葉，葡萄牙人在世界各地的基地連續遭到荷蘭人的攻擊和占領。葡萄牙是自作自受，因為是它向荷蘭人關閉香料市場。而且阿姆斯特丹和其他荷蘭城市的葡萄牙商人群體日益壯大，雖然他們不是荷蘭東印度公司的創辦人，但往往是逃避宗教裁判所的難民，所以他們積極支持荷蘭海外帝國的建立。在荷蘭的葡萄牙人商人群體，將在下文專門介紹。

早期的成功並不容易保持。荷蘭與西班牙的衝突在一六二一年再次爆發，對荷蘭商船隊產生巨大的影響。荷蘭人不得不再次到遠方尋找鹽和乾果（此時乾果已經成為整個北歐中產階級的主食之一）；西班牙人對此很警覺，修建一座要塞，阻止荷蘭人進入委內瑞拉的鹽田，並放水淹沒海地的鹽田，讓荷蘭人無法使用。尼德蘭與西班牙的鬥爭蔓延到低地國家的海岸線上，信奉天主教的法蘭德斯人再次為荷蘭人製造許多麻煩。一六二八年，來自敦克爾克的私掠船主擊沉或俘獲兩百四十五艘荷蘭或英格蘭船隻。船舶和貨物的保險費用急劇上升，也是自然而然。和以前一樣，主要受益者是漢薩商人。一六二一年，他們從伊比利向波羅的海派出二十二艘船，荷蘭人派出三十六艘。隔年，漢薩商人派出四十一艘船，荷蘭人設法偷偷派出兩艘船（在後來幾年裡，一艘都沒有）。有一段時間，丹麥人也從這種局勢中獲益，從伊比利通過松德海峽運送貨物，畢竟丹麥人控制著松德海峽。隨著與西班牙衝突加劇，荷蘭人發現自己缺少鯡魚，因為沒有鹽就沒有鯡魚。這不僅僅對荷蘭人造成困難，因為更遠地方依賴鯡魚的消費者也受到沉重的打擊，例如但澤的居民。一六三八年至一六三九年，丹麥國王決定提高對通過赫爾辛格（Helsingør）水道的船隻徵收的過路費，使得荷蘭人的處境更加艱難。信奉新教的丹麥與信奉天主教的西班牙達成共識，準備聯手扼殺荷蘭人。瑞典人在一六四三年入侵日德蘭，才使得丹麥人無法一心敵對荷蘭。荷蘭人決定是時候面對丹麥人了，於是派出一支由四十八艘軍艦和三百艘商船組成的強大艦隊，經過丹麥國王居住的赫爾辛格城堡，進入波羅的海。克里斯蒂安四世國王無法阻止他們，不久之後荷蘭人就與他達成一項協議，丹麥國王對通過松德海峽的船隻徵收較低的過路費。[18]

有一群人願意幫助荷蘭人，就是法國西南部巴約訥的葡萄牙定居者，這些猶太裔的新基督徒發現他們的新家是逃避宗教裁判所的好地方，不過他們也與西班牙的猶太同胞保持聯繫。新基督徒只要在公開場合過著天主教徒的生活，仍然可以得到馬德里宮廷的歡迎。大量西班牙貨物透過庇里牛斯山口走私到巴約訥，然後交給荷蘭人。在這個時期，沒有任何禁運是密不透風的。葡萄牙北部維亞納堡的居民，曾因與荷蘭的貿易而繁榮，現在也不打算執行禁運。西班牙政府試圖加強對來訪船隻的監督，扣押在西班牙港口發現的一些船隻，理由是它們的航行是由荷蘭人資助。西班牙政府還與丹麥、英格蘭和蘇格蘭簽訂協議，確保這些國家的船隻不承運荷蘭貨物。但是西班牙人似乎很難區分丹麥人和荷蘭人，沒收了那些已經被西班牙政府派駐漢堡附近丹麥領土的官員批准放行的貨物。[19]而且要確定誰是荷蘭商人的雇員並不容易，因為有很多葡萄牙人在周圍閒晃，這些流動人口在伊比利、法國西南部、荷蘭，以及（後來）在英格蘭和漢堡之間不斷移動。

有一段時間，荷蘭人的崛起看似只是曇花一現。據伊斯雷爾所說，在一六二〇年代和一六三〇年代，「荷蘭人失去波羅的海運輸量的八分之一」。[20]但是，經濟危機不僅限於荷蘭。這是德意志內戰的時期，後來英國和法國也經歷嚴重的動盪。實際上，荷蘭人能夠取得進展，但是這些進展發生在遠離家鄉的地方。他們牢牢掌控葡萄牙貿易帝國的若干碎片，甚至一度在巴西安營紮寨；他們在一六二五年從巴西被趕了出去，但是塞翁失馬，焉知非福。皮特・海因（Piet Heyn）俘獲從墨西哥向西班牙運送金銀的西班牙珍寶船隊，荷蘭西印度公司從中獲利一千一百萬盾，其他重要的戰利品包括四萬箱巴西蔗糖，據說價值八百萬盾。荷蘭人在非洲的黃金海岸是一股重要的勢力，甚至（在短期內）占據埃爾米納。考慮到埃爾米納是葡屬非洲王冠上的寶石，或者說是該王冠的黃金來源，荷蘭人能夠占領埃爾米納確實是令人印象深刻的成就。透過這次短暫的征服，荷蘭人昭告天下，他們在大西洋兩岸都是厲害角色。誠然，荷蘭西印度公司開支過大，這也不奇怪：公司必須維持一支艦隊、若干要塞、步兵部隊及整個貿易網絡，而且在一六三〇年代和一六四〇年代，西印度公司的股價跌宕起伏；該公司的股票是一種糟糕的短期投資。但是從摩鹿加群島到巴西，荷蘭的船長和商人們正在穩步奪取葡萄牙海洋帝國的最珍貴領土。葡萄牙人意識到自己的帝國正在被蠶食，這也是一六四〇年葡萄牙發動起義脫離西班牙，獲得獨立的一個因素。[21]因此荷蘭人的前進不僅對全球經濟很重要，在全球政治中也舉足輕重。

三

許多關於近代早期海上貿易和探險的歷史書籍，都將葡萄牙人、西班牙人、荷蘭人、英格蘭人、法國人和其他對手的歷史，整整齊齊地分隔成多條互相平行的線索。但實際上，如果不把同一時期英格蘭貿易的興起納入這個敘事，就無法理解荷蘭人的崛起。英格蘭人的目標與荷蘭人相同：在摩鹿加群島、日本和印度海岸等遙遠的土地建立貿易基地。起初，英格蘭人試圖透過一條向西的航線到達香料群島。德瑞克於一五七七年開始的環球航行，部分計畫是對加勒比海和美洲太平洋海岸線上的西班牙航運進行持續攻擊。由湯瑪斯・卡文迪許（Thomas Cavendish，或稱湯瑪斯・坎迪什〔Thomas Candish〕）領導的第二次航行，在一五八六年和一五八八年之間環遊全球，但這兩次航行僅僅證實麥哲倫海峽是難走的水域，是由寒冷刺骨、波濤洶湧的水道組成的迷宮。這是壞消息；但好消息是，卡文迪許帶著一整艘馬尼拉大帆船的戰利品回國，戰利品包括十二萬兩千金披索、大量絲綢和香料，以及兩個識字的日本男孩。這意味著卡文迪許希望嘗試到達日本，並在那裡展開貿易，不過最後他還是去了摩鹿加群島。據說在他們返回普利茅斯時，英格蘭水手們都穿著從敵人手中繳獲的絲綢上衣。卡文迪許顯然是正派人物，因為他把馬尼拉大帆船的船員和乘客安置在一個叫塞古魯港（Porto Seguro）的地方，並為他們提供補給，包括足夠的木材來製作一艘他們自己的小船，而和他同時代的一些人則會對俘虜大開殺戒。

英格蘭人詹姆斯・蘭開斯特（James Lancaster）在一五九一年試圖前往東印度群島，航行的是同時代人所說的葡萄牙路線，即繞過好望角，然後穿越印度洋。[22]蘭開斯特決定追蹤關於葡萄牙人即將在中國以北發現東北水道或西北水道的傳言，這些水道仍是當時英格蘭人執迷的對象。但是他的船員被壞血病折磨得筋疲力盡，領航員（是在印度洋找到的）顯然也迷失方向，所以蘭開斯特未能深入馬來半島西部的檳城（Penang）之外。蘭開斯特的一大戰利品是「麻六甲總督的船」，這是一艘從果阿航向麻六甲的葡萄牙船，船上裝滿加納利葡萄酒、棕櫚酒、天鵝絨、塔夫綢、「大量紙牌」和威尼斯玻璃，以及「一個義大利人從威尼斯帶來用以欺騙印度野蠻人的假寶石」，但是英格蘭水手未能如願在船上發現財寶。此後，英格蘭人一直在等待葡萄牙艦隊從孟加拉抵達東印度群島，據說該艦隊將攜帶鑽石、紅寶石、卡利卡特布「和其他精美的工藝品」。但不久之後，由於船長生病，船員們不再等待，而是返回英格蘭。[23]

荷蘭人向東印度群島派船的消息，讓英格蘭人重拾在香料貿易中為自己的王國開闢一席之地的計畫。特別令英格蘭人痛心的是，荷蘭人挖了他們的牆角，高薪聘請英格蘭探險家戴維斯擔任導航專家為他們服務。荷蘭人還開始投標購買英格蘭船隻，以提升自己的載運能力。戴維斯是一個值得信賴的人，他可以準確記錄通往東方的航線和荷蘭人造訪島嶼的特點。確定哪些島嶼盛產丁香和肉豆蔻成為荷蘭人執迷的問題，因為這些產品只能從很小的地區獲得，而荷蘭人就像英格蘭人一樣，計劃直接進入這些地區，然後控制它們，而不是依靠當地商人把香料運到蘇門答臘、爪哇或其他更方便的地方。在蘭開斯特第一次遠航的幾年之後，荷蘭人在爪哇的萬丹（Bantam）建立一個貿易站，然後他們一直滲透到奈拉（Neira），它被稱為「摩鹿加群島的肉豆蔻之都」。[24]作為回應，英格蘭人成立「倫敦商人在東印度展開貿易的公司」（Company of Merchants of London trading into the East Indies，即後來的英國東印度公司〔English East India Company〕），它向東印度群島的第一次遠航被委託給蘭開斯特，這也許令人驚訝。他上一次前往東印度群島的失敗嘗試並沒有被視為一場代價昂貴的災難，而是吊足倫敦投資者的胃口。英國東印度公司成立的直接結果是蘭開斯特的第二次遠航，而長期的結果則是荷蘭東印度公司和英國東印度公司之間的長期角力。

在蘭開斯特的第一次遠航中，壞血病造成惡劣的影響。在一六〇一年前往東印度群島的第二次遠航中，蘭開斯特高瞻遠矚地堅持要求每天給每個水手發放三勺檸檬汁，但這只是在他的旗艦上。在隨行的其他船隻上，壞血病十分猖獗。當他的四艘船到達非洲南部時，蘭開斯特的手下已經有一百多人死於疾病，相當於一艘船的全體船員人數。[25]當時的歐洲人知道新鮮水果有治療作用，但是沒有注意到它的預防作用。不過，蘭開斯特的第二次遠航確實產生一個重要的觀察結果，儘管這是葡萄牙人在一個世紀前就知道的事情。在抵達蘇門答臘島北端，面向印度洋的亞齊（Aceh）時，蘭開斯特發現「十六或十八艘來自不同國家的船隻」。這些船隻屬於古加拉特人、孟加拉人、馬拉巴人（來自南印度）、緬甸的勃固人（Pegus）和暹羅的北大年人（Patanis）。[26]蘭開斯特與亞齊的蘇丹阿拉丁（Ala-uddin）進行幾次卓有成效的會談。伊莉莎白女王的信是由一頭比魁梧男人高一倍的大象運到蘇丹那裡的，「大象背上載著一座像馬車一樣的小城堡，鋪著深紅色的天鵝絨。中央有一個大金盆，鋪著一塊精妙絕倫的絲綢，女王陛下的信就放在絲綢之下。」[27]阿拉丁的宴會非常豐盛，他對伊斯蘭教的禁酒令毫不在意；但是他的一個要求卻不容易滿足：希望得到「一位美麗的葡萄牙少女」。此外，亞齊的香料價格比蘭開斯特能接受的價格來得高，如果想要廉價獲得香料，答案就是深入香料產地。即使在爪哇島西端的萬丹，也可以買到比亞齊更便宜的香料。[28]在這兩個地方，英格蘭人都獲得建立貿易站的權利和其他貿易特許權，因此只要能遏制競爭對手，東印度公司商人的投資似乎可以在幾年內獲得良好回報。蘭開斯特對葡萄牙航運發動一些海盜式襲擊，心滿意足地返航了，但是他留下一艘輕型帆船，並指示船員深入東印度群島，尋找最好的香料產地。

這使得英格蘭人（即使只是一小部分英格蘭人）與荷蘭人發生衝突。這是一種奇怪的情況：荷蘭人有時表示他們非常感激英格蘭在反對西班牙統治的鬥爭中給予聯省共和國的支持（雖然不是一貫的支持），但是荷蘭與英格蘭在北海的和平，並不意味著英格蘭人在南洋自動受到歡迎。荷蘭人把英格蘭人視為外來闖入者，正如東印度群島的一個名叫約翰·茹爾丹（John Jourdain）的英格蘭貿易站職員所寫：

> 荷蘭人說我們搶奪他們的勞動成果，恰恰相反，他們似乎要剝奪我們在一個自由國家從事貿易的自由。我們曾多次在這些地方做生意，而現在他們卻要奪走我們長期爭取的東西。[29]

所以格勞秀斯的理論也只是說說而已。一六一九年，茹爾丹在東印度群島與荷蘭人的小規模衝突中喪生，這次衝突被認為「公然無視」另一項英荷停戰協議。[30]荷蘭人在與葡萄牙人的鬥爭中取得重大勝利，於一六〇五年占領安汶島。荷蘭人打算將收益據為己有，在一座又一座島嶼上堅決地尋求壟斷。英格蘭冒險家試圖為英格蘭王室爭取小小的倫島（Pula Run），詹姆斯一世國王被稱為「蒙上帝洪恩的英格蘭、蘇格蘭、愛爾蘭、法蘭西、普羅威（Puloway）和普羅盧恩（Puloroon）的國王」，最後兩個指的就是出產香料的艾島（Ai）和倫島。[31]這引發一場爭奪倫島控制權的醜惡戰爭，荷蘭人無恥地砍掉這個盛產肉豆蔻的島上所有的肉豆蔻樹。在荷蘭人看來，與其讓英格蘭人擁有倫島的肉豆蔻，不如讓任何人都得不到。倫島的英格蘭守衛者納森尼爾．科特普（Nathaniel Courthope）在一六二〇年被槍殺，荷蘭人接管該島，還驅逐原住民。但是關於該島未來地位的談判拖了四十七年，直到荷蘭和英國政府最終同意，如果英國人可以保留他們在三年前從荷蘭人手中奪取遠在北美的曼哈頓島，荷蘭人就可以保留倫島。[32]對東印度群島的居民來說，一批西方野蠻人和另一批沒有什麼區別，他們很容易把荷蘭人與英國人混為一談。[33]

即使在占領倫島之後，荷蘭人仍在實施令人髮指的暴行，以恐嚇現在和將來的所有英國闖入者：一六二三年，一群駐紮在安汶島英國貿易站的無辜商人被荷蘭人逮捕，被折磨得奄奄一息，然後遭到處決，理由是他們與日本傭兵密謀占領這座島嶼，日本傭兵也遭受同樣的命運。[34]「安汶島大屠殺」破壞英荷關係，荷屬東印度總督揚．彼得生．庫恩（Jan Pieterszoon Coen）的高壓手段也破壞了英荷關係，他是一個非常令人憎惡的人物，對消滅原住民、歐洲競爭對手或任何阻礙他的人都肆無忌憚，有時還無視荷蘭政府給他的指示。庫恩為殺死老對手茹爾丹而得意洋洋。不過，暴力手段確實大幅加強荷蘭在東印度群島的地位，特別是在他們的總部轉移到位置極佳的雅加達之後。雅加達被改名為巴達維亞（Batavia），即荷蘭的拉丁文名稱。

英國人的注意力從東印度群島轉向印度次大陸。在某種程度上，英國人之所以會對印度感興趣，是因為他們需要找到能夠吸引東印度群島居民的產品，而厚重的英國毛料織物並不是近乎赤裸的東印度群島居民渴望的商品。印度白棉布較輕，可以在東印度群島找到市場。因此英國人就像他們之前的葡萄牙人一樣，成為被寬泛稱為「印度」的許多相距遙遠海岸之間的中間人。當時已經有了活躍的區域間海上貿易，所以英國人如果想在印度洋和其他地區受歡迎，那麼融入當地的海上貿易不僅是聰明的，而且是必要的。[35]

與荷蘭人對抗的人力成本已經很高，財政成本也令人難以承受。此時，英國東印度公司的運作方式已經與英國的其他貿易公司（如莫斯科公司和活躍在士麥那與地中海其他地區的黎凡特公司〔Levant Company〕）有很大差異。其他幾家公司在本質上是旨在授權和推動加盟成員貿易的「傘形機構」，而東印度公司是作為單一的業務組織，即「一個法團」（引用伊莉莎白女王在一六〇〇年授予公司的特許狀），從事經營活動。公司董事會自行決定何時何地從事貿易，不允許投資者在進行公司官方貿易的同時，展開自己的遠航活動。[36]隨著時間的推移，在經歷一些危機之後，東印度公司演變成一家股份制公司。在一六五七年之後，奧利佛・克倫威爾（Oliver Cromwell）為東印度公司頒發一份條件優厚的新特許狀，吸引超過七十萬英鎊的創紀錄投資，使公司實力大為增強。[37]

四

荷蘭人取得的最顯著成功，不是他們針對葡萄牙人的一連串勝利（因為葡萄牙的貿易帝國在一六〇〇年之前就已經承受嚴重的壓力），也不是他們針對英國人的勝利，而是他們在日本建立基地。從一六四一年至一八五三年，在長崎的荷蘭商人是日本土地上唯一一群歐洲商人，而且即使如此，他們也是住在離岸的出島。[38]一八〇〇年左右，荷蘭人在出島的生活於大衛・米切爾（David Mitchell）的一部小說中得到精彩的描繪。[39]有人認為，日本人透過這個管道獲得航海、醫學和其他許多方面的科學知識，這一觀點已得到廣泛討論。日本人將這些西方知識稱為「蘭學」（Rangaku），即「荷蘭的學問」，這意味著蘭學被視為一個連貫的體系，但是今天學界傾向強調日本人在兩百多年裡獲得的西方科技是多麼雜亂無章。[40]這似乎更符合知識在海上貿易路線傳播的特點：緩慢的滲透。宗教思想的傳播也是這樣，無論是基督教、穆斯林還是佛教。

荷蘭人在日本的存在可以追溯到一六〇〇年「慈愛號」的航行，這艘船的領航員是英國人亞當斯，他後來贏得日本幕府將軍的信任。[41]其他英國商人也設法從幕府將軍那裡獲得特權。一六一三年至一六二三年，在平戶有一個英國貿易站；不過英國人認為那裡無利可圖，因為雖然可以從那裡獲取銅，但是把銅帶到英國就像把煤帶到紐卡斯爾，純屬多此一舉。後來荷蘭人意識到，透過在亞洲海域兜售日本產的銅，可以獲得豐厚的利潤。[42]此時葡萄牙人和西班牙人在日本仍有一定的影響力，他們竭力破壞第一批荷蘭訪客與德川幕府之間的關係。但是荷蘭人有一個特別的賣點：他們解釋自己是如何擺脫天主教西班牙的桎梏，所以在日本人的眼中，荷蘭人不是基督徒。就在日本政府對耶穌會和其他傳教士越來越有敵意時，荷蘭人的反天主教立場對他們幫助很大。荷蘭共和國的執政莫里斯親王向德川家康寫了一封禮貌的信，這封信在一六〇九年送達；荷蘭執政與幕府將軍之間歷史性的通信持續一段時間。荷蘭執政藉機斥責葡萄牙人和西班牙人的「狡猾與奸詐」，並將西班牙國王腓力三世描繪成貪戀權力的自大狂，說他企圖利用基督教皈信者在日本引發革命。奇怪的是，德川家康沒有回應莫里斯親王對腓力三世及其臣民的嚴厲指控。但是外交手段發揮作用，荷蘭人獲得在平戶的貿易權。[43]即便如此，在接下來三十年，荷蘭人在日本的地位仍不穩固。德川家康去世後，荷蘭人匆忙要求續展權利，引起幕府的極大不滿，因為荷蘭人彷彿在暗示德川家康的兒子兼繼承人要推翻父親的決定，這就是不忠不孝。顯然需要教訓一下荷蘭人，於是幕府開始限制他們在生絲貿易方面的自由。駐紮在巴達維亞的荷蘭東印度公司總督對荷蘭人應該如何行事有很好的理解：

> 你們不該與日本人發生衝突，而是應當以最大的耐心等待一個好時機，那樣才能得到一些收益。既然日本人不能容忍受到反駁，我們就應該在日本人面前假裝謙卑，扮演貧窮和悲慘商人的角色。我們越是扮演這種角色，在這個國家就越會得到青睞和尊重。這是我們多年來的經驗。[44]

這些話是在一六三八年寫下的，當時他可以看到明確的證據，表明耐心是有回報的。到了一六三六年，除了在長崎出島的貿易站之外，葡萄牙人已經被逐出日本。而且出島並非永久性的貿易站：葡萄牙人要帶著貨物來出島做生意，然後離開，第二年再來。同時，幕府禁止日本人向海外派遣船隻，違者將被處決。此外，幕府還注意防止葡萄牙人持荷蘭通行證旅行，這種情況在這個時期經常發生。阿姆斯特丹的新基督徒在澳門，甚至馬尼拉都站穩腳跟。[45]

日本人確實想要保持一扇門的開放，但只是開一道小縫。當荷蘭在福爾摩沙（即臺灣）的要塞指揮官彼得．奴易茲（Pieter Nuyts）扣押一些日本船隻時，日本人深感受辱；他們沒有斷絕與荷蘭人的一切關係，而是要求將奴易茲送到日本，他在那裡被扣為人質，直到一六三六年。但是幕府將軍很謹慎，沒有驅逐荷蘭人，因為那樣日本對外關係就全斷了；同樣地，荷蘭人也非常清楚，他們需要證明自己與葡萄牙人是完全不同的。一六三八年，他們很樂意支持幕府鎮壓叛軍，叛軍中包括許多得到葡萄牙人支持的日本基督徒，他們的失敗最終導致約三萬七千人被屠殺，荷蘭人從此落得冷酷背叛基督教教友的惡名。不過此事證實日本宮廷的看法，即荷蘭人並不是真正的基督徒，或者說荷蘭人是一種與西、葡人迥然不同的基督徒，不會試圖傳教。在《格列佛遊記》（*Gulliver's Travels*）中，主角造訪日本，假裝自己是「荷蘭人」，而他在江戶（東京）目睹荷蘭人踐踏十字架，這對日本人來說是標準的儀式，但對荷蘭基督徒來說，顯然是更值得商榷的做法。[46]幕府將軍震驚地得知，荷蘭人在平戶新建的倉庫正面，擁有美觀的山牆，並標示有基督教曆法的日期。由於得到預警說有人要屠殺平戶的荷蘭商人，荷蘭人迅速拆除這棟讓日本人不悅的建築，而日本政府急於消除基督教的所有痕跡，所以禁止荷蘭商人在週日休息（這是喀爾文教派的宗教慣例）。[47]

最後，日本政府命令荷蘭人占領位於出島，曾屬於葡萄牙人的基地，於是日本與荷蘭的對峙得以解決。日本政府再次表示對荷蘭人在日本的存在不屑一顧，不過措辭恰恰暴露日本人渴望有機會獲取（但主要是為宮廷獲取）外界的異域商品，無論是歐洲槍枝還是中國絲綢：

陛下〔幕府將軍〕責成我們通知你們，外國人來不來通商對日本帝國無關緊要；但是考慮到德川家康授予他們的特許狀，陛下樂意允許荷蘭人繼續經營，並把商業特權和其他特權留給他們，條件是他們撤離平戶，在長崎港建立基地。[48]

出島的意思是「前島」，因為它位於長崎的前方❶，不過現代長崎的開發已經將出島完全涵蓋在長崎市內。出島是人工島，呈彎曲的梯形，形狀像一把扇子，據說是因為幕府將軍在回答它應該是什麼形狀時打開了扇子。出島不比現代阿姆斯特丹的水壩廣場來得大，梯形的頂長五百五十七英尺，底長七百零六英尺，兩邊長兩百一十英尺。[49]這個空間本來就很狹小，再加上鐵釘欄杆，以及連接出島與大陸的石橋上的哨兵會檢查每個進出的人，就顯得格外狹窄。荷蘭人試圖盡可能地建造與他們家鄉相似的房屋，而且身為荷蘭人，他們自然會在小島上為花圃找到空間。出島的永久居民很少：若干日本官員、荷蘭長官、首席商人、一名祕書、一名簿記員、一名醫生和其他必要的工作人員，以及一些黑奴與白人工匠。荷蘭人的人數遠遠少於日本官員，這些日本官員當中不僅有警衛，還有大量的譯員，在十七世紀末約有一百五十人。日本官員的人數之所以如此膨脹，是因為荷蘭人必須支付日本官員的生活費，所以有許多閒差就不足為奇了。不過確實有一些日本官員極其認真地對待工作，仔細檢查所有到達的貨物，特別注意基督教文獻。荷蘭人甚至不被允許在出島做禮拜。與此同時，長崎在荷蘭貿易和日本國內海上貿易的支持下蓬勃發展。一七〇〇年左右，長崎人口達到約六萬四千人。[50]

---

❶ 譯注：此說法存疑。另有說法，出島的「出」是突出的意思，指人工填海，使它突出海面。

也許有人會問，為什麼會有荷蘭商人願意在出島居住？答案就是對日貿易的獲利率很高。在十七世紀末的荷蘭貿易世界，長崎比荷蘭東印度公司的其他任何一個基地都更有利可圖。在一六七〇年至一六七九年的十年間，荷蘭商人透過對日貿易獲得七五％的利潤（不過這是高峰期的數字）。這是因為除了荷蘭人以外，沒有人能為日本提供五花八門的各色貨物，包括糖、鯊魚皮、水牛角、巴西木、顯微鏡和芒果，更不用說鹹菜、鉛筆、琥珀和水晶；但日本人最想要的是中國絲綢。把這些商品賣給日本人之後，荷蘭人就有資本在日本獲取金、銀、銅、陶瓷和漆器，不過他們也沒有忽視清酒與醬油。從荷蘭人在日本銷售的商品的情況可以看出，他們絕非單純經營歐洲商品，而是匯集來自印度、香料群島、東非和大西洋的貨物。獨角鯨的長牙就是從大西洋來的，對日本人來說，它與犀角有著類似的魅力，所以是荷蘭人熱衷於透過出島銷售的產品之一。[51]因此，出島給予荷蘭人在日本的貿易壟斷權。為了保持與幕府的接觸，他們願意忍受屈辱，生活在幾乎是監獄的環境中。

出島生活的諸多奇異元素之一是，荷蘭長官（Oranda Kapitan）被視為一位名譽大名（幕府將軍的高級附庸），並被要求「參勤交代」，即每年造訪江戶的宮廷，獻上禮物，一絲不苟地遵守日本宮廷的嚴格禮節。當「荷蘭長官」到達禮堂，並有宣禮官洪亮地宣布荷蘭長官駕到時，荷蘭長官被要求爬著經過他的使團帶來的成堆禮物，爬向幕府將軍端坐的平臺（不過有一扇格柵擋著，所以外人實際上看不到將軍）。正如一位歐洲觀察家所寫的，參拜結束後，荷蘭長官「像龍蝦一樣」匍匐回去。不過在參拜當天稍晚，往往會舉辦一次相對隨意的會議，幕府將軍和他的廷臣們，仍在視線之外盤問這些異國訪客，詢問他們家鄉的情況。[52]歷史學家對荷蘭派往江戶的使團得到的待遇是一種羞辱，還是一種榮譽進行辯論。荷蘭東印度公司曾得到德川家康的恩惠，而他的繼任者也渴望看到這些特權繼續維持。此外，對日本人來說，學習西方科學的機會也不能錯過。知識界的接觸也是透過譯員的工作來保持，而且這種接觸隨著時間的推移變得越來越緊密，所以到了十八世紀末，日本作家能在自己的書中闡述西方醫學。[53]

一位日本歷史學家提出一個合理的觀點，即日本並不是唯一一個向歐洲商人關閉大門，並試圖阻止基督教傳播的國家。在中國、琉球、越南和朝鮮也可以看到類似的舉措。[54]葡萄牙人、西班牙人和荷蘭人的暴行，讓他們臭名昭著。當葡萄牙人處於低潮並被西班牙國王統治時，荷蘭人抵達日本，使日本人有機會與歐洲貿易保持有限的聯繫。和通常的假設相反，日本人並沒有將自己與外界完全隔絕。事實上，他們準確地選擇自己想要的那種聯繫，並將其限制在狹窄的範圍內。

第三十九章　諸民族在海上

一

渴望控制大洋航線的不同人群之間的複雜競爭（無論格勞秀斯對自由貿易和自由航行是怎麼闡發的），很容易被過於簡單化地理解為民族國家之間的衝突。在公開場合，西班牙貴族對貿易不屑一顧，彷彿他們是古羅馬貴族。至少在官方層面，西班牙貴族將骯髒的生意留給熱那亞和德意志金融家，如果沒有他們，不僅西班牙王室，而且塞維亞城都會缺乏資源。實際上，金融家和貴族熱衷於組成強大的聯盟，他們之間的連結透過婚姻得到鞏固，這一點從西班牙和葡萄牙的新基督徒家族，與伊比利貴族世家的密切聯繫中可見一斑。當貴族世家的資金開始枯竭時，與有猶太血統的富裕家族聯姻，從而獲取資金，就非常合理了，直到十六世紀開始傳播「血統純正」（limpieza de sangre）的學說，這種婚姻才變得不受歡迎；在那之後，很多伊比利人竭力遮掩自己有猶太人或穆斯林血統的證據。

邊疆地區往往會吸引投機分子、騙子、無業遊民，但也會吸引那些尋找新的、可能有利可圖商機的冒險家。十六世紀晚期，西班牙和葡萄牙的海外殖民帝國成為無數民族的新家園：有布列塔尼人、巴斯克人、蘇格蘭人、胡格諾派法國人、加利西亞人和科西嘉人。巴斯克人來到遠在秘魯的波托西（Potosí）❶，從那裡向西班牙和中國輸送的白銀看似永不枯竭。有些人，如胡格諾派，是為了逃避宗教衝突而背井離鄉的難民；有些人則是為了尋找新的經濟機遇；有些人則是攜家帶眷離開祖國，而葡萄牙移民往往是男性，來自五花八門的家庭背景和社會階層。這就是逃離迫害的難民和經濟移民的典型組合，這兩個群體之間的界線很模糊。[1]不管他們有多少人，歐洲移民並不是單獨來到殖民地的。一艘又一艘奴隸運輸船將非洲黑人分散到兩個伊比利帝國的各個角落，如利馬和馬尼拉這樣距離非洲很遙遠的地方。[2]在很長時間裡，從事奴隸貿易需要獲得許可證（asientos），但是到了十七世紀晚期，太多奴隸被走私到美洲，以至於沒有人再購買許可證。[3]因此，歐洲人對西班牙及其競爭對手所主張土地的殖民化，並不是一種有序地強加權力的過程（儘管在殖民地隨處可見西班牙和葡萄牙官僚與軍人），而是商人、宗教異見者、逃犯、貧窮農民和工匠，以及奴隸的無序流動。但是，移民很難找到一個安全的避風港：在較小的加納利群島，表面上的安定生活不能保證避開宗教裁判所的監視，那些在十七世紀的加納利群島被指控祕密信奉猶太教的人就發現這一點。[4]

移民群體內部的團結往往是透過社區教堂來維持。在葡萄牙人那裡，典型的例子是獻給帕多瓦的聖安多尼（St Anthony of Padua）的教堂，他是聖方濟各（St Francis）的夥伴，因為出生在里斯本，所以在當時和今天的葡萄牙人都很受尊崇。這些教堂不僅僅是禮拜場所（畢竟，一些葡萄牙人對猶太教比對基

❶ 譯注：這裡的秘魯指的是西班牙帝國的秘魯副王轄區，該轄區覆蓋今天南美洲的大部分。波托西今天在玻利維亞境內。

督教更有好感），還是慈善救濟的來源，也是人們交換消息和建立重要聯繫的地方。在今天哥倫比亞的卡塔赫納（Cartagena de las Indias），葡萄牙移民非常富裕，有能力建造一間大型醫院。[5]熱那亞人和英國人喜歡以共同的主保聖人聖喬治（St George）來命名在海外的教堂，胡格諾派則在安全的地方建造新教禮拜堂。

歸根結底，貿易帶來的利益通常能壓倒人們對其他宗教的厭惡。例如，儘管葡萄牙早在一四九七年就禁止公開信奉猶太教，但葡萄牙君主國願意容忍統治的摩洛哥城鎮中存在猶太社區。

二

從十五世紀開始，葡萄牙定居者就在大西洋彼岸參與建立製糖業。但十六世紀晚期和十七世紀初的葡萄牙僑民有一個獨特的特點，就是大西洋、印度洋和太平洋地區的葡萄牙商人引起懷疑，因為其中很大一部分的人（到底有多少人，我們說不清）有猶太血統。這並不意味著他們的父系和母系血統都是猶太人；而且雖然顯赫的塞法迪（Sephardic）猶太人家族，像安達魯西亞的阿拉伯精英和卡斯提爾的貴族一樣，小心翼翼地保存自家可以追溯很多代的家譜，但是只有當一個人可以作為猶太人生活，並為自己的猶太血統感到自豪時，保存家譜才有價值。西班牙和葡萄牙曾有一個黃金時代，在那時候，塞法迪猶太人在宮廷可以攀升到顯赫的位置，這種回憶太有吸引力了，不容易被遺忘。大多數新基督徒都採用葡萄牙或西班牙名字，往往是像洛佩茲（López）或達．科斯塔（da Costa）那樣不顯眼的名字，他們會覺得最好不要宣揚自己的猶太血統。到了十六世紀中葉，在宗教裁判所的壓力下，西班牙境內祕密進行的猶太教活動已基本消失。但在葡萄牙，國王曾向猶太人承諾，他將等待整整一個世代的時間，然後才允許宗教裁判所鎮壓猶太人，最終葡萄牙國王在一四九七年強迫絕大多數猶太人皈信基督教。這些人不僅包括葡萄牙猶太人，還包括五年前遭卡斯提爾和阿拉貢驅逐之後，作為難民抵達葡萄牙的西班牙猶太人。就這樣，葡萄牙為祕密地實踐和傳播猶太教提供肥沃土壤。然後隨著葡萄牙新基督徒越來越參與貿易和金融活動，他們出現在馬德里宮廷與西班牙的其他地方，使得很多猶太裔西班牙人對祖先的宗教重新產生興趣。

儘管葡萄牙商人絕非都是猶太裔，但同時代的人有時會認為所有葡萄牙商人其實都是猶太人。而在十七世紀，那些提及葡萄牙「民族」（Nação）的人甚至可能會加上形容詞hebrea（希伯來人的）。[6]在那時，這個詞彙雖然不完全合理，但也有一定的意義，因為在利佛諾、阿姆斯特丹和倫敦，越來越多的新基督徒公開回歸祖先的宗教，而且有一種強烈的兄弟情誼，將這些成功抵禦宗教裁判所的分散社區聯繫在一起。直到今天，倫敦的西班牙和葡萄牙猶太教會堂（由葡萄牙「民族」的成員創立），在每個贖罪日都會用葡萄牙語為「我們被宗教裁判所帶走的兄弟」（os nossos irmãos prezos pella Inquisição）祈禱。

新的葡萄牙貿易網絡，是在葡萄牙本土王朝滅亡和西班牙國王腓力二世於一五八一年繼承葡萄牙王位後形成的。葡萄牙國王塞巴斯蒂昂妄圖征服摩洛哥，卻在北非的沙漠中喪命，對葡萄牙的商業和政治都造成打擊。兩個世紀以來，葡萄牙一直受益於與英格蘭的密切貿易關係，而如今葡萄牙和英格蘭的死

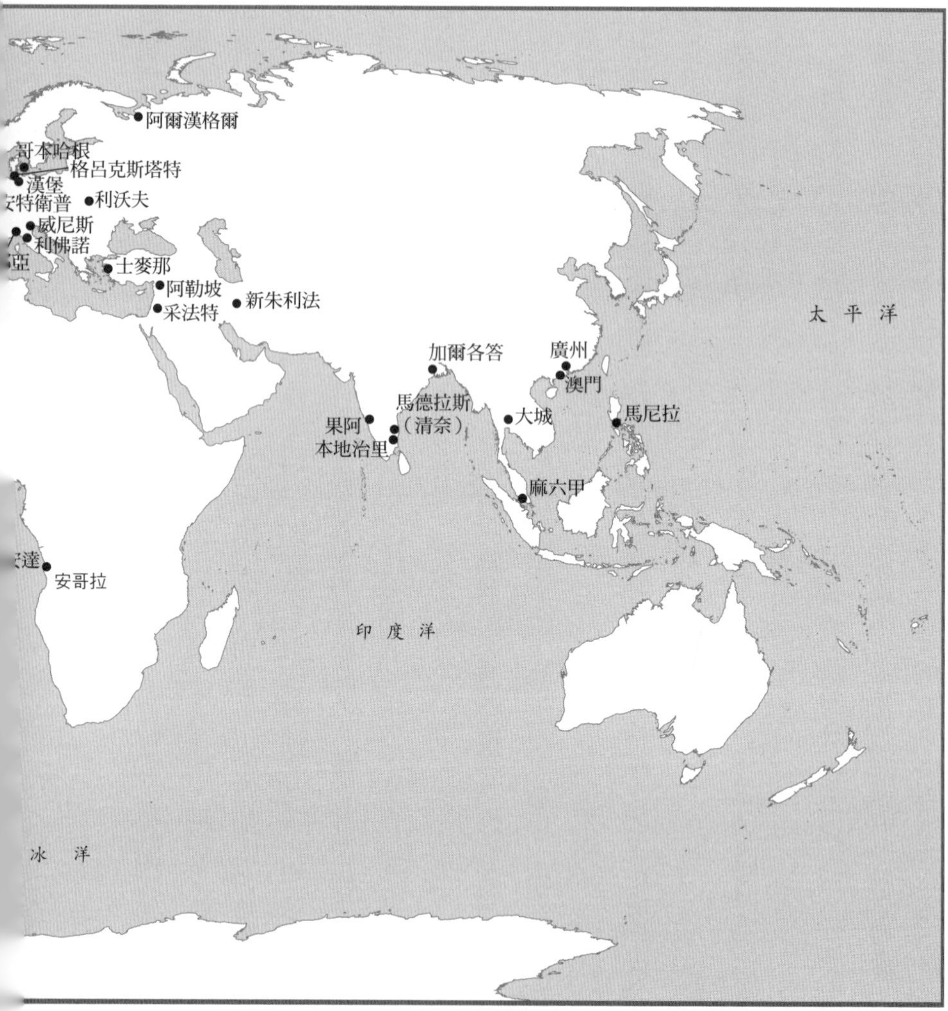

敵西班牙綁在一起。不過，葡萄牙人一馬當先地展開海外事業，前幾代人已經從香料、糖和奴隸貿易中累積豐厚的利潤，因此他們和熱那亞人一樣，有能力投資跨越西班牙水域的航行。葡萄牙商人已經向西班牙在加勒比海和美洲大陸的屬地輸送大量奴隸，現在將注意力

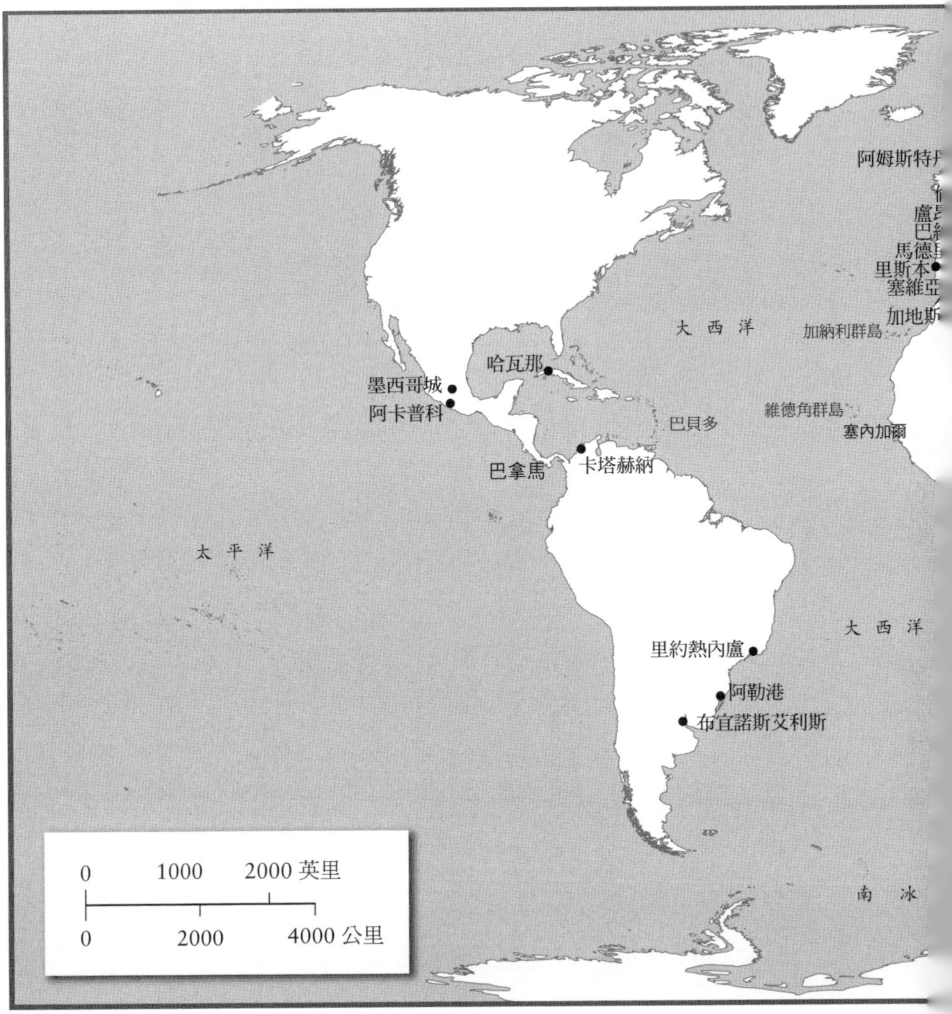

轉移到西班牙治下，大西洋的發達貿易帝國。這一點得到腓力二世的認可：「發現的所有東西，無論在東方還是西方，都將由卡斯提爾和葡萄牙這兩個國家共同經營。」[7]葡萄牙人還成為違禁品走私的主導者，將秘魯白銀從安地斯山脈的波托西礦區運送到南美洲平原，再運送到布宜諾斯艾利斯這個雖然小卻熱鬧的大西洋港口。畢竟，如果辦得到的話，在不買許可證的情況下從事貿易會比較便宜。這當然不會讓西班牙官員喜愛葡萄牙人，特別是在十七世紀初，荷蘭等歐洲對手的競爭導致西班牙在大西洋上的貿易額明顯減少時。[8]西班牙人仍然覺得葡萄牙人是外來的插足者，是善於趁機鑽營的投機分子；葡萄牙人非我族類，其心必異，更何況還是猶太教的祕密信徒，並且從未真正忠於哈布斯堡君主，這都是近代早期西班牙常見的反猶太話術。

這樣一來，不管實際上是不是猶太人，葡萄牙人往往都被視為猶太人，而且由於有很多新基督徒和舊基督徒貿易家庭成員之間通婚，所以要界定誰是猶太人並不容易。[9]如果阿姆斯特丹和倫敦的塞法迪猶太人社區的新成員，不能按照正統猶太律法的要求證明自己的母系祖先是猶太人，或者他們對猶太習俗幾乎一無所知，拉比們也不會太介意。作為葡萄牙「民族」的成員，共同的身分認同已經足夠了。他們對猶太習俗的遵守，可能僅限於避免食用豬肉和貝類，以及偶爾齋戒，這些做法有可能在不引起外界太多注意的情況下保持。[10]那麼，我們該如何看待努涅斯・達・科斯塔（Nunes da Costa）這樣的家族？他們家有一個兄弟死在加利利的猶太教神祕主義中心采法特，另一個兄弟法蘭西斯科・德・維多利亞（Francisco de Vitoria）修士卻成為墨西哥城的大主教。[11]新基督徒跨越了猶太教、祕密猶太教和天主教之間的模糊界限。祕密猶太教徒的信仰往往是猶太教和基督教的祈禱、儀式及神學的不神聖的大雜燴，部分原因是他們在有的地方必須冒充基督徒，而在荷蘭和義大利這樣的地方，如果他們願意，可以公開作為猶太人生活。[12]

無論是不是猶太人，這些葡萄牙商人都創造連接三大洋的世界性網絡。曼紐・包蒂斯塔・佩雷斯

（Manuel Bautista Pérez）在一六一八年將數百名奴隸從非洲南部運送到秘魯後發了財，他感謝上帝和叔叔（共同投資人），因為他賺了超過五萬披索。雖然他的業務中心在利馬，但是與美洲的巴拿馬、墨西哥城、卡塔赫納、安哥拉的魯安達、里斯本、馬德里、盧昂和安特衛普的合作夥伴展開業務。在秘魯，他經營的商品包括中國絲綢、歐洲紡織品、加勒比海珍珠，甚至還有波羅的海琥珀。[13]這樣的遠端聯繫絕不算稀罕。一六三〇年左右，葡萄牙商人還在阿卡普科做生意（所以他們與馬尼拉大帆船聯繫起來），在哈瓦那、巴約訥（新基督徒定居的一個重要中心）和漢堡經商，漢堡市民已經開始歡迎葡萄牙猶太商人到他們那裡。[14]他們在漢堡與丹麥和瑞典的統治者建立聯繫，特謝拉（Teixeira）家族向這些統治者提供信貸。後來，先在格呂克斯塔特（Glückstadt，丹麥王室建立的一座城鎮，位於有爭議的什列斯威－霍爾斯坦地區），之後在哥本哈根也出現塞法迪猶太人定居點。他們在當地的業務拓展到波羅的海；十七世紀，漢堡的塞法迪猶太人與葡屬印度、威尼斯和士麥那等地中海港口、休達與葡萄牙在摩洛哥的其他屬地都有聯繫，更不用說巴貝多（Barbados）、里約熱內盧和安哥拉了。[15]

較富裕的葡萄牙商人在阿姆斯特丹和漢堡的城市化商業世界安居樂業，穿著打扮與當地精英別無二致，住在同樣雅致的宅邸中。但葡萄牙人的網絡把他們的夥伴帶到全球各地非常不同的社會。從一六〇六年起，定居在西非達卡（Dakar）附近阿勒港（Porto de Ale）的葡萄牙猶太人也注意到當地的風俗習慣，而且正如他們設法在歐洲各國宮廷贏得青睞，他們也獲得塞內加爾及其周邊地區的穆斯林國王的庇護。這些葡萄牙猶太人主要是男性，所以他們娶了當地婦女為妻，並設法說服阿姆斯特丹的拉比，他們的家屬應當被接受為猶太人。他們遵守猶太教儀式，並接受阿姆斯特丹派來的葡萄牙拉比建議，以滿足自己的宗教需求。他們公開信奉猶太教的行為驚動了西非的其他葡萄牙人，據說威脅要殺死這些猶太人。但當地國王告訴這些猶太人的敵人，「他的國度是一個市場，所有人都有權利在那裡生活」，尋釁滋事的人將被砍頭。就像其他地方的葡萄牙商人一樣，這些葡萄牙猶太人迅速在自己「民族」的貿易世界裡，建立遠至巴西的聯繫網絡。[16]到了十七世紀，新基督徒在幾內亞海岸和維德角群島都興旺發達。一些新基督徒參與這些塵土飛揚島嶼上的主要活動之一：接收非洲統治者賣給葡萄牙商人的奴隸，並透過這些島嶼，將奴隸輸送到巴西或加勒比海地區。但如果將奴隸貿易視為猶太人的「專業領域」，就是一個嚴重的錯誤。[17]

三

研究葡萄牙商人，特別是猶太裔葡萄牙商人的歷史學家，一般都集中注意力於某一個大洋。這反映了歷史學家們將自己定位為大西洋研究者、太平洋研究者、印度洋研究者和地中海研究者，但這是很遺憾的，因為葡萄牙商人的網絡真正令人印象深刻的特點，是它覆蓋整個地球。當船隻在非洲和南美之間航行，或者貨物被送上南美海岸，從而轉運到澳門時，葡萄牙本身會從人們的視野中消失。葡萄牙在印度洋的交通，也許有一半是新基督徒運作的。事實證明，葡萄牙王室對印度洋貿易的壟斷只是書面上的。新基督徒的財富和影響力成倍增長，因為商行手中的私營貿易成為葡萄牙繁榮的支柱，而且如前文所述，對哈布斯堡君主國的繁榮也有影響。[18]

儘管有人試圖在貿易領域打擊新基督徒，但他們還是發達起來。當他們還信奉猶太教時，對海外貿易的參與受到嚴格限制。一四九七年的大規模皈信，使得曾經的猶太教徒可以自由地從事海外貿易。不過在一五〇一年，曼紐一世國王試圖將新基督徒排除在正於亞洲建立新貿易站的領導職位之外，而且法令變得越來越嚴苛，最終新基督徒被禁止以任何身分前往亞洲，但他們還是繼續去那裡，這讓果阿的宗教裁判所非常頭痛。對新基督徒來說，冒險是值得的，因為收益如此可觀：到了一六〇〇年，繞過好望角的年度貿易額約為五百萬克魯扎多。國王看清局勢的發展，於是對沿著此路線運輸的最貴重香料，即肉豆蔻、丁香和肉豆蔻皮，徵收特別高的關稅。但是私營貿易也把印度鑽石、精美的東方布匹、漆盒和瓷器，帶到葡萄牙。不用說，所有這些貿易都是由非常強大、四通八達的網絡來管理，而這些網絡大致上是圍繞著家族和聯姻建構而成。墨西哥城也有新基督徒，如瓦茲（Vaaz）兄弟，他們在一六四〇年左右主宰對馬尼拉的貿易。馬尼拉也有新基督徒，他們與澳門和麻六甲的新基督徒保持密切聯繫。[19]這些業務的投資人遠在里斯本和塞維亞。

很重要的是，儘管對任何試圖信奉猶太教的人來說，西班牙都不是一個安全的地方，但是葡萄牙人的僑居地包括馬德里。西班牙君主國在過去嚴重依賴德意志和熱那亞的銀行家，現在開始將葡萄牙人視為理想的金融代理人。就像之前與熱那亞銀行家打交道時一樣，西班牙王室要求葡萄牙銀行家提供款項，王室用將來的收入（主要是美洲白銀）償付。一五七〇年代，熱那亞人提供的資金被用來支付在法蘭德斯服役的西班牙士兵軍餉。一五七六年，腓力二世試圖撕毀與熱那亞人的合約，導致在法蘭德斯的西班牙軍隊失去軍餉，引發兵變。[20]熱那亞人的資金也不可能是憑空出現的，隨著十七世紀初塞維亞和美洲之間跨大西洋貿易減少，熱那亞人滿足西班牙王室需求的能力也在下降。熱那亞人已經主導那不勒斯王國的銀行業務，因為過度擴張而力不從心。那不勒斯是西班牙的另一個具有重要戰略意義的屬地，由哈布斯堡家族牢牢掌控。[21]和熱那亞人一樣，葡萄牙人發現，如果他們作為銀行家為國王服務，會招致西班牙人的排外情緒。熱那亞人在哥倫布時代就受到西班牙人的普遍敵視。熱那亞人確實對印度洋產生興趣，但是直到一六四〇年代才開始產生這種興趣，而且他們試圖出資創辦一家熱那亞東印度公司的努力來得太晚了，所以無法挑戰荷蘭或英國。[22]相較之下，葡萄牙已經成為所有大洋的貿易路線的主人，與西班牙的政治聯繫意味著葡萄牙人也能闖入西班牙的貿易世界。對尋找大量資本的人來說，葡萄牙是他們的首選。

不過，葡萄牙人對哈布斯堡王朝的政治忠誠度和對天主教會的宗教忠誠度都令人懷疑。在政治層面，葡萄牙商人對斥巨資與尼德蘭起義軍作戰（一六二一年再次開戰）是否有意義表示懷疑；在商業層面，西班牙與荷蘭人的戰爭造成葡萄牙商人和阿姆斯特丹的葡萄牙塞法迪猶太人的聯繫更加困難。更糟糕的是，巴西海岸上盛產蔗糖的葡萄牙殖民地就像一塊磁鐵，吸引著荷蘭海軍向南美前進。與西班牙的珍寶船隊相比，巴西的葡萄牙貿易站和小城鎮，以及從非洲出發的葡萄牙船隊，更容易受到荷蘭海軍的攻擊，因為西班牙人已經從德瑞克和他的朋友們那裡吸取一些教訓，確保西班牙船隊有良好的武裝。即便如此，葡萄牙人還是非常渴望獲得西班牙王室的合約。雙方在一六二六年設法達成一項協議，而國王的寵臣奧利瓦雷斯伯爵兼公爵（Count-Duke Olivares）對僱用新基督徒並不十分擔心，他認為西班牙應該公開鼓勵富有的新基督徒在西班牙定居，因為有許多新基督徒是西班牙猶太人的後代。

與奧利瓦雷斯一起在馬德里的國家財政部門工作的葡萄牙人，並非都是新基督徒，但確實有很多是。曼紐・洛佩斯・佩雷拉（Manuel Lopes Pereira）出生於里斯本的一個新基督徒家庭，一六二一年（在奧利瓦雷斯掌權前）到塞維亞生活。一六三〇年代，他在奧利瓦雷斯手下擔任審計師（contador），所以沒有時間從事自己的商業活動。[23]在許多方面，新基督徒精英複製猶太精英在中世紀卡斯提爾和阿拉貢扮演的角色，即擔當王室的財務顧問與包稅人。新基督徒的公開活動引起西班牙人的嫉妒，而有些新基督徒住在馬德里最時髦的地段，引發一些批評者的惡毒攻擊，包括詩人法蘭西斯科・德・克維多（Francisco de Quevedo）和劇作家洛佩・德・維加（Lope de Vega）。儘管西班牙王室高度依賴幾位主要的新基督徒銀行家，但不願意授予他們貴族頭銜或大型騎士團的成員資格，因為據說這些好處是要留給血統純正的老基督徒；但是即使在這些方面也有例外。西班牙人難免對新基督徒的政治和金融影響力不斷發出抱怨，這在很大程度上是出於對血統「不純」的人的傳統反感，即使沒有證據表明這些人對猶太教有興趣。新基督徒自己也不喜歡被稱為「新基督徒」，更不喜歡被稱為「瑪拉諾人」（Marranos，意思是「豬」，是很常見的說法）。[24]

與熱那亞人和德意志人一樣，在持續不斷的危機面前，葡萄牙人與西班牙王室的親密關係也無法維持。一六四三年，奧利瓦雷斯失寵，於是宗教裁判所能夠再次迫害雖有地位但如今缺乏保護者的人。此外，葡萄牙人對哈布斯堡家族的反叛，和一六四〇年葡萄牙脫離西班牙獨立，破壞了新基督徒與王室之間關係所賴以存在的強大經濟基礎。葡萄牙受到荷蘭人越來越大的壓力，特別是在巴西，而且缺乏有效捍衛其海外帝國的資源。[25]葡萄牙商人已經不限於海上貿易，而是進入公共財政領域，但他們為西班牙王室提供資金的能力，依賴於覆蓋全球的葡萄牙貿易網絡運作。面對荷蘭和其他國家的競爭，葡萄牙本身影響力的下降，加速葡萄牙商人影響力的消失。許多最有才幹的葡萄牙商人如今住在尼德蘭聯省共和國。由於僑居於尼德蘭的許多葡萄牙新基督徒回歸猶太教，葡萄牙人的流散開始圍繞著阿姆斯特丹（而不是里斯本、塞維亞或馬德里）發展。

四

世界各地都有貿易僑民，他們往往是宗教和民族認同都比較特殊的人。另一個宗教和種族少數群體的例子是亞美尼亞人，不過這個例子也很複雜，因為亞美尼亞人分成兩派：一派從一二〇〇年左右開始接受鬆散的教宗權威；另一派則拒絕接受。作為穆斯林和基督教國家中具有異域風情的基督徒，亞美尼亞人能夠避免捲入遜尼派與什葉派或天主教和東正教之間的自相殘殺。[26] 亞美尼亞人的貿易網絡不像塞法迪猶太人那樣完全是海上貿易，這反映了亞美尼亞人被驅逐和從事貿易的漫長歷史。他們的主要基地在位於伊朗腹地伊斯法罕（Isfahan）郊區的新朱利法（New Julfa）。波斯薩非王朝的偉大統治者阿拔斯（Abbas）在一次與鄂圖曼人的戰爭中，征服一片新領土，那裡居住著大約三十萬亞美尼亞人。阿拔斯將這些亞美尼亞人從其家鄉驅逐，然後邀請他們去新朱利法。在伊斯法罕定居的許多亞美尼亞人，來自高加索地區一個叫作朱利法（Julfa）的城鎮，朱利法人的絲綢貿易曾經遠至阿勒坡，甚至威尼斯。亞美尼亞人在威尼斯發展得很好，在那裡建立自己的修道院，今天仍然可以在聖拉札羅島（San Lazzaro）上參觀。[27]

從新朱利法，亞美尼亞商人可以接觸到波斯宮廷，而相對靠近印度洋的地理位置吸引他們到印度展開貿易。印度的馬德拉斯（Madras，即清奈〔Chennai〕）是他們最重要的業務中心。波斯國王向新朱利法商人授予商業特權，因為他知道他們在很大程度上依賴波斯國王的善意。對新朱利法商人來說，特別有價值的是出口波斯絲綢的權利。不過，新朱利法商人將業務拓展到印度紡織品和珠寶。雖然他們沒有忽視其他機遇，如錫蘭肉桂或阿拉伯咖啡，但絲綢、紡織品和珠寶在他們的業務中占主導地位，所以他們的貿易網絡儘管在地理範圍的廣度上令人肅然起敬，但核心業務始終比塞法迪猶太人的貿易網絡來得少，後者會經營香料、糖和皮革及其他許多種類的貨物。儘管如此，波斯國王阿拔斯還是實現他的目標，讓新朱利法成為「歐亞大陸最重要的商業中心之一」。[28]

亞美尼亞商人活動的地理範圍令人印象深刻：從海路，最西到加地斯，最東到墨西哥；從陸路，最北到阿爾漢格爾、倫敦和阿姆斯特丹。正如英格蘭人詹金森在代表伊莉莎白女王旅行時發現，西歐與俄羅斯的陸路聯繫通常是可行的。亞美尼亞人甚至在一六九〇年代到了西藏。[29]在十六世紀初，皮列士發現亞美尼亞人透過古加拉特在麻六甲經商。[30]緬甸和暹羅也是亞美尼亞人熟悉的地方，他們肯定不會忽視暹羅的偉大貿易城市大城的商業吸引力。一六八〇年代，新朱利法商人到了廣州，當時印度正在渴求中國茶葉，新朱利法商人將其出口到馬德拉斯。新朱利法商人馬特奧斯．奧爾迪．奧哈奈西（Mateos ordi Ohanessi）拿著葡萄牙護照在澳門定居，於一七九四年（在新朱利法網絡基本瓦解後半個世紀）在廣州去世。據說他富可敵國，澳門的年度預算只相當於他的資源的一小部分。從澳門出發，新朱利法商人將目光投向重要的交易夥伴馬尼拉，並妥善利用航向阿卡普科的馬尼拉大帆船。一六六八年，一位名叫蘇拉特（Surat）的亞美尼亞商人將他的船「霍普威爾號」（Hopewell）派往馬尼拉，這是該船的首航。

亞美尼亞人去馬尼拉的航行是一場騙局。亞美尼亞人派他們的船穿越波濤，船上懸掛著亞美尼亞人的紅黃紅三色旗，上面裝飾著上帝羔羊的圖像。這實際上是一面中立旗幟，得到西班牙人和葡萄牙人的尊重。亞美尼亞人的船隻通常都是在沒有裝備大炮的情況下航行，如果考慮到殖民強國之間的暴力衝突，和印度洋上普遍存在的海盜活動，無武裝的航行聽起來可能很愚蠢，但是這種做法恰恰保障亞美尼亞船隻的不可侵犯性。有時英國人會利用亞美尼亞人的中立地位，請他們代表英國與難纏的勢力談判，如波斯薩非王朝的國王或印度的蒙兀兒統治者。不過，亞美尼亞船隻往往是代表英國人或法國人從事貿易。英國東印度公司在一六八八年與新朱利法商人簽訂一項協議，希望亞美尼亞人將他們的絲綢繞過好望角運往倫敦，而不是使用途經土耳其和地中海的路線。作為回報，東印度公司鼓勵亞美尼亞人在英治印度的要塞和貿易站定居，「彷彿他們是英國人」，這是協議中的說法。一六九八年，一位名叫伊斯雷爾·迪·薩爾哈特（Israel di Sarhat）的亞美尼亞商人，幫助英國東印度公司獲取一座位於孟加拉西南部的租借農場，這裡最終成為加爾各答的所在地。亞美尼亞商人還為法國人提供類似的服務，並在南印度的貿易活動中，利用法國在本地治里的長期基地。南印度貿易的油水特別豐厚，因為亞美尼亞人在這個過程中開闢通往海德拉巴（Hyderabad）鑽石礦的商路。

西班牙人已經掌握亞美尼亞人的情況，試圖打擊他們代表英國人和西班牙的其他競爭對手進行的違禁貿易。西班牙人把生活在馬尼拉的亞美尼亞人限制在城牆外的區域，那裡是專門用來安置中國人、「摩爾人」和西班牙人希望與之保持距離的其他人群。也許馬尼拉的亞美尼亞人從來就不多，但他們的確利用這個港口到達墨西哥。在墨西哥，亞美尼亞基督教的獨特性質引起宗教裁判所的注意。亞美尼亞人是被白銀吸引到墨西哥的，透過在那裡出售貨物，並獲得美洲白銀，他們可以為在澳門或馬尼拉購買中國絲綢籌資。偶爾國際競爭也會讓局勢變得尷尬，有時亞美尼亞人沒有被視為中立者，而是被歸類為波斯人，有時則被算作土耳其人。就是因為亞美尼亞人被視為土耳其人，一六八七年法國政府禁止他們將絲綢運到馬賽，但亞美尼亞人的解決辦法是冒充波斯人，因為法國人與波斯國王沒有爭執。[31]歸根結底，關鍵是西歐和新朱利法商人服務的其他市場的消費者，對他們從印度和其他地方帶來的貨物十分渴望。

在流散的新朱利法商人的各個居住地中，沒有一個地方的重要性能與馬德拉斯相比，新朱利法商人在一六六六年就已經來到那裡。從一七一二年起，他們在馬德拉斯擁有自己的教堂，甚至有新朱利法商人成為參與市政管理的市議員。由於擔心會引起基督教當局的懷疑，或者因為人數太少，他們無法在各地都建造教堂，但他們抓住一切可以把握的機會。十八世紀，他們在緬甸擁有幾座教堂，還獲得加地斯一座教堂內一間禮拜堂的使用權，這證明他們（在運氣最好的時候）有能力說服西班牙天主教徒，他們不是異端分子，只是在習俗上與天主教徒非常不同。而且儘管信奉喀爾文宗的荷蘭人對天主教崇拜施加嚴格的限制，但阿姆斯特丹的亞美尼亞人能夠利用他們的獨特身分，在一六六三年至一六六四年獲得自己的教堂。在這個時期，阿姆斯特丹當局更傾向允許猶太教禮拜，而不允許天主教禮拜。阿姆斯特丹的亞美尼亞人大多數是新朱利法商人，一般認為只有大約一百人，世界上其他主要亞美尼亞人基地的人數也差不多。因此他們的力量不在於人數，但這些數量相當少的商人及其家屬能在阿姆斯特丹建造一座教堂，並在十八世紀初重建，表明他們並不缺乏資源。在同一時期，亞美尼亞人在阿姆斯特丹建立一家印刷廠。建立印刷廠是亞美尼亞人的一個標誌性活動，流散的塞法迪猶太人也是這樣。在新朱利法世界的各個角落，在威尼斯、加爾各答，甚至利沃夫，都可以看到亞美尼亞人的印刷廠。[32]不過亞美尼亞僑民社區主要是男性，所以在威尼斯這樣的天主教城市，接受天主教往往能為他們帶來好處，好處之一是他們可以在當地娶妻。[33]

看看塞法迪猶太人和亞美尼亞人，我們可以發現這些僑民的離散並不遵循一種嚴格的模式。對葡萄牙新基督徒來說，如果深深融入東道主的社會更為安全（特別是當宗教裁判所虎視眈眈時），他們就會這麼做。亞美尼亞人的身分很顯眼，因為他們面臨的威脅不那麼嚴重。即便如此，當有機會走到公開場合時，許多葡萄牙新基督徒，甚至許多混血兒，確實會在阿姆斯特丹、倫敦和其他歡迎他們的地方，甚至在遙遠的塞內加爾，宣布自己是猶太人。不過到目前為止，最大的流散人群是非洲奴隸，其中混合非常多元化的許多民族，主要來自西非和安哥拉，他們不僅出現在大西洋世界，而且在太平洋海岸露面。與此同時，還有很多其他的流散人群，他們為大洋沿岸的貿易城市增添多樣性和進取心，但並不特別具有異域風情：如布列塔尼人、巴斯克人和蘇格蘭人，所有這些人（除了奴隸外）都在追尋近代早期世界的偉大貿易帝國帶來的機會。不管是否出於自願，歐洲和非洲的許多民族都在廣闊的海面上奔波。

第四十章　北歐人的東、西印度

一

西歐與美洲和東、西印度的接觸史，主要是從葡萄牙人、西班牙人、荷蘭人、英國人和法國人的角度來寫的，這很合理：在麻六甲、澳門、聖多明哥和古拉索（Curaçāo）等不同港口，至今仍然可以感受到這些民族的印記。但是到了十七世紀晚期，其他歐洲國家也想從遠途海上貿易中分一杯羹。丹麥人和瑞典人也建立自己的全球網絡，不過其重要性並不在於他們的貿易規模，因為在十八世紀晚期，丹麥的奴隸貿易量不超過歐洲奴隸貿易總量的三％，而他們的對華貿易量僅占歐洲和美洲對華貿易總量的五％多一點，羽翼初生的美國的數字也很相似。英國的貿易量最大，在廣東貿易中的比例遠遠超過三分之一，其次是法國。[1]儘管如此，觀察丹麥人和瑞典人的海上成就，能夠幫助我們從另一個有價值的角度，理解葡萄牙人、西班牙人、荷蘭人和英國人的活動。無論中立與否，丹麥人發現自己的事務與這些國家都是緊密相連的。

丹麥人和瑞典人見證了海上貿易的重大變革，特別是在十七世紀與十八世紀菸草、茶葉和咖啡消費

冰　洋
廣州
澳門
太　平　洋
印度
馬尼拉
特蘭奎巴
科羅曼德海岸
納加帕蒂南
亭可馬里
錫蘭
麻六甲
模里西斯
印　度　洋
冰　洋

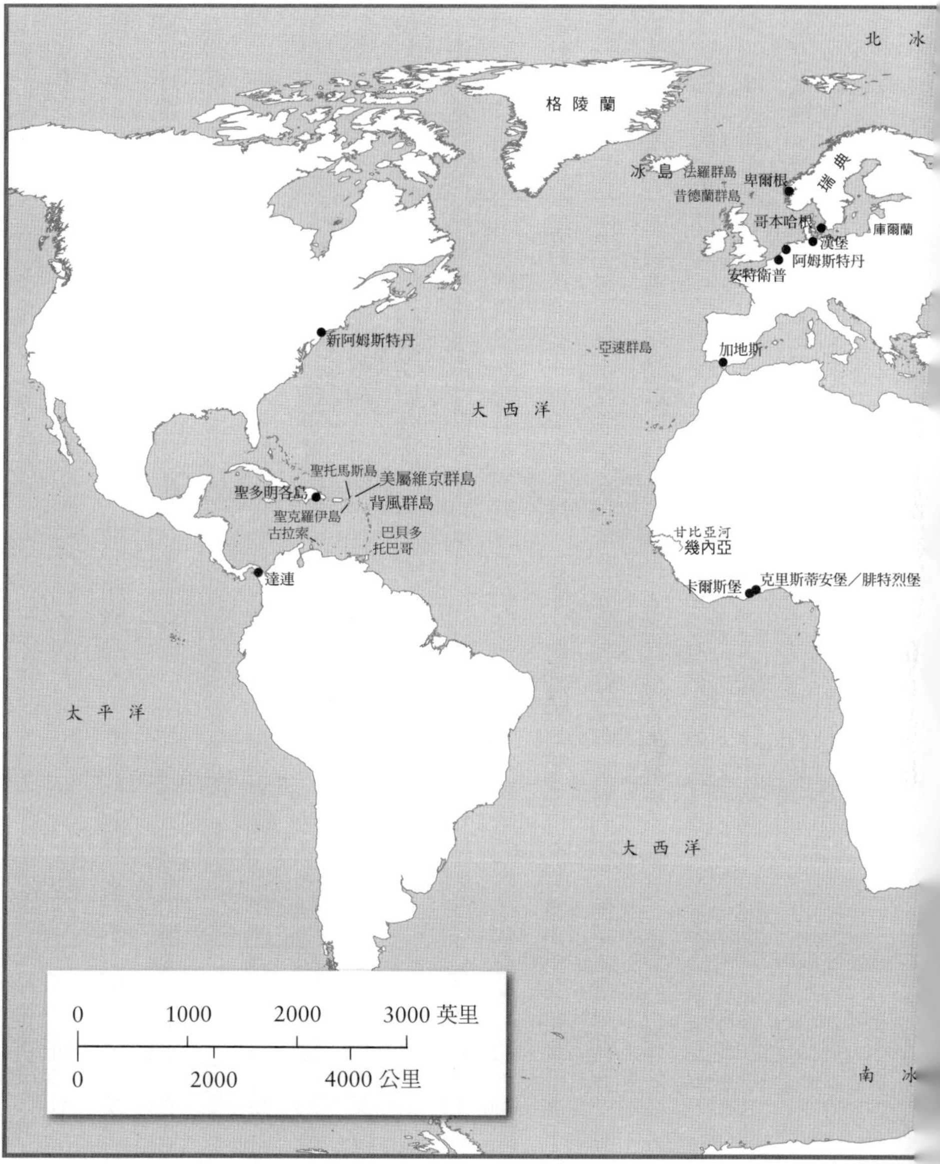
北冰
格陵蘭
冰島
法羅群島
昔德蘭群島
卑爾根
瑞典
哥本哈根
庫爾蘭
漢堡
阿姆斯特丹
安特衛普
新阿姆斯特丹
亞速群島
加地斯
大西洋
聖托馬斯島
美屬維京群島
聖多明各島
背風群島
聖克羅伊島
古拉索
巴貝多
托巴哥
達連
甘比亞河
幾內亞
卡爾斯堡
克里斯蒂安堡／腓特烈堡
太平洋
大西洋
0
1000
2000
3000 英里
0
2000
4000 公里
南冰

的爆炸性成長。丹麥人和瑞典人不甘寂寞，參與海運世界在這兩個世紀的變革。他們對茶葉貿易的參與尤其重要：英國消費十八世紀晚期從中國輸送到歐洲的全部茶葉的大約四分之三，而其中大約三分之一的茶葉是由以哥德堡（Gothenburg）為基地的瑞典商人，或他們的丹麥對手經營的。茶葉貿易之所以有趣，不僅僅是因為規模很大，而且是很好的利潤來源，它還能幫助我們了解當時歐洲人的品味，以及十八世紀歐洲正在發生的消費革命，並充分揭示海上貿易的影響：歐洲人對中國風（chinoiserie）的熱情；在歐洲開發瓷器或其替代品的嘗試；在歐洲仿製中國絲綢及其備受推崇色澤的嘗試（無論是透過天然還是人工手段）。就像中世紀法國或義大利的香料商，對東方調味品摻假與仿製一樣，假茶在英國、荷蘭和其他消費中心變得非常普遍。當然，加入羊糞等成分並不能滿足歐洲人對咖啡因的渴望，因為茶葉和咖啡貿易已經讓歐洲人沉迷於咖啡因。[2]

斯堪地那維亞半島是彼此聯繫的全球業務中心。[3]透過研究北歐諸民族在這幾個世紀的海上抱負，我們可以看到在西印度群島發生的事，如何與遠在廣州和南印度發生的事情糾纏在一起。例如，丹麥船隻運往西印度群島的許多布匹，如何從印度或甚至中國運抵丹麥港口，然後再沿著丹麥的海上貿易路線傳遞。丹麥人認為自己是出身中立國，這讓他們能為其他在官方層面相互競爭，甚至彼此交戰的歐洲人充當中介。所以在拿破崙戰爭時期，丹麥人就代表英國商人向模里西斯的法國居民提供貨物。[4]從丹麥海上貿易的最早期開始，他們就和其他國家建立密切的聯繫：在丹麥東印度公司創辦人中，有過去與荷蘭東印度公司有聯繫的荷蘭商人；後來，哥本哈根吸引葡萄牙新基督徒，他們被允許在那裡建立一個小型猶太社區，就如同在漢堡和丹麥的格呂克斯塔特。[5]

丹麥成為許多貿易公司的所在地，其中有十八家公司是在一六五六年至一七八二年期間成立，這在歐洲創下紀錄。一六五一年在漢堡附近的格呂克斯塔特成立一家非洲公司（Africa Company）；一七五五年成立一家摩洛哥公司（Morocco Company）；與冰島及更遠地區通商的若干公司；一六一六年成立聯合東印度公司（United East India Company），它於一七三二年演變成由丹麥王室直接控制的丹麥亞洲公司（Danish Asiatic Company）。[6]西印度群島和幾內亞海岸，也是丹麥人聚焦注意力的地方，丹麥人還獲得加勒比海三座島嶼的控制權，丹麥公司向這些島嶼運送非洲奴隸。[7]丹麥在一六五八年失去斯科訥地區（今天瑞典的一部分），之後數十年來，一直試圖收復該地區；此時的丹麥並不是在十九世紀失去挪威和什列斯威－霍爾斯坦之後，變成的那個北歐小國。我們不應當說丹麥商人，而應當說丹麥－挪威商人，因為挪威人參與丹麥貿易公司的活動。甚至在獲得加勒比海、幾內亞和印度的殖民地與貿易站之前，丹麥就已經是一個重要的海上強國，因為它擁有挪威（可以提供漁場、毛皮和其他北極產品），以及法羅群島、冰島與（至少在理論上）格陵蘭。

丹麥人在派船前往印度和中國時，充分利用了北大西洋。他們通常會繞過蘇格蘭的北端，在昔德蘭群島和法羅群島之間航行，從而到達開闊大洋。大西洋那一段是前往東方的航行過程中最危險的部分，全程可能需要七個月的時間，因為船隻在十二月左右出發，這並不是面對大西洋風暴的最佳時機。不過丹麥人在掌握穿越大西洋和印度洋的航線後，船隻的損失很少。一七七二年後，有六十三艘丹麥船被派往中國，而且都在航行中倖存。[8]海上貿易是丹麥王國繁榮的根基。甚至在莎士比亞將「厄斯諾」（Elsinore）搬上舞臺之前，赫爾辛格的王家城堡就已經作為波羅的海的門戶聞名於世，因為它控制著狹窄的松德海峽出入口，可以向過往的船隻徵稅，獲得巨額收入。[9]在波羅的海之內，丹麥人與布蘭登堡－普魯士的居民有密切聯繫，他們強行從丹麥人的西印度貿易中分一杯羹。最後，丹麥在印度的貿易的一個顯著特點是，非常強調當地的網絡，即所謂的在地貿易，從而減少對歐洲白銀供給的依賴，用當地獲得的資源為在印度和中國購買的貨物買單。對丹麥人來說，中國成為日益重要的關注焦點。丹麥在印度的主要屬地，即印度東南部的特蘭奎巴（Tranquebar），能夠獨立於歐洲展開業務。它將自己安插進印度洋諸民族的海上網絡，使我們能瞥見通常看不見的東西，即荷蘭和葡萄牙壟斷範圍之外的海上貿易的巨大規模與豐厚利潤。在二十九年的時間裡，沒有船隻從哥本哈根抵達特蘭奎巴。即便如此，特蘭奎巴的商業活動仍在繼續，因為該殖民地的生存不依賴丹麥本土。[10]

二

一六一六年，丹麥國王克里斯蒂安四世簽發丹麥人前往東方航行的第一份許可證，這些航行將由來自阿姆斯特丹的荷蘭企業家揚・德・維勒姆（Jan de Wilem）和來自鹿特丹的赫爾曼・羅森克朗茲（Herman Rosenkrantz）領導。國王希望充分利用荷蘭的經驗。維勒姆和羅森克朗茲於一六一八年十二月底出發前往錫蘭，並為此次航行得到免稅待遇而高興。他們提供丹麥東印度公司初始資本的一二%左右，比國王提供的資金還多。丹麥東印度公司的組織架構，與荷蘭東印度公司的組織架構相當接近。[11]嗜血的荷屬東印度總督庫恩甚至在維勒姆和羅森克朗茲的船隻離開哥本哈根之前，就發布對法國和丹麥商人的禁令，這種敵意持續了幾年，因為荷蘭人對丹麥人取得的成功越來越驚慌失措。當地統治者似乎喜歡丹麥人，這讓荷蘭人感到惱怒。與荷蘭人相比，丹麥人對印度洋各原住民的態度不那麼咄咄逼人，所以大家不僅覺得與丹麥人較容易打交道，而且確實更歡迎丹麥人。錫蘭東岸重要港口亭可馬里（Trincomalee）的一位荷蘭東印度公司代理人驚恐地報告，當地一位統治者願意允許丹麥人在距離著名的貿易站納加帕蒂南（Negapatnam）僅十二英里的特蘭奎巴建造一座要塞。[12]

荷蘭人的驚恐是有道理的：此時他們仍然沒有擺脫英國人的騷擾，偏偏又遇上新的威脅，即丹麥人。事實證明丹麥人去錫蘭的航行是有利可圖的。這個消息傳開了，出自德意志和丹麥邊境地區的一本拉丁文編年史，簡明扼要地指出：「同年（一六二二年），丹麥國王從東印度的錫蘭島接收了兩艘船，上面載滿烏木和香料。」在購買大量胡椒之後，丹麥人把目光投向丁香，在一六二四年的一次遠航中成功獲得九千六百公斤丁香，超越此時正在安汶島和倫島受辱的英國人。[13]如果丹麥人能把自己的首都變成一個再配銷中心，把東方奢侈品送到德意志北部和更遠的地方，荷蘭人就更有理由擔心了。丹麥人很清楚，他們的核心屬地丹麥、什列斯威和挪威，不可能充分消費他們從東方運來的全部商品。到了十八世紀末，丹麥人從印度運來商品的八〇%和從中國運來商品的九〇%，都從哥本哈根再出口，往往深入波羅的海。[14]

英國人開始擔心他們進入南印度的問題。一六二四年，一位名叫約翰・比克利（John Bickley）的英國船長抱怨，丹麥人「已經霸占了納加帕蒂南和普拉卡特之間，屬於當地國王的所有海港，供丹麥王國使用和受益；因此丹麥人希望我們儘快離開，否則他們會把我們趕走」。丹麥人對待印度王公彬彬有禮，但是對待其他歐洲人就不那麼客氣了。比克利寫道：「丹麥人是我們最凶狠和最殘忍的敵人。」一六二〇年代晚期，丹麥人在科羅曼德海岸❶的貿易額與英國東印度公司相當，在最好的年分大約為三萬塔勒。[15]

但是後來丹麥的海外貿易發生一些中斷，因為丹麥和鄰國一樣，被捲入對德意志造成嚴重破壞的三十年戰爭。無論如何，投資者對報酬並不看好，因為在一六二二年至一六三七年，只有七艘船從東方回來，所以大約平均每兩年一艘。[16]為了達成收支平衡，丹麥國王向丹麥東印度公司挹注越來越多的資金。到了一六二四年，公司已經欠他三十萬塔勒。這種局面是無法持續的，於是第一家丹麥東印度公司在一六五〇年解散，但從一六七〇年起，一家新的公司開始營運。這並不意味著特蘭奎巴殖民地的終結，因為如前文所述，在那裡有很好的機會收集印度白棉布，並從特蘭奎巴運送到摩鹿加群島。丹麥人在一六二五年就已經這麼操作了。在印度洋內外都有非常活躍的香料貿易，特別是丁香、肉豆蔻和其他只能在有限區域生產的產品。只有印度菜巧妙地結合來自印度洋和南海各地的香料。丹麥人擅長經營香料，也擅長經營布匹。[17]不過他們航行的是一套標準路線，在取得特蘭奎巴之後，他們並未成功打入新的市場。一五四〇年代，丹麥在亞洲「總裁」佩薩特（Pessart，實際上是荷蘭人）試圖仿效荷蘭人進入日本，但是在荷蘭人的阻止下，他的努力最終以失敗告終；他轉而前往菲律賓，在那裡遭到殺害。[18]

眾所周知，歐洲人大量購買東方商品會耗盡自己的白銀。那些追隨當時歐洲流行的重商主義學說的人認為，保留白銀對國家的繁榮至關重要，但活躍對外貿易能夠促進國家的繁榮。新的機會來了，現在大量白銀正從秘魯的礦場湧出，其中一些流向澳門和廣州，以購買透過馬尼拉運來的中國絲綢。哥本哈根和特蘭奎巴之間貿易的暫停，實際上為丹麥人帶來好處，因為這刺激印度的在地貿易。同時，丹麥人對於從印度的貿易站獲取胡椒和香料變得不那麼感興趣，而是開始看到印度棉布是更好的利潤來源，無論是運往中國銷售，還是運回歐洲。到了十八世紀初，丹麥與東方的貿易進一步多元化：歐洲人對中國瓷器的需求不斷增加，同時對茶葉和咖啡也熱情滿滿。到了一八〇〇年，丹麥的茶葉貿易成為極大的生意。一份一七四五年出自廣州的報關文件，列出七種不同的茶葉，包括白毫茶，還有糖、西米、大黃和二十七萬四千七百九十一件帶茶碟的茶杯（也許有人會問，誰會計算得這麼精確？）、數萬個咖啡杯，以及數千個奶油碟和巧克力杯，外加超過一千件茶壺。[19]在歐洲，並非只有丹麥人發現中國瓷器的生意很好做。中國風正在風行整個北歐，歐洲各貿易公司只能勉強滿足歐洲消費者對瓷器及其他異域商品的需求，以至於有人試圖在英國和歐洲大陸的窯中，仿製中國與日本陶瓷。

三

對印度和中國的貿易，只是丹麥更廣大抱負的一部分。透過與布蘭登堡－普魯士和庫爾蘭（Kurland，大致相當於現代的拉脫維亞❷）的同僚密切合作，丹麥人希望成為波羅的海異域商品貿易的

❶ 譯注：科羅曼德海岸（Coromandel coast）是指南印度東南沿海地帶。
❷ 譯注：原文如此。嚴格來講，歷史上的庫爾蘭地區相當於現代拉脫維亞的一部分。

主宰者。丹麥人的勢力不容小覷，他們占領幾內亞海岸部分地區的時間比葡萄牙人長，而且有一段時間，丹麥人的控制權似乎超出其主要貿易站的範圍，進入今天迦納的腹地。十七世紀，丹麥人在幾內亞經營十四個貿易站、英國人經營七個、布蘭登堡人經營三個、瑞典人經營三個，不過瑞典人的貿易站都被丹麥人占領了；到了一八三七年，即幾內亞的那些要塞被賣給英國的十三年前，丹麥人統治著大約四萬名非洲人。[20]丹麥企業家也參與骯髒的奴隸貿易，不過參與程度比荷蘭人或英國人來得低，因為丹麥人從事奴隸貿易的主要目的是，為他們的三座西印度島嶼提供勞動力，而不是為維吉尼亞州、大加勒比海地區或巴西的種植園提供奴隸；而且丹麥是歐洲第一個廢除奴隸貿易的國家。即便如此，在一六九六年，他們的加勒比海島嶼之一的聖托馬斯島（St Thomas）總督吹噓說：「所有其他貿易都比不上奴隸貿易。」[21]

丹麥人能獲得多少奴隸，取決於非洲當地國王願意提供多少。許多奴隸是敵國的臣民，在戰爭中被俘，其他人則是因為債務而被奴役。在到達丹麥人的要塞或其他歐洲要塞之前，奴隸就已經遭受殘酷的虐待，許多人在穿越鄉村到海岸的艱苦跋涉中死亡。在那些要塞裡，奴隸被賣給歐洲人，被裝入船艙，運往新大陸。這些奴隸不是距離歐洲要塞最近地區的居民，因為這些地區的統治者通常不會把自己的臣民賣給奴隸販子。大多數運奴船船長著眼於利潤，而不是人道待遇，所以希望盡可能多地運送健康的奴隸，因此不會把條件弄得太差，以免造成奴隸成批死亡。奴隸會被允許在甲板上待一些時間，並且通常都會得到足夠的食物來維持生命。如果甲板下的條件令人無法忍受，疾病就會蔓延，也會感染船員。不過，運奴船船長的一些做法會讓現代讀者感到毛骨悚然，比如在因為無風而停船很長時間、食物和水即將耗盡時，活的奴隸會被扔到海裡。[22]

丹麥在西非的網絡基礎，實際上是由他們的對手瑞典人在三十年戰爭期間奠定的。當時，雄心勃勃的瑞典國王古斯塔夫·阿道夫（Gustavus Adolphus）設想，除了征服德意志的大片土地外，還可以從「亞洲、非洲、美洲和麥哲倫洲商業總公司」（General Commercial Company for Asia, Africa, America and Magellanica）獲得收入，麥哲倫洲指的是合恩角以南的所謂南方大陸。這家公司是來自安特衛普的法蘭德斯企業家威廉·尤塞林克斯（Willem Usselinx）的創意，他曾到伊比利和亞速群島經商，並在荷蘭東印度公司的早期就參與工作，但是後來被解僱了。他率先向丹麥國王克里斯蒂安四世尋求幫忙，但沒有得到恩准，於是轉而向瑞典國王求助。亞洲、非洲、美洲和麥哲倫洲商業總公司於一六二六年獲得瑞典國王頒發的特許狀，營運地點在哥德堡，這座城市在一六二一年才建立，是瑞典在北海的一個基地。阿道夫歡迎荷蘭和德意志商人來哥德堡，並依靠荷蘭建築師設計該市的運河與街道網絡。[23]尤塞林克斯的公司在德拉瓦河（Delaware River）流域建立一個殖民地，從一六三八年起經營了十七年，直到荷蘭人占領為止。一六六七年，這個殖民地和新阿姆斯特丹一起被英國收購。[24]丹麥國王克里斯蒂安四世無疑知道阿道夫要做什麼，所以在一六二五年向丹麥商人頒發特許證，但是在當時和若干年後，這些計畫都沒有落實。

所以，瑞典人處於有利地位。一六四八年，來自列日（Liège）的商人路易·德·蓋爾（Louis De Geer）打著瑞典旗號，從幾內亞向瑞典運送五花八門的貨物：菸草、糖、藍靛、象牙、白棉布和一些黃金。所有這些商品都很有前景，只是其中一些貨物不是在非洲而是在里斯本買的。[25]蓋爾在船隻和水手這兩方面都非常依賴荷蘭人，而且他有親戚在阿姆斯特丹可以協助經營。荷蘭船東得到的好處在於，他們能夠打著外國的旗幟展開海外業務，不受荷蘭東印度公司和西印度公司壟斷政策的影響。根據瑞典國王特許狀的條款，蓋爾能夠在很少受干預的情況下經營自己的生意，不過他為瑞典政府在幾內亞海岸建立一座名為卡爾斯堡（Carlsborg）的要塞，但奇怪的是卡爾斯堡由一位瑞士商人奠基。在這些海上貿易路線上，瑞士人十分罕見。卡爾斯堡所在地過去曾被葡萄牙人、荷蘭人和英國人使用，但是他們都空著，沒有建設基地，因為這裡沒有合適的港口，大船不得不停在海上，貨物由駁船或非洲划艇艱難地在大船和海岸之間運送。

丹麥人以多種方式發動反擊。他們也有一個用於進入北海的港口，就是格呂克斯塔特，建於一六一五年，它位於霍爾斯坦，所以今天是德國的一部分。格呂克斯塔特最重要的定居者中，有荷蘭商人和葡萄牙猶太商人。其中一名葡萄牙猶太人甚至幫助談妥丹麥和西班牙之間的貿易條約，所以丹麥王室歡迎來自伊比利和地中海的塞法迪猶太人，「但不歡迎德意志猶太人」，因為丹麥王室的基本原則不是寬容，而是追逐利潤，塞法迪猶太人被視為更優秀的商人。在一六四〇年代和一六五〇年代，一群來自格呂克斯塔特的船長成立自己的公司，在非洲從事貿易，兩個葡萄牙猶太人則開闢一條橫跨大洋前往巴貝多的航線，因此格呂克斯塔特的生意開始起飛。丹麥人計劃成立一家業務遍及全球的公司，涵蓋範圍包括瑞典人想去的麥哲倫洲，還有「南方大陸」（Terra Australis），而這兩個詞彙都是對廣袤的南方大陸統稱，歐洲人認為它幾乎延伸到南美洲，也許包括火地島。丹麥人的一些活動確實得到回報，當一六五八年一大批糖運抵哥本哈根時，丹麥人興辦一家煉糖廠，期望製糖業能夠興盛發達。不過對丹麥人來說，最令人滿意的成功是奪取瑞典在幾內亞海岸的若干要塞，首先是卡爾斯堡，不過它後來被割讓給荷蘭人。荷蘭人之所以會向丹麥人提供援助，更多是希望驅逐瑞典人，而不是希望出現一個丹麥的要塞網絡。[26]

不過，丹麥人確實想建立自己的基地。一六五九年底，在當地的費圖人（Fetu people）國王同意下，經營丹麥海上業務的格呂克斯塔特公司（Glückstadt Company）在今天迦納的腓特烈堡（Frederiksborg）建立一座要塞。毫不奇怪，荷蘭人很快就對丹麥人大打出手，聲稱自己曾控制那片土地，過去的友誼也就到此為止。[27]但是一般來說，丹麥人能夠安撫荷蘭人和英國人，而他們可以做到這一點，也說明他們被視為無足輕重的小對手。腓特烈堡的歷史是一個為爭奪控制權而不斷發生衝突的故事，主要是丹麥人與荷蘭人的衝突，結果是消耗了原本可以更有利用於商業的資金。腓特烈堡的歷史也是疾病、英年早逝和總督管理不善的歷史，觀察家們認為這些總督太喜歡喝酒和派對了。丹麥人的錢花光後，腓特烈堡被典當給英國人，但英國人對它沒有很大的興趣，任其衰敗。丹麥人前往幾內亞，還意味著他們要面對摩洛哥沿海的塞拉海盜（Salé Rovers）和其他巴巴里海盜，以及英國海盜。儘管丹麥人越來越試圖表現出政治上的中立，但這些英國海盜仍然認為丹麥人是合理的攻擊目標。

一六六一年，在阿克拉（Accra）地區建造的大型丹麥要塞克里斯蒂安堡（Christiansborg）的歷史，與上述的故事類似。克里斯蒂安堡的一名指揮官任職僅十一天，這段時間用於舉行一場盛大的宴會，在此期間，他與一名有非洲血統的混血女子結婚。但費圖人的國王很反感，將這名指揮官免職（聽起來也許令人驚訝，但並不奇怪，因為這些要塞不是丹麥的主權領土，至少在理論上是從當地國王手中租借的，需要繳納少量貢品）。葡萄牙人對這些來自北歐的闖入者深感惱火，因為他們仍然認為這個地區是葡萄牙的黃金海岸。不過葡萄牙人在丹麥商人當中很活躍，比如摩西・約書亞・恩里克斯（Moses Josua Henriques），他於一六七五年左右在幾內亞和西印度群島之間從事貿易，並成為格呂克斯塔特與幾內亞之間貿易的丹麥王室代理人。同時，丹麥西印度公司與非洲國王們一樣，希望從幾內亞貿易中分一杯羹。商人必須支付一筆「授權費」，採取利潤百分比的形式。例如，以荷蘭為基地的葡萄牙猶太人如果打著丹麥的旗號，航行到丹麥在非洲的基地，就需要支付二%的「授權費」。[28]

四

瓜分非洲發生在十九世紀，但在十七世紀也發生爭奪，這次是對幾內亞和西印度群島的爭奪。在西印度群島開發殖民地的部分動力來自一個出人意料的地方，時間是一六四八年締結《西發里亞和約》（Peace of Westphalia），從而結束三十年戰爭不久之後。這個出人意料的地方就是庫爾蘭，雅各・凱特勒（Jakob Kettler）是那裡的公爵，他決心促進那塊面積小但具有戰略意義的領土的經濟發展。他曾在阿姆斯特丹待過一段時間，這個小國的海上輝煌深深鼓舞了他。瑞典國王曾形容凱特勒「作為國王太窮了，但作為公爵又太富有」。庫爾蘭擁有豐富的木材和其他航海所需的物資，所以大家不能無視凱特勒；但事實證明他的計畫過於雄心勃勃。他有能力建造一支由四十四艘戰艦和六十艘商船組成的艦隊。從一六五〇年起，他開始在大西洋彼岸建立定居點：一六五一年，他在甘比亞河流域建造一座要塞；三年後，他從阮囊羞澀的英國人沃里克（Warwick）勛爵手中買下南美洲近海的托巴哥（Tobago）。這是加勒比海殖民歷史上最奇怪的事件之一：凱特勒把拉脫維亞農民及德意志和其他民族的定居者送到托巴哥島。這難免會招致荷蘭人的反對，而當時在克倫威爾統治下的英國人對庫爾蘭比較友好，簽訂一項條約，承認甘比亞是庫爾蘭的財產。最終，庫爾蘭人未能抵擋住他們的荷蘭和法國敵人，荷蘭人和法國人決心將庫爾蘭人趕出托巴哥，在島上建立自己的殖民地。首先，荷蘭人占領庫爾蘭人在托巴哥的要塞，然後庫爾蘭人光復了要塞，但他們的地位並不穩固，托巴哥成為荷蘭人和英國人的戰場，終結這位波羅的海公爵的夢想，他在不久之後就去世了。[29]

與此同時，丹麥人試圖在更北的地方建立殖民地，就在波多黎各以東，也就是一九一七年丹麥屬地被賣給美國後，成為美屬維京群島的地方，但只取得有限的成功。[30]丹麥西印度公司在一六七〇年恢復，並於一六七二年獲得王家特許狀，確定加勒比海地區一座適合定居的未被占領島嶼，即聖托馬斯島。英國人曾短暫占領該島，但在一六七二年五月一艘丹麥－挪威船隻從卑爾根抵達的幾週前放棄該島。英國人相當願意合作，允許丹麥人（或者說是他們的奴隸）在聖托馬斯島附近的一座英屬小島上砍甘蔗。事實證明，這個免費的禮物是聖托馬斯繁榮的基礎，不過其繁榮的程度有限。[31]加勒比海上有很多小島，頂多只有少量加勒比人居住。只要不理會原住民，歐洲人可以隨意挑選這些小島。凱特勒把他的心思放在托巴哥，而不是一塊較小的領土上，也許有點好高騖遠。聖托馬斯島按照丹麥殖民活動的風格，不僅成為丹麥人的家園，也成為荷蘭人、德意志人、英國人和葡萄牙人的家園，其中葡萄牙人主要是新基督徒。由於荷蘭人太多，聖托馬斯島居民主要使用荷蘭語。

丹麥人的到來，難免使他們與加勒比海地區其他殖民者的關係變得緊張。英國人一開始很好客，但是逐漸變得愛惹麻煩。不過英王查理二世急於和丹麥宮廷保持良好關係，所以在背風群島（Leeward Islands）的英國總督對丹屬聖托馬斯島提出主張後，他將這位總督免職。對丹麥人來說，法國人更危險，因為丹麥在一六七五年與路易十四開戰（以支持荷蘭人），所以聖托馬斯島被法國人視為合理的攻擊目標。法國人果然發動襲擊，丹麥人的防禦工事尚未竣工；但法國人除了抓獲一些自由或受奴役的非洲人外，什麼都沒做，而且法國人的襲擊刺激丹麥人加速完成要塞的施工。[32]但島上也有激烈的內部競爭，尤其是丹麥西印度公司未能從它的微型西印度帝國賺到很多錢，這一點更是加劇內部競爭。一六八四年，國王罷免愛爭吵的聖托馬斯總督，派加布里埃爾・米蘭（Gabriel Milan）接替他。米蘭是葡萄牙猶太人的後裔，也是經驗豐富的軍人，曾在法國首相馬薩林（Mazarin）樞機主教手下工作，然後透過阿姆斯特丹從事貿易，成為丹麥在那裡的代理人。一六八〇年代，米蘭堅持自己是忠誠的路德宗教徒，但他在加勒比海地區十六個月的生涯幾乎沒有表現出虔誠。他帶來大量隨從，包括六、七條狗，並帶著丹麥國王給他用於開銷的六千塔勒。但是，他把聖托馬斯視為自己的私人王國，對待非洲奴隸特別嚴酷：一個逃跑的奴隸被釘死在尖木樁上，另一個奴隸的腳則被砍掉。聖托馬斯的丹麥定居者向哥本哈根的政府投訴，米蘭被逮捕並被押回丹麥受審。他因濫用權力而被判處死刑，但有一個好消息，就是國王同意減輕對他的處罰：原本的判決是先砍掉他的手，然後斬首，並將他的首級插在一根棍子上；現在減刑為不砍手，直接斬首，他於一六八九年三月遭到處決。

正如丹麥的亞洲貿易因為不夠成功，而被一次又一次地重組，丹麥在非洲或美洲的活動也都不像公司或丹麥國王期望的，帶來豐厚的利潤。一七五〇年代，西印度公司的狀態糟到這樣的田地：王室覺得有必要接管公司的資產，以及克里斯蒂安堡和腓特烈堡這兩座要塞（它們回到丹麥手中已經有一段時間）。誠然，丹麥人在西印度也有一些值得注意的成功：十七世紀晚期，一位富有的商人從卑爾根派出幾支成功的貿易探險隊；一七三三年，丹麥人從法國手中獲得聖克羅伊島（Sainte-Croix），於是在西印度群島有了更鞏固的基地，而且聖克羅伊島靠近他們已經擁有的兩座島嶼。另一方面，丹麥和挪威直接運過大西洋的貨物（不算從幾內亞運出的奴隸）不是昂貴商品，而是基本的必需品，如冰島的牛油、波羅的海的瀝青和焦油、法羅群島與格陵蘭的鯨油、卑金屬，以及最重要的是，製糖所需的全套設備，如銅鍋爐。這確實表明哥本哈根、卑爾根和格呂克斯塔特，是來自整個丹麥殖民帝國貨物的再配銷中心。另一方面，幾內亞主要收到紡織品、食品和武器，如火槍；一半的紡織品根本不是歐洲的，而是從印度，甚至從中國一路運來。丹麥人建立一個海上貿易網絡，將他們的印度洋業務與大西洋業務聯繫在一起。[33]從西印度群島運回丹麥的首先是糖，這是一種經典的殖民地產品，不過其他一些產品也逐漸進入市場，特別是菸草、咖啡和可可。[34]

丹麥人多次試圖透過成立新公司，重振西印度和非洲的貿易，如十八世紀末的「丹麥王家波羅的海與幾內亞貿易公司」（Royal Danish Baltic and Guinea Trading Company），它的使命是把哥本哈根的波羅的海貿易和大西洋貿易聯繫起來，甚至格陵蘭貿易局也是該公司的下屬機構。這是一個雄心勃勃的計畫：這家公司經營三十七艘船，在一七八〇年前後幾年裡業績非常好。這是因為正逢美國獨立戰爭爆發，英國與十三個殖民地交戰，所以丹麥這個中立的貿易大國獲得強勢地位。不過當丹麥政府在一七九二年禁止奴隸貿易時（誠然在禁令實施之前有十年的寬限期），丹麥王家波羅的海與幾內亞貿易公司宣布，看不到維持海外定居點有什麼意義。於是，貿易前所未有地向所有丹麥人和外國人開放。[35]但丹麥王家波羅的海與幾內亞貿易公司指出斯堪地那維亞人的全球貿易的一個特點，如果管理得當，斯堪地那維亞的港口完全可以擔當北歐大片地區的配銷中心。丹麥人從未成功實現這個雄心壯志；不過瑞典人善用哥德堡，開始時進展非常緩慢，但從長遠來看更成功。

五

有人提出一些計畫，希望能夠改變幾個邊緣小國的命運；從一七一五年開始，新成立的奧斯坦德公司（Ostend Company）利用尼德蘭南部從西班牙哈布斯堡王朝轉移到奧地利哈布斯堡王朝統治之下的機會，並且在西非和東非都有很大的野心。但奧斯坦德公司在一七二七年崩潰了，部分原因是荷蘭人的敵意。此時荷蘭人自己的世界貿易已經過了高峰，開始走下坡，所以更不願意看到法蘭德斯的經濟復甦。奧地利人同意關閉奧斯坦德公司，作為英國和荷蘭承認瑪麗亞・特蕾莎（Maria Theresa）是哈布斯堡王位繼承人的條件之一。[36]蘇格蘭印度公司（Scottish Company of the Indies）在一六九五年獲得成立的特許狀；在被改組為「達連公司」（Darien Company）之後，它應對災難性的達連計畫（Darien Scheme）負責，該計畫將公司的資金挹注巴拿馬地峽的一個失敗的殖民地。巴拿馬並不是一個荒謬的選擇，因為從智利和秘魯運來的太平洋貨物，以及可能從東印度群島運來的貨物，都是在巴拿馬轉運到加勒比海；但是該計畫的設計者佩特森（Paterson）並未花心思了解巴拿馬是怎樣一個地方，用麥考萊

（Macaulay）勛爵[3]的話來說：

> 只要這塊寶貴的土地被一個聰明、有進取心、節儉的種族占據；幾年之內，印度和歐洲之間的整個貿易就會被吸引到那裡……的確，被佩特森描述為天堂的地區，卻被第一批卡斯提爾定居者發現是一片痛苦和死亡的土地。[37]

達連公司是這些小公司中最有名，在許多方面也是最重要的，因為隨後發生的災難性金融崩潰，推動蘇格蘭與英格蘭完全統一的進程。今天人們針對蘇格蘭獨立的問題進行辯論時，仍會談到達連計畫。[38]達連計畫和其他一些計畫都是基於這樣絕非愚蠢的假設，即當某些國家強迫商人透過荷蘭東印度公司與英國東印度公司之類的壟斷企業從事貿易時，總會有其他公司願意承運這些國家國民的貨物，從而繞開壟斷。不過，剛才提到的法蘭德斯和蘇格蘭公司在其他方面也很重要：奧斯坦德公司的資本家幫助創辦瑞典東印度公司；而瑞典東印度公司（Swedish East India Company）在很大程度依賴蘇格蘭企業家的專業知識，他們在十八世紀哥德堡留下的印記，至少與荷蘭人在十七世紀哥德堡留下的印記一樣

---

[3] 譯注：指第一代麥考萊男爵，湯瑪斯・巴賓頓・麥考萊（一八〇〇－一八五九），英國歷史學家和輝格黨政治家，著作頗豐。他撰寫的英國歷史被認為是傑作。主要是他開始努力將英國與西方的思想引入印度的教育，以英語取代波斯語成為印度的官方語言和教學語言，並培訓說英語的印度人為教師。

深。在哥德堡定居的許多蘇格蘭人是詹姆斯黨人❹，同情老僭王（英王詹姆斯二世的兒子）和他的兒子英俊王子查理（Bonnie Prince Charlie）的叛亂。但這並不意味著這些蘇格蘭詹姆斯黨人是天主教徒：蘇格蘭人科林・坎貝爾（Colin Campbell）在哥德堡建立一個喀爾文宗教會。另外，也有英格蘭人投資瑞典東印度公司。大量英國人的到來，使得哥德堡獲得「小倫敦」（Little London）的稱號。[39]

奧斯坦德公司在幾個方面，對後來的瑞典東印度公司施加深刻的影響。英國人和奧斯坦德公司加起來，掌握著歐洲八〇%的茶葉進口。一七三一年，瑞典國王授予新成立的瑞典東印度公司對好望角以外地區貿易的壟斷權。該特許狀的有效期為十五年，並進行四次續展，最後一次是在一八〇六年。哥德堡將成為瑞典東印度公司的業務中心。與英國人相比，瑞典人有一個優勢，這個優勢既反映他們是新來者，也彌補了他們的不足：他們在印度洋沒有貿易站；如果有的話，維持貿易站就會消耗他們收入的很大一部分，還會導致他們與荷蘭人、法國人、英國人和丹麥人競爭，這幾個民族在十八世紀初就已經在印度海岸扎根了。[40]一七三〇年左右，奧斯坦德公司商人對應當將注意力轉移到哥本哈根還是哥德堡舉棋不定，但其中有一、兩個人，特別是坎貝爾和另一個蘇格蘭人查爾斯・歐文（Charles Irvine），在哥德堡大量投資，並幫助瑞典東印度公司走上驚人的成功之路。他們專注於通往廣州的貿易路線，知道瑞典人只是在那裡從事貿易的多個民族之一，但也知道中國人對外商進入廣州有嚴格的控制，而且一旦瑞典商人抵達珠江，就可以指望得到中國當局的保護。

坎貝爾以「首席貨運監督」的身分，參與瑞典人前往東方的第一次航行。首席貨運監督是一個重要的職位，僅次於船長（坎貝爾憎恨船長），有權監督船上的貨物。他還攜帶一封信，宣告他是瑞典國王派去覲見中國皇帝的大使；然而在返航時，他的船在印尼遇到七艘荷蘭船隻，荷蘭人對坎貝爾的所謂外交豁免權不以為然。不過他苦口婆心地說服荷蘭人，讓他、他的船和船員繼續旅程是明智的做法。後來荷蘭在巴達維亞的總督也優雅地道歉了。[41] 一個可能會讓荷蘭人非常懷疑的因素是，坎貝爾船上其他的貨運監督都是英國人，所以荷蘭人有充分的理由認為，正如在丹麥商船隊中經常發生的，瑞典人是在為對荷蘭人更具威脅的競爭對手（即英國）做掩護。第二艘離開哥德堡的瑞典東印度公司船隻，甚至在第一艘船回來之前就啟程了，它是在英國建造的，載著四名英國貨運監督。這艘船帶回有利可圖的貨物，包括胡椒、絲綢和棉布，但犯下一個錯誤，就是試圖在印度和錫蘭做生意，而這次航行還清楚表明直奔澳門、避開充斥著更強大歐洲商人水域的好處，因為當瑞典船到達錫蘭時，荷蘭人拒絕為瑞典人提供長途跋涉回到好望角所需的淡水。幸運的是，當瑞典人在一七三四年六月乾渴難耐地抵達模里西斯時，法國人對他們的接待更人性化。[42]

大家越來越清楚看到，歐洲人想要購買的商品是茶葉，而不是胡椒。茶葉有多個品種，品質不一，而透過集中於茶葉，瑞典東印度公司在財務上保持平穩。哥德堡的重要性遠遠低於哥本哈根，哥本哈根是一座更大的城市，為整個丹麥帝國（從格陵蘭延伸到波羅的海，外加西印度群島和西非）服務。不過

---

❹ 譯注：詹姆斯黨是十七世紀到十八世紀上半葉的一場政治運動，目的是幫助一六八八年被廢黜的英國國王詹姆斯二世及其後代（即斯圖亞特王族）復辟。詹姆斯黨的基地主要在蘇格蘭、愛爾蘭和英格蘭北部，他們發動多次反對英國漢諾威王朝的武裝叛亂。

哥德堡較低的地位，以及瑞典整體經濟較不發達，也帶來一些優勢：瑞典國內市場很小，所以有動力為北海周圍的國度服務，而且如同前文所述，英國是一個極好的市場，因為它渴求中國茶葉。

一個很明顯的問題是，瑞典缺乏可以提供給世界，特別是提供給中國人的產品。但是這也不難，西班牙南部的造船廠對瑞典原料（芬蘭的木材、瑞典的鐵等）的需求量很大。加地斯成為瑞典人前往中國途中的首選停靠港，因為加地斯吸收大量秘魯白銀。透過在西班牙銷售瑞典商品，瑞典人獲得中國人渴望的美洲白銀。[43]白銀從秘魯開採出來之後，被運送到南美洲的太平洋沿岸，經過巴拿馬或墨西哥，橫跨大西洋，到了瑞典人手裡，然後沿著大西洋東部，通過印度洋（通常完全繞過印度），到達太平洋西部的澳門和廣州。十八世紀末，前往中國的瑞典船隻的載貨裡，白銀的比例高達九六％（丹麥在華貿易的數字也差不多）。如果帶著現金抵達，就無須浪費時間賣出船艙裡運來的歐洲貨物。這樣一來，斯堪地那維亞商人可以直接去茶葉和絲綢市場，在競爭對手之前搶購最好的茶葉，如被稱為武夷岩茶的品種。荷蘭人往往將這種優質茶葉與劣質茶葉混在一起裝箱。[44]將茶葉進口到英國並不簡單：由於英國政府企圖充分利用消費者對茶葉的高需求，茶葉稅的稅率往往超過一〇〇％。一種非官方的茶葉貿易應運而生，「走私」一詞讓人聯想到一種戲劇性，甚至是浪漫的形象，但瑞典人當然懂得如何向英格蘭人傾銷茶葉。

絲綢和陶瓷也有類似的故事。十八世紀，有三千萬至五千萬件中國瓷器經過哥德堡。當然，歐洲船隻攜帶這麼多瓷器的原因之一，是把它們當作壓艙物，但瑞典消費不了這麼多瓷器。一位瑞典專家考慮在除了瑞典之外的歐洲獲得中國陶瓷的來源，指出：「（瑞典東印度）公司帶回來的中國瓷器，不僅在相對數量，甚至在絕對數量上都是最多的。」[45]即便是一七三二年啟動的第一次中國之行，也帶回四十三萬件瓷器，包括超過兩萬一千個盤子和六個夜壺，並在哥德堡拍賣。該船還載有一百六十五公噸綠茶和紅茶，以及超過兩萬三千塊絲綢。[46]在每次航行中，大部分回程貨物都是為歐洲的茶葉與咖啡消費者提供的茶杯和其他用具。此時，茶葉和咖啡的消費者不僅包括王公貴族，還包括經濟條件一般的市民。十八世紀的英國和其他地方正在發生一場消費革命，中國青花瓷成為歐洲人普遍迷戀的商品。[47]歐洲人除了嘗試仿製中國陶瓷外，還試圖仿製中國絲綢。瑞典人在斯德哥爾摩郊外建立一個名為「廣州」（Kanton）的村莊，希望能夠發展自己的絲綢工業。這受到一套被稱為「官房學派」（cameralism）的思想影響，官房學派主張建立自給自足的國民經濟。瑞典人還考慮，或許可以在瑞典種植茶樹。偉大的瑞典博物學家卡爾．林奈（Carl Linnaeus，卒於一七七八年）在二十年的時間裡嘗試各種試驗，但卻無法替代遠東的茶葉，因為茶樹無法在寒冷的氣候下生長。[48]

在這段期間，有一百三十二艘瑞典船被派往東方，除了少數幾艘之外，絕大多數都被派往中國。大多數瑞典船都返回了，因為和其他歐洲國家相比，瑞典人的航海安全紀錄非常好。船隻在冬季從哥德堡出發或在返程中經過北海時，比在溫暖的海域更容易發生事故。一七四五年，有一艘船在哥德堡群島觸礁沉沒，當時它離家幾乎只有咫尺之遙，這很可能是在詐保。[49]一連串因素導致瑞典的遠航結束：英國政府降低茶葉的稅率，於是茶葉貿易進入自由競爭的狀態；新對手美國人帶來的競爭壓力；一八〇〇年左右糟糕的財務管理；瑞典人累積的大量庫存茶葉。不過直到十九世紀初，瑞典東印度公司一直很成功，透過大量進口茶葉和茶具，不僅參與塑造瑞典文化和社會，而且塑造了歐洲文化和社會。

第四十一章　南方大陸還是澳大利亞？

一

有一片廣袤的南方大陸存在的想法，可以追溯到非常遙遠的年代。前文已述，羅馬人認為錫蘭是這片神祕大陸的北端。這與托勒密的觀點一致，即印度洋是一個封閉的海洋，其南岸將非洲和東南亞連接起來。即使在歐洲人發現托勒密的觀點明顯有誤之後，關於南方大陸的假設仍讓麥哲倫之後的航海家認為火地島是南方大陸的北端。十六世紀的英國環球航行者德瑞克和卡文迪許穿越麥哲倫海峽，但他們的探索表明火地島是一座大島。即使發現繞過合恩角的路線，那裡的暴風和驚濤駭浪長期以來也令航海者望而卻步。歐洲人認為，世界需要保持平衡，才能占據其在蒼穹中央的位置，因此必須有一塊和北半球大陸同樣重的南方陸地存在。此外，歐洲人還相信，他們穿越長期以來被認為不可能有人類生存的炎熱地區之後，就會來到「與北半球同樣肥沃和宜居」的土地，那裡有豐富的寶石、珍珠和精細金屬，以及豐富的動植物。這些土地有時被稱為麥哲倫洲，不過這個詞彙的含義相當靈活，也可以指太平洋諸島，甚至南美洲。[1]

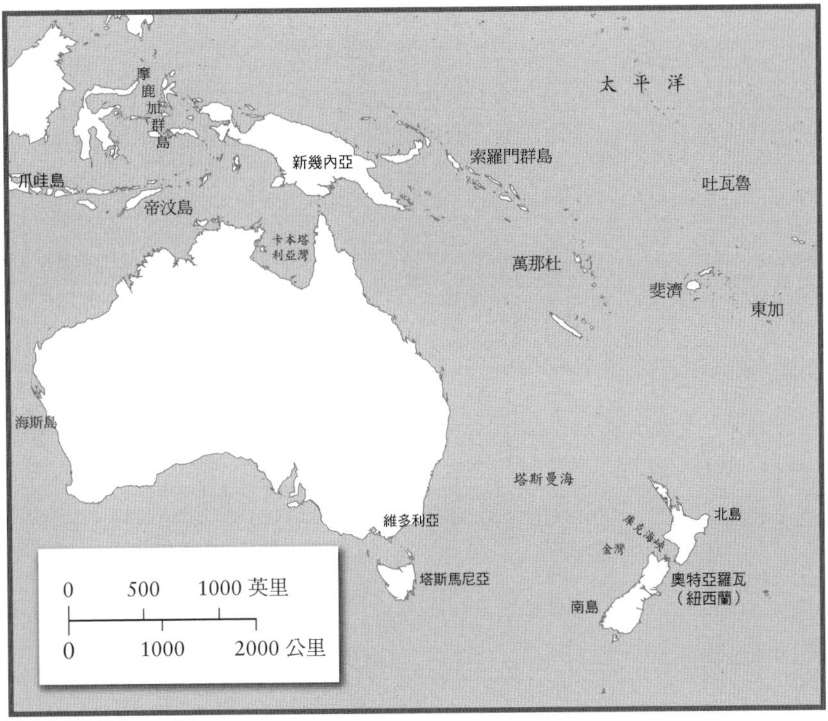

為了支持「存在南方大陸」的觀點，十六世紀的地理學家可以自信地給出大量證據：《聖經》文本（稍後會詳細解釋）；古典文獻（最重要的是托勒密的世界地圖）；還有秘魯的傳說，即一位名叫圖派克・印卡・尤潘基（Tupac Inca Yupanqui）的印加統治者出海，發現擁有豐富財富的土地，據說他帶回黃金和奴隸，這為幾個世紀後，海爾達關於跨太平洋航行的怪誕理論提供鼓勵。儘管第一張提及美洲之名的地圖（瓦爾德澤米勒繪製）沒有顯示南方大陸，但在接下來三十年裡，歐洲人對南方大陸的存在越來越堅信不疑。麥卡托於一五三八年繪製的第一幅世界地圖，包括一片廣袤的南方大陸，他對此只能說這麼多：「這裡有一片土地是無庸置疑的，但其大小和範圍則是未知的。」不過麥卡托認為，南方大陸的北端最遠延伸至麥哲倫海峽，當他在一五六九年發表一幅更著名的世界地圖時，仍然沒有改變主意。當奧特柳斯在一五七〇年出版自己的世界地圖時，無法在麥卡托的基礎上有所改進，他認為確實存在「未知的南方大陸」（Terra Australis Nondum Cognita）。[2]

在西班牙人占領墨西哥和秘魯之後，西班牙人一連串橫跨太平洋的航行，讓歐洲船隻深入玻里尼西亞群島。例如在一五四二年，指揮官維拉洛博斯從墨西哥太平洋沿岸的納維達（在阿卡普科以北不遠處）出發，尋找所羅門王造訪過的島嶼，即《列王紀》中提到的遙遠的俄斐大陸。當時有越來越多的人認為，所羅門聖殿的金器是用來自俄斐的黃金打造而成。[3] 維拉洛博斯的船隻朝著後來被稱為所羅門（索羅門）群島的地方前進，途中遇到許多危險：一條鯨魚從旗艦底下游過，幾乎將這艘蓋倫帆船從水中撞出，然後牠又游走，蓋倫帆船搖晃著恢復正常。最後，這次航行在菲律賓結束，只探索到玻里尼西亞的邊緣地帶。「俄斐不在紅海或印度洋西部的某個地方，而在世界另一端的南太平洋」的觀點，在塞維亞已經獲得一定程度的認同。哥倫布在他的《預言書》（*Book of Prophecies*，實際上是《聖經》、古典文獻和教父語錄的剪貼簿）中，曾夢想著透過向西航行，找到所羅門曾造訪的島嶼。到了一五三〇年，廣泛流傳的《馬可．波羅行紀》西班牙文譯本的那篇博學導讀，將俄斐置於日本和摩鹿加群島之間的廣闊空間，而這仍是一個純猜想的問題。從一五六七年起，西班牙人發動一系列航行，尋找一塊廣袤的南方土地，或者說尋找一系列的島嶼，這些島嶼被認為和西印度群島一樣，靠近未知的大陸，並能提供巨額的財富。科學探索的精神顯然從屬於對黃金和香料的貪婪搜尋，不過可能也有希望將天主教信仰傳給異教徒。這整個事業讓人很容易聯想到七十多年前哥倫布的事業。如同在美洲一樣，西班牙人的設想是，無論這片南方土地是否有人居住，西班牙將對其提出主張，並建立一個殖民地。

第一支探險隊的指揮官阿爾瓦羅．德．門達尼亞（Álvaro de Mendaña）帶著兩艘船走保守路線，從秘魯的卡亞俄（Callao）出發，穿過一片廣闊的水域，到達今天的吐瓦魯（Tuvalu）和索羅門群島。門達尼亞不得不面對島民的敵意，同樣糟糕的是同僚薩米恩托（Sarmiento）也敵視他。薩米恩托是軍人，一直在催促發起這次遠航，並對自己沒有獲得指揮權而不滿。門達尼亞是秘魯副王的外甥，副王也希望利用這次遠航，弄走許多混跡於卡亞俄街頭的年輕冒險家。探險隊的船上載著由西班牙人、混血兒和非洲人組成的雜牌軍，之所以有非洲人是因為跨越大西洋的非洲奴隸最遠到達秘魯。[4] 薩米恩托參與這次航行，但我們不清楚他在船上的確切地位，或許他的地位在當時也是不清楚的。除了在門達尼亞心中埋下對南方大陸，和他造訪島嶼的所謂財富的迷戀之外，這一次遠航並未取得什麼成果。門達尼亞關於此次航行的詳細報告並不完全令人鼓舞：探險家們發現，儘管他們設法與島民進行少量交易，但獲得食物並非總是那麼容易。他們對島民食人的證據大吃一驚，特別是當一個友好的酋長向門達尼亞提供一塊肉時，他確認這是一個男孩的肩膀和手臂（手還連在上面）。當門達尼亞拒絕吃那隻手臂時，島民也大吃一驚：

> 我接受了禮物，並為該國存在這種有害的習俗，以及他們竟然認為我們應該吃了它，而感到非常難過……我派人在水邊挖了一個墳墓，並在他（原住民領袖）面前埋葬了這件禮物……看到我們毫不珍惜禮物，他們都在自己的划艇裡彎下腰，彷彿被激怒或冒犯一樣，然後低著頭駕船離開了。[5]

雖然原住民食人和人祭的習俗，都可以作為替歐洲霸權辯護的藉口，但西班牙人對食人和人祭的反感是真實的。但正如蒙田（Montaigne）所說，西班牙人忘了他們在西班牙宗教裁判所的烈火中實行的人祭，在某些方面可以與原住民的習俗相提並論。[6]其他類型的食物很難獲得，在門達尼亞等人返回美洲的途中，甚至不得不吃掉大葵花鳳頭鸚鵡，而這些鸚鵡也許是他們在艱苦旅途中獲得的唯一獎賞。[7]

令門達尼亞遺憾的是，新任副王托萊多（Toledo）對薩米恩托的態度好得多，而對門達尼亞的態度則比他的前任來得差，於是門達尼亞橫跨世界，來到腓力二世國王的宮廷。在此之前，他已經向國王寫了一封哥倫布式的信，誇大索羅門群島的吸引力。直到一五七四年，門達尼亞才獲得他想要的東西，而且即便在那時，他也不得不學會保持非凡的耐心。幾年後，他抵達巴拿馬，準備向太平洋的未知角落發起遠航。他獲得一項特別大方的王家特權，國王慷慨地允許他擔任太平洋新殖民地的總督和侯爵，有權將這些土地傳給繼承人，並招募原住民勞動力（從而分配給他的追隨者）。他甚至可以鑄造自己的金幣和銀幣，估計要用他的新臣民開採的金屬製成，看來西班牙人從未吸取伊斯帕尼奧拉島的悲慘教訓。門達尼亞還將得到綿羊、山羊、豬、牛和馬，以及一些西班牙定居者，男女都有。不過他必須建立三座城市，而且必須繳納一萬杜卡特的保證金，以確保他不會違背承諾。[8]

德瑞克於一五七八年進入太平洋，阻撓門達尼亞實現雄心壯志。西班牙人認為，香料群島以東太平洋的廣闊空間是西班牙的水域，這是教宗早在一四九四年劃分世界時就確定的，信奉新教的英格蘭私掠船主在這個廣闊的空間裡沒有地位。所以西班牙人的當務之急，不是向西發起新的跨洋遠航，而是向南派遣一支武裝艦隊，以阻止外國船隻溜進這個無人守衛的空間。薩米恩托被派往麥哲倫海峽，阻止英格蘭船隻進入。結果他不但無法阻止英格蘭人，反而被俘並被押送到倫敦，他在那裡和伊莉莎白女王及雷利，一起用拉丁語討論太平洋的地理。[9]

無比耐心的門達尼亞直到一五九五年才得以離開秘魯，這時他很走運，一位新的副王上任了，他對門達尼亞的計畫很興奮，而且國王的批准信函讓他很難拒絕門達尼亞的求助。門達尼亞的第一次遠航是失敗的，而第二次遠航則是一場災難。一個根本性的問題是，在太陽的幫助下要確定緯度很容易，但在十八世紀發明精確的航海鐘之前，無法確定經度。[10]因此，門達尼亞不太清楚自己到了哪裡。經過馬克薩斯群島之後，他在索羅門群島的周邊安營紮寨，建立聖克魯斯（Santa Cruz）殖民地，他的追隨者在那裡堅持一段時間，卻被疾病和島民的敵意打敗。門達尼亞因病去世。最後，他留下的定居者殘部航向安全的菲律賓。不過新任指揮官，一位名叫基羅斯（Quirós）的能幹葡萄牙人，仍對存在一片廣袤南方大陸的說法堅信不疑。他提出，太平洋諸島的居民如果不是來自附近某個大塊的陸地，那麼會來自哪裡？南美洲太遠了，所以南方大陸一定就在（太平洋諸島的）不遠處。所以，西班牙人嚴重低估他們在索羅門群島和其他地方經常看到的玻里尼西亞划艇的航海能力，傲慢地相信歐洲的造船和航海技術比原住民來得優越，認為原住民船隻太小、太輕，不了解玻里尼西亞人關於海洋的知識有多麼博大精深。[11]

基羅斯沒有被失敗嚇倒，於一六〇五年在西班牙探險家托雷斯（Torres）的陪同下，再次出發。船上有方濟各會的修士，所以基羅斯明確表達他對傳教的渴望。離開卡亞俄之後，他和同伴首先體驗廣闊大洋的空曠，然後掠過一些無人居住的島嶼，他們認為在那裡尋找食物和水是毫無意義的，更不用說尋找可能引導他們前往南方大陸的人了。厚重的雲層預示著他們尋找的大陸，或者說他們在一六〇六年一月底時是這麼想像的。最後，他們被迫停泊在植被密集卻仍無人居住的島嶼附近，在那裡至少可以找到船上的中國水手知道可以食用的水果和草本植物。不過，淡水仍是關鍵問題。在正常情況下，每天要用十五罐水，基羅斯不得不將配額減少到三或四罐。[12]幸運的是，他們在二月初到達有人居住的島嶼。一開始，他們受到玻里尼西亞人的歡迎，玻里尼西亞人對他們的白皮膚充滿好奇。和通常情況一樣，西班牙人與原住民的關係後來惡化了。穿越東玻里尼西亞和美拉尼西亞諸島的航行並不容易，西班牙人與島民的交往時好時壞。

一六〇六年五月，他們到達今天的萬那杜，在那裡找到一個似乎合適的港口，相信肯定可以把它當作西班牙在這些偏遠島嶼的定居點總部。西班牙人為這個港口取名維拉克魯茲（Vera Cruz），但是為這座島取的名字卻結合了神聖和世俗：「聖靈的奧斯特里亞利亞」（Austrialia del Espiritú Santo）。也許這裡有一個文字遊戲，但 Austrialia 並不是直接指 Terra Australis（南方大陸），它紀念的不是南方的土地，而是東方的土地，即奧地利（Österreich，字面上的意思是「東方的國度」），也就是哈布斯堡王朝的故鄉。西班牙的歷史書中仍將哈布斯堡王朝稱為「奧地利人」（las Austrias）。基羅斯正式宣布這片土地現在屬於西班牙國王腓力三世，之後他任命一個政府，並成立奇異的「聖靈騎士團」。在隨後的儀式中，兩名非洲奴隸廚師被公開授予自由，這種顯著的慷慨行為並未讓他們的主人感到高興，因此在慶典結束後，兩名廚師被送回主人那裡。[13]

基羅斯堅信自己有了一個偉大的發現，並急於慶祝，這並不令人驚訝。但隨後發生一個司空見慣的故事：大量的殺戮、偶爾的洗禮、帶走幾個註定要受洗的年輕人，然後出發尋找其他島嶼，最後帶著發現一塊新大陸的周邊消息回家。軍官和船員們對基羅斯的行為怨聲載道，抱怨他的決定，並試圖在他返回時製造麻煩，這也都是見怪不怪的故事。不過最後基羅斯前往馬德里，敦促國王繼續展開新的遠航，並以基督的名義懇求國王這麼做，因為國王的首要任務不再是發現巨額財富，而是拯救基羅斯在奧斯特里亞利亞遇到的那些悲慘和赤裸原住民的靈魂。國王禮貌卻含糊其辭地說了一些關於新探險計畫的話。基羅斯向西前往巴拿馬，但於一六一四年或一六一五年死在那裡，他的夢想未能實現。[14]

基羅斯的同事托雷斯並未跟隨指揮官回到秘魯，他認為尋找南方土地的工作才剛剛開始。他向西出發，通過今天仍以他的名字命名的海峽，來到新幾內亞以南。澳大利亞近在咫尺，他看到「非常大的島嶼，南方還有更多的島嶼」，但他繼續前進。他穿越托雷斯海峽，途經摩鹿加群島，向馬尼拉前進。他將新幾內亞置於腓力三世國王的主權之下，對此志得意滿，但如果他認為新幾內亞那些獵頭的原住民會接受西班牙國王的主權，就是自欺欺人了。[15]從分布很廣的玻里尼西亞群島出發，托雷斯和部下現在已經進入戰場，因為葡萄牙人和荷蘭人，更不用說西班牙人與英國人，在這裡爭奪東方最優質香料的產地，歐洲人想要的產品在這些香料島嶼比在基羅斯和托雷斯發現的島嶼豐富許多。

南方大陸仍然遙不可及。門達尼亞和基羅斯以哥倫布的風格來塑造自己的形象，但哥倫布並非最好的榜樣。與哥倫布不同的是，門達尼亞和基羅斯認為還有更多的大陸有待發現，東印度群島的財富與能夠從氣候溫和的南方大陸獲得的財富相比不值一提。十七世紀初，歐洲人終於發現南方大陸。不過歐洲人花費將近一百七十年的時間，才正確描繪出它的輪廓。與南方大陸最早的接觸，不是維拉洛博斯、門達尼亞、基羅斯和托雷斯之後的人們刻意尋找的結果，而是因為一連串的意外。

二

格雷厄姆・西爾（Graham Seal）指出：「庫克船長並沒有發現澳大利亞，儘管許多代學童被這樣教過，而且許多人至今仍然相信。」西爾還說：「現代澳大利亞根本就不是被發現的，而是被揭示的。」[16]顯然需要強調「現代澳大利亞」一詞，因為「它是一塊無主之地（Terra Nullius），即沒有居民的土地，或者至少沒有可以對其提出主張的居民」的說法，在十九世紀被用來證明歐洲人占據它，並剝奪原住民的權利是合理的。直到一九六五年，原住民才被允許在澳大利亞所有的州和領地投票。[17]

荷蘭人是第一個透露他們知道澳大利亞（稱為「新荷蘭」）存在的民族，但葡萄牙人幾乎肯定在荷蘭人之前就已經看到澳大利亞海岸。關於哪個歐洲民族首先到達澳大利亞的爭論，並沒有像關於哪個歐洲民族首先到達美洲的爭論那樣激發人們的熱情，但是在關於澳大利亞的爭論中，人們卻陷入對粗糙地圖過於輕信的解讀之中。十六世紀的迪耶普地圖，確實顯示南美洲以南有一片廣闊的南方大陸。一位製圖史學家指出，南方大陸是「迪耶普學派的最愛」，在許多迪耶普地圖中，「幻想大於現實」。[18]迪耶普地圖通常以當地動植物的圖像，甚至南美洲和非洲原住民村莊的圖像進行精美的裝飾。這些地圖上描畫的海岸線離歐洲人充分探索過的地方越遠就越不可靠，但人們並非總是能深刻認識這一點。一九七七年，有人試圖證明葡萄牙人是第一個到達澳大利亞的歐洲民族，這種說法甚至成為澳大利亞學校的標準教學內容。該論點很直截了當：一些早期地圖顯示澳大利亞海岸，而這些地圖說到底是以葡萄牙人的地圖為基礎。多芬地圖（Dauphin Map）或許是最早的迪耶普地圖之一，很可能可以追溯到一五四〇年代，而它顯然是基於葡萄牙的海圖。有人說多芬地圖較詳細地顯示澳大利亞，因為圖上有一大塊被稱為「大爪哇」（lave la Grande）的土地，它在爪哇（lave）以南不遠處，靠近帝汶等香料島嶼，一條狹窄的海峽將它與爪哇分開。沿著「大爪哇」的海岸線，出現諸如「危險海岸」（Coste Dangereuse）和「低海灣」（Baye Basse）這樣含糊的地名，還有一些散落的小屋和赤身裸體居民的圖像，令人賞心悅目。[19]其他地圖也顯示爪哇或新幾內亞以南的一塊陸地。歐洲人簡單地認為，廣袤的南方大陸一直向北延伸到熱帶氣候區。至於「大爪哇」，在馬可・波羅對東印度群島的記述中已經出現過，姑且不談他是否真的在中國生活過一段時間，他對自己肯定沒有去過的土地作了混亂的描述，把爪哇和蘇門答臘混為一談，還把大爪哇說成是世界上最大的島嶼。

三

解決這個問題（哪個歐洲民族首先到達澳大利亞）的一個辦法是，直截了當地指出，歐洲人在實際接觸到澳大利亞海岸之前就知道它的存在。從關於南方大陸的理論出發，並以馬可・波羅的自信說法為基礎，歐洲人確信在香料群島以南的某個地方，一定存在一大塊陸地（而哥倫布確信在歐洲和遠東之間不可能存在陸地），也許那是一座巨大的島嶼，而不是地圖繪製者通常喜歡展示的環繞世界的大陸。所以儘管這聽起來很奇怪，但歐洲人先在理論上發現澳大利亞，後來才實際發現。現代宇宙學也是這樣的：部分是為了滿足某些數學方程式的要求，我們必須認為暗物質和暗能量是存在的，儘管事實上還沒有發現暗物質和暗能量。宇宙必須處於完美的平衡狀態，就像一六〇〇年歐洲人的假設是，只有當南方大陸壓住南極時，地球才可能處於平衡狀態。正如我們在其他案例（如諾斯人到達美洲）裡看到的，發現是一個漸進的過程，既可能讓人了解某事物，也可能導致人們在很大程度上忘記它們。歐洲人對更廣闊世界的發現，關鍵在於對發現的東西獲得某種理解，以及對其加以利用。我們接下來會清楚地看到，澳大利亞的問題在於，沒有人對發現的東西（即澳大利亞）非常感興趣，因為沒有人覺得那裡的東西有什麼用途。

一般認為，克里斯托旺・德・門東薩（Cristóvão de Mendonça）是最早發現澳大利亞的歐洲人，他（據說）早在一五二〇年代就探索印尼以南的水域。據了解，他於一五一九年從里斯本出發，帶領十四艘船前往東南亞；有人說他的使命是阻止麥哲倫的西班牙艦隊通過葡萄牙人主宰的水域，這種說法是不成立的，因為如前文所述，麥哲倫並不打算通過印度洋返回西班牙。沒有人真正知道門東薩為什麼被派去航行，也沒有人說得清楚他的船去了哪裡。[20]但長期以來，人們一直認為，一八三六年兩個捕海豹的人在澳大利亞維多利亞省一處偏僻海灘發現的一艘沉船，就是門東薩的船之一；據說這艘船是用桃花心木製成的，其木料在一八八〇年已經消失了。很多地方都曾被認為是門東薩留下的遺跡，但沒有一個地方能讓人信服：雪梨以南的一座石屋、在維多利亞省一處海灣附近發現的一套鐵鑰匙等。在澳大利亞東南部尋找門東薩，肯定是找錯地方。後來荷蘭船隻有時會在澳大利亞西部近海，試圖穿越印度洋前往東印度群島時失事，不過在澳大利亞北部達爾文附近的沙地上發現的一門迴旋式槍炮，很可能來自一艘葡萄牙船隻，但其年代不詳。[21]這些報告就像對迪耶普地圖的討論一樣，讓人們在一知半解的情況下產生許多幻想。最離奇的說法或許是，一份十六世紀的葡萄牙手抄本上有袋鼠的圖像。葡萄牙的船隻極有可能偶然被吹到澳大利亞海岸，不過如果它們失事了，船員很可能會隨著船隻一起沉沒，或是死在陸地上，他們偶遇澳大利亞的消息沒有傳到葡萄牙在爪哇和其他地方的基地。

當荷蘭人開始採用較短的航線穿越印度洋時，關於南方大陸的猜測變成現實。「咆哮四十度」的西風將荷蘭船隻帶出大西洋，經過好望角，將船隻進一步向東吹。從爪哇島以南的某個地方，船隻可以穿過巽他海峽，抵達荷蘭人的大本營巴達維亞（雅加達）。這在亨德里克·布勞沃（Hendrik Brouwer）於一六一一年航行四千英里，從南部非洲直接到達爪哇後，成為荷蘭人的常規航線。[22]在許多方面，這比更北的路線安全，因為麻六甲海峽是臭名昭著的海盜出沒地。此外，葡萄牙人仍然控制著麻六甲，直到一六四一年它才落入荷蘭人手中（紅色的麻六甲市政廳是荷蘭在遠東最古老的建築）。

荷蘭人終結了關於誰最早從歐洲到達澳大利亞的猜測。「小鴿子號」（Duyfken）是已知第一艘到達澳大利亞水域的荷蘭船隻。這艘船有二十公尺長，荷蘭人稱之為 jacht，搭載的水手不超過二十人。在荷蘭東印度公司的贊助下，「小鴿子號」曾成功前往東印度群島，於一六〇一年十二月在萬丹附近與一支葡萄牙小船隊交戰。在那之後，「小鴿子號」有了成功展開東方香料貿易的紀錄。它的船長是威廉·揚斯（Willem Jansz），或稱威廉·揚松（Willem Janszoon），他在一六〇三年把船帶回東印度，從那裡被派往南方，去看看印尼以南可能會有什麼。沿著新幾內亞海岸，「小鴿子號」與原住民發生一些不愉快的遭遇。當船轉向南方並在澳大利亞海岸登陸時，也發生同樣的情況，一名水手被原住民的長矛刺穿後死亡。在原住民部族之一的維克人（Wik）中流傳的傳說，講述一艘大木船，以及維克人與船上的人的相遇。這些外來者挖井時需要幫助，並向原住民展示如何使用金屬工具。荷蘭人似乎騷擾了當地婦女，然後維克人認為不能歡迎他們，所以一直看著，直到荷蘭人爬進正在挖掘的井裡，然後將他們殺死。顯然這是根據許多故事和真實造訪的經過編織的虛構傳說，但這個故事以多個不同版本廣泛流傳。[23]

隨著越來越多的船隻追隨布勞沃的腳步，在事先無計劃的情況下，在澳大利亞西部海岸或近海島嶼停靠，歐洲人越來越清楚地認定，已經發現南方大陸或多個南方大陸之一。荷蘭東印度公司的「團結號」（Eendracht），由對波羅的海和地中海非常熟悉的老航海家德克．哈托格（Dirk Hartog）擔任船長，幸運於一六一六年十月在相對平靜的情況下，於澳大利亞西部海岸登陸。哈托格甚至在一個扁平的白鑞餐盤上刻下日期，以及高級船員和貨運監督的名字，並把餐盤留在澳大利亞最西端附近的一座島上；一六九七年，另一位荷蘭訪客看到這個餐盤，並用自己的盤子取而代之。今天，哈托格的盤子在西澳州費里曼圖（Fremantle）的一家博物館。[24]不過，荷蘭人覺得沒有必要對這片新土地提出主張。隨著關於這片荒涼土地的報告傳回歐洲（大多數船隻抵達的是西澳州荒涼乾旱的邊緣），大家覺得這片南方大陸顯然既沒有黃金，也沒有香料。它酷熱難耐，居住著不友好的原住民，他們的技術水準是歐洲人能想像到最原始的，用現代的話來說他們是舊石器時代的原始民族。總之，那是一片「沒有樹木也沒有草的乾旱受詛咒的土地」。[25]

荷蘭人不是唯一被海浪帶到這片海岸的民族。試圖加入香料貿易的英國商人也冒著同樣的風險，穿越印度洋，偶爾會走得太過偏南，抵達澳大利亞而不是印尼群島。英國人知道橫跨印度洋的新航線，並試航成功，有自信可以順利地重複這些直接航線。但在一六二二年五月，新造的英國東印度公司船隻

「考驗號」（Tryall 或 Trial），在澳大利亞附近開放水域尖銳的暗礁上擱淺，並開始解體。船長和其他一些船員用兩艘小艇逃到爪哇，而船上大約三分之二的人，可能有一百五十人，被拋下面對悲慘的命運。事實證明，「考驗號」是一個恰當的名字❶：船長約翰．布魯克斯（John Brookes）被指控怠忽職守，因為他沒有派人放哨，還隱瞞船隻偏航的證據，並將大多數船員丟下等死。他似乎對暗礁的位置撒了謊，意味著這些暗礁在隨後幾個世紀裡，一直是航運的危險因素。關於事情真相和布魯克斯在多大程度上負有責任的爭議，產生大量的文件，最終被呈送給英國的最高法庭，即上議院。不過除了文獻證據外，還有其他證據：一九六九年有一些不太細心謹慎的尋寶者在西澳州附近發現的一艘沉船，可能就是「考驗號」；而對該遺址的勘探（有時是用炸藥而不是用小鏟子進行），發現錨和大炮。如果這不是「考驗號」，就說明布魯克斯拒絕指出危險暗礁確切位置的行為，在他默默無聞地死於貧困之後的很長時間裡，又釀成更多的悲劇。發現沉船的小組負責人艾倫．羅賓遜（Alan Robinson）被稱為「炸藥海盜」。他因為破壞「考驗號」的考古現場遭到逮捕，被判定無罪，後來又因謀殺而被捕；那時他已經受夠生活，在獄中上吊自殺。[26]

隨著歐洲人繪製澳大利亞北部卡本塔利亞灣（Gulf of Carpentaria）周圍海岸的地圖，他們對這塊大陸的了解逐漸增加，但是沒有一個歐洲訪客認為這片荒涼的土地有任何好處。這裡居住的原住民往往對歐洲人充滿敵意，並且完全沒有歐洲人在爪哇遇到的原住民統治者那樣奢華而精緻的生活方式。在澳大

❶ 譯注：英文「Trial」兼有「考驗」與「審判」兩種意思。

利亞海岸，最著名的沉船是「巴達維亞號」（Batavia），因為它在失事後發生非常戲劇性的事。這是一艘荷蘭東印度公司的船隻，於一六二八年十月從荷蘭出發，在一支由八艘船組成的船隊中前往爪哇。船上有貨運監督法蘭西斯科・佩薩特（François Pelsaert），他是布勞沃的姻親。布勞沃就是發現通往爪哇的快速航線的人，此時已經成為備受尊敬的荷蘭東印度公司董事。「巴達維亞號」上載著六百公噸貨物，包括十二個裝滿白銀的箱子，用來購買東印度群島的香料。佩薩特正準備加入脾氣暴躁的巴達維亞總督庫恩的幕僚。船上有的乘客帶著全家老小，一共大約有三百人。[27]

一六二九年六月，「巴達維亞號」與船隊中的其他船隻分開，自信地劈波斬浪，航向爪哇。在一次夜間值班期間，船上的瞭望員覺得看到海水拍擊岸邊形成的浪頭。船長知道他們距離陸地很遠，所以認定這只是月光在作怪，他們應該繼續前進。結果「巴達維亞號」撞上一處礁石。佩薩特能感覺到龍骨和船舵在礁石上摩擦。他後來記述道：「我從床鋪上摔了下來。」[28]這艘船的希望已經斷絕，船員無法讓它重新浮起或修復，但是它還沒有沉入海底，所以有時間利用小艇，對那些還沒有被沖到海裡的人進行適當救援。好消息是，隨著黎明的到來，零星的珊瑚島映入眼簾，所以大家一整天都在用小艇，把船員和乘客送往這些島嶼中的幾座。這是一個緩慢的過程，到了晚上，仍有七十人受困正在解體的大船上。少數人游向珊瑚島自救，但有許多人淹死了。而且那些珊瑚島上沒有什麼資源可供利用：有野生動物，包括小袋鼠和蟒蛇，但沒有淡水。

在對淡水的供給感到絕望之際，佩薩特和「巴達維亞號」船長雅各斯（Jacobsz）發現似乎是大陸的地方，於是乘坐一艘長艇來到澳大利亞西岸。他們看到一些原住民，但幾乎沒有發現任何可以飲用的水：

我們開始在不同的地方挖掘，但水是鹹的。一隊人去了高地，幸運地在岩石上發現一些洞，洞裡積著可飲用的雨水……在這裡，我們稍稍解了解渴，因為我們的忍耐力幾乎到了極限。自從離船後，我們每天只喝一、兩小杯的水。[29]

問題是船長、貨運監督和他們的一小群人，距離在「巴達維亞號」殘骸附近紮營的倖存者越來越遠。他們決定不返回「巴達維亞號」所在地，而是乘坐長艇前往巴達維亞，向庫恩總督報告，並請求救援倖存者。庫恩對發生的事情不以為然，把船長關進監獄，而把佩薩特派回「巴達維亞號」所在地。問題不僅僅是人命，因為船上載著巨額白銀，不能讓外人隨意偷竊。但佩薩特和雅各斯刻意優先救人，而不是搶救貨物；他們以上帝的名義起草一份協議，在協議中向總督呼籲，說他們「肩負義不容辭的責任，去幫助我們處於困境中的可憐同伴」。[30]

佩薩特並不清楚沉船的位置，而且天氣也對救人不利，所以他的船花了幾個月才找到倖存者，於一六二九年九月抵達那些珊瑚島。此時一些船員和乘客仍然活著。不過他們的生活情況令人震驚，而且不僅僅是因為食物和水的供給不足。佩薩特的副手耶羅尼莫許・科涅利茲（Jeronimus Cornelisz）擔任倖存者的領導人，將他認為最可靠的人聚集在最大的環礁上。其他人被發配到周邊的珊瑚礁，大家認為在那裡生存的機會很渺茫（不過他們之中的一些人在不久後就找到相當充裕的食物和水）。科涅利茲手下只剩下一百四十名男子、婦女和兒童。他把每一張需要餵養的嘴都視為累贅，於是開始一場變態的恐怖統治。有人認為，科涅利茲的暴怒是因為他屬於再洗禮派（一個不服從荷蘭國教的新教教派）的一個極端派別，而且他認為殺死不敬神的人是合法的。[31]但這似乎不足以解釋他的瘋狂暴行，他穿著從佩薩特的儲物箱裡偷來的花哨長袍，彷彿他是一個小王國的君主，而他的追隨者則穿上鑲有金蕾絲的紅布制服，這些衣服都是從失事船隻的船艙裡找到的。

科涅利茲的追隨者喪心病狂地殺害所有反抗他命令的人。「巴達維亞號」的乘客中，有一位荷蘭歸正會的牧師與他的妻子和七個孩子，他們大多被科涅利茲的部下屠殺，但是饒了牧師和他的一個女兒一命，條件是他們不對目睹的一切表現出悲痛。牧師的女兒被迫與科涅利茲手下的一個暴徒「結婚」，這至少保證她能生存；其他婦女則被當作這些歹徒的共同財產，估計被殺的人數達到一百一十五人。後來，科涅利茲發現被他「發配」到另一座島嶼（今天稱為海斯島〔Hayes' Island〕）的人中，有大約五十人生存得相當好，就發動一次入侵。不過在戰鬥中，他自己被俘，手下幾乎全部喪命。儘管如此，他的追隨者還是對另一座島上的人發動新的戰爭。當佩薩特抵達時，他發現這裡一片混亂，傷亡枕藉，聽到許多關於恐怖暴行的故事。[32]

查明真相並不難，佩薩特找到被囚禁在海斯島的科涅利茲。在那裡，他仍然穿著佩薩特之前帶到「巴達維亞號」上的華麗長袍。不過，長袍現在已經很髒了：他被關在一個地洞裡，不得不捕捉鳥類，然後拔掉羽毛，把鳥當作食物。因此，華麗的長袍現在沾滿鳥糞和一些羽毛。他受到的刑罰是被砍掉雙手，然後處決，他的大部分追隨者被絞死。有七十七個被認為忠於荷蘭東印度公司的人被帶到巴達維亞。佩薩特還有另一項任務要執行：打撈沉船中的白銀。出乎意料的是，十二個箱子中有十個從海中打撈上來。犯下駭人聽聞罪行的罪犯佩爾格羅姆（Pelgrom）和路斯（Loos），不知何故得到佩薩特的憐憫，也許是因為他想表明自己與睚眥必報又凶狠殘忍的科涅利茲完全不同。佩爾格羅姆和路斯被送上澳大利亞的海岸，同時還有一些不值錢的小玩意兒被送上岸，包括鈴鐺、珠子、木製玩具、鏡子，用來與原住民交易。佩薩特命令他們尋找關於金銀來源的資訊，並注意有沒有荷蘭東印度公司的船隻經過，如果發現有船就發送煙霧信號向其求助。這表明澳大利亞海岸已經有了定期的交通，只是荷蘭人不相信在這塊新大陸上能找到利潤。[33]佩薩特對「巴達維亞號」事件的處置，理應為他贏得一些榮譽，但他失去在總督議事會的位置，被派往蘇門答臘與葡萄牙人作戰，不久之後就死了。而佩爾格羅姆和路斯始終未能搭上荷蘭東印度公司的船，肯定死在西澳海岸的某個地方，他們是第一批居住在這片陌生土地上的歐洲人。

「巴達維亞號」的故事還沒結束：一九六三年有人發現它的殘骸，並探索那些島嶼，在海斯島找到槍枝、錢幣和其他零碎物品。島上還有一個簡單的石頭廢墟，今天被譽為「澳大利亞最早的歐洲建築」。考古學家發現一些骸骨，大多是在集體墓穴內，許多骨骸上留下科涅利茲及其親信的極端暴力證據。例如其中一具骨骸上的痕跡顯示，受害者的頭部遭到劍的劈砍，凶手就站在受害者的正前方，右手持劍；劍在受害者的頭骨上留下兩英寸的痕跡；受害者無法舉起手臂來自衛，而臂骨上沒有劈砍的痕跡，這表明他是被捆綁起來，接受處決。凶手最喜歡的處決手法是劈碎受害者的頭骨。[34]「巴達維亞號」沉船和被謀殺者的遺骸並不是殖民化的證據，它們反而見證那些抵抗科涅利茲的人的熱切希望：他們希望儘快遠離澳大利亞，越遠越好。

四

「巴達維亞號」的失事和歐洲人在澳大利亞的其他早期經歷，都不會鼓勵他們對這塊大陸產生興趣，儘管它在不久之後就會被稱為「新荷蘭」。另一方面，歐洲人對繪製澳大利亞海岸地圖，以及查明清楚可能對沿著布勞沃航線航行的船隻構成威脅的暗礁和淺灘，有相當濃厚的興趣，所以他們沿著澳大利亞海岸進行更多的探險。荷蘭船隻甚至沿著澳大利亞南岸航行：一六二六年，一艘名為「金海馬號」（'t Gulden Zeepaert）的船到達今天的南澳州，其航線被正式記錄在荷蘭東印度公司的地圖上。這意味著澳大利亞南部海岸線的一半已經被測繪出來。[35]此外，歐洲人仍然認為，在澳大利亞以南肯定存在一塊巨大的南方大陸，它將是比澳大利亞更具吸引力的地方，擁有溫和的氣候與大量值得開發的財富。而澳大利亞則被視為歐洲人渴望開發和殖民的那種地方的反面：澳大利亞是一個居住著黑人的噩夢世界，這些黑人被蔑稱為劣等人和食人族，而且他們完全不了解在東印度群島，甚至在玻里尼西亞群島相對不發達的社會中，都可以找到的先進技術（至少這一點是真的）。

所以十七世紀中葉兩次著名的澳大利亞探險的目的，不是進一步探索這塊貧瘠的大陸，而是繼續為荷蘭人尋找可以進行有利可圖貿易的地方，特別是一塊據說盛產黃金的土地，它被稱為「海灘」。這個名字的由來可以追溯到馬可．波羅對印度的幻想。[36]四十歲的喀爾文宗信徒阿貝爾．揚松．塔斯曼（Abel Janszoon Tasman）於一六四二年從巴達維亞出發，探索南方的廣大區域。他喜歡喝酒；在後來的職涯中，他被剝奪指揮權，因為在酒醉後絞死一個惹麻煩的水手，而不屑走正當的審判程序。[37]塔斯曼看到塔斯馬尼亞島（Tasmania），沒有體認到這是一座位於澳大利亞近海的大島。他繞著塔斯馬尼亞島南部海岸線航行，證明它不是南方大陸的一部分。他熱衷於紀念荷屬東印度的總督，因此以總督的名字將這片土地命名為「安東尼奧．范．迪門斯之地」（Anthonio van Diemens Landt），還宣稱這是荷蘭的領土。塔斯曼沒有看到居民，即最終被澳大利亞白人消滅的塔斯馬尼亞原住民，但有很好的證據表明這塊土地上有人居住：上岸的水手報告森林中升起濃煙。出於某種原因，塔斯曼得出結論，「這裡一定有人類，其身材魁梧不凡」，這屬於探索者常用的關於巨人、怪獸和野蠻人的套路式描述。[38]坦白來說，南澳大利亞和西澳大利亞一樣，十分令人失望。

塔斯曼在東方更遠處，即後來被稱為塔斯曼海（Tasman Sea）的海域另一側，有了一個似乎更具潛力的意外發現。一六四二年十二月底，他的小艦隊到達奧特亞羅瓦（紐西蘭）南島的北端。荷蘭船隻一到，兩艘毛利划艇就靠近了，船上的毛利勇士不斷向荷蘭人挑戰，向他們呼喊，並吹響螺號；荷蘭人以牙還牙，高聲吶喊，吹奏喇叭，並試圖開炮嚇唬毛利人。夜間的局勢仍然很平靜，但是第二天早上，毛利人的一艘雙體船出發查看荷蘭船隻。不久，毛利人的八艘船就圍著荷蘭船轉來轉去。第一艘雙體船載著十三名裸體男子，他們的模樣一定很嚇人，渾身都是紋身，顯然滿懷敵意。荷蘭人試圖派出一艘小船上岸，但其中一艘毛利划艇徑直衝向荷蘭小船，撞了上去。毛利船員與荷蘭水手扭打成一團，用棍子打死四個荷蘭人，並帶走他們的屍體。荷蘭人認為這些屍體被帶走吃掉了，這並非不可能。憤怒的塔斯曼為發生這些事件的海灣取名為「殺人灣」，今天它被更客氣地稱為「金灣」（Golden Bay）。[39]這次血腥的「會面」達成毛利人想要的效果：陌生的訪客乘坐大船離開，向北航行，懶得深入探索奧特亞羅瓦。

塔斯曼意識到，他面對的原住民在外表和生活方式上，與澳大利亞原住民有很大的不同，但他未能弄清楚奧特亞羅瓦兩座大島的輪廓，並誤以為將北島和南島分開的庫克海峽只是一個大海灣。不過他在一路向北航行到斐濟和東加時，確實意識到澳大利亞與紐西蘭之間有廣闊的海面，因此澳大利亞一定有一個東海岸，可以與荷蘭人已經發現的地區（即澳大利亞西岸）連接起來。換句話說，澳大利亞是一塊大陸，而不是南方大陸的一個突出部分。塔斯曼對紐西蘭的形狀一無所知，因為他只看到南島的一小部分和北島的西岸，而且在紐西蘭的痛苦經歷，肯定不會鼓勵他在那裡停留更長時間。[40]但是到了十七世紀中葉，紐西蘭開始在荷蘭地圖上被標記出來，以荷蘭的澤蘭省（Zeeland）命名，具有愛國主義色彩。塔斯曼認為自己已經到達南方大陸的海岸，海岸線再往南一直延伸到南美洲。但不知為何，他的報告沒有說服荷蘭東印度公司，讓公司相信有必要進行更深入的探索。公司顯然更重視澳大利亞和紐西蘭之間的相似之處，而不是這兩塊土地和兩組居民之間的差異。

雖然第一次航行沒有取得什麼像樣的成果，但荷蘭東印度公司還是委託塔斯曼進行第二次航行，希望能了解所有已經考察的不同海岸線如何連接起來（如果能連接的話）。在又一次平淡無奇的旅行結束後，得出這樣的結論：

> 因此，他們沒有找到任何有價值的東西，只發現一些可憐人赤身裸體地在海灘上行走，那裡沒有財富，也沒有任何值得注意的水果，非常貧窮，許多地方的居民都是天性惡劣的歹人……同時，塔斯曼在兩次航行中繞過這片廣袤的南方土地，據估計，它有縱深八千英里的土地，我們寄給諸位

大人的海圖顯示了這一點。如此廣袤的土地位於多種不同的氣候條件下……卻沒有任何有價值的資源，這幾乎是不可接受的。[41]

所以，荷蘭東印度公司的目標完全是追求物質利益。公司分配給塔斯曼的任務之一是，找回與「巴達維亞號」一起沉沒的寶箱，不過他沒有找到沉船，也沒有找到在陸地上失蹤的海難漂流者。但公司的上述結論是不公正的，因為正是由於塔斯曼和他的前輩的努力，荷蘭人現在對澳大利亞的規模和輪廓才有相當深入的了解，問題是澳大利亞並不是他們想找的那塊大陸。在托雷斯的航行結束很久之後，人們對澳大利亞和新幾內亞是否連在一起仍然很困惑。一幅大約一六九〇年繪製在精美的日本和紙上，並保存在雪梨的地圖（因其出處而被稱為波拿巴〔Bonaparte〕地圖）顯示，荷蘭人在前往澳大利亞的航行之後，確實繪製其西部、北部和南部海岸的地圖，而且荷蘭人顯然有一種假設，認為澳大利亞東岸的形態與其他海岸差不多。

塔斯曼的航行對於繪製南太平洋和南冰洋北部邊緣的地圖非常重要，但他的航行是基於關於南方大陸的錯誤前提，而他對塔斯馬尼亞和奧特亞羅瓦的發現都是偶然的，只是碰巧來到這些地方。這與一百多年後庫克船長的航行形成鮮明對比。庫克的航行是一次科學考察：船上載著班克斯和其他一些科學家；科學考察的一個目的是觀察金星凌日，另一個目的則是準確地繪製太平洋的地圖。庫克仔細考察自荷蘭人到達澳大利亞後，一直被忽視的澳大利亞海岸地區，他判斷奧特亞羅瓦不是從一塊巨大的南方大陸上延伸出來的一個突起，而是兩座有著大量毛利人居住的大島。庫克的一個動機是為英國殖民活動尋找土地，但他也奉命尋找南方大陸，即使尋找名叫「海灘」的黃金王國的夢想早已煙消雲散。42

歐洲人最早與澳大利亞和紐西蘭相遇的故事，與歐洲人抵達世界其他地方的歷史有著明顯不同。在歐洲人發現澳大利亞與紐西蘭的過程中，貪慾仍是探險的強力動機，然而這種貪慾是澳大利亞和紐西蘭都無法滿足的：在奧特亞羅瓦是因為毛利人的敵意，在澳大利亞則是因為土地過於貧瘠、乾燥和不具生產性，所以無法吸引歐洲人的興趣。但是塔斯曼在航行到奧特亞羅瓦時，已經到達歐洲人造訪的最後一條重要且有人居住的海岸線。在更遠的南方，還有毫無人煙的冰天雪地等待發現，以及更多海岸線需要製圖，但歐洲人在塔斯曼時代已經真正「囊括」整個世界，即使毛利人沒有理由對他們的到來表示感激。

第四十二章　網絡中的節點

一

十六世紀和十七世紀的地圖誇大了大西洋中央諸島的規模，人們很難相信維德角群島、亞速群島和聖赫勒拿島等地僅僅是大洋上的一個個小點。它們非常重要，因為是穿越大西洋或在印度洋與大西洋之間通行船隊必需的補給站。因此在十六世紀和十七世紀的地圖上，馬德拉島可能看起來與今天紐約州的面積一樣大。不過從航海的角度來看，這些島嶼並不小：亞速群島綿延三百六十英里（五百八十公里），因此尋找避風港的船隻並非完全是在大海撈針。在這些島嶼也比較容易收集到來自世界各地的商品，水手們在從摩鹿加群島或印度，經好望角和大西洋上葡屬島嶼回家的途中，希望透過私下買賣東方香料來賺點小錢。這樣一來，位於溫帶的亞速群島就成為它本身無法生產熱帶香料的一個出人意料卻很有價值的來源；巴西蔗糖也很容易在亞速群島獲得，因為巴西在一六〇〇年後成為優質糖的主要產地。荷蘭和葡萄牙商人建立複雜的貿易網絡，利用葡萄牙官方相對鬆散的管控體系中的每一個漏洞。離開巴西的葡萄牙船隻會抵達亞速群島的兩座主要島嶼：特塞拉島和聖米格爾島，自稱是為了躲避風暴或海盜

里斯本
馬德拉島
卡謝烏
聖多美島
阿森松島
聖赫勒拿島
特里斯坦庫涅島
印度洋
0
1000
2000 英里
0
2000
4000 公里

紐芬蘭
緬因
波士頓
紐澤西
羅德島
紐約
德拉瓦
北卡羅萊納
南卡羅萊納
亞速群島
特塞
法亞爾島
皮庫島
聖米格爾
百慕達
大　西　洋
哈瓦那
聖地牙哥
牙買加
維德角群
巴貝多
卡塔赫納
巴　西
太　平　洋
大　西

而進入這些港口。然後它們會卸下蔗糖，用其他船隻將蔗糖直接運往低地國家，而無須在里斯本繳納關稅。[1]

大西洋諸島擁有非常多元化的社區：除了葡萄牙和西班牙定居者外，還有來自英格蘭、蘇格蘭、愛爾蘭、荷蘭、法蘭德斯、義大利、德意志和西非的居民，其中最後一個群體主要是由奴隸組成。不過在維德角群島，西非奴隸與葡萄牙人和其他人結合，形成部分自由的混血兒群體。[2]但是，大規模的甘蔗種植園在巴西（然後在加勒比海）的發展，使得馬德拉島和其他大西洋島嶼大受挫折。巴西的奴隸制經濟，很適合在甘蔗種植園的田間和火爐旁進行那種極其艱苦的勞動。透過使用大批建造的卡拉維爾帆船來運輸巴西的糖，葡萄牙人讓運輸成本保持在低位。荷蘭人在這一貿易中占有一定比例，與葡萄牙人合作經營，也利用造價低廉的船隻來減少日常管理費用。因此，巴西完全可以取代馬德拉或聖多美，因為這兩地的糖是出名的品質低劣。衡量馬德拉製糖業衰落的一個標準是，奴隸從島上消失了，因為在大西洋世界裡，奴隸的存在必然意味著正在進行製糖或其他高度勞動密集的生產。[3]

在馬德拉，人們開始尋找替代的產業，但經過蔗糖種植者兩個世紀的深度利用，該島肥沃的土壤正變得貧瘠。拯救馬德拉的是該島至今仍然聞名遐邇的產品：葡萄酒。十七世紀的馬德拉葡萄酒，與今天生產的濃郁甜點酒相當不同，它既沒有經過強化，也沒有經過多年的沉積，而成為一種優質的葡萄酒。十七世紀的大部分馬德拉葡萄酒是紅色的劣質酒，在釀造一年內被飲用，但是極受水手的歡迎。馬德拉有一些用瑪律瓦西亞（Malvasia，或稱馬姆齊〔Malmsey〕），和其他品種的葡萄少量釀造的高級葡萄酒，但都很難買到。不過，馬德拉葡萄酒有一些顯著的特點：它似乎不受高溫或運輸的影響，高溫或運輸甚至可能改善品質，所以十九世紀英國的馬德拉葡萄酒愛好者，往往會要求購買先被運到加勒比海或南美洲，然後才運到英國的葡萄酒。[4]而且巴西和西印度群島有很多消費者喜愛馬德拉葡萄酒，英國商人不僅向這些地區供應奴隸，還供應葡萄酒。巴貝多居民特別愛喝馬德拉葡萄酒，而牙買加的英國定居者在該島於一六五五年被英國統治後，成為馬德拉葡萄酒的主要消費者。[5]

對馬德拉葡萄酒貿易有利的一點是，該島距離英國較近，也處於大西洋貿易路線上，所以是前往北美或南美船隻的一個有用的裝貨點。馬德拉和英國之間的親密關係就這樣開始了，至今仍未斷絕。從十六世紀晚期的羅伯特·威洛比（Robert Willoughby）開始，英國的商業機構開始在馬德拉蓬勃發展。威洛比在馬德拉的安全可以獲得保障，因為他是天主教徒，還成為葡萄牙基督騎士團成員。十七世紀在馬德拉的英國僑民包括大量新教徒，他們經常與宗教裁判所發生摩擦；但對葡萄牙當局來說，英國僑民顯然是一筆寶貴的資產，所以英國新教徒主要是遭受言語侮辱，而不會真的受到迫害。[6]在許多方面，英國新教徒僑民的地位與葡萄牙新基督徒相似，在做生意時大家可以方便地忽略新基督徒的猶太身分。在馬德拉的英國商人往往生活得相當豪奢，在遠離首府豐沙爾的地方擁有宜人的莊園（quintas）。英國人帶來了布匹，這有助於平衡他們從馬德拉買走葡萄酒的開支，雙方的聯繫也因此變得更加緊密。此時，德文郡和埃塞克斯郡的織布機忙碌不停，因為英國的布匹取代法國和法蘭德斯的產品。英國與馬德拉建立一種牢固的關係。[7]

一七〇〇年左右，來自沃里克（Warwick）的英國商人威廉·波爾頓（William Bolton），在馬德拉與西印度群島及英國之間，展開活躍的貿易，他寫的信件偶然存世，有助我們了解英國人在馬德拉的生存狀況。波爾頓是羅伯特・海沙姆（Robert Heysham）在馬德拉的代理人。海沙姆是倫敦的一位銀行家和商人，在非洲有生意，在巴貝多有土地，他的兄弟兼合夥人威廉・海沙姆（William Heysham）在巴貝多擔任英國種植園主的官方代表。[8]這個時期的「非洲貿易」首先是指奴隸貿易，即將奴隸輸送到西印度群島，令其在甘蔗種植園勞動。不過，雖然波爾頓發往巴貝多和牙買加的貨物，無疑是用糖廠和奴隸貿易的利潤換來的，但是奴隸貿易並非他的專長。波爾頓的職涯能讓我們了解，馬德拉是如何被鎖定在一個比大西洋東部大得多的廣闊世界裡。除了與海沙姆兄弟和巴貝多的關係之外，波爾頓還在波士頓、紐約、羅德島和百慕達（Bermuda）找到客戶，並將馬德拉葡萄酒裝上途經馬德拉島，前往巴西、印度和東印度群島的船。[9]他的活動也揭示馬德拉在基本物資供給方面對歐洲的依賴程度，因為馬德拉首先是專攻製糖，然後轉向釀酒，使得該島變成一個單一栽培的地方，因此需要從荷蘭、英國、北美和亞速群島獲取小麥；從蘇格蘭與愛爾蘭獲取肉類和乳製品；從蘇格蘭和紐芬蘭獲取魚類；從英國獲取羊毛製品、絲綢和棉製品。特別令人驚訝的是，馬德拉依靠西印度群島供給的產品，恰恰是在十五世紀讓馬德拉聲名鵲起的糖。而木材，在航海家恩里克的時代是馬德拉島的另一種重要出口產品，如今卻需要從北美的英國殖民地運來。[10]

一六九五年十二月中旬，波爾頓報告馬德拉島附近船隻的情況。一艘葡萄牙船正在裝載大量的葡萄酒，準備運往巴西；一艘布里斯托船在準備將葡萄酒運往西印度群島；一艘來自紐約的船「帶著大約一百桶回家」，約為五千七百公升。[11]一六九六年七月，波爾頓說「發生了一件奇怪的事情」，「我被逮捕了，被關進一座潮濕的地牢」。他受到的指控很能說明馬德拉的葡萄牙政府優先考慮哪些事項：總督親自告訴他，英國船隻在最近一次造訪馬德拉時停留的時間太短，導致沒有運出夠多的葡萄酒，現在還有兩千桶沒有售出。波爾頓解釋，有些船隻是前往西印度群島，所以沒有足夠的空間載運大量葡萄酒。[12]一七〇〇年七月，他已經開始提前考慮，並向在倫敦的合夥人通報情況：「我們很可能迎來一個豐收的年分：天氣很好，一半以上的葡萄樹已脫離危險，因此在十二月底或一月初派船來這裡對你們有利。」他認為：「我們的葡萄會大豐收。天氣再好不過了。現在我們只希望有合適的條件來採摘。」[13]波爾頓觀察到的一位訪客是偉大的天文學家愛德蒙·哈雷（Edmund Halley）：一艘船於一六九九年一月抵達馬德拉，「船上有數學家哈雷先生，他打算去巴西海岸和好望角以南；他的計畫是觀察指南針的變化」。[14]波爾頓的信件能讓我們了解，透過馬德拉島的整個商路網絡，馬德拉島成為往返於葡萄牙、荷蘭、英國、北美、西印度群島和巴西的船隻的集合點。

二

與馬德拉島一樣，亞速群島也特別受到英國人的青睞。在一六二〇年至一六九四年期間，已知有兩百七十九艘船在聖米格爾島（今天亞速群島的首府所在地）停靠，其中超過一半是英國船，不到一〇%是葡萄牙船。不僅大部分船隻是英國的，亞速群島的主要航線也都指向英國，因為亞速群島甚至比馬德拉島更依賴英國西南部生產的布匹，如湯頓棉布（Taunton cottons，雖然叫棉布，但其實是由羊毛製成的）。[15]亞速群島的港口，如特塞拉島的英雄港，可以應付大型商船和戰艦，條件比馬德拉島的豐沙爾好得多，豐沙爾幾乎沒有港口可言。亞速群島也不僅僅與英國密切聯繫，英國的美洲殖民地也從與亞速群島的聯繫中獲益良多。亞速群島中法亞爾島（Faial）上的奧爾塔（Horta），在十七世紀與英國的北美屬地建立密切的聯繫。附近皮庫島（Pico）的葡萄酒（葡萄生長在火山的陡峭山坡上），可以與馬德拉葡萄酒媲美，很有吸引力。隨著奧爾塔的發展，它與新英格蘭的聯繫也越來越多。奧爾塔的繁榮經濟正是建立在其北美業務，而不是歐洲業務的基礎上，因為波士頓人購買的亞速葡萄酒往往多於馬德拉葡萄酒。隨後波士頓人將亞速葡萄酒配銷給沿著北美東岸正在建立的英國殖民地（緬因、紐約、紐澤西、德拉瓦、北卡羅萊納和南卡羅萊納），賺取豐厚的利潤。紐約和波士頓的早期報紙刊登從亞速群島運來的葡萄酒廣告。奧爾塔還是從英國前往西印度群島航運的重要停靠點。[16] 如果不充分考慮亞速群島的作用，就無法理解英國人在建立跨大西洋海路網絡方面的成功。

不過，亞速群島有一個美中不足之處。從東印度來的船隻會在亞速群島補給食物，然後進行漫長旅程的最後一段，前往里斯本。如前文所述，葡萄牙法律禁止船上的人在亞速群島卸下他們的東方香料和奢侈品，如果亞速人仍然想要這些商品，它們應該被一直送到里斯本，然後再出口到亞速群島。人們自然有辦法繞過這個規定，比如走私、賄賂或是公開違抗法律。一六四九年，一艘名為「聖安德烈號」（Santo André）的大船被葡萄牙人的英國和荷蘭盟友，護送到特塞拉島的英雄港，因為它載有非常貴重的大宗肉桂，並且受到海盜的威脅。葡萄牙人獲得在英雄港卸下香料的特別許可，但是這批貨物最終仍然需要運往里斯本。而「聖安德烈號」的船齡已經有二十六年，從東印度群島長途跋涉來到英雄港後，適航性已經很差；而且當時還刮起強風，使「聖安德烈號」幾乎無法前進。因此，葡萄牙人僱傭兩艘英國船，貴重的貨物被平分給這三艘船。它們安全到達特茹河出海口，但是又一次遇到強風。兩艘英國船較小，可以駛入里斯本港，但「聖安德烈號」是一艘笨重的蓋倫帆船，它的船長看到刮起大風，就駕船逃到加利西亞海岸的海灣，即著名的溺灣（rías）。但那裡是西班牙的領土，西班牙國王仍試圖鎮壓他眼中的葡萄牙人的無恥叛亂，葡萄牙人在九年前已擺脫哈布斯堡王朝的統治。結果，「聖安德烈號」及其貨物被扣押，三分之一的肉桂被西班牙人搶走了。[17]

葡萄牙勇於面對它的西班牙敵人，部分原因是得到英國和荷蘭的支持。英雄港成為歐洲各地商人的基地；荷蘭領事也代表其他一些國家行事，包括丹麥、瑞典和漢堡❶。十七世紀的英雄港被描述為「大西洋貿易的節點之一」。[18]它擁有寬敞的港口，港口附近的巨大海角上有過去西班牙哈布斯堡王朝建造固若金湯的防禦工事。英雄港在緊張時期是一個安全的避難所，在和平時期則是一個備受重視的港口。

三

鬱鬱蔥蔥的亞速群島和貧瘠的維德角群島形成鮮明對比。不過在那個還沒有發明輪船的時代，沒有人能夠預測與風浪搏鬥需要多長的時間，船上的食物供給很可能在航行途中就耗盡了，所以這兩座群島的存在，讓遠洋航行成為可能。維德角群島可以提供山羊肉，山羊對島上植被的破壞極大；還有用山羊

❶ 譯注：當時漢堡是神聖羅馬帝國框架內的一個城市共和國。

奶製成的乳酪和奶油；還可以提供大量的鹽，幾乎沒有成本；還有柑橘類水果，儘管歐洲水手較晚才認識到萊姆或檸檬與壞血病治療之間的聯繫。維德角群島在向新大陸傳播非洲和歐洲植物（包括山藥與水稻）方面也發揮重要作用。維德角群島與巴西之間的聯繫早在十六世紀上半葉就已經形成。植物的流動是雙向的，透過維德角群島到達西非的美洲玉米與木薯，成為西非深受歡迎的作物。有人指出，這種傳播是在短短幾年內發生的，而「一旦發生一定程度的傳播，傳播就會自我延續」。[19]這種傳播也是不可逆轉的，是改變大西洋沿岸各大陸本土經濟的更廣泛進程的一部分，馬鈴薯的例子及其在十九世紀愛爾蘭經濟中的重要性幾乎無須強調。[20]

到了一六八〇年代，銳意進取的英國商人向紐芬蘭定居者出售亞速小麥和維德角鹽，紐芬蘭定居者用這些鹽來加工大西洋那一帶極為豐富的鱈魚，然後鹽漬鱈魚被運回大西洋對岸的西班牙和葡萄牙。在這兩個國家，鹽漬鱈魚（bacalao）至今仍是國菜。前往東印度群島的商船也到過維德角群島，船員在繞過好望角前往東印度群島之前，會在維德角儲備一些物資。[21]正因如此，從十六世紀開始，維德角群島有了一定的戰略意義；德瑞克於一五八五年抵達維德角的主島聖地牙哥，蹂躪了它小小的首府大里貝拉。葡萄牙的哈布斯堡王朝統治者的回應是建造聖費利佩堡（Fort of São Felipe），這座雄偉的建築至今仍高懸在大里貝拉舊城的遺跡之上，遠眺大海。[22]但聖費利佩堡並不能保護聖地牙哥島海岸線上更東邊的海灣，而且其他國家的掠奪者也來到維德角，特別是荷蘭人，他們曾短暫地占領普萊亞。不過，這裡沒有什麼好占領的。維德角島民的生活依靠從歐洲進口的小玩意兒、廉價的陶瓷和紡織品、簡單的金屬製品，以及非洲陶器，這些東西有些是維德角當地生產，有些則是從非洲西岸的葡萄牙貿易站運送過來。

對居住在聖地牙哥或透過聖地牙哥做生意的歐洲人來說，維德角繁榮的真正來源仍是非洲奴隸。[23]隨著巴西製糖業在十六世紀晚期興起，經過聖地牙哥的航線顯得更重要。一六〇九年至一六一〇年，十三艘船將大約五千九百名非洲奴隸從大里貝拉運往不同的目的地，現代哥倫比亞的卡塔赫納是其中最受歡迎的目的地。不過這只是官方的奴隸貿易，我們可以確定，私下還有更多的非洲人被裝上船、運往大西洋彼岸。所以維德角群島仍是一個有用的中繼站，可以在這裡關押奴隸一段時間，直到奴隸販子來接他們。證明這一點的證據是，有記錄抵達聖地牙哥的奴隸人數低於離開聖地牙哥的奴隸人數，而且劍橋大學的考古學家在大里貝拉發掘的奴隸墓地裡，有許多奴隸的骸骨，他們在被出口之前就死在島上。[24]到了十七世紀末，有人做了一些努力去保護奴隸，使其免受虐待。根據新的法規，奴隸在抵達維德角後的六個月內必須接受洗禮，否則將被政府沒收，而且他們在週日應當有休息時間。再者，前往美洲的奴隸在船上應當有一定的活動空間，應當有時間在甲板上鍛鍊，也要有時間接受新信仰的教育。葡萄牙人認為，奴隸的靈魂有機會得到救贖，因此和成為自由的多神教徒相比，當基督徒奴隸有明顯優勢。[25]

在維德角群島而不是在非洲海岸獲取奴隸，有明顯的好處。在葡萄牙位於西非的貿易基地，如卡謝烏，居住著所謂「被拋棄的人」（Lançados），他們往往是被懷疑有犯罪或異端行為的葡萄牙人，這些貿易基地與非洲統治者的宮廷建立密切的聯繫。許多「被拋棄的人」被非洲社會深度同化了：母親是非洲人，或娶了非洲女子為妻，因此對歐洲和非洲文化都很了解。有些「被拋棄的人」是新基督徒的後裔，當地的穆斯林統治者保護他們，使其免受宗教裁判所迫害。「被拋棄的人」的存在對葡萄牙的經濟利益有利，這對他們也是一重保護。由於維德角群島的許多葡萄牙定居者也是新基督徒，維德角和非洲海岸上的殖民者之間存在著天然的親屬關係，有助於培養互信，從而促進貿易。[26]「被拋棄的人」獲得貿易特權，知道非洲國王希望得到什麼樣的禮物，作為幫助葡萄牙人的回報，因為國王們對武器或黃銅製品的要求可能非常具體。與非洲國王打交道是一門藝術，而歐洲奴隸販子和船長只是這些水域的匆匆過客，不可能指望他們掌握這門藝術。

維德角居民與「被拋棄的人」打交道帶來另一個好處：「被拋棄的人」向維德角群島提供當地難以生產的基本物資，如棕櫚酒和小米，至少養活奴隸需要這些東西。而「被拋棄的人」也很樂意送來這些貨物，換取西非精英喜愛的來自世界各地的產品：從歐洲送來的葡萄牙紅布、金屬手鐲、紐扣、威尼斯玻璃珠；從新大陸送來的銀幣；從東印度群島送來的珊瑚、丁香和棉花，不過這些商品經常透過里斯本轉口。[27]所有這些貨物都要經過維德角，這就加強維德角作為非洲和世界其他地區之間關鍵轉運港的作用。非洲裔的維德角島民開始按照非洲的方式紡織棉布，通常以藍色和白色為主色調，並模仿非洲的傳統設計。這些布被稱為「巴拉弗拉布」（barafulas），樣式與西非的布相似，但品質往往更好。巴拉弗拉布是為非洲市場生產的，所以葡萄牙人能用維德角產品交換西非奴隸。對整個交換過程更有利的是，維德角種植藍靛植物，藍靛植物在那裡長勢極好。巴拉弗拉布被當用標準貨幣（美洲的銀幣在西非被熔化，做成首飾）。使用布匹作為貨幣，商人就透過稅收上的漏洞打敗里斯本的官僚，因為官僚希望商人用錢幣來支付關稅，結果是許多商人根本沒有納稅。[28]

一六四〇年葡萄牙人對哈布斯堡統治的反叛，帶來一個司空見慣的問題，即政治自由是一回事，但經濟繁榮蒙受的風險卻是另一回事。解決辦法很簡單：在這一年，葡萄牙政府頒布法令，允許西班牙船隻繼續造訪維德角群島和幾內亞，條件是它們必須從新大陸抵達，而且需要在里斯本繳納一筆保證金，並用美洲白銀購買奴隸。於是維德角與哈瓦那等地之間開始一種有利可圖的貿易。一六四〇年前後，奴隸貿易繼續為歐洲人帶來利潤（並對奴隸造成巨大的痛苦）：在整個十七世紀，已知有兩萬八千名奴隸經過維德角群島，但這絕對不是全部。29

上文探討的幾座群島不僅是葡萄牙網絡的一部分，也是全球網絡的一部分。如果沒有亞速群島和維德角群島，很難想像在十七世紀，不僅是葡萄牙人，還有西班牙人和英國人的商業網絡能夠較有效地運作。同時，我們不能忘記，這種貿易對途經維德角被運往美洲的無辜人們造成恐怖的摧殘。

四

在維德角群島之外很遠的地方，還有其他一些孤立的山峰從南大西洋的海面延伸出來，在歐洲人到來之前，沒有人類或哺乳動物在那裡居住：這就是聖赫勒拿島、阿森松島（Ascension Island）和特里斯坦庫涅島（Tristan da Cunha）。研究聖赫勒拿島的歷史學家注意到，這座主要因為是拿破崙最後居所而為世人熟知的島嶼，其重要性與面積完全不相稱，因為聖赫勒拿島真正重要的一點，是它位於往返印度的海路上。英國東印度公司對該島的接管反映一項精心建構的政策，即建立跨洋遠航的墊腳石，因為該公司意識到，如果沒有補給基地，穿越遠海的航線就無以為繼。說來也怪，早在一五〇二年五月的聖海倫娜瞻禮日❷，歐洲航海家就知道這座島；一五〇三年，達伽馬在第二次印度航行歸來時又造訪這座島。聖赫勒拿島可能很小，但水手們不可能錯過，因為從好望角出發穿越大西洋，「風非常穩定，十六天內就能到達聖海倫娜之路」。[30]

葡萄牙人意識到，無須在聖赫勒拿島建立馬德拉或亞速那樣的殖民地，就可以很好地為葡萄牙的印度艦隊服務。葡萄牙政府實際上不鼓勵人們在聖赫勒拿島長期定居，因為他們知道從里斯本不可能控制這樣一個偏遠的地方。葡萄牙人希望聖赫勒拿島遠離大眾的視線，而隨著英國人和荷蘭人開始往返東印度群島，這種希望就更強烈。葡萄牙人沒有從維德角群島的經驗中吸取教訓，在聖赫勒拿島放養許多山羊。至少有一位葡萄牙居民於一五一六年自願在聖赫勒拿島定居，他叫費爾南多·洛佩斯（Fernando Lopez），出身上層社會，在果阿因為當逃兵而被捕，受到殘酷的懲罰，耳朵、鼻子、左手拇指和整隻右手都被砍掉。不足為奇的是，他避免與人交往，更喜歡他的寵物雞。不過他與來訪的船隻做了一些生意，出售他用僅剩的四根手指捕獲山羊的皮（羊肉被他吃了）。[31]

荷蘭人認識到聖赫勒拿島作為新鮮食物來源的價值，於十六世紀末開始在附近擄掠葡萄牙船隻。一六一三年，荷蘭東印度公司的「白獅號」（Witte Leeuw 或 White Lion）在聖赫勒拿島附近襲擊葡萄牙船隻。荷蘭人的狂妄行為沒有好結果：「白獅號」的一門大炮發生爆炸，火藥室被炸毀，導致一百公噸胡椒和一大批精美的中國瓷器墜入大海，其中一些後來被從海裡打撈出來，保存在島上的博物館裡。[32] 這是荷蘭嘗試將葡萄牙人趕出聖赫勒拿島的序幕，但是荷蘭人沒有直接控制它。這種想法仍受到青睞：該島可以繼續擔當補給中心，實際上保持中立。不過英國人不是這麼想的。一六五六年，英國東印度公司說服克倫威爾，一旦英國控制聖赫勒拿島，該公司與東印度的貿易就會快速發展。正如一位法國旅行者在一六一〇年描述的，聖赫勒拿島是「大洋的一個中途站」。卡文迪許在環遊世界期間返回大西洋時，曾到訪聖赫勒拿島，對其印象深刻，因為他很高興看到那裡有瓜、檸檬、橘子、石榴、無花果、淡水溪流、肥碩的雉和鷓鴣，以及葡萄牙人帶來的山羊對豬。[33]克倫威爾的兒子和短暫的繼承人理查·克倫威爾（Richard Cromwell），授予英國東印度公司一份特許狀，授權該公司在聖赫勒拿島「殖民、設防和經營」。英國東印度公司認為可以把聖赫勒拿島當作基地，向遙遠的摩鹿加群島的倫島發起遠征。在一六六七年簽署以倫島換取曼哈頓的交換協議之前，英國人一直夢想著從荷蘭人手中奪回倫島。[34]

雖然在摩鹿加群島落敗，但英國東印度公司還是不願意放棄聖赫勒拿島，因為他們認為該島具備很好的潛力。島上淡水的品質極好，令人讚嘆，使得聖赫勒拿島成為「人間天堂」。[35]人們認為，「植物、根莖、穀物和種植業所需的其他所有東西」，將改變聖赫勒拿島鬱鬱蔥蔥的野生環境，而魚類在周圍的水域中成群結隊，甚至野草也能為「剛剛死於壞血病的水手」提供神奇的治療，他們會「奇蹟般地恢復」，起死回生。利用從維德角群島帶來的植物，英國人把聖赫勒拿島改造成一個花園，種植來自世界各地的水果和根莖植物：來自美洲的木薯和馬鈴薯、來自歐洲的橘子和檸檬、來自非洲的大蕉，以及來自印度的水稻，這都是為了讓聖赫勒拿島自給自足，因為定居人口需要的資源比過往船隻的補給所需的物資來得多。透過運送牛、羊和雞到島上，動物數量增多了。即便如此，在英國殖民聖赫勒拿島的

❷ 譯注：聖赫勒拿島得名自聖海倫娜（St Helena），她是君士坦丁大帝的母親，據說找到了真十字架。

初期，也很難獲得農業知識。一六六〇年代，島上有四個自由的種植園主。種植和收穫新作物的艱苦工作，當然是由非洲黑奴完成的，他們被允許耕種自己的土地，並獲得可觀的收穫。這是一座人口不足而不是人口過剩的島嶼：一六六六年，島上有五十名男性居民、二十名女性居民和六名奴隸。英國人經常從維德角群島運送男女奴隸到聖赫勒拿島；馬達加斯加的奴隸受到英國人特別珍視，被帶到巴貝多，在那裡接受培訓，成為熟練工匠，英國人希望這些奴隸在聖赫勒拿島同樣有用。[36]一六七三年，在荷蘭入侵聖赫勒拿島失敗後，一百一十九名殖民者從英國出發前往該島。他們之中的一些人相當富裕，有自己的僕人或黑奴。到了一七二二年，全島人口達到九百二十四人，其中有一半以上是自由人；而自由人之中大多數是婦女和女孩。[37]

聖赫勒拿島的殖民者並不是一個消極被動、願意聽從英國東印度公司差遣的群體。十七世紀晚期和十八世紀，聖赫勒拿島是一個動盪的地方，因為它的總督、駐軍、自由種植園主和奴隸相互衝突。在一些年裡，殖民者在島上的議會裡占據多數，但是從英國人控制該島的那一刻起，總督就不願意過多理睬議會，而在倫敦的英國東印度公司董事們也很清楚，對定居者的高壓手段會適得其反。一六八四年，總督在鎮壓定居者起義時，命令士兵向起義者開槍，殺死了一些人；然後其他起義者被俘虜並遭到處決。另一位總督遇刺身亡。島上還曾發生奴隸起義。研究聖赫勒拿島的歷史學家指出，它只是紙上的烏托邦，理論和現實相差甚遠。[38]

英國東印度公司希望將聖赫勒拿島專供自己使用，這不僅僅意味著保衛該島不受荷蘭或其他外國對手的侵犯，甚至其他英國公司也被禁止使用該島。雖然聖赫勒拿殖民地是根據護國公本人的特許狀建立，但聖赫勒拿島是英國東印度公司與印度的聯絡站，而不是英國與印度的聯絡站。聖赫勒拿島被稱為「公司之島」並非沒有道理。一六八一年，英國東印度公司決定，如果有從馬達加斯加或其附近的非洲海岸來的奴隸貿易船到聖赫勒拿島停靠，以獲取補給或者遇險，應當表示歡迎。不過，聖赫勒拿島總督禁止不屬於東印度公司的船隻到聖赫勒拿島從事貿易。一六八一年春，英國奴隸貿易船「羅巴克號」（Roebuck）到達聖赫勒拿島，船上三百四十六名奴隸中有四十人病死，有些船員也生病了。聖赫勒拿島的殖民者為其提供醫療援助，但總督禁止「羅巴克號」的水手上島做生意，讓種植園主們非常惱火。[39]不過，這項政策與英國東印度公司的壟斷方針是一致的。

東印度公司還希望控制另一座位於偏遠南大西洋的島嶼——特里斯坦庫涅島，從而進一步擴張公司的壟斷地位，儘管那裡的天氣甚至比聖赫勒拿島還要糟糕，而且更加貧瘠。[40]東印度公司這麼做的動機是，要控制進入印度洋的海路，並向西看向巴西，儘管特里斯坦庫涅島位於好望角以南一點的緯度，與聖赫勒拿島相距甚遠，後者大致位於現代安哥拉和納米比亞之間的緯度。特里斯坦庫涅島直到一八一六年才被英國人占領，不過他們第一次嘗試殖民該島是在一六八四年，當時英國船隻「學會號」（Society）被派往那裡展開調查；東印度公司很想知道特里斯坦庫涅島的港口有多好。「學會號」船長奉命在特里斯坦庫涅島或其他有潛力但空曠的島上，留下一頭公豬和兩頭母豬，以及一封裝在瓶子裡的信，這被認為足以確立英國人對該領土的主張。到了十九世紀初，英國人對這座極其偏遠的火山島充滿熱情，認為它比馬德拉島的主要城鎮豐沙爾更好，「因為那裡的海岸是筆直的」；特里斯坦庫涅島上有足夠的土地可供耕種，而且有良好的淡水供給。[41]

聖赫勒拿島和特里斯坦庫涅島，甚至更北的幾座群島，都不是簡單的大西洋基地，它們與印度洋和大西洋的關係同樣密切。正如各大洋相互交融一樣，它們的貿易路線也必然會交織在一起。

五

將世界第四大島馬達加斯加，與上述幾個地圖上的小點相提並論，似乎很奇怪，但這麼做有很好的理由：馬達加斯加沿海的幾個點，最初被視為潛在的船隻補給站；而且雖然馬達加斯加不在大西洋，但它被視為印度洋和大西洋之間的寶貴連結。這讓我們更強烈地感受到，當時的商人、海盜乃至政府都不會像今天的人們（尤其是歷史學家）那樣，對幾大洋作生硬的劃分。[42]後來，隨著在馬達加斯加大片土地定居的想法深入人心，歐洲人逐漸認為它是亞洲（而不是非洲）的一個更具吸引力的翻版。「商人理查．布思比（Richard Boothby）」於一六四六年在倫敦出版，並於隔年重印的一本廣為流傳的小冊子，全稱是《對最著名的靠近東印度的馬達加斯加島或聖勞倫斯島的簡明介紹或描述，介紹該國的衛生、娛樂、豐饒和財富及原住民的狀況，還有適合那裡的種植園主的絕佳資源和條件》。另一本由熟悉該島的英國人撰寫的小冊子，題目也是熱情洋溢：《馬達加斯加，世界上最富饒和最豐產的島嶼》，小冊子作者尤其被馬達加斯加人民「有愛且友善的性情」所吸引；在另一本小冊子中，他稱他們是「世界上最幸福的人」。[43]讚美這座島嶼的宣言書有很多，上述列舉的例子只是其中一部分。當時的歐洲人並不了解馬達加斯加，但是從好望角出發，這座島嶼比蘇門答臘（更不用說摩鹿加群島）更容易到達。歐洲人希望馬達加斯加能成為東印度群島的替代品，成為亞洲之外的新亞洲。像通常情況一樣，當歐洲人遇到馬達加斯加似乎延綿不絕的乾燥紅土地時，樂觀情緒變成大失所望。另一方面，歐洲人認為馬達加斯加是一個與非洲不同的世界，一塊微型大陸，有自己不尋常的野生動物，並與整個印度洋有歷史聯繫。這種想法倒是有幾分真實。

葡萄牙人在一五〇〇年到達馬達加斯加，發現該島處於好幾個國王的統治之下。葡萄牙人還發現，透過蒙巴薩等東非主要港口，馬達加斯加已經與外界有了很好的聯繫。一五〇六年，葡萄牙人突襲該島的一個港口，在那裡沒有得到黃金或象牙，但是得到大量的大米，可以裝滿二十艘船。與外界的接觸為馬達加斯加帶來貨物，也帶來伊斯蘭教。儘管穆斯林的一些習俗，如割禮和不吃豬肉，變得相當普遍，但是伊斯蘭教未能對該島產生強烈影響。印度教也是如此，它的影響沿著中世紀將第一批馬來水手帶到馬達加斯加的貿易路線，逐漸傳播開來，但是印度教在島上的影響仍然很弱。馬達加斯加的主要宗教信仰，包括祖先崇拜（根據某些說法，可能涉及對祖先遺體的儀式性展示，甚至將其吃掉）。[44] 儘管征服馬達加斯加顯然是不可能的，但歐洲人利用當地幾個國王之間的戰爭（就像歐洲人在西非一貫的做法），以確保奴隸的供給。當地國王用奴隸來交換歐洲的紡織品和牛；有些國王有更高的品味：戴安·拉馬赫（Dian Ramach）曾在葡屬果阿受教育，所以他炫耀自己擁有中國製造的漆器寶座、日本花瓶，以及波斯和歐洲長袍，也就不足為奇了。[45]

在馬達加斯加，奴隸是讓歐洲人感興趣的主要「商品」。和西非的情況一樣，馬達加斯加本土的奴隸制與被出口（到印度洋殖民地或大西洋彼岸）的奴隸，受到的嚴酷待遇有著天壤之別。馬達加斯加本土的奴隸制比較寬鬆，只有在統治者和貴族決定將無自由的臣民賣給歐洲人時，他們的命運才會變得悲慘。[46]馬達加斯加奴隸在歐洲商人運過遠海的奴隸中只占很小的比例，在歐洲人於印度洋交易的奴隸中不到五%，在大西洋交易的奴隸中只占極小的部分。與之相比，據我們所知，十七世紀和十八世紀，有超過兩百八十萬名奴隸被英國船隻運出西非和中非。[47]不過，馬達加斯加人因其智慧和技能而受到重視（而他們的遠親馬來人則被歐洲人認為過於懶惰與不可靠）。巴貝多的英國種植園主認為，馬達加斯加奴隸是「所有黑人中最聰明的」，很適合被訓練成木匠、鐵匠或箍桶匠。所以東印度公司在馬達加斯加尋找「身強體健的男孩」。[48]

不過除了提供補給和從事奴隸貿易外，馬達加斯加還有另一個「優勢」：海盜。十七世紀末，馬達加斯加當地國王們縱容歐洲海盜及來自英屬北美殖民地的海盜，來到馬達加斯加的沿海港口。當地國王們招募裝備精良的海盜參與和敵對國王的戰爭。海盜之所以裝備精良，是因為在遙遠的大西洋（遠至紐約）可以找到友好的商人，他們熱衷向海盜提供武器和烈酒。儘管東印度公司和倫敦的皇家非洲公司（Royal African Company）反對，但一桶桶的啤酒和烈酒還是從北美一路運送到馬達加斯加。同時，由英國人、荷蘭人、法國人和非洲人組成的海盜，向買家提供馬達加斯加奴隸。[49]

這些海盜的北美支持者是紐約的一些重要人物。荷蘭裔的弗雷德里克・菲利普斯（Frederick Philipse）是紐約最富有的市民之一，他聽說一個名叫亞當・巴德里奇（Adam Baldridge）的海盜放棄老本行，即加勒比海的海盜活動，並在馬達加斯加東北近海的聖瑪麗島（St Mary's Island）定居。菲利普斯看到一個黃金機會，於是向巴德里奇提供物資，以換取馬達加斯加的奴隸。菲利普斯和巴德里奇可以說是買到一張中獎彩券：聖瑪麗島的基地開始運作，並有數百人居住之後，所有活躍在印度洋西部的海盜船都開始在那裡停靠，以獲取補給。巴德里奇以相當高的價格出售蘭姆酒和啤酒，生意特別好。不過，他也從北美進口《聖經》。這提醒我們，許多海盜認為在遠海上殺人越貨或做奴隸生意，與基督教生活之間沒有矛盾。隨著聖瑪麗島定居點的擴大，馬達加斯加的人口也在成長。一六九七年末，當巴德里奇離開聖瑪麗島，參與當地一次抓捕奴隸的探險時，住在鎮上的島民群起反抗，拆毀他建造的要塞，殺死大約三十名海盜。巴德里奇放棄了聖瑪麗島，後來他抱怨之所以會發生叛亂，是因為歐洲人不懂得如何溫和地對待島民。但是後來因犯罪而被絞死的著名蘇格蘭海盜威廉·基德（William Kidd）表示，巴德里奇是在為自己虐待鎮上的馬達加斯加居民找藉口，因為他將男人、女人和孩子騙上船擄走，作為奴隸賣給模里西斯的荷蘭人和留尼旺島（當時稱為波旁島〔Île Bourbon〕）的法國人。這兩座屬於馬斯克林群島（Mascarene Islands）的島嶼，位於馬達加斯加的東面，正好在這一時期被歐洲人殖民。50這樣看來，也許還有其他像基德一樣的海盜，確實讀過《聖經》，確實有良知。

有些海盜很器重馬達加斯加奴隸，任命他們為船上的廚師，這是負有一定責任的崗位。船上廚師的一項重要任務是確保食物不被吃光，並盡可能地多為船員提供新鮮食物。馬拉米塔（Marramitta）就是這樣一位廚師，被他的主人（不是別人，正是菲利普斯）任命為「瑪格麗特號」（Margaret）上的廚師。他的真名不詳，因為「Marramitta」似乎是馬達加斯加語中「烹飪鍋」一詞的變形，在現代法語中是 marmite。馬達加斯加的奴隸被分散到世界各地。十七世紀末，英國東印度公司在蘇門答臘明古連（Bencoolen）的胡椒貿易站建造要塞時，就使用馬達加斯加勞工。到了蘇門答臘之後，相當多的馬達加斯加奴隸逃進叢林。他們的語言與馬來－印尼語接近，這肯定有助於逃亡。大西洋地區也有了越來越多的馬達加斯加奴隸，其流動往往以聖赫勒拿島為中繼站。[51]早在一六二八年，一個來自馬達加斯加的奴隸就到了法國的新殖民地魁北克。十七世紀末，滿載奴隸的船隻經常到達紐約。不過與加勒比海的島嶼，特別是巴貝多和牙買加，或維吉尼亞與卡羅萊納的英國定居點相比，北美那些正在茁壯成長的城市較少接收馬達加斯加奴隸。一六七八年，三艘從馬達加斯加出發的船隻向巴貝多運送七百名奴隸，那裡製糖業的蓬勃發展（以及該產業造成的高死亡率），導致對奴隸的需求越來越大，而且不僅僅是來自西非的奴隸。一七〇〇年，巴貝多島上大約有一萬六千名奴隸是馬達加斯加人，約占總數的一半；據我們所知，在十七世紀，光是馬達加斯加的一個港口就出口四萬至十五萬名奴隸。[52]好消息（如果可以這麼說的話）是，運送馬達加斯加奴隸的英國船上的死亡率很低。[53]這可能反映英國人在馬達加斯加、好望角或聖赫勒拿島獲取，然後提供給奴隸的食物品質較好；也可能反映運送馬達加斯加奴隸的船隻通常較小，這減少流行病爆發的風險，比如在十八世紀平均一艘船僅載有六十九名奴隸。一七一七年，東印度公司董事會指示聖赫勒拿島的公司代理商「人道地」對待奴隸，表示「他們也是人」。[54]而且，畢竟奴隸販子希望將他們的「貨物」活著運送到目的地，奴隸死亡意味著經濟損失。

第四十三章　地球上最邪惡的地方

一

在審視哥倫布和達伽馬之後的幾個世紀時，本書將重點放在大洋之間的聯繫上。人員和貨物從一個大洋流向另一個大洋，形成一連串的聯繫。這些聯繫環繞著世界，我們有理由將其描述為一個全球網絡。但可否將其稱為全球經濟，是一個不那麼容易回答的問題，因為「全球經濟」一詞可能表示這樣一種經濟：所有主要經濟中心（從中國、英國到新大陸的西班牙城市）的很高比例的商人、工匠和消費者的活動，都受到全球聯繫的塑造。儘管加勒比海盜對電影製作人和電影觀眾有巨大的吸引力，但十七世紀中葉騷擾加勒比海的英國海盜和其他海盜的活動，似乎是一個相當不重要的問題。不過，運寶船通過加勒比海並不僅僅是加勒比海歷史的一部分，也不僅僅大西洋歷史的一部分。考慮到大部分金銀的來源是秘魯的波托西銀礦（今天在玻利維亞境內），並且白銀在運抵巴拿馬地峽之前，已經在太平洋水域被運輸了數百英里，白銀航線的歷史清楚表明，在十六世紀和十七世紀，多個大洋是如何聯繫在一起的。我們也不該忘記，這些白銀大部分是向西輸送，透過馬尼拉到達澳門。不過在十七世紀，波托西的白銀

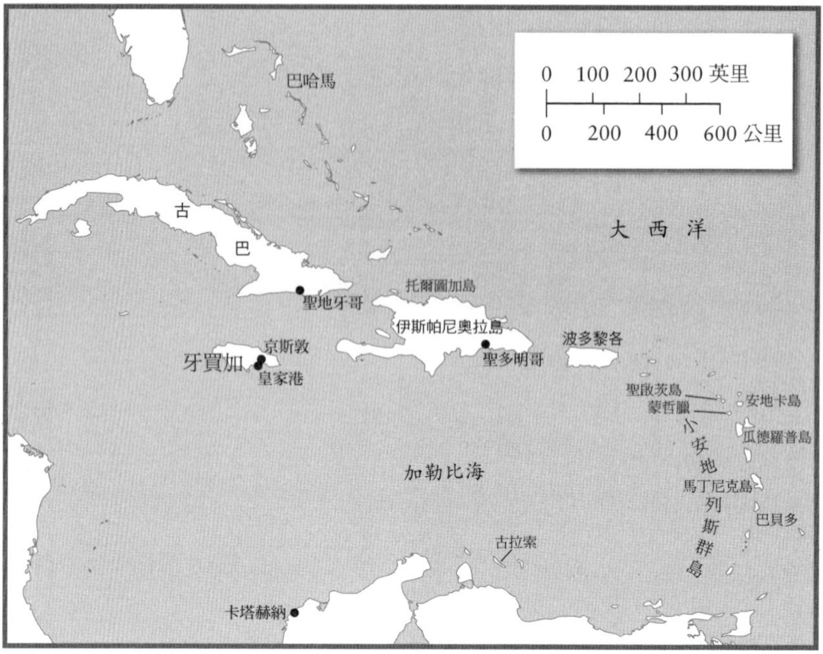

產量正在下降，而且西班牙由於深度參與歐洲和地中海的衝突，財政上已經捉襟見肘。如果一支西班牙珍寶船隊遭到英國海盜襲擊，而未能抵達西班牙，對一個步履蹣跚的帝國來說將是沉重的打擊。

加勒比海盜當然存在，不過他們之中有許多人其實不是自由的海盜，而是官方授權的私掠船主，持有正式的私掠許可證，有權攻擊敵國的船隻。[1]描述加勒比海盜的術語 buccaneers 源自法語單字 boucan，指的是海盜用來熏烤大塊肉的烤架，這些肉通常是從他們在伊斯帕尼奧拉島和其他西屬島嶼上擄掠牲畜身上切下來的，此時這些島嶼已經沒有泰諾印第安人，而是有很多遊蕩的牛群，這些牛很容易獵取，牛肉也很健康。另一個用來稱呼海盜的字是「corsairs」，源自 corso，意思是「旅行」，通常指另一群海盜，即在地中海西部和大西洋東部海域肆虐的巴巴里海盜。[2]加勒比海盜確實在頭上纏著紅布，揮舞短彎刀，嗜飲蘭姆酒，而他們也確實喜歡一種相當民主的指揮制度，根據這種制度，船長與他的手下同吃同住，並透過協商作出決定。[3]

儘管如此，海盜和私掠船主還是在為更高權力的利益服務，即使他們像因襲擊巴拿馬而聞名的亨利·摩根（Henry Morgan）那樣，在沒有獲得上級直接指示的情況下自作主張。從十七世紀中葉開始，海盜和私掠船主是英國在加勒比海地區建立永久性勢力的重要工具。他們與護國公克倫威爾及後來的國王查理二世一樣，都渴望阻止西班牙珍寶船隊從墨西哥的維拉克魯茲和巴拿馬的波托韋洛（Porto Bello），向加地斯與西班牙哈布斯堡國王的國庫運送白銀。不過，海盜活動想要成功，就需要在捕獲西班牙運寶船和允許運寶船自由通行加勒比海之間保持一種謹慎的平衡。一位經濟學家曾解釋這種基本原則，即「搶劫的純粹理論」。正如捕魚船隊必須注意不要過度捕撈，免得資源枯竭，劫匪或海盜必須確保街道或海路足夠通暢，允許大多數人安全通過。海盜贏得太多的戰利品，會導致商船放棄這條路線。如果路線太危險，比如凌晨三點的紐約中央公園，潛在的受害者就會選擇避開；同理，海盜或劫匪，或甚至漁民，都必須遏制自己的競爭對手，防止他們竭澤而漁。[4]

有人認為海盜活動在加勒比海地區一直是禍害，我們需要對這種觀點加以限定。一六五五年至一六七一年，得到英國政府授權、針對西班牙船隻的海盜活動對西班牙人造成嚴重的困擾，但在一六七一年之後，這個問題就大幅緩解了，部分原因是英國人與西班牙人達成和平協議，部分原因則是運寶船的通行變得斷斷續續，有幾年裡沒有運送白銀的船隻離開墨西哥或巴拿馬。此時，西班牙海軍在國內得到的支援是如此之少，以至於有時無法提供船隻將金銀運往西班牙，有時甚至不得不僱用荷蘭船隻來完成這項工作。因此，襲擊西班牙運寶船的報酬率在不斷下降。此外，英國在加勒比海地區的主要基地——位於牙買加海岸的皇家港（Port Royal），在一六九二年六月被地震和海嘯基本摧毀，但海盜活動還是會不時爆發。海盜活動就像瘟疫一樣，一波接一波，但通常是一種低度威脅。舉例來說，在十八世紀的頭幾年，巴哈馬成為海盜巢穴，被描述為「海盜共和國」。但是巴哈馬有了英國總督（本身也曾是私掠船主）之後，他對願意改過自新的海盜施行大赦，並讓他們與那些不願意改邪歸正的海盜對立。幾年之內，海盜的災禍就結束了。[5]

二

英國人獲得牙買加，是印證約翰·西利（John Seeley）爵士那句名言（大英帝國是在「不經意間」建立起來的）的一個絕佳例子。牙買加雖然後來成為英國最重要的殖民地之一，但它並不是英國在大西洋西部水域的第一個殖民地。一五八〇年代，雷利爵士試圖在北卡羅萊納海岸的羅阿諾克（Roanoke）建立一個殖民地，但他留下的定居者後來神祕失蹤，羅阿諾克殖民地就失敗了。[6]更持久的是一六〇七年在維吉尼亞建立的詹姆斯鎮殖民地，讓英國人在北美有了第一個永久的立足點，這比卡博特的第一次航行晚了一個多世紀，但發生在禁止向外移民法律被廢除的僅僅一年之後。[7]詹姆斯鎮的建立帶來一個意外的副產品，是對百慕達的殖民。一個世紀前一個叫貝穆德斯（Bermudez）的葡萄牙海員曾短暫造訪這裡。一六〇九年，一艘英國船在前往維吉尼亞途中遭遇颶風，在百慕達附近觸礁；沒有人淹死，但是一些水手和乘客表示，即使船修復之後也寧可待在百慕達，而不願回家。百慕達甚至還有肉食供應，因為島上有野豬出沒，牠們是在早先海難中倖存下來的家豬後代。當英國的維吉尼亞公司（Virginia Company）聽到這個消息時，立即意識到百慕達的吸引力。它以前沒有居民（與維吉尼亞不同），其輪廓已經被海難倖存者仔細描繪下來，而維吉尼亞腹地的大部分地區仍是未知的。

從一六一二年開始，英國人花了三年時間，用九艘船向百慕達派遣六百名定居者。事實證明，百慕達非常適合種植菸草，而龍涎香——來自鯨魚膽管的極其貴重的分泌物，有時會被沖到百慕達海岸。在開始定居不久之後，人們發現一塊價值一萬兩千英鎊的龍涎香，保障了新殖民地的財政前景。百慕達是第一個利用非洲奴隸勞動力的英國殖民地。不過，其他英屬島嶼上的種植園主學會生產品質更好的菸草，於是百慕達島民將注意力轉移到食品生產上，首先是養牛，然後是製糖。由此，到了十八世紀初，百慕達出現一個繁忙的交易市場，北美的穀物和木材途經百慕達運往加勒比海，加勒比海的糖與蘭姆酒則經過百慕達運往北美。百慕達人使用的船隻是在島上組裝的，由奴隸和自由人建造與駕駛。這些主要是小型但快速的單桅縱帆船，成為北美各港口熟悉的景象。這些港口，而不是英國本土，很快成為百慕達貿易的重點。百慕達人還把他們的船開到荷屬古拉索島和整個荷屬加勒比海地區。百慕達作為一個交易中心的成功是非同尋常的：它的船運量比巴貝多落後一些，但與紐約和牙買加相比毫不遜色。關於巴貝多，留待下文再談。[8]

詹姆斯．埃文斯（James Evans）指出，十七世紀有將近三十八萬名英格蘭男子和婦女移民到美洲；其中大多數人，即二十萬人，前往加勒比海。這遠遠超越競爭對手的移民數量：移民到美洲的西班牙人人數約為英格蘭人的一半，而法國移民的人數很少，僅相當於英格蘭人的四十分之一。考慮到還有類似規模的人口從英格蘭流向愛爾蘭，上述數字就更顯得引人注目。[9]這些數字也比十八世紀的數字來得大。推動人們跨越大西洋移民的因素有很多：國內的貧困、希望不受干擾地實踐自己的宗教信仰、尋找財富（儘管弗羅比舍上了愚人金的大當，但是關於黃金的謠言不斷傳播）。擁有一百多名乘客的「五月花號」（Mayflower）的航行，已經成為美國民族神話的一部分，因此我們必須記住，大多數殖民者並不是清教徒式的理想主義者；那些至今仍然對美國的「感恩節」崇拜感到不解的英國人和歐洲大陸人，有理由懷疑「五月花號」的航行究竟有多重要。[10]

在維吉尼亞出現賺錢的機會，但不是因為淘金：菸草流行了，當時的人們相信它有利於健康，所以需求似乎無窮無盡。[11]起初，北美的勞動力包括契約勞工，這些英國移民為了擺脫貧困，簽約讓渡自己的自由，換取食物、衣服和住宿。因此在十七世紀中葉，維吉尼亞的定居者人口中有三分之一是契約勞工。在因為寒冷而臭名昭著的十七世紀，特別是在一六三〇年代，歐洲發生幾次嚴重的饑荒，這鼓勵了移民。不過，這個「小冰期」是一個全球現象：在歐洲移民抵達北美時，這個時期北美的氣候仍然異常寒冷。有大約一半的移民在抵達北美幾年之後，因為陌生的凶險疾病而死亡。即便如此，漂洋過海到一片新土地生活的風險似乎仍是值得的。[12]

加勒比海的成功故事與維吉尼亞不同。英國在一六二五年獲得位於加勒比海最邊緣的巴貝多，當時約翰．鮑威爾（John Powell）船長來到那裡，將英國國旗插在巴貝多。那裡曾是一個繁榮的原住民定居點，但在那時已經沒有人了：西班牙人不屑占領該島，而是將其作為奴隸的來源，因為他們稱為加勒比人的民族好戰且可能吃人，所以被視為西班牙王國的敵人。憤怒的島民逃到小安地列斯群島其他不那麼暴露的地方，在那裡可以更好地保護自己。[13]但是逃亡並未解決他們的問題，因為英國人已於一六二四年在聖啟茨島（St Kitts）定居，不過他們不得不與加勒比人打仗，以爭奪該島的控制權。聖啟茨島被英國人劃為菸草種植區。一場颶風摧毀第一批作物，殖民者要學習的東西很多。英國人在八年後占領安地卡島（Antigua）和蒙哲臘（Montserrat）。與此同時，法國人占領瓜德羅普島（Guadeloupe）和馬丁尼克島（Martinique）。西班牙人之前未能控制這些較小的島嶼，在西班牙之後到來的每個歐洲國家都爭先恐後地利用這一點。殖民者與好戰的加勒比人不可避免地發生激烈戰鬥，加勒比人社區慘遭滅絕。[14]

在巴貝多，種植菸草的嘗試不太成功。詹姆斯·德拉克斯（James Drax）爵士觀察到遍布南美洲的荷蘭和葡萄牙殖民地的甘蔗種植園多麼成功之後，巴貝多也開始發展製糖業，經濟才開始起飛。德拉克斯從荷屬巴西帶來一些塞法迪猶太人，幫助他在巴貝多建立這個產業。製糖業繁榮之後，巴貝多吸引大量的英國定居者。到了一六五七年，僅在新首府橋鎮（Bridgetown）就有兩千人，這引起一位法國天主教傳教士的讚嘆：橋鎮的「房屋外觀莊重、精緻而有序，這在其他島嶼是看不到的，實際上在任何地方都很難找到」。[15]在這個時期，巴貝多已經能夠每年向英國出口八千公噸糖。十八世紀初，英國統治下的這些加勒比海小島的糖產量超越巴西。巴貝多成為英國的糖島，恰似馬德拉曾是葡萄牙的糖島。在早期，巴貝多製糖業的人道代價不像後來那麼沉重。從英國來的人中約有一半是契約勞工。一六五二年，巴貝多有一萬三千名僕人，大部分是年輕男子，也有一些婦女。每年約有一千五百至三千人移民到該島。把一個僕人從英國帶到大西洋彼岸的費用為八英鎊，這在十七世紀中葉是比購買奴隸更便宜的選擇，購買奴隸的價格在三十五英鎊上下浮動。不過契約勞工不是奴隸，他們的待遇比黑奴好得多。隨著奴隸價格下降，並且自願成為契約勞工的人數減少，奴隸種植園成為常態，隨之出現一批新的種植園主精英，其中有七十四人出現在一六七三年提交給倫敦的正式名單中。[16]

在整個十八世紀，巴貝多繼續滿足英國人對糖的渴望，並繼續進口大量奴隸。這些奴隸在極其惡劣的條件下勞動，讓英國人能享用到糖。英國人對甜茶的喜好促進蔗糖生產的擴張。因此在一定程度上，巴貝多的製糖商是在回應中國茶葉貿易帶來的需求，這是又一個例子，說明在一個大洋發生的事情，可以對另一個大洋發生的事情產生深刻影響。巴貝多成為其他產糖島嶼的典範，如英屬牙買加，以及一六六五年在伊斯帕尼奧拉島西端建立的法國定居點聖多明戈（Saint-Domingue），它是現代海地的直系祖先。奇怪的是，除了這些例子之外，加勒比海地區的「蔗糖革命」不是在哥倫布殖民的島嶼上，而是在英國人、法國人和荷蘭人的新殖民地上開始的。哥倫布曾在伊斯帕尼奧拉島嘗試種植甘蔗，但在葡萄牙人把甘蔗引進到巴西之後，伊斯帕尼奧拉的甘蔗製造業就失敗了。西屬古巴和波多黎各直到十九世紀才成為主要的蔗糖產地（還是要感謝當時在這些島嶼仍然存在的奴隸制）。[17]在這些島嶼，奴隸勞動成為殖民者經濟繁榮的基礎。不過，奴隸在政治上並非消極被動。一六七五年和一六九二年，奴隸策劃奪取橋鎮，控制該島和港內的船隻。兩次密謀都被及時破獲，九十三名密謀者在一六九二年被處決。[18]

三

皇家港短暫而動盪的歷史是一連串錯誤的結果。一六五五年，英格蘭、蘇格蘭與愛爾蘭共和國的護國公克倫威爾同意支持對伊斯帕尼奧拉島首府聖多明哥發動一次遠征。[19]身為大不列顛的統治者，克倫威爾有一種非凡的能力，在必要時可以暫時擱置他深刻的宗教信念，與西班牙等天主教國家交朋友，而和荷蘭等喀爾文宗國家為敵。因此在一年前，他正是秉持著溫和威脅的精神召見西班牙大使，要求西班牙准許英國商船自由前往新大陸，以換取英國的友誼。大使斷然拒絕；但克倫威爾早有準備，因為有一段時間，他一直在考慮，可以透過向加勒比海派遣艦隊來利用西班牙的弱點。在敦促護國公採取行動的人中，據說有一位名叫卡瓦雅爾（Carvajal）的葡萄牙商人，他在加納利群島被宗教裁判所騷擾之後，到倫敦避難。據說他是設法在禁止猶太人入境的伊比利土地上活動的祕密猶太教徒之一，而且他繼續從事美洲白銀貿易，將銀條從塞維亞運送到英國。根據對非常零散證據的解讀，卡瓦雅爾是說服克倫威爾准許在倫敦的葡萄牙新基督徒公開作為猶太教徒生活的關鍵人物，不過克倫威爾支持重新接納猶太人進入英國時，不得不面對諸如威廉・普林（William Prynne）這樣愛惹是生非的名人激烈反對。普林曾因持續辱罵政敵而受到懲罰，被割掉雙耳。在一份非常誇張的敘述（基於一個在加勒比海被西班牙人俘虜的英國男孩的證詞）中，克倫威爾承諾將倫敦的一座教堂改為猶太會堂，以換取熱衷支援此次遠征的葡萄牙猶太人提供的資金。[20]

克倫威爾在一六五四年十月向指揮英國遠征艦隊的海軍將領威廉・佩恩（William Penn，賓夕法尼亞殖民地創始者的父親）發出指示時，列舉西班牙人對加勒比海原住民和其他民族的殘酷暴行。克倫威爾所說的「其他民族」是指那些像英國人一樣，試圖在西屬美洲大陸❶從事貿易的人（他顯然忘了自己對另一個英國殖民地愛爾蘭居民的嚴酷態度）。克倫威爾的觀點得到認為西班牙帝國很孱弱的政論小冊子作者們（包括約翰·米爾頓〔John Milton〕）的大力鼓勵。英國遠征軍採用的一種話術是，對抗信奉天主教的西班牙人，推廣福音派新教；而西班牙人則以相反的方式看待他們與英國人的鬥爭。英國人的立場是：「就像西班牙人從印第安人手中奪取牙買加一樣，我們英國人要從他們手中奪取它。至於教宗，他既不能把土地授予他人，也不能把征服土地的權利下放。」[21]

毫無疑問，一些新基督徒樂於懲罰西班牙宗教裁判所對葡萄牙商人的持續迫害，但是克倫威爾的計畫出現偏差。他派出六十艘船和八千人攻打聖多明哥，根據一位現代西班牙歷史學家的說法，這支英軍是「罪犯和流浪漢組成的烏合之眾」。克倫威爾發現這次行動執行得很差。不管是什麼原因，英軍在和聖多明哥城有一段距離的地方紮營，很快就被趕出伊斯帕尼奧拉。德瑞克在數十年前勝利占領聖多明哥的情景並沒有輕易重現，而當年只有一千人。[22]英國指揮官內部的爭吵也無助於此次行動，但他們決心不能空手而回。這是在歷史上許多國家的陸軍和海軍中，反覆上演的老故事：艦隊司令佩恩與負責地面部隊的將軍羅伯特·維納布林斯（Robert Venables）不和。他們把注意力轉移到西班牙人控制的牙買加，這是一座防守不力又被忽視的島嶼。西班牙人後來會了解，在古巴以南和伊斯帕尼奧拉以西的牙買加的戰略位置，比他們認為的要來得有價值。與此同時，克倫威爾也不知道發生什麼，充其量只是對牙買加的存在有一個模糊的概念。[23]當征討伊斯帕尼奧拉島失敗的噩耗傳到英國時，克倫威爾身邊的虔誠人士震驚了：也許萬能的上帝認為英國的德性不夠，所以無法在加勒比海擊敗西班牙天主教勢力？但如果是這樣的話，這肯定是一個神聖的考驗，所以英國人應當抓住機遇，更努力實現上帝的設計，擊敗天主教勢力。在英國人的想像中，西班牙人被賦予非利士人的角色，而英國人則被比作古代的以色列人。正如《聖經》中《撒母耳記》記載的，以色列人的不良行為導致他們在艾城（Ai）的失敗。[24]

不過後來想想，上帝似乎沒有拋棄英國人。牙買加並非微不足道的戰利品。以前沒有人考慮過這座被忽視島嶼的戰略意義，準確來說，沒有位高權重的人考慮過這個問題。一位西班牙神父在英國人征服牙買加的幾年前，作出高瞻遠矚的評論：

> 該島的防務非常差……如果敵人占領了該島，毫無疑問，他們將迅速侵占所有地區，成為貿易和商業的主宰。由於該島位於從這些王國（指西班牙本土）前往新西班牙的船隊，和前往哈瓦那的蓋倫帆船的必經之路上……可以看出，如果敵人占據該島，對從事這種貿易的船隻是多麼有害。[25]

西班牙對牙買加的興趣如此之弱，以至於該島被作為永久世襲領地授予哥倫布的後裔，他們在名義上以侯爵身分統治該島，可以從中獲得一些經濟上的好處，而且無須經常去那裡。哥倫布的孫子堂・路

---

❶ 譯注：西屬美洲大陸（Spanish Main）指的是位於北美洲或南美洲大陸，並且在加勒比海或墨西哥灣有海岸線的西班牙殖民地，而西班牙在加勒比海的殖民地被稱為「西屬西印度」。

易士．德．哥倫布（Don Luís de Colón）被指控參與違禁品貿易；他在一五六八年設法阻止進一步的調查，似乎恰恰證明他是有罪的。[26]人們很早就認識到牙買加缺乏豐富的金礦或銀礦，而且牙買加製糖業在西班牙人統治時期仍然很弱，英國人入侵時只有七家糖廠在運作。[27]曾有人說：「牙買加雖然不能滿足任何具體的需求，但仍然不能允許別人奪走。」[28]

從英軍在京斯敦灣（Kingston Bay）登陸的那一刻起，西班牙人就處於守勢，因為他們在牙買加的駐軍兵力很少，而且內陸的要塞對英軍的抵抗效果不佳。英國人取得他們想要的戰果，在今天京斯敦灣的海岸上占領西班牙人的要塞，建立自己的基地，從那裡可以干擾通過加勒比海的航運。西班牙人誤以為英國人是來襲掠該島，並為船隻補給物資，結束之後肯定會起錨離開。[29]克倫威爾聽說英軍在聖多明哥附近的可恥失敗，因此對來自牙買加的捷報不以為然。維納布林斯在回到英國後身敗名裂，被短暫地囚禁在倫敦塔，而佩恩為了逃避護國公的憤怒，逃到愛爾蘭。[30]不足為奇的是，英國人過了一段時間才認識到此次征服的意義和好處。克倫威爾得到一個西印度群島專員委員會的輔佐，他們立即意識到牙買加需要適當的防禦和人口；建議把克倫威爾在蘇格蘭戰役中俘獲的蘇格蘭高地人，盡可能多送一些到牙買加當僕人。[31]

從長遠來看，西班牙未能控制整個加勒比海地區，使得英國人、法國人和荷蘭人等外來插足者，可以自由占領小安地列斯群島中的一些小島。一六二三年，荷蘭對加勒比諸島的襲擊擾亂古巴的貿易。毫無疑問，荷蘭人注意到英國對巴貝多的占領，於是在一六三四年占領古拉索島，在那裡也沒有遇到西班牙人抵抗。參與殖民古拉索的許多人是葡萄牙猶太人，他們還積極參與一六三〇年至一六五四年荷蘭人在巴西部分地區的殖民活動。而且如前文所述，丹麥人在一六七〇年代也闖入加勒比海。[32]西班牙已經變得十分羸弱，無法阻擋這些海上強國前進。

四

加勒比海島嶼中的大多數都被用來生產糖和菸草，而牙買加從窮鄉僻壤變成十七世紀加勒比海地區的主要商業中心之一。看到利佛諾和阿姆斯特丹那樣歡迎所有宗教信仰的人的貿易中心取得成功，牙買加也向所有宗教和民族的定居者開放，包括新教徒、貴格會教徒及天主教徒。而且正如阿姆斯特丹和利佛諾，這個新殖民地吸引葡萄牙猶太人前來定居，他們的存在使牙買加進入一個包括倫敦、荷蘭諸城市和巴西在內的網絡。[33]這些猶太定居者擺脫他們表面上的天主教身分，在牙買加建立自己的猶太會堂，被稱為「加勒比海的猶太海盜」；但在這裡，聳人聽聞的說法又一次影響我們對證據的解讀。牙買加的猶太定居者為私掠船主提供資金；他們投資貿易，包括避開西班牙人走私違禁品的生意；他們與英國王室建立友好的關係，這能保護他們免受牙買加其他定居者敵視，但認為猶太版摩根船長在遠海上航行的想法純粹是幻想。

查理二世希望能在牙買加發現產金、銀或銅的礦場，一些猶太企業家樂觀地鼓勵這種想法。班傑明・布埃諾・德・梅斯基塔（Benjamin Bueno de Mesquita），又名馬斯克特（Muskett），於一六六三年三月與一些熱衷尋找礦藏的葡萄牙猶太同事一起登上「厚禮號」（Great Gift）。他對礦藏可能是認真的，但他的時間主要用來進行從牙買加跨越海峽到古巴的違禁彈藥貿易。後人在他於皇家港擁有的一間房屋附近，發掘出一個可能是偷來的西班牙寶箱，鑰匙孔上印有西班牙王室紋章。英王查理二世對發展牙買加的經濟寄予厚望，所以發現那裡沒有礦藏之後很生氣，考慮把猶太人逐出牙買加（不過他太依賴葡萄牙猶太人的貸款，所以不會想把他們逐出英國）。[34]儘管牙買加成為重要的產糖中心，但英國人征服它時抱持發現礦藏的願望沒有實現。因此牙買加仍然能夠繁榮，是一件令人欣慰的事情；繁榮的原因不是本身的資源，而是因為它靠近西班牙人的主要航道。牙買加成功挑戰西班牙在加勒比海地區的貿易壟斷地位。英國人尋求的不僅僅是偶爾截獲西班牙珍寶船隊、發一筆橫財，想要的是遠海上的航行權，因為他們相信（正如格勞秀斯已經向律師界保證的）遠海應該對所有人自由開放。[35]

在被英國人占領四年之後，牙買加已經成為襲擊西班牙航運的基地。起初，扮演主角的不是海盜，而是英國海軍。漸漸地，私掠船主的參與越來越多，而海軍的參與越來越少。有人認為這是一場未經英國政府許可，就向西班牙人發動的海盜戰爭，這種觀點是基於西班牙人一直輕蔑地使用海盜（pirata）一詞，他們急切地將加勒比海地區的所有敵人斥為人類公敵。這種觀點為今天流行的魯莽而嗜血的「加勒比海盜」形象提供基礎，加勒比海盜在不同時期的存在是無庸置疑的，但他們在這個時期的存在被大大誇張了，特別是因為牙買加周圍的海域是由英國海軍監管。英國海軍即使在財政非常拮据的情況下，也將資源投入牙買加。[36]所以真相要複雜得多：克倫威爾願意鼓勵海盜來到牙買加，條件是他們在一定程度上接受英國的指揮。他認為海盜是對抗西班牙船隻的理想力量：海盜的船隻相對較小，比重型運寶船更具機動性；海盜習慣在加勒比海島嶼的大小海灣中尋找藏身之處；儘管從英國總督的角度來看，海盜是不守規矩的，但他們很積極，並且自給自足。加勒比海盜不全都是英格蘭人，第一批為牙買加服務的海盜來自伊斯帕尼奧拉島附近的托爾圖加島（Tortuga），該島已成為形形色色海盜的巢穴，有英格蘭人、愛爾蘭人、蘇格蘭人、法國人、荷蘭人，還有一些非洲人和原住民印第安人。[37]

第一個混出名堂的私掠船主是克里斯多夫・明斯（Christopher Myngs），他的出身非常低微，父親是鞋匠，但他氣度不凡，不怒而威。一六五九年，他率領一支艦隊洗劫加勒比海的四個西班牙城鎮，帶著一百五十萬枚西班牙銀元回到皇家港。但事實證明，與其說他是私掠船主，不如說他是海盜，因為他拒絕將部分收益交給牙買加總督。這導致明斯被捕，被押送回英國，好在剛登基的英王查理二世釋放了他，查理二世有自信可以馴服這樣一個有天賦的船長。明斯也沒有辜負英王對他的信任：一六六二年，他領導對古巴第二大城市聖地牙哥的攻擊，這似乎是極其莽撞的行為。聖地牙哥與牙買加隔水相望，是一個顯而易見、誘人但戒備森嚴的目標。明斯成功地驅散西班牙人，率領部下來到聖地牙哥市中心，在那裡進行五天的肆意搶劫。他的船員包括年輕的威爾斯私掠者摩根，他在未來數十年會更有效地恐嚇西班牙人，還會在有執照和無執照的襲掠行動之間來回切換。[38]

摩根生於一六三五年，家庭背景比明斯來得富裕。這讓人們不禁對他的海盜生涯的浪漫版本產生懷疑，這個版本是為他立傳的荷蘭人亞歷山大・艾斯克梅朗（Alexandre Exquemeling）於摩根在世時就寫下的。根據艾斯克梅朗的說法，摩根早年從布里斯托出海，顯然希望在巴貝多發財。他在那裡沒有成為富有的種植園主，而是成為契約勞工，當時英國契約勞工仍在甘蔗種植園從事許多艱苦的勞動。他再次出海，恰逢克倫威爾的艦隊抵達巴貝多，正在前往聖多明哥。[39]摩根更有可能以紳士的身分，花錢搭乘前往巴貝多的英國船。他參加伊斯帕尼奧拉戰役，不久之後登上明斯的船隻。[40]一六六六年，他參加一支由十五艘船組成的相當大的艦隊，在一個名叫愛德華・曼斯費爾德（Edward Mansfield）的英國私掠船主指揮下出海，前往波托韋洛，搜尋負責將秘魯白銀運過大西洋的滿載財寶的西班牙船隻。曼斯費爾德意識到波托韋洛的西班牙總督早有防備，於是選擇一個較小的目標，在今天的尼加拉瓜。不過，摩根攻擊巴拿馬的胃口被吊起來了。在其他戰區，特別是古巴取得勝利之後，摩根在一六六八年領導一次對白銀轉運站波托韋洛的攻擊，出人意料的是這裡的防備極其薄弱。戰利品大約有二十五萬枚西班牙銀元，並且在襲擊過程中繳獲的商品和奴隸也能帶來利潤。普通船員可望得到約千分之一的白銀，足以讓他們過上舒適的生活，或者在皇家港的酒吧和妓院裡狂歡好幾個月。[41]摩根最著名的一次遠征，是在三年後向巴拿馬的西班牙人發動的。這一次他率領部下穿越地峽，燒毀巴拿馬城，不過這裡的戰利品比波托韋洛來得少。問題是這件事發生時，西班牙與英國剛剛媾和，所以他被送回英國，名義上是被貶黜，但國王還是忍不住給他一個騎士頭銜。[42]沒過多久，摩根就返回牙買加，集中力量鎮壓，而不是從事海盜活動。

摩根是一個很好的例子，我們仔細觀察會發現他並不像海盜。有人指出，他與妻子保持二十年的婚姻關係；他從未在沒有獲得牙買加總督授權的情況下發動遠征；儘管巴拿馬被毀，但他贏得英國王室的大力支持；他甚至成為牙買加的副總督；據了解，他只參加過一次有參與者被英國政府指控為海盜的遠征，時間是在一六六一年。[43]此外，在一六七一年之後的歲月裡，他一直在確保加勒比海地區的海盜活動受到遏制，以維護英國與西班牙的和平，並維護英國王室在牙買加殖民地的權威。他節省而不是揮霍錢財，並成為牙買加的重要種植園主。[44]有些資料，比如艾斯克梅朗對摩根生涯豐富多彩的描述，試圖辯稱摩根不曾用酷刑折磨俘虜，這不太令人信服。不過如果他曾經刑訊俘虜，肯定是想到西班牙宗教裁判所的手段，因為西班牙人有時會用殘酷手段折磨新教徒水手。摩根在一六八四年讀到艾斯克梅朗所寫傳記的兩個相互競爭的英譯本，試圖封殺此書；他甚至打贏一場誹謗官司，並從兩個出版商那裡獲得四百英鎊賠償。摩根非常討厭別人說他曾是契約勞工，也討厭別人指控他曾用酷刑折磨俘虜。[45]但艾斯克梅朗的書還是廣泛傳播，有了荷蘭、西班牙和德國版本，證明摩根已經聞名遐邇。他作為私掠船主的歲月，而不是他在加勒比海清剿海盜的更體面生涯，自然更受到讀者重視。

「私掠船主」（privateer）一詞是在英國人奪取牙買加之後，才在英語中出現的，這清楚表明特許襲擊和牙買加之間的聯繫。英國人在加勒比海地區的存在和襲擊西班牙珍寶船隊的具體情況，產生「私掠船主」這個詞彙，它描述一種古老的做法，但現在賦予合法的形式。一六七一年，英國議會通過《防止商船被擄掠並促進良好和有益航運的法案》，其中涉及「私掠船主獲得的捕獲賞金」❷如何分配的條款。[46]但是私掠活動已經過了高峰期，開始走下坡。一六六〇年代的成功突襲，使得私掠船主在加勒比海地區獲利的前景越來越黯淡。搶劫者想要找到獵物，就不能過度搶劫，這個規則開始發揮作用。甚至在西班牙與英國於一六七一年議和之前，英國私掠船主就開始放棄對西班牙城鎮的襲擊，而是會航行到空曠的海岸線，在那裡可以不受干擾地裝載墨水樹的木材。也就是說，他們變成無趣的正經商人。[47]

❷ 譯注：捕獲賞金（Prize money）一般是指俘獲敵船或運輸物資之後，根據相關法律向己方人員發放的賞金。

五

據說，水手們對捕獲賞金的揮霍及走私活動，使得皇家港成為「地球上最邪惡的城市」。皇家港的商人參與一些處於灰色地帶或完全不合法的活動。上文已經提到牙買加與西屬島嶼之間的違禁品貿易。一六七〇年代和一六八〇年代，隨著私掠活動的衰落與公開的海盜活動受到鎮壓，違禁品貿易提供最好的賺錢機遇。在一六九二年大地震前不久，來自皇家港的遺囑表明，大約有一半的死者是商人，儘管在這個階段，牙買加出口的糖比巴貝多來得少。[48]走私很容易，因為西班牙人將伊斯帕尼奧拉島變成一座巨大的養牛場（從那裡可以輕鬆獲得牛和肉製品）之後，有許多小海灣與水道可供走私者使用。私掠船主在海上俘獲的船隻，如果不自己保留的話，可以交給皇家港的商人轉賣。戰利品船隻，即使是那些被特許的私掠船主俘獲的船隻，也在牙買加總督的監視下於皇家港出售，而不是送回英國。這些戰利品船隻相當便宜：一六六三年，當明斯結束遠征回來之後，有九艘船要出售，總價為七百九十七英鎊，平均價格為八十九英鎊，而在倫敦，每艘船的價錢可能高達兩千英鎊。[49]打撈沉船上的財物也是牙買加島民從事的一項重要活動，他們善於尋找沉船，設法從海裡撈出大量的西班牙金銀，這讓他們的西班牙鄰居感到很沮喪。有一艘船是人們關注的焦點，以至於它被簡單稱為「沉船」；它在英國人首次到達牙買加的幾年前，於伊斯帕尼奧拉島附近沉沒，但是一直躺在海床上，沒有被打擾，直到一個又一個私掠船主發現一些值得從沉船裡拿走的東西。[50]

皇家港的一個不尋常之處，在於流通銀幣的數量極大（皇家港的遺址發現來自秘魯的錢幣）。[51]其他英國殖民地在此時仍然高度依賴以物易物，即使英國人不再襲擊西班牙的蓋倫帆船，牙買加人的口袋裡也有很多錢幣，因為他們很容易潛入波托韋洛附近或哥倫比亞海岸卡塔赫納兩側的小港口，在那裡做半地下的生意。牙買加成為英國和不斷發展壯大的英屬北美殖民地的重要白銀來源，船隻在牙買加與北美殖民地之間來回穿梭，五年內（一六八六年起）有三百六十三艘從北美殖民地抵達牙買加。這些都是相對較小的船隻，平均排水量約為二十五噸，但是這些小船的數量比同一時期從大西洋另一端的英國和西非抵達牙買加的大船數量來得多。[52]這些船為牙買加帶來形形色色的貨物和人員：蒙茅斯（Monmouth）公爵反叛國王詹姆斯二世❸被鎮壓之後，未被傑佛瑞斯（Jeffreys）法官和他的同事處決的罪犯；非洲奴隸，不過其中大多數後來被重新出口；還有大宗貨物，包括市場上的每一種酒精飲料，如馬德拉葡萄酒和加納利葡萄酒，還有松脂製品、槍枝、瓷磚、磚、鍋碗瓢盆，以及醃製肉類、乳酪與穀物。不過，牙買加島民更喜歡他們可以在當地獲得的新鮮海龜肉，而不是鹹豬肉。[53]

牙買加成為西班牙在中美洲和南美洲殖民地的一個重要奴隸來源。西班牙沒有直接的奴隸供應來源，因為西非海岸的貿易站由葡萄牙人控制，後來荷蘭人和丹麥人也加入了。因此，西班牙在美洲的殖民地

---

❸譯注：一六八五年的蒙茅斯叛亂是反對英國國王詹姆斯二世的一場叛亂。查理二世駕崩後，弟弟詹姆斯二世繼承王位，但他是天主教徒，受到已經成為主流的英國新教徒反對。查理二世的私生子蒙茅斯公爵詹姆斯．斯科特是新教徒，於是利用許多國民反對詹姆斯二世的情緒，自稱王位的合法繼承人，反對自己的叔父。叛亂很快在正規軍的鎮壓下失敗，蒙茅斯公爵被處決。約翰．邱吉爾（後來的名將瑪律伯勒公爵）參與平叛作戰，後來成為著名小說家的丹尼爾．笛福參加叛軍。

在獲取奴隸時依賴中間人，他們持有供給奴隸的合約。熱那亞人通常處於供應鏈的頂端，但是他們沒有船隻和奴隸站，而英國皇家非洲公司可以提供。西班牙奴隸販子很樂意到牙買加購買英國皇家非洲公司運過大西洋的奴隸，加價幅度為三五%。到牙買加購買奴隸，讓整個奴隸生意對西班牙人來說更容易。到此時為止，牙買加本身對奴隸的需求仍然相當有限，因為製糖業還沒有發展起來。[54]

一些利潤被重新投入牙買加島上，值得注意的是，來自英國的投資非常少。牙買加甘蔗種植園緩慢但可靠的發展所需資金，來自違禁品貿易和當地其他合法或非法活動的收益。牙買加經濟的自給自足程度相當驚人，這一切足以讓皇家港成為英國殖民地最重要的港口，實際上是加勒比海地區最重要的港口，使得其西班牙鄰居感到恐懼，因為他們可以看到牙買加的財富並非都是靠著誠實的手段獲得。當時的記載描述較富裕的牙買加商人的生活有多麼富足，就連他們的奴隸也穿上精美的制服，而且從未缺少肉類和水果。據說牙買加的生活水準比英國高，即使工匠也是如此。大量奢侈品在牙買加的市場上出售。在皇家港的考古發現包括中國瓷器，它們一定是透過澳門、馬尼拉和墨西哥運來的，還有模仿中國陶瓷青花裝飾的英國臺夫特陶器（Delftware）。[55]經濟條件較好的牙買加人也有足夠的銀質餐具，在皇家港眾多酒館之一的遺址發掘出一個銀質品酒器，還發現大量黃銅和白鑞製成的英國進口餐具。[56]但是我們必須考慮生活在熱帶環境的危險性，因為那裡流行瘧疾和其他疾病；第一批英國入侵者在未能占領聖多明哥的戰役中，像蒼蠅一樣紛紛病死。與哥倫布的說法相反，牙買加並不是天堂的一個分支。

在某些觀察家看來，牙買加恰恰是地獄的一個分支。對加勒比海盜較為豐富多彩的描述，喜歡說皇家港是「一個喧鬧的城鎮，那裡幾乎人人都痛飲蘭姆酒，以至於蘭姆酒似乎流遍整個城鎮」，更不用說瑪麗・卡爾頓（Mary Carleton）那樣的妓女了，她坦言，「他們幾乎把這個地方灌滿了酒」。她於一六七三年在倫敦被絞死，而她的惡名與皇家港聯繫在一起，也許並不公平，因為皇家港可能並不比其他擁有大量烈酒和「熱辣的亞馬遜女人」的港口城市更腐化墮落。實際上，皇家港有大量的禮拜場所，從貴格會堂到猶太會堂都有，這表明有相當多的居民努力至少在表面上過著教會眼中的體面生活。[57]

皇家港位於一座低窪島嶼上，在封閉京斯敦港（Kingston Harbour）的那座狹窄半島的末端。雖然強風和地震總是讓人擔心，但是港口本身的條件極佳。在這個有限的空間裡，房屋鱗次櫛比：一六六〇年有兩百間；一六六四年隨著城鎮的繁榮，增加到四百間；到了一六八八年可能有一千五百間，一六九二年人口達到頂峰時約有六千五百人，包括兩千五百名奴隸。[58]儘管許多文獻描述皇家港的生活多麼奢華，但這裡沒有真正宏偉的建築，街道沒有鋪石子，只是用沙子覆蓋；不過城裡有嚴格的建築規定，要求用石頭做地基，用磚砌牆。[59]因為所處位置暴露，皇家港完全聽任大自然的擺布。一六九二年六月七日週三中午之前，大自然向皇家港發動猛烈的打擊：劇烈的地震將聖公會教堂的塔樓震塌，房屋紛紛倒塌，大地裂開，許多人被巨大的裂縫吞沒。這只是開始：隨後洶湧的潮水沖進皇家港，沖走了人、建築和物品，就連城裡的墓地也被震碎，以至於腐爛的屍骸和剛剛淹死的人一起漂浮在水面上。石頭和磚塊不足以保護這塊脆弱土地上的居民，城鎮的大部分區域至今仍被海水淹沒。皇家港至少有九〇％的建築被毀。六月七日約有兩千人喪生，在隨後的日子裡，由於疾病在倖存者中蔓延，又有兩千人喪生。[60]

皇家港並未因此終結。人們重建城鎮的一部分，特別是要塞（為了防備西班牙人或法國人進攻）；貿易也恢復了。但是，從距離海岸稍遠的地方（京斯敦）管理牙買加島似乎更有道理，因為沒有人能預測下一場地震和海嘯何時會發生。不管怎麼說，皇家港真正的輝煌時代結束了。一六七一年，在英國與西班牙達成和約之後，私掠的時代正式結束；甚至轉口貿易也開始減少，因為英國居民逐漸將興趣從航運轉向對島嶼本身的開發。十八世紀，牙買加將作為一座產糖島嶼而重生。真正為此付出代價的是成千上萬的非洲奴隸，他們在惡劣的條件下被運過大洋，然後在條件同樣惡劣的糖廠和種植園裡勞作。

第四十四章　前往中國的漫漫長路

一

正如阿姆斯特丹、倫敦或哥本哈根的居民對東方香料產生興趣，並喜愛從中國和東印度運來的異域商品，歐洲人在大西洋彼岸建立的殖民地居民，也對中國和印度商品產生熱情。如前文所述，在十七世紀晚期，北美東岸的英國定居者試圖透過馬達加斯加闖入印度洋貿易，不管是透過公平的手段，還是骯髒的手段。不過他們這麼做的主要結果是，發展將馬達加斯加俘虜運往西印度群島的奴隸貿易。[1] 在這個時期，隨著波士頓、紐約和費城成長為緊湊（人口只有數萬）但繁忙的貿易城市，其市民獲得大量的中國瓷器。不僅紐約的菲利普斯家族等富有的精英家庭每天都在使用中國瓷器，中產階級市民也是如此。十七世紀末，紐約大約有三分之一的資產清單提到中國瓷器，而在美國獨立戰爭之前的十年裡，這個比例提高到四分之三。西屬墨西哥的居民已經透過馬尼拉熟悉中國絲綢，現在中國絲綢透過印度洋和大西洋到達北美殖民地。一般來說，北美定居者依賴從倫敦、阿姆斯特丹或西印度群島進口這些貨物（西印度群島的貨物也是從歐洲運來的）。一六五一年的《航海法案》（Navigation Act）規定，北美殖民地應當透過倫敦獲得東方的貨物，而這些貨物是由東印度公司運到倫敦的，所以該公司不斷獲得新業務。但在大西洋的另一邊，這就增加商品的成本，因為北美殖民地人民是透過中間商交易，中間商也要賺錢。[2]

十八世紀初，在紐約羅騰街（Rotten Row）做廣告出售的商品，包括：「優質熙春茶、綠茶、工夫紅茶和武夷岩茶；咖啡和巧克力；單糖和雙糖；糖粉和黑砂糖；糖果……丁香、肉豆蔻皮、肉桂和肉豆蔻；薑、黑胡椒和多香果……」這份清單的開頭就是茶（分多種類型和等級），這種東亞產品在每個紐約家庭都占有一席之地。一七二〇年代，新英格蘭地區已經開始飲茶。顧客中不僅有紐約或波士頓市民，還有莫霍克人（Mohawks）和他們的美洲原住民鄰居，富有進取心的費城商人薩繆爾・沃頓（Samuel Wharton）向他們出售茶葉。[3]

奉行壟斷政策的東印度公司面對持續的挑戰，決心控制這些異域商品的流動。挑戰不僅僅來自歐洲的競爭對手，中國人自己也不顧朝廷的禁令，派帆船到麻六甲和更遠的地方。隨著中國陶藝家逐漸熟悉西方人的品味，調整設計，以適應被他們視為蠻夷的遠方民族的喜好。[4]但在北美，人們對哪些貨物源自哪裡仍然搞不清楚。「東印度群島」一詞是一個統稱，描述整個印度洋和太平洋西部。北美人把中國茶稱為「印度茶」，而瓷器被稱為「印度瓷器」，北美殖民者幾乎完全不理解中國陶工在龍、花或鄉村場景的圖像中試圖傳達的資訊。這些圖像傳達中國境內和周邊國家的客戶可以理解的資訊，特別是如果他們知道中國的傳說，或閱讀過最流行的中國經典名著的話。後來，比較富有的北美人會訂製帶有家族姓名首字母交織圖案，或其他與中國文化無關裝飾的陶瓷。在美國獨立之後的幾年內，中國陶瓷可能被裝飾上美國國徽和 E PLURIBUS UNUM（合眾為一）的字樣。[5]富裕的美國人購買瓷器的標準組合是：兩百七十件餐具、一百零一件「長」茶具、四十九件「短」茶具。[6]隨著時間流逝，較粗糙的瓷器（設計較差、粗笨而廉價）會被大量運抵美國，它們的作用一方面是在船隻運載很輕的茶葉時作為壓艙物；另一方面則是為了滿足美國的國內需求，這些大宗的廉價貨物常常是虧本出售。[7]

在越來越多關於美國對華通商的文獻中，人們傾向從一七八三年英國承認美國獨立後，美國派遣的遠航船隊開始講起。這時候北美和中國各港口之間建立直接的聯繫。不過在這一個世紀以前，北美的「紅海商船」就把異國貨物帶到北美，此處的「紅海」是指印度洋。一六九八年四月，有五、六艘船從「紅海」到達賓夕法尼亞，還有一些船在同一時間到達康乃狄克附近。富有的雅各．萊斯勒（Jacob Leisler）是派遣這些船隻的商人之一，他是一個精明的經營者，有著違禁品貿易和私掠方面的黑歷史，後來當上紐約殖民地的副總督。一六八九年，他把「雅各號」（Jacob，用自己的名字為船命名，真是不謙虛）派往馬達加斯加和印度。萊斯勒出生於德意志，對大西洋的經驗極其豐富，但不全是愉快的經驗，例如在一六七八年，他和他的船在大西洋的一座群島裝酒時，被巴巴里海盜扣押，不得不支付超過兩千英鎊的巨額贖金。[8]一六九一年，萊斯勒因為反叛英王威廉三世和瑪麗二世而遭處決，結束他跌宕起伏的生涯，此時「雅各號」仍在海上。「雅各號」的船員們於一六九三年回到北美之後，遞出數十份金銀作為賄賂，以「防止紐約的新總督找他們的麻煩」。船員們講了這樣一個故事：當他們聽到萊斯勒的遭遇之後，就把船上的東方貨物扔到海裡。這種說法在當時不可能有人相信，今天也沒有人相信。

走私的標準做法是在一片荒蕪的北美海灘卸下貨物，讓大多數水手帶著自己的部分消失，然後大船

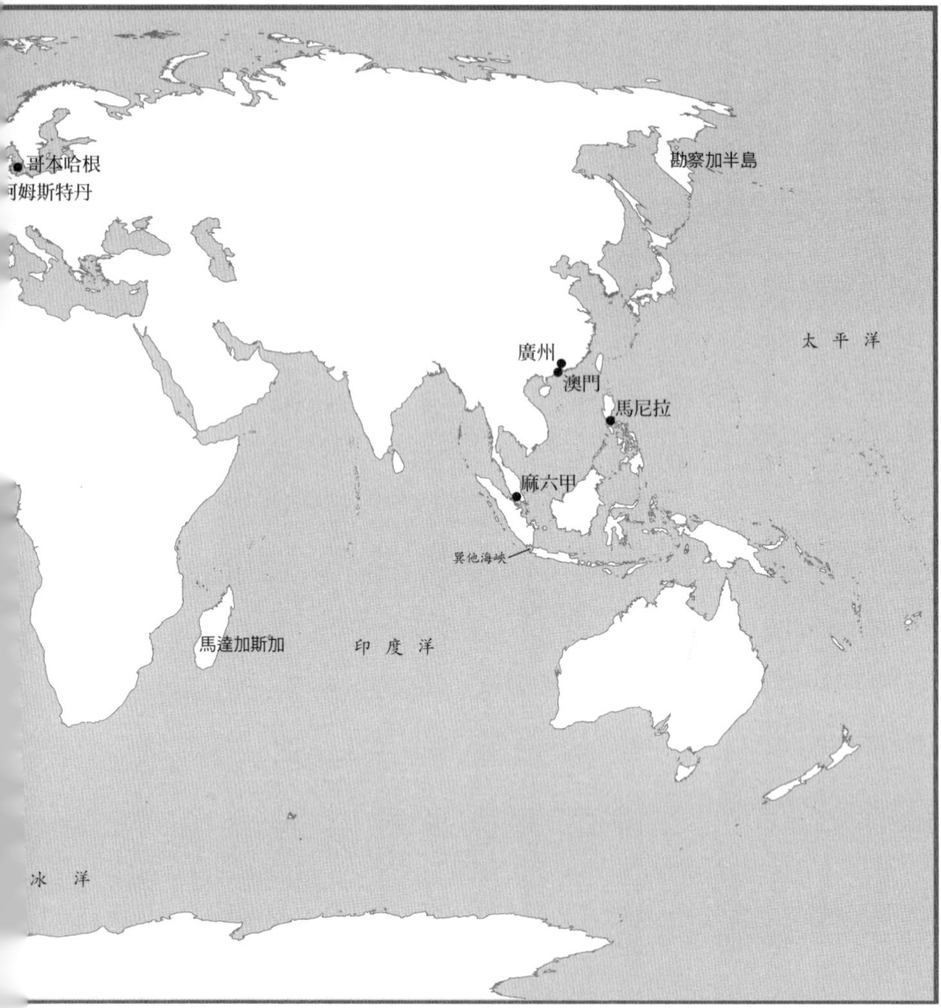

駛入港口，那裡的官員受賄之後，會對走私睜一隻眼，閉一隻眼。水手們在分道揚鑣之前，會湊出一些銀幣作為賄賂金。許多貨物中都有大量的茶葉，對於那些想要規避英國海關規定的人來說，在荷屬西印度很容易獲取茶葉。荷蘭人對出售茶葉給北美走私者毫無顧忌，他們還向北美殖民者出售大量的中國瓷

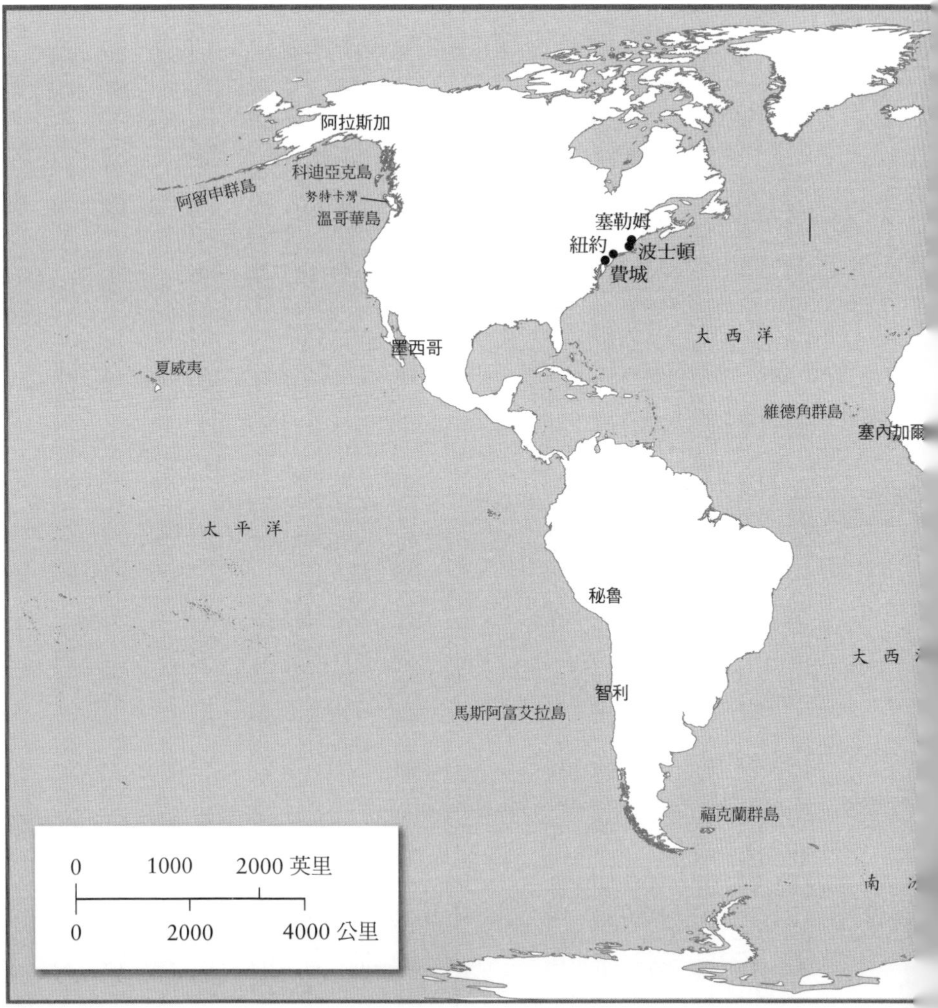

器，這些瓷器也是透過西印度群島走私而來的。[9] 透過非官方管道進入北美的茶葉，比透過波士頓、紐約或費城的海關合法進口的茶葉來得多。在走私如此普遍的情況下，茶葉居然成為反抗英國稅收的催化劑，並最終激勵殖民地人民起身反抗英國的統治，這似乎很奇怪。

從十三個殖民地爆發反英起義開

始，對華貿易就成為問題。一七七三年十二月，三百四十二箱茶葉被傾倒在波士頓的港口（即所謂「波士頓傾茶事件」），這是一連串長期抗議活動（反對英國徵收茶葉稅，並反對英國企業在茶葉貿易中實行壟斷）的高潮。在波士頓傾茶事件之前的幾週，滿載兩千箱或大約九萬磅茶葉的英國船隻已經抵達北美。到了一七七〇年，北美每年消費以合法管道進口的茶葉達到約二十萬磅。這些事件的複雜歷史可以直接追溯到一六五一年具有限制性的《航海法案》，以及英國議會在波士頓傾茶事件幾年前對茶葉稅的調整。英國議會關於茶葉稅立法的高潮，是在波士頓傾茶事件幾個月前頒布的《茶葉法案》（Tea Act），該法案將向北美出口茶葉的壟斷權交給東印度公司。當時東印度公司正處於日益嚴重的財政危機之中，並且在通往東方的航線上面臨越來越多的競爭，所以該公司迫切需要英國政府的幫助。北美殖民者對新茶葉稅的反抗有幾種形式：毆打海關官員；謠傳英國茶葉中有天花病菌；發動抵制飲茶運動，推薦用北美本地覆盆子葉製成的草藥茶。但是最終草藥茶只對茶葉市場產生微不足道的影響，因為咖啡因才是王道。[10]

英國政府的新稅制降低北美殖民地的茶葉價格。但是如果降至某個價格以下，走私茶商就會受到影響，因為合法進口的茶葉會比他們在荷蘭或荷屬西印度採買的茶葉更便宜。英國東印度公司還編制一份北美港口的合作夥伴名單，其中不包括某些茶商，對這些茶商來說，被排除在外意味著破產。波士頓和其他沿海港口被捲入一些運動中，這些運動的主要目的不是為了壓榨北美殖民地，而是為了拯救東印度公司。所以，在印度洋及通往澳門和廣州航線上發生的事，對大西洋另一邊發生的局勢產生影響。[11]與英國簽訂和平協議後，茶葉仍在美國人的菜單上。美國人立即抓住機會，探索通往中國的海路。

一七八三年，耶魯學院（Yale College）院長埃茲拉．斯泰爾斯（Ezra Stiles）歌頌星條旗（不過當時星星的排列方式就像今天歐盟的旗幟）的一篇早期文章中，清楚表達這個新生國家的雄心壯志：「航海會把美國國旗帶到全球各地，並在孟加拉和廣州、印度河和恆河、黃河和長江展示我們的星條旗。」[12]美國人下定決心要直接前往中國，他們派往中國的第一艘船「中國皇后號」（Empress of China）於一七八四年二月從紐約啟航。與此同時，另一艘船從紐約出發，前往倫敦，送去美國與英國之間的「最終和約條款」。不過，前景並不像耶魯學院院長樂觀斷言的那樣光明。英國繼續阻撓美國與英國在加勒比海的寶貴屬地之間的貿易，美國人從這些屬地獲取來自遠東的違禁品。而更廣泛的歐洲市場（很可能包括歐洲在非洲、亞洲和南美的殖民地）是否會向美國人開放，暫時還不清楚。美國人的因應辦法是，利用美國已經擺脫東印度公司的權威這個簡單事實，自力更生，走向全球。[13]

向中國派船是一件危險而代價昂貴的事情。「中國皇后號」是在波士頓建造的，長約一百英尺，排水量三百六十噸。船體底部有一層銅，以防止藤壺和海蛞蝓在長期航行期間侵蝕木材。「中國皇后號」只是由羅伯特．莫里斯（Robert Morris，出生於英國）和丹尼爾．派克（Daniel Parker）領導的投資者，計劃派往中國的多艘船隻之一，據說船上的貨物和金錢總價值為十五萬英鎊。這些船隻將沿著風險最大的路線航行，即繞過合恩角，進入太平洋，然後兵分兩路，其中兩艘船將沿著南美洲和北美洲的海岸航行，直到抵達有海豹與海獺聚集的島嶼和浮冰。美國人的目標是殺死盡可能多的海豹和海獺，並剝下牠們的皮毛，然後將皮毛運往廣州，與此同時，第三艘船應該已經到達那裡。

一切跡象都表明，中國商人會抓住機會購買所有這些毛皮。莫里斯和派克依靠的是一位名叫萊迪亞德（Ledyard）的美國人提供的資訊。萊迪亞德曾參與庫克船長的一次航行，並且親眼目睹英國船隻載著中國人渴望的毛皮抵達廣州時的情況。美國人也許可以利用英國人對在太平洋遙遠的北方發展毛皮貿易的疑慮。庫克船長在一七七八年第三次，也是最後一次太平洋航行的日誌中，記錄了他的想法，當時他正沿著阿拉斯加海岸前進：「毫無疑問，與這一廣闊海岸的居民進行毛皮貿易是非常有益的，但是除非找到一條北方通道，否則這裡距離英國似乎太遙遠了，讓英國人無法從中獲益。」[14]英國水手發現中國人對海獺毛皮的需求非常高，因為每平方英寸的海獺毛皮含有大量毛髮，是中國人能找得到的最溫暖毛皮。此外，一個人所穿的毛皮類型是身分的標誌，而海獺毛皮是財富和地位的標誌。傳統上，中國人主要從俄國毛皮商人手中購買來自北太平洋的毛皮。俄國人來到溫哥華島（Vancouver Island），還冒險前往堪察加半島（Kamchatka Peninsula）和阿拉斯加以西的阿留申群島（Aleutian Islands）。[15]如果美國人能夠打入這門生意，就有一些可以賣給中國人的有價值商品，因為美國人不清楚中國人還願意從美國購買什麼。

莫里斯和派克夢想著另外派三艘船經好望角前往中國，但是這個想法未能吸引投資者的興趣，而向北太平洋的海豹棲居地派船的計畫也開始變得不是那麼有吸引力，第一批投資者早期的樂觀情緒很快就消散了。可用的資金只夠派一艘船，即「中國皇后號」，派它穿越太平洋的想法也不得不放棄，取而代之的是葡萄牙人開闢的繞過非洲最南端的安全路線。「中國皇后號」裝載三十公噸人參，是阿帕拉契山脈的產品，眾所周知，人參是一種中藥，中國人對它的需求量很大；船上還載著相當於兩萬美元的西班牙錢幣；還有毛皮和其他貨物。[16]儘管原先的計畫不得不縮水，但「中國皇后號」的啟航仍被當作一件盛事來慶祝，人們鳴響代表聯邦十三州的十三響禮炮。[17]

紐約的一家報紙刊登多產詩人菲力浦・弗雷諾（Philip Freneau）的一首詩，其中明確指出這次航行的政治和商業意義，並在一開始就提到羅馬的戰爭女神貝羅娜（Bellona）。

贏得了貝羅娜的許可，
她（「中國皇后號」）張開翅膀，迎接太陽，
去探索那些之前被
喬治（英王喬治三世）禁止航行的黃金區域……
不再局限於滿腹嫉妒的
英國宮廷分配的舊航道。
她將繞過波濤洶湧的好望角，
乘著香風，向東航行。
駛向氣候炎熱的國度，
和上古時代的島嶼。
她熱切地探索新航路，
很快將抵達中國的海岸。
從那裡，無須英王的許可，

運來芳香的中國茶葉；
還有鑲金的瓷器，
那精妙絕倫的產品……[18]

弗雷諾在美國獨立戰爭期間曾在海上服役。他和其他美國人熱切等待著這次航行的結果。在這次航行中，美國打入新市場的能力將受到考驗。換句話說，此次航行的結果不僅對莫里斯、派克和其他投資者，對整個新生的美國都有意義。

二

「中國皇后號」的航行主要是在平靜的海域進行，這讓那些想在遠海尋找刺激的日記作者和寫信者感到惱火。船上的事務長抱怨道：「放眼望去，盡是沉悶無趣的天空和水，沒有一個令人高興的景象讓我們振作起來。」很多人出海是為了尋找刺激，而旅途中發生的唯一驚險事件是船長跌倒時撞上欄杆，造成頭部和胳膊擦傷。[19]當「中國皇后號」到達通往南海的巽他海峽時，美國人發現一艘停泊在那裡的法國船。法國船員很高興聽到美國獨立戰爭的故事，因為法國在這場戰爭中支持美國；因此這艘名為「特里同號」（Triton）的法國船，同意陪同「中國皇后號」前往澳門和廣州，為其帶路，並幫助抵禦可能遭遇的攻擊。在澳門，葡萄牙人歡迎這些新來者，不過他們以前從未見過美國國旗。美國人無須恐懼：一七八四年八月，當他們沿著蜿蜒曲折的珠江水道向廣州前進時，迎接他們的不僅有法國人、荷蘭人和丹麥人，還有英國人。美國的貨運監督塞繆爾·肖（Samuel Shaw）對英國人的彬彬有禮印象深刻，而他曾在美國革命軍中服役，表現出色，所以對英國人的正面評價就更值得注意了：

船上紳士們的舉止是非常有禮貌和令人滿意的。在船上，英國人不可能不提及最近的戰爭。他們承認那是他們國家犯的一個大錯，並說他們很高興看到戰爭結束了，很高興在世界的這個角落遇見我們，希望大家能放下所有的偏見，並補充說，如果英國和美國聯合起來，就可以向全世界發出挑戰。[20]

與此同時，法國人允許美國人使用他們的倉庫或「貿易站」，直到美國人自己的倉庫準備就緒。歐洲各國代表之間的關係非常和諧；他們知道只有相互支援才能保障安全，因為中國政府有時令人捉摸不透，和對方的談判可能會很棘手。因此，當一名中國人被「休斯夫人號」（Lady Hughes，一艘往返於印度和廣州之間的英國船）的禮炮意外炸死，導致一位名叫史密斯（Smith）的貨運監督被逮捕時，所有的外國貨運監督都向中國政府提出抗議。但是只有美國人自始至終站在英國人那邊，即便在爭吵最激烈的關頭，中國人短暫地中止與美國人的貿易。[21]令中國人感到困惑的是，這些新來的人來自一個他們沒聽過的國家，所以中國人需要看看地圖才能相信美國的存在。在中國人看來，一切似乎都表明所謂的美國人其實就是英國人。最終，中國人稱美國人為「新人」，後來還稱他們為「花旗鬼子」，因為中國人認為美國國旗上的星星是花❶。美國人早有準備，「中國皇后號」船長在啟航前得到一封很花哨的信，準備呈送給他可能遇到的任何「皇帝、國王、共和國、王公、公爵、伯爵」等；信中明確指出他是美利堅合眾國的公民，美國國會請求外國政府給予他「體面的待遇」，並允許他自由地從事貿易。[22]

根據中國政策的嚴格規定，「中國皇后號」停泊在距離廣州十幾英里的黃埔島，而不是在這座繁華的城市本身。貨運監督史密斯描述外商在黃埔不得不忍受的條件：

> 廣州十三行的正面長度不到四分之一英里，位於河岸邊。碼頭由欄杆圍起來，上面有樓梯和一扇大門，大門從水面開向每個商行，所有的商品都在這裡被接收和運走。歐洲人的活動範圍非常有限。除了碼頭之外，郊區只有幾條由商販占據的街道，歐洲人被允許經常出入那裡。[23]

就像中世紀的商人聚居區（fonduks）一樣，廣州商行的一樓是貨物倉庫；二樓是進行交易的客廳和辦公室；三樓是商人居住的宿舍。[24]按照規定，他們不可以帶女人進入商行，但是偶爾也會偷帶妻子或情婦來。有時候中國商人會邀請歐洲同行共進晚餐，但歐洲人無法從他們口中獲得任何有用的資訊。在濕熱的河岸邊，歐洲商人每天工作長達十五個小時，生活枯燥乏味，解悶的方式是乘船到附近的花園遊玩。十九世紀初，儘管中國官方試圖禁止，但歐洲人會在河上舉辦划艇比賽。

到了十八世紀末，在廣州的歐洲人決定更大張旗鼓地宣傳他們的存在。個別商人聲稱他們是代表本國的領事，而領事一定要升起國旗，因此從一七七九年的奧地利領事（實際上是蘇格蘭人）開始，十三行區出現一片色彩斑斕的景象。普魯士人、丹麥人、熱那亞人和瑞典人緊隨其後，描繪歐洲商行的畫作被這些國家的旗幟點綴得更加生動。貿易界也有非歐洲血統的人，如亞美尼亞人、帕西人❷和孟買穆斯林，不過在十九世紀初，最大的群體是英國人與美國人。在一八一二年和英國海軍的短暫衝突結束之後，美國人利用他們在拿破崙戰爭期間的中立地位，將茶葉運回歐洲，而沒有遭遇每個歐洲國家都要面臨的干擾，因為當時聯盟的建立和破裂之快令人眼花撩亂。[25]

儘管歐洲商人自稱是本國的領事，但對他們來說，真正重要的是與十三行的中國商人維持良好關係，這些中國商人是十八世紀中葉為管理與外國人的貿易而（在更早的基礎上）創辦的「公行」成員。一八三一年，中國人以皇帝的名義頒布一套複雜的規則（經常有人違反）。根據這些規則，外商不得在廣州長期居住；不得帶婦女進入十三行區；不得乘轎旅行；只能透過十三行商人與中國政府溝通。[26]「廣州體系」（Canton System，一口通商）應運而生，由皇帝的一個有權有勢的代理人監督，他被稱

---

❶ 譯注：裨治文撰寫的《美理哥合省國志略》：「夫美理哥合省之名，乃正名也。或稱米利堅、亞墨理駕、花旗者，蓋米利堅與亞墨理駕二名，實土音欲稱船主亞美理哥之名而訛者；至花旗之名，則因國旗之上，每省一花，故大清稱為花旗也。」

❷ 譯注：帕西人（意為「波斯人」）是印度的祆教徒。他們的祖先是信奉祆教的波斯人，為擺脫穆斯林的迫害於八世紀至十世紀移民到印度。十七世紀末，英國東印度公司統治孟買，並在那裡實施宗教自由，帕西人陸續遷往孟買，到了十九世紀，很多帕西人成為富有的商人。帕西人至今仍主要居住在孟買，也有部分居住在印度的邦加羅爾和巴基斯坦的卡拉奇。

為粵海關監督（Hoppo），這個官職可以追溯到一六四五年（譯按：應為一六八五年）。在珠江的航行中，最令人難忘的時刻之一是精心設計的測量儀式，這時候粵海關監督會上船，用長長的絲帶檢查進港船隻的尺寸。但儀式的目的不僅僅是記錄船隻的長度和寬度，外商向粵海關監督贈送禮物，奉承他，粵海關監督回贈禮物，包括幾頭牛、一批小麥和一些烈酒。這些實用的禮物表明，皇帝很關心來到天朝的蠻夷的福利，不過我們知道歐洲人會彼此抱怨這些牲畜太老或太瘦，無法食用。歐洲人會演奏音樂，發表長篇大論，並分發大量的葡萄酒，同時一次又一次地鳴炮致敬。這種儀式舉行很多次之後會變得很乏味，所以粵海關監督會把入港的船隻累積起來，試圖在一天內完成六、七艘的測量。27

外商與十三行商人的關係往往很融洽，雙方都知道這種關係可能非常有利可圖。一個叫浩官（一七六九－一八四三，即伍秉鑒）的人據說因此成為世界首富，在一八二四年的身價高達兩千六百萬美元。伍秉鑒喜歡的一個費城鴉片商欠他七萬兩千美元，他毫不猶豫就放棄索要這筆錢款。對他們一段對話的記載未必可信：「你我都是一號人物，Olo flen〔老朋友〕，你是誠實的人，只是運氣不好。」這樣的洋涇浜英語是外國人和中國人交流的標準方式。美國人對伍秉鑒很著迷，在無數寄回美國的畫作中紀念他，這些畫作顯示的是一個身穿絲質長袍，如苦行僧般的瘦削男子。伍秉鑒的投資政策很明智：為了保護自己不受國際茶葉貿易波動的影響，他既做茶葉生意，也是地產大亨，擁有外國商行所在的一些土地；他直接與茶農聯絡，甚至自己種茶，刪除昂貴的中間商。他與來自波士頓的朋友建立密切的夥伴關係，並投資美國新的鐵路網。伍秉鑒依靠美國商人幫他向國外寫信。他有許多美國朋友，有一次，他為在廣州做了十年貿易的美國商人華倫・德拉諾（Warren Delano，富蘭克林・德拉諾・羅斯福〔Franklin

Delano Roosevelt）的祖先）送行，準備豐盛的十五道菜晚宴，包括燕窩湯、魚翅、鱘魚唇和其他中國美食。也有些美國人在中國發大財：一八三一年，約翰・庫欣（John Cushing，中文名為顧新）回到美國時，財富增加七十萬美元，不過能與他相比的人幾乎沒有。[28]

美國人很快就適應這一切，透過十三行商人的中介在中國市場從事貿易。「中國皇后號」返航時，滿載著茶葉、絲綢、瓷器和以南京命名的紫花布（nankeen），這種棉布在北美非常受歡迎。「中國皇后號」於一七八五年五月回到紐約，為投資者帶來至少二五%的利潤，這比他們希望的要少，但對未來的對華貿易仍是一個好兆頭。隔年，包括「中國皇后號」在內的五艘船出發前往中國，這次費城和塞勒姆（Salem）也派出船隻；到了一七九〇年，已經有二十八艘美國船隻造訪廣州，不過它們的尺寸往往只有東印度公司從歐洲派出船隻的三分之一。十九世紀初，美國人派往廣州的船隻比英國人多（但噸位較小）。美國船速度快、重量輕，可以更輕鬆因應在缺乏海圖的海域中航行的風險。美國船的航程比英國船遠，但是周轉速度更快，這再次提出一個問題，即美國人是否採用前往中國的最佳路線，特別是如果中國人希望他們從太平洋或（如下文所述）大西洋的遙遠南方運送毛皮到中國的話。[29]

三

在太平洋東北部尋找毛皮的活動，為美國公民開闢新的世界。他們探索今天的奧勒岡州、英屬哥倫比亞省（卑詩省）和阿拉斯加州海岸；這些探索還為美國人提供遠航至夏威夷、斐濟和其他玻里尼西亞島嶼的啟動平臺，他們在那些地方收集檀木，這種木材在中國很受歡迎。美國人面臨的挑戰在於需要找到中國人有興趣購買的商品，這樣他們就不必用白銀來支付貨款。早期的美國缺乏白銀，這導致交易量下降，於是新生的美國發生嚴重經濟蕭條，對商船航運造成嚴重影響。[30] 因此白銀之外的資源是不可或缺的，而獵取毛皮的巨大吸引力在於不需要購買海豹，不過對於殺死牠們的噁心手段還是少說為妙。在太平洋以外的一些地方也能找到海豹，但中國市場是吸引美國人前往太平洋的原因。美國人在太平洋獵捕海豹的地點，包括遙遠的北方，以及智利附近的馬斯阿富艾拉島（Más Afuera）❸，那是一個主要的海豹獵場，被稱為「毛皮海豹❹的麥加」。美國人還在其他地方尋找海豹：庫克船長已經知道，不久前發現的福克蘭群島是一個很好的毛皮來源。庫克船長的日誌於一七八五年在倫敦印刷出版，八年後在費城印刷了一個縮略版。在美國出版商印刷該書的前一年，美國船隻已經開始獲取福克蘭群島的毛皮。[31]

美國人在太平洋東部（從美國的角度，一般稱為「太平洋西北地方」）的行動遇到兩個主要障礙。一是其他國家的船隻，俄國人沿著海岸線一直來到今天被稱為溫哥華島的地方；西班牙人沿著加利福尼亞海岸一路北上，也對溫哥華島非常感興趣；英國人在庫克船長第三次航行後，開始了解這些水域，並再次看到溫哥華島上有誘人的可能性；還有傳到美國的報告，也讓這座島嶼聽起來是捕獵海豹的理想基地。另一個障礙則是繞過合恩角路線的巨大風險。「中國皇后號」選擇避開這條路線。它的恐怖和危險在小理查．亨利．達納（Richard Henry Dana Jr）的暢銷書《桅杆前兩年》（*Two Years before the Mast*）中獲得繪聲繪影的描述。該書敘述在一八四〇年從紐約出發的一趟旅程：

十一月五日星期三……就在八點之前。

然後，大約在日落時分（在那個緯度），「全體船員注意！」的呼喊聲從前舷窗和後艙門響起。我們匆匆忙忙地跑到甲板上，看見一大片烏雲從西南方朝我們滾來，使得整個天空變得陰暗。大副說：「合恩角到了！」我們幾乎來不及緊急落帆，烏雲就到了我們頭頂。幾分鐘後，我見過最高的海浪湧了上來。由於它就在正前方，這艘比游泳更衣車強不了多少的小雙桅橫帆船，陷入海浪之中，它的前部完全被淹沒了。海浪從舷窗口和錨鏈孔湧入，越過艏副肋材，威脅要把所有東西都沖下船。在背風那一邊的甲板排水孔裡，海水已經有齊腰深……雙桅橫帆船在頂頭浪中艱難地掙扎，狂風也越來越猛了。同時，雨雪和冰雹也在瘋狂地襲擊我們……天亮時（大約凌晨三點），甲板上鋪滿了雪。32

這還是南半球的夏季。

在達納乘坐這艘船航行之前，有許多美國船也在太平洋上遇險。一七八七年，「華盛頓夫人號」（Lady Washington）和「哥倫比亞號」（Columbia）從波士頓出發，希望能在北美的太平洋沿岸獲取毛

❸ 譯注：今天稱為亞歷山大賽爾科克島（Alejandro Selkirk Island），以蘇格蘭水手、《魯賓遜漂流記》主角原型亞歷山大．賽爾科克的名字（Alexander Selkirk）命名。

❹ 譯注：即海狗。

皮。這兩艘船即將遠航的消息，引發巨大的熱情。新成立的麻塞諸塞州鑄幣廠鑄造大約三百枚白鑞紀念章，以紀念這兩艘船，還製作銀製和銅製紀念章，準備送給喬治・華盛頓（George Washington）和湯瑪斯・傑佛遜（Thomas Jefferson）等大人物。白鑞紀念章也是禮物，準備送給船隻預計要造訪地區的原住民，至於他們會如何看待這些紀念章就是個謎了。庫克船長也獲得倫敦皇家學會（Royal Society of London）為他鑄造紀念章的榮譽，但這是在航行結束之後，而不是在航行開始之前發生的。[33]

從兩艘船到達維德角群島的普萊亞開始，發生很多充滿戲劇性的故事。「哥倫比亞號」的外科醫生羅伯茲（Roberts）受夠了肯德里克（Kendrick）船長的專橫跋扈，於是離船。肯德里克在普萊亞的大街上找到羅伯茲，並用劍威脅他，但他仍然不肯回到船上。羅伯茲堅持肯德里克必須承諾不因他棄船而鞭打他，否則就要留在普萊亞。肯德里克拒絕作出這樣的承諾，奇怪的是他表現得彷彿船上不需要外科醫生，輕易就放羅伯茲離開。這場爭吵和其他一些爭吵，使得兩艘船在維德角群島停留的時間過久。如果不儘快離開，將會遇上合恩角附近水域的季節性颶風。不管怎麼說，這是指揮噸位較小的「華盛頓夫人號」的格雷（Gray）船長的預言。他們剛啟程，一位名叫哈斯威爾（Haswell）的軍官就毆打一個不服從命令、不肯到甲板上的水手。肯德里克站在水手那一方，威脅哈斯威爾如果再踏上後甲板（軍官專用區域）就會被槍斃，於是哈斯威爾不得不睡在集體宿舍。[34]哈斯威爾記錄的這些事件證實，肯德里克是一位霸道的船長，不過或許並不比同時代的許多人更霸道。當時有很多人認為，維持船上的秩序需要冷酷無情的決定；當一艘船沿著不熟悉的路線航行，面對危險的大自然和對手時，就更需要船長的殺伐決斷。

兩艘船向合恩角以南航行數百英里，繞過合恩角，經歷狂風和雨雪的洗禮，然後迎面遭遇哈斯威爾所說的「貨真價實的颶風」。兩艘船被颶風吹散，格雷認為在普萊亞浪費太多時間的觀點似乎得到證實。[35]兩艘船在到達溫哥華島的努特卡灣（Nootka Bay）之前，將分別單獨行駛數千英里。在這段期間，他們在智利、秘魯和墨西哥的海岸面臨西班牙船隻的不斷騷擾。一七八八年八月，「華盛頓夫人號」到達北美海岸，開始和那裡的美洲原住民做生意。但是正如經常發生的，原本友好的關係沒過多久就變得很糟糕。起初，印第安人帶來煮熟的螃蟹、魚乾和漿果，並對美國人作為報酬提供的紐扣和鈴鐺等廉價的小物品表示滿意。格雷船長也很高興，因為新鮮食物是治療船上肆虐的壞血病的最好藥品。但是當一個印第安人偷了格雷船長的僕人（一個在普萊亞登船的非洲人）留在沙灘上的短彎刀後，氣氛就變了。這個名叫馬庫斯・羅皮烏斯（Marcus Lopius）的僕人試圖找回那把彎刀，但被抓住了。印第安人對美國入侵者射箭，並用刀和矛刺穿羅皮烏斯的身體。即使美國人匆忙逃回船上，他們的麻煩也沒有結束，因為「華盛頓夫人號」在沙洲上擱淺，必須等待漲潮才能浮上海面。[36]不過這艘船和船員得以倖存，最終設法在溫哥華島附近與「哥倫比亞號」會合。

與此同時，西班牙人沿著同一海岸線不斷向北推進，於一七八八年六月底到達科迪亞克島（Kodiak Island）。另一艘西班牙船沿著太平洋最北部的阿留申群島海岸線行駛，遇到烏納拉斯卡島（Unalaska Island）的唯一俄國居民波塔普・札伊科夫（Potap Zaikov），他依靠當地的阿留申獵人獲取皮毛，然後出售。札伊科夫雖然與世隔絕，但不知何故，他知道或者說相信自己知道祖國的宏圖大略：四艘俄國軍艦預計將經由好望角抵達阿留申。俄國人也決心要爭奪這條海岸線，因為「特萊赫・斯維亞蒂特萊號」

（Trekh Sviatitelei）上載著木樁和銅牌，這些東西可以作為界樁，提出俄羅斯帝國對這些土地的正式主張。此外，俄國人知道英國船隻就在不遠處，他們決心阻止英國人建立自己的定居點。[37]

衝突的爆發點在努特卡灣，那裡是公認狩獵海豹的好地方。美國人到達時，發現一個正在建造的英國定居點，勞動力有一部分是進口的，因為有中國木匠在勞動。美國人還目睹憤怒的西班牙人到來，他們將努特卡灣據為己有，扣押四艘英國船，還逮捕所有的中國工人。這些事件很容易引發英國和西班牙之間的戰爭，但是此刻大家的注意力都轉向其他地方，因為法國的政治危機演變成革命。西班牙指揮官對美國人不像對英國人那樣擔心。在西班牙人看來，美國人極不可能企圖在這塊大陸的西岸建立自己的定居點，因為美國顯然是一個東岸的國家。當波士頓的報紙報導西班牙人和美國人的指揮官在努特卡灣的友好接觸時，他們為「歐洲強國對美國旗幟的保護與尊重」感到高興，並對「另一個國家（英國）的旗幟被禁止在這個海岸升起」幸災樂禍。[38]最後，英國人願意與西班牙講和，於一七九〇年十月簽署《努特卡公約》（Nootka Convention），這是外交對戰爭的勝利，也是西班牙對英國的勝利。不過從長遠來看，在一八四六年加拿大和美國的邊界確定後，這個地區將落入英國統治之下。[39]

美國人抓住機會，找到他們知道中國人渴望擁有的海獺皮。格雷船長在廣州賣出載運的毛皮，然後決定繼續環遊世界，經好望角返回美國，這讓他成為第一位環遊地球的美國船長，全程耗時三年。而肯德里克還在太平洋時，就在一次悲慘的事故中喪生：禮炮出了問題，炮彈穿透船艙，把他炸成碎片。[40]與此同時，人們對努特卡灣的興趣繼續增加，但是方式更加和平。過去人們多次提出的一個問題是，是否可以找到一條繞過北美洲頂端的水道。在大西洋一側多次尋找西北水道都失敗之後，從太平洋一側尋找似乎是有意義的。這並不是一個新的想法，如前文所述，德瑞克在環球航行期間來到加利福尼亞時，可能一直在尋找這樣的一條航道。這也是英國和其他國家的船隻在阿拉斯加與加拿大西部附近水域打探的一個原因。受僱於西班牙的義大利人亞歷杭德羅．馬拉斯皮納（Alejandro Malaspina）在一七九一年帶領兩艘大船進入這些水域。他的探險隊出發時，正好有一家西班牙出版商出版一個名叫瑪律多納多（Maldonado）的人在一五八八年從太平洋到大西洋的旅行紀錄，不過這份紀錄可能純屬捏造。因此，馬拉斯皮納實際上是被派去進行一場徒勞的搜索。不過他繪製了未知海岸線的地圖，研究當地印第安人的生活，並為在太平洋建立的一個整合貿易網絡（包括俄國、中國、墨西哥和菲律賓）提出詳盡而明智的建議，但是西班牙宮廷沒有人表示出太大的興趣。畢竟，馬拉斯皮納沒有找到從歐洲通往太平洋的門戶，所以在馬德里被視為失敗者。[41]

羽翼初生的美國商人從南大西洋和太平洋西北地方運送毛皮到中國。一七九二年，丹尼爾．格林（Daniel Greene）船長率領「南茜號」（Nancy）經福克蘭群島前往中國。五年後，當他回到福克蘭群島時，裝載大約五萬張毛皮，然後在太平洋東南部的馬斯阿富艾拉島又得到一些。福克蘭群島在當時是一個基本無主的空間。一七六四年，法國人在東福克蘭島建立一個定居點；一、兩年後，英國人在西福克蘭島建立一個定居點。然後，法國人同意將這些島嶼移交給西班牙，西班牙派出兩名神父，「他們看到這個定居點，不禁悲痛萬分」。由於分屬不同國家，這兩座島嶼被水手們稱為「英國馬龍」和「西班牙馬龍」，馬龍（Maloon）是西班牙文名字 Las Malvinas（福克蘭群島）的訛誤形式。[42] 但在這個階段，對探索福克蘭群島貢獻最大的是美國人，他們掃蕩了那裡的海豹。英國人和西班牙人先後在十九世紀初撤出福克蘭群島，雖然它們最終被英國重新占領，但其所有權問題一直在發酵。在南大西洋之外，美國船隻經常到印度洋南部的聖保羅島（St Paul）等島嶼尋找海豹。沒有人類居住的地方是最理想的，因為那裡的海豹還沒有理由害怕人類，當獵人進行血腥的工作時，牠們消極地躺在岩石上。後來，海豹有時會變得聰明，但在陸地上逃跑幾乎是不可能的，因為這些動物是為海洋而生。[43]

因此，來自遙遠阿拉斯加的毛皮促進早期美國和中國之間海上聯繫的發展。美國的毛皮貿易是真正的全球性貿易，從兩個方向（分別繞過好望角和合恩角）向中國延伸。這一貿易的利潤及更廣泛對華貿易的利潤，促進美國經濟復甦和大企業的繁榮，如德意志移民約翰·雅各·阿斯特（John Jacob Astor）的企業。第一代美國百萬富翁誕生了，他們是一個以財富而非血統為標誌的貴族階層，他們的財富是由對華貿易及與之水乳交融的其他所有業務創造的，包括毛皮貿易、檀木貿易，以及我們將要看到的鴉片貿易。[44]

第四十五章　毛皮和火焰

一

將世界海洋史劃分為三大洋和幾個較小的海的歷史的困難之一是，大洋本身就是海的複合體。大西洋包含北海、加勒比海、格陵蘭附近的冰冷水域和巴西附近的溫暖水域。太平洋甚至更複雜，這不足為奇，因為它覆蓋全球三分之一的面積。南海，有時還有黃海和日本海，是連接東亞與印度洋的走廊，而不是向東面向開闊的太平洋；玻里尼西亞、美拉尼西亞和密克羅尼西亞的島嶼世界，隔著很遠的距離聯繫在一起，但它們與太平洋周圍的大洲很少有聯繫，或幾乎完全沒有。在遙遠的北方存在著另一個島嶼世界，居住著愛努人（日本北部的原住民）、阿留申人和其他民族，其中許多人的生活方式與加拿大北部和格陵蘭的因紐特人大致相似。這是一種高度依賴海洋資源的生活，海洋為他們提供食物（魚）、房屋照明所需的油（海豹脂肪）、衣服（鸕鶿皮），甚至溫暖的大衣（拉長的海豹腸子）。[1]在千島群島和阿留申群島，有一定規模的貿易是透過船隻進行的。沿著阿拉斯加海岸，划艇航行的藝術被提升到極高的水準，當地居民可以輕鬆因應波濤洶湧的海面、強風和浮冰。不過，這個海洋世界是與太平洋其他

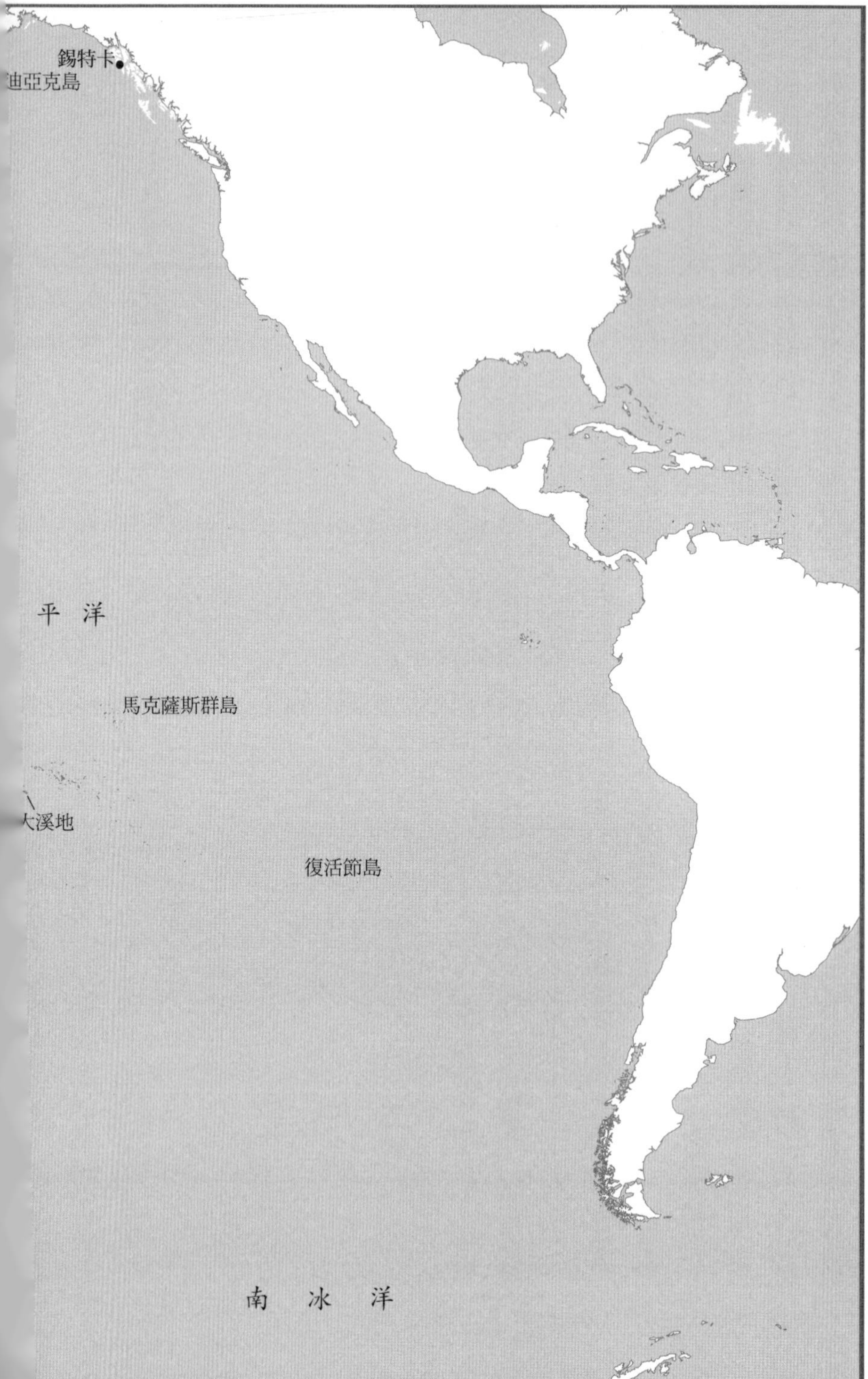

錫特卡
迪亞克島
平　洋
馬克薩斯群島
大溪地
復活節島
南　冰　洋

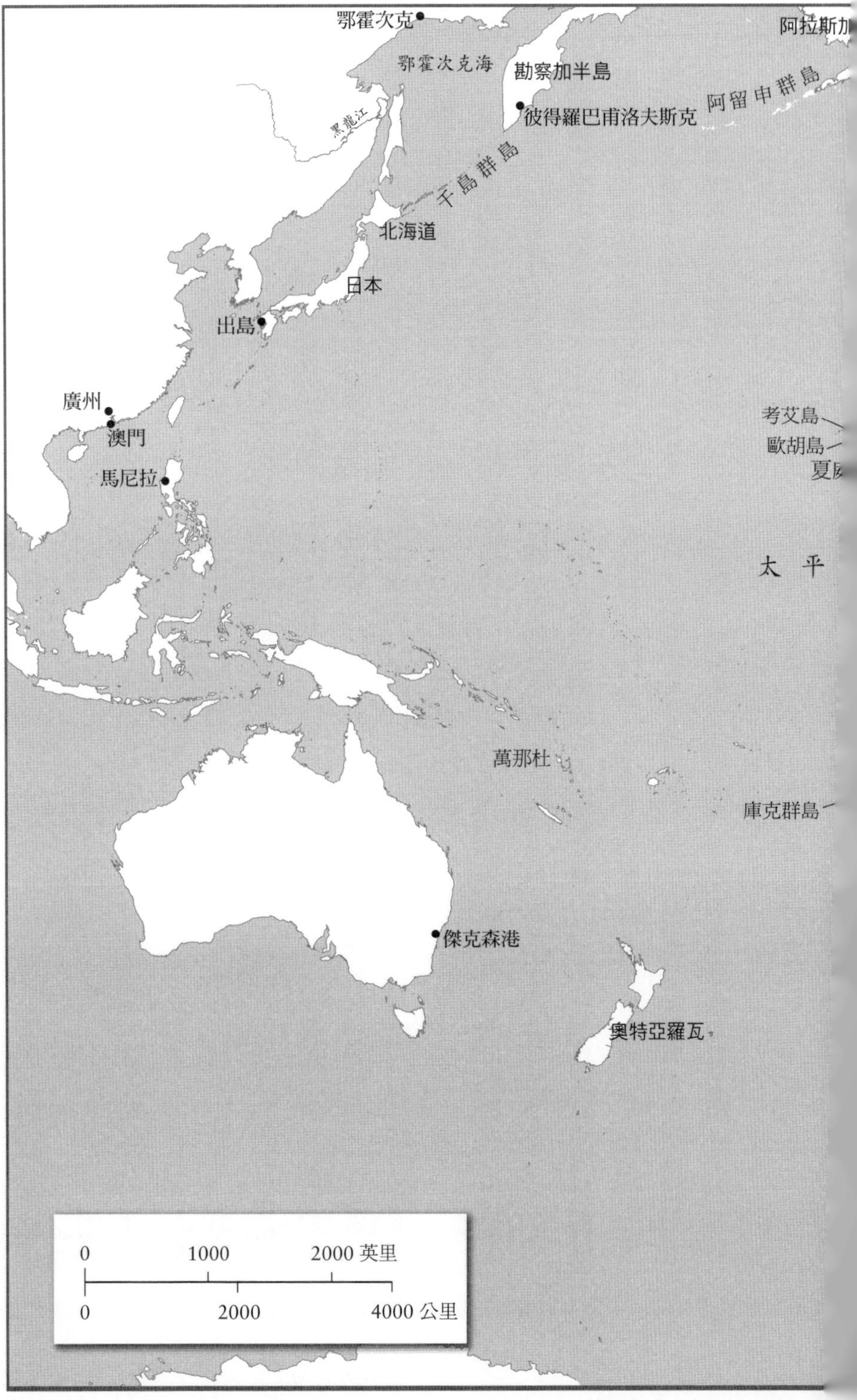

鄂霍次克
阿拉斯加
鄂霍次克海
勘察加半島
黑龍江
彼得羅巴甫洛夫斯克
阿留申群島
千島群島
北海道
日本
出島
廣州
澳門
考艾島
歐胡島
夏威
馬尼拉
太 平
萬那杜
庫克群島
傑克森港
奧特亞羅瓦
0
1000
2000 英里
0
2000
4000 公里

地區隔絕的。就我們目前所知，日本人和朝鮮人並未探索這些水域。只有在十七世紀歐洲人到來時，這個地區才開始引起人們的興趣。

這個偏遠的角落之所以吸引人們的注意，有幾個原因。最重要的是毛皮供給，因為可以用毛皮換取中國茶葉。第一批來到太平洋偏僻北方的歐洲人並不是從海上抵達的，不過他們開始時是在太平洋上航行。俄國人不斷向東擴張，跨越西伯利亞挺進，來自遙遠西方的蘇茲達爾（Suzdal，莫斯科大公國的古老母城）的毛皮商人就這樣來到太平洋岸邊。隨著對西伯利亞東部海岸線的了解越來越多，俄國人對這些新征服的土地如何與大洋相連的問題也越來越好奇。俄國統治者，特別是彼得大帝（Peter the Great），渴望了解備受推崇地繞過西伯利亞頂端進入太平洋的海路是否可行。英格蘭人曾試圖向恐怖伊凡推銷的東北水道仍然很有誘惑力，當俄國人接近美洲大陸時更是如此。西伯利亞和北美之間是否存在一條水道？如果有，它可否通航？從俄國通往中國和日本的定期海上交通，有可能為俄羅斯帝國帶來不可估量的利益。

俄國人如何及何時探索西伯利亞的海岸，仍然是一個謎。一位名叫謝苗・傑日尼奧夫（Semen Dezhnev）的哥薩克人表示，他早在一六四八年就沿著西伯利亞的太平洋海岸進行海上旅行。[2] 一位愛國的蘇聯歷史學家寫道，傑日尼奧夫表現出「非凡的勇敢和大無畏精神」。這位歷史學家將任何對傑日尼奧夫航行真實性的懷疑拋到一邊，說他從白令海峽進入北冰洋。[3] 傑日尼奧夫肯定到了某些地方，但可能沒走多遠。他於一六六二年從亞庫次克（Yakutsk）寫信給沙皇，懇求沙皇為他的工作提供酬勞。他使用的應當是一艘最多七十英尺長的平底船，帆是用馴鹿皮做的，船則是用繩索、帶子和釘子固定在一起，因為西伯利亞東部的原住民沒有鐵，就連船錨也是用木頭做的。十八世紀，這是俄國人在北太平洋使用的標準船型，這種船被稱為「縫合船」（shitik，源自動詞「shit」，即「縫製」），由多達四十名俄國人和當地人操作。[4]它們是否像歷史學家認為的那樣「搖搖欲墜」，我們並不清楚：但縫合船自古以來就在印度洋上航行，並且在某些時候，恰恰是柔韌性使得它們非常堅固。傑日尼奧夫試圖獲得沙皇謀臣們的支持，並可能影響另一位北極探險家弗拉基米爾·阿特拉索夫（Vladimir Atlasov），他曾住在亞庫次克，也曾與傑日尼奧夫一起待在莫斯科。據說阿特拉索夫發現向南延伸，指向日本的堪察加半島。到了一六九七年，堪察加已經成為毛皮和其他貢品的來源，阿特拉索夫繪製它的地圖，並對當地居民作了詳細描述。他對日本的描述肯定是基於道聽塗說，但贏得了彼得大帝的欣賞。[5]即使對這些早期航行的描述並不可靠，但它們確實表明俄國人對通往太平洋路線的好奇心越來越大。

隨著俄羅斯帝國的快速擴張，俄國官員和殖民者來到大清帝國的北部邊境。大清帝國在一六四四年明朝滅亡後控制中國。起初，俄國獲得的好處似乎是可以向西伯利亞的原住民徵收貢品，不過有傳言指出在亞庫次克以外的某條河道上有銀礦。[6]對華貿易的好處也很明顯：如果哥薩克人（他們是主要的殖民者）能夠進入中國市場，將為自己和沙皇帶來巨大利潤。早在一六五〇年代，中、俄兩國就在黑龍江沿岸發生衝突，從那時起，黑龍江一直是兩國之間緊張氣氛的來源。當地民族向中國人求救，於是中國軍隊來到這裡。俄國人發現很難與中國軍隊對抗。[7]

二

一七一四年，彼得大帝手下頗具影響力的謀臣和航海專家費奧多爾・斯捷潘諾維奇・薩爾蒂科夫（Fedor Stepanovich Saltykov）住在倫敦。他寫了一系列的「建議書」（Propozitsii），發給正在聖彼得堡（St Petersburg）的沙皇。薩爾蒂科夫曾與父親一起在西伯利亞旅行，他清楚地意識到，現在有機會在遠東為俄國建立帝國霸業。他認為有可能在鄂畢河和葉尼塞河（這兩條河在西伯利亞中部匯入北冰洋）河口附近建立一支船隊，然後派船到西伯利亞各地，尋找可以納入俄國主權範圍的島嶼。俄國也正對東方香料和黃金垂涎欲滴：

> 如果能找到一條通往中國和日本海岸的開放航道，陛下的帝國將獲得巨大的財富和利潤，原因如下。英國和荷蘭等所有國家都派遣船隻到東印度，這些船隻必須穿越赤道兩次，去時一次，回來時一次。由於這些地方氣候炎熱，水手會損失慘重。如果他們長期在海上航行，會發生嚴重的食物短缺。因此，一旦發現這樣的〔北方〕海路，他們都希望使用它……就貿易而言，陛下的帝國比任何其他王國都更接近（亞洲）。

薩爾蒂科夫認為，俄國應當監控使用這條航線的外國航運，當然也要對其徵稅，因為這條航線要經過北冰洋的新地島。薩爾蒂科夫觀察到，類似的稅收在松德海峽和直布羅陀都產生巨額收入。另外，在日本和西伯利亞都可以獲取白銀，薩爾蒂科夫在西伯利亞確實看到廢棄的銀礦。與中國和東印度群島的「水路」貿易將成為可能，為俄國帶來黃金、瓷器、絲綢和其他許多奢侈品，俄國將變得像荷蘭或英國一樣富有。沙皇當然也考慮過這些建議，他在一七一一年表示：

一旦他（沙皇）有空閒來考慮這個問題，將研究有無可能讓船隻途經新地島進入韃靼海；或者尋找鄂畢河以東的某個港口，在那裡建造船隻，如果可行的話，派船前往中國和日本的海岸。[8]

有一種錯覺一直存在，就是與歐洲船隻在前往東印度的途中，必須經過的熱帶水域相比，北極水域更安全、更容易忍受。[9]

彼得大帝確實找到空閒來考慮北極航道的問題，不過是在他生命的最後階段。他在一七二五年去世前的最後舉措之一是，命令為他服務的丹麥船長維圖斯·白令（Vitus Bering）在堪察加建造船隻，並「乘坐這些船隻，沿著向北延伸的海岸航行，該海岸（由於其界限不詳）似乎是美洲海岸的一部分」。白令的任務是「確定它（亞洲海岸）與美洲的連接點」，如果可能的話，造訪美洲海岸的歐洲定居點，更了解該地區的地理情況，並繪製一張準確的海圖。彼得大帝還按照他一貫的做法，命令元老院「在學徒或助理造船師中選拔一個能在那裡（堪察加）參考此處的大船建造船隻的人」；如果在俄國找不到對太平洋有經驗的航海家，就從荷蘭找兩個「了解北方和遠至日本的海域」的人。白令曾在荷蘭東印度公司工作，所以對東印度群島有經驗，並獲得俄國元老院和兩位海軍將領力挺。[10]彼得大帝是一位了不起的沙皇，據說曾在荷蘭造船廠工作（他肯定觀察過那裡的工作），希望把俄國變成一個海軍強國。

但是，彼得大帝對海洋的野心的重點仍然遠離太平洋。黑海是他希望擴張俄國海軍力量的地區之一，但他的主要興趣在波羅的海。當他建立新首都聖彼得堡之後，波羅的海就成了他的家。更重要的是，他決心擊退控制波羅的海大片地區的瑞典。在十八世紀初的大北方戰爭中，經過一些挫折，俄國最終獲得對波羅的海的統治權。[11]白令曾在大北方戰爭中服役，但作為一支微不足道的小艦隊司令被派往西伯利亞，不是他想要的回報。不過在彼得大帝去世後，即使白令旅程的第一部分（在某些方面也是最艱苦的部分）需要跋涉萬水千山穿越西伯利亞、前往新建立的俄國要塞和貿易站鄂霍次克（Okhotsk），他還是服從沙皇的命令。從鄂霍次克可以進入鄂霍次克海，它位於堪察加半島以西，以千島群島為界，而千島群島從日本北海道島的北端向東北方延伸。[12]鄂霍次克也有足夠的設施建造一艘縫合船，即上文提及的那種船，白令還在勘察加建造第二艘船。考慮到當時鄂霍次克貿易站的俄國人還很少，只有幾百人，組裝這些船隻的工程即使很難贏得荷蘭或英國船長的讚譽，也仍是了不起的。白令設法駛入後來以他的名字命名的海峽，但仍不確定自己發現的是進入北冰洋的水道，或者僅僅是連接亞洲和美洲連續海岸線上的一個大海灣。因為大霧彌漫，繼續前進很困難，所以白令不顧俄國副手奇里科夫（Chirikov）的建議，掉頭折返。奇里科夫因此贏得蘇聯歷史學家的讚譽，被認為是真正有遠見卓識的人。一七二九年的第二次探險也沒有取得更大的成功，但是白令的船員的工作，包括對以前未造訪海岸的測繪，不該被低估。[13]

關於北太平洋的形態，仍有大量的知識需要了解。直到十八世紀，北太平洋仍是最不為人所知的大洋區域之一。白令副手之一的斯龐貝里（Spanberg）船長應邀探索通往日本的島鏈，當時日本仍不願意向除了荷蘭人之外的任何外商敞開大門。[14]斯龐貝里於一七三五年在鄂霍次克建造兩艘船，並改裝第三艘更舊的船。一七三八年六月，斯龐貝里的小艦隊出發了，在一年後抵達日本近海。儘管日本官方對外國人有敵意，但當地居民和登船的官員都相當友好，俄國人能夠獲得金幣、大米、魚和菸草。官員們把日本民族的禮貌發揮到極致，向俄國人鞠躬和下跪。他們跪了很久，船長最後覺得必須叫他們起來。進入斯龐貝里的船艙之後，日本官員對提供給他們的俄國食品大為欣賞，高興地痛飲俄國白蘭地。但是斯龐貝里知道這些短暫的接觸，有可能從友誼變成暴力衝突，所以很快就啟程返回堪察加半島。[15]雖然進一步到達日本的努力失敗了，但斯龐貝里幫助俄國人大幅增進對北太平洋的了解，俄國有可能為在千島群島及其他地區建立統治制定更精確的計畫。

在聖彼得堡，太平洋並不是重要事項，因此在十八世紀下半葉，俄國對北太平洋的滲透在很大程度上取決於個別商人的積極主動性，其中一些俄國商人出身貧寒，出生在農民或哥薩克軍人家庭，設法在社會階梯上攀登；也有一些商人是居住在莫斯科的希臘人。[16]一些小公司獲得船隻，派船從西伯利亞的太平洋海岸前往國外尋找毛皮。俄國元老院對可以從毛皮貿易中獲得的稅收越來越感興趣。一七四八年，商人們向元老院請願，要求獲得盛產毛皮的若干領土的壟斷權。元老院非常樂意接受這些計畫，其中一些計畫被證明是非常有利可圖的：一次探險活動為帝國國庫帶來近兩萬兩千盧布的收入，占毛皮貨物價值的三分之一。[17]大多數探險活動都能為國庫帶來超過一千盧布的收入，而且探險家越來越深入歐洲人以前沒有去過的地區，一直到阿拉斯加。很多船隻在極北地區的困難條件下失事沉沒，但是到了一七七〇年，利潤越來越豐厚。這部分是女皇凱薩琳二世（Catherine II）的政策結果，她從一七六〇年代開始鼓勵自由貿易。研究這些商人的蘇聯歷史學家，從中看到「資產階級經濟發展的力量」，不過她承認私營貿易在一七六〇年之前就已經建立。畢竟，西伯利亞東部主要居住著沒有淪為農奴的原住民，那些地區距離政府權力中心或大貴族莊園非常遙遠。偏遠的邊疆為人們提供自由和創造財富的機會，無論是從土地還是從貿易中創造財富。[18]

不僅需求大增，人們的信心也在增加。有一艘在海上航行數年的船名叫「聖保羅」（Sveti Pavel 或 St Paul），由三名商人經營。它在一七七〇年前往千島群島，一七七一年前往阿留申群島，俄國人在那裡結識當地的薩納克（Sannakh）島民。正如經常發生的，俄國人與原住民的關係開始時很好，但是後來惡化了。俄國譯員被發現死在他的氈帳裡。島民發動攻擊。船長索爾維耶夫（Solviev）趕緊深入阿留申群島，船員們在那裡蒐集關於許多毛茸茸動物的資訊，包括海狸、熊、鹿、狼、松鼠和水獺。一七七五年七月，船員們帶著價值十五萬盧布的毛皮回到鄂霍次克，不過當初啟程的七十一名毛皮獵手中，有三十人在航行期間死亡。[19]俄國人一再進行這樣的遠航，其間發生一些特殊的事件，如庫克船長和俄國人相遇，庫克送給俄國人一架望遠鏡，作為「他們造訪這些島嶼的特殊紀念」。[20]

三

正如西班牙人最初將他們的美洲帝國視為與土耳其人鬥爭的軍費來源，沙皇們將他們對西伯利亞東部及阿留申群島和阿拉斯加的許多民族主權，視為資助他們在歐洲範圍內建立帝國霸業的手段。聲稱俄國統治著歐洲、亞洲和美洲的部分地區，這種說法有一定的吸引力，使得俄國在名義上可以與西班牙和葡萄牙的跨大洲帝國相提並論。沃龍佐夫（Vorontosov）伯爵和別茲博羅德科（Bezborodko）伯爵在一七八六年寫的一份備忘錄，明確指出這一點：「美洲的西北海岸和那裡與堪察加半島之間的群島，以及堪察加半島與日本之間的群島，很早以前就被俄國航海家發現了……根據公認的規則，第一個發現未知土地的國家有權要求占有它。」[21]俄國人擁有的最大優勢是，他們是歐洲人滲透到該地區的先驅；最大的劣勢則是，陸路貿易緩慢而繁瑣，更適合運送貢品和稅款，而不是大宗貨物，而在確立東北水道（如果能確立的話）之前，走海路到太平洋似乎並不可行。儘管如此，俄國人還是在一七九七年創辦一家「聯合美洲公司」（United American Company），並在兩年後改為「俄美公司」（Russia–America Company）。[22]它處於「皇帝的保護」之下，得到沙皇保羅一世（Paul I）的批准，但其基本模式仍是多家東印度公司的模式。俄國人在與波羅的海和北海鄰國的接觸中，對那些東印度公司非常了解。鑑於沙俄政府的專制制度，參加這個冒險的商人行動自由被政府部門的嚴密監督抵消了。

為俄美公司的誕生做出最大貢獻的商人格里戈里・伊凡諾維奇・謝利霍夫（Grigory Ivanovich Shelikhov）當時已經去世，他曾是太平洋地區的毛皮商人，在科迪亞克島生活幾年，該島今天是美國阿拉斯加州的一部分。當然，當時人們對阿拉斯加的理解並不是今天阿拉斯加州那塊大致呈方形的冰雪土地。俄國人感興趣的是，沿著海岸線向南到錫特卡（Sitka）以外獵取海獺的機會，錫特卡這條六百英里長的陸地，在今天仍是加拿大和太平洋之間的屏障。在凱薩琳大帝在位時期，謝利霍夫敏銳地向一位同事描述他的計畫：

我的事業的主要目的，是在其他國家占領和索取之前，將新發現的水域、土地和島嶼納入我們的帝國，並展開新的冒險，以增進我們女皇的榮耀，為她和我們的同胞帶來利益。[23]

凱薩琳大帝及後來的保羅沙皇，對俄國與西歐關係的關注遠遠超越對太平洋的關注。但他們認識到在太平洋發生的事情可能會對西方產生重大影響：英國人和西班牙人在加利福尼亞海岸的存在，意味著俄國在鞏固對北美北部的控制，以及維持對中國和其他市場的優質毛皮供給時，肯定會與歐洲船隻與貿易站發生接觸。到了一八〇〇年，英國和美國商人正透過他們的海上管道，向澳門運送大量的毛皮，而俄國人仍試圖透過黑龍江沿岸的貿易站與中國人通商。但是，從阿拉斯加到黑龍江貿易站的運輸成本令人望而卻步。對中國北方的毛皮商人來說，一路跋涉到廣州獲取毛皮會比去黑龍江更有意義，因為英國人、美國人和西班牙人把大量海獺皮運到廣州，導致價格大跌。此外，透過海路將茶葉運往歐洲的成本，會比從陸路運往聖彼得堡的成本低得多。[24]

所以前往東方的俄國水手素質就格外重要。不過，讓鄂霍次克和其他定居點誕生的那種希望最終落空了。一位俄國海軍將領憤恨地抱怨，駐紮在鄂霍次克的水手對他們應該航行的複雜海域了解得太少，鄂霍次克本身對他們來說就很困難，那裡不斷變換的沙地和淺水，讓進入港口成為一大挑戰。他說，鄂霍次克的造船技術也遠遠低於波羅的海或黑海的標準。到了一七九〇年代，在鄂霍次克已經建造大約五十艘船，那時已經可以找到鐵釘將船板釘在一起，但是這些船隻都未能達到彼得大帝一直試圖建立的標準。到了十九世紀初，鄂霍次克的船廠裡還有一些腐爛的船隻，一位俄國評論家把鄂霍次克比作一家海軍博物館。25

在鄂霍次克海建立商船隊的宏圖大略，似乎超出俄羅斯的能力。因此也許俄國人將不得不咬緊牙關，派船從波羅的海經大西洋一路到北太平洋。幸運的是，俄國海軍部找到一個具有非凡技能和經驗的人，來領導一支前往遠東的探險隊。亞當．約翰．馮．克魯森施滕（Adam Johann von Krusenstern）是一個來自愛沙尼亞的波羅的海德意志人❶，他曾被借調到英國海軍，與法國革命軍作戰，並打著英國國旗航行到加勒比海。但是他對大洋世界了解得越多，注意力就越轉向遠東。他寫道：

❶ 譯注：十二世紀至十三世紀，德意志十字軍和商人開始往波羅的海東岸（主要是今天的愛沙尼亞與拉脫維亞）移民和定居。十三世紀的利伏尼亞十字軍東征（在教皇支持下，德意志人和丹麥人進攻今天愛沙尼亞與拉脫維亞的多神教徒原住民）之後，德意志人在波羅的海地區逐漸取得政治、經濟、文化上的主導地位，成為精英階層和統治階級，但人口始終不超過總人口的一〇%。他們統治著非德意志裔的原住民。十八世紀開始之後，很多波羅的海德意志人在俄羅斯帝國的軍事、政治和文化生活中攀升到很高的地位。一九三九年底，根據《莫洛托夫－里賓特洛普條約》，愛沙尼亞和拉脫維亞被蘇聯併吞，這裡的德意志人被第三帝國安置到被德國占領的原波蘭領土上。一九四五年，大多數波羅的海德意志人被蘇聯軍隊驅逐。值得注意的是，來自東普魯士和立陶宛的德意志人，雖然在文化上與波羅的海德意志人相似，但不能算波羅的海德意志人，因為他們生活的地區是普魯士王國的一部分。

> 在一七九三年至一七九九年的革命戰爭中，我在英國海軍服役期間，英國與東印度群島和中國的貿易的重要性，特別引起我的注意。在我看來，俄國參與對中國和印度的海上貿易絕非不可能。[26]

一七九七年，克魯森施滕乘坐一艘英國船出發，在加爾各答和廣州停靠，這強化了他的信念，即如果不從海上抵達中國的世界之窗，俄國的毛皮貿易就不會成功。回到俄國後，克魯森施滕的聲音終於被宮廷聽到了，他奉命率領兩艘船從波羅的海一直航行到太平洋。不過，第一個問題是找到合適的船隻。俄國缺乏能夠進行如此長途航行的船隻，就連漢堡和哥本哈根也沒有可用的船隻。最後，俄國人在英國找到兩艘合適的船，四百五十噸的新船「利安德號」（Leander）和三百七十噸更新的「泰晤士號」（Thames），它們被更名為「娜傑日達號」（Nadezhda）和「涅瓦號」（Neva），並被送往位於克隆斯塔特（Kronstadt）的波羅的海海軍基地，準備進行一次航行，希望能遠至日本。船上有一個叫雷查諾夫（Rezanov）的人，他被光榮地任命為俄國派往江戶朝廷的大使。[27]

克魯森施滕的路線是沿著巴西海岸航行，然後繞過合恩角，事實證明這是相當容易的，不過不久之後兩艘船就分開了。「涅瓦號」前往復活節島，而「娜傑日達號」則向馬克薩斯群島前進。當然，這樣的航行不會有什麼新發現，而克魯森施滕曾仔細閱讀庫克船長的著作；但這是俄國船隻首次進入南太平洋。克魯森施滕決心與原住民島民保持友好的關係，他在馬克薩斯群島停靠的目的是為了獲得補給。他允許部下以物易物，但是不准在船上交易。這並不妨礙裸體原住民女人爬上船，正如一位現代歷史學家靦腆指出的，「她們可以賣給俄國人的不止是水果」。[28]兩艘船在馬克薩斯群島會合，途經夏威夷進入太平洋的最北部，由於時間不夠，繞過了日本。克魯森施滕答應向堪察加半島的彼得羅巴甫洛夫斯克（Petropavlovsk）運送一批鐵和其他海軍建材，而「涅瓦號」則駛向科迪亞克島和阿拉斯加海岸的俄國新定居點錫特卡。

俄國人到達時驚恐地發現，錫特卡已被該地區的原住民特林吉特人（Tlingits）洗劫一空。俄美公司犯了一個根本性的錯誤：公司派人在阿拉斯加海岸定居，並驅趕特林吉特人，讓特林吉特人產生「對俄國人的不可逆轉的敵意」，這是當時一位觀察家的說法。特林吉特人一直依靠海岸線的資源生活，不僅包括魚類，還包括海獺，而俄國人現在企圖壟斷海獺的毛皮。與俄國人相反，英國人和美國人小心翼翼地不在該地區定居，而是傾向在特定季節前來。特林吉特人是令人生畏的武士，他們打仗時穿著皮革和骨頭製成的鎧甲，這種鎧甲能夠抵禦火槍的射擊。不久之後，他們還獲得自己的槍枝。因此「涅瓦號」駛入一個戰區，俄國人和特林吉特人在那裡簡直是在進行殊死搏鬥。俄國人得出結論，如果他們要控制海岸線及其毛皮資源，就需要很好地武裝自己。[29]而如果他們不建立定居點，就會為英國人、美國人和西班牙人敞開大門，這幾個民族在加利福尼亞和更北的地方仍然有相當強大的勢力。

「娜傑日達號」於一八〇四年九月從堪察加出發，好不容易抵達日本，卻也遭受挫折。俄國大使雷查諾夫在出島登陸，日本人卻斥責他在分配給荷蘭人的領土上偷獵，儘管這塊領土很小。日本人批評他的另一個原因是，他是乘坐裝備精良的軍艦而不是商船抵達。雷查諾夫在出島逗留三個月，然後收到來自幕府將軍的簡短消息：「我們政府的意願是不開放這個地方。不要再徒勞無功地來了。請迅速啟程回家。」為了鼓勵雷查諾夫離開，日本當局送來大量的大米、鹽和其他食品，但是他拒絕接受這些禮物，並表明他對吃閉門羹的憤怒。日本官員認為他以極其尷尬的方式違反禮節，他們解釋如果雷查諾夫不收禮物，他們將不得不承擔責任，甚至需要集體切腹。雷查諾夫很明智地在一八〇五年四月帶著禮物離開了。

雖然訪日使團已經徹底失敗，但克魯森施滕還有其他計畫。在對日本以北的薩哈林島（Sakhalin，即庫頁島）進行測繪後，他前往澳門。他早先在廣州逗留時，就知道這個地方。「涅瓦號」擺脫了令人恐懼的特林吉特人，在澳門與克魯森施滕會合。但是要進入廣州市場並不容易，其他國家有他們的領事館和倉庫，俄國人什麼也沒有。克魯森施滕最終說服一位名叫比爾（Beale）的英國商人，代表他與一位名叫六官❷的十三行商人談判。除了最好的海獺皮外，兩艘俄國船上的貨物都賣出了。眾所周知，海獺皮在莫斯科可以賣出天價。回國之前，兩艘船裝載茶葉、紫花布和瓷器。這次他們向西行駛，穿過東印度群島，繞過好望角，其中一艘船在聖赫勒拿島停靠。經過三年多一點的航行，兩艘船於一八〇六年八月回到克隆斯塔特。[30]此次遠航的利潤十分微薄，但俄國人有理由感到高興。俄國船隻首度成功環遊地球，並蒐集關於鄂霍次克海和阿拉斯加海岸的寶貴資訊。俄國人知道，這種先驅性探險的結果必然是喜憂參半，但是未來的成功都將建立在這兩艘船蒐集的資訊之上。

說到這兩艘船蒐集的資訊，歷史學家傾向稱為此次遠航的「科學」方面。其他的遠航，例如庫克船長和法國人拉彼魯茲（La Pérouse）的航行也有「科學」方面。不過，這種說法掩蓋了更平凡無奇的現實：即使關於阿拉斯加的特林吉特人或北海道的愛努人日常生活的資訊，確實引起科學界的興趣，但這些航行的主要目的是發現財富的來源，並搶先在與俄國競爭的歐洲列強之前到達那裡。這對俄國沙皇來說尤其重要，因為他們一直需要資金，從而在波羅的海和黑海周邊展開雄心勃勃的戰爭。俄國人未能獲得太平洋毛皮貿易的絕大部分，但重要的是，俄國先驅者不斷深入未知的水域，在距離俄國本土非常遙遠、缺乏潛力的地方，建造品質堪憂的船隻，並年復一年地前往冰封的島嶼。

四

俄國人是第一個認識到北太平洋潛力的民族，不過他們最重要的動機是促進對華貿易。在俄國人取得這些顯著進展的時期，其他歐洲人與玻里尼西亞群島居民之間的接觸也更加密切，特別是在一七六〇年代和一七七〇年代。這裡也有一個問題：這些島嶼有什麼東西可以提供給歐洲？椰子並不能吸引大量的商船。玻里尼西亞島民食人和執行人祭的惡名，被高更（Gauguin）時代的浪漫形象（即在這些島嶼上可以得到自由的愛情和無欲無求的簡單生活）所抵消。這也是玻里尼西亞現實的一部分：歐洲水手對當地婦女願意獻出身體（既是為了禮節，也是為了狂歡）感到驚訝和高興。大溪地成為「濃縮了歐洲人對南太平洋印象的島嶼，無論是善意還是惡意的印象」。[31]另一方面，這些島嶼的居民主要靠著自己的資源生活，他們的自給經濟很難滿足歐洲水手對食物和其他基本物資的需求，更何況這裡缺乏奢侈品。

談論這個時期歐洲人對「大溪地島和夏威夷島的發現」顯然是錯誤的，有一本在其他方面都很具啟

❷ 譯注：指西成行的黎顏裕，他被稱為六官（Lucqua）。

發性的書籍就犯下這樣的錯誤。[32]歐洲人「發現」的東西，早在幾個世紀前就被玻里尼西亞人發現了。歐洲人來到玻里尼西亞群島，產生活躍的資訊交流，因為每一方都開始看到可以從對方那裡學習；在某些地區，如夏威夷，學習發生得非常迅速，島民採用歐洲的服裝，甚至航運技術。玻里尼西亞人注意到他們與歐洲人的差異的同時，也在尋找相似之處。一個極端的例子是，一位前往英王喬治三世宮廷的大溪地人的經歷，英國人在船上不得不說服他，在船上看到的基督教儀式不會最終導致人祭，這個大溪地人並不反對人祭，只是擔心自己會被選為祭品。他對在劍橋的見聞比較滿意，當他在那裡看到身披猩紅長袍的教授，走過劍橋大學評議會大樓（Senate House）大樓時，想起家鄉的大祭司隊伍。[33]

用來描述歐洲人與大溪地第一次相遇的最恰當詞彙是「機緣巧合」。一七六七年六月，來自康沃爾的塞繆爾．沃利斯（Samuel Wallis）船長駕駛著「海豚號」（Dolphin）抵達大溪地。遠方的山脈在霧中若隱若現，他相信這個（相對而言）很大的島嶼一定是尋找已久的南方大陸。原住民擠在數百艘划艇中，看起來似乎很友好，「特別是那些婦女，她們來到海灘上，脫光衣服，努力用許多放蕩的姿態引誘他們，這些姿態的含義不言自明」。[34]但我們不知道她們引誘英國水手上岸的目的，是不是要將他們誘入陷阱，然後殺死。大家試圖進行「無聲的貿易」，雙方都在海灘上留下貨物，但是英國水手只拿了他們想要的東西（一些豬），沒有拿走對方提供的樹皮布；大溪地人則無視英國人留下的斧頭和釘子。英國人意識到自己冒犯了大溪地人，所以在第二次造訪時，收下樹皮布和島民為他們準備的其他東西。

即便如此，雙方的關係在一開始很緊張。面對大量的划艇，「海豚號」向聚集在海灘上的人群開火，這些人逃進森林。之後「海豚號」派遣一些木匠在武裝護衛下，將五十多艘留在岸邊的划艇劈成碎片。木匠們有充分的理由感到憤怒，因為原住民婦女最終被允許登上「海豚號」，但她們把發現的一箱箱釘子搜刮一空，甚至把釘子從船上的橫梁上拔下來，這有可能使船變得不安全。面對歐洲人的暴力，大溪地人認為是神靈在發怒，於是向英國人贈送一頭豬和一片大蕉葉，表達對超自然力量的服從。大溪地人認為，即使英國人及後來的法國人是和大溪地人一樣的血肉之軀，也仍然需要安撫他們，因為如果不這樣的話，這些新來者會造成嚴重的破壞，會比大溪地武士能夠造成的破壞嚴重許多。[35]最後，沃利斯船長與原住民女王結交，雙方互訪，他對自己被引領參觀的會客廳印象深刻，它有大約一百公尺長。「海豚號」起航時，奧比阿雷婭（Obearea）女王還流下眼淚。[36]

歐洲人漸漸明白，大溪地並不是南方大陸的一部分，但仍然認為它肯定是位於南方大陸近海的一座島嶼，就像伊斯帕尼奧拉或古巴與美洲大陸的關係。在沃利斯到達大溪地的一年之後，出身高貴的法國船長路易·德·布干維爾（Louis de Bougainville）抵達大溪地的另一個地方，他對英國人之前的到訪一無所知。布干維爾熟讀古典文學，他想起維納斯在海中出生，並被沖上基西拉島（Kythera）的故事，於是將該島稱為「新基西拉」（Nouvelle Cythère）。[37]布干維爾描述一個大溪地女孩如何在甲板上脫光衣服，並說「在這裡，維納斯是好客的女神」，這讓男性讀者血脈賁張。大溪地人的裸體讓人想起古希臘運動員的裸體。對布干維爾來說，他發現的不僅是一個天堂，而且是一個古典的天堂。他認為自己已經回到過去，體驗到「世界的真正青春」。他的經歷比沃利斯愉快得多：大溪地人已經知道歐洲人的火力是不可抗拒的，所以熱切地與新一批歐洲人合作，可能沒有意識到英國人和法國人之間有什麼真正的區別。布干維爾在大溪地經歷的和平性質，讓他的讀者，包括德尼·狄德侯（Denis Diderot），對島民的優雅和純真感到欣喜。正如馬特・松田（Matt Matsuda）所說，「在一個萬物共用的世界裡，即使偷竊也似乎是一種純真的象徵」，在這裡共用的不僅僅是物品，還有性關係。這次航行的影響很大，因為布干維爾把一位名叫阿胡托魯（Ahutoru）的大溪地王子帶回巴黎。在那裡，阿胡托魯成為布干維爾的支持者、有權勢的政治家和廷臣舒瓦瑟爾（Choiseul）公爵的寵兒，並且愛上歌劇。[38]

舒瓦瑟爾公爵之所以會支持布干維爾的遠航，還有一些不那麼浪漫的動機：法國不能允許自己落後英國。這兩個國家都熱衷尋找太平洋諸島的資源，而且仍對南方大陸念念不忘。他們對陌生植物也確實很有興趣：十八世紀晚期的法國探險家拉彼魯茲在船上帶著博物學家；庫克的同伴班克斯如饑似渴地蒐集太平洋手工藝品，並不斷填充一七七五年在大英博物館設立的南海廳（South Sea Room），迫使博物館當局在短短六年後就擴建該廳。[39]不過庫克不僅僅是在尋找新的土地，也在研究法國人的探索報告，儘管其中一些發現，例如名字很恰當的「荒涼島」（Desolation Island），可以被認為沒有什麼意義。[40]英國人的好奇心有了更實際的轉變：庫克船長和他的手下不再研究「高貴的野人」，而是奉命從大溪地觀察金星凌日，並繼續尋找南方大陸。庫克接到的指示是牢記「我國作為海上強國的榮譽」，這「可能對我國貿易與航海事業的進步極有裨益」。[41]庫克在一七七二年的第二次航行和一七七六年的第三次航行的一個重要任務，是測試約翰・哈里森（John Harrison）的航海鐘。事實證明這臺鐘夠精確，可以測量經度。測量緯度比較簡單，但是測量地球轉動方向上的距離要複雜得多。庫克使用哈里森的航海鐘，能夠以令人肅然起敬的精確度繪製南海諸島的地圖。據說，當庫克船長在夏威夷遇害的那一刻，航海鐘停了。[42]但我們在這裡也要記住，科學是為貿易和帝國霸業服務。

庫克和布干維爾一樣，很欣賞玻里尼西亞航海家的技能。他說服一位名叫圖帕伊亞的技藝高超航海家、祭司和原住民貴族登上他的船。圖帕伊亞陪著庫克在玻里尼西亞群島走了一圈，甚至憑記憶畫了一張著名的太平洋大片區域的地圖，畫到馬克薩斯群島和庫克群島等地。對庫克來說，圖帕伊亞就像哈里森的航海鐘一樣有幫助。雖然圖帕伊亞是一個非常聰明的人，但熱衷蒐集標本的班克斯把他視為又一個標本。庫克對玩這種遊戲不太感興趣，而對圖帕伊亞掌握的知識印象深刻：「我們沒有理由懷疑他在這方面的真實性，由此可以看出他對這些海洋的地理知識〔原文如此〕相當廣博。」圖帕伊亞知道七十四座島嶼的名稱，他畫的地圖涵蓋太平洋的廣大地區，面積與歐洲（包括俄羅斯的歐洲部分）大致相當。最重要的是，他解釋了太平洋複雜的風系，而歐洲人在太平洋航行幾個世紀之後，對其風系的了解仍然很有限。[43]

玻里尼西亞人對歐洲風俗的適應性十分驚人。他們特別擅長商業交易。十九世紀初，大溪地島的統治者波馬雷一世（Pomare I）與英國在新南威爾斯的定居點通商，並與倫敦傳道會（London Missionary Society）聯手（他在一八一二年皈信基督教），於一八一七年向傑克森港（Port Jackson，雪梨港是其一部分）派出一艘船。波馬雷一世提供的主要貨物是豬和檀木。他的商船隊在後來的航行中，在其他島嶼採集珍珠，將其運往雪梨。他的船員大多是大溪地人。[44]阿胡托魯和圖帕伊亞都已經表現出願意與來自陌生世界的人合作，並對歐洲文化興趣盎然。在歐洲人（包括俄國人）和美國人對夏威夷產生興趣之後，太平洋島民對歐洲文化的興趣就會以出人意料的方式發展。

五

圖帕伊亞為庫克提供的航行指南，不包括玻里尼西亞世界的最偏遠部分，即夏威夷、紐西蘭和復活節島。[45]他對太平洋的知識經過許多世紀的累積與口口相傳，所以很多細節在玻里尼西亞航海家定居夏威夷、奧特亞羅瓦和拉帕努伊島之前就已經到位了。正如這些航海家花費很長的時間，才穿越分隔南太平洋和北太平洋的風帶一樣，歐洲人也花了很長的時間才到達偏遠的火山群島夏威夷，儘管馬尼拉大帆船或其他西班牙船隻很可能曾在被風暴吹離航線時經過夏威夷群島，或是曾被夏威夷島上活躍至今的火山噴出的煙和火吸引。有少量考古發現，包括在一處十六世紀晚期的墳墓中發現的編織布，表明在庫克船長抵達夏威夷之前，那裡就已經與歐洲人有過零星接觸。[46]一七七七年，庫克的目標不再是南方大陸，而是歐洲各國政府熱衷的另一個目標，即開闢便捷和有利可圖的西北水道。英國議會為能夠找到這條路線的船員提供兩萬英鎊獎金。庫克從大溪地向北走，穿越三千英里的開闊大洋，到達歐胡島和考艾島。他於一七七八年一月在考艾島登陸。如同在大溪地一樣，原住民看到英國人到來時，得出的結論是這些人不是普通人，而是生活在地平線之外的神靈。[47]

歐洲人與夏威夷的首度相遇是一個我們已經熟悉的故事：原住民婦女向歐洲水手獻身，新鮮的食物被帶上船。庫克在幾週後揚帆起航。同年十一月，他結束對西北水道的毫無建樹的搜尋，返回夏威夷群島。國王在主島夏威夷迎接庫克，向他贈送羽毛頭飾和一件華麗的斗篷，這兩件東西今天保存在紐西蘭威靈頓的蒂帕帕國立博物館（Te Papa National Museum）。這表明國王對庫克非常尊重，因為這些禮物特別貴重，一件御用斗篷需要四十萬根紅色和黃色的小羽毛，取自八萬隻鳥。一位船員報告：「我們現在生活在最奢華的環境中，可以盡情挑選和享用數量極多的美女，在這方面，我們幾乎每個人都可以和土耳其蘇丹相提並論。」[48]但是，向英國人饋贈大量食品對夏威夷的經濟造成壓力，因為夏威夷的經濟是自給經濟，很難因應庫克的探險隊產生的額外需求。在英國船隻離開後，國王對庫克曾經停泊的海灣周圍土地宣布禁忌（taboo）。這是土地肥力枯竭、需要恢復時的正常做法，就像《聖經》中的安息年一樣。由於天氣惡劣，庫克被迫返回，再次進入海灣，卻發現自己不再受歡迎。夏威夷人開始從英國船隻上偷東西，甚至帶著「發現號」（Discovery）的救生艇偷偷溜走，使得庫克的旗艦沒了救生艇。庫克上岸，希望與日益暴躁的島民談和，但雙方動用槍枝與匕首，庫克被原住民用棍棒打死。不過這不是原住民蓄謀殺害他，而是一場爭吵嚴重失控造成的。原住民將庫克的屍體除去骨骼之後送回，英國船員在悲傷之餘，更對原住民的行為感到厭惡。[49]

庫克船長突然慘死，是他在英國獲得永恆聲譽的通行證，他是像納爾遜勛爵一樣，沒有活到親眼看見自己的貢獻產生結果的民族英雄之一。夏威夷島民接受這樣一個事實，即英國人不是神靈，因為夏威夷人很早就參與英國人的貿易。一七八七年，約翰．米爾斯（John Meares）船長來到考艾島，同意帶一位島民，一位名叫凱亞納（Kaiana）的王子去中國。凱亞納身高六英尺半，他的魁梧身材讓英國人留下深刻的印象。在廣州的英國商人送給他很多禮物，其中最寶貴的是槍械。凱亞納乘坐另一艘英國船回到夏威夷之後，就開始用槍械為自己謀利；他得知考艾島發生政變，於是投奔主島夏威夷的國王。國王卡美哈梅哈一世（Kamehameha I）有自己的雄心壯志：他已經統一了夏威夷島，現在他的目標是征服所有較小的島嶼。凱亞納將成為他的強大盟友，但是英國人也同樣有用，他們擁有配備強大火炮的巨型船隻，這些船還能運載很多武士，比最長的玻里尼西亞船能夠載運的人更多。[50]

於是，太平洋航海史上最不尋常的故事之一揭開帷幕。卡美哈梅哈一世需要很多船隻，但是英國商人不願意提供。國王只能透過討價還價或者派人登船劫船，來獲取少量船隻。因此，卡美哈梅哈一世打算建立自己的艦隊。一七八九年，在與兩艘尋求補給的美國船隻船員發生血腥衝突後，卡美哈梅哈一世獲得「艾莉諾號」（Eleanor）和一艘隨行的雙桅縱帆船。他任命這些船上的一些美國軍官為酋長，從而掌控這些航海人才。然後在一七九二年，他的臣民在一位美國船舶木匠的指導下，建造一艘歐式船隻。到了一八〇三年，他已經擁有至少二十艘船，其中一些船的龍骨裹了銅，這是最先進的防蟲措施。隨著越來越參與對華檀木貿易，他下令建造更多的船隻。因此，在太平洋上除了英國、法國、美國、俄國和西班牙艦隊之外，還有一支歐式的夏威夷艦隊。據了解，在一八〇〇年至一八三二年期間，有三艘夏威夷船定期航行從美國西北部到中國的整條航線，不過大多數夏威夷船航向萬那杜或其他群島，以獲取檀木、活豬和珍珠，這些東西不僅可以輸入玻里尼西亞的網絡，而且可以輸送到更廣闊的太平洋。不過前往中國的航行在經濟上是一場災難，因為夏威夷人依賴廣州的無良代理商，他們抓住剝削這些天真新來者的好機會。[51]

新一代的玻里尼西亞航海家熟悉歐洲航運而不是太平洋的航運，並成為外國船隻和夏威夷船隻的重要船員。當美國船隻經過這些島嶼時，往往需要帶著夏威夷的貨運監督。一八一〇年十月，兩百八十一噸的雙桅船「新風險號」（New Hazard）攜帶槍枝、印度棉布、金屬製品、菸草和糖等貨物，從母港波士頓出發，繞過合恩角，於隔年二月底抵達夏威夷。這些貨物大部分是為居住在北美西岸的人們準備的。不過，檀木、馬鈴薯、大蕉和一些願意「獻身」的玻里尼西亞年輕女性，也被帶到夏威夷。「新風險號」後來前往溫哥華島，尋找美洲原住民奴隸和毛皮。任務完成後，它回到夏威夷，寫報告的人又一次疲憊地強調：「今天下午，船上有一些女子，所以我們沒有完成多少工作。」此次航行的高潮是前往澳門和廣州，在黃埔停泊。「新風險號」在那裡停留了四個月，離開時船上裝載價值三十萬美元的茶葉、紫花布和瓷器。因此透過船隻反覆停靠夏威夷，連接北美大西洋沿岸和美國的太平洋地區及中國的航線連接在一起。[52]

卡美哈梅哈一世將自己置於英國王室的保護之下，因為他知道夏威夷距離倫敦極其遙遠，所以臣服英國並不會削弱他的權威，反而會加強。十九世紀初，他決定與阿拉斯加的俄國人做一筆有利可圖的生意，因為他們總是缺乏給養。夏威夷國王向在阿拉斯加經營俄國業務的亞歷山大．巴拉諾夫（Alexander Baranov）寫了一封信，表示卡美哈梅哈一世可以每年從夏威夷運送一批貨物，解決巴拉諾夫的困難。後來，卡美哈梅哈一世允許俄國人在歐胡島建立一個貿易基地。[53]卡美哈梅哈一世很謹慎，沒有把所有雞蛋放在一個籃子裡。除了英國人和俄國人之外，他還必須與美國的航運打交道。到了一八〇〇年，美國人而不是英國人，是來到他的群島最頻繁的訪客，這反映出美國人參與太平洋東岸和北岸的毛皮貿易，以及西南岸的茶葉與絲綢貿易（透過廣州）。卡美哈梅哈一世饒有興趣地注意到太平洋檀木貿易對中國的影響，因此決定不僅要建立王室對檀木貿易的壟斷，還要鼓勵種植檀木，甚至不惜犧牲糧食生產。這個政策偶爾會導致饑荒，而過度開發造成夏威夷的檀木供給枯竭了，以至於他不得不發布命令，對小樹宣布禁忌，以保證它們充分生長。這些措施是革命性的：夏威夷群島的自給自足經濟正在轉變為商業經濟，這對過去一直依靠土地的自然產品輕鬆生活的原住民勞動力，提出苛刻的要求。[54]卡美哈梅哈一世願意賒購美國進口產品，這就造成更多的困難。在這些進口商品中，有許多是用於裝飾王宮的華麗奢侈品，如中國瓷器、歐洲水晶和美國銀器，更不用說國王喜歡穿著精美的西式服裝供人畫像。

卡美哈梅哈一世於一八一九年去世後，夏威夷遇到的困難層出不窮。他的兒子卡美哈梅哈二世（Kamehameha II）認為，解決辦法是繼續擴張。他的第一艘新船是名為「克麗奧佩脫拉號」（Cleopatra）的美觀而陳設雅致的遊艇；這艘遊艇非常昂貴，供王室在島嶼周圍巡遊玩樂，而且據說「從船長到服務員，所有船員都是醉醺醺、放蕩、不負責任的」。一八二五年，這些船員把「克麗奧佩脫拉號」弄得徹底損毀。[55]在接下來幾年裡，王室試圖透過在萬那杜展開檀木貿易，恢復王室的財富和夏威夷的財富（夏威夷此時已經沒有檀木了），但事實證明這又是一場災難。他們派出去的船消失得無影無蹤。[56]到了十九世紀中葉，夏威夷國王已經放棄經營船隊的嘗試。但在卡美哈梅哈一世時期，夏威夷曾經有過一段輝煌，在那段期間，夏威夷以驚人的速度成功學習歐洲的商業慣例。

美國，而不是英國或俄國，正在迅速成為夏威夷群島最強大的經濟力量，不過美國到十九世紀末才成為夏威夷的主人。美國商人的成功部分反映這樣一個事實，即美國的航運不受公司規則的限制，而只要東印度公司和俄美公司堅持在太平洋上發放航運許可證（從而壟斷生意），就會阻礙英國與俄國的貿易發展。[57]一七七八年至一八一八年間，至少有三十一艘美國船隻抵達夏威夷群島，甚至可能多達四十三艘，而英國船隻（包括軍艦和商船）有三十九艘、俄國有十一艘。[58]夏威夷在地理上很適合擔當北太平洋中部的補給站，它作為亞洲和美國海岸之間的中間人角色，很好地展現從十八世紀末開始，整個太平洋如何被吸引到一個複雜的海上商路網絡之中。

第四十六章　從獅城到香港

一

十九世紀初，儘管那些最早與中國和東印度群島建立聯繫的歐洲國家不再主宰東方貿易，但遠東市場的競爭並沒有減弱。荷蘭人經過一連串的嘗試，在一六四一年從葡萄牙人手中奪取麻六甲，但是不得不在一七九五年將該城割讓給英國。英國利用它與拿破崙的戰爭，以及荷蘭被納入波拿巴帝國的機會，將麻六甲保留了一段時間，卻不知道該如何處理它。[1]荷蘭人從未把在東印度的政府機關設於麻六甲，而是更喜歡巴達維亞（今天的雅加達），它位於爪哇島，所以距離香料群島更近。不過在麻六甲海峽建立基地，對任何渴望透過南海從事貿易的歐洲國家來說，都是很有意義的：當一個季風季節讓位於另一個季風季節時，麻六甲是觀察風向變化的最佳地點，同時也為航運業開闢一條向西航行的安全路線。[2]

據傳說，麻六甲是由一位來自淡馬錫或新加坡（Singapura，意為「獅城」）的流亡王子建立。從新加坡加冷河（Kallang River）中找到的十六世紀青花瓷碎片顯示，麻六甲的建立並不意味新加坡的終結。馬來半島最南端的王國柔佛的蘇丹在新加坡設立一名港務總長（shahbandar），他於一五七四年上任。幾年

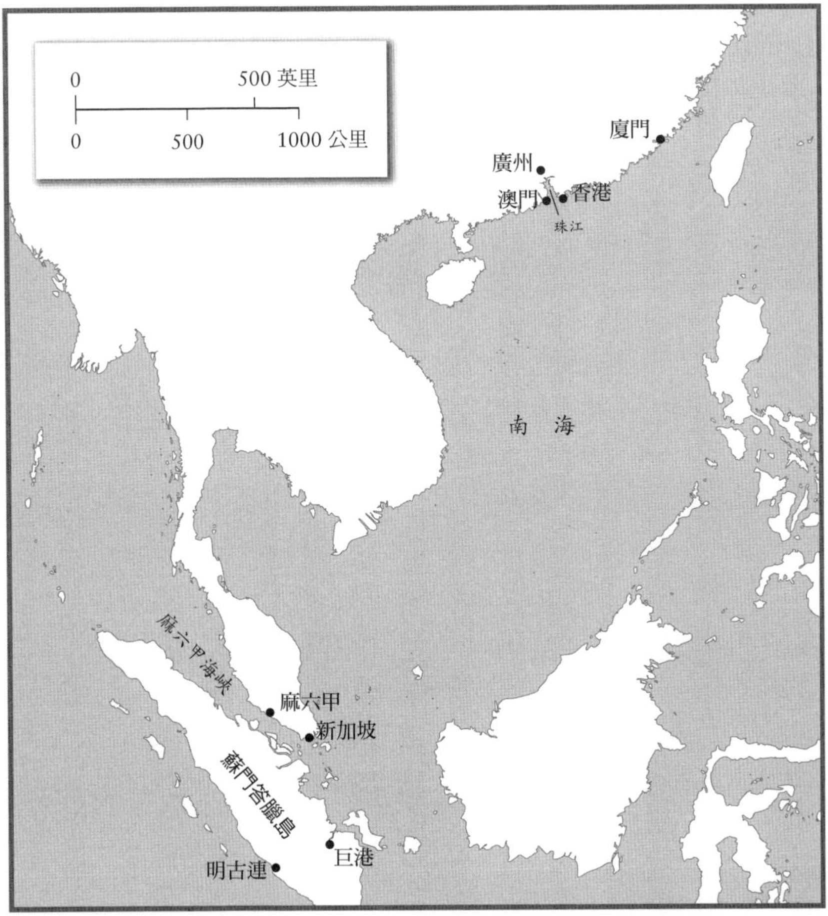

後，在一六一一年，新加坡定居點被燒毀；整個地區都陷入葡萄牙人與馬來人和印尼人統治者之間的戰爭，荷蘭人最終也插手了。一七〇三年，當比較親英的柔佛蘇丹將舊的新加坡定居點的所在地，提供給一位名叫亞歷山大・漢密爾頓（Alexander Hamilton）的蘇格蘭船長時，新加坡島可能還沒有什麼可看的。雖然獲得新加坡是免費的，但開發它就超出漢密爾頓的財力，因為他被期望用自己有限的資源來開發這個地方。

不過英國東印度公司開始體認到，新加坡處於俯瞰印度洋和南海之間主要通道入口的絕佳位置；而新加坡對面的島嶼，今天是印尼的一部分，在當時是布吉族（Bugi）海盜的出沒地，英國人需要鎮壓這些海盜。令人驚訝的是，英國過了很久才在新加坡建立基地。[3]

這要感謝東印度公司的兩名雇員湯瑪斯·史丹佛·萊佛士（Thomas Stamford Raffles）和威廉·法夸爾（William Farquhar）的願景與努力。法夸爾曾是麻六甲的行政管理者，直到拿破崙戰爭結束後，英國將麻六甲歸還給荷蘭人，而他有贏得當地統治者信任的才能，這對英屬新加坡的建立至關重要。不過，我們對萊佛士的了解要全面許多；他是大英帝國歷史上最不平凡的人物之一，而且通常被認為比絕大多數的帝國建設者更有魅力。[4]他生於一七八一年，出身相當低微，十四歲就以職員的身分加入東印度公司，他的早期生涯是在東印度公司位於倫敦利德賀街（Leadenhall Street）的陰暗辦公室裡度過的。但是他學習非常快，贏得上司的青睞。一八〇五年，他滿懷熱情地奉命前往馬來半島印度洋海岸的檳城，擔任英國在當地行政部門的助理祕書。當時英國人希望檳城能成為足以與加爾各答和孟買抗衡的英國基地。萊佛士做了一件不尋常的事情，就是花費力氣學習基本的馬來語；還對他被派往的地方的歷史與文化產生濃厚興趣，並意識到現在英國在遠東有了新的機會，東印度公司不應執迷於它與印度王公的關係，而是應當放眼於更廣闊的地區；如果能趕走荷蘭及其法國盟友，東印度公司甚至可能掌控經過東印度的香料貿易。當英國成功控制荷屬爪哇之後，萊佛士在一八一一年被任命為爪哇總督，但是他在那裡推行土地改革的嘗試並未成功，部分原因是缺乏支持。萊佛士的思想的一個重要線索是，他認為「政府在考慮居民時，不該只考慮商業利潤，而應將收入來源與殖民地的總體繁榮聯繫起來」。[5]他對奴隸制的存在深表遺憾，認為「所有種類的奴役都應廢除」。但是，在倫敦的英國東印度公司總部對如此遙遠地方的社會改革不感興趣。萊佛士被召回倫敦。拿破崙垮臺後，英國在一八一六年將東印度群島歸還荷蘭，萊佛士對此感到失望。不過他在國內挽回聲譽，在夏洛特王后（Queen Charlotte）的支持下，他的學術興趣得到認可，成為皇家學會會員，並獲得騎士身分。他妥善利用被召回倫敦之後的時間，撰寫兩卷本《爪哇史》（*History of Java*），這既是傳統意義上的史書（有點凌亂），也是地理學、博物學、民族學和考古學的大雜燴。這本書被獻給英國攝政王❶，這是一部非凡的學術著作，建立在近乎執迷的研究和無限好奇心的基礎之上。[6]

在東方仍有工作要做，而且英國依然保留著一個位於蘇門答臘明古連的被忽視小據點，荷蘭人對此容忍多年。一八一八年，萊佛士爵士（他現在喜歡別人這麼稱呼）被派往那裡。他失望地發現，荷蘭人正大力重建在東印度群島的網絡，而英國在印度以東的資源卻微不足道：

> 荷蘭人掌握著船隻進入東印度群島僅有的兩條通道，即巽他海峽和麻六甲。而英國人如今在好望角和中國之間，沒有一寸土地可以立足，也沒有一個友好的港口可以補充淡水和給養。[7]

---

❶ 譯注：即後來的英王喬治四世（一七六二－一八三〇）。他的父親喬治三世晚年患有精神病，一八一一年至一八二〇年間由他攝政。

當然，這種說法未免有些誇張（當時檳城仍在英國手中），但是萊佛士設法說服印度總督哈斯汀（Hastings）勛爵，讓他相信需要在麻六甲海峽附近建立某種形式的基地。但實現這個目標的唯一途徑是，與馬來王公們進行微妙的談判。而在英國，人們認為最重要的是不要得罪荷蘭政府，因為荷蘭現在是英國的盟國。所以萊佛士如履薄冰。荷蘭人注意到萊佛士試圖將英國的影響力擴展到明古連之外的蘇門答臘島另一邊，也是更有價值的那一邊，萊佛士考慮的對象是巨港，即三佛齊的舊都。荷蘭人向加爾各答的英國東印度公司投訴，萊佛士收到警告。哈斯汀勛爵認為，萊佛士只應嘗試獲得一塊土地作為貿易基地，「而不是擴大領土範圍」；如果荷蘭人在附近建立自己的基地，萊佛士就應該到其他地方。[8]荷蘭人確實在附近建立據點，就在廖內群島，但是這沒有嚇退萊佛士和他的親密夥伴法夸爾少校（他後來成為新定居點的總督）。萊佛士對新加坡早在幾個世紀前就有輝煌歷史的證據很感興趣，所以保留該地的傳統名稱，而當時英國人的標準做法是選擇一個王室成員的名字，或能夠回顧大不列顛歷史的名字。[9]萊佛士對往昔的興趣，只是他選擇這個地點的部分原因，其他理由則是這是一個理想的地點，可以安置英國東印度公司的一支駐軍；而且位於新加坡河出海口的港口和麻六甲一樣優秀，甚至更好。

法夸爾已經與柔佛蘇丹侯賽因建立良好的關係。一八一九年，第一項條約允許英國人在他們於新加坡租賃的一小塊土地上建立一個基地。條約獲得隆重的慶祝，以萊佛士爵士為首的東印度公司官兵，在一座裝飾華麗的帳篷裡接待柔佛蘇丹，帳篷的地面上鋪著猩紅色的布。英國觀察家們對這位蘇丹的印象不佳：他半裸著身子，而他隆起的肚腩和滿臉的汗水受到尖銳批評，但我們很難想像在那種潮濕的環境中，無論馬來人還是英國人，有誰不是大汗淋漓？這項條約為蘇丹帶來每年五千西班牙銀元的豐厚租金。幾年後，即一八二四年，雙方又簽訂另一項條約，蘇丹將新加坡的主權完全割讓給英國。這是因為蘇丹的統治權受到同父異母兄弟的挑戰，侯賽因需要英國人的幫助。最後，在同一年，荷蘭和英國同意瓜分地盤，英國占領馬來半島上若干地方（即「海峽殖民地」），荷蘭保留東印度群島，儘管馬來半島和東印度群島在文化、經濟及政治上早就是同一個世界，並且至今仍然使用同一種馬來－印尼語言的不同方言。[10]

促進新定居點的蓬勃發展，是很有挑戰性的工作。雖然荷蘭人熱情地引用同胞格勞秀斯的話來鼓吹海洋自由，但這通常只意味著荷蘭人自己的海洋自由。萊佛士看到，新加坡的未來取決於它作為自由港的作用：「海上只要有一個自由港，最終就一定會摧毀荷蘭人壟斷的魔咒。」在指示法夸爾「目前沒有必要對港口的貿易徵收任何關稅」之後，萊佛士啟程前往明古連，而沒有提出任何關於如何籌資開發新定居點的建議。他需要找到趕走荷蘭人的手段，因為他們封鎖了新加坡港口。但封鎖也不能阻止這樣一個了不起的社區建立。[11]新加坡一向的特色是，那裡的居民是多民族的混合體，在與侯賽因簽訂第二項條約時，新加坡人口已經達到約五千人，其中有許多是從麻六甲遷移而來。這與四百多年前的移民流動方向相反，因為中世紀時人們是從新加坡移民到新建立的麻六甲。

一八二二年，造訪新加坡的萊佛士感嘆道：「在這裡，一切都充滿生機和活力。在地球上很難找到一個前景更光明或更令人滿意的地方。」他負責城市規劃，為華人、印度人及其他民族分配居住區，並規劃政府大樓的位置。萊佛士將他的城市劃分為政府區和商業區。政府區至今仍是權力的所在地，位於港口的右側，延伸到福康寧山，萊佛士自己的別墅就建在那裡；港口的左側則是商人的倉庫區，吸引了華人、印度人和馬來人交流。萊佛士對這座城市的未來有一個設想，不過這是一個誇張的設想，因為當他於一八二六年在倫敦去世時，新加坡仍有許多困難需要克服。[12]

新加坡殖民地持續吸引大量的混雜人群，但在早期，新加坡主要是一座華人城市。到了一八三〇年代，它已經成為華人在南海和其他地區的貿易網絡中心，讓巴達維亞的荷蘭人感到震驚，因為在那之前，巴達維亞一直是主要中心。一八二二年，有一千七百七十六艘船造訪新加坡，其中大部分是亞洲人的船隻。[13]一八一九年，新加坡的人口只有一千人，但從一八二四年起，人口大幅成長，到了一八七一年，人口超過九萬七千人。一八六七年，新加坡建城還不到半個世紀時，已經有五萬五千名華人居住在那裡，他們主要來自華南，占新加坡總人口的六五%。此外，還必須加上在新加坡過境的華人，他們之中有許多人在東南亞的其他地方成為苦力，有的婦女則成為家奴或妓女，而萊佛士一定不希望看到這種人口販運活動的發展。[14]在新加坡社會階級的另一端，是富裕、懂得多種語言的「峇峇」（Baba）或峇峇娘惹（Peranakan）家族，他們主要是華人血統，但是長期接觸馬來文化。「Peranakan」一詞的意思是「本地出生」，這讓他們穩居中間商的位置，往往能夠賺取巨額財富，過著相當有格調的生活。峇峇陳篤生出生在麻六甲，但是隨著法夸爾擔任總督期間，麻六甲華人向新加坡流動，他也來到新加坡。陳篤生最初是賣雞和蔬菜水果的商人，後來成為英國商人的商業夥伴，這讓他在一八四〇年代達到財富的頂峰。精心安排與中國大陸的聯姻，進一步增加他的財富和影響力。他樂於賺錢，也樂於在有價值的計畫上花錢：一八四四年，他斥資七千美元創辦至今仍在營運的陳篤生醫院；他大力支持當地主要的華人廟宇之一（在一場奢華的公共儀式後，他幫助支付媽祖塑像安座的費用）；他被英國當局任命為治安法官，是新加坡乃至馬來半島首位擔任這個職務的亞洲人。[15]陳篤生和他的同行部分透過慈善事業，部分透過貿易，為新加坡逐漸發展為一座繁榮的城市做出很大貢獻。

其他族裔的貢獻也非常大。馬來水手在新加坡周圍的水域縱橫馳騁，將這個新殖民地與麻六甲海峽另一邊的島嶼和馬來半島連接起來，並為新加坡供給生活必需品，因為除了魚以外，新加坡幾乎什麼資源都沒有。[16]有一個特殊的馬來人群體，即布吉海盜，居住在距離新加坡不遠的廖內群島。在與廖內群島的荷蘭主人發生爭執後，布吉人於一八二〇年離開廖內群島，其中有五百人定居到英屬新加坡。[17]十九世紀，新加坡吸引印度泰米爾人、亞美尼亞人（他們的小教堂是現代新加坡城的一座重要紀念性建築）、東方猶太人（如孟買的沙遜〔Sassoon〕家族），以及阿拉伯定居者，如亞拉卡（Alkaff）家族，他們在十九世紀中葉從阿拉伯半島南部來到這裡，在新加坡河沿岸擁有大量倉庫。這些阿拉伯商人活躍在麻六甲和爪哇附近的水域，他們之中的一些人選擇新加坡作為業務中心，證明在新加坡建立自由貿易區的想法是成功的關鍵。到了一八九〇年代，已經有八百名阿拉伯人在新加坡生活。[18]萊佛士明白，新加坡的繁榮依賴於它作為轉口港的作用，貨物在這裡流動和交換；隨著輪船的使用，新加坡還將成為一個補給站，提供煤炭與食物，因為早期的輪船對燃料的消耗極大。從長遠來看，新加坡也將作為馬來商品在馬來半島之外的再配銷中心而蓬勃發展，馬來商品中最著名的是英國殖民者建立的種植園生產的橡膠。

二

「獅城」的確是通往東方的大門，但它和英國想要獲得的貨物來源仍有一段距離。英國肯定需要一個距離廣州更近的基地，這樣英國（或者說東印度公司）才能在老對手——澳門的葡萄牙人、荷蘭人和法國人前面搶得先機。此外，中國人渴望白銀，東印度公司卻發現越來越難以供給白銀，所以英國商人正在尋找一種更好的支付手段來購買中國商品。東印度公司有理由對自己的未來感到擔憂：一八三三年，它失去對東方貿易的壟斷，因為議會認定英國繁榮的關鍵在於自由貿易；而且無論如何，東印度公司已經深深捲入印度的內部事務，所以不再是一個簡單的大型貿易卡特爾。

隨著英國東印度公司壟斷權的喪失，在廣州的貿易站被私營商人占據。其中有幾位私營商人後來主導香港商業：威廉・渣甸（William Jardine）與他的搭檔詹姆士・馬地臣（James Matheson）；托馬斯・顛地（Thomas Dent）；來自印度、從事鴉片貿易的帕西人化林治・科瓦斯治（Framjee Cowasjee）。渣甸是到處尋找機遇的英國商人的絕佳例子，他是蘇格蘭人，畢業於愛丁堡大學的醫學專業，但他以外科醫生的身分乘坐東印度公司的船隻來到東方之後，開始意識到靠著香料貿易發財有多麼容易，於是積極參與孟買和廣州之間的貿易。[19]此時，對自由貿易的熱情已經促使萊佛士重建新加坡；他對自由貿易的熱情根植於英國經濟學先驅——蘇格蘭人亞當・斯密（Adam Smith）和塞法迪猶太人大衛・李嘉圖（David Ricardo）的思想。馬地臣是這兩位經濟學家的讀者，在中國收到他們的書，並成為自由貿易的宣導者。馬地臣和他的同行渣甸將自由貿易哲學推向一個極端。渣甸將他的喀爾文宗原則發揮到極致，比如他的辦公室只有一把椅子，任何來見他的人都必須保持站立，這意味著事情會處理得非常快。[20]

面對重重困難，東印度公司轉向鴉片貿易。鴉片的來源一開始是阿拉伯半島南部，但是孟加拉的罌粟田更近，而且處於東印度公司的控制之下，公司也很樂意透過加爾各答把貨物運出。因此，使歐洲人能在印度洋維持其商業帝國的「在地貿易」，達到一個新的高度。一八二〇年，東印度公司出口五千箱鴉片，每箱包含多達四十塊球狀鴉片；十一年後，東印度公司經營的鴉片數量幾乎達到上面數字的四倍。當時，五千箱鴉片的價值約為八百萬美元。渣甸認為，鴉片比酒精好得多。鴉片在中國起初被視為具有異域風情的娛樂性藥物，但隨著價格下降（部分是為了因應來自印度西部罌粟田的競爭），鴉片在中國社會蔓延開來。結果出現各種階層和背景的中國人都經常光顧的鴉片館。在這個時期，在歐洲人眼裡，中國人的形象是生活在鴉片煙霧中半清醒的癮君子，這種現象與中國的官方政策完全抵觸；但這個景象也符合英國人對更古老的中華帝國屈尊俯就的傲慢態度。在英國人看來，中國之前過於孤立，不與世界各國通商，現在鴉片為中國的所有產品提供機會，這才是最重要的。這導致出現一個悖論（幾個世紀以來，荷蘭人一直與這個悖論舒適地共存）：當一個歐洲國家在亞洲擁有自己的港口，而不必依賴當地統治者或歐洲對手的恩惠時，自由貿易就最容易進行。這在廣州成為一個特別尖銳的問題，在那裡，中國的海關官員對英國商人及其貨物橫加干預。不過他們這麼做無疑有充分的理由，因為大清帝國對鴉片販運感到不滿。[21]

儘管清廷認為中國不需要鴉片，而且鴉片對使用者有潛在的惡劣影響，「以厚其毒，臭穢上達，天怒神恫」❷（這是清廷派往廣州的欽差大臣林則徐的勇敢論斷），但是鴉片貿易仍在繼續大肆發展。林則徐大怒，向維多利亞女王（Queen Victoria）投訴，並沒收兩萬箱鴉片，還把外商關進商行。倫敦方面認為林則徐的行為是無恥的高壓手段，於是爆發中英衝突，即第一次鴉片戰爭。在這場戰爭期間，英國軍隊占領中國沿海的多個港口：廈門、寧波，甚至上海。事實證明，英國海軍的力量是不可阻擋的。這是一支配備鐵製輪船的海軍，載有數千名官兵，他們決心表明英國永遠不會忍受中國官員的侮辱。一八四二年的《南京條約》結束這場短暫但激烈的衝突，該條約完全偏向英國的利益，其中一項條款承認英國對香港島上一個全新定居點的永久統治權。[22]

英國人相信，他們需要在珠江口建立一個永久基地，在那裡將完全不受中國人的干擾。維多利亞港的地理條件很好，島上有被稱為太平山的陡峭山峰。與平坦的新加坡相比，香港島能提供的建築空間很小，但英國人在當時籌建的是一個貿易站，而不是後來出現的繁華都市。《南京條約》的英方談判代表之一的璞鼎查（Henry Pottinger）爵士表示，他「並不打算在香港建立殖民地」，而只想獲得「一個貿易集散地和一個可以保護與控制女王陛下在華臣民的地方」。[23] 一八二九年，英國船隻已經進入與澳門隔海相望的小海灣和島嶼，當時東印度公司派出至少六、七艘船隻進入後來的維多利亞港。澳門的法律地位從未得到明確界定；香港則不同，它是英國的永久屬地，有一個優勢是本地人口不多，約七千五百人，主要從事漁業，而且沒有跡象表明中國當局對香港感興趣。

一八四一年一月在香港升起英國國旗的船長查理．義律（Charles Elliot），是自由貿易的另一位熱情宣導者。他奉命在中國沿海尋找一座合適的島嶼或其他地點。身為海軍軍官的他，主要是被香港的港口吸引，不過倫敦方面有許多疑慮。帕默斯頓（Palmerston）勳爵❸大感困惑，因為香港是「一座荒蕪的島嶼，上面幾乎沒有房屋」，而且「似乎很明顯，香港不會成為一個貿易市場」，而只是英國商人的休閒勝地，他們仍然會去廣州做生意。儘管維多利亞女王的名字與該領土聯繫在一起，但是她對香港也沒有什麼印象。不過，如果帕默斯頓勳爵和女王親眼看到香港，可能就會有不同的反應：到香港的早期訪客很喜愛這個地方，因為儘管這裡的夏天很潮濕，但他們對香港鬱鬱蔥蔥的自然美景、山脈和水路印象深刻，有幾位作家將其比作蘇格蘭高地。[24]香港這個名字的起源不詳，在粵語裡的字面意思是「芬芳的海港」。

就像在新加坡一樣，英國人在香港指定一些土地作為倉庫，但對購買土地的人都有嚴格的要求：租約限於七十五年，而且在六個月內，租賃者必須花費一千英鎊用於建設。這保證香港的飛速發展。因為受到激烈的抗議，政策有所改變：租約在一八四七年被延長到九百九十九年，但唯一的永久產權財產仍是聖公會主教座堂（即聖約翰座堂）。怡和洋行（Jardine, Matheson & Co.）在香港特別活躍，不只為商人建造貨倉，也為定居者建造房屋。怡和洋行擁有一個貨倉，「其規模之大，幾乎構成一座城鎮」。據說在香港殖民地成立的一年內，那裡的華人集市就比澳門的集市還大。我們可以從這樣的事實中了解

❷ 譯注：〈擬諭英吉利國王檄〉，出自《林文忠公政書三十七卷、使粵奏稿卷四，清光緒三山林氏刻林文忠公遺集本》。

❸ 譯注：亨利·坦普爾，第三代帕默斯頓子爵（一七八四－一八六五，舊譯巴麥尊）兩次擔任英國首相，三十多年裡主宰英國的外交政策，其間的外交舉措頗有爭議。他極受民眾歡迎，擅長運用輿論推動英國民族主義和愛國主義。

到香港殖民地的基調：香港最早的建築之一是非常高檔的香港俱樂部，當時僅供英國白人定居者使用，渣甸和馬地臣是白人定居者當中最卓越的商人。擔任香港立法會成員的弗雷德里克．沙遜（Frederick Sassoon）非常擔心自己會因為是猶太人，而被香港俱樂部排除在外，所以沒有申請加入。[25]

從一八四三年開始，香港當局也鼓勵華人到英國國旗下生活。到了十九世紀中葉，香港至少有三萬華人，是歐洲人、印度人和美國人的七十五倍。就像在新加坡一樣，最富有的華人往往也是最慷慨的慈善家。香港的貿易日新月異，令人振奮：根據文獻紀錄，一八四四年，即香港殖民地建立僅三年之內，就有五百三十八艘船造訪香港。儘管《南京條約》使得英國人可以進入上海和其他「通商口岸」，但是香港迅速成為英國商人的業務中心，這得益於其作為英國皇家殖民地的特殊地位。香港與通商口岸的租界不同，中國政府對香港完全沒有影響力。此外，由於打贏了鴉片戰爭，英國不需要為香港參與鴉片貿易擔憂。鴉片貿易完全主導早期香港的貿易，以至於人們將鴉片餅作為貨幣，澳門的鴉片生意也輸給香港。英國在中國沿海的地位如此穩固，以至於鴉片商輕鬆地將這種毒品分銷給中國大陸的買家。[26]第二次鴉片戰爭鞏固英國人在中國沿海的地位，一八五六年，中國軍隊在香港之外攻擊一艘英國雙桅船船長，引發第二次鴉片戰爭❹。英國軍隊與法軍合作，占領廣州，襲擊北京，中國人再次被迫簽署屈辱的和約。英國人從和約中獲得更多的通商口岸，以及在中國內地通商的權利；條約還將九龍的一部分置於英國的統治之下，這是英國對中國大陸南端的統治逐步擴大的開始。

香港和新加坡成為從倫敦與利物浦，一直延伸到遠東的商業鏈條上的重要環節。那些透過香港推動鴉片貿易的英國人的物質主義和犬儒主義，與萊佛士和法夸爾的理想主義相去甚遠。不過，香港和新加坡作為主要的國際貿易中心持續發揮作用，並從貧富差距極大的地方轉變為世界上最富庶的兩座城市，這都是海上貿易從根本上改變世界的絕佳例子。

❹ 譯注：原文如此。指「亞羅號事件」。一八五六年十月八日，廣東水師在廣州海珠炮臺附近碼頭檢查裝有走私貨物的船隻「亞羅號」（Arrow），逮捕船上十二名有海盜嫌疑的中國船員。英國領事巴夏禮（Harry Parkes）稱「亞羅號」曾在香港登記，要求釋放全部被捕水手，為廣東水師官員所拒。巴夏禮向英國公使包令（John Bowring）報告中國水師在該船抓人時，曾扯落船上的英國國旗，有損英國的權利和榮譽，要求廣州當局賠禮道歉、釋放人犯。兩廣總督葉名琛認為，逮捕船上海盜純屬中國內政，英國無權干涉，因此拒絕巴夏禮的要求。葉名琛對英態度強硬，拒絕承認曾扯落英國國旗，不賠償、不道歉，只答應放人。此舉讓英國方面極為不滿，同時英國企圖修改《南京條約》亦遭清朝拒絕。十月二十三日，英國海軍上將西馬糜各厘（Michael Seymour）率軍艦三艘、划艇十餘艘、海軍陸戰隊約兩千人，向虎門口開進，揭開第二次鴉片戰爭的序幕。

第四十七章　馬斯喀特人和摩加多爾人

一

歷史學家們正確地認為，我們看待世界歷史時的強烈歐洲中心主義扭曲了現實。我們是史料的囚徒，但有時也可能掙脫束縛，記述一下非歐洲民族較少得到史料記載的活動。不過即使在這些方面，乍看之下似乎是自主的海上貿易網絡，往往也籠罩在歐洲的陰影之下。阿曼蘇丹的歷史是一個重要的例子，他們的政治和商業力量在巔峰時期從東非尚吉巴以南和以西的地方，經過在阿曼的古老都城馬斯喀特，延伸到今天巴基斯坦和印度的海岸，包括瓜達爾貿易站。阿曼統治者直到一九五八年才將瓜達爾割讓給巴基斯坦，換取五十五億盧比。阿曼的「帝國」主要包括一串橫跨印度洋西部廣闊海域的島嶼。到了十九世紀中葉，這些島嶼中最有價值的是小島尚吉巴，它在過去是一個不重要的地方。尚吉巴是那個時代一個新的成功的貿易城鎮。儘管英國和法國參與尚吉巴的最初發展，但是真正的動力來自阿曼蘇丹。他們的成功基於三種商品：丁香、象牙和奴隸。阿曼蘇丹的奴隸貿易蓬勃發展，與此同時，世界上其他地區的奴隸貿易正遭到英國海軍的大力鎮壓。

十七世紀，阿曼已經是一個活躍的海軍活動中心。到了十七世紀中葉，阿曼人從葡萄牙人手中奪回馬斯喀特。擺脫外國的束縛之後，阿曼人就為自己建立可怕海盜的名聲。他們襲擊葡萄牙在東非沿海的基地，最南到達莫三比克，一六五二年開始襲擊尚吉巴，一六六一年襲擊蒙巴薩，並一六九八年加以占領。阿曼人還將目光投向東方，於一六六八年洗劫位於印度第烏的葡萄牙貿易站。[1]不過阿曼的崛起並非一帆風順，因為發生無休止的內戰和王位爭奪戰，這使得蒙巴薩在很長一段時間內，處於不同王公的統治之下。阿曼人在十八世紀獲得尚吉巴及其附近的奔巴島，此後將其勢力範圍擴展到斯瓦希里海岸的大部分地區，並透過阿拉伯商人在非洲內陸建立商業聯繫。從非洲內陸，阿曼人不僅獲得象牙（西歐對其需求不斷成長），還獲得大量奴隸，並賣給法國人，這些奴隸在模里西斯和留尼旺島的法國甘蔗種植園裡勞動。[2]

同時，阿曼的船隻成功參與葉門的咖啡貿易，所以阿曼一派欣欣向榮。據一位英國見證者表示，到了一七七四年，沿波斯灣運往巴斯拉的大部分摩卡咖啡，都是由以馬斯喀特為基地的阿曼船隻運輸。英國人從未遠離這個地區。在巴斯拉有一位英國「常駐代表」，根據與伊拉克的鄂圖曼政府的協議，這位「常駐代表」有權獲得咖啡進口稅的一部分。英國人稱讚了「我們與馬斯喀特人的友誼」。一七八〇年左右，隨著「馬斯喀特人」對歐洲貿易網絡的參與加深，他們也滲透到印度市場，最南到達門格洛爾。阿曼人為印度帶來阿拉伯半島的產品，如珍珠、香、椰棗，並從荷蘭人手中購買糖和香料，包括東印度群島的產品。隨著阿曼人與印度的關係越來越密切，印度人（被稱為「Banyans」）被吸引到阿曼海岸，馬斯喀特開始形成印度商人的社區，印度人的社區後來擴張到阿曼人統治的東非海岸的港口。一八

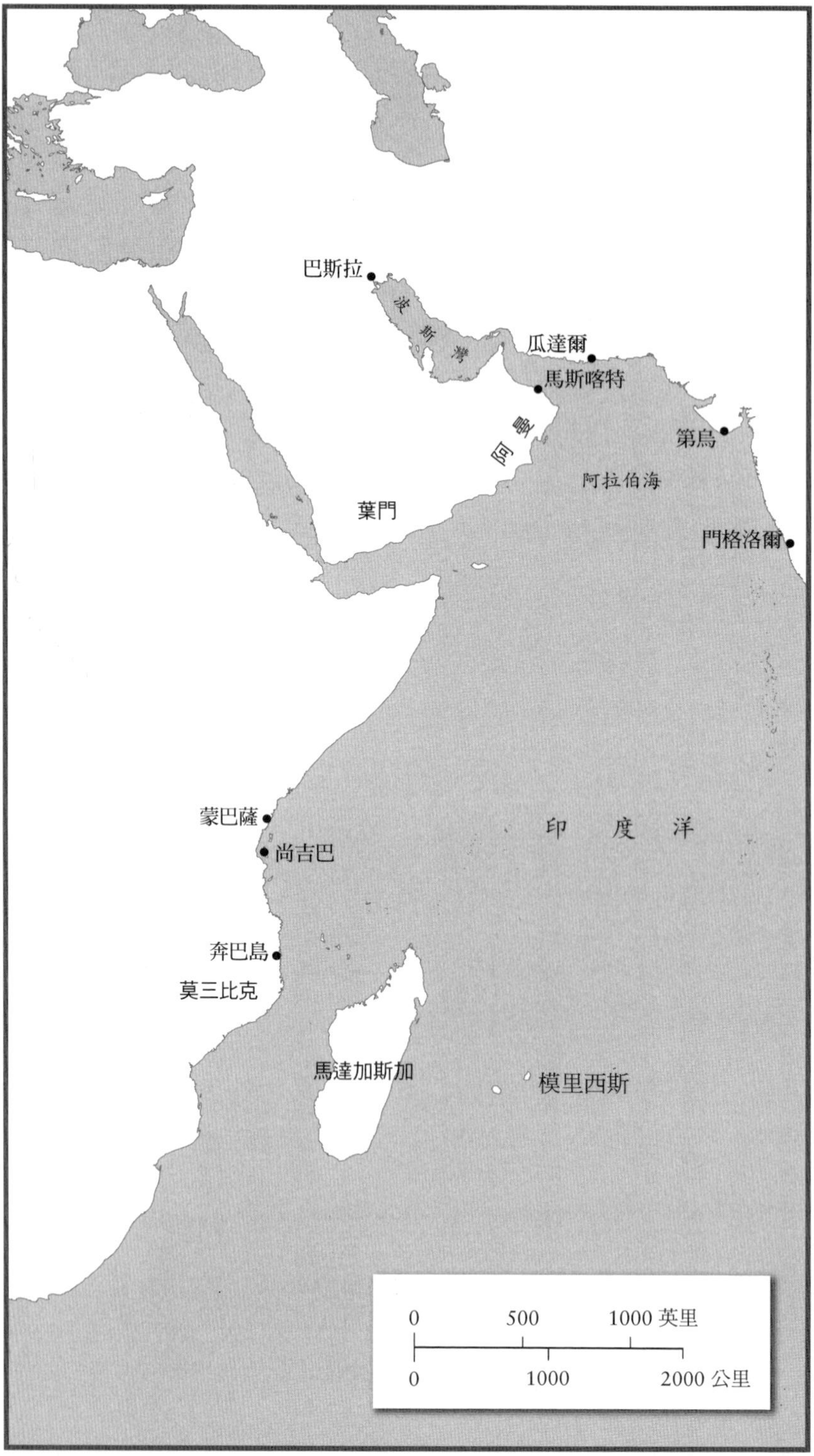
巴斯拉
波斯灣
瓜達爾
馬斯喀特
阿曼
第烏
阿拉伯海
葉門
門格洛爾
蒙巴薩
印度洋
尚吉巴
奔巴島
莫三比克
馬達加斯加
模里西斯
0
500
1000 英里
0
1000
2000 公里

〇〇年左右，一位名叫毛吉（Mowjee）的印度人擔任馬斯喀特的海關包稅人。根據一位英國見證人的說法，「他是個狡猾的胖子，是這個地方的頭號富翁」。[3]一七六二年，在孟買的英國人需要獲取大量奴隸，並將其送往東印度公司正在蘇門答臘建立的新基地。東印度公司求助於一位在馬斯喀特的印度商人，他以一萬盧比的價格提供一批非洲奴隸。馬斯喀特開始以安全和便利聞名，特別是與歐洲人過去一直使用的波斯灣地區港口相比。在馬斯喀特，小偷會受到《古蘭經》規定的砍手懲罰，因此「商品經常堆在大街上，絲毫不用擔心被盜」。[4]

阿曼人並不僅僅依靠傳統的尺寸不一、種類繁多的阿拉伯三角帆船。到了十八世紀末，阿曼蘇丹在印度委託建造歐式的橫帆帆船；據說在一七八六年，他擁有八艘戰艦，因為除了和平貿易外，蘇丹還與叛亂臣民進行海戰。在十八世紀的最後二十五年裡，阿曼艦隊的規模翻了一倍，馬斯喀特人經手的咖啡規模同樣如此。[5]因此在一八〇〇年之前，阿曼人已經在印度和印尼的歐洲殖民地，與鄂圖曼人、波斯人、非洲統治者及阿曼自己的土地之間，建立重要的中間商地位。阿曼人的活動範圍一直延伸到英國在印度的新基地加爾各答，不過這意味著他們必須繞著南亞次大陸航行。但是到了加爾各答之後，他們可以與來自幾乎所有航海國家的商人和水手互通有無。[6]他們還可以利用葡萄牙人在印度洋的政治和商業地位不斷下降的機會，以及利用其他歐洲人之間的競爭，成功闖入印度洋的海上貿易。[7]

馬斯喀特的崛起，只是阿曼海洋帝國的非凡故事的一部分。就像古代腓尼基人的商業帝國一樣，阿曼的海洋帝國是圍繞著港口、島嶼和貿易站建立的。像腓尼基人的貿易帝國一樣，阿曼的重心從故鄉轉移到遙遠的基地。尚吉巴之於阿曼，恰似迦太基之於腓尼基。一八〇〇年左右，在一位英國訪客眼中，尚吉巴仍然「只有幾間房子，其餘的都是茅草棚戶」。不過，它很快就成為歐洲人、阿拉伯人、印度人和非洲人在印度洋西部的主要交會點，並以供應象牙而聞名。[8]到了一七四四年，有一位阿曼總督在尚吉巴主持工作。到了一八二二年，當阿曼蘇丹與代表英國的費爾法克斯・莫爾斯比（Fairfax Moresby）船長在馬斯喀特簽署條約時，阿曼人的強勢地位已經很明顯了。根據該條約，阿曼人承諾停止向西歐人或印度人出售奴隸，這是英國在全世界打擊奴隸貿易的偉大征程的一部分。[9]

這產生一個意想不到的結果，即刺激了阿曼的東非奴隸貿易，因為奴隸的其他供應來源已經枯竭，而阿曼仍有大片領土（包括尚吉巴島和奔巴島），可以買賣數以萬計的奴隸。這種本身已經很恐怖的貿易，所採取的最惡劣形式是在蘇丹的傑貝勒－埃特山（Mount Jebel-Eter）上，有一家專門從事閹割的科普特修道院裡，許多非洲男孩受到冷酷無情的對待，實際上可以說是謀殺。受害者被固定在一張桌子上，他們的陰莖和陰囊被快速切除，留下「一個巨大、不容易癒合的傷口」，由於執行手術的人幾乎沒有試圖止血，所以情況更是危險。然後這些男孩被埋在沙子裡，讓他們無法動彈。「據估計，每年為了完成在蘇丹提供三千八百名閹人的指標，要犧牲三萬五千名非洲兒童。」[10]即使關於死亡率接近九〇%的假設是誇張的（我們無法確定），印度洋周邊的王公宮廷對閹人的需求也沒有減少。

對阿曼蘇丹來說，尚吉巴的吸引力越來越明顯。尚吉巴的一個很實際的優勢是其深水港得到良好保護，另一個優勢則是絕佳的淡水供給，而且它是一座靠近非洲海岸的小島，擁有天然的防禦。[11]阿曼蘇丹賽義德・本・蘇爾坦（Sayyid Said bin Sultan）決定將政府中心從馬斯喀特轉移到尚吉巴。他是一位了不起的旅行家，於一八〇二年年僅十一歲時就造訪尚吉巴。一八二八年，當阿曼人再次試圖征服蒙巴薩時，他又一次造訪尚吉巴。此時，他似乎已經制定遷都的計畫，在尚吉巴建造一座新的宮殿，並最終於一八三二年在那裡定居；根據傳統，他乘坐一艘由最喜愛的印度商人擁有的船隻啟程前往尚吉巴。在這之後，他又活了二十四年，所以有足夠的時間鞏固在東非的利益，並主持尚吉巴城的發展。尚吉巴成為他的首選住所，但他繼續在自己的多塊領地之間來回旅行，特別注意不要因為他的主要基地現在遠在東非，就忽視祖先的土地。最後蘇爾坦在一次前往尚吉巴的途中去世，這應當是他的第九次旅行。[12]

到了此時，《莫爾斯比條約》（Moresby Treaty）已經開始生效，但這並不妨礙蘇丹想出一個新辦法來發財。新的巨大變化是在尚吉巴島和奔巴島發展丁香種植園，這是迄今為止在摩鹿加群島以外培植丁香的最成功嘗試；據說蘇丹命令他的臣民在土地上每種植一棵椰子樹，就要種植三棵丁香樹，如果他們不遵守就沒收農場。[13]馬達加斯加、模里西斯和其他地方的殖民者，一直夢想著在距離歐洲較近的地方種植丁香。此外，在非洲腹地有大量的大象被宰殺，以滿足歐洲人對高級象牙的需求。阿拉伯和斯瓦希里商人深入內陸，遠至尼亞薩湖（Lake Nyasa），尋找非洲商品。在美國出現一個非常活躍的象牙市場，因為象牙被用來製造鋼琴鍵、梳子和撞球，而尚吉巴人渴望得到美國的棉布。一八二八年，當蘇爾坦在尚吉巴時，接待一位名叫艾德蒙．羅伯茲（Edmund Roberts）的美國商人，鼓勵羅伯茲請求美國政府與阿曼簽訂貿易條約。該條約正式簽署之後，阿曼人獲得的好處不止是簡單的原料銷售：一八四〇年，阿曼船隻「蘇丹娜號」（Sultanah）一直航行到美國，蘇丹的大使就在船上。象牙的價格持續上漲，與此同時，從歐洲和美國送來的製成品成本持續下降。這讓尚吉巴處於非常有利的位置。蘇爾坦在一八五六年去世前，從在東非和阿曼徵收的關稅和賦稅中獲得超過五十萬瑪麗亞．特蕾莎泰勒

（MT$）❶。到了一八九〇年，馬斯喀特的收入急劇下降，但是尚吉巴的收入飆升到八十萬瑪麗亞·特蕾莎泰勒。[14]

二

蘇爾坦和他的繼任者庇護印度商人（其中有很多是印度教徒或帕西人），而在非洲的另一端發生類似事情，十分有趣。異教徒可能受到歧視，但也可能與關心他們的統治者建立特別牢固的聯繫。在非洲大陸的西北角，另一個急於從貿易中賺取巨額利潤的穆斯林王朝向猶太商人提供保護，也使得一座新城市開花結果。[15]今天，摩洛哥西南部的索維拉靠旅遊業（那裡的強風吸引大量的衝浪者），和摩洛哥堅果油賺錢，那裡是世界上唯一的摩洛哥堅果油產地。不過在第一次世界大戰之前，索維拉是摩洛哥通往世界的窗口。在這裡，來自英國、法國和西班牙的商人，以及來自摩洛哥本土的塞法迪猶太商人，還有摩洛哥蘇丹的政府，通力合作，讓索維拉成為摩洛哥大西洋沿岸最富有的港口。一般來說，在摩洛哥在一九五〇年代恢復獨立之前，索維拉被稱為摩加多爾，本章將使用這個舊名。

像香港、新加坡和尚吉巴一樣，摩加多爾是一座新興城鎮，儘管腓尼基人曾在摩加多爾近海的島嶼做生意，葡萄牙人和其他外國勢力也曾短暫占領該地。摩加多爾的優勢在於，有一條直達馬拉喀什的道路。曾與非斯爭奪摩洛哥首都地位的馬拉喀什，是橫跨撒哈拉沙漠的大部分商隊交通的門戶。雖然摩加多爾在規模上不能與亞歷山大港或貝魯特相提並論，但它的中介作用讓它的重要性與其實際規模和人口完全不成比例。十九世紀末，摩加多爾居民只有不到兩萬人，有時有一半人口是猶太人。這個貿易中心的發展改變整個地區的社會和經濟，產生一個由地主和商人組成的「資本家」階級，也使得摩加多爾對外國而非本地生產的商品日益依賴。遙遠的撒哈拉以南非洲、英國，甚至中國，都感受到摩加多爾發展造成的漣漪。[16]

摩洛哥蘇丹穆罕默德・伊本・阿卜杜勒（Muhammad ibn Abdallah）在一七六四年建立摩加多爾，希望它成為摩洛哥與歐洲貿易的首要中心，這也意味著它可以利用歐洲的跨洋貿易。丹麥人在一七五一年獲得沿著摩洛哥大西洋海岸經商的慷慨的特許權，從而壟斷摩洛哥的對外貿易。但是蘇丹意識到自己掌管對外貿易更符合利益，因為他想控制貿易的收入，也想增強他在摩洛哥南部的權威。儘管摩加多爾的風很猛烈，但是人們認為這個港口很有前途，比這片相當荒涼的海岸線上的其他港口來得好。阿卜杜勒很樂意在摩加多爾大量投資，聘請外國建築師營造建築，採用類似於歐洲新城市的方形布局，來設計摩加多爾的街道、廣場和主要建築。摩加多爾優雅的「葡萄牙」要塞據說是十六世紀的，但實際上是熱那亞人在十八世紀建造的。[17]阿卜杜勒還需要讓摩加多爾的人口成長，但當地的柏柏爾人無法提供他想要的有經驗的商人階層。因此，根據猶太謀臣塞繆爾・蘇姆巴爾（Samuel Sumbal）的建議，阿卜杜勒從摩洛哥王國各地提名十個富有的猶太家族成員，其中有幾個來自首都馬拉喀什，如科科斯

❶ 譯注：瑪麗亞・特蕾莎泰勒（Maria Theresa thaler）是一七四一年起國際貿易中常用的一種銀幣，得名自奧地利、匈牙利、波西米亞等國的女性統治者瑪麗亞・特蕾莎，在阿拉伯世界、非洲和印度經常能看到。

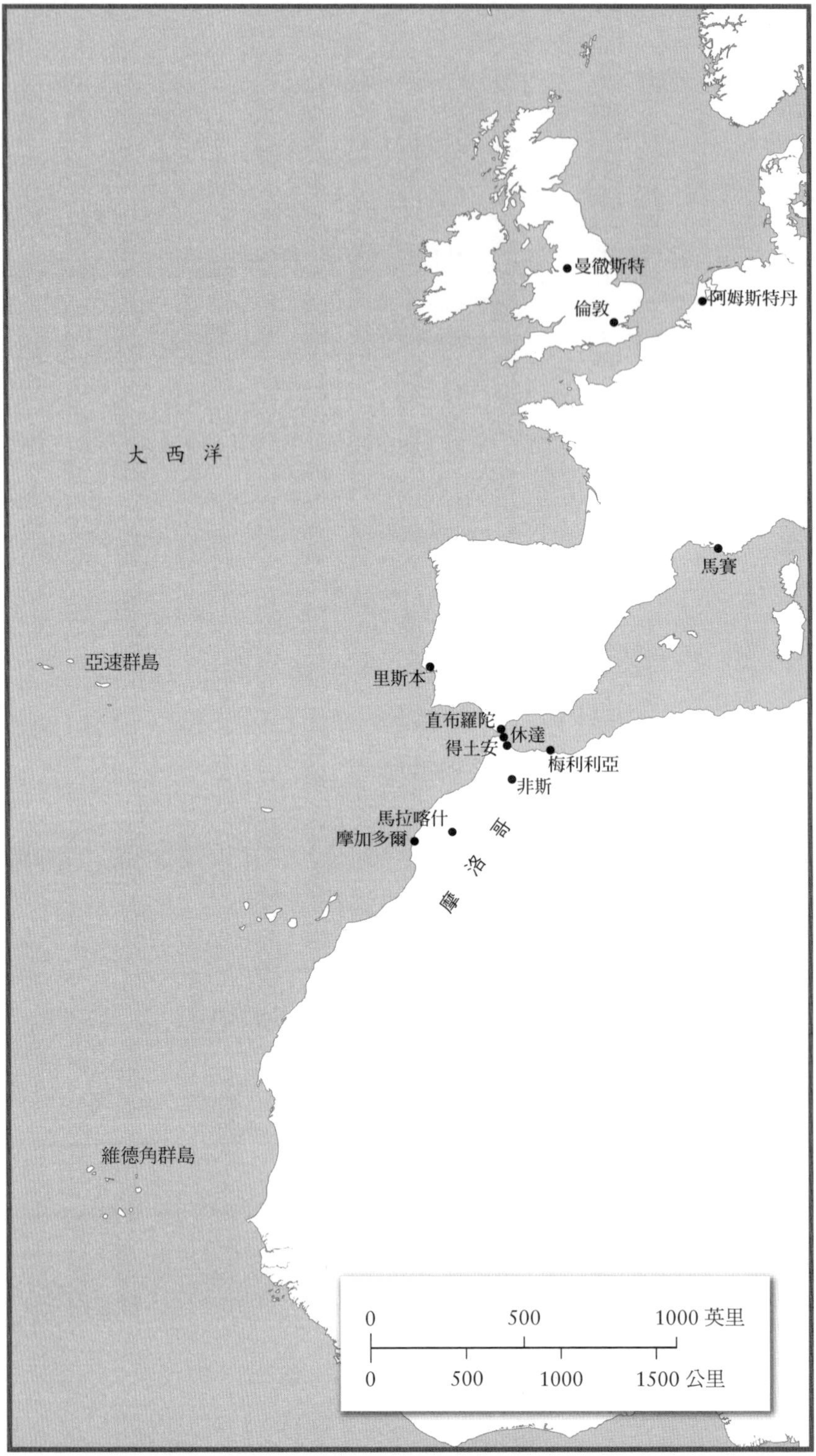
曼徹斯特
阿姆斯特丹
倫敦
大西洋
馬賽
亞速群島
里斯本
直布羅陀
休達
得土安
梅利利亞
非斯
馬拉喀什
摩加多爾
摩洛哥
維德角群島
0
500
1000 英里
0
500
1000
1500 公里

（Corcos）、麥克寧（Macnin）和塞巴格（Sebag）等家族。他們將在十九世紀摩加多爾的繁榮發展中發揮重要作用，其中幾個名字後來在倫敦和巴黎的商業圈裡很出名，因為這些家族在歐洲創辦貿易公司，他們之中有許多人來自十五世紀末從西班牙和葡萄牙來到摩洛哥的猶太家族。摩洛哥的猶太社區被劃分為涇渭分明的兩個部分，首先是自稱出身於西班牙的若干富裕家族組成的小集團，然後是一大群較貧窮的猶太人，他們自古以來就生活在摩洛哥的城鎮和村莊，有的是皈信猶太教的古代柏柏爾人後代。[18]

用阿卜杜勒自己的話來說，他與猶太人關係的一個重要方面是，他們是「屬於他的」猶太人。這並不意味著他們是他的財產，就像在中世紀歐洲使用類似的說法，並不意味著猶太人是基督教國王的奴隸一樣。不過，伊斯蘭教規定穆斯林政府與猶太人（或基督徒，但摩洛哥沒有本土基督徒）之間的特殊關係。猶太人被接受為穆斯林社會結構的一部分，用柏納・路易斯（Bernard Lewis）的簡明表述就是「二等公民，但畢竟是公民」。猶太人是「齊米」（dhimmis），意思是「受保護的人」，但他們不能對穆斯林行使直接的權威。對摩洛哥猶太人施加的限制如果嚴格執行的話，往往具有侮辱性，並且十分嚴酷：如果一個穆斯林打了一個猶太人，猶太人無權以牙還牙；他們還會被命令穿上沉悶單調的黑色衣服等。[19]但是猶太人享有宗教信仰自由，而且主要的猶太家族能夠想辦法回避那些嚴酷的限制，或者獲得豁免權。正因為猶太人處於摩洛哥的部落和派系政治的叢林之外，統治者將他們視為中立但依賴君主並可靠的代理人，在貿易領域更是如此。在商界，猶太人的語言知識和跨越廣闊空間的家庭關係，對蘇丹非常有價值，所以蘇丹願意庇護他們。

因此，像科科斯這樣的家族（他們是途經葡萄牙和非斯到達馬拉喀什的西班牙猶太難民的後代），能夠成為摩洛哥蘇丹的親信，針對農村的政治發展向王宮提出建議。科科斯家族的代理人在摩加多爾和內地的市場之間旅行時，會觀察農村的情況，然後向上彙報。[20]科科斯家族和其他幾個主要家族成為「蘇丹御用商人」（tujjār as-Sulṭān）；這不僅僅是一個頭銜，因為他們實際上是用蘇丹的帳戶進行交易，至少在理論上用的是蘇丹的錢，而不是他們自己的錢。「蘇丹實際上是這個國家最顯赫的商人。」[21]幕後的真相是，蘇丹依賴從「蘇丹御用商人」手中獲得貸款、稅金和饋贈。所有這些都是精心安排的，因為伊斯蘭教法禁止直接支付利息，於是商人向蘇丹支付其利潤的一部分，而不是向蘇丹支付政府委託給商人的貿易金額的利息。當亞伯拉罕・科科斯（Abraham Corcos）的父親在一八五三年去世後，蘇丹寫了幾封信給科科斯，表示：「你的父親是我們的朋友，是我們當中的一員。他的去世讓我們感到非常悲痛。」幾年後，蘇丹的宮廷發來一封信，提醒亞伯拉罕的兄弟雅各（Jacob），蘇丹已經為軍隊訂購美國亞麻布，並要求提供更多的亞麻布為軍馬製作馬毯。蘇丹軍隊的制服供給在很大程度上，依賴科科斯家族與外界的聯繫。[22]

在蘇丹的庇護下，猶太商人主導摩加多爾，並從那裡與外界建立聯繫。他們被允許住在設防的王宮區（casbah），而較窮的猶太人則被命令住在一八〇六年於摩加多爾建立的猶太區（mellah）。[23]十九世紀末，猶太商人能夠住在王宮區，說明他們得到蘇丹的特別恩惠，而貧窮的猶太人從農村進城，導致猶太區嚴重擁擠，那裡因為疫病流行而臭名昭著。位於城市另一端的王宮區有漂亮的連棟房屋，按照傳統摩洛哥風格圍繞著陰涼的庭院而建，其中有一些已被改造成供遊客使用的花園式（riyad）旅館。[24]從俯瞰王家廣場的豪宅中，蘇丹御用商人能夠俯瞰步行不到五分鐘距離之外的港口，觀看他們的貨物被卸下。他們之間的合夥人關係，與一千年前開羅經塚商人的合作關係如出一轍：他們簽訂書面合約，然後匿名合夥人投入資金，派旅行的合夥人做生意，期待在他回來時能分紅。猶太商人的合作關係還採取另一種形式：主要的商業家族互相通婚，或者偶爾與在倫敦、利佛諾、里斯本、直布羅陀、馬賽或阿姆斯特丹，與他們合作的塞法迪猶太人家族聯姻。[25]這是一個內部關係緊密的小圈子，但地理分布很廣泛。

摩洛哥猶太商人的對外聯繫還採取另一種形式。一八六二年，科科斯成為美國駐摩加多爾的副領事。他將在摩洛哥各地的貿易代理人都置於美國領事館的保護之下；這讓摩洛哥當局感到不安，因為將猶太人置於外國保護之下，就損害蘇丹作為猶太人保護者的權利。科科斯的舉措被摩加多爾的其他名譽領事仿效，在亞歷山大港、薩洛尼卡（Salonika）和士麥那也發生這種情況。我們不清楚科科斯的英語水準，但外國政府想要的是一個能在當地溝通的人，英語水準不是最重要的要求。科科斯在一八八〇年的一張照片顯示，他是一個穿著歐式禮服外衣（Frock Coat）的禿頭老人，此時歐式禮服外衣越來越成為摩加多爾猶太商人的制服。[26]這是他們接納歐洲（而不是摩洛哥的）風俗的更廣泛涵化（acculturation）過程的一部分。儘管這些猶太商人的宅邸是摩洛哥傳統家宅建築的傑出典範，但是他們在家中的生活卻越來越具有西歐特色，摩加多爾的猶太人精英就像薩洛尼卡或亞歷山大港的塞法迪猶太人精英一樣，能說流利的法語和英語，甚至還建立一所講英語的學校。

在義大利、土耳其、大西洋諸島、加勒比海，甚至印度，從事貿易的早先幾代葡萄牙商人為這些地方帶來塞法迪猶太僑民。隨著摩加多爾的崛起，塞法迪猶太僑民繼續保持團結。在摩加多爾也有一些富裕的穆斯林商人，猶太商人與他們的關係似乎非常融洽。除了猶太人之外，摩洛哥最重要的商業群體包括來自英國、荷蘭、丹麥、西班牙和其他地方的外商。這些外商在一八〇〇年之前特別重要，摩洛哥人甚至興建一座方濟各會教堂，來滿足西班牙商人的需求。從一八四五年至一八八六年的四十多年裡，英國領事約翰・德拉蒙德・海伊（John Drummond Hay）在摩加多爾發揮巨大的影響力。[27]到了一八〇〇年，英國成為摩洛哥最大的交易夥伴。這意味著摩加多爾和其他摩洛哥城鎮的猶太人是滿足海伊需求的理想人選，因為這些摩洛哥猶太人與倫敦的西班牙和葡萄牙猶太會堂有密切的聯繫，而且他們往往在直布羅陀有親戚。[28]摩洛哥和英國簽訂一系列貿易協定，最終於一八五六年簽署一項條約，廢除或降低許多稅收，為英國今後在世界其他地方的貿易協定制定標準。該條約促進透過摩加多爾進行的茶葉、糖和西方製成品貿易的蓬勃發展。[29]

如前文所述，摩洛哥蘇丹熱衷購買美國紡織品，但對在曼徹斯特生產的英國紡織品需求量更大。摩加多爾的猶太家族往往在曼徹斯特有代理人、親屬和投資。摩洛哥猶太商人亞倫・阿弗里亞特（Aaron Afriat）於一八六七年開始在英國經商，專門經營茶葉和布匹。「阿弗里亞特茶」（at-Tay Afriat），相當於摩洛哥的唐寧茶（Twinings）或泰特萊茶（Tetley），透過摩加多爾的配銷，在摩洛哥各地都能買到，而阿弗里亞特的亞麻布則直接銷往撒哈拉以南非洲地區。[30]茶是摩加多爾猶太人對摩洛哥，乃至對摩洛哥文明的最大貢獻。茶是印度和中國的產品，從太平洋或至少從印度洋，一路運到英國，然後再轉口到北非。雖然茶在摩洛哥的沖泡和飲用方式（不加牛奶，但加幾片新鮮薄荷）與英國不同，但茶成功地占領馬格里布的市場，就像它已經占領英國、瑞典或美國的市場一樣。與茶葉貿易相關的是西印度群島蔗糖的貿易，因為摩洛哥人喜歡喝非常甜的茶，通常會在茶壺口放一大塊糖，然後透過它倒熱水。喝燒開的水改善整個北非人群的健康狀況。隨著茶的熱潮席捲摩洛哥，富裕家庭對中國和日本瓷器的需求也在成長，這些瓷器是透過倫敦或阿姆斯特丹運來的。[31]

摩洛哥能為外界提供的東西很少。一七九九年七月，自稱是摩洛哥蘇丹派往聖詹姆斯宮的大使（這種說法很可疑）邁爾・麥克寧（Meir Macnin）乘坐「黎明女神號」（Aurora）駛往倫敦，船上載運的山羊皮、小牛皮、杏仁和阿拉伯膠等貨物，對英國人來說並不新鮮。皮革是摩洛哥最著名的產品，透過英國或其他中間商遠銷至俄國市場。摩洛哥的騾子被運往西印度群島。摩洛哥蘇丹有時會禁止出口潛在有利可圖的產品，如橄欖油和蜂蜜。不過，直布羅陀對摩洛哥牛有很大需求，主要是為了給那裡的英國駐軍提供肉食。摩洛哥蘇丹在一七九六年或更早，就在直布羅陀設立領事。牛的生意（主要從得土安〔Tetuan〕而不是摩加多爾出貨），為蘇丹賺了不少錢。[32]不過，蘇丹對直布羅陀的興趣不僅僅是在經濟層面：阿卜杜勒蘇丹有時認為自己可以贏得英國的信任，在英國的支持下控制休達和梅利利亞的西班牙要塞。此外，摩洛哥與直布羅陀的貿易還有軍事的層面：阿卜杜勒透過直布羅陀，獲得火藥和海軍建材。[33]一七八四年，在直布羅陀大圍攻❷之後，一些以直布羅陀為基地的商人在一份報告中提到，現在有金粉、象牙和鴕鳥羽毛從摩洛哥運到，這表明摩洛哥可能有更多的商品可以提供。後來，透過摩加多爾，摩洛哥與英國、法國和其他地方的鴕鳥羽毛貿易，在十九世紀與二十世紀初發展成為一門非常活

❷ 譯注：直布羅陀大圍攻（一七七九－一七八三）發生在美國獨立戰爭期間，法國和西班牙聯手，企圖從英國手中奪取直布羅陀。英軍最終獲勝。這也是英軍經歷過最長的圍城戰（三年七個月零十二天）。

躍的生意，由歐洲不斷變換的時尚所驅動。不過，這三種產品的另外一層重要意義在於，它們來自撒哈拉以南非洲，由駱駝商隊一路運到大西洋沿岸，再轉運到西歐。正如尚吉巴是非洲東南部產品的門戶一樣，摩加多爾是西非大片地區產品的門戶。

三

摩洛哥猶太人在整個葡萄牙島嶼世界抓住新貿易機會的方式，進一步證明塞法迪猶太人的貿易網絡在大西洋地區並未喪失活力。此時里斯本已經是新基督徒的家園，他們在私密場合信奉自己的舊宗教。里斯本還吸引來自摩加多爾和其他摩洛哥城鎮的定居者。一八一六年，葡萄牙政府同意重新接納公開信奉猶太教的人。[34] 來自葡萄牙和摩洛哥的猶太人向大西洋彼岸進軍。十九世紀，葡屬亞速群島開始重要的經濟活動，這要歸功於班紹德（Bensaúde）家族，該家族的一位成員成為葡萄牙學術界的領軍人物（還是研究地理大發現的專家），而且該家族的公司至今仍主導亞速群島的經濟。班紹德家族於一八一八年到達亞速群島，利用與英國的商業聯繫，開發將亞速群島與葡萄牙、英國、摩洛哥，以及紐芬蘭和巴西連接起來的航線。埃利亞斯．班紹德（Elias Bensaúde）是一位特別顯赫的猶太商人，他的生意非常多元化，包括菸草業和島際貿易。他對柳丁情有獨鍾，與倫敦、曼徹斯特和其他地方的夥伴密切合作，把柳丁送到世界各地，並從外界獲得鐵器和其他必需品，在亞速群島銷售。儘管班紹德家族為了將亞速群島從葡萄牙的一個昏昏欲睡的前哨，轉變為大西洋的一個中心做出很多貢獻，但該家族絕非孤軍奮戰。從摩洛哥到亞速群島的猶太移民絡繹不絕，因此到了十九世紀中葉，在亞速群島首府蓬塔德爾加達（Ponta Delgada）的商會的一百六十七名成員中，有十五名是猶太移民。[35]

再往大西洋深處看，摩洛哥猶太人還在維德角群島定居，那裡曾是新基督徒的聚集地。隨著英國對其「最古老的盟友」葡萄牙施加越來越大的壓力，要求葡萄牙廢除過於活躍的奴隸貿易，從一八一八年起，維德角群島受到越來越多關注，因為它是葡萄牙將非洲奴隸運往西印度群島的主要中繼站。為了尋找奴隸貿易以外的收入來源，葡萄牙殖民政府在維德角設立加煤站，特別是一八三八年在聖文森島（São Vicente）的明德盧（Mindelo）設立加煤站；隨著輪船的推廣，為輪船供給煤炭成為新商機。但是這意味著維德角要進口煤炭，因為這些火山島完全沒有煤礦。一八九〇年，據說有一百五十六艘船在維德角卸下總計超過六億五千萬公噸的煤炭，而這一年共有兩千兩百六十四艘船造訪明德盧。我們很難相信這個數字，但是即使被誇大，這些船隻仍然載運近三十四萬四千人，他們的貨物（除煤炭外）遠遠超過四百萬公噸。[36]無論正確的數字是多少，明德盧都吸引來自丹吉爾的猶太商人，他們急於與來自英國的煤炭商一起為這種貿易服務。[37]

尚吉巴和摩加多爾這兩個成功的例子具有特殊意義，因為在這兩個例子中，非歐洲的統治者採取重要的經濟舉措，充分利用其境內外的非穆斯林社區。但是，與歐洲和美國的聯繫對這兩個港口的成功至關重要，而且尚吉巴和摩加多爾的統治者都明白，與歐洲大國簽訂貿易條約的重要性。其他一些邊緣群體也有類似的成功故事，他們的成員利用大洋彼岸的商業擴張，在出人意料的地方建立貿易站，這些邊緣群體包括亞美尼亞人、敘利亞基督徒、希臘人（其中一些人深入非洲中部）、印度人（在南非）。水手也來自五花八門的背景。自十六世紀以來，印度洋就為歐洲船隻提供人力。幫助操作歐洲船隻的「拉斯卡水手」（Lascar）來自索馬利蘭、葉門、印度、錫蘭、馬來半島和菲律賓等地，不過他們有時會因為受到虐待而掀起針對歐洲船長的譁變。不過，如果沒有拉斯卡水手，很難想像跨越印度洋和其他所有大洋的航線是如何維持的。[38]另一個猶太人群體，不是源自西班牙和葡萄牙的塞法迪猶太人，而是來自巴格達的米茲拉希（Mizrahi，意為「東方」）猶太人，在香港的經濟發展中發揮重要作用。在輪船的時代，機遇是無窮無盡的，遙遠的距離似乎更容易對付。如果能開闢通過蘇伊士和巴拿馬的航道，人們或許能更輕鬆地跨越萬水千山。

第五部

人類主宰下的大洋

The Oceans Contained

1850 — 2000

第四十八章　分裂的大陸，相連的大洋

一

自哥倫布和卡博特的時代以來，尋找從歐洲到遠東更直接路線的努力一直沒有中斷。當富蘭克林爵士於一八四五年前往加拿大以北的冰封海域（他這次探險以災難告終，令人長期為之扼腕嘆息）時，歐洲人仍在考慮北極航線的可能性。[1]美國東岸港口在國際貿易中的作用越來越大，這也刺激人們對獲取東方財富的新路線的思考，因為從美國東岸繞過合恩角或經過好望角去亞洲的航程很長，有時還很危險。除了太平洋毛皮貿易之外，美國人還大量參與捕鯨活動，從南塔克特（Nantucket）派出船隻，經印度洋進入太平洋。一六九四年，人們開始在南塔克特建造適合捕鯨的船隻，其他新英格蘭城鎮紛紛仿效。到了一七七五年，新貝德福德（New Bedford）擁有八十艘大型捕鯨船。起初，這些捕鯨船在寒冷的北方水域或（尋找抹香鯨時）在大西洋中部較溫暖的水域捕鯨，但它們也開始經合恩角深入太平洋。一八五〇年，捕鯨船「漢尼拔號」（Hannibal）一直航行到此時仍然難以接觸的日本西北海岸，這比海軍准將佩里（Perry）闖入日本貿易的著名嘗試早了三年。[2]赫爾曼·梅爾維爾（Herman Melville）在他關於美國捕鯨業的小說《白鯨記》（*Moby-Dick*）中，熱情洋溢地描寫太平洋：

對於任何一個沉思修行的波斯祆教的遊方僧來說，他只要一見這沉靜的太平洋，就從此把它當作自己的故土。它浩浩蕩蕩，處於世界海洋的中心，印度洋和大西洋不過是它的兩臂。它的潮水拍擊著加利福尼亞新建城鎮新近才來的人修造的防波堤，沖洗著比亞伯拉罕還要古老的亞洲各個國度的雖已失去昔日的繁華但仍華麗的郊區；而在北美和亞洲之間浮動著由珊瑚小島和低窪的看不見盡頭的不知名的群島組成的一道道銀河，還有那閉關鎖國的日本。由此，這神祕而又神聖的太平洋環繞著這世界的整個軀幹，把所有海岸變成它的一個海灣，使自己成為地球的有潮水跳動著的心臟。[1]

一八四八年美國從墨西哥手中獲得加利福尼亞之後，美國人對太平洋的興趣進一步增長；但橫貫北美大陸的鐵路仍然只是一個夢想，而透過墨西哥或巴拿馬地峽將亞洲貨物運往紐約，要比穿越洛磯山脈和美洲原住民居住的大片土地容易得多。另一方面，有傳言說日本有豐富的煤炭。海軍戰略家們可以看到，既然輪船已經開始發揮作用，那麼在全球建立加煤站就顯得至關重要，正如英國人在明德盧和其他

[1] 譯文借用：赫爾曼·梅爾維爾著，成時譯，《白鯨》，人民文學出版社，二〇〇四年，第一百一十一章，第四九五－四九六頁。

地方做的。是煤炭而不是絲綢，把美國人引到日本。一八五三年，當美國人到達江戶灣時，日本人被佩里准將的冒著濃煙的「黑船」嚇了一跳。這一幕被誇張地視為日本在幾個世紀的閉關鎖國之後，向更廣闊世界開放的時刻。

就像《白鯨記》中的以實瑪利一樣，佩里是從美國東岸出發，而不是從加利福尼亞出發。佩里大部分的時間乘坐一艘蒸汽動力的明輪船，繞過非洲最南端，到達澳門、上海和琉球，然後厚顏無恥地強行進入江戶灣（今天稱為東京灣），展示他的鐵製輪船和強大火力，並斷然拒絕遵循日本人的指示。在日本人看來，只有在長崎這個地方，外國人可以從事貿易。儘管佩里在一八五四年的第二次造訪期間與日本成功簽署一項條約，但該條約的重點是為受困水手提供領事代表，而不是貿易，並且日本幕府中強大的利益集團仍然對開放日本各港口的想法非常敵視。在短期內，佩里准將造訪的主要影響是，荷蘭人為他們以出島為基地的貿易索取更優厚的條件，而俄國人和英國人獲得與美國人類似的權利。

西方人的進展並不多，但通往日本的大門打開一條縫。一八五八年，日本與美國簽署一項商業條約，允許美國人透過江戶附近的橫濱通商。從美國人的角度來看，與日本直接通商的好處仍然有限，而從美國前往日本的旅程十分艱辛。從日本人的角度來看，與外界通商充其量是喜憂參半。此時美國和日本的貿易額可能還不算大，但是一般來說，對外貿易對日本的經濟產生巨大的影響。外國商品開始與日本本國產品競爭。外國對絲綢、茶葉和銅的高需求，使得這些產品漲價，這對日本消費者不利。日本國內黃金相對於白銀的低價，創造外國對日本黃金的高需求，黃金持續流出，被外國白銀取代。日本經濟要妥善因應這些變革並不容易，因為它們發生得很快，而且規模驚人：在一八五四年和一八六五年之間，日本生絲的價格上漲到原先的三倍，茶葉的價格翻漲一倍；甚至連主食大米的價格也急劇上升。4 不足為奇的是，「蠻夷」的到來在日本國內引起新的爭論：是應該（如忠於幕府的一方堅持的）歡迎這些入侵者，還是應該將「蠻夷」全部驅逐，並開始回歸傳統價值觀（包括尊崇天皇而不是將軍）？用很受歡迎的作家賀茂真淵（卒於一七六九年）的話來說，就是「神的道路優於外國的道路」嗎？關於「蠻夷」的爭論，以及其他關於日本政府改革的爭論，最終導致幕府在一八六八年被廢除，建立以天皇為中心的明治政權，致力於以日本的方式實現現代化。正如麥克弗森（Macpherson）所說：「佩里的黑船象徵著潛在西方殖民化的挑戰。日本的反應不是進一步退回到孤立主義的姿態，而是仿效和追趕西方。」日本人與佩里艦隊和其他外國船隻的相遇，幫助創造一個將日本文明與歐洲技術相互結合的奇怪混合體。日本人展開積極而富有想像力的改革，試圖使日本社會適應新的外向型生活。各項改革取得不同程度的成功，特別是設立商務省，向生產者提供政府貸款。5

外國人並沒有被從日本驅逐。美國人開始熱衷利用新的機遇。如果通過中美洲狹窄頸部的過境交通能夠變得更容易，從美國到達亞洲將會變得更輕鬆。長期以來，巴拿馬一直是來自中國和菲律賓的貨物轉運點。巴拿馬這個名字的意思是「捕獲許多魚的地方」，它最初指的是太平洋岸邊的一個小鎮，在一六七一年被摩根摧毀，隨後人們建立一個新的定居點，即現代的巴拿馬城。兩個巴拿馬都通往「王家道路」，但勉強只能算是騾子道，貨物透過它被運往加勒比海之濱非常簡陋的小港口農布雷德迪奧斯（Nombre de Dios），該港口始建於一五一〇年。由於墨西哥的較大城鎮維拉克魯茲被選為載運亞洲和中美洲貨物前往歐洲船隻的主要出發點，農布雷德迪奧斯未能發展起來。但是在十九世紀的觀察家眼中，這個地方看起來正適合修建一條連接兩大洋的鐵路，或者甚至開鑿一條直接穿過中美洲的運河，這似乎是一個不可能實現的夢想。[6]

二

雖然經過數十年的挫折，巴拿馬運河（二十世紀晚期之前，人類歷史上最龐大的工程）最終由美國建造，但巴拿馬運河的先驅不是美國人，而是法國人。法國人對貫穿中美洲的運河的熱情，部分是由於他們成功開鑿表面上看起來類似的蘇伊士運河。[7]十九世紀中葉，跨越大片土地的雄心勃勃的運河計畫很流行：其他大規模且非常成功的運河工程的例子，包括連接北美五大湖和哈德遜河的伊利運河（Erie Canal），以及穿越蘇格蘭的六十英里長的金獅運河（Caledonian Canal）。[8]實際上，在非洲和亞洲之間開鑿運河的挑戰比開鑿巴拿馬運河來得小，因為蘇伊士運河所在的土地相當平坦；那裡沒有大河穿過；不會有影響施工的大雨；有幾個鹹水湖，可以從中挖出一條水道；有更古老運河的痕跡，證明這條路線是可行的；埃及的農民可以提供勞動力。不過與印度洋相比，地中海的水位較低，人們對此有些擔心；而且和巴拿馬運河一樣，在蘇伊士運河計畫中，除了實際開鑿運河的技術問題外，建造者還必須因應政治和財政的挑戰。

修建蘇伊士運河激發歐洲人關於讓「東方和西方結合」的浪漫想法，而修建巴拿馬運河則不會讓人產生這樣的想法。一八三〇年代，巴泰勒米．普羅斯珀．安凡丹（Barthélemy-Prosper Enfantin）自命為世界新秩序的使徒，在這個新秩序中，東方和西方將結合在一張「婚床」上，「透過在蘇伊士地峽開鑿一條運河」來「圓房」。[9]安凡丹是一個有趣的怪人，他披著天藍色斗篷，穿著誇張的偽東方風格服裝；但巴黎人喜歡他，他以聖西蒙（Saint-Simon）的思想為指導，主張儘快進行物質和道德改善。這不僅吸引法國人，也吸引埃及的統治者，首先是令人敬畏的穆罕默德・阿里（Muhammad Ali）。但阿里對開鑿運河不是很感興趣，他主要對埃及的現代化，甚至工業化感興趣。透過亞歷山大港和其他港口的貿易，為埃及國庫帶來急需的收入，而且阿里至少在名義上只是鄂圖曼蘇丹在君士坦丁堡的總督。鄂圖曼蘇丹反對開鑿蘇伊士運河的計畫，正如英國人起初也反對一樣，他們重視亞歷山大港和英國之間現有的聯繫：每月有一艘郵政輪船從康沃爾的法爾茅斯（Falmouth）出發，駛向馬爾他和亞歷山大港。英國最不希望法國勢力擴張到印度洋上屬於英國的水域。如果有一條運河讓法國船隻從馬賽直接航向印度，法國人就比較容易染指英國在印度洋的利益。[10]

阿里去世後，法國人逐漸說服新任的埃及總督，修建運河能為埃及或者說為埃及統治者帶來巨大的經濟利益。運河的偉大宣導者斐迪南・德・雷賽布（Ferdinand de Lesseps）對新總督塞得（Said）發動魅力攻勢。塞得酷愛通心粉，所以非常肥胖，但他是一位夠聰明的政治家，參與雷賽布出售運河股份的嘗試。最後的結果對塞得來說不是特別有利：當股票被低價拋售時，塞得不得不接手剩餘的股份。但至少在塞得於一八六三年去世時，蘇伊士運河計畫已經順利進行，他也得到一個特別的獎勵：運河北端的新港口已經開始施工，為了紀念他，被命名為塞得港（Port Said）。塞得透過對埃及農民強加徭役，集結一批勞動力，他的臣民對此十分怨恨。他的繼任者伊斯梅爾（Ismail）一直不喜歡使用徭役，而廢除徭役

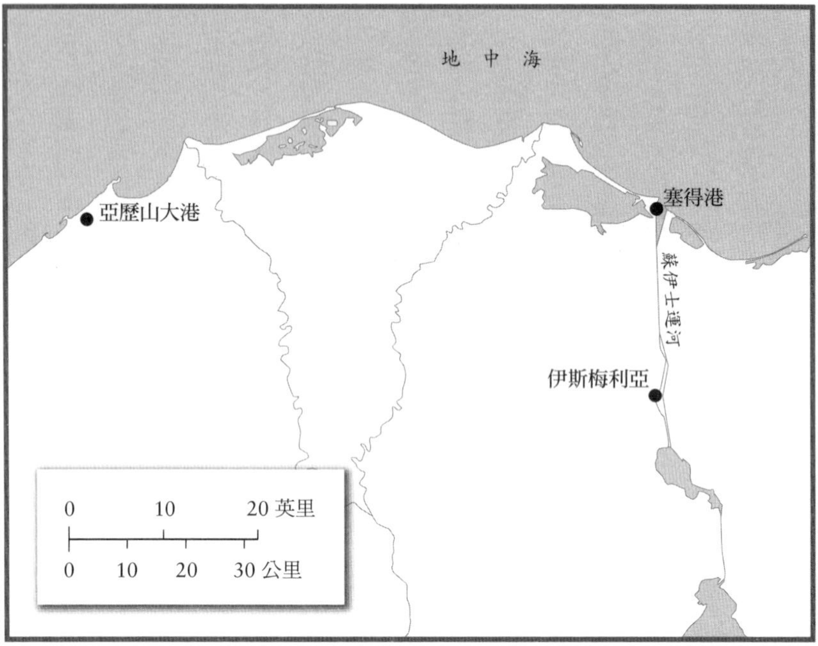

會讓雷賽布陷入兩難境地。解決辦法是使用機器而不是人工。一家法國機械廠抓住機會，設計一整套適合不同土壤的挖掘機和挖泥船。因此在一八六九年底竣工時，大部分的艱苦工作都由機器完成。

但蘇伊士運河的財務狀況不那麼令人滿意。伊斯梅爾在運河上花費兩億四千萬法郎，在政治上付出的代價也很高：蘇伊士運河公司（Suez Canal Company）對該計畫和生活在運河區的歐洲人事務，擁有越來越大的控制權，這讓伊斯梅爾很震驚。埃及總督得到的承諾是一五%的利潤，但是當運河開通時，伊斯梅爾的錢已經花光了，還要為雷賽布在巴黎借的貸款支付高額利息。今天我們回顧蘇伊士運河和巴拿馬運河的案例，不禁感到驚訝：投資者居然願意將資金投入那些只能在較遠的未來產生收益的計畫，而且這些計畫是否可行還要另說。這揭示當時人們根深蒂固的樂觀態度，他們相信進步是好事，而且甚至是必然的，他們也堅信人類能夠主宰大自然。在運河營運的第一個完整年度，即一八七〇年，只有不到五百艘船通過蘇伊士運河，而且載貨量僅相當於伊斯梅爾預期的不到一〇%。過了一段時間，蘇伊士運河上的交通才繁忙起來。運河的財務前景黯淡，以至於巴黎的蘇伊士運河公司宣布不分紅。[11]這也不奇怪：航運公司需要一段時間才能適應一條與好望角航線幾乎完全不同的嶄新東方航線。令人悲哀的是，伊斯梅爾並未獲得蘇伊士運河公司承諾的報酬。他債臺高築，用於償還債務的費用（每年大約五百萬英鎊）超出他從運河中獲得的收益，這位赫迪夫（khedive，這是鄂圖曼蘇丹授予的恢弘頭銜）無奈地決定出售股份。班傑明．迪斯雷利（Benjamin Disraeli）搶在他的法國競爭對手之前，在一八七五年以四百萬英鎊的價格買下蘇伊士運河四四%的股份。他完全理解蘇伊士運河的重要性（能讓英國人快速抵達英屬印度），並向維多利亞女王保證：「在這個關鍵時刻，蘇伊士運河應當屬於英國，這對陛下的權威和權力至關重要。」[12]十年後，通過蘇伊士運河的船舶數量達到高峰，平均每天有十艘船通過，載貨量也輕鬆超過伊斯梅爾預期的五百萬公噸。

蘇伊士運河不僅僅是連接地中海和紅海的橋梁，也是一條從大西洋到印度洋與太平洋的新的、更短的航線。從英國到遠東的航線縮短超過三千英里，在時間上縮短了十或十二天。[13]蘇伊士運河的主要受益者是英國，不僅在政治上如此，在商業上也是如此：一八八九年，透過蘇伊士運河運輸的貨物有七〇%以上是用英國船舶運輸，法國船舶大約占五%。在倫敦，貿易委員會❷報告：「歐洲和東方之間的

❷譯注：貿易委員會（Board of Trade）是英國政府的一個主管商務和工業的機構，現隸屬國際貿易部。

貿易有越來越多透過蘇伊士運河流動，而英國在這一貿易中所占的比例越來越大。」[14]地中海周邊城市是否從蘇伊士運河中受益匪淺，是一個有爭議的話題。當時在奧地利統治下的里雅斯特（Trieste）確實派船通過蘇伊士運河，但與英國船隻相比數量很少；而亞歷山大港此時失去作為印度洋和地中海之間橋梁的重要性，因為船舶可以通過塞得港繞行。英國在地中海擴大權力和影響，但始終著眼於從英國通往印度的航線，沿途的直布羅陀、馬爾他和賽普勒斯等殖民地，都成為英國人前往印度的墊腳石。對英國、德國和其他歐洲北部國家的船隻來說，地中海不再是一片本身就很有意義的海洋，而是成為兩個大洋之間的通道。

三

同理，巴拿馬運河的建設不是為了滿足加勒比海的需要，而是為了滿足北美大西洋沿岸地區和歐洲對遠東有野心的貿易公司的利益。從紐約出發，經合恩角到舊金山的行程為一萬三千英里，可能需要幾個月。如果有一條巴拿馬運河，航程可縮短到五千英里。[15]不過，西班牙和英國之間的戰爭造成巴拿馬變得不安全，甚至比合恩角航線（西班牙珍寶船隊從一七四八年起就開始使用這條航線，希望能避開加勒比海上的英國掠奪者）更不安全。與此同時，法國人從一七三五年起就一直在考慮，是否可能開闢一條穿越中美洲的水路，並派出一位天文學家，希望能找到一條合適的路線。經過五年的探索，他建議的是一條穿越尼加拉瓜、然後穿過尼加拉瓜湖本身的通道。這將最大限度地減少穿越崎嶇地域的需要，但這是一條很長的路，而且前提是河水可以一直承載船隻。再加上英國在尼加拉瓜的莫斯基托海岸（Mosquito Coast）建立自己的勢力，與西班牙競爭，所以政治敏感性使得上述計畫無法實施。英國人與居住在河口周圍的印第安人結盟，造成該計畫夭折。納爾遜勛爵（當時他還沒有獲得這個頭銜）被授予一支小艦隊的指揮權。他寫道，這支小艦隊的任務是「占領尼加拉瓜湖，就目前而言，這個湖可以算作西屬美洲的內陸直布羅陀」。但是，熱帶疾病（而不是敵國）挫敗了英國人堅守尼加拉瓜的企圖。[16]儘管如此，人們普遍認為，穿越中美洲的最佳路線是透過尼加拉瓜，而當偉大的德意志地理學家亞歷山大・馮・洪堡德（Alexander von Humboldt）在一八一一年宣布沒有其他合適選擇時，上述觀點得到確認。大家對洪堡德的意見非常重視，因為他對南美洲非常熟悉，但其實他從未親身去過巴拿馬和尼加拉瓜。[17]

事實證明，對於在何處開鑿運河將兩大洋連接起來的問題，政治條件是至關重要的。在一八二〇年前後，西班牙失去對在南美洲北部殖民地的控制，導致出現一個「大哥倫比亞」（Gran Colombia）。有一段時間它被稱為新格瑞那達，包括狹窄的巴拿馬頸部，以及現代的哥倫比亞及其幾個鄰國。新格瑞那達的居民和政府都非常希望看到一條穿過巴拿馬地峽的運河，所以對勘測許可證公開招標。在安德魯・傑克森（Andrew Jackson）總統的鼓勵下，美國人參與巴拿馬路線的競標，儘管傑克森更希望他們競標尼加拉瓜路線。而且雖然運河的規劃和建設顯然需要很多年，但是橫跨中美洲的鐵路可以更快地建成。

在中美洲，法國人、英國人和美國人都在爭奪主導地位。美國很想把英國人、法國人和荷蘭人排除在中美洲之外，於是在一八四八年與新格瑞那達簽訂條約。該條約授予美國人在其他外國勢力開始干涉

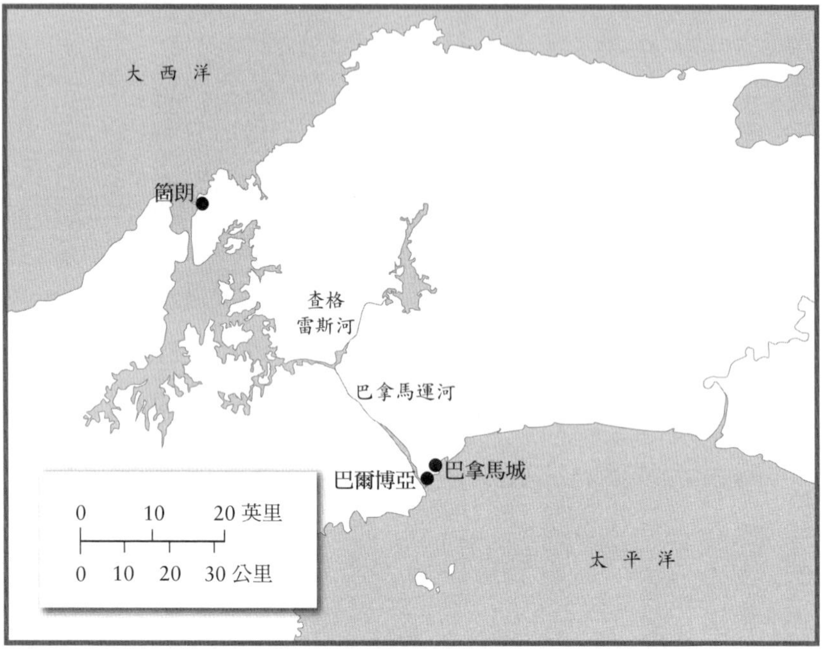

時向巴拿馬派兵的權利。這個時期的美國人避免捲入外國事務，卻決定履行與新格瑞那達的條約，表明美國有多麼重視中美洲作為進入太平洋的戰略通道的潛力。最後在一八四九年，英國外交大臣帕默斯頓勛爵承認英國和美國的緊張關係已經升級到危險的地步，並與美國談判，雙方達成一項協議。根據該協議，英、美雙方都不會試圖獲得對橫跨中美洲運河的獨家權利。但這項協議的效果是，雙方都無法真正推動自己的計畫。這並不妨礙來自紐約的美國商人威廉．阿斯平沃爾（William Aspinwall）購買在巴拿馬城和加勒比海之間修建鐵路（可能還有運河）的權利，他的目的是滿足從舊金山到巴拿馬的新航運服務乘客的需求，乘客到了巴拿馬之後，可以從那裡繼續前往新英格蘭。[18]

但阿斯平沃爾還來不及落實自己的計畫，

局勢就發生急速變化。一八四八年，美國東部傳來消息，在剛剛從墨西哥手中獲得的加利福尼亞發現黃金。這一年年底，一艘名為「獵鷹號」（Falcon）的輪船經路易斯安那州南下，前往巴拿馬地峽。在那裡，數百名乘客將在極度惡劣的條件下被運過陸地。他們在乘坐「獵鷹號」啟航前，沒有停下來考慮巴拿馬地峽這段艱難的路上旅程。這就是夢想在加利福尼亞金礦區一夜暴富人潮中的第一波。即使是那些駕駛著將容易受騙的美國人從巴拿馬運往舊金山船隻的水手，在到達加利福尼亞後也往往棄船而去，這就在舊金山灣留下大量腐爛的船隻，而在巴拿馬可以載客的船隻越來越少。與此同時，巴拿馬城的發展速度遠遠超出其非常有限的基礎設施能夠承受的程度，它變成一個由妓院和酒吧組成的棚戶區，街頭充斥著暴力。有部分西印度血統的英國寡婦瑪麗・西科爾（Mary Seacole）是巴拿馬的善良先驅之一，她建立「英國旅館」（British Hotel），努力提供勉強可接受的食物，同時也為槍擊和刺傷的受害者，更不用說黃熱病與瘧疾的大量受害者提供醫療。[19]但這些貪婪和血腥的景象更清楚地表明，如果美國要充分利用西岸提供的機遇，就必須儘快開闢橫跨中美洲的路線。

在數千名勞工在叢林中劈砍出一條路之後，鐵路確實興建起來了。許多勞工來自牙買加，那裡的工作機會很少，工資很低。巴拿馬地峽的物質條件比牙買加來得差，但是西印度人對黃熱病有更多的天然免疫力，並且普遍被認為是優秀工人，不過他們得到的待遇不如白人。這條鐵路於一八五五年二月開通。一位研究巴拿馬運河的歷史學家指出：「巴拿馬就是鐵路。」歐洲各國政府，特別是英國政府，不禁考慮美國是否在巴拿馬地峽變得過於強大了，這不僅是因為美國對巴拿馬鐵路的大量投資，還因為美國的精英階層已經在那裡定居，而嶄新的箇朗（Colón）雖然有一種極端狂野的西部風味，卻是一個貨真價實的美國定居點，而且長期以來一直是美國在巴拿馬的主要基地。這條鐵路的竣工證明洪堡德是錯的：儘管開鑿一條水路比建造能夠應對較陡峭坡度的鐵軌複雜得多，但巴拿馬的山區並非不可逾越。[20]而且儘管這條鐵路主要是靠人力鋪設的，但是它與從新英格蘭到箇朗以及從巴拿馬城到舊金山的航運路線一樣，利用了蒸汽動力。在這數十年內，蒸汽動力改變了交通方式。

現在有一條運作良好的鐵路穿過巴拿馬，但人們仍然熱情地希望在尼加拉瓜開鑿運河。選擇尼加拉瓜似乎很有意義，而選擇巴拿馬的決定不僅關係到中美洲的未來走向，而且影響美國作為世界強國的歷史。美國富翁柯尼利亞斯・范德比（Cornelius Vanderbilt）在一八五一年就想開鑿一條尼加拉瓜運河，卻籌募不到足夠的資金。四分之一個世紀之後，美國政府收到一份報告，認為尼加拉瓜是唯一合適的路線，因此尼加拉瓜而不是巴拿馬，成為美國人同意的前進方向。[21]於是巴拿馬路線空了出來，可供其他國家的人士考慮，其中法國人處於前列，他們受到雷賽布的言論和「一切皆有可能」的感覺激勵，雷賽布甚至認為有可能在突尼西亞開鑿一條水道來淹沒撒哈拉沙漠。[22]由於美國人仍在談論尼加拉瓜，卻沒有實際行動，法國人得以在一八七六年派自己的探險家進入巴拿馬，由年輕的呂西安・拿破崙・波拿巴・懷斯（Lucien Napoleon Bonaparte Wyse）領導，他是法國皇帝的親戚。懷斯的第一個發現是，巴拿馬地峽叢林的自然條件有多麼糟糕，那裡瘧疾肆虐，持續的大雨意味著很難勘測土地。他的報告大部分是猜測。不過懷斯贏得哥倫比亞總統的支持，此時巴拿馬地峽仍在哥倫比亞共和國境內。如果法國的計畫得以實施，將獲得運河的九十九年租約，而哥倫比亞將從運河的總收入中獲得五%的收益。懷斯明顯傾向建造一條與海平面齊平的運河，這意味著要直接穿過山脈，有一個辦法是讓船隻通過一條巨大的隧道。然後，當運河與在箇朗附近注入加勒比海的查格雷斯河（River Chagres）會合時，就會有一個嚴重的問題，因為查格雷斯河在洪水氾濫時勢不可當。[23]但是布魯內爾❸那一代超人般的十九世紀工程師，有自信可以完成任何偉業。

這就是法國人在巴拿馬地峽試圖建造一條運河（主要是沿著鐵路）的故事是如此悲慘的原因，即使歐洲人已經在該地區打探數十年，也沒有考慮到疾病的威脅，特別是黃熱病，其死亡率為五〇％。人們對巴拿馬運河計畫充滿熱情，所以募資不成問題，到了一八八三年籌得七億法郎，屆時需要支付一萬名工人的工資，這個數字在十五個月內翻漲一倍。大部分勞動力仍是牙買加人，他們被高薪吸引到巴拿馬；每四天就有一艘載有牙買加勞工的船隻抵達箇朗。在京斯敦，牙買加人為獲得一張去巴拿馬的船票而爭鬥。[24]與此同時，工程師們面臨可怕的命運，他們眼睜睜看著家人死於黃熱病，比如營運總監朱爾斯・丁格勒（Jules Dingler）的妻子、女兒、兒子和未來的女婿都死於黃熱病。丁格勒下令殺死他最心愛的馬匹，以表達他的絕望。[25]法國官員經常把自己的棺材帶到巴拿馬，以便在死於中美洲肆虐的疾病之後，可以把他們的遺體送回國。[26]觀察家們越來越懷疑運河計畫是否可行。在巴黎，政論作者德呂蒙（Drumont）對富有的猶太銀行家，即為巴拿馬運河公司提供諮詢的雅克・德・雷納克（Jacques de

❸ 譯注：伊桑巴德・金德姆・布魯內爾（Isambard Kingdom Brunel，一八〇六－一八五九）是英國工程師，工業革命的重要人物。他設計建造的著名作品，包括布里斯托的克利夫頓吊橋、倫敦的帕丁頓火車站、大西部鐵路和輪船「大東方號」等。

Reinach）男爵發起惡毒的反猶主義攻擊，讓氣氛變得更加陰鬱。與德雷福（Dreyfus）事件一樣，巴拿馬事件也助長法國的反猶太主義。雷納克男爵被指控賄賂和腐敗，受到調查，在這段期間去世，很可能是自殺。[27]到了一八九〇年，儘管已經投入大量的資本和體力勞動，但巴拿馬運河計畫顯然已經失敗。巴拿馬運河公司的倒閉是整個十九世紀最大的一次金融崩潰。[28]

四

法國的金融災難導致巴拿馬運河計畫終止。此時，部分水道已經挖好，機器已經運往巴拿馬，大量的勞工現在沒有工作，領不到工資。一位美國記者在一八九六年參觀運河的遺跡，描述幾乎被完全遺棄的機器。奇怪的是，在荒廢的院子裡，仍然有人為這些機器上油並進行保養。[29]這場災難並未讓人們徹底放棄在兩大洋之間開鑿運河的想法；法國人對這個計畫已經沒有興趣了，但是美國人正仔細研究他們在加勒比海和太平洋的戰略利益。透過巴拿馬或尼加拉瓜直接連接兩大洋的想法，現在變得極具吸引力。十九世紀末，美國的海軍力量飛速成長。一八九八年，美國為保護尋求獨立的古巴革命者而與西班牙開戰。開戰的理由是美國戰列艦「緬因號」（Maine）停泊在哈瓦那港時被炸毀，近三百名水手喪生。雖然爆炸的原因仍成謎，但這足以讓威廉・麥金利（William McKinley）總統展開行動。西班牙必敗無疑，這場短暫衝突的結果是美國占領古巴數年，然後強行簽訂條約，嚴重限制這個新共和國的主權。同時美國還獲得波多黎各，它至今仍在美國手中。[30]

美國在太平洋地區的收穫同樣重要。同樣在美西戰爭期間，一八九八年五月，美軍在馬尼拉灣擊敗西班牙海軍，占領菲律賓。美國還獲得夏威夷和關島。這些成績連同在加勒比海的收穫，標誌著美國外交政策的重大變化。美國建立帝國的過程開始了，這個過程將以獲得巴拿馬運河區為高潮。美國人否認他們在建立一個帝國，我們當然不敢苟同。冉冉升起的新星、紐約州州長西奧多・羅斯福（Theodore Roosevelt）表示：「我希望看到美國成為太平洋沿岸的主導力量。」同時，他堅決否認自己的觀點有帝國主義色彩。正如一位美國歷史學家的精闢解釋：「擴張是不同的；它是成長，它是進步，它是美國天性的一部分。」[31]我們不能指責羅斯福對海軍事務無知：他寫了一本關於一八一二年英美戰爭的書，而且是新海軍政策的先知阿爾弗雷德・賽耶・馬漢（Alfred Thayer Mahan）的崇拜者。

馬漢上校（後來晉升為海軍少將）的著作《海權對歷史的影響：一六六〇－一七八三》（*The Influence of Sea-Power upon History, 1660–1783*）於一八九〇年在波士頓首次出版，在第一次世界大戰前夕，對倫敦、柏林和華盛頓的戰略思想產生重大影響；它是美國和歐洲各大海軍學院的必讀書籍。儘管孤立主義在當時早已成為美國的主流，而且即使是美國的商船隊，也只是在世界貿易中發揮較小的作用，但馬漢的目的是揭示積極進取的海軍政策對美國的重要性。他指出在自己那個時代大幅擴張的美國的三個海上邊疆：太平洋、大西洋，以及墨西哥灣和加勒比海的廣大地區。[32]不過他對未來政策方向最具啟發性的評論之一，乍看起來似乎是關於地中海，而不是關於大洋的：

> 在世界歷史上，無論是從商業還是從軍事的角度來看，地中海都比任何其他同等大小的水域發揮

更大的作用。一個又一個國家曾經努力控制地中海，而且爭鬥仍在繼續。因此，研究在地中海的優勢地位在過去和現在依賴的條件，以及研究其海岸上不同點的相對軍事價值，將比在其他領域所花費的努力更具有啟發性。此外，目前地中海在許多方面與加勒比海有著非常明顯的相似性。如果巴拿馬運河航線能夠完成，這種相似性將更加密切。[33]

他對地中海邊緣的那些咽喉要地（直布羅陀海峽、達達尼爾海峽，現在還有蘇伊士運河）的戰略價值有深刻的了解。所有這些都指向一個顯而易見的結論：美國需要透過巴拿馬開鑿自己的運河。馬漢的思想是建立在對國際關係的特殊看法之上，即認為國際關係是一場大博弈，各國在其中爭奪權力和影響力，透過控制海路來彰顯他們的權力，並利用他們的權力來促進貿易。競爭是基本的概念。他的著作呼籲美國政府在經過一個世紀的沉睡後，對全球的現實情況有所覺悟。

馬漢的論點得到一些事件的支持。當「緬因號」在哈瓦那被炸沉的消息傳來時，美國海軍的戰列艦「奧勒岡號」（Oregon）已經奉命從舊金山前往大西洋，加入戰鬥。「奧勒岡號」繞過合恩角，到達佛羅里達州棕櫚灘（Palm Beach），這趟極其緩慢的航行花費六十七天。這難道不是開鑿貫穿中美洲的運河的絕佳理由嗎？另一方面，此時擔任海軍部副部長的羅斯福在一八九七年寫信給馬漢，說他相信應當在尼加拉瓜開鑿運河。一九〇一年麥金利遇刺身亡後，副總統羅斯福出人意料地成為總統，此時國會仍在熱烈討論尼加拉瓜方案。但是一些關於其他路線可行性的新報告，再加上有機會買下接管沉寂的巴拿馬運河計畫的法國公司，導致華盛頓的政策突然改變。哥倫比亞政府對這個想法也很贊成。美國付出的價錢大約是四千萬美元，但換來的是對橫貫整個巴拿馬的運河兩岸區域的永久控制權。[34]這是一個機會，可以實現馬漢一貫堅持的理念，就是美國需要在其海洋後院，即加勒比海地區維持主導地位，同時開闢一條通往其在太平洋的新屬地和遠東市場的快速通道。不過，儘管我們可以將此解讀為建立美利堅海外帝國的意願，但當時的美國人不是這麼看待巴拿馬運河計畫的；恰恰相反，當時的美國人認為，它證明美國這個本質上善良有德的國家正在代表全人類採取行動，美國「比帝國更大、更好」，因為完美的共和國怎麼可能會是帝國主義國家？[35]

這是延續十多年的精彩戲劇的開幕，而不是結尾。在這段期間，美國支持巴拿馬的革命政權，於是巴拿馬地峽從哥倫比亞分離出來，但美國人仍對運河區擁有完全的權威，這表現在不久後美國船隻的派遣和美國軍隊的登陸，以控制跨越地峽的鐵路線。這也是一個持續爭論最佳路線的時期，因為法國人顯然犯下太多的錯誤：駕馭查格雷斯河是最重要和最困難的問題之一，但是可以透過建造一座大壩並創造加通湖（Gatun Lake，在運河區的大片區域延伸）來解決，而一連串的船閘可以將船隻帶過巴拿馬的山脊（早先的挖掘者不知為何相信，他們可以從這些山脊中挖出一條路）。與此同時，美國政府建造巴爾博亞（Balboa）和箇朗這兩個道道地地的美式城鎮，以滿足美國人在運河區的需求。運河區需要並獲得學校、醫院、郵局、教堂、監獄、公共餐館、洗衣店、麵包房、路燈、道路和橋梁。大部分的女性勞動力受僱於新建的醫院。[36]

美國人來到巴拿馬，有時被視為美國登上世界性舞臺的關鍵時刻，但是在此之前，美國在加勒比海和太平洋地區都有一些帝國主義的擴張行動，而對巴拿馬運河區的收購在許多方面都是這些新責任與野心的結果。羅斯福認為，巴拿馬運河的修建是人類進步的一大步。在一個重要的方面，這種觀念被證明是正確的：經過當地的艱苦工作，確定瘧疾和黃熱病為昆蟲傳播的疾病；透過徹底熏蒸與清除受汙染的水，來消滅蚊子和其他病媒的大規模行動，取得令人印象深刻的結果；一些簡單的行為，如清除生長在充滿水的盆中的觀賞性樹木，就能破壞昆蟲的滋生地。[37]巴拿馬運河的修建是人類醫學史的一個關鍵時刻。

儘管要到十年之後運河才會竣工，但羅斯福將獲得巴拿馬運河區視為自己第一任總統任期內的最偉大成就。一九〇六年十一月，他成為第一位在任期內離開美國的總統，當時他乘坐美國最大的戰列艦「路易斯安那號」（Louisiana）駛向巴拿馬。還有其他一些原因，讓羅斯福的造訪具有重要意義。他選擇在雨季，在條件不好的時候來，這樣就可以目睹工程師和工人面對的困難。他在沒有預先通知的情況下看望病人。他得以樂觀地向國會報告，同時非常享受這次造訪產生的正面宣傳效果。[38]巴拿馬運河的所有工作都是由美國政府出資進行，開銷高達三億五千兩百萬美元，是蘇伊士運河成本的四倍。[39]美國政府大量投資於能在新建鐵路上運行的大型新機器，以及大量的勞動力。這一次不是牙買加，而是巴貝多提供許多最好的工人。勞動力被分為「金」和「銀」兩類：美國公民算作「金」，不過有色人種的美國人經常發現自己被降級，至少是非正式的降級；而有許多巴貝多人被貶為「銀」。「銀」顯然是一種委婉的說法，但是隨著時間的推移，條件確實有所改善。[40]巴拿馬運河在第一次世界大戰前夕開通時，法國人施工時期的可怕死亡率已經成為遙遠的記憶。戰爭爆發限制巴拿馬運河的交通量，每天只有四、五艘船通過。但是戰爭結束後，巴拿馬運河就開始興旺發達，追上蘇伊士運河。最終在第二次世界大戰前夕，每年通過巴拿馬運河的船舶超過七千艘。[41]

與蘇伊士運河一樣，巴拿馬運河在通航前最後一刻也遇到麻煩，不得不用大量的大西洋海水來填充新湖；但是到了一九一四年四月，輕型貨船已經開始被拖過巴拿馬運河，首先是一船來自夏威夷的鳳梨罐頭，罐頭很不起眼，卻是工業時代新技術的另一個重要象徵。巴拿馬運河的開通儀式相當低調，不像蘇伊士運河開通時那麼大張旗鼓（法國皇后歐仁妮〔Eugénie〕和奧地利皇帝法蘭茲．約瑟夫〔Joseph of Austria〕出席蘇伊士運河的開通儀式）。不過參加巴拿馬運河開通儀式的不僅有美國總統，還有戰列艦「奧勒岡號」，大家公認這艘船在一八九八年從加州經合恩角到佛羅里達州的航行，最有力地證明美國迫切需要一條連通太平洋與大西洋的運河。[42]隨著蘇伊士運河與巴拿馬運河的竣工，亞洲和非洲被一條水道分隔，而北美洲和南美洲也被實際分開，但是現在三大洋連為一體了。

第四十九章 輪船駛向亞洲，帆船駛向美洲

一

蘇伊士運河和巴拿馬運河的先後開鑿，以及輪船的使用增多，並未終結那些更傳統的跨洋方式。飛剪式帆船（Clippers）和大型鐵身帆船（Windjammer）繼續遠航，運送茶葉、穀物及其他基本貨物。畢竟風是免費的，煤是要花錢的。儘管如此，到了十九世紀晚期，船舶使用方面的巨大變化已經很明顯。跨越大西洋的客運越來越多由大型遠洋輪船承載。隨著逃離愛爾蘭饑荒、義大利貧困或俄國迫害的移民，排隊等候經過紐約新落成的自由女神像（上面有艾瑪·拉撒路〔Emma Lazarus〕歡迎移民的詩文），跨洋客運量大增。自由女神像是在法國而不是美國鑄造的，在一八八五年由一艘法國輪船分塊運到紐約。不言而喻，這波移民潮的規模遠遠超越過去歐洲人跨越大西洋的涓涓細流。除了移民以外，跨洋來到美國的，還有商人和較富裕的訪客，不過他們通常會待在船上更舒適的地方。他們願意在一艘遵守相當可靠的船期表、具有高標準的舒適性和安全性的船上，度過一個星期左右。但是在一九一二年，「永不沉沒」的皇家郵輪「鐵達尼號」沉沒了，證明輪船的安全標準沒有大眾相信得那麼好；但在這場災難之

後，人們更密切地關注安全標準，特別是救生艇的配備。

早期的輪船存在很多風險：一八四〇年，薩繆爾·康納德（Samuel Cunard）因為堅持「安全第一，利潤第二」，而獲得一份跨大西洋的航運合約。有一家航運公司失去兩艘輪船，因為船長（似乎）試圖證明他們能以多快的速度穿越大洋。[1]一八六六年，按計劃前往墨爾本的輪船「倫敦號」（London）在從普利茅斯出航不久後沉沒，導致兩百七十人喪生。這艘船除了六十九名船員之外，還載了兩百二十名渴望在澳大利亞開始新生活的乘客。「倫敦號」裝載太多重物，可能有多達一千兩百公噸的鐵和五百公噸的煤，以至於在風平浪靜的條件下，船的甲板只高出水面三·五英尺。[2]這是一個駭人聽聞的例子，但類似的事故很常見：在這個時期，每六艘從歐洲航向美國的客運船隻中，就有一艘最終沉沒（這並不等於每六次航行中就會有一次以海難告終）；據說在一八七三年至一八七四年間，有超過四百艘船隻在英國附近沉沒。[3]正如二十一世紀的跨地中海移民潮表明的，人們有時非常願意將生命託付給不安全的船隻；十九世紀晚期和二十世紀初的移民也是如此。十九世紀海上交通（特別是跨大西洋交通）的大幅成長，導致越來越多的海難。快速的工業化既帶來新的便利，也帶來新的危險。批評者認為，無良的船主非常樂意向勞合社（Lloyd's）索賠：「富商興旺成功，但是無價的人命怎麼辦？」[4]

當時的英國即將成為世界上最強大的海軍強國，和橫跨三大洋的大帝國的主人，並且高度依賴海上貿易，所以不能容忍這種狀況。顯然議會需要密切關注海上安全問題，而這場運動的領導者是薩繆爾·普利姆索爾（Samuel Plimsoll），他以煤炭商人的身分起家，根本沒有航海背景。他設法為自由黨贏得下議院的一個席位，並為改善海員的安全進行長期而激烈的宣傳。他獲得大批追隨者：一八七三年，一艘運送羊毛的飛剪式帆船以他的名字命名，人們還為他創作歌曲和詩篇：

向普利姆索爾致以英國式的歡呼，
他是水手的誠實朋友。
儘管有人反對，
但他還是勇於捍衛水手們的權利。
有權有勢的人聯手，
企圖打倒他，
但他的勇氣打敗了
反對他的勢力。[5]

有人指控迪斯雷利屈從於航運巨頭的意志，起初對普利姆索爾的立法申請抱持敵視態度。普利姆索爾對一個名叫貝茲（Bates）的船東（他的船經常發生事故）發動猛烈攻擊，差點導致自己被告上法庭。[6]但普利姆索爾當然是對的，最後在一八七六年，也就是在「倫敦號」沉船事故發生十年後，英國政府承認有必要進行改革。這一年通過的《商船法》（Merchant Shipping Act）第二十六條要求（對小型船隻和遊艇有一些豁免）：

每艘英國船舶的船東……應在其船舶從英國的任一港口駛出並開始航行之前，（或者，如果這不可行）應儘快在其船舶中部或盡可能靠近船舷中部的地方，在深色底色之上用白色或黃色，或在淺色底色之上用黑色，標出一個直徑為十二英寸的圓盤，其中心畫上一條水平線。該圓盤的中心應標明，船東打算在本航次中裝載船舶的最大海上載重線。[7]

即便如此，又過了三十年，造訪英國港口的外國船隻才被勒令仿效，而人們熟知的普利姆索爾線在一九三〇年才成為國際標準。在美國，國會猶豫不決，所以普利姆索爾標準直到一九二九年才被用於國際航運，一九三五年才被用於美國國內航運，這是美國在很長一段時間內特立獨行的諸多例子之一。為了感謝普利姆索爾為英國水手做出的貢獻，一些英國城鎮長期以來都在慶祝普利姆索爾日。[8]他的確是一位值得銘記的英國民族英雄，也是國際英雄。

與此同時，新技術正在改變世界，它對大洋的影響以另一種方式體現出來：第一條跨大西洋電纜於一八五八年鋪設，但它很快就斷裂了，直到一八六〇年代才鋪設運作良好的跨大西洋電纜（鋪設電纜時部分使用布魯內爾的宏偉輪船「大東方號」，它的尺寸是今天保存在布里斯托，令人肅然起敬的「大不列顛號」〔Great Britain〕的兩倍）。即便如此，按照後來的標準，透過大西洋電纜聯絡的速度還是慢得令人痛苦，因為摩斯（Morse）密碼是在電纜上發送信號的唯一可行方式。製造長數千英里的盤狀電纜，本身就是一項了不起的成就。維多利亞女王和美國總統在跨大西洋電纜運行的第一天交換訊息，這標誌著英國與美國如今以一種新的方式聯繫在一起。其他電纜被鋪設在地中海和紅海，而倫敦仍是全球

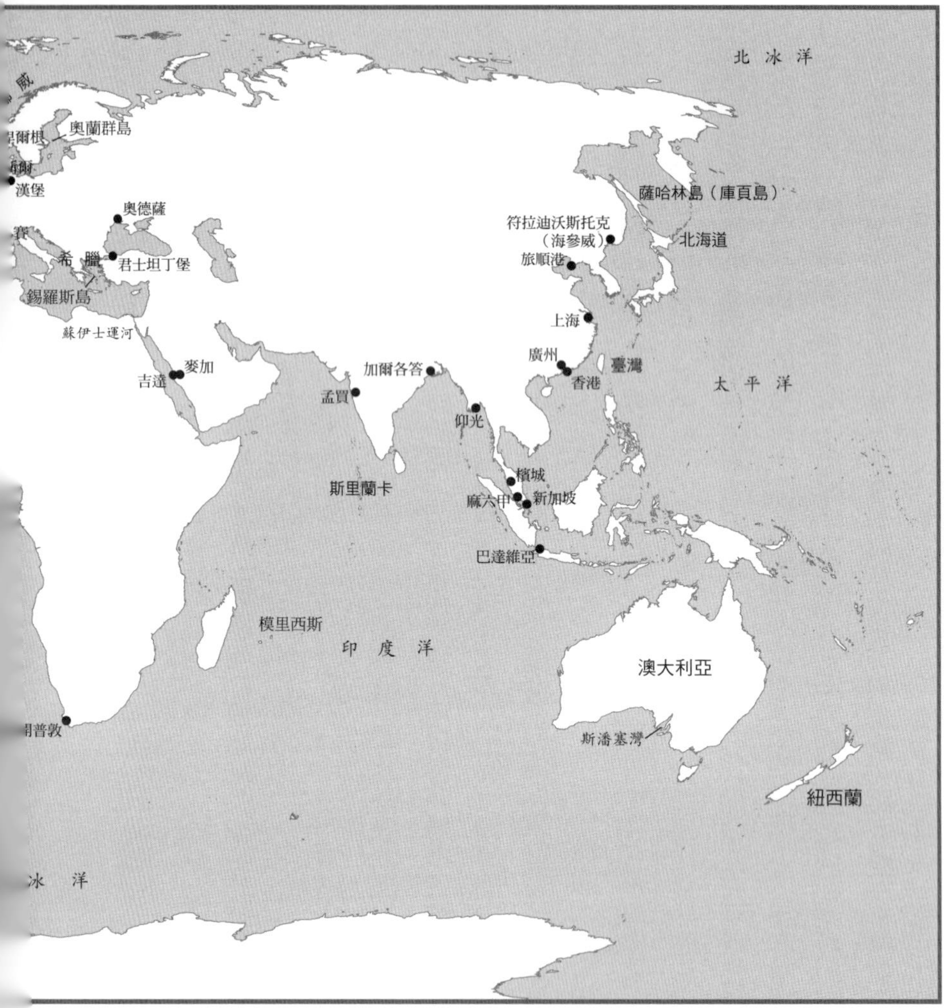

的電纜營運中心。這是英國與海外殖民地及美國溝通的一種手段，倫敦發給殖民地總督的訊息在送達之前就已經過時的時代即將結束。後來，當馬可尼（Marconi）證明可以透過無線電波而不是電纜進行聯繫時，跨越大洋的聯絡變得更加迅速，通訊幾乎可以到達任何地方。

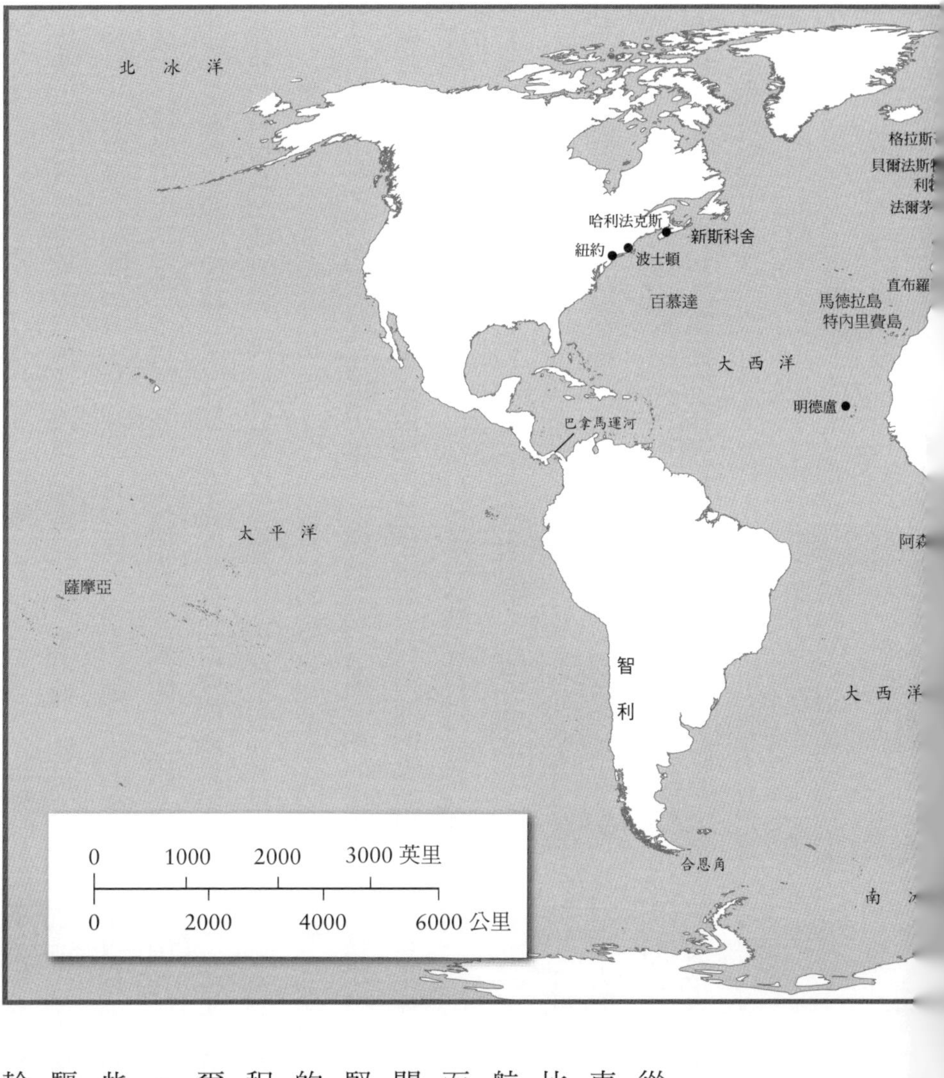

二

如前文所述，從歐洲北部到遠東的蘇伊士航線，比繞過好望角的航線更短、更快，而就在蘇伊士運河開通之際，隨著更堅固的蒸汽輪船的研發，出現讓旅程更快的機會。阿爾弗雷德·霍爾特（Alfred Holt）是這些新輪船航線的先驅之一，他的大洋輪船公司（Ocean

Steamship Company）在家鄉利物浦營運。當他建立自己的商船隊時，研究了鐵製船體、蒸汽鍋爐和螺旋槳，確信可以將輪船的長途運輸成本降到比帆船更低。輪船的改良必須透過試誤來實現，有時需要付出巨大的代價：船隻沉沒，貨物和人員也隨之沉沒。他提出的蒸汽壓力可以提高到每平方英寸六十磅的想法，將當時的技術推向極限。他決定打造更長的鐵船，以增加載貨量，「因為承載貨物和帶來收益的，主要是船的中段」。[9]鐵當然比木頭強得多，但如何確保鉚釘將船固定在一起是一個問題。早期的鐵質輪船有時會斷裂成兩截。因此霍爾特絞盡腦汁，將安裝實驗性高壓引擎的船派到巴西和阿爾漢格爾。[10]

霍爾特所在的利物浦在十八世紀是奴隸貿易和蔗糖貿易的主要基地，後來充分利用蘭開夏（Lancashire）正在進行的快速工業化，轉變為英格蘭北部的出口中心。鐵路將利物浦的碼頭，與曼徹斯特、切斯特（Chester）和其他地方連接起來。利物浦的港口很大，位置很好。早年臭名昭著的奴隸貿易為利物浦創造資本基礎，使其可以從事奴隸貿易以外的航運業務。在一八〇七年英國議會禁止奴隸貿易後，利物浦與奴隸制的聯繫並沒有因此消失：該市繼續與西非進行繁忙的貿易，而且該市的主要業務之一是進口美國棉花，這些棉花產自美國南方腹地的奴隸種植園。[11]與其他港口城市一樣，利物浦成為混合人群的家園，包括大量愛爾蘭人、威爾斯人和蘇格蘭人，也包括非洲人與華人，其中有許多人是乘坐霍爾特的船隻抵達的。[12]利物浦也面對一些源自本國的挑戰：曼徹斯特在一八九四年修建曼徹斯特運河之後，成為利物浦的競爭對手，但是經營棉花進口生意的主要經紀人仍在利物浦。[13]到了二十世紀初，利物浦商人對該市的首要地位有足夠的自信，所以興建宏偉的愛德華時代風格的辦公大樓，這是利物浦建築的一大驕傲。

一八六六年，霍爾特宣布成立輪船公司，有三艘姊妹船，即「阿格曼儂號」（Agamemnon）、「阿賈克斯號」（Ajax）和「阿基里斯號」（Achilles），每艘都超過兩千噸。這一年四月，「阿格曼儂號」出發前往上海，途經好望角、模里西斯、馬來半島的檳城、新加坡和香港。霍爾特的第一份公開班次表估計去程時間為七十七天，回程時間略長，為九十天，因為船隻要在中國東南部停靠，裝載貨物中最重要的部分——茶葉。但這仍比帆船所需的單程四個月好得多，再減去蘇伊士運河通航後可以節省的十天左右，霍爾特的公司似乎一定會成功。另一方面，霍爾特為了回收成本，不得不收取更高的運費，因為輪船的建造和營運成本比帆船高，而且人們對輪船的可靠性仍有懷疑，因為如果沒有建立並維護加煤站，輪船就會止步不前。不過早期輪船確實攜帶大量的帆，以防萬一。[14]但是，至少在永久性加煤站建立之前，輪船的長途航行是很複雜的。一八四二年，當霍爾特的競爭對手「鐵行輪船公司」（Peninsular and Oriental Steam Navigation Company，簡稱P&O）將「印度斯坦號」（Hindostan）派到加爾各答時，在直布羅陀、維德角群島的明德盧、阿森松島、開普敦、模里西斯和斯里蘭卡都有煤炭補給船在等待它。[15]在很多商人的眼中，傳統的帆船既熟悉又美觀。當運送茶葉的飛剪式帆船投入使用之後，這一點變得更加明顯。今天仍保存在格林威治的「卡蒂薩克號」（Cutty Sark）是最著名的一艘運送茶葉的飛剪式帆船。到了一八五〇年代，帆船又逐漸成為一種時尚。早在一八二八年，英國的第一海軍大臣就果斷表達自己的觀點：「蒸汽輪船的發明將對帝國的統治地位造成致命打擊。」但是英國皇家海軍與商船隊不同，對制定客運和貨運的時刻表與船期表不感興趣。[16]

因此蘇伊士運河改變了整個局勢，為無法使用好望角航線的小型船隻開闢前往東方的航線。霍爾特勇往直前，以驚人的速度建造輪船，擊退競爭對手。他得到回報：到了一八七五年，他的經理們認為公司的載貨空間已經用完了，所以還需要三艘船。霍爾特公司承運的貨物主要是蘭開夏的棉布和羊毛織物（棉布主要是用進口的印度棉花製成，現在作為成品出口）。霍爾特公司的船隻也載運乘客：回程時，運送穆斯林朝聖者到吉達，他們可以從那裡前往麥加朝聖，這成為幾家英國航運公司的大生意。一九一四年，超過一萬三千名穆斯林朝聖者乘坐藍煙囪航運公司（Blue Funnel Line）的船，從新加坡和檳城出發。[17]從英國去東方的航行時間大幅縮短，減少到五十五天，甚至四十二天。當霍爾特公司的船隻參加一年一度的運茶競賽時，輪船航行的優勢變得非常明顯，它們能以最快的速度將新鮮茶葉運到倫敦。霍爾特公司輪船的速度不僅超越運送茶葉的飛剪式帆船（這是可以預料的），而且打敗競爭對手的輪船。一八六九年，他的船運送近九百萬磅茶葉到英國，並且在擊敗所有競爭對手之後，霍爾特能夠利用賣方市場高價出售茶葉，比晚來對手的茶葉每磅貴兩便士。[18]一九一四年，霍爾特的公司（名為藍煙囪航運公司）在利物浦碼頭使用的泊位，比任何其他貨運公司都多，而且是蘇伊士運河的最頻繁使用者，主導英國紡織品向東亞的出口。[19]

霍爾特決定與一家設在中國的英國商行太古洋行（Butterfield and Swire）合作，推動在中國的業務。太古洋行於一八六七年一月一日在上海設立辦事處，不僅經營茶葉，還經營美國原棉。幾週後，「阿基里斯號」離開上海時，載運的大部分貨物都是原棉。[20]與約翰．施懷雅（John Swire）的關係，讓藍煙囪航運公司能從中國內陸獲取貨物，因為施懷雅的輪船深入長江，將中國貨物運到上海，轉運出口。施懷雅是會議制度（Conference System）的熱烈擁護者。會議制度是相互競爭的多家航運公司之間的協議，將為外運貨物規定相同的運費。這讓霍爾特感到不安，因為這有好處，也有壞處，特別是因為他遇到更快船隻的競爭。在開創性的開端之後，藍煙囪航運公司的經理們有時會顯得保守，正是這種保守精神讓其他航運公司遲遲沒有引進蒸汽動力。如今藍煙囪航運公司沒有及時跟上從鐵船向鋼船的轉變，而且忽視新型引擎的應用。[21]儘管藍煙囪航運公司早就不存在了，但施懷雅家族至今仍是與中國、臺灣和香港貿易中的一股強大力量，不過該家族在今天最有名的不是船舶，而是國泰航空（Cathay Pacific）的飛機。

霍爾特對來自鐵行輪船公司的競爭感到不安。鐵行輪船公司的創辦是為了服務通往西班牙、直布羅陀和地中海東部的航線，甚至在蘇伊士運河建成之前，就開始在蘇伊士兩邊部署明輪船，這使得鐵行輪船公司獲得從英國到印度和錫蘭的郵件服務合約。鐵行船隊的驕傲是「印度斯坦號」（上文已提），它在一八四二年被派往印度洋，為蘇伊士和英屬印度之間的航線服務。它甚至能為乘客提供冷、熱水淋浴，這是一項了不起的創新。還能應對季風，一八四五年輕而易舉地頂著季風從加爾各答航行到蘇伊士，僅用了二十五天。蘇伊士運河的修建本該讓往來印度的郵件傳遞更方便，但是合約堅持要求郵件必須從地中海經陸路運往紅海；也就是說，郵件在亞歷山大港卸下，經陸路運往蘇伊士，然後在那裡再度裝船，反之亦然。儘管鐵行輪船公司反對，但這種怪異的喜劇還是維持好幾年，直到官僚們意識到這是多麼沒有意義。[22]

鐵行輪船公司和冠達郵輪（Cunard）的一個主要區別是餐飲的品質。一八六二年一月，從蘇伊士到錫蘭的鐵行輪船公司「西姆拉號」（Simla）的菜單，包括想像得到的幾乎所有肉類，如火雞、乳豬、羊肉、鵝肉、牛肉、雞肉，除了使用咖哩以外，這些肉類都是以英國風格烹調的，但奇怪的是菜單上沒有魚。動物被飼養在船上，這樣就可以隨時提供新鮮的肉。葡萄酒種類之多，讓鐵行輪船公司的官員感到自豪。[23]鐵行輪船公司明白，面對競爭，有必要進行多元化發展，於是開發輔助性的短途航線：「廣州號」（Canton）在香港和廣州之間的珠江上渡運貨物，但它在一八四九年也被用來打擊乘坐中式帆船襲擊歐洲船隻的中國海盜。在這個時期，香港周圍的水域及維多利亞島上的新城市是出名的不安全，海盜對航運的襲擊耽誤香港的發展。[24]

鐵行輪船公司在早期獲得豐厚收入的另一類業務是郵輪旅遊。該公司的歷史學家聲稱，鐵行輪船公司在一八四四年就發明遠洋郵輪旅遊。這包括從大西洋進入地中海的旅行，最遠到達鄂圖曼帝國的巴勒斯坦海岸，不過隨著克里米亞戰爭的爆發而結束。然後在十九世紀末，一些航運公司將郵輪乘客帶到距離英國很遙遠的西印度群島：東方公司（Orient Company）宣傳加勒比海的「快樂郵輪」（Pleasure Cruise），它於一八九八年一月出發，中途在馬德拉島、特內里費島和百慕達停靠，在海上停留六十天；東方公司還經營到挪威峽灣的郵輪。輪船的使用意味著人們可以遵守或努力遵守固定的船期表，使得郵輪旅遊變得可行。[25]

除了中國之外，鐵製輪船還改變遠東其他地區的業務。在英國人的鼓勵下，檳城成為前往麻六甲海峽的船隻的一個新停靠港。由於它吸引那些在帆船時代可能繞過蘇門答臘島，並通過巽他海峽進入南海的船隻，生意從荷屬東印度轉回傳統路線，即經過沉寂的麻六甲，到達繁榮的新加坡港。一八七〇年，一艘船從馬賽經蘇伊士到達新加坡，只用了二十九天。這不僅僅是一部從歐洲到遠東的快速航行的歷史，因為在印度洋上，英印輪船公司（British India Steam Navigation Company）不僅連接新加坡與爪哇的巴達維亞，還連接印度與波斯灣；現在輪船沿著四千年前將美索不達米亞與印度河諸城市聯繫在一起的路線航行。[26]霍爾特在馬來半島也展開業務。在英國人引進橡膠樹後，馬來半島正在成為橡膠生產的重要中心，同時也是錫的寶貴來源。

三

從英國向西看，利物浦也是康納德的英國與北美皇家郵政輪船公司（British and North American Royal Mail Steam Packet Company）的基地，該公司成立於一八四〇年，有四艘船承擔英國和紐約、波士頓與哈利法克斯之間的航運。不過，康納德的冠達郵輪在早期使用的是木質船身的明輪船，公司試圖改善其性能，但最後接受難以避免的事實，從一八五二年開始採用螺旋槳驅動的鐵製輪船。與霍爾特的公司一樣，冠達郵輪也是會議制度的受害者，該制度旨在統一跨大西洋交通的票價和運費。這裡的問題不在於貨物，而在於乘客。統艙票很便宜，但是希望前往紐約的人數很多，所以客運生意很好。在早期，冠達郵輪的輪船是旅行的廉價選擇：公司假設乘客總是選擇最便宜的票價，船上的設施是很基本的，頭等艙乘客得到的設施也很簡單。船上提供餐飲，但頭等艙的餐飲並不特別，而統艙的食物則特別糟糕。冠達郵輪沒有執行英國貿易委員會規定的標準，就連股東也認為公司忽視這些標準很可恥，沒有一家現代航空公司能像冠達郵輪那樣操作而不受罰。在新世紀開始時，冠達郵輪終於做出努力來改善三等艙的住宿條件，此時冠達郵輪船隻的三等艙因為過度擁擠和缺乏衛生，已經臭名昭著。冠達郵輪在前往美國的航行中勉強實現收支平衡，而建造新船的費用始終是公司的一大開支。一八八六年，速度較快的「伊特魯里亞號」（Etruria）的利潤超過七千英鎊，但這是例外。在一些名氣較小的船上，只有靠運貨的利潤才能讓航行的財務狀況保持穩定。[27]

隨著十九世紀末交通量的增加，這個問題變得越來越重要。波蘭人、瑞典人、俄國猶太人、愛爾蘭人、義大利人紛紛跨洋前往北美。過去那種邪惡的人口販運，已被逃避迫害的難民和尋求更好生活條件的移民的客運取代。隨著東歐移民的增加，以及歐洲的反猶迫害和經濟苦難的進一步加劇，冠達郵輪遇到充滿活力的競爭對手：德國的航運公司。一八九一年，漢堡–美洲航運公司（Hamburg–Amerika Line，簡稱HAPAG）運送近七萬六千名統艙乘客跨越大西洋，占乘客總人數的一七%；冠達郵輪運送六%，超過兩萬七千人。[28]前往北美的移民潮規模遠遠超越從歐洲去其他方向（比如澳大利亞和紐西蘭）的客運量，而且到了一九〇〇年，幾乎每一個歐洲民族都有人移民到北美。這構成更廣泛發展的一部分，因為客運變得更加重要，無論乘客是移民、商人還是遊客，而貨運（即使它對冠達郵輪的利潤有很大的影響）往往不是開闢新航線的動機。在輪船時代，這些航線由「班輪」（liners）執行，這個詞彙的意思是它們按照船期表，沿著固定的路線行駛。後來這個詞彙被用來指大型國際航運公司的大型遠洋輪船。

在不列顛群島，隨著金屬船體輪船的發展，造船業繁榮起來，改變諸如格拉斯哥下游的克萊薩（Clydeside）等地區的經濟。克萊薩成為主要的造船中心，英格蘭東北部的泰恩賽德（Tyneside）也是如此。但最引人注目的成功例子是貝爾法斯特（Belfast），此時它已成為世界亞麻布之都和愛爾蘭唯一的繁榮工業城市。但是不可能用亞麻布造船，而舊貝爾法斯特在一八四〇年代之前只能提供很普通的造船設施。貝爾法斯特的造船匠明白，他們的手藝正在變成一門重要的產業，因為造船匠更多地使用鋼鐵，並在船上安裝蒸汽機。儘管貝爾法斯特當地缺乏鐵或煤，而且一開始缺乏新造船技術所需的熟練工人，但先進的思想（鋼製船體和蒸汽機）還是讓貝爾法斯特占了上風。[29]其中有一家造船公司位居主導地位。愛德華·哈蘭（Edward Harland）於一八五八年買下他在貝爾法斯特的第一家造船廠，三年後與身為德意志猶太人的副手古斯塔夫·沃爾夫（Gustav Wolff）聯手創辦一家公司，其巨大的門式起重機已經成為貝爾法斯特的象徵。皇家郵輪「鐵達尼號」、「奧林匹克號」（Olympic）和「不列顛號」這三艘巨輪，是有史以來最大的船，需要全新的船塢。即使「鐵達尼號」遭遇災難，也沒有妨礙哈蘭與沃爾夫造船廠（Harland and Wolff）的業務，就像撕裂愛爾蘭的政治麻煩沒有影響公司的業務一樣。不過因為愛爾蘭政局變得更不穩定，該公司確實在英國建造額外的船塢。新安全標準的執行，意味著在貝爾法斯特有大量的工作要做，以便使現有的船舶符合新標準。在第一次世界大戰前夕，貝爾法斯特的造船廠比以往任何時候都繁忙，建造近一〇%的英國商船，而英國皇家海軍的訂單也讓該公司在第二次世界大戰期間非常活躍，並使得貝爾法斯特成為德軍空襲的目標。[30]

四

航運史和海上貿易史的一個有趣特點是，表面上的小角色有時發揮人們一般意想不到的重要作用。例如，挪威和希臘的國內資源匱乏，所以挪威人與希臘人遠赴他鄉，建立龐大的商船隊。這兩個國家雖然很小，在政治或經濟上也不算重要，但卻擁有極強的航運力量。挪威和希臘的人口超出本國資源能承受的範圍，因此勞動力成本很低，而且兩國都與海洋有著歷史悠久的聯繫，這是由兩國的地理環境決定的：挪威的海岸線犬牙交錯而多山，希臘的島嶼則很分散，所以兩國的居民都高度依賴海上旅行。[31]衡量哪些國家的航海實力最強的一種辦法是，計算平均每千人的載重噸位（dwt）。二〇〇〇年，挪威和希臘位居榜首，每千人的載重噸位超過一萬兩千噸；而世界平均值僅有每千人一百二十一噸。一八九〇年，挪威每千人的載重噸位已經達到一千一百噸，是第二名（人口比挪威來得多的英國）的兩倍，是鄰國瑞典的七倍（十九世紀末，瑞典是挪威的宗主）。

前文已經介紹瑞典人如何在十九世紀國際茶葉貿易中變得非常活躍。瑞典國王的挪威臣民特別受益於瑞典領事在亞洲諸港口的存在，並慢慢、毫不張揚地建立他們令人肅然起敬的航線網絡。挪威與英國的古老聯繫仍在繼續維持，斯堪地那維亞移民前往美國的標準路線是先穿越北海，到達英國的赫爾，然後擠上開往利物浦的火車，從那裡登船。[32]但挪威成功的祕密在於，它的行動是全球性的。隨著蘇伊士運河開通，挪威船開始出現在遠東。到了一八八二年，挪威船的停靠港包括爪哇、新加坡和仰光；在二十年內，隨著亞洲的商業軸心從馬來半島和印尼轉向中國，挪威船隻來到菲律賓與上海。挪威的國內市場微不足道，促使他們加入海運業，將大米從越南運到香港和中國沿海。有人說挪威人在這一產業占據「主宰地位」；到了一九〇二年，這種亞洲內部貿易占挪威在亞洲貿易額的五〇%以上。[33]他們能夠取得這樣的成就，是因為迅速適應蘇伊士運河開通，和長途輪船服務建立之後海上貿易的全新條件。

到了十九世紀末，挪威船隻已成為印度洋和太平洋上熟悉的風景，而一九〇五年挪威王國的重建加速這個發展。阿蒙森和南森在極地探險方面的成就，進一步提高挪威人的特殊聲譽。隨著利潤成長，挪威的新商業精英委託建造全新的船隻，並獲得太平洋西部的幾個大國——俄國、日本和中國的信任。這幾個國家都在爭奪太平洋西部的首要地位，而且都急於尋找新的商業夥伴，以取代以英國為首的傳統、往往是來勢洶洶的歐洲入侵者。挪威是中立國，但是仍然相當重要：到了二十世紀初，挪威的船舶噸位在世界排名第三。[34]新世紀之初，在一九〇四年至一九〇五年短暫的日俄戰爭（對俄國來說是一場災難）的刺激下，挪威的業務量激增。日俄戰爭開始時，俄國人企圖在太平洋上獲得一個常年不凍港，但結果不僅算盤落空，還喪失他們的大部分艦船及對旅順港的控制，甚至失去庫頁島（位於北海道以北）的一半。日俄戰爭這樣的衝突，為挪威人這樣的中立的商人群體進入亞洲市場提供完美的條件。[35]

哈康·瓦勒姆（Haakon Wallem）是利用這些新機遇的人之一。這位出生在卑爾根的挪威巨人，於一八九六年抵達俄國的符拉迪沃斯托克港（Vladivostok，即海參威），然後前往中國，在上海站穩腳跟，於一九〇五年購買他的第一艘船「奧斯卡二世號」（Oscar II）。瓦勒姆在日俄戰爭期間賺了一大筆錢，海運運費直線上升讓他收益頗豐，還因為對日本提供的神祕幫助（我們不清楚具體是什麼幫助）獲得日本人感激。日本人發給他十萬日圓的獎金，如果他願意的話，也可以頒發給他大勛章；但他是商人，所以拿了錢而沒有要勛章。他表現出非凡的韌性，在日益困難的時期維持公司正常運作。他經歷中國的革命和他的第一艘船的損失，但依舊堅忍不拔，不僅成為著名的船東，而且成為主要的船舶經紀人，為客戶購買船舶，並在第一次世界大戰期間設法展開業務（在戰爭期間，挪威保持中立）。[36]他的商業生涯有許多起伏，但每當遇到挫折（特別是在戰後的經濟蕭條期間），他總是決心重新站起來。正如他的傳記作者所言，他的「生命力極強」，整個挪威航運業也是如此。[37]

希臘人是大力參與海上貿易的另一個顯著的例子。十九世紀，「希臘人」一詞是一個種族標籤，或者說它指的是來自今天被稱為希臘的相當有限地區的一些家族群體，因為有些地區，如愛奧尼亞群島，在當時並不屬於新興的希臘王國，而且希臘人活躍在遠遠超出希臘本身的港口，特別是黑海之濱的奧德薩。這是一個更長、非常精彩故事的一部分：一八九四年，世界航運的一％由希臘人擁有，到了二十世紀末，這個數字已經上升到一六％（三千兩百五十一艘），希臘人擁有的商船隊成為世界上最大的商船隊，何況絕大多數希臘船隻都是掛著方便旗（賴比瑞亞、巴拿馬等國的旗幟），而不是希臘或賽普勒斯的旗幟航行。[38]

十九世紀初，隨著希臘商船航運的規模擴大，其重點主要在地中海，包括馬賽、亞歷山大港、的里雅斯特和利佛諾，主要航運家族來自希俄斯島（Chios），它在愛琴海東部的位置有助於解釋為什麼從奧德薩和其他港口出來的黑海穀物貿易成為希臘商人的主要生意。倫敦當然也在希臘商人的視線範圍內，希俄斯的貿易家族在倫敦有代理人，往往首先將醋栗等貨物運到利物浦，並將曼徹斯特的棉布運出英國，分銷到世界各地，但這並不是說載運這些貨物的船隻屬於希臘人。最強大的希俄斯商業世家——

拉利家族（Rallis）在紐約、孟買和加爾各答、奧德薩、特拉布宗（Trebizond）和君士坦丁堡都有代理人，他們是經銷商而不是航運商，為了運送貨物，經常從自己的圈子之外租船，他們經常取得奧地利或法國或英國的國籍，扮演各國領事的角色，就像摩加多爾的猶太商人那樣。他們的商業夥伴可能是其他希臘人，也可能是奧德薩的猶太人或黎巴嫩的亞美尼亞人。

拉利家族自稱是十一世紀為拜占庭效力的諾曼騎士拉烏爾（Raoul）的後裔，他們在錫羅斯島（Syros）經營，這是一座如今相當沉悶的愛琴海小島，在現代因為黏糊的牛軋糖而出名，但是（正如其富麗堂皇的十九世紀市政廳所顯示的）它曾處於希臘貿易世界的中心。在一八七〇年之後的幾年裡，權力和影響力轉移到以愛奧尼亞群島為基地的船東身上，他們把目光投向地中海和黑海之外。在第一次世界大戰之前的幾年裡，希臘擁有的船舶噸位逐漸增加，而輪船的數量成長更快，從一八六四年有四艘、一九〇〇年增加到一百九十一艘，再到一九一四年有四百零七艘。此外，在二十世紀的頭幾年，希臘船舶的噸位成長迅猛，從一九〇〇年的三十二萬七千噸成長到一九一四年的五十九萬兩千五百噸；一九一〇年，以總噸位計算，希臘船隊已經是歐洲第九大船隊，而英國遙遙領先，占世界總噸位的四五%。[39]第一次世界大戰對希臘的影響較輕微，因此在從戰爭的混亂中恢復元氣之後，希臘仍擁有足夠的基礎設施和技術，這也是希臘船東能夠展翅高飛，走向全球，而其他商船隊，如英國的商船隊，想要恢復就困難許多的原因。這留下一個空白，希臘人與挪威人，以及在一定程度上還有日本人，非常樂意填補。[40]希臘人成功的根源在於他們願意充當不定期船隊，在海上持續漫遊，在一個地方接收各種貨物，又在另一個地方卸下貨物。

五

十九世紀末及之後的一段時間，在歐洲的一些角落，比冠達郵輪的明輪船更舊式的船隻仍然很活躍。最好的例子是奧蘭群島（Åland Islands），它位於瑞典和芬蘭之間，自一九二一年以來是芬蘭主權下的自治領土。奧蘭群島的首府瑪麗港（Mariehamn）建於一八六一年，當時奧蘭群島處於俄國人的統治之下。在其歷史上的大部分時間裡，瑪麗港是一個安靜的地方，但它擁有一座深水港，內陸地區還可以供應造船用的優質木材。在一八五〇年至一九二〇年期間，有近三百艘船在奧蘭群島打造完成，還有六十艘是從芬蘭的造船廠購買。其中最大的是雄偉的帆船：一八六五年，奧蘭人將他們的第一艘船派往美國。一八八二年，一艘奧蘭船環遊世界，在薩摩亞裝載貨物。同時，奧蘭人抓住在國際市場上購買廉價帆船的機會，因為當時帆船正在被輪船淘汰，所以能用折舊的低價買到大量帆船（有現代的鐵製或鋼製船體）。蘇伊士運河開通之後，出現一條從歐洲到東印度的新快速航線，導致大量帆船被淘汰，奧蘭人就更容易買到便宜的帆船了；這些船是在格拉斯哥、不來梅港、利物浦和新斯科舍等地建造的。[41]就這樣，奧蘭人建立一個非凡的航線網絡，由奧蘭群島的公司管理，打著芬蘭旗幟從事木材、穀物和其他基本商品的貿易，遠至智利、加拿大、澳大利亞與南非。

這些公司不是由大資本家創辦的。到當時為止，最成功的奧蘭商人是古斯塔夫・艾瑞克森（Gustaf Erikson）。他出生於一八七二年，十歲就開始他的職涯，先是擔任船上的服務員，然後是廚師，逐步升為水手長、二副和船長。艾瑞克森擁有自己營運的第一艘船——三桅帆船「奧蘭號」（Åland）的部分產權。這艘船在太平洋撞上珊瑚礁後沉沒，因為船長沒有意識到附近的燈塔失靈了。艾瑞克森從這場災難中振作起來，但從不為他的船隻投保：「我有這麼多船，哪怕每年損失一艘也會比為所有的船投保更便宜。」[42]在艾瑞克森的職涯中曾擁有二十九艘船，在一九三〇年前後經營其中的二十艘。他對自己的船瞭若指掌，在奧蘭群島的辦公室裡掌控著航行的每一個環節，專營穀物運輸。他不屑爭取別人的好感，向員工支付盡可能低的工資，一心只想讓自己的生意成功。但在數十年裡，他是一位很受尊敬的航運商人，領導著一家了不起的世界性航運公司，將波羅的海和大西洋、印度洋、太平洋與南冰洋連接起來。

用帆船從世界的另一端運送糧食到歐洲，聽起來似乎不是可靠的生意，尤其是許多船隻從歐洲出航時沒有貨物，只攜帶壓艙物航行，這是因為缺乏可以在澳大利亞銷售的貨物。但是，盛行風能讓帆船以與輪船相當的速度航行到澳大利亞，並且可以直接穿越大洋，而不像輪船那樣需要補充燃料。這些帆船的旅程特別令人印象深刻的是，它們是環遊世界的航行，只有一個主要的停靠點，即澳大利亞。通常的路線是駕駛大型鐵身帆船繞過蘇格蘭頂端，然後橫跨大西洋，途經維德角群島，航向巴西海岸。在那裡，水手們以典型方式尋找合適的風向，經過好望角，穿越廣闊的南印度洋，到達南澳州的斯潘塞灣（Spencer Gulf）。這片水域與阿德萊德灣（Adelaide Bay）之間有一段陸地相隔，港口設施非常簡陋，與墨爾本、雪梨甚至阿德萊德的繁華相去甚遠。但斯潘塞灣距離穀物產地更近，而且使用帆船可以輕鬆因應海灣的風和水流，避免將穀物運到一百英里左右之外的阿德萊德，再用輪船運走的麻煩。水手們在斯潘塞灣裝好糧食，然後從紐西蘭以南向合恩角前進。一般來說，從太平洋向東航行時，合恩角比其他方向更容易因應：艾瑞克・紐比（Eric Newby）報告，他在一九三九年乘坐艾瑞克森的大型鐵身帆船「莫舒魯號」（Moshulu）繞過合恩角時，遇到雨和雪，但他也說，「海面並不洶湧，但水面有巨大的蹺蹺板式顛簸」，而且「寒冷刺骨」。此後，大型鐵身帆船沿著一條曲折的路線向北穿過大西洋，到達康沃爾的法爾茅斯或愛爾蘭南部的科夫（Cobh，女王鎮〔Queenstown〕）。這些都是「訂貨港」，船長在那裡會收到關於誰購買糧食的指示（因為糧食是提前出售，有時還會轉賣和再轉賣），以及他應該把船開到哪裡卸貨，可能是布里斯托、利物浦、格拉斯哥、都柏林或其他英國或愛爾蘭港口。抵達最終目的地後，他們才卸下糧食，這是一個緩慢的過程，因為糧食裝在袋子裡，一艘大型鐵身帆船上可能有多達五萬個糧袋。[43]

奧蘭人對這些航行感到非常自豪：一九三〇年代，奧蘭人的大型鐵身帆船在從澳大利亞到不列顛群島的航行中互相競賽，一九三三年的紀錄是八十三天，有一艘船用了幾乎兩倍的時間，是倒數第一名。[44]這些競賽也有實際意義：晚到意味著沒有時間回奧蘭群島看望家人，然後就不得不再次啟程前往澳大利亞。艾瑞克森船隊以餐飲品質相對較好而聞名，甚至還吸引少量的乘客。[45]雖然也有競爭對手，包括德國和瑞典的大型鐵身帆船，但艾瑞克森商船隊非常成功。

這些業務隨著一九三九年戰爭爆發而結束，在戰後也只有短暫的復甦。總之，奧蘭群島航運網絡令人印象深刻的一點是，島民能夠以純粹外來者的身分，使用久經考驗的舊式技術打入英國和愛爾蘭的糧食貿易。奧蘭群島航運網絡留存至今的遺跡不多：令人印象深刻又被精心保存的大型鐵身帆船「波美拉尼亞號」（Pommern），今天是位於瑪麗港的奧蘭海事博物館的一部分；而德國建造的「帕薩特號」

（Passat）則由艾瑞克森於一九三二年購得，並一直使用到一九四九年，今天是年輕人用的訓練船，一動也不動地停在從特拉沃明德（Travemünde）通往呂貝克的河口。

第五十章　戰爭與和平，以及更多的戰爭

一

歷史學家從一九九〇年代才開始探討「全球化」，他們對這個概念的含義和適用性的看法也不盡相同。有些經濟史學家認為「全球化」這個概念具有誤導性，將人們的注意力從真正重要的問題上轉移了。我們很難不同意這種意見，如果「全球化」這個詞彙有那麼多的含義，那麼關於「全球化從何時開始」的辯論就不可能會產生令人滿意的結果。[1] 連接埃及與南印度的古希臘羅馬貿易，是否意味著早在一世紀就有了某種形式的全球化？當我們看到一些相距甚遠的地區，其經濟相互依存時，使用「全球化」這個詞彙才是最有意義的，例如當中國中部的陶藝家不遺餘力地滿足荷蘭或丹麥客戶對商品特定設計的要求時。即便如此，有些貿易也比其他貿易更加「全球化」：羅馬胡椒貿易、中國瓷器貿易、蔗糖貿易或茶葉貿易的巨大規模和影響範圍就是很好的例子，說明貿易關係是全方位的，不僅影響到精英，也影響到地位不高的人，包括工匠和奴隸。因此，我們或許可以將「全球化」描述為跨越巨大空間的經濟一體化過程。不過，無論人們對十八世紀晚期和十九世紀工業革命之前的幾個世紀有什麼說法，十九

世紀和二十世紀的全球一體化是更複雜的現象。二十世紀初，觀察家認為，「鐵路、輪船和電報正在迅速地動員地球上的各民族」。[2]通訊革命不僅發生在海上，而且發生在與輪船出發的海港取得聯繫的方式上。與此同時，還有其他的跨海通訊手段，首先是前文已經提到的洲際電纜。

在經濟史學家凱文．奧羅克（Kevin O'Rourke）看來，「多個市場發生一體化的一個標誌是，它們的價格相互關聯起來」。他觀察一九〇〇年左右的跨大西洋小麥貿易，並分析在英國出售的小麥和在北美出售的小麥之間的價格差距，得出的結論是在二十世紀初可以觀察到程度顯著的全球化。部分原因是人們使用輪船運輸貨物，以及總體運輸成本的下降。英國對美國小麥的需求在第一次世界大戰期間「爆炸」了（這是奧羅克的說法）。不過，這場戰爭標誌著全世界經濟收斂（economic convergence）時期的結束，直到第二次世界大戰之後，隨著對資本流動的管控在市場壓力下被放鬆，一體化進程才得以成功恢復。從人類的視角來看，十九世紀晚期是一個自由流動的時期，這是全球化的另一個可能跡象。但在二十世紀初，全球化受到一些國家的政府（不一定是出於經濟原因）施加限制的挑戰，特別是美國政府，忘記寫在自由女神像上的話。[3]奧羅克的論點雖然有說服力，但是依賴對全球化的某種特殊定義，而二〇〇〇年前後的新全球化，基於電腦時代驚人的技術成就，無疑與一九〇〇年前後的全球化有著不同的特點。

不過在二十世紀，遠洋運輸的性質發生徹底轉變：二十世紀初，郵輪公司得到發展；在噴射機跨洋交通變得安全之後，遠洋輪船的客運服務就消失了；最重要的是，貨櫃革命使得透過港口發送貨物成為可能，而不需要在港口卸貨，結果之一是鹿特丹和費利克斯托（Felixstowe）等新港口或復興的舊港口

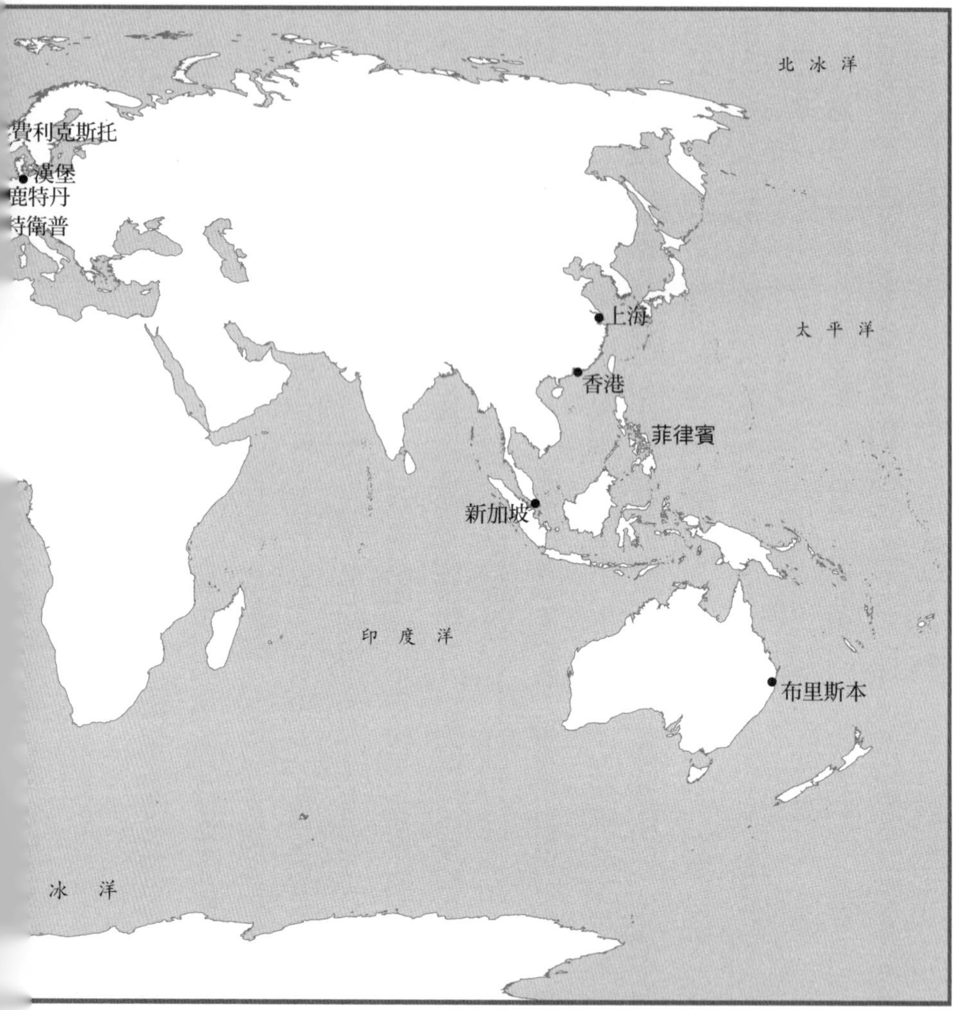

崛起，而利物浦與倫敦等舊港口被淘汰。隨著海上貿易規模的成倍增長，世界各地人們（大部分在遠離海岸的地方）的生活也發生決定性變化。

如果不考慮到鐵路和港口，就無法理解這些變化。十九世紀末，從內陸運輸貨物越來越容易，再加上漢堡、安特衛普和

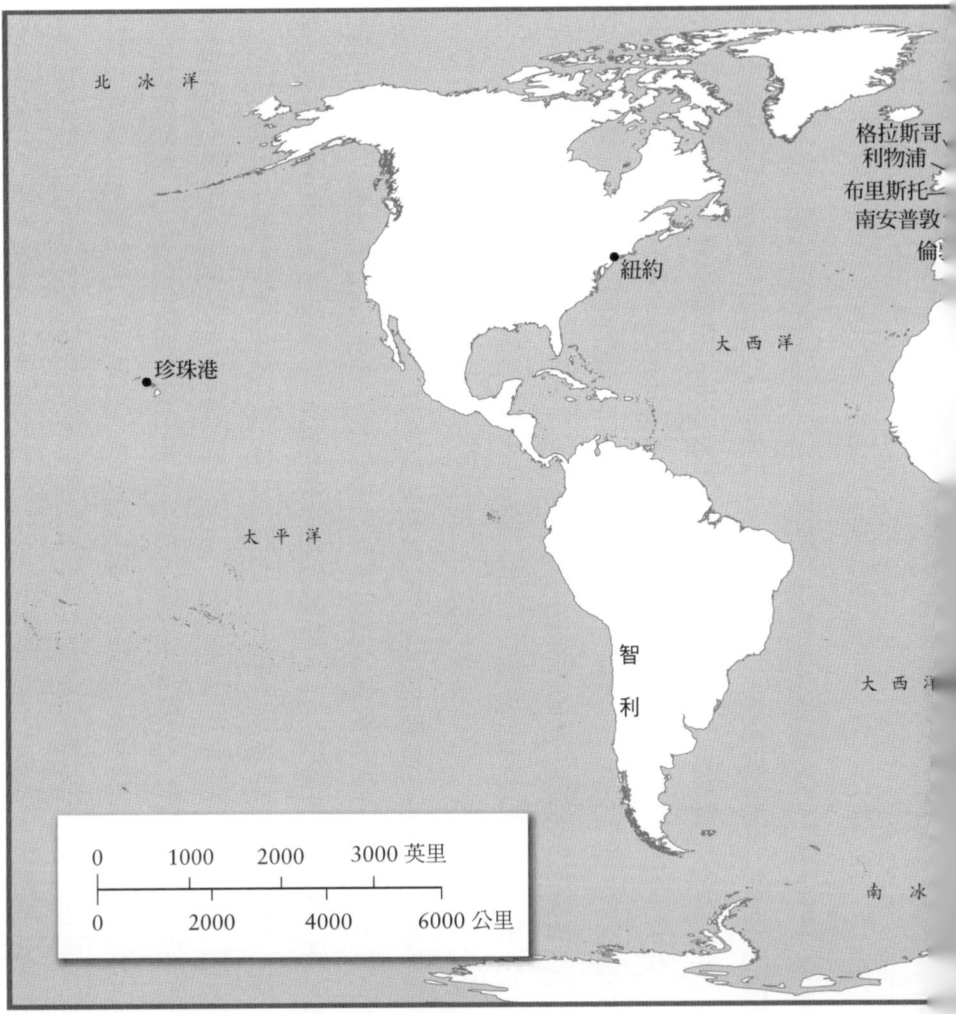

鹿特丹靠近深入歐洲河系的出海口，這幾座港口城市就有了明顯的優勢。當荷蘭人建造一條新的出海水道時，它們的優勢就更大了。比利時的解決方案是，建立一個至今仍是歐洲最密集的鐵路網。[4]安特衛普最宏偉的建築之一就是火車站，這並非沒有道理。航運為比利時和荷蘭帶來的利益幾乎是不可估量的，因為它們與漢堡一起成為德國重工業產品的出口點，鹿特丹至今仍然如此。因此，比利時和荷蘭這兩個到當時為止還不算特別富裕的小國，得到極大的經濟刺激。[5]鹿特丹更適合聯繫德國西部的城市中心和工廠，而漢堡更依賴德國東部與更東方的土地，那些地方的工業化程度較低，或者根本沒有工業化。不過，漢堡本身就是一個繁忙的工業中心，擁有興盛的冶煉業，在希特勒上臺時，漢堡的人口接近兩百萬。

漢堡的貿易聯繫遠至智利，早在一八四七年，漢堡的福維克（Vorwerk）貿易公司就在智利推展業務，同時漢堡與巴西和阿根廷也有非常密切的聯繫。一九二四年，漢堡興建一棟被稱為「智利大樓」（Chilehaus）的大型辦公大樓，其前衛的風格被稱為磚塊表現主義（Brick Expressionism）。[6]荷蘭人也不甘示弱，在鹿特丹大量投資，疏浚新航道，建造供船隻停泊和卸貨的大型內港。[7]在激烈的競爭中，這三個港口（漢堡、安特衛普和鹿特丹）飛快地改良自己的設施，決心盡可能地吸引最大的交通量。越來越大的港口輸送量刺激了福維克等公司，它們努力增加與南美、南非和遠東的貿易額。

儘管紐約也是非常成功的港口，處理的貨物規模也很大，但北歐的幾個港口加在一起，主導全世界的海上交通。如果考慮到英國的作用，這一點就會更清楚：一九一四年，英國擁有超過八千五百艘輪船，總噸位達一千九百萬噸，占全世界總噸位的五分之二。二十世紀上半葉，倫敦一直是歐洲最大的港口，但這個「最大」的衡量標準是港口的規模，而不是它處理的貨物量。不過在二十世紀初，特別是如果算進利物浦的話，英國在海上的主導地位是不可撼動的。英國擁有最大和最強的海軍、擁有最大與最成功的商船隊，也是極富盛名的客運公司所在地（儘管荷美郵輪公司〔Holland-Amerika Line〕和德國的漢堡－美洲航運公司發展迅速），英國的客運公司在第一次世界大戰前夕比世界上任何其他航運公司都大，擁有百萬噸級的船隊。[8]在戰爭爆發之前的數十年裡，這些情況已經讓德國人深感不安。德國海軍將領馮．鐵必制（von Tirpitz）決心建立一支超越英國的艦隊。他在一八九七年表示：「對德國來說，目前海上最大的敵人是英國。」（für Deutschland ist zur Zeit der gefährlichste Gegner zur See England）[9]不過我們或許可以說，英國之所以會成為德國的敵人，只是因為鐵必制希望如此。

二

我們可以從許多角度來審視兩次世界大戰的海洋史，最明顯的是從海戰的角度。但本章採用的是航運公司的視角，特別是那些總部設在英國的航運公司，如藍煙囪航運公司、冠達郵輪和鐵行輪船公司，這樣就能看到戰爭是如何為航運業帶來災難和利潤。對戰前和戰後的情況作比較，有助於解釋這些公司的生存、危機與復興。儘管第一次世界大戰極大地擾亂英國的海外貿易，但是德國潛艇對英國航運的攻擊產生的影響，小於英國艦隊對海洋的持續控制的影響，英國對德國的海上封鎖，使得德國難以獲得戰爭所需的物資。英國的物資供給能力在很大程度上取決於海運，而英國繼續統治著大海；一九一四年，英國七九％的糧食和四〇％的肉類都是透過進口，而一些產品，如糖，仍然完全在海外生產。英國政府保留徵用商船用於軍事用途的權利，並逐漸更嚴格地執行這個規則。但很明顯地，商船的主要作用必須是為英國提供物資，包括從加拿大和美國運來大量的小麥。航運公司被指責從戰爭中獲得過多的利潤，部分原因是它們開始收取更高的運費。一些公司，如利物浦的藍煙囪航運公司，利潤激增，損失相對較小；冠達郵輪則在一九〇九年至一九一九年期間，將船隊的噸位增加一倍，資產飆升至一千五百萬英鎊。即便如此，英國船舶有三分之一的噸位還是消失在海浪之下，特別是在德國人開發攻擊力強大的攜帶致命魚雷的潛艇之後。一位英國海軍將領對使用隱藏在海面下船隻的評價是：「太該死的違背英國人的習慣了。」潛艇並不是唯一的威脅，敵人的水雷也擋住商船的去路。[10]

海軍史學家可能會爭論，在一九一六年五月底的日德蘭海戰中，哪一方占了上風，但關鍵的考慮是戰役的結果：事實證明，德國無法打破英國在海上的統治地位。德國既不能扼制英倫三島，也無法為自己的帝國艦隊和商船隊開闢大西洋水域。德國人需要仔細考慮的是，他們不僅對英國航運，而且對美國航運構成威脅。伍德羅·威爾遜（Woodrow Wilson）很不願意讓美國捲入這場可能太容易被算作歐洲事務的戰爭，但是如果德國人攻擊美國船隻，肯定會促使美國參戰。一九一五年五月，「盧西塔尼亞號」（Lusitania）在愛爾蘭附近沉沒，造成一千多人死亡，其中有許多是美國人，導致美國的輿論變得強硬；德國的反駁是，它已經宣布大西洋的大部分海域為戰區；已經警告美國公民，他們在大西洋的安全無法得到保證。即便如此，美國又花了兩年的時間才加入戰鬥。美國人擔心的事情化為現實：商船遭受人類歷史上前所未有的無情攻擊。一九一七年二月至五月，有兩百五十萬噸的船隻被擊沉，鐵行輪船公司在這一年損失了四十四艘船。大西洋是最危險的海域，受到德國潛艇的騷擾，而在印度洋和太平洋經營的英國公司於戰爭期間獲得可觀的利潤。[11]德國人因為缺乏鎢和鎳等重要金屬，不得不讓機器閒置；普通德國人的食物攝入量雖然勉強足夠，但更多是在吃蕪菁，而不是吃香腸，造成民眾士氣低落。

第一次世界大戰表明，全球經濟體（大英帝國是其中的典範）在戰時是很脆弱的。人們還發現，一旦敵人掌握製造潛艇的技術，重型戰列艦就非常脆弱。對德國來說，海上的失敗是災難性的。在戰爭期間，德國失去一半的商船，在《凡爾賽條約》（Treaty of Versailles）的苛刻條款下，又失去剩餘的大部分商船。戰爭結束幾年之後，掛著威瑪共和國旗幟的船舶甚至不到全世界總數的一%。不過這些數字也提醒了英國，本身的損失也非常嚴重：三七%的商船，總噸位至少有七百萬噸，也許有九百萬噸，葬身大海。[12]從這個角度來看，經濟史學家認為戰後的「全球化」程度低於戰爭爆發前的時期，就並不奇怪了。一九二〇年，全球海上貿易總額已經下降到比戰前低五分之一的水準。[13]

三

戰後的情況並不全是黯淡的。航運業確實發生緩慢的復甦，不過又遭受經濟大蕭條的沉重打擊。有一個受益的國家是日本：在第一次世界大戰期間，日本是英國的盟友，甚至向地中海派遣軍艦，但一戰對日本的重要性還在於它為日本帝國帶來的經驗：日本的艦隊和商船隊繼續成長，總噸位從一戰前夕的一百七十萬噸提高到戰爭結束時的近三百萬噸。在接下來二十年裡，日本商船隊的規模加倍成長；到了一九三九年，日本商船隊占世界總噸位的一三%。[14]其他國家的情況則差得多：一九三二年，德國和荷蘭的商船約有三分之一不能運作。有一、兩個地方在經濟大蕭條期間，甚至出現繁榮。香港在經濟大蕭條最嚴重的時期，接收總計兩千萬噸的船舶，而新加坡在馬來橡膠業持續擴張的幫助下，也發展得很好。參與航運業的各方，包括政府和公司，竭盡全力投資新的港口設施，甚至（如下文所示）透過訂購並建造新的客船和貨船來刺激航運業。[15]

從英國航運公司的角度來看，戰後出現一些重大變化。有一些航運公司合併了，新企業經營著龐大的船隊。一九二二年，凱爾森特皇家郵政（Kylsant Royal Mail）擁有超過七百艘船，總噸位超過兩百五十萬噸，但是該公司已經過度擴張。隔年，凱爾森特皇家郵政在醜聞中倒閉了。凱爾森特（Kylsant）勛爵遭指控篡改帳目，使公司的財務狀況看起來比實際情況好得多。在一場轟動全國的審判之後，他被關進一座英國監獄。他是全球商業不景氣的受害者，也是一個誤入歧途、野心膨脹的董事長。黑雲壓城城欲摧，全球商船隊的承運能力嚴重過剩，使得航運業特別脆弱。預示著經濟大蕭條的不景氣現象，讓問題更加嚴重。一九三一年十一月，鐵行輪船公司董事長英奇凱普（Inchcape）勛爵寫道：「我從未見過像我們在過去十八個月裡經歷那樣的蕭條。看到輪船持續離開倫敦……帶著數千噸的閒置空間，與過去的日子大相徑庭，真令人心痛。」[16]

航運技術方面有一個積極的發展。柴油引擎投入使用了，它消耗的燃料更少，不過需要的燃油更貴。但是，這減少航運業對分散於全球各地的煤倉的依賴。人們並不急著使用石油：丹麥東印度公司在第一次世界大戰之前就使用燃油驅動的船隻，但在英國，繼續使用煤炭的誘惑力特別大，因為廉價的威爾斯煤唾手可得。一九二六年，冠達郵輪的管理階層在考慮，如果油價繼續上漲，是否要將公司的一些船隻改回使用煤炭。降低燃油船成本的一個辦法是，在機房僱用中國人或遠東其他地區的勞工，因為公司付給這些工人的工資只有歐洲工人的一半，這種情況至今在郵輪上仍然普遍存在。[17]另一個辦法則是

58. 1692 年 6 月 7 日正午，嚴重的地震和海嘯摧毀英屬牙買加首府皇家港，導致四千人死亡。

59. 十七世紀初，荷蘭東印度公司從一位南印度統治者那裡獲得特蘭奎巴要塞。公司的大部分生意是印度洋與南海範圍內的「在地貿易」。

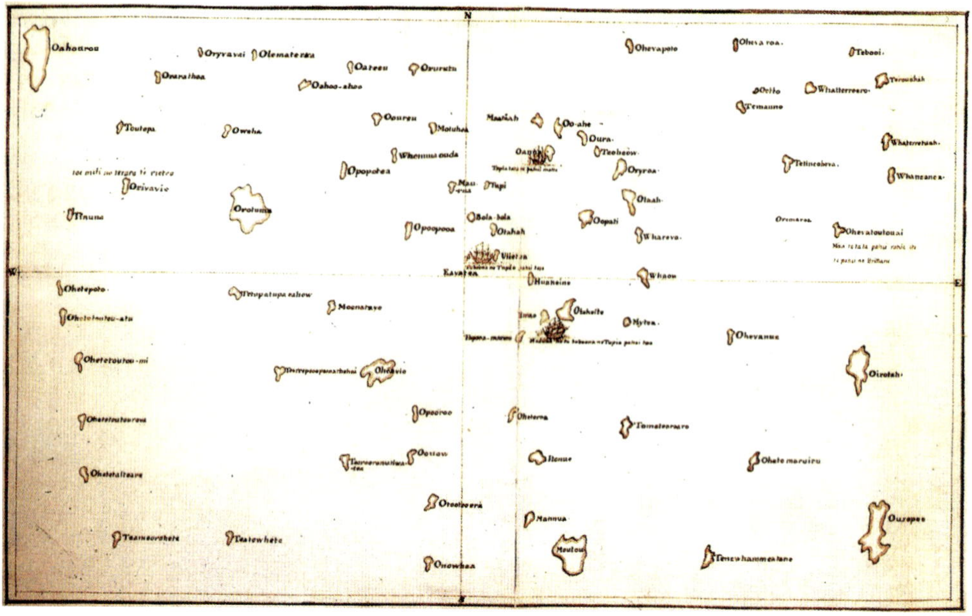

60. 玻里尼西亞航海家圖帕伊亞陪伴庫克船長周遊太平洋諸島。圖帕伊亞根據記憶繪製非常詳細的地圖，但他不知道夏威夷和紐西蘭。

61. 夏威夷國王卡美哈梅哈一世建立一支歐式船隻組成的艦隊。1791 年，他在紅嘴炮之戰中打敗競爭對手。此時大多數夏威夷人用的還是傳統船隻。注意：卡美哈梅哈一世的對手使用的爪形帆，與圖 1 中的帆類似。

62. 1658 年，克倫威爾的兒子和短暫繼承者理查・克倫威爾授權英國東印度公司定居聖赫勒拿島，它後來成為英國跨大洋行動的補給站。

63. 廣州洋行展示各自的旗幟。這幅畫出自 1820 年左右，圖中可見英國、瑞典、美國和其他國家的國旗。

64. 海軍准將佩里於 1853 年造訪日本，僅僅將日本的大門打開一條小縫，但他的鐵甲明輪船讓日本人興趣盎然。

65. 新加坡河的河口兩側有許多倉庫，存放著印度洋與南海之間透過新加坡港運輸的各種商品。

66. 右側白色房屋是摩加多爾（索維拉）猶太商人的家宅，他們掌控著從英國到摩洛哥的茶葉貿易，可以從王宮區的窗戶眺望碼頭，他們的貨物就在那裡卸載。

67. 二十世紀初在利物浦港建造的宏偉建築，包括皇家利物浦大廈和冠達大廈。那時是利物浦的黃金時代。

68. 上海外灘熙熙攘攘的街道的風格與利物浦碼頭區類似，有許多銀行和貿易公司，最右側是宏偉的沙遜大廈。

69. 即便在輪船普及之後，運送茶葉、糧食和郵件的飛剪式帆船仍在航行，駛向位於中國與澳大利亞的裝貨港，然後返回歐洲。圖中是 1850 年代的「海洋酋長號」在前往澳大利亞的航行中。

70. 冠達白星公司的驕傲——「瑪麗王后號」於 1938 年 8 月 8 日抵達紐約。兩次世界大戰之間的歲月是遠洋客輪興盛的年代。

71. 本書寫作時，全世界最大的郵輪「海洋魅麗號」，可搭載超過七千名乘客。

72. 本書寫作時，全世界最大的貨櫃船「中海環球號」，可載運超過一萬九千個標準貨櫃。

在油料特別便宜的地方獲取燃油，比如亞丁。

航運業的一些部門也受到戰後世界的政治變革的衝擊。冠達郵輪面臨的最嚴重情況之一是，美國對移民的政策性限制越來越嚴格。美國的立國之本在於它的所有公民（不包括被無視的美洲原住民）都是移民的後裔，但卻陷入種族主義的泥淖，特別是反猶太主義的政策：一九二一年，美國國會下令移民人數將被限制在一九一〇年人口普查時，居住在美國的每個民族人口的三％。來自東歐部分地區的移民特別受到影響，因為從這些地區流向紐約東城廉價公寓的移民越來越多。一九二三年，美國國會頒布一項新的法律。根據這項法律，移民標準並非依據一九一〇年的人口普查，而是由一八九〇年的人口普查來確定，這進一步限制來自東歐的人數。對航運公司造成的結果是，長期以來由乘坐統艙的移民主導的客運量急劇下降：一九二一年，冠達郵輪滿意地將近五萬名三等艙乘客從不列顛群島運送到美國；隔年，統艙乘客連三萬五千人都不到。據報導，「我們許多航次的三等艙空間都比較空」。不用說，航運公司向英國政府施壓，要求政府勸說華盛頓方面減少限制性措施，而且如果以一八九〇年的人口普查作為參照，意味著美國可以接納稍多的英國和愛爾蘭移民。一九二九年，美國國會重新斟酌；這一次，一九二〇年的人口普查成為衡量標準，這對來自英國的移民大為有利，但大幅削減來自新成立的愛爾蘭自由邦和德國的移民配額。冠達郵輪一直以來不僅運送來自不列顛群島的移民，還運送許多從歐洲大陸和斯堪地那維亞半島到英國過境，前往美國的移民。因此，冠達郵輪不得不想辦法實現多樣化。其他國家的競爭對手也是如此，特別是德國的漢堡－美洲航運公司，它開發一個旅遊部門。熱情的德國遊客可以乘船前往美國、古巴或墨西哥，進行探險和學習之旅，而法國大西洋海運公司（CGT）則開始在法國統治下的馬格里布的大片地區投資旅館。[18]

冠達郵輪看到這一切，明白競爭對手在另一種形式的大西洋客運中具有明顯優勢：更專注於頭等艙和二等艙住宿與服務的特快班輪服務。因此，冠達郵輪決定開始建造新船，這也意味著有機會用燃油取代煤炭。這個建造計畫在一九二二年順利展開，在三年內，該公司就開通十條航線，將南安普敦、利物浦、倫敦和布里斯托與美國連接起來，甚至還有從漢堡與荷蘭港口前往美國的航線。冠達郵輪的舊船，包括以前的德國船「皇帝號」（Imperator，是一艘巨輪，現在被稱為「貝倫加麗亞號」〔Berengaria〕），對頭等艙進行改造，使乘客可以享受私人浴室和隨時不限量供應的熱水；但是大西洋航線上的競爭仍然很激烈。冠達郵輪也沒有忽視那些不太富裕的乘客，他們在過去一直在船身深處的宿舍裡，忍受著統艙的住宿條件。一種新的三等艙，即「遊客艙」出現了，部分是針對越來越多到美國旅遊的人。遊客艙提供比三等艙更好的住宿條件，相當於現代飛機的優質經濟艙。[19]

經濟大蕭條結束後，冠達郵輪的財務狀況仍然險象環生。拯救它的是新建造的皇家郵輪「瑪麗王后號」（Queen Mary），儘管這最初看起來似乎是一場巨大的潛在災難。該船的建造工程在一九三六年開始，不過當時所謂「五三四號船體」的打造是從一九三〇年底開始。該計畫是要推出一艘不同凡響的船：它將比任何競爭對手都更大、更快、更豪華、動力更強，而且將與一艘姊妹船一起，實現南安普敦、瑟堡（Cherbourg）和紐約之間的每週服務（姊妹船「伊莉莎白王后號」〔Queen Elizabeth〕在第二次世界大戰爆發時仍未完工）。從長遠來看，使用一艘大船而不是幾艘小船可能是比較經濟的，法國大西洋海運公司在推出超大型客輪「諾曼第號」（Normandie）時也有同樣的考慮。「瑪麗王后號」的建造工程在經濟大蕭條期間停止了，直到英國政府提供高達四百五十萬英鎊的貸款才得以恢復。英國政府將其視為一種威望產品，使得冠達郵輪能在跨大西洋客運航線上超越德國和法國的競爭對手。不過，英國政府出資有一個重要的條件：冠達郵輪將與白星航運（White Star Line）合併。白星航運是冠達郵輪的老對手，也是命運悲慘的「鐵達尼號」的經營者，該公司當時正處於財務困境，與「五三四號船體」競爭的工程也已暫停。兩家公司在一九三四年合併，成為冠達白星公司（Cunard White Star），這一年「瑪麗王后號」在克萊德河（River Clyde）下水。[20]這不是政府深度干預航運公司的孤例：荷蘭和德國的航運公司也得到政府支持，而在德國，政府的干預更進一步，猶太人被強迫離開在漢堡－美洲航運公司的職位：「猶太人的身分被從該公司的集體記憶中清除，但是實際上如果沒有猶太人的參與，該公司就不會有任何有意義的歷史。」[21]

冠達白星公司董事長珀西·貝茲（Percy Bates）爵士回顧「瑪麗王后號」在一九四一年的表現，當時它和「伊莉莎白王后號」（Queen Elizabeth）都被改裝成運兵船。他對「瑪麗王后號」短暫而輝煌的戰前生涯，充滿自豪和懷念：

> 我想，現在是時候對「瑪麗王后號」的財務績效作更多介紹了。它作為英國造船業的傑作而廣為人知。人們可能沒有意識到，在財務上，它從一開始就非常成功，因為航海工程技術方面的進步，讓「瑪麗王后號」成功參與跨大西洋運輸的新經濟。一九二二年，美國《移民配額法》（Immigration Quota Law）的全部影響力首次顯現，從此以後，沒有一艘輪船像「瑪麗王后號」這樣，在連續十

二個月內賺這麼多錢。[22]

不過，也不單純是利潤的問題。「瑪麗王后號」展示建造和駕駛它航行的那個海洋國家的威望。這也是促使英國政府為其建造投入巨款的原因，更不用說這兩艘巨輪的建造為蘇格蘭西部經濟帶來的刺激。不僅在英國，而且在法國、德國和其他地方，人們為走出經濟蕭條的深淵做出巨大的努力。到第二次世界大戰前夕，這些努力已經取得一些效果。誠然，利物浦正逐漸喪失作為一個英國港口的卓越地位，但這意味著港口業務正被分散到英國的其他地方，如南安普敦和布里斯托。[23]現在需要研究的是，真正涵蓋幾乎整個地球的第二次世界大戰爆發，將會如何影響這個局面。

四

與第一次世界大戰相比，第二次世界大戰的海洋史呈現出一種悖論。即使第一次世界大戰是在巴爾幹半島深處觸發，但正如鐵必制的英國威脅論表明的，海權一直是德國人在一戰前夕主要關心的問題。在一戰期間，儘管商船損失慘重，但海上的衝突基本上局限於大西洋。而在一九三九年，英國綏靖主義者認為，英國應該抓住機會，讓希特勒在歐洲大陸為所欲為，這樣一來，他就不會干擾英國對海洋的控制。當英國與德國之間真的爆發戰爭，並且日本站在德國一方投入戰爭時，這場戰爭變成一場真正的全球性衝突，囊括三個大洋，並見證英國在遠東最寶貴的幾個基地的淪陷，特別是香港（一九四一年耶誕節）和新加坡（一九四二年二月十五日）。一戰期間，在遠東經營的英國航運公司的貿易網絡往往是繁榮的，而在二戰期間卻被徹底粉碎，甚至澳大利亞也遭到日本攻擊。藍煙囪航運公司失去遠東基地，而這些基地是它長久以來成功的泉源。[24]

二戰期間的海上衝突也比第一批德國潛艇的時代更加凶險：不僅潛艇技術突飛猛進，而且強力的空中力量加入，意味著對船隻的攻擊不再僅僅由其他船隻發動，無論是水面艦艇還是潛艇。不僅同盟國的商船隊，而且中立國（包括遲遲沒有參戰的美國）的商船隊，都大規模暴露在德國和日本的火力之下。這也意味著英國的食品與基本工業品供給，受到持續和嚴重的威脅，威脅程度遠遠高於一九一四年至一九一八年。在二戰初期，一些完善的供給路線無法使用，比如英國向埃及及派遣軍隊，需要進行繞過非洲的遠端航行。[25]

法國淪陷後，德國人徵用法國的大部分商船。被德國人征服的其他國家商船的命運很複雜。在希特勒入侵挪威後，大部分挪威商船都轉移到英國，許多荷蘭船隻也是如此，畢竟水手們有機動性強的優勢。在某種程度上，同盟國在海上的損失得到美國的補償，首先美國幫助維持通往英國的補給線暢通，然後在珍珠港事件之後，美國造船廠瘋狂地建造船舶，將其租借給英國。即便如此，二戰期間同盟國仍有兩千一百萬噸商船被毀，其中約一千五百萬噸（近四千八百艘）是德國潛艇攻擊的受害者。商船水手們表現出非凡的勇氣，他們充分意識到巨大的風險，於是在大洋上以「之」字形行駛，試圖避開德國潛艇。[26]在太平洋，爭奪海路控制權的鬥爭形態與大西洋不同。在這裡，美國艦隊決心封鎖日本在其強行建立的「大東亞共榮圈」內的貿易。到珍珠港事件發生時，「大東亞共榮圈」已經囊括日本統治下的中國和東南亞的大片海岸。美國人利用潛艇和空中力量，摧毀從中國運輸鐵、煤及石油到日本，或者從馬來半島占領區運輸橡膠到日本的船隻，還攻擊從德國前往日本的滿載機器和化學品的長途運輸船。

英國航運公司在戰爭中發揮重要作用，即使它們的船舶現在處於政府的營運控制之下。根據一九三九年八月二十六日，即戰爭實際爆發一個多星期之前發布的命令，英國海軍部「對商船的航行進行強制控制」，最初是在北海、波羅的海、地中海和大西洋。德國人也做好準備，將「施佩伯爵號」（Graf Spee）和「德意志號」（Deutschland）袖珍戰列艦派往大西洋，並將全部五十七艘潛艇中的三十九艘部署到英國沿海。在戰爭的第一天，德國潛艇對一艘英國遠洋客輪的致命攻擊，讓英國政府意識到，德國人並不打算遵守任何保護非戰鬥人員的戰爭規則。於是英國人立即組織武裝護航船隊，卻缺乏足夠的資源來護送船隻深入大西洋。這個問題由於前一年英國放棄在愛爾蘭自由邦海岸的兩個海軍基地而變得更加複雜，意味著英國船隻不得不在沒有保護的情況下，航行經過愛爾蘭水域的危險地帶。德國水雷（其中有一些是磁性水雷，可以吸附在船體上）是比潛艇更大的威脅；光是在一九三九年，就有七十八艘船（總計超過二十五萬噸）遭德國水雷炸毀。

當德國空軍在一九三九年十二月開始攻擊英國航運時，英國海軍部努力為商船配備高射炮；在這方面，英國人的確有遠見，但真正有效的高射炮是從瑞士訂購的，而在法國淪陷後，英國人就無法從瑞士獲得高射炮。這意味著英國不得不自行製造高射炮或從美國購買，但局勢是如此糟糕，以至於一些商船僅僅得到由歷史悠久的布洛克公司（Brock's）製造的煙火，希望德國飛行員（從來不擅長識別海上漂浮的東西）會把它們看成高射炮的炮火。另一個問題是，英國皇家空軍似乎並不熱衷與海軍部協調配合。傳統的軍種競爭在這裡也產生影響。這意味著沒有英國飛機為英國海岸以外的船隻提供掩護。另一方面，英國人對商船航行的預先籌劃，確保有足夠的船隻從一九三九年九月九日起將英國遠征軍渡過海峽運往法國。此外，英國人在追蹤和摧毀德國潛艇方面取得一些成功，不過德國造船廠瘋狂地製造新的潛艇進行補充。[27]然後，英國皇家海軍的一部分不得不部署到地中海，對付利用法國戰敗的機會加入希特勒陣營的貝尼托·墨索里尼（Benito Mussolini）。[28]上述只是戰爭開始時的艱困狀況；英國商船隊在面對通常看來具有壓倒性的強大敵人時表現的堅忍不拔，是世界航海史上無與倫比的典範。

四家航運公司（三家是英國公司、一家源自挪威）的經歷，說明航運公司在二戰期間面臨的困難。我們已經看到英國政府徵用「瑪麗王后號」和「伊莉莎白王后號」作為運兵船；在戰爭爆發之前，英國政府就已經徵用冠達郵輪的十艘較小船隻。「瑪麗王后號」的問題是被困在紐約，而「伊莉莎白王后號」還在格拉斯哥郊外的造船廠裡，等待對船艙和公共空間的大量施工。「伊莉莎白王后號」的首航是一個非同尋常的事件：它被送到紐約進行裝配，然後前往雪梨，與「瑪麗王后號」會合。這兩艘船都運送數十萬官兵，起初是運送澳大利亞人前往中東，然後從一九四二年起，運送美國大兵前往歐洲，研究冠達郵輪的歷史學家稱這是「軍隊運輸史上無與倫比的成就」。當這兩艘船穿越大西洋時，每艘船都能承載一萬五千人，相當於一個步兵師，所以不足為奇的是，德國潛艇指揮官競相緝捕這些巨輪，而敵方特工則是密謀破壞。[29]

鐵行輪船公司還不得不向英國政府移交那些配備布林戰爭之前時代的八英寸或六英寸口徑大炮的船隻，而這種舊式火炮對德國潛艇沒有什麼用。到了一九三九年底，第一批被徵用的鐵行輪船公司船隻之一的「拉瓦爾品第號」（Rawalpindi），在冰島和法羅群島之間的一次絕望交鋒中，勇敢地試圖攻擊強大的德國巡洋艦「沙恩霍斯特號」（Scharnhorst），這當然是無望的，卻並非徒勞，英國首相在下議院稱讚「拉瓦爾品第號」的水手「激勵了後人」。後來光是鐵行輪船公司的船隊就損失很多人。鐵行輪船公司的運兵船大量參與一九四二年十一月的北非登陸作戰，即「火炬行動」（Operation Torch），但是顯然該公司的遠東業務已經停擺，[30]那些在位於遠東的英國基地營運的公司更是如此。

在香港和上海營運的瓦勒姆（Wallem）航運公司被迫向日本人交出六艘船，不過其他船隻則逃到印度或澳大利亞。事實證明，該公司的挪威淵源和員工部分由挪威人組成是一個優勢，因為挪威人起初可以自由做生意，但是當然生意比以前少多了。瓦勒姆航運公司在香港的辦事處關閉了，一些工作人員被日本人抓走。總會計師肯尼斯．納爾遜（Kenneth Nelson）是一個運氣絕佳的倖存者：他被安置在一艘載著超過一千八百名俘虜的船上，但是日本人沒有在這艘船上塗上紅十字標誌，因此盟軍對它發射魚雷。納爾遜透過魚雷留下的缺口逃出沉船，游上岸後才發現自己到了日本占領區。他被送回香港，在那裡越獄，遭到日本巡邏隊射擊，但仍設法找到他最喜歡的酒吧，在那裡點了最喜歡的飲料，並提出額外的要求：「來杯雙份的！」[31]

藍煙囪航運公司的船隻分散在全球各地，為盟軍服務。一九三九年由利物浦的霍爾特公司管理八十七艘船的船隊，在戰爭結束時減少到三十六艘。該公司在三大洋都有損失，一艘船在澳大利亞布里斯本附近遭魚雷擊沉，德國的魚雷還在西非或北大西洋擊毀一艘又一艘藍煙囪航運公司的船隻。以船隊形式航行有很多的好處，但霍爾特公司的第一次海上損失發生在一九四〇年二月，當時有一支船隊在強風中分散，導致「皮洛士號」（Pyrrhus）被一艘潛伏在加利西亞外海的德國潛艇擊沉。[32]不過，隨著人們（更多是英國人，而不是美國人）越來越懷疑日本即將襲擊珍珠港，霍爾特公司開始將船隻從香港向外轉移，因為有預見性地意識到，日本的威脅不僅僅是針對美國，還針對德國的敵人英國。日本人在太平洋上推進的速度，讓藍煙囪航運公司的一些船隻深陷火線。停靠在香港接受改裝的「坦塔羅斯號」（Tantalus）被偷偷弄走，但船長誤以為當時在美國統治下的菲律賓會是安全的避難所。此時日本人正在無情地轟炸馬尼拉。「坦塔羅斯號」被炸成碎片，不過幸運的是船員當時已經上岸，但是這些水手後來遭日軍逮捕，並被送入戰俘營。[33]

戰爭對航運的損害只是故事全景的一部分。港口也遭受巨大的損失。一九四〇年秋天，德軍對倫敦港與利物浦的空襲是直接針對航運業的，對布里斯托、南安普敦和克萊德河上的大型造船中心的襲擊也是如此。德軍空襲的目的遠遠不止是打擊英國人的士氣。溫斯頓．邱吉爾（Winston Churchill）將德軍對梅西河（River Mersey）和克萊德河的攻擊，視為一九四〇年最重要的時刻。在倫敦港被摧毀後，英國更依賴利物浦，因此德軍對這座城市發動的攻擊極其猛烈：一九四〇年的空襲只是一個開始。到了隔年夏天，利物浦已經損失七〇％的港埠能量，此時德軍的攻擊停止了。一九四一年五月，只使用九年的藍煙囪航運公司總部毀於空襲。一旦碼頭被毀，保持港口開放一定是一項不可能的任務，但是利物浦人設法做到了。到戰爭結束時，利物浦的港埠能量已恢復到一九三九年的水準。隨著戰爭局勢轉為對英國有利，北海的另一邊發生大規模破壞：漢堡被炸得幾乎蕩然無存，而鹿特丹先是遭受入侵德軍的轟炸，然後遭到盟軍的轟炸，在多次攻擊後化為瓦礫。到戰爭結束時，漢堡－美洲航運公司只擁有一艘不值一提的船。[34]

因此在戰後的歲月裡，如果要恢復全球的海上聯繫，就必須進行大規模重建，必須建造船隻，修復港口，安排資金。在一九四〇年代和一九五〇年代新的政治與經濟環境下，不列顛能否繼續統治大海是一個未知數。

第五十一章　貨櫃裡的大洋

一

到了二戰結束時，不僅許多船隻，而且有許多港口都變成廢墟，比如倫敦港、利物浦、鹿特丹、漢堡，還有新加坡、香港和橫濱。將世界貿易從這樣的低谷中解救出來是一項艱巨的挑戰，但是人們做到了。隨著新的緊張局勢開始困擾全世界，橡膠等重要原料持續供給的問題，成為經濟復甦的刺激因素。從遠東的情況來看，復甦之路上滿是障礙。在日本戰敗後的四個月內，一些英國公司就開始探查馬來橡膠的產地。砂拉越輪船公司（Sarawak Steamship Company）在戰前的小船隊損失殆盡，但公司董事會在一九四五年十二月十三日的會議上，嚴肅地確認一九四一年十二月四日的會議紀錄，彷彿之間的所有苦難都不曾發生。鐵行輪船公司發現，新加坡辦事處已被摧毀，但是香港辦事處被日本人改造得很漂亮。[1]荷蘭人從印尼撤走後，遠東的局勢變得更加複雜，這次大撤退涉及數萬名滯留在日本控制區多年的歐洲人。世界各地的船隻被召集起來，這些倖存者不知何故被運送到紅海，荷蘭政府在那裡建立一家臨時的百貨商店，甚至為這些往往很憔悴的移民提供荷蘭美食。[2]但是隨著東南亞國家紛紛獨立，歐洲生產

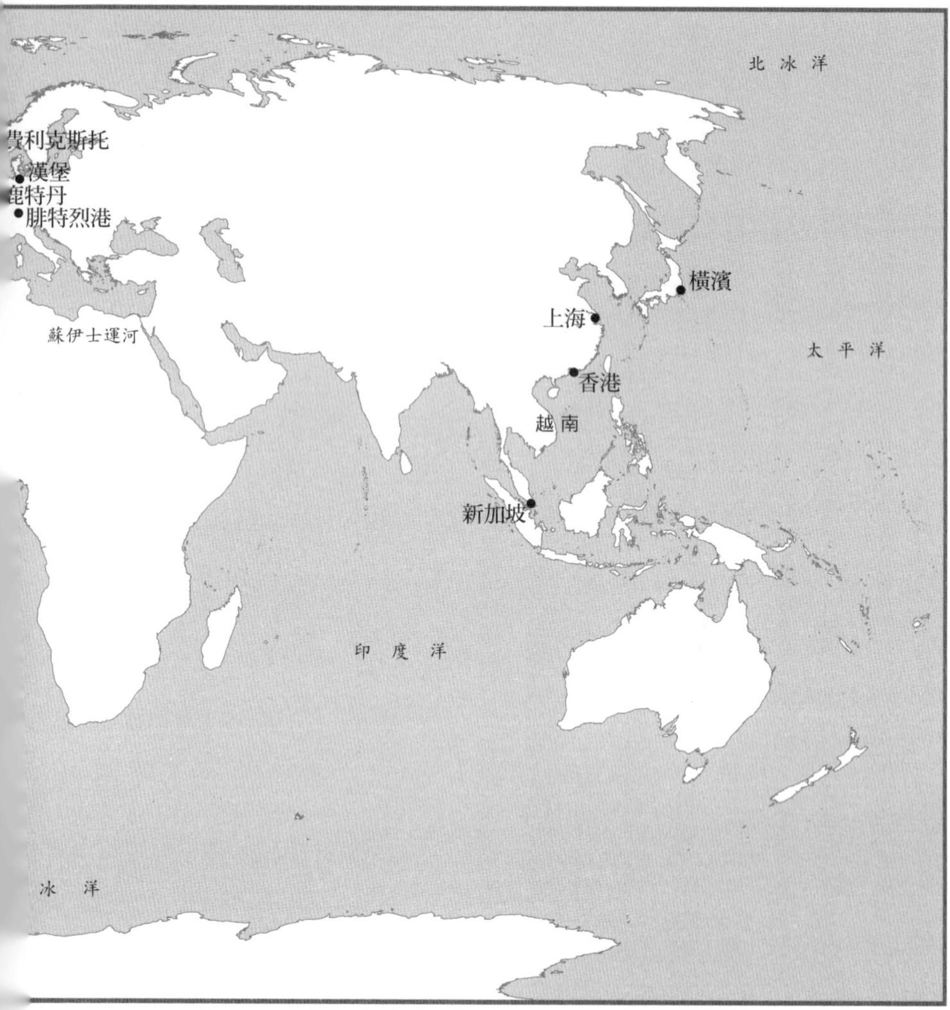

商傾向撤離。顯然馬來橡膠將成為馬來西亞政府的關注點，而馬來西亞政府預計不會對歐洲公司有特別友好的態度。

　　中國的局勢進一步複雜化，使得香港陷入困境。不過，一九四九年成立的中華人民共和國和今天以臺灣為基地的中華民國都明白，在國共衝突中，香港可以擔當監聽站，所以

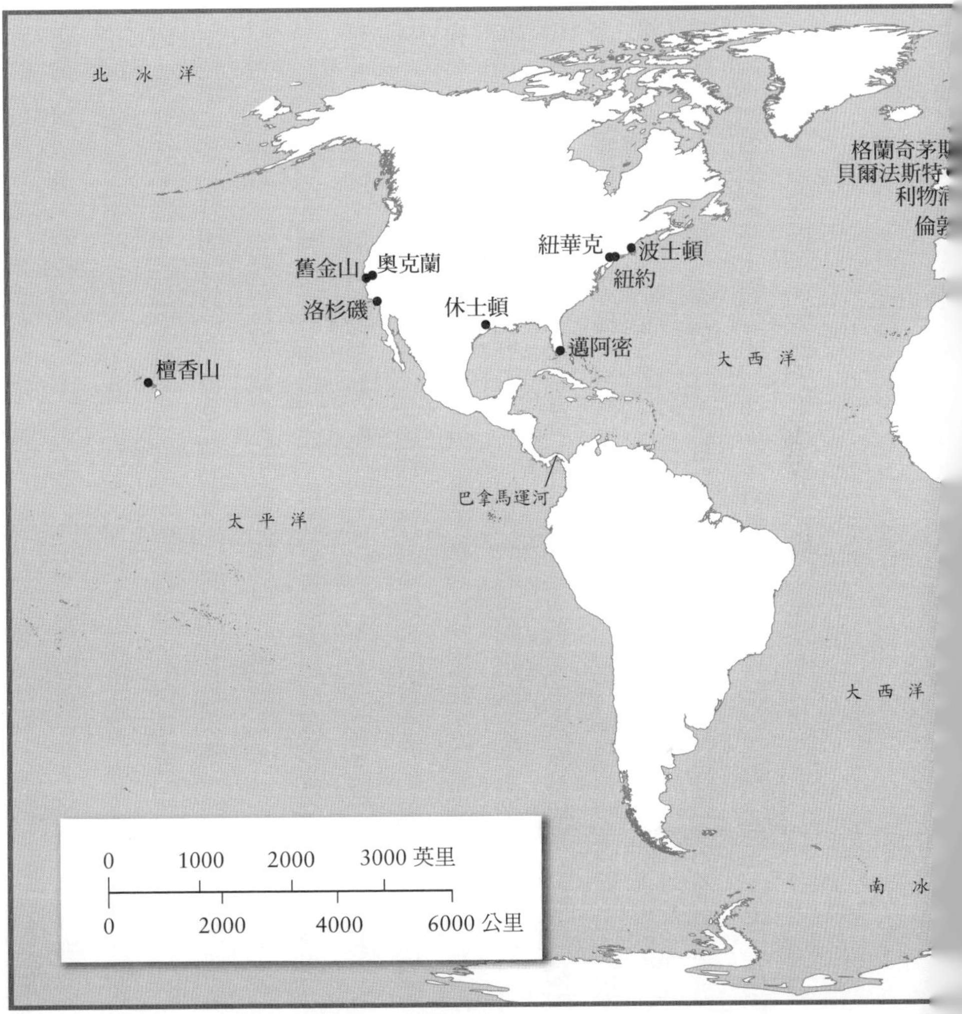

很有價值。從英國人的角度來看，香港也是防止中共向馬來半島擴張的重要壁壘；直話直說的外交大臣歐內斯特·貝文（Ernest Bevin）表示，他希望香港成為「中東的柏林」，不過他似乎把中東和遠東混淆了，這很奇怪，因為他深度參與巴勒斯坦事務。香港的復甦受到兩個因素阻礙：首先是大量難民從革命的中國湧入香港，港英當局無力應對這些難民的湧入；另一個因素則是在韓戰期間和之後，透過香港的貿易大幅下滑。韓戰部分是由美國主導的，美國試圖對中華人民共和國實施全面貿易禁運，而聯合國禁止向中國輸送戰略物資。不過，歐洲公司在上海和中國沿海其他貿易基地的辦事處關閉，對香港有好處，因為此時從中國出去的貿易都是透過香港進行。但是這種情況在一九五〇年代初的新政治條件下無法持續。美國禁運官員來到香港，以擋不住的熱情開始工作。蝦被列入禁運貨物清單，因為不清楚牠們是否來自香港，也許牠們曾棲息在中國控制的珠江水域。3

英國的另一個貿易基地新加坡，預計不會繼續忍受殖民統治很長的時間。倫敦對馬來半島的獨立運動有很多同情，但是馬來半島游擊隊（其中有很多華裔共產黨員）的出現，讓情況變得非常複雜。此外，新加坡的人口激增，很快就達到一百萬（是戰前數字的兩倍），因為這個殖民地和香港一樣，吸引貧窮的中國大陸人。新加坡與香港一樣，在美觀的殖民地核心周圍出現貧窮、疾病肆虐和犯罪猖獗的棚戶區。由於缺乏足夠的港口設施（一個巨大的浮動碼頭在戰爭期間沉沒了），新加坡的經濟復甦受到阻礙。新加坡殖民地在接下來幾年裡抓住機遇，自力更生，成為世界上最大的橡膠市場，而且不僅從馬來半島，還從印尼的橡膠樹中提取橡膠。因此，新加坡能妥善利用在亞洲大陸和東印度群島之間，以及印度洋和太平洋之間的絕佳位置，不過還是花費更多的時間，才從戰後的貧民窟發展為繁榮與和平的經濟強國。當馬來亞聯合邦成立時，競爭對手印尼共和國試圖對新加坡的橡膠出口實施禁運，希望扼殺新加坡仍不穩定的貿易。但是出口商很快就知道，只要從印尼出發，前往香港，然後在南海夠遠的地方改變方向前往新加坡即可。因此，走私成為一樁好生意。4

這實際上是海盜經濟，新加坡無法藉此生存；人們對新加坡能否發展起來表示懷疑。一九六〇年，聯合國非常擔心新加坡的未來，於是派出一個小組前往新加坡，由在航運界有豐富經驗的荷蘭經濟學家阿爾伯特·魏森梅斯（Albert Winsemius）領導。他非常悲觀，表示「新加坡正在走向衰敗」。他對新加坡的港口設施不以為然，但他和新加坡富有魅力的領導人李光耀一樣，都是新加坡的救星：魏森梅斯看到，如果新加坡學會處理一種新型貨物——貨櫃，就能掌握主動權。關於貨櫃，下文會作更多介紹。魏森梅斯顯然是一個具有遠見卓識的人。另一條成功之路則是利用新加坡在幾大洋之間的優越位置，展開船舶維修的業務。這讓它成為日本、挪威和希臘船東最喜歡的港口。如果新加坡要成為一個主要的海上貿易中心，這些船東正是新加坡需要吸引的那類人。[5]新加坡在一九六五年被逐出馬來西亞聯邦（新加坡的人口以華人為主，所以在馬來西亞聯邦內如坐針氈）後獲得獨立，這就造成令人生畏的新挑戰。現在，發展新加坡本地工業的努力因為更難獲得大陸的原料而受阻。解決辦法是以魏森梅斯提出的想法為基礎，將新加坡變成一個商業和金融的中間商，這是亞洲最了不起的成功故事之一。[6]

二

如果要全面描述歐洲的經濟復甦，就要考察許多有時會拖慢復甦速度的因素，這些因素在遠東也存在：基礎設施遭受的嚴重破壞，特別是在倫敦港；外部競爭，特別是日本成為一個主要的造船中心，並以更大的規模重建商船隊；與此同時，英國造船業正在衰退。惡劣的勞資關係，特別是海員的工資和碼頭工人在日益機械化世界中的作用，則是另一個因素，隨著港口對人力依賴程度的降低（這一點留待下文再談）變得更加重要；一九五五年、一九六〇年和一九六六年的海員罷工，每一次都比前一次更具破壞性，嚴重擾亂英國的貿易。由於一九六六年的罷工，鐵行輪船公司損失一百二十五萬英鎊，有五艘船停工。[7]

蘇伊士運河被埃及政府收歸國有後，英、法兩國試圖恢復歐洲人對運河的控制，導致蘇伊士運河於一九五六年十一月關閉，此事使得英國航運公司陣腳大亂。當以色列軍隊在一九六七年再次大敗埃及軍隊並占領西奈半島時，英國航運公司又一次受到負面影響。[8]不過，吃虧的不僅僅是低薪勞工。新的經營方式不再有利於在之前數十年裡發揮關鍵作用的中間商。由於外國客戶越來越傾向直接與英國境內的生產商交易，作為中間商的船舶代理公司被排擠在外；這在一定程度上反映了工業產品（如重型機械）在技術上的日益複雜化，而中間商不一定能夠了解和解釋新技術。[9]英國公司也寧願直接去找茶葉種植園，或者其他能夠獲得原料的地方，一九五〇年代和一九六〇年代的電視廣告裡，經常會有這樣的自豪吹噓。不過從全球來看，在戰後的若干年裡，英國經濟有了明顯的反彈。在二戰期間，鐵行輪船公司失去戰前三百七十一艘船的一半以上，損失的總噸位為兩百二十萬噸，但是到了一九四九年，該公司經營的貨船數量已經和一九三九年一樣多；至於客船，擁有的數量則比以前少，不過船的尺寸更大。此外，鐵行輪船公司體認到油輪對未來很重要，該公司以前不曾經營油輪，但是在一九五五年向英國造船廠下了油輪的訂單。[10]在二十年內，倫敦的海運業務反彈到一九三九年的一・五倍。一九五〇年代，利物浦的航運公司在緩慢起步後也恢復得不錯，但是這些成功被海員罷工打斷，於是業務逐漸開始縮減；隨著貨櫃船駛向更適合其需求的其他港口，利物浦的失業率也在提高。如前文所述，貨櫃是二十世紀晚期海運界真正偉大的變革之一。[11]

歐洲最令人印象深刻的成功故事是鹿特丹，它在戰爭中幾乎完全被毀，這一點刺激了雄心勃勃的重建和擴張。鹿特丹本身距離海岸有五十公里，但它的港口，包括巨大的新「歐洲港」（Europoort），現在一直延伸到北海。按照荷蘭人一貫的銳意進取精神，鹿特丹港囊括馬斯弗拉克特（Maasvlakte）的多個內港，它們建在大海中，能夠應付巨大的油輪，這是鹿特丹成功故事的一部分。作為一個貨櫃港口，鹿特丹在歐洲取得新加坡在東南亞獲得的成就。另一個成功的祕訣則是，鹿特丹在石油業中的關鍵作用。一九六〇年代，主導鹿特丹業務的是運往鹿特丹並在那裡精煉的石油，以及代表荷蘭皇家殼牌（Royal Dutch Shell）和其他公司向歐洲內陸輸送石油的管道。[12]鹿特丹的經歷與新加坡類似，因為它能夠作為一個位置優越的轉口港發揮關鍵作用：它的港口位於萊茵河、默茲河（Meuse River）和斯海爾德河等，深入德國、法國和瑞士境內的長而複雜河系的出海口。歐洲港不僅是歐洲最大（在一段時間內也是世界最大）港口的一部分，也是一個真正的歐洲港口，滿足歐盟內外的歐洲國家需求。

三

鹿特丹和新加坡一樣，已經看到未來，並加以適應，而利物浦卻沒有。二十世紀，跨洋旅行的各個方面都在發生變化。現在，跨越大洋不一定需要乘船。一九三〇年代，泛美航空（Pan American Airways）這家在北美和南美營運的泛大陸航空公司，將美國與巴拿馬、利馬、聖地牙哥、布宜諾斯艾利斯、蒙特維多（Montevideo）、里約熱內盧和加勒比海地區聯繫起來。這些城市都是港口，但現在可以透過航空更快地到達。泛美航空還有從舊金山到夏威夷，再到馬尼拉的航空服務，這兩個目的地都是美國的屬地。另一方面，德國的跨大西洋航空服務則由飛艇承擔，通常從歐洲心臟位置的康斯坦茲湖（Lake Constance）❶畔的腓特烈港（Friedrichshafen）開始，有的航線穿越美國，到達洛杉磯。這是一種連接大洋和陸地的新方式，不過飛艇計畫隨著一九三七年「興登堡號」（Hindenburg）的墜毀而化為烏有；此後，飛機占領天空。[13]不管怎麼說，能夠乘坐飛艇的人很少：「興登堡號」載有五十名乘客（後來是七十二名），這是一個創紀錄的數字。荷蘭皇家航空（KLM）的一些早期航班，在有六名乘客時就算滿員了。[14]在第二次世界大戰之前，很少有旅客乘坐飛機。乘坐英國帝國航空（Imperial Airways）或德國漢莎航空（Deutsche Lufthansa）的飛機，從歐洲到亞洲的旅程往往需要在旅館過夜。

一些長程飛機，如帝國航空和澳洲航空（QANTAS）聯合經營的帝國船身式水上飛機（Empire Flying Boats），裝配得像是一艘小船，有提供乘客使用的床鋪。這些飛機在前往遠東和澳大利亞的途中，會在莫三比克或克里特島附近的水域，甚至在開羅的尼羅河上降落。類似的美國飛機，即波音三一四飛剪船，能夠以比較舒適的條件搭載七十四名乘客。這些是小型化的豪華郵輪，座位可以轉換為床，服務標準也許只有在二十一世紀最好的頭等艙中才能體驗。不用說，這也是一種非常昂貴的旅行方式：從倫敦到香港或布里斯本的往返機票，在一九三九年要花費兩百八十八英鎊，超過許多人一整年的工資。航空公司有限的利潤大部分來自運送英國皇家郵政（Royal Mail）的郵件。與現代飛機的商務艙一樣，這個時期有很大一部分的旅客可以報公帳，例如殖民地的高級或至少是中級公務員。[15]如果要比較可靠地治理帝國，以這種比輪船快得多的方式運送這樣的乘客是合理的。

一九五〇年代初，隨著專門執行歐洲以外航班的英國海外航空公司（British Overseas Airways Corporation，簡稱BOAC）的成立，洲際航空旅行越來越被廣泛接受，這也侵蝕了海運公司的利潤。航空旅行也變得更加安全，最大的突破是噴射客機投入使用。英國人生產第一架「彗星」（Comet）噴射客機，於一九五二年開始飛行，但事實證明它們有致命的設計缺陷，於是被召回。所以直到一九五八年，在西雅圖製造的波音七〇七才開始為泛美航空提供定期的跨大西洋服務。不久之後，由英國海外航空公司營運的「彗星四」（Comet 4）也開始營運。這些飛機不僅速度快，而且平穩。旅客越是在空中感覺舒適，就越不願意乘船，哪怕是最好的船隻。「伊莉莎白王后號」和「瑪麗王后號」在遠海的顛簸是有名的，因此乘船橫渡大西洋不一定是五天的幸福之旅。隨著旅客向空中轉移，海運公司的一個選擇是與航空公司建立密切的聯繫。鐵行輪船公司開始收購航空公司，包括有點怪異的銀城航空（Silver City Airways），該公司用球形小飛機載著度假者和他們的汽車飛越英吉利海峽。[16]從一九六二年起，冠達郵輪與英國海外航空公司聯合經營跨大西洋的航空服務，乘客可以選擇在去程搭飛機，在回程乘船。如果不是很急的話，在歐洲港口和紐約之間的海上旅行仍被認為是一種非常合理的旅行方式。但是航空旅行變得越來越普及，也越來越便宜，飛機從輪船那裡奪走顧客，所以橫跨大西洋的海上旅行變得

❶ 譯注：即博登湖（Bodensee）。

無利可圖。一九六六年，冠達郵輪和英國海外航空公司停止合作。[17]

冠達郵輪把希望寄託在另一艘「王后號」上，即「伊莉莎白王后二號」（Queen Elizabeth 2），它在克萊德河上建造，於一九六九年投入使用，直到二〇〇八年才退役。和「瑪麗王后號」一樣，它既是一種聲望的體現，在財務上也很穩健。當「伊莉莎白王后二號」開始服役時，冠達郵輪只經營三艘客輪，甚至出售位於利物浦，令人肅然起敬的舊總部大樓。「伊莉莎白王后二號」的現代設計並未傳達出舊「瑪麗王后號」那種帝國晚期的奢華感，但在整個服役期間中，一直被用於往返紐約的客運，不過由於「伊莉莎白王后二號」沒有姊妹船，所以無法提供每週的定期服務。冠達郵輪意識到，公司的主要業務必然在其他地方，在郵輪旅遊業。甚至在「伊莉莎白王后二號」第一次出海之前，「伊莉莎白王后號」和「瑪麗王后號」就已經在巴哈馬與地中海巡遊了。[18]同樣地，美觀的輪船「坎培拉號」（Canberra）是在貝爾法斯特的哈蘭與沃爾夫造船廠建造的，成本為一千六百萬英鎊。鐵行輪船公司最初計劃讓「坎培拉號」在連接英國和澳大利亞的客運航線上航行，但是到了一九七四年，來自航空公司的競爭已經非常激烈，於是「坎培拉號」成為一艘郵輪。[19]海上客運世界發生深刻的變化：郵輪早已存在，但是直到二十世紀末才開始主導所有的海上長途客運。即使在那時，郵輪也常常與航空旅行結合在一起，因為（比方說）乘客可能需要從倫敦飛往邁阿密，在邁阿密登船。

現代郵輪業可以追溯到泰德·阿里森（Ted Arison），他是以色列投機者，在一九六六年抓住機會，獲得一艘挪威船的控制權，並將其轉移到邁阿密。他以挪威加勒比海航運公司（Norwegian Caribbean Lines）的名義，逐步建立自己的船隊，不過他的大多數船隻都是經過改裝的渡船，而且他巧妙利用船隻的下層甲板，在邁阿密和牙買加之間提供駛進駛出船的滾裝貨運服務。阿里森的所有船加起來，有大約三千名乘客的空間，在當時的佛羅里達州並不可能填滿這麼多的位置。解決辦法是在美國各地做廣告，讓邁阿密成為北美的郵輪之都。阿里森的成功促使其他人，特別是真正的挪威人進入郵輪市場，使用專門建造的船隻，並進一步加強邁阿密在郵輪業務中的作用。競爭對手之一的歌詩達郵輪（Costa）決定將波多黎各當作主要基地，並開始讓乘客飛往那裡，把機票包括在郵輪的船票價格中。這樣一來，郵輪旅遊就成為完整的套裝行程。比廣告效果更好的是電視連續劇《愛之船》（*The Love Boat*），該劇從一九七七年起播出九年，在世界各地播放，為郵輪旅遊業披上玫瑰色的浪漫外衣。[20]

所有這些都讓人懷疑郵輪旅遊的真正目的。在加勒比海旅遊是為了觀賞十六世紀聖多明哥的奇妙建築，和參觀巴貝多的橋鎮博物館（根據維客旅行〔Wikitravel〕的說法，遊客很可能會有機會獨享這家博物館）？那些每天從郵輪轉移到加勒比海岸的人中，大多數會去購物，或者也許會體驗一下當地的美食。像天鵝探索（Swan Hellenic）這樣的專業公司，是作為高檔海上旅遊的組織者而成名的，它們研究人類歷史和自然歷史，並希望乘客聽一聽那些可能激動人心也可能沉悶無聊的講座。這在載著三百名以下乘客的船上是可行的；但是如今在大洋上遊蕩的巨輪，往往載著三千名以上的乘客，這些郵輪從各個方面來說都是設施齊全的度假中心，與周圍的世界分離，是吃飯、晒日光浴、睡覺和享受輕鬆娛樂的地方。二〇一七年，海上最大郵輪是由皇家加勒比遊輪（Royal Caribbean Lines）經營的「海洋魅麗號」（Allure of the Seas），最多可以容納七千一百四十八名乘客。「海洋魅麗號」在二〇一〇年下水，加上它的兩艘姊妹船，可承載乘客的總數提高到大約兩萬一千人。皇家加勒比遊輪由阿里森的挪威對手創辦，和諾唯真郵輪（Norwegian Cruise Line）一樣，還經營另外幾艘非常大的船隻。挪威在郵輪業中的出色地位是冠達郵輪無法比擬的，冠達郵輪的「瑪麗王后二號」最多可載三千零九十名乘客，與挪威的巨輪相比只是個小不點。這些大船對環境造成的破壞很大，讓威尼斯為之煩惱，而且當可能多達六千名乘客同時從郵輪下來時，小的城鎮或歷史遺跡完全無力應對。不過撇開郵輪不談，跨大洋和大洋之間的長途海上客運已經消亡了。

四

飛機對船舶並未大獲全勝。貨機的使用成本很高，不過可以運送一些船舶無法處理的新鮮貨物（例如在以色列種植的鮮花，採摘二十四小時內就在英國市場上銷售）。在我們這個時代，絕大多數遠途出口的貨物都是透過貨櫃船，在各大洲和各大洋之間運輸。聯合國貿易和發展會議（United Nations Conference on Trade and Development，簡稱UNCTAD）估計，世界貿易量的八〇％（近一百億公噸）和貿易額的七〇％是透過海運進行的。用貨櫃船將一罐啤酒從亞洲運到歐洲的成本大約為每罐一美分、一包餅乾為五美分，以及每臺電視僅有十美分。

這是貨櫃帶來的好處。貨櫃的歷史可以追溯到一九二〇年代，當時美國的鐵路公司嘗試使用鋼製貨櫃，並用強力的堆高機在卡車和火車的貨運車廂之間來回轉移這些貨櫃。使用貨櫃裝船的一個明顯制約因素是，碼頭工人是一個強大、有工會組織的工人群體，認為進一步的機械化會對他們的生計構成威脅。這是可以理解的。一九五〇年代初，這並不是一個大問題，因為當時的貨櫃必須小心翼翼地與散裝貨物一起裝入船艙，所以碼頭工人的技能仍有很大市場。在港口產生的勞動力成本，可能是實際將一艘貨船運過大西洋的成本的三倍，特別是在美國那一端的碼頭勞動力成本很高，因為在一九五〇年代，美國碼頭工人的薪資大約是德國碼頭工人的五倍。此外，使用貨櫃似乎並不經濟：貨櫃一般都不是絕對裝滿的，所以使用貨櫃的託運人等於是花錢在船上租了一些空蕩蕩的空間；相較之下，散裝貨物可以塞進船艙的每個角落。[21]也就是說，只有在建造專門用來運載貨櫃的船，或者對現有的船進行改造，使其適應貨櫃之後，貨櫃才能成為運輸的標準形式。

一般認為，貨櫃的發明要歸功富有創造力的商人麥爾坎．麥克林（Malcolm McLean）。他長期以來一直對貨物裝船的繁瑣方式感到沮喪：從美國腹地運來的貨物，必須由碼頭工人從車上卸下，然後在船艙中小心翼翼地堆放整齊；船到達目的地之後，上述過程又必須反過來重複一遍。有人認為麥克林是靈機一動，產生貨櫃革命的想法，但他參與發明貨櫃運輸的過程其實是漸進的，不過肯定是連續多次靈機一動的產物。貨櫃的基本概念並不是全新的，但麥克林倡議的標準化為海上運輸帶來巨大的革命。他從陸地開始：一九五四年，他名下有一家擁有六百多輛卡車的貨運公司，而在一九五〇年代，他努力削減成本，與競爭對手打價格戰。身為不斷創新的企業家，他在北卡羅萊納州建立一個自動化終端，採用柴油引擎，並重新設計他的卡車，使其側面有著鋸齒狀護欄，以減少風阻。不過，他在美國東岸的卡車運輸服務（經常運送大量菸草），受到另一種競爭的威脅。市場上有很多便宜的貨船，都是戰爭時期留下的。從美國南方腹地透過海路向北運輸貨物是有意義的，因為當時長途高速公路尚未建成，一般公路經常堵塞，特別是在新英格蘭的大城市周圍。[22]麥克林不嘗試與貨船競爭，而是將其納入自己的體系。一九五三年，他制定與能夠應付拖車的港口合作計畫：拖車可以直接開上船，與車頭分離，拖車（連同車輪和所有貨物）被船運到目的地，然後從船上開走。紐約港務局對國內貨運量的減少感到擔憂，所以願意合作。

麥克林的根本性洞見是，貨運是為了移動貨物，而不是為了移動船舶。問題的一部分在於，在舊式裝載方式下，船舶在可以且應該移動時卻沒有移動。麥克林解釋：「船舶只有在海上時才賺錢。在港口待著，只會讓成本上升。」[23]從美國內陸用卡車運來的貨物，或透過鐵路運到沿海地區的貨物，透過貨櫃，不用卸下就可以運到其他腹地，這是非常合理的。不過，貨櫃運輸成為國際化業務的日子還遙遙無期。首先，必須建立一個統一的體系。麥克林設計一種更有效率的貨運方式：船舶應該運載拖車的車體，而不是拖車。也就是說，這些大箱子可以被運到船邊，抬上船，然後堆疊在一起並鎖定（這在有輪子的拖車上是不可能的）。他的公司分析將啤酒從紐澤西州紐華克（Newark）運送到邁阿密的成本，在兩端的傳統處理成本是每噸八美元，而貨櫃處理的成本則是每噸五十美分。他花費不少時間才買到一艘合適的舊油輪，並獲得許可將其作為一艘經過改裝的非常特殊貨輪派出海。直到一九五六年，麥克林才得以在他的泛大西洋輪船公司（Pan-Atlantic Steamship Company）旗下啟動新業務。同年四月底，「理想X號」（Ideal-X）裝載從拖車上卸下的五十八個鋁箱，從紐華克航向德州休士頓。為了做到這一點，麥克林不得不專門訂購這些箱子（他訂了兩百個，可見信心十足），甚至不得不重新設計起重機，以便能夠透過一次快速操作，就把貨櫃從岸上吊到船上。這種起重機是如此之大、如此之重，以至於它們所用的鐵軌也必須加強。這不是簡單的業務，而是巨大的投入，好在很快就證明它的價值：「理想X號」的裝載成本是傳統裝載成本的三十七分之一。「理想X號」和它的姊妹船一起，在紐澤西與休士頓之間提供每週一次的服務。隨著麥克林購置更多船隻，這種服務很快增加到每四天一次。[24]

有人認為，從安全的角度來看，貨櫃是最好的。在遠海，傳統船隻上的貨物可能會在更大的空間內移動並受損；而且密封貨櫃內，貨物失竊的可能性更小。[25]另外，還能在貨櫃內安裝冰櫃，並將許多貨櫃堆疊起來。麥克林的貨櫃有三十五英尺長；但隨著越來越多的人認識到貨櫃是未來的發展方向，新的標準建立了，在一九五八年（也就是在「理想X號」首航的不久之後），美國國家標準學會（American Standards Association）就開始考慮這個問題，後來頒布國際協議，規定貨櫃長度為十英尺的倍數，因為標準貨櫃（Trailer Equivalent Unit，簡稱TEU）❷的長度是二十英尺。[26] Trailer Equivalent Unit（字面意思為「相當於拖車的單元」）這個名稱的使用，讓人想起貨櫃的起源就是美國大型卡車所用的拖車。到了一九六〇年，美國的其他運輸公司開始對麥克林的業務羨慕不已。「夏威夷公民號」（Hawaiian Citizen）可承載三百五十六個貨櫃，並於這一年開始在舊金山和檀香山之間營運。不過麥克林的事業並非一帆風順：波多黎各的碼頭工人拒絕卸載他的貨櫃，他的公司不得不同意僱用大批碼頭工人，儘管工作原本可以用更少的人手透過機械完成。這只是一部長篇傳奇的開始：在紐約和美國的其他港口，碼頭工人工會對貨櫃化的反對有時非常激烈。貨櫃確實對碼頭工人的工作構成威脅。沒有那些工作，處理散裝貨物的傳統技能也失傳了。最後在甘迺迪、詹森和政府代表的調解下，勞資雙方達成妥協，為保護碼

❷ 譯注：此處說法存疑。一般認為，TEU代表Twenty-foot Equivalent Unit，即二十英尺標準集裝箱。

頭工人的工作做了一些努力。[27]

麥克林的公司更名為海陸航運公司（Sea–Land Service），將業務範圍拓展到太平洋，甚至阿拉斯加。起初，海陸航運公司對跨越大西洋（更不要說太平洋）猶豫不決。在「理想X號」首航的十年之後，麥克林才有一艘船到達鹿特丹，運送兩百二十六個貨櫃。回程時，這艘船在蘇格蘭的格蘭奇茅斯（Grangemouth）港口停靠，裝載蘇格蘭威士忌，這是歷史上第一次用貨櫃運送威士忌。麥克林認為這些威士忌藉由貨櫃到達美國的景象，讓航運界相信貨櫃才是未來所繫。無論如何，貨櫃船的跨大西洋航線現在已經成功開闢，並迅速發展，歐洲公司（如漢堡－美洲航運公司）也很快參與其中。[28]在越戰期間，有一條特殊的航線比威士忌酒瓶更能讓世人相信貨櫃的作用。麥克林成為美軍的固定供應商，他認為貨櫃是運送關鍵物資的最佳選擇，否則這些物資就會從越南的港口流入越共手中，還指出貨櫃可以有多種用途，例如作為辦公室和儲藏室。一九六八年，從美國運往太平洋彼岸的軍用物資，有五分之一是用貨櫃運送的。同樣明顯的是，透過使用貨櫃為駐越美軍提供補給，可以大幅削減成本，儘管美國軍方高層對這個事實的認識比較遲鈍，但是美國送往歐洲的軍用物資，很快就有一半是用貨櫃船運輸。毫無疑問地，貨櫃船讓美國在歐洲的基地更容易為官兵提供牛奶與奶油混合製品、美式披薩、美式甜甜圈，和其他至今仍讓參觀這些基地的歐洲遊客驚訝的「奇珍異寶」，但這也是走向全球貨櫃化的重要一步。

到了一九八〇年代，麥克林的業務遍及全球，包括南美洲和北美洲。麥克林的公司起初是一家中等規模的卡車運輸公司，後來成為國際巨頭；不僅如此，他公司的創新決定性地塑造國際貿易的方式。鹿特丹、新加坡和香港等大型貨櫃港口的吞吐能力，終於追上現代貨櫃船的載運能力。與舊金山有著一水之隔的奧克蘭（Oakland）是貨櫃革命的美國受益者之一，一九六九年奧克蘭的貨物輸送量達到三百萬噸，還不包括運送給大洋彼岸的美國軍隊物資。這是奧克蘭在四年前處理貨櫃運輸量的八倍。貨櫃革命不利的一面是，就像美洲大陸另一端的波士頓，舊金山的海上運輸量萎縮了。同樣地，在英國，新的港口取代舊的港口。倫敦的碼頭關閉了，經歷多年的荒蕪和衰敗之後，倫敦碼頭區才得以復興，但是如今變成金融中心、奧運場館，甚至機場（可見世界發生多大的變化）。與此同時，費利克斯托以前是一個無趣的沿海小鎮，如今卻成為英國主要的貨櫃運輸中心，擁有非常長的碼頭和足以應付最大貨輪的深水港；到了一九六九年，費利克斯托的年度貨物吞吐量已接近兩百萬噸。它的業主——和記港口（Hutchison Ports）起源於十九世紀的香港黃埔船塢公司（Hong Kong and Whampoa Dock Company），在包括香港在內的世界各地擁有大量的貨櫃港口，或在港口擁有權益；和記港口的市場占有率超過八％，在二〇〇五年處理超過三千三百萬個標準貨櫃。費利克斯托繁榮發展的受益者之一是劍橋大學三一學院，它擁有費利克斯托的一些土地，並相應地增加對費利克斯托原本就數額驚人的投資。[29] 二〇一七年，全世界最大的貨櫃船——中國籍的「中海環球號」（CSCL Globe），在費利克斯托投入使用，可以載運驚人的一萬九千一百個標準貨櫃。同時，全世界最大的貨櫃航運公司馬士基（Maersk），它是一家丹麥企業，經營六百艘船，這些船加在一起，馬士基的貨櫃承載能力遠遠超過三百萬個標準箱。這僅僅是個開始，未來很可能要看東方的某個大國，它對自己在世界中的地位有新的憧憬。從哥倫布和達伽馬開始的西方主宰世界（包括北美）的時代，即將落下大幕。

結論

「結論」這樣的小標題，通常不過是為一本書畫上句號的一種方式。但在研究大洋史時，「結論」這個詞彙具有額外的力量。不僅僅是本書，大洋史本身也即將終結，或者至少它的傳統形式即將終結。在今天的世界裡，即使考慮到大規模的海上貿易，跨海聯繫的性質也已經發生根本性變化。這種變化從電報電纜的鋪設開始，然後電報被無線電部分，而後是完全取代，最後則是航空旅行的勝利。海岸不再是英國或義大利與美國之間旅行的關鍵地點，過去的經典港口已被貨櫃港口取代，許多港口不再是居住著來自各種背景，豐富多彩人群的貿易中心，而是貨物處理中心，在那裡，機器（而不是人）在做繁重的工作，沒有人看到那些往往從遠方運來並封在大箱子裡的貨物。費利克斯托實際上是一臺巨大的機器，而不是在早期的亞丁或麻六甲，或甚至較近期的波士頓和利物浦能看到的那種喧囂繁華的商業交易中心。郵輪會在一些地方停留，但乘船不再是有目的地從一個地方到另一個地方的旅行方式；郵輪上的乘客最終會結束旅行並回家。

不過，今天的大多數船隻都是運送貨物的。如今透過貨櫃港口的貿易規模之大，令人驚愕。香港每天有一千艘船通過九個貨櫃碼頭；香港的港口每年處理兩千萬個貨櫃，每個貨櫃最重為二十噸。總計每年有三億噸貨物通過香港，主要是進出中華人民共和國的貨物。但香港只是一個更大、擁有六千八百萬人口的複合城市的組成部分之一：除了香港以外，還有澳門，它的大部分收入來自博弈業；還有工業城市深圳，直到一九八〇年還是一個只有三萬人口的小城鎮，如今是一座擁有一千三百萬人口的大都市，緊臨香港的邊界，致力於高科技產業。從香港一直到廣州，工業發展改變了農村的面貌。珠江長期以來是中國通往世界的主要窗口，如今珠江不僅對中國，而且對世界經濟都變得比以往任何時候來得重要。中華人民共和國已經開始以自宋代或鄭和下西洋以來，前所未有的熱情展望海洋，並在菲律賓、臺灣、越南和其他鄰國的反對聲浪中，提出對南海的主權要求。「一帶一路」計畫透過鐵路重建陸上絲綢之路，並建立中國與歐、亞、非之間的長途海路，必將使中國對其現在大量生產的工業產品流動，擁有越來越多的控制權。現在不僅僅是中國追趕西方及日本、南韓和臺灣等鄰近經濟體的問題；今天的問題是，中國能否超越西方和鄰國。

全球暖化正在讓繞過加拿大和俄羅斯北端的旅行變得可行，從而以伊莉莎白一世女王時代夢想的方式連接太平洋和大西洋。中華人民共和國國務院不滿足於歷史上的絲綢之路，還在二〇一八年一月宣布，將沿著「極地絲綢之路」（大致相當於東北水道）進行試航。一艘俄羅斯油輪在二〇一七年成功從挪威一路航行到南韓。如果冰層消退，正常的交通能夠沿著這條路線流動，從遠東到歐洲的時間可能會減少二〇%。但是這條北極航線和繞過加拿大北端的航線，將主要由貨櫃船使用，也許偶爾會有郵輪到此，因為或許有些乘客喜歡冰天雪地而不是熱浪。與此同時，人類對大洋環境造成嚴重破壞。向大洋傾倒塑膠垃圾的行為對海洋生物構成威脅，其中一些塑膠進入魚類的食物鏈，導致已經受到過度捕撈威脅的魚類資源枯竭，更不用說幾種鯨魚的數量大幅減少。[1]聯合國教科文組織（UNESCO）在全球大多數國家提名世界遺產，但有一個巨大的世界遺產也需要被提名，就是包羅萬象的大洋，它的歷史正進入一個全新的階段。在二十一世紀初，過去四千年的大洋世界已經不復存在。

注釋

※編按：本書（下冊）英文原版注釋請掃描四維條碼，即可下載參考。

有海事館藏的博物館

撰寫這樣一本橫亙全球、跨越千年的大書，不可能僅僅依靠細讀現有的數百萬份檔案資料。我還大量參考許多國家的博物館藏品，包括專門的海事博物館、擁有相關地圖和文獻、沉船上發現的陶瓷、出口到歐洲的瓷器等相關資料的綜合性博物館，以及船舶本身的實物遺跡。以下是為我提供最豐富的材料和最具價值啟發的博物館名錄，這些博物館並非都是龐大或豪華的，有時一個裝有當地藏品的小屋和龐大的收藏庫同樣有幫助。

維德角

聖地牙哥島的普萊亞：考古博物館（Archaeological Museum）、普萊亞民族志博物館（Ethnological Museum）。

中國

香港特別行政區：香港歷史博物館、香港海事博物館。

澳門特別行政區：澳門博物館。

杭州：杭州博物館。

丹麥

哥本哈根：丹麥國立博物館（Nationalmuseet）。

赫爾辛格：丹麥海事博物館（National Maritime Museum）。

斯卡恩（Skagen）：斯卡恩城鎮與區域博物館（By-og Egnsmuseum）。

多明尼加共和國

聖多明哥：哥倫布宮（Alcázar de Colón）、加西亞・阿雷瓦洛博物館（Fundación García Arévalo）的前西班牙時代收藏品、王家府邸博物館（Museo de la Casas Reales）、多明尼加人民博物館（Museo del Hombre Dominicano）。

芬蘭

奧蘭群島的瑪麗港：奧蘭海事博物館（Maritime Museum）。

德國

不來梅港：德國航海博物館（Deutsches Schiffahrtsmuseum）、德國移民博物館（Deutsches Auswandererhaus）。

呂貝克：漢薩博物館（Hansemuseum）。

義大利

熱那亞：加拉塔海事博物館（Galata Maritime Museum）。

日本

東京：東京國立博物館。

馬來西亞

麻六甲：鄭和文化館、海事博物館（Maritime Museum）、荷蘭紅屋博物館（Stadthuys Museum）、麻六甲蘇丹國宮殿博物館（Sultanate Palace Museum）。

荷蘭

阿姆斯特丹：阿姆斯特丹國家博物館（Rijksmuseum）、荷蘭海事博物館（Scheepvaart Museum）。

紐西蘭

威靈頓：紐西蘭蒂帕帕國立博物館（Te Papa National Museum）、威靈頓博物館（Wellington Museum）。

挪威

卑爾根：卑爾根博物館（Bergen Museum）、漢薩博物館（Hansa Museum）。

奧斯陸：維京船博物館（Viking Ship Museum）、國家博物館（National Museum）。

葡萄牙

亞速群島特塞拉島的英雄港：當地博物館。

法魯：考古博物館（Archaeological Museum）。

里斯本：國立古代美術館（Museu Nacional de Arte Antiga）、古爾本基安美術館（Gulbenkian Museum）。

卡達

杜哈：伊斯蘭博物館（Islamic Museum）。

新加坡

亞洲文明博物館、歷史博物館、海事博物館、新加坡土生文化館（Peranakan Museum）。

西班牙

休達：休達研究所（Instituto de Estudios Ceutíes）博物館。

拉比達（La Rábida）：當地修道院和博物館。

瑞典

哥德堡：海事博物館（Maritime Museum）。

斯德哥爾摩：瑞典歷史博物館（Historiska Museet）、瓦薩博物館（Vasa Museum）。

哥特蘭島的維斯比：當地博物館。

土耳其

伊斯坦堡：海事博物館。

阿拉伯聯合大公國

富查伊拉：當地博物館。

沙迦：考古博物館、海事博物館、伊斯蘭博物館。

英國

貝爾法斯特：鐵達尼號博物館（Titanic Belfast）。

布里斯托：大不列顛號輪船博物館（SS Great Britain）。

利物浦：海事博物館。

倫敦：國家海事博物館（National Maritime Museum，格林威治）。

延伸閱讀

本書的參考文獻標示出我參考的大量專著和原始資料。下面的書目列出以更廣闊的視角探討各大洋的圖書。其中有一些書籍涉及本書沒有詳細探討，但是肯定值得深入研究的話題，例如大洋環境。我引用的絕大多數書籍都是在二十一世紀出版的，有不少甚至是在我寫作的期間問世，這反映過去數十年來，海洋史研究的爆炸性成長。

全球視角

海洋史的一部鴻篇巨帙是 C. Buchet general ed., *The Sea in History – La Mer dans l'histoire* (4 vols., Woodbridge, 2017)，作者是一大群淵博的學者。這部書實際上是用法文和英文寫的大量五花八門論著的綜合體，重點在歐洲與地中海。俗話說「人多手雜」，這部書缺乏統一的研究手法；儘管它自稱「全面」，但對世界某些區域的探討很少。D. Armitage, A. Bashford and S. Sivasundaram, eds., *Oceanic Histories* (Cambridge, 2018)，由多位作者撰寫的許多較短章節組成，涉及全世界的絕大多數主要海域，包括紅海、南海和日本海，以及各大洋；但該書用的是史學史的寫法，有時濫用術語；它的參考書目很長、很有價值，卻有一些令人驚訝的遺漏，比如遺漏博哈德研究印度洋的巨著。*Oceanic Histories* 的大多數章節忽視古代和中世紀，這是現有大部分文獻的普遍缺點。

L. Paine 的 *The Sea and Civilization: a Maritime History of the World* (New York, 2013; London, 2014) 可讀性很強，清楚有力地論證海上聯繫在人類文明發展中的作用。該書對航海技術的描寫特別精彩。P. de Souza, *Seafaring and Civilization: Maritime Perspectives on World History* (London, 2001) 對類似話題作了非常簡短但有思想深度的論述。Michael North 是德國的一位卓越經濟史學家，寫了一部雖短但涉及面廣泛的世界海洋史：*Zwischen Hafen und Horizont: Weltgeschichte der Meere* (Munich, 2016)；R. Bohn, *Geschichte der Seefahrt* (Munich, 2011) 更短一些。

考古學家 Brian Fagan 寫過一些發人深思的書籍，展示人類如何從上古時代開始與海洋互動，這些書籍包括 *Beyond the Blue Horizon: How the Earliest Mariners Unlocked the Secrets of the Oceans* (London, 2012) 和 *Fishing: How the Sea Fed Civilization* (New Haven, 2017)，探討的是本書基本上沒有涉及的一個海洋史的方面。J. Gillis, *The Human Shore: Seacoasts in History* (Chicago, 2012) 是一本精練、生動而很有現實意義的書。海洋考古學是可讀性極強的 S. Gordon, *A History of the World in Sixteen Shipwrecks* (Lebanon, NH, 2015) 一書的基礎。Geoffrey Scammell, *The World Encompassed: the First European Maritime Empires, c.800–1650* (London, 1981)，是對中世紀和近代早期大洋的精彩概述；Scammell 還主編一套叢書，包含四本簡短但很有價值的涉及海洋的書，下面會在合適的地方談到。三部關於跨越大洋邊界的航海帝國的經典著作是：C. Boxer, *The Portuguese Seaborne Empire 1415–1825* (London, 1969)；C. Boxer,

The Dutch Seaborne Empire 1600–1800 (London, 1965)；J. H. Parry, *The Spanish Seaborne Empire* (London, 1966)，都被收錄於 J. H. Plumb 具有開拓性的叢書 *The History of Human Society*。

B. Lemire 很有價值的 *Global Trade and the Transformation of Consumer Cultures: the Material World Remade, c.1500–1820* (Cambridge, 2018) 的主題是世界貿易（很大一部分是海上貿易），和人們對優質商品越來越高的需求。M. Miller, *Europe and the Maritime World: a Twentieth-Century History* (Cambridge, 2012)，是對二十世紀海洋史（遠遠不止是歐洲）的精彩介紹。對海軍史的研究，與本書這樣的海洋史（強調海上貿易）的研究，已經有些分道揚鑣。R. Harding, *Modern Naval History: Debates and Prospects* (London, 2016)，探討海權的性質以及各國海軍架構等問題。海軍史的經典起點是 A. T. Mahan, *The Influence of Sea Power upon History, 1660–1783* (Boston, 1890)，然後是他的其他作品。海軍史的絕佳典範是 N. A. M. Rodger 的多卷本 *A Naval History of Britain: The Safeguard of the Sea 660–1649* 和 *The Command of the Ocean 1649–1815* (London, 1997 and 2004)。

大洋的環境史往往涉及人類出現以前的時代，如 D. Stow, *Vanished Ocean: How Tethys Reshaped the World* (Oxford, 2010)；J. Zalasiewicz and M. Williams, *Ocean Worlds: the Story of Seas on Earth and Other Planets* (Oxford, 2014)。Callum Roberts 對人類及其造成的氣候變化，以及過度捕撈和其他短視政策對海洋的影響發出警告：*Ocean of Life: How Our Seas are Changing* (London, 2012)，和他較早的 *The Unnatural History of the Sea: the Past and Future of Humanity and Fishing* (London, 2007)。還有一部關於島嶼的（非人類）生物族群減少和滅絕的著作：D. Quammen, *The Song of the Dodo: Island Biogeography in an Age of Extinction* (London, 1996)。

地中海的面積不到地球水域總面積的一％，本書基本上沒有談論地中海。關於地中海的著作汗牛充棟，此處僅介紹幾本。對於長期的地中海史，可參考 David Abulafia, *The Great Sea: a Human History of the Mediterranean* (London and New York, 2011)，本書是它的姊妹書；另見 David Abulafia, ed., *The Mediterranean in History* (London and New York, 2003)；關於人類在地中海的最早活動，見 C. Broodbank, *The Making of the Middle Sea* (London, 2013)；關於古代和中世紀早期（並提及其他時期）的「連結性」，見 Peregrine Horden and Nicholas Purcell, *The Corrupting Sea* (Oxford, 2000) 和更新的 J. G. Manning, *The Open Sea* (Princeton, 2018)，探討的是古代地中海的經濟；關於十六世紀的地中海，見布勞岱爾的 *The Mediterranean and the Mediterranean World in the Age of Philip II*, translated by Siân Reynolds (2 vols., London, 1972–3)，該書對所有海洋史的寫作都有意義。

太平洋

這是三大洋當中受到研究最少的一個，不過研究文獻很清楚地認識到有必要仔細研究太平洋的原住民族群；對於長期的太平洋史，可參考 M. Matsuda, *Pacific Worlds: a History of Seas, Peoples and Cultures* (Cambridge, 2012)；D. Armitage and A. Bashford, eds., *Pacific Histories: Ocean, Land, People* (Basingstoke, 2014)；及 Scammell 叢書中的 D. Freeman, *The Pacific* (Abingdon and New York, 2010)。對於較短期的研究，見 A. Couper, *Sailors and Traders: a Maritime History of the Pacific Peoples* (Honolulu, 2009)，以及 D.

Igler, *The Great Ocean: Pacific Worlds from Captain Cook to the Gold Rush* (Oxford and New York, 2013)。

印度洋

博哈德在他的重量級（書籍本身也很重）著作 *Les Mondes de l'Océan Indien* (2 vols., Paris, 2012) 中，試圖描繪更廣闊背景中的印度洋。在布勞岱爾的啟迪下，博哈德有時寫到亞洲深處的戈壁，所以該書不像是海洋史，倒是更多與印度洋相接的幾個大洲的極其豐富多彩的歷史。對印度洋歷史的一部可讀性較強的概述，是 R. Hall, *Empires of the Monsoon: a History of the Indian Ocean and Its Invaders* (London, 1996)。R. Ptak 的 *Die maritime Seidenstrasse: Küstenräume, Seefahrt und Handel in vorkolonialer Zeit* (Munich, 2007)，聚焦於透過南海和印度洋的貿易。K. N. Chaudhuri 生動的 *Trade and Civilisation in the Indian Ocean: an Economic History from the Rise of Islam to 1750* (Cambridge, 1985) 也強調貿易，而他和博哈德一樣，深受布勞岱爾的影響。Scammell 叢書中的 Braudel. M. Pearson, *The Indian Ocean* (Abingdon and New York, 2003) 是一部大師之作。

大西洋

關於大西洋的著作比關於地中海的還多，以下幾本手冊較好地將豐富多彩的話題（從北美早期殖民地的生活到奴隸貿易）結合起來。但這些書的共同缺點是，除了稍微提及在文蘭的諾斯人和在大西洋的葡萄牙人之外，很少關注一四九二年之前的大西洋。這些書籍包括 N. Canny and P. Morgan, eds., *The*

Oxford Handbook of the Atlantic World c.1450–c.1850 (Oxford, 2011)；J. Greene and P. Morgan, eds., *Atlantic History: a Critical Appraisal* (New York, 2009)；D. Coffman, A. Leonard and W. O'Reilly, eds., *The Atlantic World* (Abingdon and New York, 2015)。另外一些關於大西洋的書（有的是單一作者，有的是兩人合著）的問題也是類似的：B. Bailyn, *Atlantic History: Concept and Contours* (Cambridge, Mass., 2005)；C. Armstrong and L. Chmielewski, *The Atlantic Experience: Peoples, Places, Ideas* (Basingstoke and New York, 2013)；F. Morelli, *Il mondo atlantico: una storia senza confini (secoli XV–XIX)* (Rome, 2013)；不過C. Strobel, *The Global Atlantic 1400–1900* (Abingdon and New York, 2015) 和 Scammell 叢書中的 P. Butel, *The Atlantic* (London and New York, 1999) 來得好一些。Bailyn 的書特別有影響力，但他眼中的大西洋的重點在北方，而且是在哥倫布和卡博特之後才形成的。

關於前哥倫布時代大西洋的最佳研究是坎利夫的 *On the Ocean: the Mediterranean and the Atlantic from Prehistory to AD 1500* (Oxford, 2017)，和他較早的 *Facing the Ocean: the Atlantic and Its Peoples, 8000 BC to AD 1500* (Oxford, 2001)。關於前哥倫布時代的加勒比海，最新（不過寫得較笨拙）的著作是 W. Keegan and C. Hofman, *The Caribbean before Columbus* (Oxford and New York, 2017)，關於隨後幾個世紀的加勒比海，可參考多明尼加共和國的卓越歷史學家 Frank Moya Pons 的 *History of the Caribbean: Plantations, Trade, and War in the Atlantic World* (Princeton, 2007)，或我的參考文獻中提到的其他加勒比海史書。關於現代墨西哥灣，參見 J. Davis, *The Gulf: the Making of an American Sea* (New York, 2017)。

本書和坎利夫著作中的大西洋包含北海，而如果排除波羅的海，我們就無法理解北海。關於波羅的海的最權威通史是 Michael North, *The Baltic: a History* (Cambridge, Mass., 2015; original edition: *Geschichte der Ostsee*, Munich, 2011)。D. Kirby 和 M.-L. Hinkkanen 為 Scammell 叢書寫了一卷 *The Baltic and the North Seas* (London and New York, 2000)，但該書是按照主題來安排的，所以並非總是能夠輕鬆確定長期變化。M. Pye 寫了一本關於中世紀北海的很生動史書 *The Edge of the World: How the North Sea Made Us Who We Are* (London, 2014)，該書頗有爭議地提出，對於歐洲文明的發展，北海甚至比地中海更重要。英吉利海峽的通史，可參考 P. Unwin, *The Narrow Sea* (London, 2003)。最後，W. Blockmans、M. Krom 及 J. Wubs-Mrozewicz 編輯的 *The Routledge Handbook of Maritime Trade around Europe 1300–1600* (Abingdon and New York, 2017)，優點是涉及的地理範圍極廣，不過涵蓋的時期比上述絕大多數書籍都來得短。

北冰洋

Richard Vaughan 因為寫了一些關於瓦盧瓦家族（Valois）的勃艮地公爵的書而聞名，不過他也寫了一本 *The Arctic: a History* (Stroud, 1994)，但這本書涉及的範圍遠遠不止是北冰洋，J. McCannon, *A History of the Arctic: Nature, Exploration and Exploitation* (London, 2012) 也是這樣。上文提到的 *Oceanic Histories* 有一個關於北冰洋的章節，也有關於南冰洋或南極洋的一章（作者分別是 S. Sörlin 和 A. Antonello）。

譯名對照表

A

Aaron 亞倫
Abacan 阿巴罕
Abbas, Shah of Iran 阿拔斯，伊朗國王
Abbasids 阿拔斯王朝
'Abdu'l-'aziz, Sa'id 賽德・阿都爾・阿席
Aborigines 澳大利亞原住民
Abu Dhabi 阿布達比
Abu Mufarrij 阿布・穆法里傑
Abu Zayd Hassan of Siraf 錫拉夫的阿布・宰德・哈桑
Abzu 阿勃祖
Acapulco 阿卡普科
Aceh, Sumatra 亞齊，蘇門答臘島
Achilles, SS 輪船「阿基里斯號」
Achnacreebeag 阿克納克里比格
Adam of Bremen 不來梅的亞當
Adams, William (Miura Anjin) 威廉・亞當斯（三浦按針）
Aden 亞丁
Admiralty Islands 阿得米拉提群島
Adulis 阿杜利斯
Adzes 錛
Aegean 愛琴海
Afghanistan 阿富汗
Afonso de Lorosa, Pedro 佩德羅・阿方索・德・洛羅薩
Afonso V of Portugal 阿方索五世，葡萄牙國王
Afriat, Aaron 亞倫・阿弗里亞特
Africa 非洲
Agamemnon, SS 輪船「阿格曼儂號」
Agatharchides of Knidos 克尼多斯的阿伽撒爾吉德斯
Agricola 阿古利可拉
Aguado, Juan 胡安・阿瓜多
Ahab 亞哈
Ahaziah, son of Ahab 亞哈謝，亞哈的兒子
Ahutoru, Tahitian prince 阿胡托魯，大溪地王子
Ainus 愛努人
Ajanta caves, India 阿旃陀石窟，印度
Ajax, SS 輪船「阿賈克斯號」
Akkad 阿卡德

Akkadian 阿卡德人
Ala-uddin, sultan 阿拉丁，蘇丹
Alagakkonara of Ceylon 亞烈苦奈兒，錫蘭國王
Åland 奧蘭
Åland Islands 奧蘭群島
Alaska 阿拉斯加／阿拉斯加州
Albuquerque, Afonso de 阿方索・德・阿爾布開克
Alcáçovas, Treaty of《阿爾卡索瓦什和約》
Alcatrázes 阿爾卡特拉濟斯
Aleppo 阿勒坡
Aleutian Islands 阿留申群島
Alexander VI, Pope 亞歷山大六世，教宗
Alexander the Great 亞歷山大大帝
Alexandria 亞歷山大港
Alfonso V of Aragon 阿方索五世，阿拉貢國王
Alfonso VIII of Castile 阿方索八世，卡斯提爾國王
Alfred, king of Wessex 阿爾弗雷德，威塞克斯國王
Alfred Holt & Co. *see* Blue Funnel Line 阿爾弗雷德・霍爾特公司，見藍煙囪航運公司
Algarve 阿爾加維
Algeciras 阿爾赫西拉斯
Algeria 阿爾及利亞

Ali, Muhammad, of Egypt 埃及的穆罕默德・阿里
Alkaff family 亞拉卡家族
Allure of the Seas「海洋魅麗號」
Almeida, Francisco de 法蘭西斯科・德・亞美達
Almohad caliphs 穆瓦希德王朝的哈里發
Almoravids 穆拉比特王朝
Alva, Fernando Álvarez de Toledo, 3rd Duke of 費爾南多・阿爾瓦雷斯・德・托萊多，第三代阿爾瓦公爵
Amalfi 阿瑪菲
Amazons 亞馬遜人
Amboyna Island 安汶島
Ambrose, Christopher 克里斯多福・安布羅斯
Ammianus, Marcellinus 阿米阿努斯・馬爾切利努斯
Amoy 廈門
'Amr ibn Kulṯum 阿姆爾・伊本・庫勒蘇姆
Amsterdam 阿姆斯特丹
Armenians 亞美尼亞人
Amun-Ra (god) 阿蒙－拉（神）
Amundsen, Roald 羅爾德・阿蒙森
Amur River 黑龍江
Anatolia 安納托利亞
Anconi of Kilwa 安科尼，基爾瓦國王

Ancuvannam 安庫萬納姆
Andalusia 安達魯西亞
Andamans 安達曼群島
Andouros 安杜羅斯
Andrew of Bristol 布里斯托的安德魯
Angkor, Cambodia 吳哥窟，柬埔寨
Angkor Wat temples 吳哥窟神廟建築群
Angles 盎格魯人
Anglesey 安格爾西
Anglo-Saxon Chronicle《盎格魯撒克遜編年史》
Anglo-Saxons 盎格魯撒克遜人
Ango, Jean the Elder 老讓・安戈
Ango, Jean the Younge 小讓・安戈
Ango family of Dieppe 迪耶普的安戈家族
Angola 安哥拉
Angra, Azores 英雄港，亞速群島
Annals of Ulster《阿爾斯特編年史》
Annam 安南
Anne (cog)「安妮號」（柯克船）
Annia family 安尼家族
Annunciada「聖母領報號」
Ansip, Andrus 安德魯斯・安西普

Antarctic Ocean 南極洋
Anthony of Padua, St 帕多瓦的聖安多尼
Antigua 安地卡島
Antilles 安地列斯群島
Antiochos III 安條克三世
Antwerp 安特衛普
Aotea「白雲號」
Aotearoa see New Zealand 奧特亞羅瓦，即紐西蘭
Aqaba, Gulf of 阿卡巴灣
Aquinas, Thomas 多瑪斯・阿奎那
Arabia 阿拉伯半島
Arabian Gulf *see* Persian/Arabian Gulf 阿拉伯灣，即波斯灣
Arabian Nights《一千零一夜》
Aragon 阿拉貢
Aran Islands 阿倫群島
Arawaks 阿拉瓦克人
Archange 阿爾漢格爾
Arctic 北極
Arctic Ocean 北冰洋
Arellano, captain 阿雷亞諾，船長
Arezzo 阿雷佐
Argentina 阿根廷

Arguim 阿爾金島
Argyré 銀島
Arikamedu 阿里卡梅杜
Arison, Ted 泰德・阿里森
Aristotle 亞里斯多德
Armenians 亞美尼亞人
Armitage, David 大衛・阿米蒂奇
Armorica 阿摩里卡
Arosca, king 阿羅斯卡，國王
Arrian 阿里安
Arsinoë 阿爾西諾伊
Ascension Island 阿森松島
Ashab Mosque 艾蘇哈卜大寺
Ashikaga shoguns 足利幕府
Aso, Mount 阿蘇山
Aspinwall, William 威廉・阿斯平沃爾
Assyrians 亞述人
Astakapra/Hathab 阿斯塔卡普拉／哈塔卜
Astor, John Jacob 約翰・雅各・阿斯特
Atlantic Ocean 大西洋
Atlas Mountains 阿特拉斯山脈
Atlasov, Vladimir 弗拉基米爾・阿特拉索夫
Atrahasis 阿特拉哈西斯
Aubert, Jean 讓・奧貝爾
Auðun 奧敦
Augsburg 奧格斯堡
Augustinians 奧斯定會
Augustus Caesar 奧古斯都・凱撒
Aurora「黎明女神號」
Australian continent 澳大利亞大陸
Austrialia del Espiritú Santo 聖靈的奧斯特里亞利亞
Austronesian languages 南島語系
Austronesians 南島民族
Avalokitesvara statue 觀音像
Avienus 阿維阿努斯
Aviz dynasty 阿維斯王朝
Axelson, Eric 埃里克・阿克塞爾森
Axum 阿克蘇姆
Ayaz, Malik 馬利克・阿亞茲
Aydhab 艾達布
Ayla (Aqaba–Eilat) 艾拉（阿卡巴－艾拉特）
Ayutthaya/Ayudhya 大城（阿瑜陀耶）
'Azafids 阿札菲德家族
Azambuja, Diogo de 迪奧戈・德・阿贊布雅

Aznaghi 阿茲納吉人
Azores 亞速群島
Aztecs 阿茲特克人

B

Bab al-Mandeb 曼德海峽
Babylon 巴比倫
Babylonia 巴比倫尼亞
Bacalao 鹽漬鱈魚
Bạch Đằng 白藤江
Badang (giant) 巴當（巨人）
Baffin Island 巴芬島
Baghdad 巴格達
Bahadur Shah of Gujarat 古加拉特的巴哈杜爾・沙
Bahamas 巴哈馬群島
Bahrain 巴林
Baiões 巴約斯
Baitán 拜丹
Balboa, Juan Núñez de 胡安・努涅斯・德・巴爾沃亞
Balboa, Vasco Núñez de 巴斯科・努涅斯・德・巴爾沃亞
Balboa (town), Panama 巴爾博亞，巴拿馬
Baldridge, Adam 亞當・巴德里奇
Bali 峇里島
Baltic 波羅的海
Baluchistan 俾路支省
Banks, Joseph 約瑟夫・班克斯
Bantam, Java 萬丹，爪哇島
Bantam Island 萬丹島
Bantus 班圖人
Baranov, Alexander 亞歷山大・巴拉諾夫
Barbados 巴貝多
Bridgetown *see* Bridgetown, Barbados 橋鎮，巴貝多
Barbar 巴爾巴爾
Barbarikon 巴巴里孔
Barbarossa, Hayrettin 海雷丁・巴巴羅薩
Barbary Company 巴巴里公司
Barbary corsairs 巴巴里海盜
Barcelona 巴塞隆納
Bardi family 巴爾迪家族
Barents Sea 巴倫支海
Barentsz, Willem 威廉・巴倫支
Baribatani「巴里巴塔尼號」
Barros, João de 若昂・德・巴羅斯
Barus 婆魯師／巴魯斯

Barygaza 巴利加薩
Basques 巴斯克人
Basra 巴斯拉
Batavia 巴達維亞
Bates, Edward 愛德華・貝茲
Bates, Sir Percy 珀西・貝茲爵士
Bayeux Tapestry 貝葉掛毯
Bayonne, France 巴約訥，法國
Beaujard, Philippe 菲力浦・博哈德
Beauport monks 博波爾僧侶
Bede 比德
Bedouins 貝都因人
Behaim, Martin 馬丁・倍海姆
Beijing 北京
Beirut 貝魯特
Belém 貝倫
Belfast 貝爾法斯特
Belgium 比利時
Belitung wreck 勿里洞沉船
ben Yiju, Abraham 亞伯拉罕・本・伊朱
ben Yiju family 本・伊朱家族
Bencoolen, Sumatra 明古連，蘇門答臘
Bengal 孟加拉
Benin 貝南
Bensaúde, Elias 埃利亞斯・班紹德
Bensaúde family 班紹德家族
Beowulf《貝奧武夫》
Berardi, Giannetto 詹奈托・貝拉爾迪
Berbers 柏柏爾人
Berenice (daughter of Herod Agrippa) 貝勒尼基（希律・阿格里帕的女兒）
Bereniké Troglodytika 貝勒尼基・特羅格洛底提卡
Bergen 卑爾根
Bryggen (wharves) 布呂根（碼頭）
Bering, Vitus 維圖斯・白令
Bermuda 百慕達
Bertoa「貝托阿號」
Beth-Horon 伯和倫
Beukelszoon, Willem 威廉・巴克爾斯
Bevin, Ernest 歐內斯特・貝文
Bezborodko, Alexander Andreyevich 亞歷山大・安德列耶維奇・別茲博羅德科
Bia-Punt 比亞－邦特
Bianco, Andrea 安德里亞・比安科

Bibby, Geoffrey 傑佛瑞・畢比
Bible《聖經》
Bickley, John 約翰・比克利
Bidya 比迪亞
Bilal 比拉勒
Bilgames 比爾伽美斯
Birger of Sweden 瑞典國王比爾耶爾
Birka, Sweden 比爾卡，瑞典
Bismarck, Otto von 奧托・馮・俾斯麥
Bismarck archipelago 俾斯麥群島
Bjarni Herjólfson 比亞德尼・赫約爾夫松
Black Death 黑死病
Black Sea 黑海
Blue Funnel Line 藍煙囪航運公司
Blunth, Edward 愛德華・布朗特
BOAC (British Overseas Airways Corporation) 英國海外航空公司
Bobadilla, Francisco de 法蘭西斯科・德・博瓦迪利亞
Boccaccio, Giovanni 喬瓦尼・薄伽丘
Boeing aircraft 波音飛機
Bog People 沼澤人
Bolton, William 威廉・波爾頓

Bombay (Mumbai) 孟買
Boothby, Richard 理查・布思比
Bordeaux 波爾多
Bordelais 波爾多
Borneo 婆羅洲
Bornholm 波恩荷爾摩島
Borobodur 婆羅浮屠
Bosau, Helmold von 博紹的赫爾莫特
Boscà, Joan 胡安・博斯卡
Bosi/Po-ššu 波斯人
Boston, England 波士頓，英格蘭
Boston, Massachusetts 波士頓，麻塞諸塞州
Boston Tea Party 波士頓傾茶事件
Bougainville, Louis de 路易・德・布干維爾
Bounty「邦蒂號」
Boxer, Charles 查爾斯・博克塞
Brahmins 婆羅門
Brandenburg 布蘭登堡
Bremen 不來梅
Bremerhaven, German Maritime Museum 不來梅港，德國海事博物館
Brendan, St 聖布倫丹

Brian Boru 布萊恩・博魯
Bridgetown, Barbados 橋鎮，巴貝多
Bristol 布里斯托
BEF, Second World War 英國遠征軍，第二次世界大戰
Board of Trade 貿易委員會（英國）
Bronze Age 青銅時代
Britannic, RMS 皇家郵輪「不列顛號」
British and North American Royal Mail Steam Packet Company (Cunard) 英國與北美皇家郵政輪船公司（冠達郵輪）
British Expeditionary Force (BEF) 英國遠征軍
British India Steam Navigation Company 英印輪船公司
British Institute of Persian Studies 英國波斯研究所
British Museum 大英博物館
British Overseas Airways Corporation *see* BOAC 英國海外航空公司
Brittany 布列塔尼
Brock's 布洛克公司
Broighter, County Derry 布羅伊特爾，德里郡
Brookes, John 約翰・布魯克斯
Brouwer, Hendrik 亨德里克・布勞沃
Bruges 布魯日
Brunei, Borneo 汶萊，婆羅洲
Buddhism 佛教
Budomel, king 布多梅爾，國王
Bueno de Mesquita, Benjamin 班傑明・布埃諾・德・梅斯基塔
Buenos Aires 布宜諾斯艾利斯
Bugi pirates 布吉族海盜
Buka 布卡島
Bukhara 布哈拉
Burgos, Laws of 布林戈斯法
Burma 緬甸
Bushmen 布希曼人
Butterfield and Swire 太古洋行
Buxhövden, Albert von 阿爾伯特・馮・布克斯赫夫登
Búzas 布札船
Buzurg 布祖爾格
Byzantine Empire 拜占庭帝國

C

Cabo Frio, Brazil 卡波弗里奧，巴西
Cabot, John 約翰・卡博特（喬瓦尼・卡博托）
Cabot, Sebastian 塞巴斯蒂安・卡博特

Cabral, Pedro Álvares 佩德羅・阿爾瓦雷斯・卡布拉爾
Cabrillo, Juan Rodríguez 胡安・羅德里格斯・卡布里略
Cacheu-São Domingos 卡謝烏－聖多明戈斯
Cadamosto/Ca' da Mosto, Alvise 阿爾維塞・卡達莫斯托
Cádiz (Gadir) 加地斯（加地爾）
Caesar, Julius 尤利烏斯・凱撒
Cai Jingfang 蔡景芳
Cairo 開羅
Caithness 凱瑟尼斯
Calafia, mythical queen 卡拉菲亞，神話中的女王
Calais 加萊
Calcutta (Kolkata) 加爾各答
Çaldıran, battle of 恰爾德蘭戰役
Caledonian Canal 金獅運河
Calicut 卡利卡特
California 加利福尼亞／加州
Callao, Per 卡亞俄，秘魯
Calvinists 喀爾文宗信徒
Cambodia 柬埔寨
Cambridge Economic History of Europe《劍橋歐洲經濟史》
Cameralism 官房學
Camões, Luís de 路易士・德・卡蒙斯

Campbell, Colin 科林・坎貝爾
Campbell Clan 坎貝爾氏族
Canaanites 迦南人
Canada 加拿大
Canary Islands 加納利群島
Canberra, SS 輪船「坎培拉號」
Candish, Thomas *see* Cavendish, Thomas 湯瑪斯・坎迪什，或湯瑪斯・卡文迪許
Canggu Ferry Charter 長谷渡口特許證
Cannanore 坎努爾
Canning, George 喬治・坎寧
Canoes 划艇
Cansino, Diego Alonso 迪亞哥・阿隆索・坎西諾
Cantabrians 坎塔布里亞人
Cantino Map 坎迪諾平面球形圖
Canton *see* Guangzhou/Canton 廣州
Canynges, William 威廉・坎寧斯
Cão, Diogo 迪奧戈・康
Cape Horn 合恩角
Cape of Good Hope 好望角
Cape Verde Islands 維德角群島
Caramansa 卡拉曼薩

Carausius 卡勞修斯
Caravels 卡拉維爾帆船
Caribbean 加勒比海
Carleton, Mary 瑪麗・卡爾頓
Carletti, Antonio 安東尼奧・卡萊蒂
Carletti, Francesco 佛朗切斯科・卡萊蒂
Carlsborg fort, Guinea 卡爾斯堡，幾內亞
Carolingian dynasty 加洛林王朝
Carracks 克拉克帆船
Cartagena de las Indias, Colombia 卡塔赫納，哥倫比亞
Carthage/Carthaginians 迦太基／迦太基人
Cartier, Jacques 雅克・卡地亞
Carvajal, Antonio Fernandez 安東尼奧・費爾南德斯・卡瓦雅爾
Castanheda, Fernão Lopes de 費爾南・洛佩斯・德・卡斯塔涅達
Castile/Castilians 卡斯提爾／卡斯提爾人
Catalans 加泰隆尼亞人
Cathay Company 中國公司
Cathay Pacific 國泰航空
Catherine II, the Great 凱薩琳二世，大帝
Catherine of Aragon 阿拉貢的凱薩琳

Cavendish, Thomas 湯瑪斯・卡文迪許
Cavite 甲米地
Cebu 宿霧
Celts 凱爾特人
Centurión, Gaspar 加斯帕・森圖里翁
Ceuta 休達
CGT (Compagnie Générale Transatlantique) 法國大西洋海運公司
Chagres, River 查格雷斯河
Champa 占婆
Chancellor, Richard 理查・錢塞勒
Chang Pogo 張保皐
Changan 長安
Changle 長樂
Changsha 長沙
Charibaël 查里巴埃
Charlemagne 查理曼
Charles II of England 查理二世，英格蘭國王
Charles V, Holy Roman Emperor and King of Spain 查理五世，神聖羅馬帝國皇帝與西班牙國王
Charles Martel 鐵錘查理
Charlotte, Queen 夏洛特王后

Châtillon, Reynaud de 沙蒂永的雷諾
Chauci 考契人
Cheddar 切達
Chelmsford 切爾姆斯福德
Chen Zu-yi 陳祖義
Cheng Ho 鄭和
Cheng Hoon Teng temple, Melaka 青雲亭，麻六甲
Chile 智利
China/Chinese 中國／中國人
Chinoiserie, European 歐洲的中國風
Chios 希俄斯島
Chirikov, Aleksei 阿列克謝・奇里科夫
Ch'oe (agent of Chang Pogo) 崔（張保皋的代理人）
Ch'oe-I 趙彝
Choiseul, Étienne François, Duc de 艾蒂安・弗朗索瓦・舒瓦瑟爾公爵
Chola Tamils 朱羅王朝的泰米爾人
Chōnen 奝然
Christian IV of Denmark 克里斯蒂安四世，丹麥國王
Christianity 基督教
Christiansborg fort 克里斯蒂安堡
Chrysé 克律塞
Ch'üan-chou 泉州
Chulan 蘇臘安
Chumash Indians 丘馬什印第安人
Churchill, Winston 溫斯頓・邱吉爾
Chuzan 中山
Cidade Velha *see* Ribeira Grande 舊城，見大里貝拉
Cinque Ports 五港
Cirebon wreck 井里汶沉船
Ciudad Trujillo 特魯希略城
Cleopatra II of Egypt 克麗奧佩脫拉二世，埃及女王
Clontarf, battle of 克朗塔夫戰役
Clydeside 克萊薩
Cnut 克努特
Co-hong guild 公行
Cobh (Queenstown), Ireland 科夫（女王鎮），愛爾蘭
Cobo, Juan 胡安・科沃／高母羨
Cochin 科欽
Coen, Jan Pieterszoon 揚・彼得生・庫恩
Cogs (ships) 柯克船
Coimbra 孔布拉
Colombia 哥倫比亞（國家名）
Colombo, Domenico 多梅尼科・哥倫布

Colón, Diego 迪亞哥・哥倫布
Colón, Luís de 路易士・哥倫布
Colón, Panama 箇朗，巴拿馬
Columba, St 聖高隆
Columbia 哥倫比亞
Columbus, Bartholomew 巴爾托洛梅奧・哥倫布
Columbus, Christopher 克里斯多福・哥倫布
Columbus, Diego (Diego Colón) 迪亞哥・哥倫布
Columbus, Ferdinand 費爾南多・哥倫布
Comoros archipelago 葛摩群島
Conference System 會議制度
Congo, River 剛果河
Constans II, Byzantine emperor 君士坦斯二世，拜占庭皇帝
Constantinople 君士坦丁堡
Cook, Captain James 詹姆斯・庫克船長
Cook Islands 庫克群島
Copenhagen 哥本哈根
Copts 科普特人
Coracles 威爾斯小圓舟
Corcos, Abraham 亞伯拉罕・科科斯
Corcos family 科科斯家族
Córdoba 科爾多瓦

Cormac ui Liatháin 科馬克・列爾薩尼
Cornelisz, Jeronimus 耶羅尼莫許・科涅利茲
Cornwall 康沃爾
Corsica 科西嘉島
Corte Real, Gaspar 加斯帕爾・科爾特・里爾
Corte Real family 科爾特・里爾家族
Cortés, Hernán 埃爾南・科爾特斯
Cosa, Juan de la 胡安・德・拉・科薩
Cossacks 哥薩克
Costa (cruise company) 歌詩達郵輪
Costa Rica 哥斯大黎加
Courthope, Nathaniel 納森尼爾・科特普
Cousin, Jean 讓・庫桑
Couto, Diogo do 迪尤哥・都・古托
Coventry 科芬特里
Covilhã, Pero da 佩羅・達・科維良
Cowasjee, Framjee 化林治・考瓦斯治
Crawford, Harriet 哈里特・克勞福德
Creole 克里奧爾人
Cresques family 克雷斯克斯家族
Crete 克里特島
Croker Island 克羅克島

Cromwell, Oliver 奧利佛・克倫威爾
Cromwell, Richard 理查・克倫威爾
Crosby, Alfred 阿爾弗雷德・克羅斯比
Crown Jewels 王權之物
CSCL Globe「中海環球號」
Cuba 古巴
Cunard 冠達郵輪
Cunard, Samuel 薩繆爾・康納德
Cunliffe, Barry 巴里・坎利夫
Curaçao 古拉索
Curonian raiders 庫爾蘭襲掠者
Currachs 愛爾蘭克勒克艇
Cushing, John 約翰・庫欣（中文名為顧新）
Cutty Sark「卡蒂薩克號」
Cyprus 賽普勒斯
Cyrus the Great 居魯士大帝

D

Da Mosto, Alvise *see* Cadamosto/Ca' da Mosto, Alvise 阿爾維塞・卡達莫斯托
Da Qin 大津
Däbrä Damo monastery 德布勒達摩修道院
Đại Việt 大越
Daia 戴亞
Dair al-Bahri 德爾埃爾巴哈里
Dalma 達爾馬島
Damascus 大馬士革
Dana, Richard Henry Jr: *Two Years before the Mast* 小理查・亨利・達納：《桅杆前兩年》
Danegeld 丹麥金
Daniel, Glyn 格林・丹尼爾
Danish Asiatic Company 丹麥亞洲公司
Danish East India Company 丹麥東印度公司
Danish West India Company 丹麥西印度公司
Dante Alighieri: *Divine Comedy* 但丁・阿利吉耶里：《神曲》
Danzig 但澤
Daoism 道教
Dardanelles 達達尼爾海峽
Darien Company 達連公司
Darien Scheme 達連計畫
Darius Hystaspis 大流士大帝
Dartmouth 達特茅斯
Dashi 大食
Date palms 椰棗

Dauphin Map 多芬地圖
Dávila family of Segovia 塞哥維亞的達維拉家族
Davis, John 約翰・戴維斯
Davis Strait 戴維斯海峽
Day, John 約翰・戴伊
Dazaifu, Japan 太宰府，日本
de la Fosse, Eustache 厄斯塔什・德・拉・福斯
Dee, John 約翰・迪伊
Dehua 德化
Delano, Warren 華倫・德拉諾
Delaware River 德拉瓦河
Delos 提洛島
Denisovans 丹尼索瓦人
Denmark/Danes 丹麥／丹麥人
Danish coastal empire 丹麥的沿海帝國
Dent, Thomas 托馬斯・顛地
Depression, Great 經濟大蕭條
Deshima Island 出島
Deutsche Lufthansa 德國漢莎航空
Dezhnev, Semen 謝苗・傑日尼奧夫
Dhows 阿拉伯三角帆船
Dhu Nuwas (Yūsuf)「蓄著鬢角捲髮的人」（優素福）
Dian Ramach of Madagascar 馬達加斯加的戴安・拉馬赫
Dias, Bartomeu 巴爾托洛梅烏・狄亞士
Dicuil 迪奎爾
Diderot, Denis 德尼・狄德侯
Dieppe 迪耶普
Dilmun 迪爾蒙
Dingler, Jules 朱爾斯・丁格勒
Dinis of Portugal 葡萄牙國王迪尼斯一世
Diodoros the Sicilian 西西里的狄奧多羅斯
Disko Island 迪斯科島
Disraeli, Benjami 班傑明・迪斯雷利
Diu, Gujarat 第烏，古加拉特
Dominican Republic 多明尼加共和國
Doggerland/Dogger Bank 多格蘭／多格灘
Dollinger, Philippe 菲力浦・多林格
Dolphin「海豚號」
Dominican Republic 多明尼加共和國
Dordrecht 多德雷赫特
Dorestad 多雷斯塔德
Dorset Eskimos 多塞特愛斯基摩人
Dorset Island 多塞特島
Dover Strait 多佛海峽

Drake, Sir Francis 法蘭西斯・德瑞克爵士
Drax, Sir James 詹姆斯・德拉克斯爵士
Dreyer, Edward 愛德華・戴德
Drummond Hay, John 約翰・德拉蒙德・海
Drumont, Édouard 愛德華・德呂蒙
Dublin 都柏林
Dubrovnik 杜布羅夫尼克
Dunkirk 敦克爾克
Dutch East India Company *see* VOC (United East India Company) 荷蘭東印度公司
Dutch West India Company (WIC) 荷蘭西印度公司
Duyfken「小鴿子號」

E

Ea-nasir 伊納希爾
Eanes, Gil 吉爾・埃亞內斯
Earth Mother 地母神，大地女神
East Anglia 東英吉利
East China Sea 東海
East India Company, Danish 丹麥東印度公司
East Indies 東印度群島
Easter Island 復活節島
Edo, Japan 江戶，日本
Edo Bay 江戶灣
Edward I of England 愛德華一世，英格蘭國王
Edward II of England 愛德華二世，英格蘭國王
Edward III of England 愛德華三世，英格蘭國王
Edward IV of England 愛德華四世，英格蘭國王
Edward VI of England 愛德華六世，英格蘭國王
Eendracht「團結號」
Egbert of Wessex 威塞克斯的愛格伯特國王
Egede, Niels 尼爾斯・埃格德
Egeria 婕莉亞
Egil's Saga《埃吉爾薩迦》
Egypt/Egyptians 埃及／埃及人
Eirík the Red 紅髮埃里克
Eisai 榮西
El Dorado 黃金國
El Piñal 松樹林
Elcano, Juan Sebastian 胡安・塞巴斯蒂安・艾爾卡諾
Eleanor of Aquitaine 亞奎丹的艾莉諾
Eleanor「艾莉諾號」
Elephantegoi 象船
Eliezer, son of Dodavahu 以利以謝，多大瓦的兒子

Elizabeth I 伊莉莎白一世
Ellesmere Island 埃爾斯米爾島
Elliott, Charles 查理・義律
Elmina 埃爾米納
Elsinore *see* Helsingør 厄斯諾，即赫爾辛格
Elyot, Hugh 休・伊利奧特
Empire Flying Boats 帝國船身式水上飛機
Empress of China「中國皇后號」
Endo, Shusaku: *The Samurai* 遠藤周作：《武士》
Enfantin, Barthélemy-Prosper 巴泰勒米・普羅斯珀・安凡丹
England/English 英格蘭／英格蘭人
Enki (god) 恩基（神）
Enkidu 恩奇杜
Ennin (Jikaku Daishi) 圓仁（慈覺大師）
Enrique (Sumatran servant/interpreter) 恩里克（蘇門答臘僕人和譯員）
Eratosthenes 埃拉托斯特尼
Eridu 埃利都
Erie Canal 伊利運河
Erik of Pomerania 波美拉尼亞的埃里克
Erikson, Gustaf 古斯塔夫・艾瑞克森
Eritrea 厄利垂亞
Ertebølle 艾特博勒
Eskimos 愛斯基摩人
Esmeralda「埃斯梅拉達號」
Esmerault, Jean de 讓・德・埃斯梅羅
Espoir「希望號」
Essaouira *see* Mogador 索維拉，即摩加多爾
Essomericq, son of Arosca 埃索梅里克，阿羅斯卡的兒子
Estonia 愛沙尼亞
Ethiopia/Ethiopians 衣索比亞／衣索比亞人
Etruria 伊特魯里亞
Etruscans 伊特魯里亞人
Etzion-Geber 以旬迦別
Eudaimōn Arabia (Aden) 阿拉伯福地（亞丁）
Eudoxos of Kyzikos 基齊庫斯的歐多克索斯
Euergetes II 托勒密八世（施惠者二世）
Eugénie of France 歐仁妮，法國皇后
Euphrates 幼發拉底河
European Union 歐盟
Evans, James 詹姆斯・埃文斯
Evans, Jeff 傑夫・埃文斯
Exquemeling, Alexandre 亞歷山大・艾斯克梅朗
Ezekiel 以西結

F

Fabian, William 威廉・費邊
Faleiro, Rui 魯伊・法萊羅
Falkland Islands 福克蘭群島
Falmouth, Cornwall 法爾茅斯，康沃爾
Fan-man/Fan Shiman 范蔓／范師蔓
Fan Wenhu 范文虎
Faroe Islands 法羅群島
Farquhar, William 威廉・法夸爾
Fatimid Empire 法蒂瑪帝國
Faxien (Shih Fa-Hsien) 法顯
Fei Xin 費信
Felixstowe 費利克斯托
Feng shui 風水
Ferdinand II of Aragon 阿拉貢國王斐迪南二世
Ferdinando de' Medici 費迪南多・德・梅迪奇
Fernandes, Valentim 瓦倫廷・費爾南德斯
Fernando de Noronha Island 費爾南・德・諾羅尼亞島
Ferrand, Gabriel 加布里爾・費琅
Ferrer, Jaume 豪梅・費雷爾
Fetu people 費圖人
Fez, Morocco 非斯，摩洛哥
Fiji 斐濟
Filipino language 菲律賓語
Finland 芬蘭
Finno-Ugrians 芬蘭－烏戈爾人
Finney, Ben 班・芬尼
Fitch, Ralph 洛夫・費區
Flanders 法蘭德斯
Flóki Vilgerðarson 弗洛基・維爾格達松
Florence/Florentines 佛羅倫斯／佛羅倫斯人
Flores 弗洛勒斯島
Florida 佛羅里達／佛羅里達州
Formosa Island *see* Taiwan 福爾摩沙，即臺灣
Fortin, Mouris 穆里・福爾廷
Fowey, Cornwall 弗維宜，康沃爾
France 法國
Francis I of France 法蘭西斯一世，法國國王
Franciscans 方濟各會
Francisco de Vitoria, archbishop of Mexico City 法蘭西斯科・德・維多利亞，墨西哥城大主教
Franklin, Sir John 約翰・富蘭克林爵士
Franks 法蘭克人
Franz Joseph of Austria 法蘭茲・約瑟夫，奧地利皇帝

Frederick I Barbarossa, Holy Roman Emperor 腓特烈一世・巴巴羅薩，神聖羅馬帝國皇帝
Frederick II, Holy Roman Emperor 腓特烈二世，神聖羅馬帝國皇帝
Frederick II of Denmark 弗雷德里克二世，丹麥國王
Frederiksborg fort 腓特烈堡
Freneau, Philip 菲力浦・弗雷諾
Freydis 弗蕾迪絲
Frisia/Frisians 弗里西亞／弗里西亞人
Frobisher, Martin 馬丁・弗羅比舍
Frobisher Bay 弗羅比舍灣
Fuerteventura 富埃特文圖拉島
Fuggers banking house, Augsburg 富格爾家族，奧格斯堡的銀行世家
Fujiwara clan 藤原氏
Fujiwara no Tsunetsugu 藤原常嗣
Fukoaka *see* Hakata (Fukoaka) 福岡，見博多
Funan, southern Vietnam 扶南，越南南部
Funchal, Madeira 豐沙爾，馬德拉

G

Gabriel「加百列號」
Gadir *see* Cádiz 加地爾，即加地斯
Galápagos Islands 加拉巴哥群島
Galicia 加利西亞
Gallia Belgica 比利時高盧
Galliots 輕型槳帆船
Galloway 加洛韋
Gama, Gaspar da 加斯帕・達伽馬
Gama, Vasco da 瓦斯科・達伽馬
Gambia 甘比亞
Ganges 恆河
Gannascus 甘納斯庫斯
Gardar, Greenland 加達，格陵蘭
Garðar Svávarsson 加達・斯瓦瓦爾松
Gascony 加斯科涅
Gatun Lake, Panama 加通湖，巴拿馬
Gaul/Gauls 高盧／高盧人
Gaza 加薩
Gdansk *see* Danzig 格但斯克，即但澤
Geer, Louis De 路易・德・蓋爾
Genizah documents 經塚文獻
Genoa/Genoese 熱那亞／熱那亞人
George, St 聖喬治

George, Prince Regent, later George IV 攝政王喬治，即後來的英王喬治四世
Germaine de Foix 日爾曼妮・德・富瓦
Germany 德意志／德國
Gerrha 格爾哈
Ghana 迦納
Ghent 根特
Gibraltar 直布羅陀
Gilbert, Humphrey 漢弗萊・吉爾伯特
Gilgamesh《吉爾伽美什》
Glasgow 格拉斯哥
Glob, P.V. P・V・格洛布
Glottochronology 語言年代學
Glückstadt 格呂克斯塔特
Glückstadt Company 格呂克斯塔特公司
Glueck, Nelson 尼爾森・格魯克
Goa 果阿
Godfred of Denmark 古德弗雷德，丹麥國王
Godijn, Louis 路易士・霍代恩
Godmanchester 高德曼徹斯特
Goitein, S. D. S・D・戈伊坦
Gokstad ship 戈科斯塔德船

Golden Hind「金鹿號」
Gomes, Diogo 迪奧戈・戈梅斯
Gomes, Fernão 費爾南・戈梅斯
Gonneville, Binot Paulmier de 比諾・波爾米耶・德・貢納維爾
Gonville Hall, Cambridge 劍橋大學岡維爾學院
Gothenburg 哥德堡
Gotland 哥特蘭島
Gotlanders' Saga《哥特蘭人薩迦》
Gouvea, Francisco de 法蘭西斯科・德・戈維亞
Graf Spee「施佩伯爵號」
Gran Canaria *see* Grand Canary 大加納利島
Gran Colombia 大哥倫比亞
Granada 格瑞那達
Grand Canary (Gran Canaria) 大加納利島
Gray, Robert 羅伯特・格雷
Great Britain 大不列顛／英國
Great Chronicle of London《倫敦大編年史》
Great Collection of Buddhist Sutras《大藏經》
Great Depression 經濟大蕭條
Great Eastern, SS 輪船「大東方號」
Great Gift「厚禮號」

Great Northern War 大北方戰爭
Greece/Greeks 希臘／希臘人
Greene, Danie 丹尼爾・格林
Greenland 格陵蘭
Greenlanders' Saga《格陵蘭人薩迦》
Greifswald 格賴夫斯瓦爾德
Gresham, Sir Thomas 湯瑪斯・格雷沙姆爵士
Gresham College 格雷沙姆學院
Grijalva, Juan de 胡安・德・格里哈爾瓦
Grim Kamban 格里姆・坎班
Grimaldo, Juan Francisco de 胡安・法蘭西斯科・德・格里瑪律多
Grotius, Hugo 雨果・格勞秀斯
Guadeloupe 瓜德羅普島
Guam 關島
Guanches 關切人
Guangdong 廣東
Guangzhou/Canton 廣州
Guatemala 瓜地馬拉
Guðrið, wife of Þorfinn Karlsefni 古德麗德，托爾芬・卡爾塞夫尼的妻子
Guðroð Crovan 戈德雷德・克羅萬
Guðrum 古思倫
Guerra, Luis 路易士・格拉
Guerra brothers 格拉兄弟
Guinea 幾內亞
Guinea Bissau 幾內亞披索
Gujarat/Gujaratis 古加拉特／古加拉特人
Gulden Zeepaert, 't「金海馬號」
Gulf Stream 墨西哥灣流
Gunnbjorn Ulf-Krakuson 貢比約恩・烏爾夫－克拉庫松
Gustavus Adolphus of Sweden 古斯塔夫・阿道夫，瑞典國王
Gwadar, Oman/Pakistan 瓜達爾（阿曼，巴基斯坦）
Gypsies 吉普賽人

H

Hacho, Mount 雅科山
Hadhramawt, south Arabia 哈德拉毛，阿拉伯半島南部
Haithabu 海塔布（海澤比）
Haiti 海地
Hakata (Fukoaka) 博多（福岡）
Hakata Bay 博多灣
Hakluyt, Richard 理查・哈克盧伊特
Hakusuki, battle of 白江口之戰

Halley, Edmund 愛德蒙・哈雷
Hallstatt culture 哈爾施塔特文化
Hamburg 漢堡
Hamburg–Amerika Line 漢堡－美洲航運公司
Hamilton, Alexander 亞歷山大・漢密爾頓
Hamwih (Southampton) 漢威（南安普頓）
Hangzhou (Quinsay) 杭州（行在）
Hannibal 漢尼拔
Hanoi 河內
Hans, King of Denmark 漢斯，丹麥國王
Hansa, German 德意志漢薩同盟
HAPAG 漢堡－美洲航運公司
Harald Fairhair 金髮哈拉爾
Harald Hardraða 無情者哈拉爾
Harali 哈拉里
Harappā 哈拉帕
Harland, Edward 愛德華・哈蘭
Harland and Wolff shipyard, Belfast 哈蘭與沃爾夫造船廠，貝爾法斯特
Harold Godwinsson 哈洛德・戈德溫森
Harris, William 威廉・哈里斯
Harrison, John, chronometer 約翰・哈里森的天文鐘
Hartog, Dirk 德克・哈托格
Harun ar-Rashid 哈倫・拉希德
Hasekura Tsunenaga 支倉常長
Hastings, Francis Rawdon-Hastings, 1st Marquess of 第一代哈斯汀侯爵法蘭西斯・羅頓－哈斯汀
Haswell, Robert 羅伯特・哈斯威爾
Hathab/Astakapra 哈塔卜／阿斯塔卡普拉
Hatshepsut/Hashepsowe, Queen 哈特謝普蘇特女王
Havana 哈瓦那
Hawai'ian Islands 夏威夷群島
Hawaiki 夏威基
Hayam Wuruk of Majapahit 哈揚・武魯克，滿者伯夷國王
Hayes' Island 海斯島
Hazor 夏瑣
Heaney, Seamus 謝默斯・希尼
Hebrides 赫布里底群島
Hedeby *see* Haithabu 海澤比，即海塔布
Heian *see* Kyoto/Heian 平安京，即京都
Hekataios 赫卡塔埃烏斯
Hellenization 希臘化
Helluland 赫爾陸蘭／平石之地
Helsingborg 赫爾辛堡

Helsingør (Elsinore) castle 赫爾辛格城堡
Henriques, Moses Josua 摩西・約書亞・恩里克斯
Henry I of Schwerin 施威林伯爵海因里希一世
Henry II of England 亨利二世，英格蘭國王
Henry III, Holy Roman Emperor 亨利三世，神聖羅馬帝國皇帝
Henry III of England 亨利三世，英格蘭國王
Henry IV of England 亨利四世，英格蘭國王
Henry V of England 亨利五世，英格蘭國王
Henry VI, Holy Roman Emperor 亨利六世，神聖羅馬帝國皇帝
Henry VII of England 亨利七世，英格蘭國王
Henry VIII of England 亨利八世，英格蘭國王
Henry the Impotent, King of Castile 卡斯提爾國王「無能的」的恩里克四世
Henry the Lion 獅子亨利
Henry of Navarres 納瓦拉的亨利
Henry the Navigator, Prince Henry 航海家恩里克，恩里克王子
Herjólfsnes, Greenland 赫約爾夫斯尼斯，格陵蘭
Hermapollon「赫瑪波隆號」
Herodotos 希羅多德
Heyerdahl, Thor 索爾・海爾達
Heyn, Piet 皮特・海因
Heysham, Robert 羅伯特・海沙姆
Heysham, William 威廉・海沙姆
Hideyoshi Toyotomi 豐臣秀吉
Himilco 希米爾科
Himyar 希木葉爾
Hindenburg「興登堡號」
Hindostan, SS 輪船「印度斯坦號」
Hinduism/Hindus 印度教／印度教徒
Hine-te-aparangi 希內－蒂－阿帕蘭吉
Hippalos 西帕路斯
Hirado, Japan 平戶，日本
Hiram, King of Tyre 推羅國王希蘭
Hispaniola 伊斯帕尼奧拉島
Hitler, Adolf 阿道夫・希特勒
Hjǫrleif 希約萊夫
Hoëdic 埃迪克島
Hojeda, Alonso de 阿隆索・德・奧赫達
Hokianga nui a Kupe 庫佩的偉大回歸之地
Hokkaido 北海道
Hokule'a「霍庫雷阿號」

Holocene period 全新世
Holt, Alfred 阿爾弗雷德・霍爾特
Honduras 宏都拉斯
Hong-wu 洪武帝
Hong-xi 洪熙帝
Hong Kong 香港
Hong Kong and Whampoa Dock Company 香港黃埔船塢公司
Honolulu 檀香山
Hopewell「霍普威爾號」
Hoppos, Canton 粵海關部（廣州）
Hoq Cave, Socotra 霍克洞，索科特拉島
Horace 賀拉斯
Hormuz 霍爾木茲
Horrea Piperataria 胡椒倉庫
Horta, Azores 奧爾塔，亞速群島
Hotu Matu'a 霍圖・瑪圖阿
Howqua (Hong merchant) 浩官（十三行商人）
Huang Chao 黃巢
Hudson, Henry 亨利・哈德遜
Hudson Bay 哈德遜灣
Huelva 韋爾瓦
Huguenots 胡格諾派
Hull 赫爾
Humboldt, Alexander von 亞歷山大・馮・洪堡德
Hundred Years War 百年戰爭
Hung Wu-ti 洪武帝
Hussein, sultan of Johor 柔佛的蘇丹侯賽因
Hutchison Ports 和記港口
Hygelac 海格拉克
Hyksos 希克索
Hyogo 兵庫

I

Iberia 伊比利
Ibn al-Muqaddam 伊本・穆卡達姆
ibn Battuta 伊本・白圖泰
ibn Hawqal 伊本・霍卡爾
ibn Iyas 伊本・伊亞斯
Ibn Sab'in 伊本・薩賓
Ibrahim Pasha, Pargalı 帕爾加勒・易卜拉欣帕夏
Ictis Island 伊克提斯島
Ideal-X「理想 X 號」
Idrisi, Muhammad al- 穆罕默德・伊德里西
Ieyasu Tokugawa 德川家康

Iki Island 壹岐島
Imari wares 伊萬里燒
Imhof family and banking house 伊姆霍夫家族與銀行
Imma 伊瑪
Imperator「皇帝號」
Imperial Airways 帝國航空
Incas 印加人
Inchcape, James Lyle Mackay, 1st Earl of 第一代英奇凱普伯爵詹姆斯・萊爾・麥凱
India 印度
Indian Ocean 印度洋
Indiké 印地凱
Indo-China 印度支那
Indonesia/Indonesians 印尼／印尼人
Indus River 印度河
Ingolf Arnarson 英格爾夫・阿納爾松
Ingstad, Anne Stine and Helge 黑爾格和安妮・斯蒂納・英斯塔
Innocent VIII 英諾森八世
Inquisition 宗教裁判所
Intan wreck 因潭沉船
Inuit 因紐特人
Ipswich 伊普斯威奇
Iran 伊朗
Iraq 伊拉克
Ireland 愛爾蘭
Irian 伊里安島
Irish Channel 愛爾蘭海峽
Irish Sea 愛爾蘭海
Irvine, Charles 查爾斯・歐文
Isaac the Jew 猶太人以撒
Isabella of Castile 伊莎貝拉，卡斯提爾女王
Isadora, Aelia 艾莉亞・伊薩朵拉
Isbister, Orkney 伊斯比斯特，奧克尼群島
Isfahan 伊斯法罕
Isidore of Seville 塞維亞的伊西多祿
Isis 伊西斯
Iskandar Shah 伊斯坎德爾・沙
Islam/Muslims 伊斯蘭／穆斯林
Íslendingabók《冰島人之書》
Ismail Pasha 伊斯梅爾帕夏
Israel, Jonathan 喬納森・伊斯雷爾
Israel, Six-Day War (1967) 以色列六日戰爭（一九六七年）
Ivan III of Russia 俄國的伊凡三世

Ivan IV, the Terrible 伊凡四世，即恐怖伊凡
Ívar Bárdarson 伊瓦爾・鮑札爾松
Izu Islands 伊豆諸島

J

Jackson, Andrew 安德魯・傑克森
Jacob「雅各號」
Jacobites 詹姆斯黨
Jacobsz, Ariaen 阿里安・雅各斯
Jakarta *see* Batavia/Batavians 雅加達，見巴達維亞／巴達維亞人
Jamaica 牙買加
Jambi 占碑
James I of England 詹姆斯一世，英格蘭國王
James II of England 詹姆斯二世，英格蘭國王
James III of Majorca 海梅三世，馬略卡國王
James of Bruges 雅科梅・德・布魯日
Jamestown, Virginia 詹姆斯鎮，維吉尼亞
Jan Mayen Island 揚馬延島
Jang Bogo *see* Chang Pogo 張保皋
Jansz/Janszoon, Willem 威廉・揚斯／揚松
Janus Imperiale 雅努斯・因佩里亞萊
Japan/Japanese 日本／日本人
Japan Current 日本暖流
Japan Sea 日本海
Jardine, William 威廉・渣甸
Jarlshof, Shetland 雅爾斯霍夫，昔德蘭群島
Java/Javans 爪哇／爪哇人
Jefferson, Thomas 湯瑪斯・傑弗遜
Jeffreys, George, 1st Baron 喬治・傑佛瑞斯，第一代傑佛瑞斯男爵
Jehosaphat 約沙法
Jelling, Jutland 耶靈，日德蘭半島
Jenkinson, Anthony 安東尼・詹金森
Jerónimo de Jesús de Castro 赫羅尼莫・德・赫蘇斯・德・卡斯楚
Jeronymites 聖哲羅姆會
Jerusalem 耶路撒冷
Jesuits 耶穌會
Jian-wen 建文帝
Jiddah 吉達
Jikaku Daishi (Ennin) 慈覺大師（圓仁）
Jingdezhen 景德鎮
João I of Portugal 若昂一世，葡萄牙國王

João II of Portugal 若昂二世，葡萄牙國王
John, King of England 約翰，英格蘭國王
John I of Portugal 若昂一世，葡萄牙國王
John, Prester 祭司王約翰
Johnson, Lyndon B. 林登・B・詹森
Johor 柔佛
Jon Grønlænder 約恩・葛籣蘭德爾
Jordan 約旦
Josephus 約瑟夫斯
Jourdain, John 約翰・茹爾丹
Jtj (wife of Parekhou) 季提吉（帕勒霍的妻子）
Juana la Beltraneja 胡安娜・貝爾特蘭尼婭
Juana the Mad, queen of Castile 瘋女胡安娜，卡斯提爾女王
Julfa 朱利法
Junks 中式帆船
Jutes 朱特人
Jutland 日德蘭

K

Ka‘aba, Mecca 克爾白，麥加
Kahiki 卡希基
Kaiana, Hawai’ian Prince 凱亞納，夏威夷王子
Kaifeng 開封
Kalevala《卡勒瓦拉》
Kalinga 羯陵伽
Kalpe *see* Gibraltar 卡爾佩巨岩，即直布羅陀
Kamakura 鎌倉
Kamara (Puhar) 卡馬拉（普哈爾）
Kamaran Island 卡馬蘭島
Kamchatka Peninsula 勘察加半島
Kamehameha I of Hawai’i 卡美哈梅哈一世，夏威夷國王
Kamehameha II of Hawai’I 卡美哈梅哈二世，夏威夷國王
Kané 卡內
Kane (god) 凱恩（神）
Kangp’a *see* Chang Pogo 張保皋
Kanton, near Stockholm 廣州，斯德哥爾摩附近
Karachi 喀拉蚩
Karelians 卡累利亞人
Karl Hundason, King of the Scots 卡爾・亨達森，蘇格蘭國王
Katharine Sturmy「凱薩琳・斯特米號」
Kathāsaritsāgara《故事海》
Kattigara 卡替嘎拉
Kaua’i 考艾島

Kaundinya 憍陳如
Kaupang, Norway 考邦，挪威
Kawano Michiari 河野通有
Kayaks 皮艇
Keats, John 約翰・濟慈
Kedah 吉打
Kemal Reis 凱末爾雷斯
Kempe, Margery 瑪格麗・坎普
Kendrick, John 約翰・肯德里克
Ken'in (Buddhist monk) 兼胤（佛教僧人）
Kennedy, John F 約翰・F・甘迺迪
Kent 肯特
Ketill the Fool 傻瓜凱迪爾
Kettler, Jacob 雅各・凱特勒
Khazars 可薩人
Khmer Kingdom/Kings 高棉王國／國王
Kholmogory 霍爾莫戈雷
Khubilai Khan 忽必烈汗
Ki no Misu 紀三津
Kidd, William 威廉・基德
Kiev/Rus 基輔／羅斯
Kilwa 基爾瓦島

Kim Yang 閻長
King's Mirror《君王寶鑑》
Kingston Bay, Jamaica 京斯敦灣，牙買加
Kiribati Islands 吉里巴斯群島
Kiritimati 聖誕島
Kish/Qays 基什島（凱斯島）
Klysma 克里斯瑪
Knǫrrs 克諾爾船
Koch, John 約翰・科克
Kodiak Island 科迪亞克島
Kōfuko-ji monastery, Nara 興福寺，奈良
Koguryō, Korea 高句麗，朝鮮
Kola Peninsula 科拉半島
Kolkata *see* Calcutta 加爾各答
Kollam 奎隆
Komr 科姆爾
Kon-Tiki「康提基號」
Kongo slaves 剛果奴隸
Konstantin of Novgorod 諾夫哥羅德的康斯坦丁
Koptos 科普特斯
Korea 朝鮮
Koguryō Kingdom 高句麗王國

Koryō 高麗
Kōrokan, Japan 鴻臚館，日本
Koryō, Korea 高麗，朝鮮
Kos, Greek Island 科斯島，希臘
Kosh, Socotra 科什，索科特拉島
Kosmas Indikopleustes 科斯馬斯．印迪科普勒斯特斯
Kowloon 九龍
Kra Isthmus 克拉地峽
Krakatoa 喀拉喀托火山
Kronstadt, Baltic 克隆斯塔特，波羅的海
Kruzenshtern, Adam Johann von 亞當．約翰．馮．克魯森施滕
Kulami「庫拉米號」
Kumiai Indians 庫米艾印第安人
Kumemura 久米村
Kupe, Polynesian navigator 庫佩，玻里尼西亞航海家
Kuril Islands 千島群島
Kurland 庫爾蘭
Kuroshio current 黑潮（日本暖流）
Kuwait 科威特
Kuy (war-god) 庫伊（戰神）
Kwallŭk 觀勒
Kylsant, Owen Philipps, 1st Baron 歐文．菲利普斯，第一代凱爾森特男爵
Kylsant Royal Mail 凱爾森特皇家郵政
Kyoto/Heian 京都／平安京
Kyushu 九州

L

La Gomera 戈梅拉島
La Isabela 伊莎貝拉城
La Navidad 納維達德
La Pérouse, Jean-François de Galaup, comte de 拉彼魯茲伯爵讓－法蘭索瓦．德．加洛
La Tène culture 拉登文化
Labrador 拉布拉多
Lady Hughes「休斯夫人號」
Lady Washington「華盛頓夫人號」
Lagash 拉格什
Lagos, Algarve 拉哥斯，阿爾加維
Lancaster, James 詹姆斯．蘭開斯特
Langdon Bay, Kent 蘭登灣，肯特郡
Lanzarote 蘭薩羅特島
Laodicea 老底嘉

Lapis lazuli 青金岩
Lapita people/culture 拉皮塔人／文化
Lapps/Sami 拉普人／薩米人
Las Casas, Bartolomé de 巴爾托洛梅・德・拉斯・卡薩斯
Las Coles 拉斯科雷斯
Lasa 臘薩
Latin 拉丁文
Latvia 拉脫維亞
Lavenham 拉文納姆
Lavrador, João Fernandes 若昂・費爾南德斯・拉夫拉多
Lazarus, Emma 艾瑪・拉撒路
Le Havre 勒阿佛爾
Leander「利安德號」
Lebanon 黎巴嫩
Ledyard, John 約翰・萊迪亞德
Lee Kuan Yew 李光耀
Legázpi, Miguel López de 米格爾・羅佩斯・德・萊加斯皮
Leif Eiriksson (Leif the Lucky) 萊夫・艾瑞克森（幸運的萊夫）
Leisler, Jacob 雅各・萊斯勒
Lesseps, Ferdinand de 斐迪南・德・雷賽布
Leuké Komé 白色村莊
Levant Company 黎凡特公司
Lewis, Bernard 柏納・路易斯
Lewis, David 大衛・路易士
Lewis chessmen 路易斯島西洋棋
Liang shu《梁書》
Libelle of Englyshe Polycye《對英格蘭政策的控訴》
Libya/Libyans 利比亞／利比亞人
Liefde, De「慈愛號」
Lima 利馬
Limahon 林鳳
Limes 界牆（羅馬帝國）
Limyriké 利米里凱
Lin Feng/Limahon 林鳳
Lin Zexu 林則徐
Lindisfarne 林迪斯法恩
Linnaeus, Carl 卡爾・林奈
Lisbon 里斯本
Litany of Oengus《安格斯連禱文》
Lithuania 立陶宛
Liubice 柳比策
Liujiagang 劉家港
Liverpool 利物浦

Livonia/Livs 利伏尼亞／利伏尼亞人
Livorno 利佛諾
Lixus 利索斯
Lloyd's 勞合社
Lo Yueh 雒越
Loaísa, Garcia Jofre de 加西亞・霍夫雷・德・洛艾薩
Lodestones 天然磁石
Lomellini family 洛梅利尼家族
London 倫敦
London Missionary Society 倫敦傳道會
Long Melford 長梅爾福德
Longe, William 威廉・朗格
Loos, Wouter 沃特・路斯
Lopes Pereira, Manuel 曼紐・洛佩斯・佩雷拉
Lopez, Fernando 費爾南多・洛佩斯
Lopius, Marcus 馬爾庫斯・羅皮烏斯
Lothal 洛塔
Lotus Sutra《法華經》
Louis the Pious 虔誠者路易
Louis XI 路易十一
Louis XII 路易十二
Louis XIV 路易十四
Louisiana, USS 戰列艦「路易斯安那號」
Low Countries 低地國家
Lu-Enlilla 盧－恩利拉
Lu-Mešlamtaë 盧－梅斯拉姆塔埃
Lu Xun 盧循
Luanda 魯安達，安哥拉
Lübeck 呂貝克
Lucca 盧卡
Lucena, Vasco Fernandes de 瓦斯科・費爾南德斯・德・盧塞納
Lucian of Samosata 薩莫薩塔的琉善
Lucqua (Hong merchant) 六官，黎顏裕（十三行商人）
Luftwaffe 德國空軍
Lüneburg Heath 呂訥堡石楠荒原
Luo Mao-deng: *The Grand Director of the Three Treasures Goes Down to the Western Ocean* 羅懋登：《三寶太監下西洋記通俗演義》
Lusitania, RMS 皇家郵輪「盧西塔尼亞號」
Luzon Island 呂宋島
Lvov 利沃夫
Lydia 呂底亞
Lynn, England 林恩，英格蘭

Lyons 里昂

M

Ma Huan 馬歡
Maasvlakte 馬斯弗拉克特
Mabuchi Kamo 賀茂真淵
Macaronesia 馬卡羅尼西亞
Macassar 望加錫
Macau (Macao) 澳門
Macaulay, Thomas Babington, 1st Baron 湯瑪斯・巴賓頓・麥考萊，第一代麥考萊男爵
Macnin, Meir 邁爾・麥克寧
Macnin family 麥克寧家族
Macpherson, W. J. W・J・麥克弗森
Mactan 麥克坦島
Madagascar 馬達加斯加
Madanela Cansina「馬達內拉・坎西納號」
Madeira 馬德拉島
Madras (Chennai) 馬德拉斯（清奈）
Madrid 馬德里
Mælbrigte 梅爾布里格特
Maersk 馬士基
Maes Howe 梅斯豪
Magan 馬根
Magellan, Ferdinand 斐迪南・麥哲倫
Magellan, Strait of 麥哲倫海峽
Magellanica 麥哲倫洲
Magnus, Olaus 烏勞斯・馬格努斯
Magnus Barelegs「赤腳王」馬格努斯
Magnus Erlendsson 馬格努斯・埃蘭德松
Magnus VI Haakonsson of Norway 馬格努斯六世・哈康森，挪威國王
Mahan, Alfred Thayer 阿爾弗雷德・賽耶・馬漢
Mahdia 馬赫迪耶
Maimon, David ben 大衛・本・邁蒙
Maimonides, Moses 摩西・邁蒙尼德
Maine, USS 戰列艦「緬因號」
Majapahit 滿者伯夷
Majorca (Mallorca) 馬略卡
Majoreros 馬霍雷洛人
Majos 馬霍人
Malabar Coast 馬拉巴海岸
Malabathron 肉桂葉
Malacca *see* Melaka (Malacca) 麻六甲

Malagasy language 馬達加斯加語
Malagueta pepper 馬拉蓋塔椒
Mälaren, Lake 梅拉倫湖
Malaspina, Alejandro 亞歷杭德羅・馬拉斯皮納
Malay Annals《馬來紀年》
Malaya/Malays 馬來人
Melaka *see* Melaka (Malacca) 麻六甲
Malayu 末羅遊
Malcolm, King of the Scots 蘇格蘭國王馬爾科姆
Malfante, Antonio 安東尼奧・馬爾凡特
Mali empire 馬利帝國
Malindi 馬林迪
Malinowski, Bronisław 勃洛尼斯拉夫・馬林諾夫斯基
Mallorca *see* Majorca 馬略卡
Mallorca, Jaume de 豪梅・德・馬略卡
Malmö 馬爾默
Malmsey wine 馬姆齊酒
Malocello, Lançalotto 蘭切洛托・馬洛塞洛
Malta 馬爾他島
Malvinas *see* Falkland Islands 馬維納斯群島，即福克蘭群島
Mamluks 馬木路克

Man, Isle of 曼島
Manchester 曼徹斯特
Manchester Ship Canal 曼徹斯特運河
Mandinga 曼丁戈人
Manević, Ivan 伊萬・馬內維奇
Mangaia 曼加伊亞島
Mangalore 門格洛爾
Manhattan Island 曼哈頓島
Manigramam 瑪尼格拉瑪姆
Manila 馬尼拉
Manilhas (brass bracelets) 黃銅手鐲
Mansa Musa of Mali 曼薩・穆薩，馬利國王
Mansfield, Edward 愛德華・曼斯費爾德
Mansur, sultan of Tidore 曼蘇爾，蒂多雷的蘇丹
Manuel I of Portugal 葡萄牙國王曼紐一世
Māoris 毛利人
Marchionni, Bartolomeo 巴托洛梅奧・馬爾基奧尼
Marconi, Guglielmo 古列爾莫・馬可尼
Marcus Julius Alexander 馬爾庫斯・尤利烏斯・亞歷山大
Margaret of Austria 奧地利的瑪格麗特
Margaret of Denmark 丹麥女王瑪格麗特
Marguerite of Navarre 納瓦拉王后瑪格麗特

Maria Theresa, Holy Roman Empress 瑪麗亞・特蕾莎，神聖羅馬帝國皇后
Marianas ('Islands of Thieves') 馬里亞納群島（「強盜群島」）
Mariehamn, Åland Islands 瑪麗港，奧蘭群島
Marienburg 馬爾堡
Marinid dynasty 馬林王朝
Markland 馬克蘭
Marquesas Islands 馬克薩斯群島
Marrakesh, Morocco 馬拉喀什，摩洛哥
'Marramitta' (Malagasy slave cook)「馬拉米塔」（馬達加斯加的奴隸廚師）
Marseilles 馬賽
Marshallese people 馬紹爾人
Martinique 馬丁尼克島
Martyr, Peter 彼得・馬特
Maru (god) 馬魯（神）
Marxism 馬克思主義
Mary I of England 瑪麗一世，英格蘭女王
Mary II of England 瑪麗二世，英格蘭女王
Más Afuera Island 馬斯阿富艾拉島
Massalia 馬薩利亞
Mas'udi, al- 馬蘇第
Matheson, James 馬地臣
Matsuda, Matt 馬特・松田
Matthew「馬修號」
Mauritius 模里西斯
Maurits, Prince, Stadhouder 莫里斯親王，尼德蘭聯省共和國執政
Maximilian of Austria 奧地利的馬克西米利安
Mayflower「五月花號」
Mazarin, Cardinal Jules 朱爾・馬薩林，樞機主教
Mazu *see* Tianfei/Mazu (sea goddess) 媽祖，見天妃（女海神）
McKinley, William 威廉・麥金利
McLean, Malcolm 馬爾科姆・麥卡連
Meares, John 約翰・米爾斯
Mecca 麥加
Medici family 梅迪奇家族
Medina 麥地那
Medina Sidonia, dukes of 梅迪納－西多尼亞公爵
Mediterranean 地中海
Megiddo 米吉多
Mehmet II 穆罕默德二世

Mekong, River 湄公河
Mela, Pomponius 龐波尼烏斯・梅拉
Melaka (Malacca) 麻六甲
Melanesia 美拉尼西亞
Melilla 梅利利亞
Meluḫḫa 美路哈
Melville, Herman: *Moby-Dick* 赫爾曼・梅爾維爾：《白鯨記》
Ménard, Louis 路易・梅納爾
Mendaña, Álvaro de 阿爾瓦羅・德・門達尼亞
Mendonça, Cristóvão de 克里斯托旺・德・門東薩
Mendoza, Antonio de 安東尼奧・德・門多薩
Menezes, Tristão de 特里斯唐・德・梅內塞斯
Mer Island 梅爾島
Mercator, Gerard 格拉杜斯・麥卡托
Mercers 倫敦綢布商同業公會
Merchant Adventurers, English 英格蘭的商人冒險家公司
Merino sheep 美麗諾綿羊
Mersa Gawasis 加瓦西斯港
Mersey 梅西河
Mesopotamia 美索不達米亞
Mexico City 墨西哥城
Miami 邁阿密

Mic-Mac Indians 米克馬克印第安人
Michael「米迦勒號」
Micronesia 密克羅尼西亞
Middelburg 米德爾堡
Miðgarðr serpent 米德加爾德巨蛇
Mikelgarð *see also* Constantinople 大城市，指君士坦丁堡
Miksic, John 約翰・米克西克
Milan, Gabriel 加布里埃爾・米蘭
Milan 米蘭
Milton, John 約翰・米爾頓
Mimana 任那
Mina coast 米納海岸
Minamoto clan 源氏
Mindelo, Cape Verde 明德盧，維德角
Mindoro Island 民都洛島
Mingzhou 明州
Minnagar 明納加
Minoans 米諾斯人
Mitchell, David 大衛・米切爾
Mizrahi Jews 米茲拉希猶太人
Mleiha 穆雷哈
Moa 恐鳥

Mogadishu 摩加迪休
Mogador (Essaouira) 摩加多爾（索維拉）
Mohawks 莫霍克人
Mohenjo-daro 摩亨佐－達羅
Moluccas/Spice Islands 摩鹿加群島／香料群島
Mombasa 蒙巴薩
Mon-Khmer people 孟－高棉人
Mongols 蒙古人
Monmouth Rebellion 蒙茅斯叛亂
Monmu of Japan 文武天皇
Montaigne, Michel de 蜜雪兒・德・蒙田
Montesinos, Antonio de 安東尼奧・德・蒙特西諾斯
Montserrat 蒙哲臘
Moor Sand, Devon 摩爾桑德，德文郡
Mo’orea 茉莉亞島
Moors see Islam/Muslims 摩爾人，見伊斯蘭／穆斯林
More, Sir Thomas: *Utopia* 托馬斯・摩爾爵士：《烏托邦》
Moresby, Fairfax 費爾法克斯・莫爾斯比
Moresby Treaty《莫爾斯比條約》
Morga, Antonio de 安東尼奧・德・莫爾加
Morgan, Sir Henry 亨利・摩根爵士
Morison, Samuel Eliot 塞繆爾・艾略特・莫里森

Morocco 摩洛哥
Marinid dynasty 馬林王朝
Mogador 摩加多爾
Morris, Robert 羅伯特・莫里斯
Morse code 摩斯密碼
Moscow 莫斯科
Moselle wines 摩澤爾葡萄酒
Moshulu「莫舒魯號」
Mother Goddess 地母神／大地女神
Motya 莫提亞
Mouza 穆札
Mowje (Indian in Muscat) 毛吉（在馬斯喀特的印度人）
Mozambique 莫三比克
Mozarabs 莫扎拉布人
Mughals 兒人
Muhammad ibn Abdallah, Muhammad III of Morocco 穆罕默德・伊本・阿卜杜勒，摩洛哥的穆罕默德三世
Muli’eleali 穆利埃利阿里
Mullet 鯔魚
Mumbai *see* Bombay 孟買
Munakata shrine 宗像大社
Munk, Jens 延斯・蒙克

Muqaddam, ibn al- 伊本・穆卡達姆
Muscat 馬斯喀特
Muscovy 莫斯科大公國
Muscovy Company 莫斯科公司
Musi, River 穆西河
Muskett (Benjamin Bueno de Mesquita) 馬斯克特（班傑明・布埃諾・德・梅斯基塔）
Muslims 穆斯林
Mussolini, Benito 貝尼托・墨索里尼
Muziris, India 穆濟里斯，印度
Muziris Papyrus 穆濟里斯莎草紙
Mycenaeans 邁錫尼人
Myngs, Christopher 克里斯多夫・明斯
Myos Hormos 米奧斯荷爾莫斯

N

Nabataeans 納巴泰人
Naddoð 納多德
Nadezhda「娜傑日達號」
Nagasaki 長崎
Naha, Okinawa 那霸，沖繩
Nakhom Si Thammarat 那空是貪瑪叻
Namibia 納米比亞
Nancy「南茜號」
Nanhai I wreck「南海一號」沉船
Nanjing 南京
Nanking, Treaty《南京條約》
Nanna (god) 南納（神）
Nansen, Fridtjof 弗瑞德約夫・南森
Nantes 南特
Nantucket 南塔克特
Naples 那不勒斯
Napoleonic Wars 拿破崙戰爭
Nara, Japan 奈良，日本
Narva, Baltic port 納爾瓦，波羅的海的港口
Nasrid dynasty 奈斯爾王朝
Navarre 納瓦拉
Navidad, Mexico 納維達，墨西哥
Navigatio Brendani《布倫丹遊記》
Neanderthals 尼安德塔人
Nearchos 尼阿庫斯
Necho of Egypt 尼科二世，埃及法老
Needham, Joseph 李約瑟
Neira, Moluccas 奈拉，摩鹿加群島

Nelson, Horatio 霍拉肖・納爾遜
Nelson, Kenneth 肯尼斯・納爾遜
Nereids 涅瑞伊得斯
Nestorians 聶斯脫利派
Netherlands/Holland and the Dutch 尼德蘭／荷蘭與荷蘭人
Neva「納瓦號」
New Amsterdam 新阿姆斯特丹
New England 新英格蘭
New Granada 新格瑞那達
New Guinea 新幾內亞
New Hazard「新風險號」
New Julfan merchants 新朱利法商人
New South Wales 新南威爾斯
New York 紐約
New Zealand (Aotearoa) 紐西蘭（奧特亞羅瓦）
Newby, Eric 艾瑞克・紐比
Newfoundland 紐芬蘭
Newport 紐波特
Nicaragua 尼加拉瓜
Nicobar Islands 尼科巴群島
Niðaros 尼達洛斯
Niederegger family 尼德艾格家族

Niger, River 尼日河
Nigsisanabsa 尼吉薩納布薩
Nijál's Saga《尼亞爾薩迦》
Nikanor archive 尼卡諾爾檔案
Niklot 尼克洛特
Nile 尼羅河
Niña「尼尼亞號」
Ningal (goddess) 寧伽勒（女神）
Ningbo 寧波
Nissim, Abu'l-Faraj 阿布－法拉吉・尼西姆
Nobunaga Oda 織田信長
Noli, Antonio de 安東尼奧・德・諾里
Nombre de Díos, Panama 農布雷德迪奧斯，巴拿馬
Nootka Convention《努特卡公約》
Nootka Sound 努特卡海峽
Normandie「諾曼第號」
Normandy/Normans 諾曼第／諾曼人
Norn dialect 諾恩語
Noronha, Fernão de 費爾南・德・諾羅尼亞
Norsemen 諾斯人
North-East Passage 東北水道
North-West Passage 西北水道

North America 北美洲
Norwegian Caribbean Lines 挪威加勒比海航運公司
Norwegian Cruise Line 諾唯真郵輪
Notke, Bernt 伯恩特・諾特科
Nova, João de 若昂・德・諾瓦
Novaya Zemlya 新地島
Novgorod 諾夫哥羅德
Nubia/Nubians 努比亞／努比亞人
Nunes da Costa family 努涅斯・達・科斯塔家族
Nuraghi (Sardinian stone towers/castles) 努拉吉大石塔（薩丁島的石塔／城堡）
Nuraghic culture 努拉吉文化
Nuremberg 紐倫堡
Nuyts, Pieter 彼得・奴易茲
Nydam, Denmark 尼達姆，丹麥

O

O'ahu 歐胡島
Oakland, California 奧克蘭，加州
Obearea, Polynesian queen 奧比阿雷婭，玻里尼西亞女王
Obodrites 奧博多里特人
Oc-èo 喔吠
Ocean Steamship Company, Liverpool 大洋輪船公司，利物浦
Odessa 奧德薩
Ohanessi, Mateos ordi 馬特奧斯・奧爾迪・奧哈奈西
Okhotsk 鄂霍次克
Okinawa 沖繩
Okinoshima Island 沖之島
Olaf the Tranquil 和平的奧拉夫
Olaf Tryggvason 奧拉夫・特里格維松
Olivares, Gaspar de Guzmán, Count-Duke of 加斯帕爾・德・古斯曼，奧利瓦雷斯伯爵暨公爵
Olmen, Ferdinand van 斐迪南・范・奧爾曼
Olympias, Aelia 艾莉亞・奧林匹亞斯
Olympic, RMS 皇家郵輪「奧林匹克號」
Oman 阿曼
Omana 阿曼納
Omura Sumitada 大村純忠
Ophir 俄斐
Order of Christ 基督騎士團
Order of the Knights of the Holy Ghost 聖靈騎士團
Order of the Temple 聖殿騎士團
Oregon, USS 戰列艦「奧勒岡號」
Øresund 松德海峽

Orient Company 東方公司
Orkney Islands 奧克尼群島
Orkneyinga Saga《奧克尼薩迦》
Oro cult 奧羅崇拜
Oronsay 奧龍賽島
O'Rourke, Kevin 凱文・奧羅克
Ortaqs 斡脫
Ortelius, Abraham 亞伯拉罕・奧特柳斯
Orthodox Russians 俄國東正教徒
Oscar II「奧斯卡二世號」
Oseberg ship 奧塞貝格船
Ostend Company 奧斯坦德公司
Östergötland 東約特蘭
Ottomans 鄂圖曼人
Ovando, Nicolás de 尼古拉斯・德・奧萬多
Oviedo y Valdés, Gonzalo Fernández de 貢薩洛・費爾南德斯・德・奧維多・巴爾德斯

p

P&O (Peninsular and Oriental Steam Navigation Company) 鐵行輪船公司
Pa'ao 帕奧
Pacific/Pacific Ocean 太平洋
Paekche, Korea 百濟，朝鮮
Pakistan 巴基斯坦
Palembang, Indonesia 巨港，印尼
Palermo 巴勒莫
Palermo Stone 巴勒莫石碑
Palmerston, Henry John Temple, 3rd Viscount 第三代帕默斯頓子爵（約翰・亨利・鄧波爾）
Pan-Atlantic Steamship Company 泛大西洋輪船公司
Pan American Airways 泛美航空
Panama 巴拿馬
Pané, Ramon 拉蒙・帕內
Panpan 盤盤國
Panyu 番禺
Papey Island 帕佩島
Papua New Guinea 巴布亞紐幾內亞
Parameśvara 拜里迷蘇剌
Parekhou 帕勒霍
Parhae, Korea 渤海國，朝鮮
Paris 巴黎
Parker, Daniel 丹尼爾・派克
Parsees 帕西人

Parthians 帕提亞人
Pasai 八昔
Passat「帕薩特號」
Patagonians 巴塔哥尼亞人
Paterson, William 威廉・佩特森
Patna 巴特那
Paul I of Russia 保羅一世，俄國皇帝
Paul II, Pope 保羅二世，教宗
Paviken, Gotland 帕維肯，哥特蘭島
Pearl Harbour 珍珠港
Pearl River 珠江
Pedro, Prince, duke of Coimbra 佩德羅王子，孔布拉公爵
Pelgrom de Bye, Jan 揚・佩爾格羅姆・德・比耶
Pelican (later Golden Hind)「鵜鶘號」（後改稱「金鹿號」）
Pelsaert, François 法蘭西斯科・佩薩特
Pemba 奔巴島
Peña Negra 佩尼亞內格拉
Penang 檳城
Peninsular and Oriental Steam Navigation Company *see* P&O 鐵行輪船公司
Penn, William 威廉・佩恩
Perestrello, Bartolomeu 巴爾托洛梅烏・佩雷斯特雷洛
Perestrello family 佩雷斯特雷洛家族
Pérez, Manuel Bautista 曼紐・包蒂斯塔・佩雷斯
Pérez de Castrogeríz, Andrés 安德列斯・佩雷斯・卡斯楚赫里斯
Periplous (source of Avienus)《周航記》（阿維阿努斯的資料來源）
Periplous (Kosmas Indikopleustes)《周航記》（科斯馬斯・印地科普勒斯特斯）
Periplous tēs Eruthras thalassēs《厄利垂亞海周航記》
Perry, Matthew C. 馬修・C・佩里
Persia/Iran 波斯／伊朗
Pessart, Bernt 伯恩特・佩薩特
Peter I, the Great 彼得一世，大帝
Peter IV of Aragon 佩德羅四世，阿拉貢國王
Peter the Deacon 執事彼得
Petra 佩特拉
Petrarch 彼特拉克
Petropavlovsk 彼得羅巴甫洛夫斯克
Pevensey, England 佩文西，英格蘭
Philadelphia 費城
Philip I of Spain 腓力一世，西班牙國王
Philip II of Spain 腓力二世，西班牙國王

Philip III of Spain 腓力三世，西班牙國王
Philip the Bold, duke of Burgundy 勇敢的腓力，勃艮地公爵
Philippa of Lancaster 蘭開斯特的菲利帕
Philippines 菲律賓
Philipse, Frederick 弗雷德里克・菲利普斯
Philo (admiral) 斐洛（海軍將領）
Phoenicians 腓尼基人
Piacenz 皮亞琴察
Piailug 皮亞魯格
Pico, Azores 皮庫島，亞速群島
Picts 皮克特人
pidgin English 洋涇浜英語
Pidyar 皮德亞爾
Pigafetta, Antonio 安東尼奧・皮加費塔
Piggott, Stuart 斯圖爾特・皮戈特
Pimienta, Francisco Diáz 法蘭西斯科・迪亞斯・皮米恩塔
Pina, Rui 魯伊・皮納
Pinzón, Vicente Yáñez 比森特・亞涅斯・平松
Pires, Tomé 多默・皮列士
Piri Reis 皮里雷斯
Pisa/Pisans 比薩／比薩人
Pitcairn Island 皮特肯島
Pithom 比東
Pizarro, Francisco 法蘭西斯科・皮薩羅
Plancius, Petrus 彼得勒斯・普朗修斯
Plantijn, Christoffel 克里斯托夫・普蘭汀
Plimsoll, Samuel 薩繆爾・普利姆索爾
Plimsoll line 普利姆索爾載重線
Pliny the Elder 老普林尼
Plymouth 普利茅斯
Pô, Fernando 費爾南多・波
Poduké 博杜凱
Poland 波蘭
Polo, Marco 馬可・波羅
Polybios 波利比烏斯
Polynesia/Polynesians 玻里尼西亞／玻里尼西亞人
Pomare I of Tahiti 波馬雷一世，大溪地國王
Pomeranians 波美拉尼亞人
Pommern 波美拉尼亞
Ponce de León, Juan 胡安・龐塞・德・萊昂
Pondicherry 本地治里
Port Arthur 旅順港
Port Royal, Jamaica 皇家港，牙買加
Port Said 塞得港

Portchester 波切斯特
Portinari family 波爾蒂納里家族
Portland, Dorset 多塞特郡的波特蘭
Porto 波多
Porto Bello, Panama 波托韋洛，巴拿馬
Porto de Ale 阿勒港
Porto Santo 聖港島
Porto Seguro 塞古魯港
Portugal/Portuguese 葡萄牙／葡萄牙人
Po-ššu *see* Bosi/Po-ššu 波斯
Postan, Sir Michael (‘Munia’) 麥克・（「穆尼亞」）波斯坦爵士
Pottinger, Sir Henry 璞鼎查爵士
Pound, Ezra 艾茲拉・龐德
Powell, John 約翰・鮑威爾
Praia, Cape Verde 普萊亞，維德角
Praia da Vitória, Terceira 普拉亞達維多利亞，特塞拉島
Praise-of-the-Two-Lands「兩埃及的榮耀號」
Príncipe 普林西比島
Priuli, Girolamo 吉羅拉莫・普留利
Prynne, William 威廉・普林
Psenosiris, son of Leon 列昂之子普希諾西里斯
Ptolemaïs Thērōn 托勒密塞隆
Ptolemies 托勒密王朝
Ptolemy I Soter 托勒密一世（救主）
Ptolemy II Philadelphus 托勒密二世（愛手足者）
Ptolemy (Alexandrian geographer) 托勒密（亞歷山大港的地理學家）
Pu Hesan (Abu Hassan/Husain) 蒲訶散（阿布・哈桑或侯賽因）
Pu Luoxin (Abu’l-Hassan) 蒲羅辛（阿布・哈桑）
Pu Shougeng 蒲壽庚
Puerto Rico 波多黎各
Puhar 普哈爾
Pula Run *see* Run, Moluccas 倫島，摩鹿加群島
Punt 邦特
Punta de Araya 阿拉亞角
Puteoli 普泰奧利
Pyongyang 平壤
Pyrrhus 皮洛士
Pytheas of Marseilles 馬賽的皮西亞斯

Q

Qala’at al-Bahrain 巴林堡

QANTAS 澳洲航空
Qatar 卡達
Qayrawan 凱魯萬
Qian Hanshu《前漢書》
Qing Empire 大清帝國
Qingjing (mosque) 清淨寺（清真寺）
Qos 庫斯
Quanzhou (Zaytun) 泉州（刺桐）
Quechua Indians 克丘亞印第安人
Queen Elizabeth, RMS 皇家郵輪「伊莉莎白王后號」
Queen Elizabeth 2 (QE2)「伊莉莎白王后二號」
Queen Mary, RMS 皇家郵輪「瑪麗王后號」
Queen Mary 2「瑪麗王后二號」
Queensland 昆士蘭
Quentovic 昆托維克
Quevedo, Francisco de 法蘭西斯科・德・克維多
Quilon 奎隆
Quinsay *see* Hangzhou 行在，即杭州
Quirós, Pedro Fernandes de 佩德羅・費爾南德斯・德・基羅斯
Quoygrew, Orkneys 克伊格魯，奧克尼群島
Qus 古斯
Qusayr al-Qadim 庫賽爾卡迪姆

R

Rædwald 雷德瓦爾德
Raffles, Sir Thomas Stamford 湯瑪斯・史丹佛・萊佛士爵士
Ragusa/Ragusans 拉古薩／拉古薩人
Raiateans 賴阿特阿人
Rainbow Serpent 彩虹蛇
Raleigh, Sir Walter 華特・雷利爵士
Ralli family 拉利家族
Ramisht of Siraf 錫拉夫的拉米什特
Rangoon 仰光
Rapa Nui (Easter Island) 拉帕努伊島（復活節島）
Ra's al-Junz 金茲角
Ravenser 拉文瑟
Rawalpindi「拉瓦爾品第號」
Red Sea 紅海
Reinach, Jacques de 雅克・德・雷納克
Reinel, Pedro 佩德羅・賴內爾
Reischauer, Edwin 愛德溫・賴肖爾
René II of Naples 那不勒斯國王勒內二世
Renfrew, Colin 科林・倫福儒

Réunion 留尼旺
Reval 烈韋里
Reykjavík 雷克雅維克
Rezanov, Nikolai Petrovich 尼古拉・彼得羅維奇・雷查諾夫
Rhine 萊茵河
Rhine–Maas estuary 萊茵河－馬士河入海口
Rhineland wine 萊茵蘭葡萄酒
Rhodes 羅德島
Ri Sanpei 李參平
Rias Baixas 下海灣
Riau Islands 廖內群島
Ribe, Denmark 里伯，丹麥
Ribeira Grande (Cidade Velha) 大里貝拉（舊城）
Riberol, Francisco 法蘭西斯科・里貝羅爾
Ricardo, David 大衛・李嘉圖
Ricci, Matteo 利瑪竇
Richard I of England 理查一世，英格蘭國王
Richard II of England 理查二世，英格蘭國王
Richard III of England 理查三世，英格蘭國王
Riga 里加
Rikyû 千利休
Rio de Janeiro 里約熱內盧

Roanoke, North Carolina 羅阿諾克島，北卡羅萊納州
Roaring Forties「咆哮四十度」
Roberts, Dr (Columbia surgeon) 羅伯茲醫生（「哥倫比亞號」的外科醫生）
Roberts, Edmund 艾德蒙・羅伯茲
Robinson, Alan 艾倫・羅賓遜
Roça do Casal do Meiro 羅薩杜卡薩爾杜梅爾羅
Rode, Hermen 赫爾曼・羅德
Roebuck「羅巴克號」
Roger II of Sicily 羅傑二世，西西里國王
Rognvald, earl of Orkney 羅格瓦爾德，奧克尼伯爵
Rolf, Norse ruler of Normandy 羅洛，諾曼第的諾斯統治者
Roman Empire 羅馬帝國
Roman Britannia 羅馬的不列顛尼亞行省
Romans 羅馬人
Roosevelt, Theodore 西奧多・羅斯福
Rosenkrantz, Herman 赫爾曼・羅森克朗茲
Roskilde ships 羅斯基勒船
Rostock 羅斯托克
Rostovtzeff, Michael 米哈伊爾・羅斯托夫采夫
Rotterdam 鹿特丹
Rouen 盧昂

Roupinho, Fuas 堂福阿什・魯皮尼奧
Royal African Company 皇家非洲公司
Royal Air Force（英國）皇家空軍
Royal Caribbean Lines 皇家加勒比國際郵輪
Royal Danish Baltic and Guinea Trading Company 丹麥王家波羅的海與幾內亞貿易公司
Royal Dutch Shell 荷蘭皇家殼牌
Royal Exchange, London 皇家交易所，倫敦
Royal Navy（英國）皇家海軍
Rügen Island 呂根島
Rugians 魯吉人
Rumi, Yaqut ar- 雅古特・魯米
Run, Moluccas 倫島，摩鹿加群島
Runes 盧恩字母，盧恩文
Rune stones 盧恩符文石
Rus see Kiev/Rus 羅斯，見基輔／羅斯
Russell, Sir Peter 彼得・羅素爵士
Russia 俄羅斯，俄國
Rye, England 萊伊，英格蘭
Ryukyu Islands 琉球群島

S

Saavedra, Álvaro de 阿爾瓦羅・德・薩維德拉
Sabaea 賽伯伊
Sabas 薩巴斯
Safavid shahs 薩非王朝的國王
Safed, Galilee 采法特，加利利
Saga of Eirík the Red《紅髮埃里克薩迦》
Sagres 薩格里什
Sahul 莎湖古陸
Said bin Sultan, Sayyid 賽義德・本・蘇爾坦
Said Pasha 賽義德帕夏
Saimur 塞莫爾
Saint-Dié, Lorraine 聖迪耶，洛林
Saint-Domingue *see* Santo Domingo, Hispaniola 聖多明戈，見聖多明哥，伊斯帕尼奧拉島
St Helena 聖赫勒拿島
St John Island 聖約翰島
St Kitts 聖啟茨島
St Mary's Island (off N-E coast of Madagascar) 聖瑪麗島（馬達加斯加東北近海）
St Paul island, Indian Ocean 聖保羅島，印度洋
St Paul's School 聖保羅公學

St Thomas, Virgin Islands 聖托馬斯島，美屬維京群島
Sainte-Croix island, West Indies 聖克羅伊島，西印度群島
Sakai 堺市
Sakhalin Island 薩哈林島（庫頁島）
Sakimori 防人
Sal Island, Cape Verde 薩爾島，維德角
Salazar, António de Oliveira 安東尼奧・德・奧利維拉・薩拉查
Saldanha, António de 安東尼奧・德・薩爾達尼亞
Salé, Morocco 塞拉，摩洛哥
Salem 塞勒姆
Salim 'son of the cantor'「領誦者之子」薩利姆
Salonika 薩洛尼卡
Saltykov, Fedor Stepanovich 費奧多爾・斯捷潘諾維奇・薩爾蒂科夫
Samarkand 撒馬爾罕
Sami/Lapps 薩米人（或拉普人）
Samoa 薩摩亞
San-fo-chi 三佛齊
San Antonio「聖安東尼奧號」
San Francisco 舊金山
San Francisco「聖方濟各號」
San Pedro/Pablo「聖佩德羅號」／「聖巴勃羅號」
San Salvador「聖薩爾瓦多號」
Sanfoqi 三佛齊
Sanhaja Berbers 桑哈賈柏柏爾人
Sanlúcar de Barrameda 桑盧卡爾德巴拉梅達
Sannakh islanders 薩納克島民
Sanskrit 梵文
Sansom, Sir George 喬治・桑瑟姆爵士
Santa Barbara Channel 聖塔芭芭拉海峽
Santa Casa de Misericórdia 仁慈堂
Santa Catarina「聖卡塔里娜號」
Santa Cruz islands 聖克魯斯群島
Santa Luzia citânia 聖露西亞堡壘
Santa María「聖瑪利亞號」
Santa Maria Island 聖瑪麗亞島
Santiago, Cape Verde 聖地牙哥島（維德角）
Santiago, Cuba 聖地牙哥，古巴
Santiago de Compostela 聖地亞哥德孔波斯特拉
Santiago 聖地牙哥
Santo André「聖安德烈號」
Santo Domingo, Hispaniola 聖多明各島，伊斯帕尼奧拉島
São Felipe, Cape Verde 聖費利佩堡，維德角

São Jorge da Mina *see* Elmina 米納聖若熱，見埃爾米納
São Miguel 聖米格爾島
São Pedro「聖佩德羅號」
São Tomé 聖多美島
Saracens 撒拉森人
Sarangani Island 薩蘭加尼島
Sarapis (god) 塞拉比斯（神）
Sarawak Steamship Company 砂拉越輪船公司
Sardinia 薩丁島
Sargon of Akkad (Sargon the Great) 阿卡德的薩爾貢（薩爾貢大帝）
Sargon of Assyria 亞述的薩爾貢
Sarhat, Israel di 伊斯雷爾・迪・薩爾哈特
Saris, John 約翰・薩利斯
Sarmiento de Gamboa, Pedro 佩德羅・甘博阿・德・薩米恩托
Sasanid Persia/Empire 薩珊波斯／帝國
Sassoon, Frederick 弗雷德里克・沙遜
Sassoon family of Bombay 孟買的沙遜家族
Sataspes 薩塔斯佩斯
Satavahana Empire 百乘王朝
Satingpra 沙廷帕
Satsuma 薩摩
Saudi Arabia 沙烏地阿拉伯
Savonarola, Girolamo 吉羅拉莫・薩伏那洛拉
Saxons 撒克遜人
Sayf ad-din of Hormuz 霍爾木茲的賽義夫・丁
Scandinavia 斯堪地那維亞
Scharnhorst「沙恩霍斯特號」
Schauenburg, Adolf von 阿道夫・馮・紹恩堡
Scheldt, River 斯海爾德河
Schleswig 什列斯威
Schöner, Johannes 約翰內斯・舍納
Schottun, Richard 理查・肖頓
Scotland 蘇格蘭
'Sea-Beggars', Dutch 尼德蘭的「海上丐軍」
Sea–Land Service 海陸航運公司
Seacole, Mary 瑪麗・西科爾
Seafarer, The〈水手〉
Seal, Graham 格雷厄姆・西爾
Sebag family 塞巴格家族
Sebastian of Portugal 塞巴斯蒂昂一世，葡萄牙國王
Second World War 第二次世界大戰
Seeley, Sir John 約翰・西利爵士

Seine, River 塞納河
Seleucids 塞琉古王朝
Seleukeia 塞琉西亞
Selim I 塞利姆一世
Selman Reis 塞爾曼・雷斯
Semudera 蘇木都剌
Semudera–Pasai 蘇木都剌國
Seneca 塞內卡
Senegal 塞內加爾
Seoul 漢城
Sephardim 塞法迪猶太人
Serer people 塞雷爾人
Serrão, Francisco 法蘭西斯科・塞朗
Serrão, João 若昂・塞朗
Severn, River 塞文河
Seville 塞維亞
Shama (African village) 夏瑪（非洲村莊）
Shamash (sun god) 沙瑪什（太陽神）
Shanghai 上海
Sharp, Andrew 安德魯・夏普
Shaw, Samuel 塞繆爾・肖
Sheba 示巴

Shelikov, Grigory Ivanovich 格里戈里・伊凡諾維奇・謝利霍夫
Shenzhen 深圳
Sheppey, Isle of 謝佩島
Shetland 昔德蘭群島
Shih Chong 石崇
Shi'ite Muslims 什葉派穆斯林
Shikoku Island 四國島
Shintō 神道教
Shōsō-in, Nara 正倉院，奈良
Shunten 舜天
Siam 暹羅
Siberia 西伯利亞
Sicily 西西里島
Sidebotham, Steven 史蒂文・賽德伯特姆
Sierra Leone 獅子山
Sigismund of Luxembourg, Holy Roman Emperor 盧森堡的西吉斯蒙德，神聖羅馬帝國皇帝
Sigtuna 錫格蒂納
Sigurð, Earl of Orkney 西居爾，奧克尼伯爵
Sigurð of Norway, 'Jerusalem Traveller' 西居爾，挪威國王，「耶路撒冷旅行者」

Silla, Korea 新羅，朝鮮
Silver City Airways 銀城航空
Silves 錫爾維什
Simla, SS 輪船「西姆拉號」
Sinan wreck 新安沉船
Sindbad the Sailor 水手辛巴達
Singapore 新加坡
Singapore Stone 新加坡古石
Singhasari 信訶沙里
Sinthos *see* Indus River 辛索斯河，即印度河
Siraf 錫拉夫
Sitka, Alaska 錫特卡，阿拉斯加州
Skania 斯科訥
Skara Brae 斯卡拉布雷
Skrælings 斯克賴林人
Skuldelev ships 斯庫勒萊烏船
Skye 斯凱島
Skylax 史凱勒斯
Skýr 斯基爾
Slavs 斯拉夫人
Slovenia 斯洛維尼亞
Smaragdus, Mons 翡翠山
Smith, Adam 亞當・斯密
Smyrna 士麥那
Snefru 斯尼夫魯
Snorri 斯諾里
Society Islands 社會群島
Socotra 索科特拉島
Sodré, Vicente 文森特・索德雷
Sofala 索法拉
Sogdian merchants 粟特商人
Soliman, Rajah 蘇萊曼，（馬尼拉的）王公
Solís, Juan de 胡安・德・索利斯
Solomon 所羅門
Solomon Islands 索羅門群島
Somalia 索馬利亞
Sōpatma 索派特馬
Sorbians 索布人
Sørensen, Marie Louise 瑪麗・路易絲・瑟倫森
Souterrains 地下走廊
South Africa 南非
South China Sea 南海
South Equatorial Current 南赤道洋流
Southampton 南安普敦

Southern Ocean *see* Antarctic Ocean 南冰洋，即南極洋
Souyri, Pierre-François 皮埃爾－弗朗索瓦・蘇伊
Spanberg, Martin 馬丁・斯龐貝里
Spanish Inquisition 西班牙宗教裁判所
Spencer Bay, Australia 斯潘塞灣，澳大利亞
Spice Islands *see* Moluccas/Spice Islands 香料群島，即摩鹿加群島
Spinola family 斯皮諾拉家族
Spitsbergen 斯匹次卑爾根島
Sri Lanka *see* Ceylon 斯里蘭卡，見錫蘭
Śri Vijaya, Sumatra 三佛齊（蘇門答臘島），又稱室利佛逝
Stamford Bridge, battle of 斯坦福橋戰役
Staraya Ladoga 舊拉多加
Statue of Liberty 自由女神像
Stegodons 劍齒象
Sterling silver 英格蘭標準純銀
Stettin (Szczecin) 斯德丁（斯塞新）
Stiles, Ezra 埃茲拉・斯泰爾斯
Stockholm 斯德哥爾摩
Störtebeker, Klaus 克勞斯・施多特貝克
Strabo 史特拉波
Stralsund 施特拉爾松德
Stuart, Charles Edward, 'Bonnie Prince Charlie' 查理斯・愛德華・斯圖亞特，「英俊王子查理」
Stuart, James Francis Edward, the 'Old Pretender' 詹姆斯・法蘭西斯・愛德華・斯圖亞特，「老僭王」
Sturmy, Robert 羅伯特・斯特米
Sudan 蘇丹
Suez Canal 蘇伊士運河
Sugawara no Michizane 菅原道真
Sueones boats 綏約內斯人的船
Sulayman of Basra 巴斯拉的蘇萊曼
Süleyman the Magnificent/Lawgive 蘇萊曼大帝，立法者
Süleyman Pasha, Hadım 哈德姆・蘇萊曼帕夏
Sumatra 蘇門答臘島
Sumbal, Samuel 塞繆爾・蘇姆巴爾
Sumer/Sumerians 蘇美／蘇美人
Sunbay (slave girl) 桑貝（奴隸女孩）
Sunda (Pleistocene island bridge linking south-east Asia to Sahul) 巽他古陸（在更新世將東南亞與莎湖古陸連接起來的島橋）
Sunda Strait 巽他海峽
Sunni Muslims 遜尼派穆斯林
Surabaya 泗水

Surat (Armenian merchant) 蘇拉特（亞美尼亞商人）
Sūryavarman II 蘇利耶跋摩二世
Sutton Hoo ship burial 薩頓胡船葬
Svantovit (god) 斯凡特威特（神）
Svein Asleifarson 斯文・阿斯萊法松
Svein Forkbeard of Denmark 丹麥國王八字鬍斯文
Sverre of Norway 挪威國王斯韋雷
Sveti Pavel「聖保羅號」
Swahili coast 斯瓦西里海岸
Swan Hellenic 天鵝探索（郵輪公司）
Sweden 瑞典
Swift, Jonathan: *Gulliver's Travels* 強納森・斯威夫特：《格列佛遊記》
Swire, John 約翰・施懷雅
Swire family 施懷雅家族
Switzerland 瑞士
Sword Brethren 寶劍騎士團
Sydney 雪梨
Syria 敘利亞
Syros Island 錫羅斯島

T

Tacitus: *Germania* 塔西佗：《日耳曼尼亞志》
T'aeryŏm of Silla 新羅王子金泰廉
Tahiti/Tahitians 大溪地／大溪地人
Taíno Indians 泰諾印第安人
Taira clan 平氏
Taiwan 臺灣
Taizu 宋太祖
Takashima Island 高島
Takeno Jôô 武野紹鷗
Takezaki Suenaga 竹崎季長
Tale of Genji《源氏物語》
Tale of the Shipwrecked Sailor《船難水手的故事》
Talepakemalai 塔勒派克馬萊
Tallinn 塔林
Talmud《塔木德》
Tamemoto no Minamoto 源為朝
Tamil language 泰米爾語
Tan Tock Seng 陳篤生
Tanegashima 種子島
Tangier 丹吉爾
Tannenberg, battle of 坦能堡戰役

Tantalus「坦塔羅斯號」
Taprobané 塔普羅巴納
Tarragona 塔拉戈納
Tarshish 他施
Tartessos 塔特索斯
Tartu 塔圖
Tasman, Abel Janszoon 阿貝爾・揚松・塔斯曼
Tasmania 塔斯馬尼亞
Taunton cottons 湯頓棉布
Tavira 塔維拉
Teide, Mount 泰德峰
Teixeira family 特謝拉家族
Teldi (Venetian messenger) 泰爾迪（威尼斯信使）
Tell el-Kheleifeh 凱利費廢丘遺址
Tell Qasile 凱西爾遺址
Temasek 淡馬錫
Tenerife 特內里費島
Tengah/Muhammad 拉惹登加／穆罕默德
Terceira, Azores 特塞拉島，亞速群島
Ternate 特爾納特
Tétouan, Morocco 得土安，摩洛哥
Teutonic Knights/Order 條頓騎士團

Thailand 泰國
Thaj 薩吉
Thames「泰晤士號」
Thames, River 泰晤士河
The Love Boat《愛之船》
Theodoric, King of Metz 提烏德里克，梅斯國王
Thirty Years War 三十年戰爭
Thomas (cog)「湯瑪斯號」（柯克船）
Thomas, Hugh 湯瑪斯・休
Thomas Aquinas 多瑪斯・阿奎那
Thorne, Robert, the elder 老羅伯特・索恩
Thorne, Robert, the younger 小羅伯特・索恩
Thousand and One Nights see Arabian Nights《一千零一夜》，即《天方夜譚》
Three Kings, battle of the 三王之戰
Thule 圖勒
Tianfei/Mazu (sea goddess) 媽祖（女海神）
Tibet 西藏
Tidore 蒂多雷
Tierra del Fuego 火地島
Tigris 底格里斯河
Timbuktu 廷巴克圖

Timor 帝汶島
Tintam, John 約翰・廷塔姆
Tirpitz, Alfred von 阿爾弗雷德・馮・鐵必制
Titanic, RMS 皇家郵輪「鐵達尼號」
Titus 提圖斯
Tlingits 特林吉特人
Tobago, Caribbean 托巴哥，加勒比海
Tōdaiji temple, Nara 東大寺，奈良
Togen Eien 東嚴慧安
Toi 托伊
Tokyo 東京
Toledo, Francisco de 法蘭西斯科・德・托萊多
Tolosa plains battle (Las Navas de Tolosa) 拉斯納瓦斯・德・托洛薩戰役
Tomber, Roberta 羅柏塔・湯博
Tonga 東加
Tongking, Gulf of 北部灣
Topia 圖皮亞
Topsham, Devon 托普瑟姆，德文郡
Torres, Luís de 路易士・德・托雷斯
Torres Strait 托雷斯海峽
Tordesillas, Treaty of《托德西利亞斯條約》

Torshavn 托爾斯港
Tortuga Island 托爾圖加島
Toscanelli, Paolo 保羅・托斯卡內利
Tostig 托斯蒂格
Tranquebar, India 特蘭奎巴，印度
Transoxiana 河中地區
Trekh Sviatitelei「特萊赫・斯維亞蒂特萊號」
Trevor-Roper, Hugh 休・崔佛・羅珀
Tri Buana 特里布阿那
Trier 特里爾
Trieste 的里雅斯特
Trinidad 千里達島
Trinidad「千里達號」
Trinity「聖三一號」
Trinity College, Cambridge 劍橋大學三一學院
Tristan da Cunha 特里斯坦庫涅島
Triton「特里同號」
Trujillo, Rafael 拉斐爾・特魯希略
Tryall/Trial「考驗號」
Tsushima island 對馬島
Tuamoto 土阿莫土群島
Tuareg Berbers 圖阿雷格柏柏爾人

Tudors 都鐸王朝
Tun-sun 頓遜
Tuna 鮪魚
Tunisia 突尼西亞
Tupac Inca Yupanqui 圖派克・印卡・尤潘基
Tupaia (Polynesian navigator) 圖帕伊亞（玻里尼西亞航海家）
Tupí Indians 圖皮印第安人
Tupinambá Indians 圖皮南巴印第安人
Turks/Ottomans 土耳其人／鄂圖曼人
Tuscany 托斯卡納
Tyneside 泰恩賽德
Tyre 推羅
Tyrkir (German slave) 蒂爾克爾（德意志奴隸）

U

U-boats 德國潛艇
U Thong 烏通
Ubaid 歐貝德
Ulf the Unwashed 不洗澡的烏爾夫
'Umar, Caliph 歐麥爾，哈里發
Umm an-Nar 烏姆納爾
Unalaska Island 烏納拉斯卡島
UNCTAD (United Nations Conference on Trade and Development) 聯合國貿易和發展會議
United American Company 聯合美洲公司
United East India Company, Danish (later Danish Asiatic Company) 丹麥聯合東印度公司（後稱丹麥亞洲公司）
United East India Company, Dutch *see* VOC (United East India Company) 荷蘭聯合東印度公司，即荷蘭東印度公司
United Nations 聯合國
UNESCO 聯合國教科文組織
Upēri 烏佩里
Uppsala 烏普薩拉
Ur 烏爾
Ur-Nammu 烏爾納姆
Ur-Nanše of Lagash 拉格什的烏爾南塞
Urdaneta, Andrés de 安德烈斯・德・烏達內塔
Urnfield Culture 骨灰甕文化
Usipi tribe 烏西皮部落
Usque, Samuel 塞繆爾・烏斯克
Usselinx, Willem 威廉・尤塞林克斯
Uti-napishtim 烏特納匹什提姆
Utrecht, Peace of《烏德勒支和約》

Uzbekistan 烏茲別克

V

Vaaz brothers 瓦茲兄弟
Vajrabodhi 金剛智
Valdemar I of Denmark 瓦爾德馬一世，丹麥國王
Valdemar IV Atterdag 瓦爾德馬四世・阿道戴
Valencia 瓦倫西亞
Valignano, Alessandro di 范禮安
Vancouver Island 溫哥華島
Vanderbilt, Cornelius 柯尼利亞斯・范德比
Vanuatu 萬那杜
Varangians 瓦良格人
Vardø/Wardhouse 瓦爾德／沃德豪斯
Varthema, Ludovico di 魯多維科・迪・瓦勒戴馬
Vaz, Tristão 特里斯唐・瓦斯
Veckinchusen, Hildebrand von 希爾德布蘭德・馮・費金許森
Veckinchusen, Sivert von 西弗特・馮・費金許森
Vega, Lope de 洛佩・德・維加
Velázquez, Diego 迪亞哥・維拉斯奎茲
Velloso (Spanish landowner) 費洛索（西班牙地主）
Venables, Robert 羅伯特・維納布林斯
Veneti 威尼蒂人
Venezuela 委內瑞拉
Venice/Venetians 威尼斯／威尼斯人
Vera Cruz harbour, Austrialia del Espiritú Santo 維拉克魯茲港，聖靈的奧斯特里亞利亞
Veracruz, Mexico 維拉克魯茲，墨西哥
Verrazano, Giovanni da 喬瓦尼・達・韋拉札諾
Verrazano, Girolamo da 吉羅拉莫・達・韋拉札諾
Vespucci, Amerigo 亞美利哥・韋斯普奇
Viana do Castelo, Portugal 維亞納堡，葡萄牙
Viborg 維堡
Victoria, Queen 維多利亞女王
Victoria 維多利亞
Victoria Harbour 維多利亞港
Vienna 維也納
Vietnam 越南
Vikings 維京人
Village of the Two Parts, Mina 兩部村，米納
Villalobos, Ruy López de 魯伊・洛佩斯・德・維拉洛博斯
Villena 維列納
Vínland 文蘭
Virgin Islands, US 美屬維京群島

Virginia 維吉尼亞
Virginia Company 維吉尼亞公司
Visby, Sweden 維斯比，瑞典
Vishnu statues 毗濕奴雕像
Vitalienbrüder 糧食兄弟會
Vitamin C 維生素 C
Vivaldi brothers 維瓦爾第兄弟
Vix 維克斯
VOC (United East India Company) 荷蘭東印度公司（荷蘭聯合東印度公司）
Vorontosov, Alexander Romanovich 亞歷山大・羅曼諾維奇・沃龍佐夫
Vorwerk 福維克公司

W

Wadden Sea 瓦登海
Wadi Gawasis 加瓦西斯乾谷
Wagrians 瓦格利亞人
Waldseemüller, Martin, world map 馬丁・瓦爾德澤米勒，世界地圖
Wales 威爾斯
Wallabies 小袋鼠
Wallace, Alfred Russel 阿爾弗雷德・拉塞爾・華萊士
Wallacea 華萊士群島
Wallem, Haakon 哈康・瓦勒姆
Wallem shipping company 瓦勒姆航運公司
Wallis, Samuel 塞繆爾・沃利斯
Wanderer, The〈流浪者〉
Wando Island 莞島
Wang Dayuan 汪大淵
Wang Gung-Wu 王賡武
Wang Hong 汪鋐
Wang Liang 王良
Wang No 王訥
Wang Yuanmao 王元懋
Wardhouse/Vardø 沃德豪斯／瓦爾德
Warwick, Robert Rich, 2nd Earl of 羅伯特・里奇，第二代沃里克伯爵
Washington, George 喬治・華盛頓
Watson, Andrew 安德魯・華森
Wei 魏國
Welser family and banking house of Augsburg 韋爾澤，奧格斯堡的銀行業世家
Welwod, William 威廉・威爾伍德

Wends 文德人
Weng Chao 翁昭
Wessex 威塞克斯
West India Company, Danish 丹麥西印度公司
West India Company, Dutch 荷蘭西印度公司
West Indies 西印度群島
Whampoa Island 黃埔島
Wharton, Samuel 薩繆爾・沃頓
Wheeler, Sir Mortimer 莫蒂默・惠勒爵士
White Bulgars 白保加爾人
White Sea 白海
White Star 白星航運
Wilem, Jan de 揚・德・維勒姆
Wilfred of York 約克主教威爾弗里德
William III of England 威廉三世，英格蘭國王
William of Normandy 諾曼第公爵威廉
Willibrord 威利布羅德
Willoughby, Sir Hugh 休・威洛比爵士
Willoughby, Robert 羅伯特・威洛比
Wilson, Woodrow 伍德羅・威爾遜
Winchelsea, England 溫奇爾西，英格蘭
Windsor, Treaty of《溫莎條約》
Winsemius, Albert 阿爾伯特・魏森梅斯
Witte Leeuw「白獅號」
Wolff, Gustav 古斯塔夫・沃爾夫
Wolin 沃林
Wolof cavalry 沃洛夫騎兵
Wonders of India《印度的奇觀》
Woolley, Sir Leonard 倫納德・伍利爵士
World Heritage Sites 世界遺產
Wurst 香腸
Wuzung 唐武宗
Wyse, Lucien Napoleon Bonaparte 呂西安・拿破崙・波拿巴－懷斯

X

Xerxes 薛西斯
Xia Yuan-ji 夏原吉
Xuan-de 宣德帝

Y

Yangtze River 長江
Yangzhou 揚州
Yanyuwa people 洋尤瓦人

Yarhibol (god) 亞希波爾（神）
Yaroslav III of Novgorod 雅羅斯拉夫三世，諾夫哥羅德大公
Yavan 雅完
Yavanas 耶槃那人
Yazd-bozed 亞茲德－博澤德
Yellow fever 黃熱病
Yellow Sea 黃海
Yemen 葉門
Yepoti 耶婆提
Yi Sun-sin 李舜臣
Yijing 義淨
Yin Qing 尹慶
Yokohama 橫濱
Yolŋu people 雍古人
Yomjang 閻長
Yong-le (Zhu Di) 永樂帝（朱棣）
York 約克
Yoshimitsu 足利義滿
Ypres 伊普爾
Yucatán peninsula 猶加敦半島
Yueh people 越人
Yunnan 雲南

Yūsuf (Dhu Nuwas) 優素福（「蓄著鬢角捲髮的人」）

Z

Zabaj 闍婆
Zacuto, Abraham 亞伯拉罕・薩庫托
Zaikov, Potap 波塔普・札伊科夫
Zanj 津芝
Zanzibar 尚吉巴
Zanzibar City 尚吉巴城
Zarco, João Gonçalves 若昂・貢薩爾維斯・札爾科
Zaytun *see* Quanzhou 刺桐，即泉州
Zen 禪宗
Zenkan 禪鑒
Zhao Rugua 趙汝适
Zheng He (Cheng Ho) 鄭和
Zhengde Emperor 正德帝
Zhenla 真臘
Zhou Man 周滿
Zhu Cong 朱聰
Zimbaue 津巴
Ziryab 齊里亞布
Ziusudra 朱蘇德拉

Zoroastrianism 祆教
Zoskales 佐斯卡萊斯
Zuhrī, az- 祖赫里
Zuider Zee 須德海
Zurara, Gomes Eanes de 戈梅斯・埃亞內斯・德・祖拉拉

Þ

Þorfinn, Earl 托爾芬，奧克尼的雅爾
Þorfinn Karlsefni 托爾芬・卡爾塞夫尼
Þorkell the Far-Travelled 遠行者托基爾
Þorvald 托爾瓦爾德

歷史大講堂

無垠之海：全球海洋人文史(上、下)

2025年4月初版 定價：新臺幣1600元

著者	David Abulafia
譯者	陸大鵬
	劉曉暉
叢書主編	王盈婷
副總編輯	蕭遠芬
校對	蘇淑君
地圖美編	林婕瀅
內文排版	張靜怡
封面設計	兒日

出版者	聯經出版事業股份有限公司
地址	新北市汐止區大同路一段369號1樓
叢書主編電話	(02)86925588轉5316
台北聯經書房	台北市新生南路三段94號
電話	(02)23620308
郵政劃撥	帳戶第0100559-3號
郵撥電話	(02)23620308
印刷者	文聯彩色製版印刷有限公司
總經銷	聯合發行股份有限公司
發行所	新北市新店區寶橋路235巷6弄6號2樓
電話	(02)29178022

編務總監	陳逸華
副總經理	王聰威
總經理	陳芝宇
社長	羅國俊
發行人	林載爵

行政院新聞局出版事業登記證局版臺業字第0130號

本書如有缺頁，破損，倒裝請寄回台北聯經書房更換。ISBN 978-957-08-7632-1 (平裝：全套)
聯經網址：www.linkingbooks.com.tw
電子信箱：linking@udngroup.com

國家圖書館出版品預行編目資料

無垠之海：全球海洋人文史(上、下)/ David Abulafia 著．初版．
新北市．聯經．2025 年 4 月．上下共 1320 面．15.5×22 公分
ISBN 978-957-08-7632-1 (全套：平裝)
譯自：The boundless sea: a human history of the oceans
1.CST：海洋 2.CST：世界史 3.CST：航運史 4.CST：國際貿易史

720.9 114002398